Das Tierreich

Eine Zusammenstellung und Kennzeichnung der rezenten Tierformen

Gegründet von der Deutschen Zoologischen Gesellschaft

Im Auftrage der

Preußischen Akademie der Wissenschaften zu Berlin

herausgegeben von

F. E. Schulze (†), W. Kükenthal (†)

fortgesetzt von **K. Heider,** seit 1927 von **R. Hesse**

Schriftleiter: **C. Apstein**

„Πάντα ῥεῖ“ *„Sine systemate chaos“*

57. Lieferung

Pseudoscorpionidea I

Subord. Chthoniinea et Neobisiinea

bearbeitet von

Dr. Max Beier
Wien

Mit 271 Abbildungen

Berlin und Leipzig 1932

Walter de Gruyter & Co.

vormals G. J. Göschen'sche Verlagshandlung — J. Guttentag, Verlagsbuchhandlung
Georg Reimer — Karl J. Trübner — Veit & Comp.

Ausgegeben Februar 1932

Das Tierreich

Im Auftrage der

Preußischen Akademie der Wissenschaften zu Berlin

herausgegeben von

F. E. Schulze (†), W. Kükenthal (†)

fortgesetzt von K. Heider, seit 1927 von R. Hesse

Schriftleiter: C. Apstein

57. Lieferung

Pseudoscorpionidea I

Subord. Chthoniinea et Neobisiinea

bearbeitet von

Dr. Max Beier

Wien

Mit 271 Abbildungen

Berlin und Leipzig 1932

Walter de Gruyter & Co.

vormals G. J. Göschen'sche Verlagshandlung — J. Guttentag, Verlagsbuchhandlung
Georg Reimer — Karl J. Trübner — Veit & Comp.

Ausgegeben Februar 1932

Druck: August Hopfer, Burg b. M.

Meinen Eltern gewidmet

Inhalt

Die Literatur wurde bis Ende 1931 berücksichtigt.

Druckfehler:

p. 106: *Obisium carcinoides* statt *carrinoides*.
p. 198: *Hesperolpium s(leveni)* 1930 err. pro *slevini*.

Literatur-Kürzungen

Abh. Schles. Ges. — Abhandlungen der Schlesischen Gesellschaft für vaterländische Cultur. — Abtheilung für Naturwissenschaften und Medicin. Breslau. 8.
Abh. Ver. Bremen — Abhandlungen, herausgegeben vom naturwissenschaftlichen Vereine zu Bremen. Bremen. 8.
Acta Soc. ent. Jugoslav. — Acta Societatis entomologicae Jugoslavicae. Belgrad. 8.
Amer. Natural. — The American Naturalist. Salem (Philadelphia) (Boston). 8.
Ann. Mus. Belgique — Annales du Musée Royal d'Histoire naturelle de Belgique. Bruxelles. 4.
Ann. Mus. Genova — Annali del Museo civico di Storia naturale di Genova. Genova. 8.
Ann. nat. Hist. — The Annals and Magazine of natural History, including Zoology, Botany, and Geology. London. 8.
Annot. zool. Jap. — Annotationes zoologicae Japonenses. Tokyo. 8.
Ann. S. Afr. Mus. — Annals of the South African Museum. Cape Town. 8.
Ann. Sci. nat. — Annales des Sciences naturelles. — [Sér. 2—4:] Zoologie ([Sér. 5 & sequ.:] Zoologie et Paléontologie). Paris. 8.
Ann. Soc. ent. Belgique — Annales de la Société entomologique de Belgique. Bruxelles. 8.
Ann. Soc. ent. France — Annales de la Société entomologique de France. Paris. 8.
Annuaire Mus. St.-Pétersb. (Petrograd) — Annuaire du Musée zoologique de l'Académie Impériale des Sciences de St.-Pétersbourg. St.-Pétersbourg (Petrograd). 8.
Annuario Mus. Napoli — Annuario del Museo zoologico della Reale Università di Napoli. Napoli. 8.
Ann. Wien. Mus. — Annalen des Wiener Museums der Naturgeschichte und Annalen des Naturhistorischen Museums in Wien. Wien. 4.
Arch. Naturg. — Archiv für Naturgeschichte. Berlin. 8.
Arch. Zool. expér. — Archives de Zoologie expérimentale et générale. Paris. 8.
Atti Soc. Veneto-Trent. — Atti della Società Veneto-Trentina di Scienze naturali, residente in Padova. Padova. 8.
Balzan, Chernet. S.-Amer. — Chernetidae nonnullae Sud-Americanae delineavit ac descripsit Aloysius Balzan (Italus). Fasc. [Pugillus] 1—3. Asuncion-Paraguay. 1887—88. 4.
Berlese, A. M. S. — Antonii Berlesii, Acari, Myriopoda et Scorpiones hucusque in Italia reperta. Fasc. 1—101. Patavii, Portici. 1882—1903. 8.
Berlin. ent. Z. — Berliner entomologische Zeitschrift. Berlin. 8.
Ber. Senckenb. Ges. — Bericht über die Senckenbergische naturforschende Gesellschaft [in Frankfurt am Main]. Frankfurt a. M. 4, 8.
Biol. Tiere Deutschl. — Biologie der Tiere Deutschlands unter Mitwirkung zahlreicher Fachleute bearbeitet und herausgegeben von Paul Schulze. Berlin. 8.
Boll. Laborat. Zool. Portici — Bollettino del Laboratorio di Zoologia generale e agraria della R. Scuola superiore d'Agricoltura in Portici. Portici. 8.
Boll. Mus. Torino — Bollettino dei Musei di Zoologia ed Anatomia comparata della Reale Università di Torino. Torino. 8.
Boll. Soc. ent. Ital. — Bollettino della Società entomologica Italiana. Firenze. 8.
Bol. Soc. ent. España — Boletin de la Sociedad entomologica de España. Madrid. 8.
Bol. Soc. Españ. — Boletin de la Sociedad Española de Historia natural. Madrid. 8.
Broteria — Broteria. Revista de Sciencias naturaes do Collegio de S. Fiel. Lisboa. 8.
Bull. Mus. Géorgie — Bulletin du Musée de Géorgie. Tiflis. 8.

Bull. Soc. ent. France — Bulletin des Séances et Bulletin bibliographique de la Société entomologique de France. Paris. 8.

Bull. Soc. Maroc — Bulletin de la Société des Sciences naturelles du Maroc. Rabat-Paris. 8.

Bull. Soc. zool. France — Bulletin de la Société zoologique de France. Paris. 8.

Bull. Wisconsin Soc. — Bulletin of the Wisconsin natural History Society. Milwaukee. Wisconsin. 8.

Canad. Ent. — The Canadian Entomologist. Toronto (London). 8.

Canestrini. Chernet. Ital. — Chernetides Italici. Auctore Joh.*) Canestrini. Pars 1 fasc. 7, 10. Padova. 1885. 8.

(Siehe auch Ant. Berlese, A. M. S., fasc. 19. 1885).

*) zit. G. Canestrini.

Cat. Invert. Suisse — Catalogue des Invertébrés de la Suisse. Genève. 8.

Claus-Grobben, Lehrb. Zool. — Lehrbuch der Zoologie begründet von C. Claus. Neubearbeitet von Karl Grobben. Marburg in Hessen. 8.

Comstock, Spider Book — The Spider Book: a Manual for the Study of the Spiders and their near Relatives, the Scorpions, Pseudoscorpions, Whipscorpions, Harvestmen, and other Members of the Class Arachnida, found in America North of Mexico, with analytical Keys for their Classification and popular Accounts of their Habits by John Henry Comstock. New York. 1912. 8.

Cuvier, Règne an. — Le Règne animal distribué d'après son Organisation, pour servir de Base à l'Histoire naturelle des Animaux et d'Introduction à l'Anatomie comparée. Par [Georges] Cuvier. Tom. 1—4. Paris. 1817. 8.

Danske Selsk. Skr. — Det Kongelige Danske Videnskabernes Selskabs Skrifter. — [Raekke 5 & sequ.:] Naturvidenskabelig og mathematisk Afdeling. Kjöbenhavn. 4.

Denk. Ges. Jena — Denkschriften der medicinisch-naturwissenschaftlichen Gesellschaft zu Jena. Jena. 4.

Descr. Égypte, éd. 2 — Description de l'Égypte ou Recueil des Observations et des Recherches qui ont été faites en Égypte pendant l'Expédition de l'Armée Française. 2. Édition, dédiée au Roi, publiée par C. L. F. Panckoucke. — Tom. 21—24; Planches. Histoire naturelle. Paris. 1826, 27, 28, 29. 8 & 2.

D. Südp.-Exp. — Deutsche Südpolar-Expedition 1901—1903. Im Auftrage des Reichsamtes des Innern herausgegeben von Erich von Drygalski. Zoologie. Berlin. 4.

Ent. Meddel. — Entomologiske Meddelelser udgivne af entomologisk Forening. Kjöbenhavn. 8.

Ent. News Philad. — Entomological News [and Proceedings of the entomological Section of the Academy of natural Sciences of Philadelphia]. Philadelphia. 8.

Ent. Tidskr. — Entomologisk Tidskrift. På Föranstaltande af entomologiska Föreningen i Stockholm. Stockholm. 8.

Eos Madrid — Eos. Revista Española de Entomologia. Madrid. 8.

Expl. Algérie — Exploration scientifique de l'Algérie pendant les Années 1840, 41, 42. Publiée par Ordre du Gouvernement et avec le Concours d'une Commission académique. — Sciences physiques. Zoologie. I-IV. Histoire naturelle des Animaux articulés par H. Lucas. Partie 1—3; Atlas. Paris. 1849 [1845—49]. 4.

Expl. Tunisie — Exploration scientifique de la Tunisie, publiée sous les Auspices du Ministère de l'Instruction publique. — Zoologie. Études sur les Arachnides recueillis en Tunisie, en 1883 et 1884, par A. Letourneux, M. Sédillot, et Valéry Mayet. Par Eugène Simon. Paris. 1885. 8.

Fauna Geogr. Maldive — The Fauna and Geography of the Maldive and Laccadive Archipelagoes. Being the Account of the Work carried on and of the Collections made by an Expedition during the Years 1899 and 1900. Edited by J. Stanley Gardiner. Vol. 1, 2. Cambridge. 1903 (1901—03), 1903—05. 4.

Fauna Haw. — Fauna Hawaiiensis or the Zoology of the Sandwich (Hawaiian) Isles: Being Results of the Explorations instituted by the Joint Committee appointed by the Royal Society of London for promoting natural Knowledge and the British Association for the Advancement of Science and carried on with the Assistance of those Bodies and of the Trustees of the Bernice Pauahi Bishop Museum at Honolulu. Edited by David Sharp. Vol. 1—3. Cambridge. 1899—1913. 4.

Fauna S. W. Austral. — Die Fauna Südwest-Australiens. Ergebnisse der Hamburger Südwestaustralischen Forschungsreise 1905, herausgegeben von W. Michaelsen und R. Hartmeyer. Jena. 8.

Feuille Natural. — La Feuille des jeunes Naturalistes. |Revue mensuelle d'Histoire naturelle.| |Fondée à Mulhouse en 1870.| Paris. 8.

Forh. Selsk. Christian. — Forhandlinger i Videnskabs-Selskabet i Christiania. Christiania. 8.

Gay, Hist. Chile — Historia fisica y politica de Chile segun Documentos adquiridos ... y publicada bajo los Auspicios del supremo Gobierno por Claudio Gay. — Zoologia. Tom. 1—8; Atlas. Paris. 1847—54. 8 & 2.

Glas Ac. Serbe — Glas de l'Academie Royale Serbe. Belgrad. 8.

Gmelin-Linné, Syst Nat., ed. 13 — Caroli a Linné Systema Naturae per Regna tria Naturae, secundum Classes, Ordines, Genera, Species, cum Characteribus, Differentiis, Synonymis, Locis. Editio XIII, aucta, reformata. Cura Jo. Frid. Gmelin. — Tomus I. Pars 1—7. Lipsiae. 1788 [Pars 6 & 7: 1791, 92]. 8.

Hahn (Koch) Arach. — Die Arachniden. Getreu nach der Natur abgebildet und beschrieben von Carl Wilhelm Hahn ([Band 3—16:] von C. L. Koch). Band 1—16. Nürnberg. 1831—49. 8

Hermann, Mém. apt. — Mémoire aptérologique, par Jean-Fréderic Hermann. Ouvrage couronné en 1790 par la Société d'Histoire naturelle de Paris. Publié par Fréderic-Louis Hammer. Strasbourg. 1804. 2.

Hist. An. artic. — Histoire naturelle des Animaux articulés, Annelides, Crustacés, Arachnides, Myriapodes et Insectes. — Histoire naturelle des Crustacés, des Arachnides et des Myriapodes, par [Hippolyte] Lucas. Paris. 1840. 8.

Ins. Samoa — Insects of Samoa and other Samoan terrestrial Arthropoda. London. 8.

Irish Natural — The Irish Naturalist: a monthly Journal of general Irish natural History. Dublin. 8.

Jahrb. Ver. Nassau — Jahrbücher des Vereins für Naturkunde im Herzogthum Nassau ([Jahrgang 19 & sequ.:] Jahrbücher des Nassauischen Vereins für Naturkunde). Wiesbaden. 8.

J. Linn. Soc. London — The Journal of the Linnean Society. — Zoology. London. 8.

J. N. York ent. Soc. — Journal of the New York entomological Society. New York. 8.

J. Quekett Club — The Journal of the Quekett microscopical Club. London. 8.

Koch, C. M. A. — Deutschlands Crustaceen, Myriapoden und Arachniden. Ein Beitrag zur Deutschen Fauna von C. L. Koch. Heft 1—40. Regensburg. [1835—44]. 16. [= C. L. Koch in: Panzer (Herrich-Schäffer), Faun. Ins. Germ., Heft 132 etc.]

Koch (Keyserling), Arach. Austral. — L. Koch, Die Arachniden Australiens nach der Natur beschrieben und abgebildet. Fortgesetzt von Graf E. Keyserling. v. 1, 2. Nürnberg. 1871—83, 84—89. 4.

Koch, Übers. Arach. — Übersicht des Arachnidensystems von C. L. Koch. Heft 1—5. Nürnberg. 1837, 39, 42, 47, 50. 8.

Koch, Übers. Darst. Eur. Chernet. — Übersichtliche Darstellung der Europäischen Chernetiden (Pseudoscorpione) von Ludwig Koch. Nürnberg. 1873. 8.

Latreille, Gen. Crust. Ins. — P. A. Latreille Genera Crustaceorum et Insectorum secundum Ordinem naturalem in Familias disposita, Iconibus Exemplisque plurimis explicata. v. 1—4. Parisiis et Argentorati. 1806, 07, 07, 09. 8.

Latreille, Hist. Crust. Ins. — Histoire naturelle, générale et particulière, des Crustacés et des Insectes. Ouvrage faisant Suite aux Oeuvres de Leclerc de Buffon, et Partie du Cours complet d'Histoire naturelle rédigé par C. S. Sonnini. Par P. A. Latreille. Tom. 1—14. Paris. X—XIII [1802—1805]. 8.

Leach, Zool. Misc. — The zoological Miscellany; being Descriptions of new, or interesting Animals, by William Elford Leach. Illustrated with coloured Figures, drawn from Nature, by R. P. Nodder. Vol. 1—3. London. 1814, 15, 17. 8.

Math. termész. Közlem. — Mathematikai és természettudományi Közlemények vonatkozólag a hazai viszonyokra. Kiadja a Magyar Tudományos Akadémia mathematikai és természettudományi állandó bizottsága. [Mathematische und naturwissenschaftliche Mitteilungen über vaterländische Themata. Veröffentlicht von der Magyarischen Akademie der Naturwissenschaften.] Pesten (Budapest). 8.

Mém. Ac. St.-Pétersb. — Mémoires de l'Académie Impériale des Sciences de St.-Pétersbourg. — [Sér. 6:] Sciences mathématiques, physiques et naturelles. St.-Pétersbourg. 4.

Mem. Austral. Mus. — Australian Museum, Sydney. Memoir. Sydney. 8.

Mém. Soc. Linn. Normand. — Mémoires de la Société Linnéenne de Normandie. Caen, Paris. 8, 4.

Mém. Soc. zool. France — Mémoires de la Société zoologique de France. Paris. 8.

Mt. Inst. Sofia — Mitteilungen aus den Königl. Naturwissenschaftlichen Instituten in Sofia-Bulgarien. Sofia. 8.

Mt. Mus. Berlin — Mitteilungen aus der zoologischen Sammlung des Museums für Naturkunde in Berlin. Berlin. 4.

Mt. Mus. Hamburg — Mitteilungen aus dem naturhistorischen Museum in Hamburg. Aus dem (Beiheft zum) Jahrbuch der Hamburgischen wissenschaftlichen Anstalten. Hamburg. 8.

Naturh. Tidsskr. — Naturhistorisk Tidsskrift. Kjøbenhavn. 8.

N. Denk. Schweiz. Ges. — Neue Denkschriften der allgemeinen Schweizerischen Gesellschaft für die gesammten Naturwissenschaften. Nouveaux Mémoires de la Société Helvétique des Sciences naturelles. Neuchâtel (Zürich). 4.

N. Mag. Naturv. — Nyt Magazin for Naturvidenskaberne. Christiania. 8.

Nosek, Consp. Chelon. — A. Nosek, Conspectus Chelonethium (Pseudoscorpionum) et eorum distributio geographica. Časlavi. 1901. 8.

Not. Leyden Mus. — Notes from the Leyden Museum. Leyden. 8.

Orv.-Termész. Értes. Erdél. Muz. — Orvos-Természettudományi Értesitö a Kolozsvári orvos-természettudományi Társulat és az Erdélyi Muzeum-Egylet természettudományi Szakosztályának az ... szaküléseiröl és népszerü természettudományi Estélyeiröl. Kiadja a két Társulat. Koloszvár (Klausenburg). 8.

P. Calif. Ac. — Proceedings of the California Academy of |natural| Sciences. — [Ser. 3] Zoology. San Francisco. 8.

P. Dorset Club — Proceedings of the Dorset natural History and antiquarian Field Club. Sherborne. 8.

P. Irish Ac. — Proceedings of the Royal Irish Academy. — [Ser. 2:] Science. Dublin. 8.

Pomona — Pomona College Journal of Entomology. Published by the Department of Biology of Pomona College. Claremont, California.

Preyssler, Verz. Böhm. Ins. — Joh. Daniel Preyssler, Verzeichnis Böhmischer Insekten. Erstes Hundert. *v.* 1. Prag. 1790. 4.

Prirod. Istraživ. Kraljev. Jugoslav. — Prirodoslovna Istraživanja Kraljevine Jugoslavije. Zagreb (Agram). 8.

P. zool. Soc. London — Proceedings of the zoological Society of London. London. 8.

Rec. Amer. Ent. — Record of American Entomology for the Year 1868(—1873). 1874. Salem. 8.

Rec. Ind. Mus. — Records of the Indian Museum (A Journal of Indian Zoology). Calcutta. 8.

Results Swed. Exp. Egypt — Results of the Swedish zoological Expedition to Egypt and the White Nile 1901. Under the Direction of L. A. Jägerskiöld. *v.* 1—4. Upsala. 1904—1911. 8.

Rev. biol. Nord France — Revue biologique du Nord de la France. Lille. 8.

Revista Chilena — Revista Chilena de Historia natural. Valparaiso. 8.

Rev. Russe Ent. — Revue Russe d'Entomologie. St. Pétersbourg. 8.

Rev. Suisse Zool. — Revue Suisse de Zoologie et Annales du Musée d'Histoire naturelle de Genève. Genève. 8.

SB. Ak. Wien — Sitzungsberichte der Kaiserlichen Akademie der Wissenschaften. — Mathematisch-naturwissenschaftliche Classe. Wien. 8.

SB. Böhm. Ges. — Sitzungsberichte der Königl. Böhmischen Gesellschaft der Wissenschaften [in Prag]. — [ann. 1885 & sequ.:] Mathematisch-naturwissenschaftliche Classe. Prag. 8.

SB. Ver. Rheinl.-Westfal. — Sitzungsberichte herausgegeben vom Naturhistorischen Verein der Preussischen Rheinlande und Westfalens. Bonn. 8.

Schr. Ges. Danzig — Schriften der naturforschenden Gesellschaft in Danzig. Neue Folge. Danzig. 8.

Science Kyoto — Science Kyoto. Kyoto. 8.

Simon, Arach. France — Les Arachnides de France par Eugène Simon. *v.* 1–5, 6, 7. Paris. 1874, 75, 76, 78, 81, 84, 1914, 26, 29, 1879. 8.

Stanford Univ. Publ. — Stanford University Publications. University series. Biological Sciences. Stanford University. California. 8.

Termész. Füzetek — Természetrajzi Füzetek [az Állat-, Növény-, Ásvány-, és Földtan Köréből]. Kiadja a Magyar nemzeti Múzeum. Budapest. 8.

Tierreich — Das Tierreich. Gegründet von der Deutschen Zoologischen Gesellschaft. Herausgegeben von der Preußischen Akademie der Wissenschaften zu Berlin. Berlin. 8.

Tierw. Deutschl. — Die Tierwelt Deutschlands und der angrenzenden Meeresteile nach ihren Merkmalen und nach ihrer Lebensweise. Begründet von Friedrich Dahl. Herausgegeben von Maria Dahl und Hans Bischoff. Jena. 8.

Tierw. Mitteleur. — Die Tierwelt Mitteleuropas. Herausgegeben von P. Brohmer, P. Ehrmann, G. Ulmer. Leipzig. 8.

Trab. Mus. Madrid — Trabajos del Museo de Ciencias naturales de Madrid. — Junta para Ampliación de Estudios é Investigaciones cientificas. — Instituto nacional de Ciencias fisico-naturales. Madrid. 8.

Tr. ent. Soc. London — The Transactions of the entomological Society of London. London. 8.

Tr. Linn. Soc. London — The Transactions of the Linnean Society of London. — [Ser. 2:] Zoology. London. 4.

Univ. Calif. Publ. — University of California Publications. Technical Bulletins. Entomology. Berkeley. 8.

Verh. Ges. Basel — Verhandlungen der naturforschenden Gesellschaft in Basel. Basel. 8.

Věstnik Klubu přir. Prostěj — Věstnik Klubu přirodověděckěho v Prostějově. Prostěj. 8. [= Jahresbericht des naturwissenschaftlichen Klubs in Prossnitz [in Mähren]. Prossnitz]. 8.

Vidensk. Meddel. — Videnskabelige Meddelelser fra den naturhistoriske Forening i Kjøbenhavn for Aarene .... Kjøbenhavn. 8.

Walckenaer (& Gervais), Hist. Apt. — Histoire naturelle des Insectes. Aptères. Par [Charles Athanasie de] Walckenaer. [Tome 3:] Par Paul Gervais. [Tome 4:] Par Walckenaer et Paul Gervais. Tome 1–4; Atlas. Paris. 1837, 37, 44, 47. 8.

Zool. Anz. — Zoologischer Anzeiger. Leipzig. 8.

Zool. Stud. tillägn. Tullberg — Zoologiska Studier tillägnade Tullberg. Uppsala. 1907. 4.

Systematischer Index

Ordnung **Pseudoscorpionidea**

1817 „Faux-Scorpions", Latreille in: Cuvier, Règne an., *v.* 3 p. 107 | 1844 *Cheliferes*, P. Gervais in: Walckenaer (& Gervais), Hist. Apt., *v.* 3 p. 74 | 1855 *Chernetidae*, Menge in: Schr. Ges. Danzig, *v.* 5 fasc. 2 nr. 3 p. 22 | 1873 „*Chernetiden*", L. Koch, Übers. Darst. Eur. Chernet., p. 1 | 1879 *Chernetes*, E. Simon, Arach. France, *v.* 7 p. 1 | 1880 *Pseudoscorpiones*, Pavesi in: Ann. Mus. Genova, *v.* 15 p. 314 | 1882 *P.*, Tömösvary in: Math. termész. Közlem., *v.* 18 p. 181 | 1882 *Chelonethi*, Thorell in: Ann. Mus. Genova, *v.* 18 p. 36 | 1885 *Chernetides*, G. Canestrini, Chernet. Ital., *v.* 1 fasc. 7 p. 1 | 1889 *Chelonethi*, Thorell in: Ann. Mus. Genova, ser. 2 *v.* 7 p. 591 | 1890 *Pseudoscorpiones*, Balzan in: Ann. Mus. Genova, ser. 2 *v.* 9 p. 409 | 1891 *P.*, Balzan in: Ann. Soc. ent. France, *v.* 60 p. 504 | 1891 *Chernetidae*, N. Banks in: Canad. Ent., *v.* 23 p. 161 | 1893 *C.*, N. Banks in: ibid., *v.* 25 p. 64 | 1895 *Pseudoscorpionida*, N. Banks in: J. N. York ent. Soc., *v.* 3 p. 1 | 1896 *Chernetes*, L. Becker in: Ann. Mus. Belgique, *v.* 12 pars 3 p. 325 | 1906 *Chelonethi*, With in: Danske Selsk. Skr., *v.* 7 nr. 3 p. 1 | 1909 *C.*, Tullgren in: Results Swed. Exp. Egypt, *v.* 3 nr. 21a p. 3 | 1911 *Pseudoscorpiones*, Lessert in: Cat. Invert. Suisse, *v.* 5 p. 1 | 1911 *P.*, Kew in: P. Irish Ac., *v.* 29 nr. 2 p. 39 | 1912 *Pseudoscorpionida*, Comstock, Spider Book, p. 39 | 1917 *Pseudoscorpiones*, Nonidez in: Trab. Mus. Madrid, nr. 32 p. 9 | 1917 *Pseudoscorpionidea*, Claus-Grobben, Lehrb. Zool., ed. 9 p. 553 | 1921 *Pseudoscorpionida*, Chamberlin in: Canad. Ent., *v.* 53 p. 186 | 1927 *Pseudoscorpiones*, Kästner in: Biol. Tiere Deutschl., *v.* 25 p. 18 | 1928 *Pseudoscorpionida*, Schenkel in: Tierw. Deutschl., *v.* 8 fasc. 3 p. 52 | 1929 *Pseudoscorpiones*, Kästner in: Tierw. Mitteleur., *v.* 3 p. IV10 | 1929 *Pseudoscorpionidea*, Beier in: SB. Ak. Wien, *v.* 138 p. 445 | 1929 *Chelonethida*, Chamberlin in: Ann. nat. Hist., ser. 10 *v.* 4 p. 56 | 1930 *Pseudoscorpiones*, Hadzi in: Prirod. Istraživ. Kraljev. Jugoslav., *v.* 16 p. 65 | 1931 *Chelonethida*, Chamberlin in: Stanford Univ. Publ., *v.* 7 p. 206.

Eine scharf umrissene Gruppe der Arachnoiden, deren Vertreter durchweg kleine, unscheinbare Tiere von 0,8 bis höchstens 5 oder 6 mm Körperlänge sind. Körper in der Draufsicht mehr oder weniger eiförmig, stärker oder schwächer depreß. Färbung von gelb bis schwarzbraun in den verschiedensten Abstufungen, mitunter auch leicht olivenfarben, meist jedoch stumpf gelblich- oder rötlichbraun. Die stärker chitinisierten Teile des vorderen Körperabschnittes und die Pedipalpen gewöhnlich dunkler als der Hinterleib. Lebhafte Farben treten nicht auf; nur bei einigen süd- und zentralamerikanischen Arten der Gattung *Argentochernes* kommt silberweiße Fleckung vor. Das Integument ist matt oder mehr oder weniger glänzend, bisweilen mit schwachem Seiden-, Fett-, Metall- oder Bleiglanz. Die Stärke des Glanzes hängt von der Granulierung ab, welche vollständig fehlen kann oder in verschiedenen Graden bis zu höcker- und dornförmiger Gestalt ausgebildet ist. Der Körper ist stets beborstet. Die Borsten sind einfach, gezähnt oder mehr oder weniger keulenförmig. Außer den normalen Borsten kommen stets Tasthaare (Trichobothrien) vor, deren Stellung von großer systematischer Wichtigkeit ist.

Der Körper (Fig. 1 u. 2) läßt sich in eine einheitliche Kopfbrust (Cephalothorax, auch Carapax) und ein aus 11 Segmenten bestehendes Abdomen gliedern. Der *Cephalothorax* ist gewöhnlich so lang wie breit oder etwas länger, selten *(Minniza)* fast doppelt so lang wie breit. Seine Seitenränder verlaufen entweder parallel zueinander (*Neobisium, Roncus* usw.) oder sie divergieren etwas nach vorn (*Chthonius*) oder sie laufen nach vorn gerundet oder spitzbogenförmig gegeneinander (*Chelifer, Chernes*). Dementsprechend ist auch der Vorderrand des Cephalothorax entweder breit (*Neobisium, Chthonius*) oder schmal (*Chelifer, Chernes*) abgestutzt. In ersterem Falle findet sich mitunter in der Mitte des Vorderrandes eine kleine, unpaare, einfache oder gezähnte dreieckige Vorragung, das sogenannte Epistom. Die Scheibe des Cephalothorax ist entweder vollständig einheitlich (*Neobisium, Chthonius*) oder durch 1 bis 2 Querfurchen scheinbar in 2, bzw. 3 Abschnitte geteilt (*Olpium, Garypus*, Cheliferidae). Mit Segmentgrenzen haben diese Querfurchen jedenfalls nichts zu tun; es sind nur sekundäre, rein

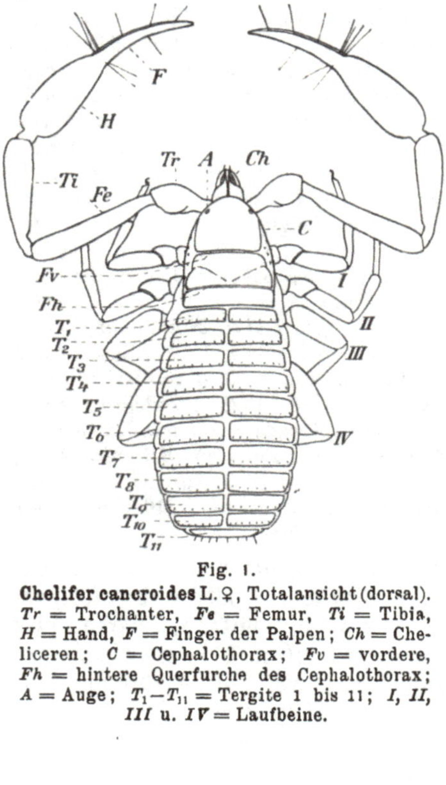

Fig. 1.
Chelifer cancroides L. ♀, Totalansicht (dorsal). *Tr* = Trochanter, *Fe* = Femur, *Ti* = Tibia, *H* = Hand, *F* = Finger der Palpen; *Ch* = Cheliceren; *C* = Cephalothorax; *Fv* = vordere, *Fh* = hintere Querfurche des Cephalothorax; *A* = Auge; T_1—T_{11} = Tergite 1 bis 11; *I, II, III* u. *IV* = Laufbeine.

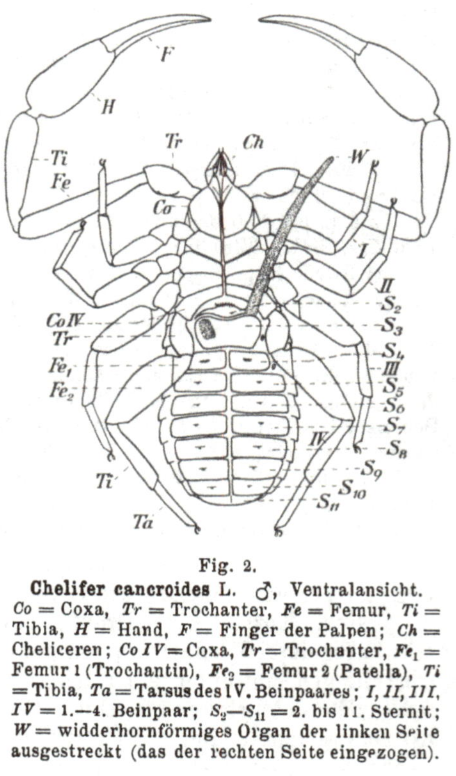

Fig. 2.
Chelifer cancroides L. ♂, Ventralansicht. *Co* = Coxa, *Tr* = Trochanter, *Fe* = Femur, *Ti* = Tibia, *H* = Hand, *F* = Finger der Palpen; *Ch* = Cheliceren; *Co IV* = Coxa, *Tr* = Trochanter, Fe_1 = Femur 1 (Trochantin), Fe_2 = Femur 2 (Patella), *Ti* = Tibia, *Ta* = Tarsus des IV. Beinpaares; *I, II, III, IV* = 1.—4. Beinpaar; S_2—S_{11} = 2. bis 11. Sternit; *W* = widderhornförmiges Organ der linken Seite ausgestreckt (das der rechten Seite eingezogen).

oberflächliche Gebilde. Das Integument des Cephalothorax ist glatt (*Neobisium*) oder mehr oder weniger fein und gleichmäßig granuliert oder chagriniert (*Verrucaditha, Chernes, Hesperochernes*), bisweilen zwischen der feinen Granulierung auch noch mit gröberen Körnchen bestreut (*Chelifer*). Nicht selten kommt auch eine leder- oder netzartige Skulptur vor. Die Beborstung des Cephalothorax ist bei verschiedenen Gruppen verschieden ausgebildet. Die Zahl der Borsten schwankt zwischen 14 und über 100. Je geringer ihre Anzahl ist, ein desto wertvolleres systematisches Merkmal bildet ihre Stellung, die dann vollkommen fixiert ist und sich leicht in einer Formel ausdrücken läßt. Diese Formel besteht aus 3 Zahlen, von welchen die beiden ersten die Anzahl der in der vordersten und hintersten Querreihe stehenden Borsten, die 3. aber die Gesamtzahl der Borsten angeben; zum Beispiel: 4—4,18.

Diese Formel besagt, daß der Cephalothorax 18 Borsten trägt und die beiden Querreihen nahe dem Vorder- und Hinterrand aus je 4 Borsten gebildet werden. Die Borsten selbst sind entweder lang, einfach und spitz (*Neobisium, Lamprochernes*), gesägt (*Chelifer*) oder mehr oder weniger keulenförmig (*Chernes, Pilanus, Myrmochernes*).

Sind Augen vorhanden, so befinden sich diese im vorderen Abschnitte des Cephalothorax und zwar in seitlicher Lage. Die höchste vorkommende Augenanzahl ist 4 (jederseits 2). Diese findet sich bei den Verrucadithini, Dithini, einigen Vertretern der Kewochthoniini und Chthoniini, sowie bei *Neobisium* s. str., *Ideobisium, Microcreagris, Olpium* und *Garypus*. Oft ist ein Augenpaar, und zwar meist das hintere, rudimentär oder ganz verloren gegangen (zahlreiche Kewochthoniini und Chthoniini, *Roncus*). Bei der Gattung *Chelifer* gelangt überhaupt nur 1 Augenpaar zur Entwicklung. Vielfach fehlen Augen vollständig, so bei den Höhlenformen (*Blothrus, Parablothrus*), bei zahlreichen Chthonien und bei sämtlichen Vertretern der Gattungen *Chernes, Hesperochernes, Atemnus, Lamprochernes, Mirochernes, Argentochernes, Myrmochernes, Pilanus, Zaona* und anderen. In letzterem Falle kann jedoch der ursprüngliche Sitz der Augen noch durch einen hellen Fleck im Integument (Augenfleck) angedeutet sein, wie dies bei einigen Arten der Gattungen *Atemnus* und *Lamprochernes*, sowie bei einigen Höhlenformen vorkommt. Der Bau der Augen ist auch dort, wo diese gut entwickelt sind (*Neobisium*), sehr einfach. Es handelt sich um konvertierte Augen mit Linse, Glaskörper, Retina und Tapetum. Die Linse wird durch die verdickte und aufgehellte Cuticula und der Glaskörper durch etwas vergrößerte und nur wenig modifizierte Zellen der Hypodermis gebildet. Die Retinazellen (etwa 20) sind keulenförmig mit distal, d. h. unter der Hypodermis gelegenem Kern; die verschmälerten proximalen Zellenden bilden Rhabdome, die eigentlichen rezipierenden Teile, aus. Der Sehnerv verläuft dicht unter der Hypodermis und tritt seitlich in das Auge ein. Das ganze Auge wird innen von einem schalenförmigen, aus Faserschichten aufgebautem Tapetum eingehüllt, welches ihm bei auffallendem Licht einen intensiven, silberblauen Glanz verleiht. Bei *Chelifer* sind die einzelnen Teile des Auges stark rückgebildet. Das Tapetum ist schon gänzlich verschwunden. Ein Formensehen wird bei dem einfachen Bau der Augen wohl kaum möglich sein, sondern nur ein Unterscheiden verschiedener Helligkeitsgrade.

Am Cephalothorax inserieren sämtliche Extremitäten. Das 1. Extremitätenpaar, die Cheliceren (auch manchmal Mandibeln genannt) (Fig. 3) heften sich mittels einer ringförmigen, weichen Gelenkhaut an der Vorderseite des Cephalothorax an. Sie sind groß im Verhältnis zum Cephalothorax bei den Chthonien sowie bei *Neobisium* und *Roncus*, klein bei *Garypus* und den Cheliferiden. In ersterem Falle sind sie etwa halb so lang wie der Cephalothorax und nehmen fast seine ganze Breite ein, in letzterem Falle sitzen sie als kleine Anhänge an der schmal abgestutzten oder abgerundeten Vorderseite desselben. Die Cheliceren, welche der Nahrungsaufnahme dienen, sind 2gliedrig. Sie bestehen aus einem Stammglied, welches medial einen fingerartigen, unbeweglichen Fortsatz (fester Chelicerenfinger) besitzt, und einem weiter lateral gelenkig inserierten, beweglichen, ebenfalls fingerartigen 2. Glied (beweglicher Chelicerenfinger). Auf diese Weise bilden die Cheliceren ein scherenartiges Organ. Ihr Integument ist meist glatt, bei den Chthonien jedoch oftmals granuliert. Der Stamm ist auf der Dorsalseite in ganz bestimmter, für einzelne Gruppen oder Genera charakteristischer Weise beborstet. Die Borsten der Cheliceren werden in den Diagnosen mit

Großbuchstaben bezeichnet. In der typischen, vollzähligen Ausbildung (Fig. 4) sind 6 große Borsten des Stammes zu unterscheiden: 2 quergestellte nahe der Basis, die eine *(B)* mehr median, die andere *(E)* nach außen gerückt; weiter distal folgen 3 Borsten *(SB, LS, ES)*, die entweder in einer Querreihe stehen oder mehr oder weniger gegeneinander verschoben sind, deren lateralste *(ES)* sich jedoch immer nahe der lateralen Einlenkungsstelle des beweglichen Fingers befindet; gewöhnlich ist die medialste Borste dieser Reihe *(SB)* die kräftigste; die 6. Borste *(IS)* steht an der Basis des festen Fingers oder ist mehr oder weniger an diesem hinaufgerückt. Diese normale Sechszahl der Borsten kann durch Reduktion vermindert werden. Verhältnismäßig häufig verschwindet die Borste E, so bei *Neobisium (Blothrus) odysseum*, bei *Maorichthonius* und anderen. Bei den Cheliferiden fällt außer E auch noch B fort, mitunter auch noch 1 Borste aus der Reihe SB, LS, ES.

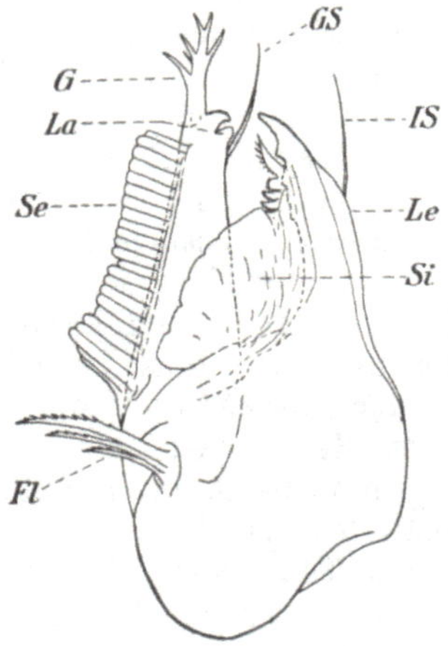

Fig. 3.
Rechte Chelicere von **Chernes jonicus** Beier, Ventralansicht. *G* = Galea, *La* = Subapikallobus, *Se* = Serrula exterior, *Fl* = Flagellum, *Le* = Lamina exterior, *Si* = Serrula interior, *GS* = Subterminalborste des beweglichen Fingers, *IS* = Borste, welche an der Basis des letzten Fingers inseriert.

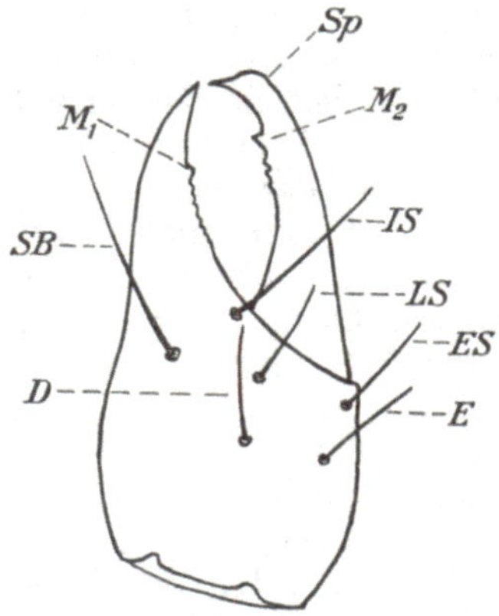

Fig. 4.
Rechte Chelicere eines **Neobisium**, Dorsalansicht. *Sp* = Spinnhöcker, M_1 und M_2 = Medianzahn des festen und beweglichen Fingers, *IS, SB, LS, ES, D* und *E* = Borsten (siehe Text).

Auf der Unterseite des Stammes gegen lateral, nahe der Basis des beweglichen Fingers, befindet sich ein systematisch sehr wichtiges Organ, das Flagellum (Fig. 3, Fl). Dieses besteht aus einer Gruppe mehr oder weniger steifer, beweglich eingelenkter Borsten von ganz bestimmter Anzahl. Ihre Zahl schwankt zwischen 1 und 10 und ist bei den Cheliferiden stets geringer als bei den Chthonien und Neobisien. Die größte Anzahl von Flagellumborsten besitzen die Chthonien und Neobisien, bei welchen die einzelnen Borsten oftmals einseitig gefiedert sind. Bei den Chthonien sind 7 bis 10 Flagellumborsten vorhanden, die meist in einer dichten Gruppe stehen und sehr lang sind. Nur bei den Lechytiinen sind sie einfach und stehen in einer Reihe. Unter den Neobisien besitzt *Neobisium (Blothrus) spelaeum* ebenfalls 10 Flagellumborsten, *Neobisium muscorum* nur 8 und *Roncus alpinus* 9; die Zahl kann jedoch bei den Neobisien noch geringer werden. Bei *Garypus, Garypinus* und *Olpium* finden sich meist 3 Flagellumborsten, doch kommen auch 4 vor, so bei *Garypinus birmanicus* und *Garypinus nobilis*; bei *Geogarypus irrugatus* und *G. longidigitatus* ist ihre

Zahl sogar bis auf 1 reduziert. Außerordentlich charakteristische Verhältnisse finden sich bei den Cheliferiden, von welchen die Gattungen *Chernes* und *Lamprochernes* durchweg 3, die Gattungen *Hesperochernes*, *Withius* und *Atemnus* jedoch 4 Flagellumborsten besitzen. Auch bei den Cheliferiden kommt jedoch eine noch weitergehende Reduktion der Flagellumborsten vor; so besitzen z. B. die Genera *Pilanus* und *Myrmochernes* nur 2 solche Borsten.

Der mediale Fortsatz des Chelicerenstammes, also der unbewegliche Chelicerenfinger, besitzt bei sämtlichen Cheliferiden und Carypiden an seiner Lateralseite eine schmale, häutige Membran, die Lamina exterior (Fig. 3, Le). Diese reicht in ihrer typischen Ausbildung (*Chernes*) etwa von der Mitte des Chelicerenstammes bis nahe zur Spitze des unbeweglichen Fingers, wobei sie distal allmählich an Breite zunimmt. Die Lamina exterior kann jedoch weitgehend reduziert sein (*Myrmochernes, Garypus*) oder sie fehlt vollständig (*Chthoniiden, Neobisium, Roncus*). An der Medialseite dieses Fingers befindet sich ein weiterer häutiger, velumartiger Anhang, die Serrula interior (Fig. 3, Si), welche ebenfalls bei den Cheliferiden und besonders bei der Gattung *Chernes* und ihren Verwandten am besten entwickelt ist. Sie heftet sich an der Medialseite des festen Fingers, etwas ventral und an der Vorderseite des Stammes, ebenfalls ventral, an. Bei den Chthonien ist sie ziemlich schmal und setzt sich aus einer Anzahl dicht gedrängt stehender, kammzahnartiger Lamellen zusammen, wobei nur die distalen Lamellen isoliert sind. Bei *Neobisium* und seinen Verwandten ist die Serrula interior schon etwas breiter und länger, besteht jedoch ebenfalls noch aus schmalen, distal zugespitzten, kammzahnartigen Lamellen und weist so eine große Ähnlichkeit mit der später zu besprechenden Serrula exterior des beweglichen Fingers auf. Erst bei *Olpium* beginnt eine Spezialisation im Bauplan der Serrula interior, indem hier die kammzahnartigen Lamellen von der Basis her miteinander verschmelzen und so ein mehr oder weniger einheitliches, nur am freien Rand eingekerbtes, allerdings noch ziemlich schmales Velum ergeben. Die typische Ausbildung endlich erreicht die Serrula interior bei den Cheliferiden und hier besonders bei der Gattung *Chernes* und ihren näheren Verwandten. Sie ist hier zu einer außerordentlich breiten, sehr dünnen, velumartigen Membran geworden, welche in ihrem größten basalen Teile vollständig einheitlich ist und höchstens am freien Rande ganz leichte Einkerbungen aufweist. Distal, nahe der Spitze des unbeweglichen Fingers, besitzt sie 3 bis 5 weichhäutige, abgerundete oder zugespitzte, einseitig gezähnelte Fortsätze, die in gewissen Fällen als systematisches Merkmal gut zu verwerten sind. Der terminale Fortsatz ist meist stark verlängert, länger als die übrigen und bisweilen ungezähnt, einfach und nahezu borstenförmig. Der unbewegliche Finger selbst ist an seiner Medialseite entweder in seiner ganzen Länge fein gezähnelt (Chthonien, Neobisien) oder er besitzt distal einige widerhakenförmig nach hinten gerichtete Zähne (*Chernes, Chelifer*), welche aber auch mehr oder weniger rückgebildet sein können.

Das 2. Glied der Cheliceren, der bewegliche Chelicerenfinger, ist vorn-außen am Stamm gelenkig inseriert und kann gegen den festen Finger, mit dem zusammen er eine Schere bildet, bewegt werden. Bei den Chthonien und Neobisien ist er an seiner Medialseite in stärkerem oder schwächerem Grade gezähnt, wobei meist ein kräftiger Medianzahn, basal von welchem sich noch einige kleinere Zähnchen befinden, besonders hervortritt. Bei den Garypiden und Cheliferiden ist er jedoch ungezähnt und es findet sich hier höchstens ein stumpfer Praeapicalzahn unter der Endklaue. Auf seiner Oberseite trägt der bewegliche Finger mehr oder weniger weit distal von der Mitte eine Borste, welche als GS bezeichnet wird und deren Länge mitunter systematisch von Wichtigkeit ist. — Ähnlich wie der feste Finger besitzt auch der bewegliche auf seiner Unterseite, dem Lateralrand genähert, eine Serrula, die Serrula exterior (auch Serrula externa (Fig. 3, Se)). Wenn in den Diagnosen und Bestimmungsschlüsseln einfach von einer „Serrula" gesprochen wird, so ist immer diese darunter zu verstehen. Die Serrula exterior ist entweder in ihrer ganzen Länge basal mit dem beweglichen Finger verwachsen oder sie steht in der distalen Partie in größerem oder geringerem Ausmaße frei von ihm ab. Auf dieses Merkmal wurden seinerzeit von Balzan die beiden Unterordnungen Panctenodactyli (Serrula in ihrer ganzen Länge mit dem beweglichen Finger verwachsen) und Hemictenodactyli (Serrula distal frei) gegründet. Neuerdings stellte sich jedoch die Unhaltbarkeit dieser Einteilung heraus, da sich hier keine scharfen Grenzen ziehen lassen. Bei den Chthoniiden steht die Serrula exterior in ihren beiden distalen Dritteln vollkommen frei vom beweglichen Finger ab. Bei den Neobisiiden ist höchstens die distale Hälfte frei, meist jedoch nur das letzte Drittel oder noch weniger. Und bei den Garypiden und Cheliferiden schließlich ist sie vollkommen mit dem beweglichen Finger verwachsen. Sie ist jedoch nicht in buchstäblichem Sinne fest verwachsen, sondern bleibt immer an der Anheftungslinie um ihre Längsachse drehbar, so daß sie nach medial oder lateral umgeklappt werden kann. Bei der bildlichen Darstellung von Cheliceren wird dieser Umstand vielfach benutzt und die Serrula wegen der leichteren Übersicht in nach lateral geklapptem Zustande gezeichnet. In normaler Ruhelage ist sie nach medial, also gegen die Serrula interior gerichtet. Die Serrula exterior besteht aus einer größeren oder geringeren Anzahl kammzahnartiger, flacher Lamellen, die sich dicht und ohne Zwischenräume mit ihren Schmalseiten aneinanderreihen. Die Zahl dieser Lamellen schwankt bei den Cheliferiden von etwa 15—40, ist jedoch bei den einzelnen Gattungen oder Arten immer konstant. Die geringste Anzahl (um 16) findet sich bei *Withius* und einigen *Chernes*-Arten, die höchste (30—40) bei *Titanatemnus*. Sehr häufig kommen Lamellenzahlen um 20 vor. Die Lamellen selbst sind entweder annähernd gleichartig ausgebildet oder einige von ihnen zeichnen sich durch abweichende Form und Länge aus. In ersterem Falle sind sie sämtlich am Ende entweder spitz *(Neobisium muscorum)*, abgestutzt oder gerundet *(Roncus)*, von gleicher Breite oder gegen das Ende etwas verbreitert. Im zweiten Falle sind es meist die 2 oder 3 basalen Lamellen oder die basale allein, welche sich durch ihre Länge oder Gestalt auszeichnen. So ist bei *Chelifer* und *Ectoceras* die basale Lamelle verlängert und am Ende mehr oder weniger blatt- oder spatelförmig verbreitert. Bei *Chernes* sind die basalen Lamellen kurz und klein, die 3 folgenden aber mehr oder weniger verlängert. Und bei gewissen *Garypus*-Arten sind die 2 oder 3 basalen Lamellen außerordentlich verlängert, gebogen und am Ende stark verbreitert. Aber auch am distalen Ende der Serrula kommen Spezialisationen vor. Oft ist hier nämlich die letzte Lamelle frei, länger und schmäler als die übrigen und mitunter auch zugespitzt *(Garypus, Garypinus)*. In gewissen Fällen *(Garypus floridensis)* ist eine Reihe distaler Lamellen viel schmäler als die übrigen und dicht gedrängt. — Was für eine Funktion die Serrula exterior hat, wissen wir nicht. Ebenso ist über die Bedeutung der früher besprochenen Chelicerenanhänge (Serrula interior, Lamina exterior) nichts bekannt. Nur vom Flagellum wird mit einiger Wahrscheinlichkeit vermutet, daß es ein Sinnesorgan sei.

Etwas vor der Spitze des beweglichen Chelicerenfingers, dort, wo die Krümmung der Endklaue ansetzt, liegt an der Lateralseite die Mündung der Spinndrüsen. Die Mündungsstelle selbst ist entweder einfach und unterscheidet sich nicht weiter von der Umgebung (viele Chthonien, einige Neobisien) oder sie ist in bestimmter Weise modifiziert. Bei vielen Chthonien und den meisten Neobisien befindet sich nämlich vor der Spitze dieses Fingers ein mehr oder weniger deutlicher, flacher oder konischer Höcker, der Spinnhöcker, an dessen Kuppe die Mündungen der Spinndrüsen liegen. Die Arten mit einfachem Spinnhöcker oder ohne solchen besitzen kein besonders entwickeltes Spinnvermögen und machen nur in der Jugend und im weiblichen Geschlechte davon Gebrauch, nicht aber als erwachsene Männchen. Weit besser ist jedoch das Spinnvermögen bei sämtlichen Cheliferiden und Garypiden ausgebildet. Diese besitzen auch an der Spitze des beweglichen Fingers an Stelle des Spinnhöckers ein besonderes, in eigenartiger Weise entwickeltes Organ, die Galea (Fig. 3, G), im einfachsten Falle ist die Galea borstenförmig oder spitz kegelförmig (gewisse *Garypus*-Arten). Bei *Tridenchthonius* und einigen Ideobisien stehen 3 bis 5 derartige einfache Spinnfortsätze in einer Reihe. Die Cheliferiden und einige Garypiden besitzen die am besten entwickelte Galea. Diese ist nämlich wenigstens distal (*Chelifer, Ectoceras*), oft aber auch in ihrer ganzen Länge (*Chernes, Lamprochernes, Atemnus, Pilanus*) mit kürzeren oder längeren Seitenzweigen versehen und nimmt so vielfach die Gestalt eines Hirschgeweihes an. An den Spitzen der Seitenäste münden dann die Ausführungsgänge der Spinndrüsen. Die Galea ist nicht selten in beiden Geschlechtern verschieden ausgebildet, und zwar beim Weibchen stärker als beim Männchen. Es hängt dies damit zusammen, daß das Weibchen sein Spinnvermögen auch noch als erwachsenes Tier während der Brutperiode zur Anfertigung von Nestbauten in weitgehendem Maße benötigt, während das erwachsene Männchen von ihm keinen oder doch nur wenig Gebrauch macht. Dementsprechend haben junge Tiere, die sich zur Häutung regelmäßig mit Hilfe von Gespinstfäden eigene Häutungsnester bauen, auch eine gut entwickelte Galea. — Die eigentlichen Spinndrüsen liegen im Cephalothorax, und zwar dicht unter der Rückendecke. Sie setzen sich aus mehreren (bis zu 10) in der Längsrichtung des Körpers verlaufenden, am Ende blind geschlossenen Schläuchen zusammen, die mitunter bei praller Füllung bis in das 1. oder 2. Abdominalsegment reichen. Bei erwachsenen Männchen, besonders bei denen der Neobisien, sind die Spinndrüsen stark rückgebildet. An der Austrittsstelle aus der Vorderseite des Cephalothorax gehen die Spinndrüsen in dünne Ausführungsgänge über, welche den Chelicerenstamm und den beweglichen Finger durchsetzen und schließlich in mehreren feinen Poren in den eben beschriebenen Spinnorganen nach außen münden.

Das 2. Extremitätenpaar und zugleich das 1., welches sich an der Ventralseite des Cephalothorax anheftet, sind die Pedipalpen (Palpen). Es sind die am kräftigsten entwickelten Gliedmaßen der Pseudoscorpione, die zum Ergreifen und Festhalten der Beutetiere, zur Verteidigung sowie bei der Kopula zum Festhalten des Weibchens dienen. Die Palpen sind 6gliedrig und bestehen aus Coxa, Trochanter, Femur, Tibia und 2 Tarsalgliedern. Das 1. Tarsalglied ist mächtig entwickelt und bildet die sogenannte Hand, welche einen fingerartigen Fortsatz besitzt, gegen welchen das fingerförmige 2. Tarsalglied scherenartig bewegt werden kann. Es ist also auch hier, ähnlich wie bei den Cheliceren, ein Greiforgan ausgebildet.

Das 1. Palpenglied, die Coxen (auch Maxillen), sind in den Dienst der Nahrungsaufnahme getreten und in die Mundbildung einbezogen worden.

Es sind kräftige Gebilde mit großer, stark chitinisierter, glatter oder mehr oder weniger granulierter Ventralplatte, welche etwa ein Drittel oder fast die Hälfte von der Länge der Ventralfläche des Cephalothorax einnimmt. In der Mittellinie stoßen die Coxen dicht aneinander. Die gegeneinander gekehrten Medialflächen divergieren jedoch ziemlich stark von unten nach oben und nehmen zwischen sich die unpaare Oberlippe, eine Verlängerung des vorderen Körperpoles und die ebenfalls unpaare Unterlippe auf. Nach vorn zu laufen die Coxen je in eine spitze, beborstete Kaulade aus. Die zwischen den Coxen gelegene, lange und schmale, terminal beborstete Oberlippe besitzt an ihrer Ventralseite eine tiefe Längsrinne, welche unten in ihrer ganzen Länge durch die ebenfalls schmale und lange Unterlippe abgeschlossen wird. Es entsteht auf diese Weise ein Rohr zur Aufnahme der Nahrung, der Mundvorraum. Dieser kann durch die Kontraktion eines kräftigen, sich dorsal an einem Chitinapodem (Processus posterior) der Oberlippe festsetzenden Muskels erweitert werden. An der Basis verschmelzen Ober- und Unterlippe zu einem einheitlichen, allseits geschlossenen Rohre, dem Pharynx. — Der Bau der Ober- und Unterlippe, sowie die Pumpeinrichtungen des sich an den Pharynx schließenden Vorderdarmes lassen darauf schließen, daß die Pseudoscorpione Außenverdauung besitzen, das heißt, daß sie Verdauungssäfte auf das Beutetier speien und dann die verflüssigte Nahrung aufsaugen. — Ober- und Unterlippe sind an ihrem Grunde auch mit den Coxen verwachsen. Etwas vor der Verwachsungsstelle entspringen jederseits 2 Anhänge der Palpencoxen, die Lamina maxillaris superior und die Lamina maxillaris inferior. Erstere ist eine mehr oder weniger breite, am Lateralrand glatte oder gezähnelte Membran. Letztere liegt unterhalb der Lamina superior, ist meist bedeutend schmäler als diese und läuft oft (Chthonien) in eine scharfe Spitze aus. Sicherlich sind diese beiden Anhänge bei der Nahrungsaufnahme von Bedeutung, doch ist über ihre eigentliche Funktion derzeit noch nichts bekannt. Vielleicht handelt es sich um Träger von Sinnesorganen. Die Maxillen selbst sind in verschiedener Weise mit spaltförmigen Sinnesorganen (Fissuren, leierförmigen Organen) versehen.

Dieses eben skizzierte Schema der Coxen- (Maxillen-) und Mundbildung wird bei den einzelnen Unterordnungen und Familien in verschiedener Weise modifiziert. Die einfachsten Verhältnisse finden sich bei den Chthoniiden (Fig. 5, 6). Die Oberlippe (Labrum) ist hier ziemlich schmal und lang-

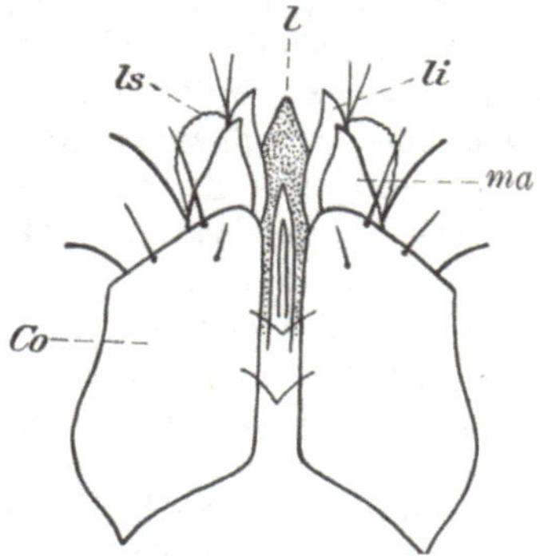

Fig. 5.
Mundorgane von **Tyrannochthonius terribilis** (With), Ventralansicht. *l* = Labrum, *li* = Lamina maxillaris inferior, *ls* = Lamina maxillaris superior, *ma* = Maxille, *Co* = Coxa. (Nach With).

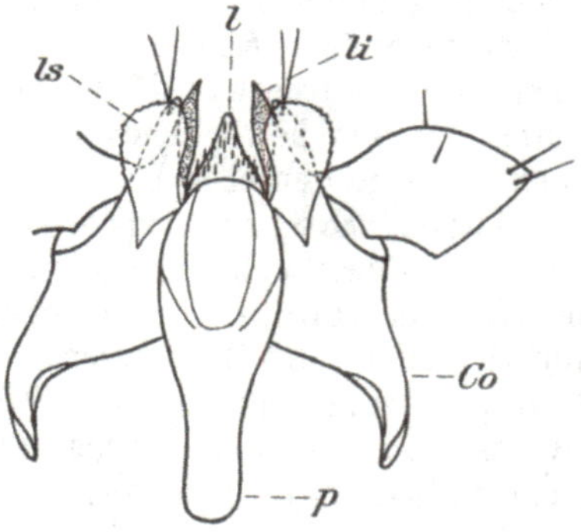

Fig. 6.
Mundorgane von **Tyrannochthonius terribilis** (With), Dorsalansicht. *l* = Labrum, *li* = Lamina maxillaris inferior, *ls* = Lamina maxillaris superior, *Co* = Coxa, *p* = Oberlippenapodem. (Nach With).

gestreckt, terminal zugespitzt und mit feinen Börstchen (Sinnesorganen) besetzt (Fig. 7, l), ihr Processus posterior (Apodem) ist lang und schmal. Die Unterlippe (Labium) ist ebenfalls schmal. Die Lamina superior (Fig. 7, ls) ist blättchenförmig, am Ende breit abgerundet *(Tyrannochthonius)* oder zugespitzt *(Chthonius)*, am Lateralrande fein gezähnelt. Die Lamina inferior (Fig. 7, li) ist lanzettförmig, am Ende in eine kürzere oder längere Spitze ausgezogen. Die Kauladen der Maxillen (Coxen) sind schwach klauenförmig gegeneinander gekrümmt und tragen im distalen Teile je 2 lange Borsten. Ähnliche, ebenfalls ziemlich einfache Verhältnisse finden sich bei den Neobisien. Das Labrum ist jedoch hier *(Neobisium muscorum)* verhältnismäßig gedrungen und vorn breit abgerundet, sein Apodem kurz. Die Lamina superior und L. inferior sind ziemlich klein, erstere terminal schmal, letztere breit abgerundet. Bei *Ideoroncus* ist das Labrum wieder schmäler, die Lamina superior stumpf lanzettförmig, die Lamina inferior stark rückgebildet, klein und oval. Der Processus posterior des Labrum ist breit, knopfförmig.

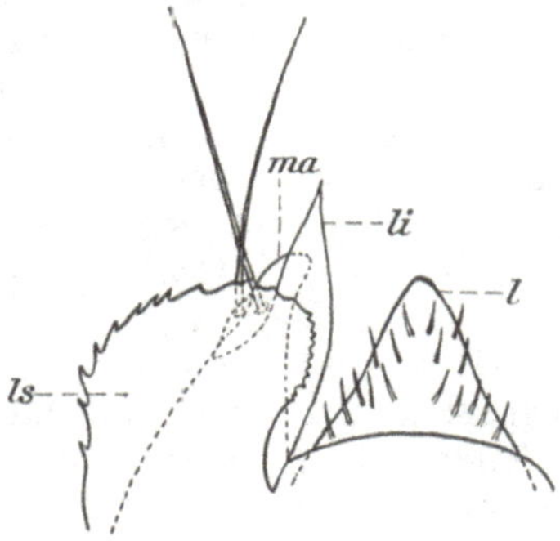

Fig. 7.
Mundorgane von Tyrannochthonius terribilis (With). *l* = Labrum, *ls* = Lamina maxillaris superior, *li* = Lamina maxillaris inferior, *ma* = Maxille. (Nach With).

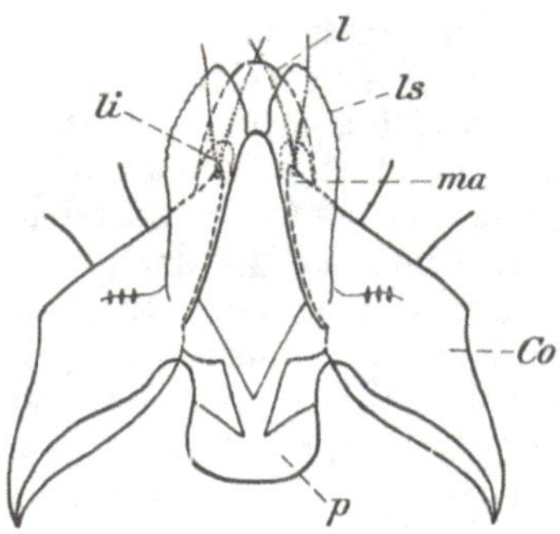

Fig. 8.
Mundorgane von **Dhanus siamensis** (With). Dorsalansicht. *l* = Labrum, *li* = Lamina maxillaris inferior, *ls* = Lamina maxillaris superior, *ma* = Maxilla, *p* = Oberlippenapodem, *Co* = Coxa. (Nach With).

Die Garypiden *(Garypus)* zeichnen sich besonders durch äußerst schmale Lamina inferior und kurzen, queren Processus posterior aus. Das Labrum ist länglich, vorn abgerundet, die Lamina superior lang-oval. Das Labrum besitzt jedoch an der Basis jederseits eine flügelartige Verbreiterung Ähnlich sind die Verhältnisse bei *Garypinus*, doch ist die Lamina superior am Lateralrande deutlicher gezähnelt und das Labrum vorn breiter. Den kompliziertesten Bau der Mundorgane finden wir aber bei den Cheliferiden. Das Labrum ist basal breit, verjüngt sich allmählich nach vorn und ist terminal abgerundet; seine Dorsalseite und die Basis ist mit verschiedenen, in mannigfaltiger Weise ausgebildeten, chitinigen Fortsätzen versehen. Es ist nur eine breite und lange, am Lateralrande gezähnelte Lamina maxillaris vorhanden, die wahrscheinlich mit der Lamina superior der übrigen Formen zu identifizieren sein wird.

Das 2. Palpenglied, der Trochanter, ist kurz, mehr oder weniger becherförmig und kürzer oder länger gestielt. Der Stiel setzt sich vom Körper des Trochanter meist deutlich ab. Letzterer ist zylindrisch bis nahezu kugelförmig, glatt oder granuliert und an seiner Hinterseite oft mit 1—2 Höckern versehen. Bei den Neobisien findet sich meist ein einzelner, kleiner, flacher Höcker nahe dem Gelenkrande; bei den Cheliferiden sind meist 2 Höcker an der Hinterseite des Trochanter vorhanden, welche in verschiedener Weise ausgebildet sein können und in extremen Fällen spitz kegelförmig oder mammaförmig sind und dann stark vorragen. Der Trochanter ist wenigstens auf seiner Vorderseite (Neobisien), oft aber (Cheliferiden) nahezu ringsum beborstet. Die Borsten sind entweder lang und spitz (*Neobisium*, *Lamprochernes*), kurz und gezähnt (*Chelifer*) oder mehr oder weniger keulenförmig (*Chernes*).

Das 3. Glied, das Femur, ist langgestreckt, entweder von der Basis gegen das Ende allmählich verdickt oder an der Basis mehr oder weniger plötzlich verjüngt und gestielt. In letzterem Falle ist es hinten (lateral) stets stärker verbreitert als medial (vorn). Das Verhältnis der Länge zur Breite ist sehr verschieden, bei den einzelnen Arten jedoch immer konstant. Gewisse Cheliferiden weisen insofern einen Geschlechtsdimorphismus auf, als das Femur beim Männchen bedeutend dicker und gedrungener ist als beim Weibchen. Höhlenformen haben meist ein außerordentlich schlankes Femur, wie ja bei ihnen überhaupt die Extremitäten meist stark verlängert sind. Das Integument ist glatt, teilweise oder gänzlich granuliert und in gewissen Fällen (einige *Chelifer*-Arten) auch an bestimmten Stellen mit gröberen Körnchen bestreut. Auch kräftige, höcker- oder stachelartige Fortsätze an der Medialseite des Femur kommen vor. Das Femur ist ringsum beborstet, die Borsten der Medialseite sind jedoch meist länger und kräftiger als die der Lateralseite. Die Borsten können wieder, je nach der Gruppe, lang und spitz, kurz und gezähnt oder keulenförmig sein. Bei *Garypus* sind sie stark rückgebildet und nur bei stärkerer Vergrößerung zu erkennen. Bei *Pilanus* dagegen an der Medialseite des Femur als lange, dicke, pfahlartige Gebilde entwickelt. An der Hinterseite des Femur kommen bei gewissen Gattungen (*Atemnus*, *Lamprochernes*) an ganz bestimmter Stelle 1 bis 2 längere Borsten vor, die vielleicht als Tasthaare zu deuten sind, jedoch nicht so inseriert sind wie die Trichobothrien der Finger. Einige Arten (*Chernes pilosus*, *C. jonicus*) besitzen im männlichen Geschlechte eine lange, dichte, mähnenartige Behaarung an der Medialseite des Femur.

Das 4. Glied, die Tibia, ist stets mehr oder weniger kürzer als das Femur, bei den Chthonien sehr klein, becherförmig, basal stark verjüngt, bei den übrigen Gruppen größer, mit einem Stiel und einer von diesem meist deutlich abgesetzten Keule. Der Stiel ist drehrund oder im Querschnitt elliptisch, die Keule länger oder kürzer oval, oft mehr oder weniger blasenförmig aufgetrieben, mitunter im männlichen Geschlechte an der Medialseite mit einer kegelförmigen Erhebung. Distal, an der Einlenkungsstelle der Hand, ist die Tibia entweder hoch geschlossen oder (*Neobisium*) mit einem mehr oder weniger weit an ihrer Medialseite herunterreichenden Gelenkausschnitt versehen. Integument und Beborstung verhalten sich wie am Femur. Auch die Tibia kann (*Atemnus*, *Lamprochernes*) an ihrer Lateralseite, und zwar noch im Bereiche des Stieles 1 bis 2 längere Haare besitzen. Eine dichte, mähnenartige Behaarung an der Medialseite der Tibia kommt im männlichen Geschlechte ebenfalls vor (*Chernes pilosus*).

Die beiden Tarsalglieder bilden zusammen eine Schere. Das 1. Tarsalglied ist mächtig entwickelt und besteht aus einem stark verbreiterten, eiförmigen bis rundlichen, mehr oder weniger depressen Stammteil, der Hand, und einem an ihrem Ende dorsal entspringenden fingerartigen Fortsatz, dem festen oder unbeweglichen Palpenfinger. Die Form der Hand ist für die meisten Arten außerordentlich charakteristisch und weist vielfach besondere Eigentümlichkeiten auf. So kann die Hand als ganze oder stellenweise stark verbreitert sein (gewisse *Chernes*-Arten), Eindellungen oder Einsattelungen aufweisen (einige *Chthonius*-Arten) oder zapfenförmige Fortsätze besitzen (*Mirochernes*). Das Integument ist glatt oder mehr oder weniger granuliert, jedoch nie in dem Ausmaße wie an Femur und Tibia. Auch sind die Borsten der Hand stets dünner als an den beiden genannten Gliedern und Keulenborsten ziemlich selten. Der feste Finger, welcher basal meist eine mehr oder weniger deutliche Verdickung besitzt, setzt sich gewöhnlich vermittels einer schmalen Einsattelung an die Hand an. Er ist medial mit einer Reihe von Zähnchen bewehrt, welche dicht oder in Abständen voneinander stehen, mitunter auch rudimentär sind. In letzterem Falle ist dann meist eine mehr oder weniger gekerbte Lamelle vorhanden. Bei der Gattung *Chernes* kommen außerdem sogenannte Nebenzähne, kleine, spitze Chitinkegel vor, die lateral und medial von der normalen Zahnreihe stehen. Der feste Finger geht am Ende in eine medialwärts gebogene, spitze Klaue über. Die Klaue ist durchbohrt und stellt einen Giftzahn dar; denn durch sie mündet der Ausführungsgang einer Giftdrüse, welche im festen Finger gelegen ist und bis zu dessen Basis reicht. Vor dem Giftzahn, diesem meist angeschmiegt, befindet sich ein dünner Fortsatz, die Lamina defensor (Fig. 9, D). Ventral vom festen Finger artikuliert am Ende der Hand mittels eines gut ausgebildeten Gelenkes der bewegliche Finger. Dieser ist ähnlich ausgebildet wie der unbewegliche, jedoch meist etwas graziler. Er besitzt ebenfalls am Medialrande eine Zahnreihe, die aus dicht sitzenden oder voneinander getrennt stehenden Zähnen besteht. Auch diese Zähne können zu einer gesägten Lamelle oder gänzlich reduziert sein, und zwar kommt dies häufiger vor als am festen Finger. Der bewegliche Finger besitzt ebenfalls eine medialwärts gebogene Endklaue, die jedoch nur bei den Cheliferiden mit einer Giftdrüse in Verbindung steht. Nebenzähne kommen ähnlich wie am festen Finger vor. Die Länge der Finger ist schwankend; sie können kürzer, so lang oder bedeutend länger als die Hand sein. Es hängt dies mit der allgemeinen Form der Palpen zusammen. Ersteres kommt bei plumpem, letzteres bei grazilem, schlanken Palpenbau vor. Eine auffallende Verlängerung der Finger findet bei Höhlenformen statt.

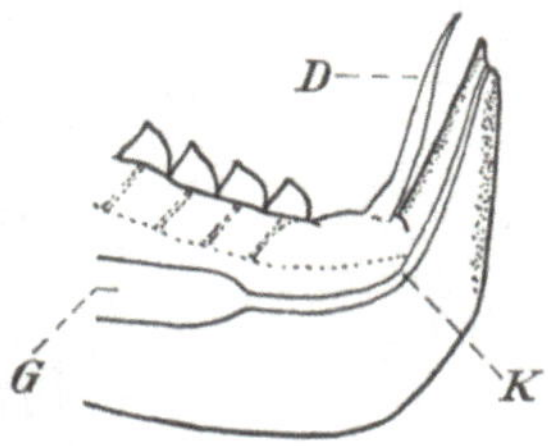

Fig. 9.
Spitze des festen Palpenfingers von **Neobisium carolinense** (Banks). *G* = Giftdrüse, *K* = Giftkanal, *D* = Lamina defensor. (Nach Chamberlin.)

Die Hand und besonders die Finger sind der Sitz zahlreicher Sinnesorgane. Es finden sich spaltförmige Sinnesorgane, die meist in der Nähe der Gelenke gelegen sind und wahrscheinlich der Wahrnehmung von durch Muskelkontraktionen hervorgerufenen Integumentspannungen dienen; ferner kegelförmige Höhlungen, die durch eine Membran verschlossen sind, von deren Mitte ein Chitinstäbchen in die Höhlung hineinragt. Bau und Funktion dieser Organe ist unbekannt. Die wichtigsten und auch für systematische Zwecke gut verwertbaren Sinnesorgane sind jedoch die Trichobothrien (Tasthaare, Hörhaare). Es sind außerordentlich lange, dünne Haare, die in deutlich sichtbaren, kugelförmig ausgehöhlten und an der Oberfläche ringförmig gerandeten Anschwellungen des Integuments, sog. Bechern, beweglich eingelenkt sind (Fig. 10). Sie stehen mit zahlreichen Ganglienzellen im Innern

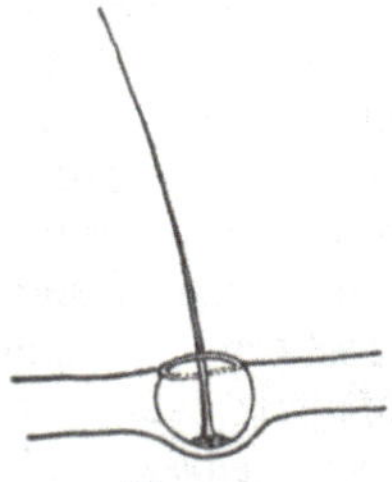

Fig. 10.
Tasthaar (Trichobothrium) mit seinem Einlenkungsbecher im Integument. (Optischer Querschnitt).

des Fingers in Verbindung, dienen dem Tastsinn und nehmen wahrscheinlich auch durch Geräusche hervorgerufene Luftschwingungen wahr. Die Trichobothrien sind meist in 12- oder 13-Zahl vorhanden und ihre Stellung ist für die einzelnen höheren Gruppen oder sogar Genera außerordentlich charakteristisch (Fig. 11, 12). In den Diagnosen werden die Trichobothrien mit Kleinbuchstaben bezeichnet. Am 1. Tarsalglied, also auf der Hand und dem festen Finger unterscheidet man in typischen Fällen die Trichobothrien *ib, isb, eb, esb, ist, est, it, et* und *ds,* am beweglichen Finger *b, sb, st* und *t*. Die Trichobothrien *ib* und *isb* sowie *eb, esb* und *ist* bilden meist 2 mehr oder weniger zusammenhängende Gruppen. Bei den meisten Chthoniiden stehen *ib* und *isb* am Handrücken, und zwar bei den *Dithinen* nahe der Handbasis und bei den Chthoniinen etwa in der Mitte der Hand. Bei den übrigen Familien sind sie an die mediale Basis des festen Fingers oder mehr oder weniger an diesem hinaufgerückt, wobei bei den Neobisien und bei *Afrochthonius* und Verwandten eines der Tasthaare *(ib)* rudimentär geworden ist.

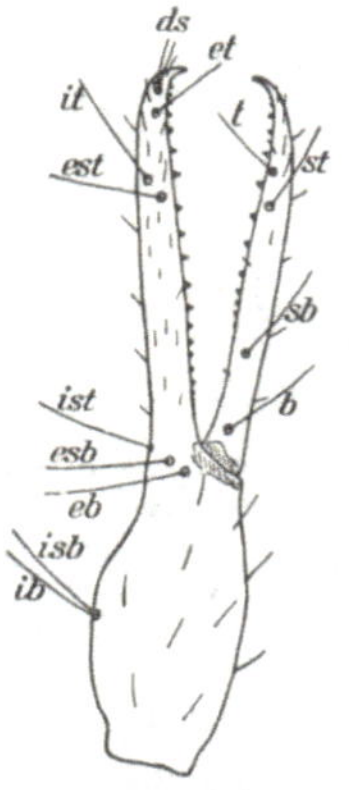

Fig. 11.
Palpenhand von **Chthonius tetrachelatus** (Preyssl.) mit den Trichobothrien *ib, isb, eb, esb, ist, est, it, et, ds, b, sb, st* und *t.*

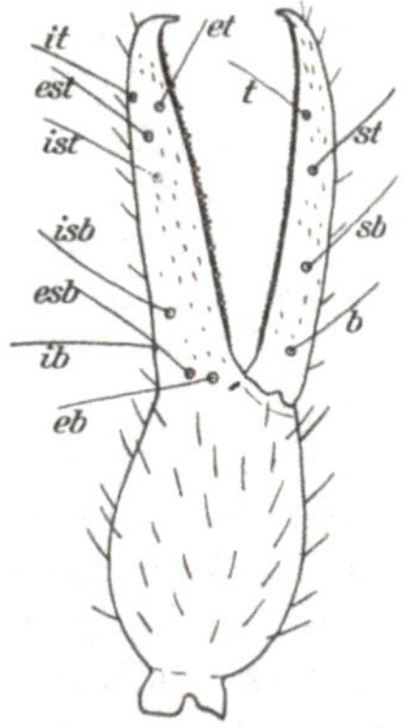

Fig. 12.
Palpenhand von **Neobisium muscorum** (Leach) mit den Trichobothrien *eb, esb, ib, isb, ist, est, et, it, b, sb, st* und *t.*

Die Trichobothrien *eb, esb* und *ist* befinden sich in normaler Stellung in einer Schrägreihe an der Basis des festen Fingers: *eb* und *esb* haben sich jedoch bei den Lechytiinen aus dem Verbande losgelöst und stehen nun hintereinander auf dem Handrücken vor den basal gelegenen Trichobothrien *ib* und *isb*. Die Tasthaare *est, it, et* und *ds* stehen hintereinander in größeren oder geringeren Abständen am festen Finger, *est* mehr proximal, *ds* ganz distal; *ds* besteht bei den Chthoniiden aus 2 miteinander verschmolzenen Bechern, die dementsprechend auch 2 Tasthaare aus sich hervorgehen lassen; oftmals ist *ds* rudimentär oder gänzlich verschwunden (*Neobisium, Hyarinus, Syarinus, Zaona, Chernes, Hesperochernes, Chelifer* und andere). Von den Trichobothrien des beweglichen Fingers steht *b* immer basal; die übrigen befinden sich in verschieden großen Abständen hintereinander am Finger. Die meisten Trichobothrien befinden sich an der konvexen, also Lateralseite der Finger, nur *ib* und *isb*, falls diese überhaupt in den Bereich des Fingers gerückt sind, sowie in gewissen Fällen *it* liegen seitlich oder an der konkaven (Medial-) Seite des festen Fingers. Außer den besprochenen Trichobothrien finden sich bei *Hyarinus, Ideoroncus* und anderen Gattungen noch einige (4 bis 5) akzessorische Tasthaare auf dem Handrücken in ganz bestimmter Anordnung.

Da die Maßverhältnisse der Palpenglieder untereinander sowie ihre Längen- und Breitenverhältnisse für die einzelnen Arten außerordentlich charakteristisch sind, werden in den Diagnosen diese Maße immer angegeben. Steht hinter der Längenangabe von Femur, Tibia oder Hand noch eine weitere Zahl in Klammer, so bedeutet diese die Länge des betreffenden Gliedes ohne Stiel gemessen. Alle Angaben beziehen sich auf die größte Länge bzw. Breite eines Gliedes.

Hinter den Palpen folgen auf der Ventralseite des Cephalothorax 4 weitere Extremitätenpaare, die Schreitbeine. Diese bestehen aus Coxa, Trochanter, Femur, Tibia, 1 bis 2 Tarsengliedern und einem Praetarsus. Das Femur ist meist deutlich in 2 Teile gegliedert, nämlich in das Trochantin und das eigentliche Femur (auch Femur 1 und Femur 2) oder Femur und Patella. Die Coxen stoßen in der Medianlinie dicht aneinander oder lassen nur einen schmalen Spalt zwischen sich frei, so daß es nicht zur Entwicklung eines Sternum kommt. Nur bei *Sternophorus* treten sie weit auseinander und schließen zwischen sich ein ovales, gut entwickeltes Sternum ein.

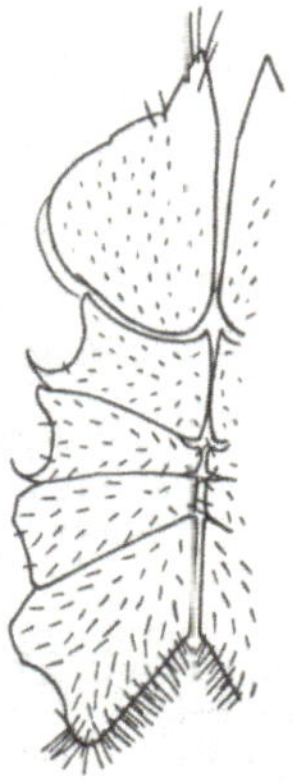

Fig. 13. Coxen von **Chernes grandis** Beier, ventral.

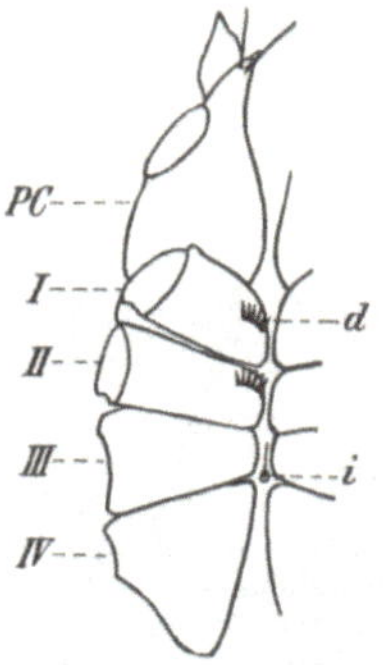

Fig. 14. Ventralseite des Cephalothorax von **Ditha.** *PC* = Palpencoxen, *I, II, III* und *IV* = Coxen des 1. bis 4. Beinpaares; *d* = Coxaldornen, *i* = Intercoxaltuberkel.

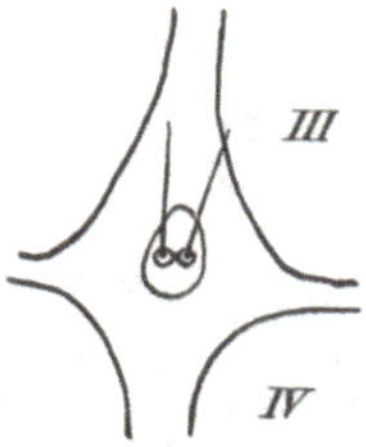

Fig. 15. Intercoxaltuberkel von **Chthonius** sp. mit 2 Borsten. *III, IV* = Coxen des 3. und 4. Beinpaares.

Bei vielen Chthoniiden (gewissen Dithinen, *Mundochthonius, Chthonius*) ist dort, wo die Coxen des 3. und 4. Paares aneinanderstoßen und einen rautenförmigen Raum zwischen sich frei lassen, ein Sternum als kleines Chitinplättchen, welches 1 oder 2 Borsten trägt, angedeutet. Dieses Chitinstück wird als Intercoxaltuberkel bezeichnet. Die Beine selbst nehmen nach hinten an Größe zu, so daß das 4. Paar am kräftigsten ausgebildet ist und oft ein stark verbreitertes Femur besitzt, welches einigen Chthoniiden ein gewisses Sprungvermögen verleiht. Gemäß ihrer verschiedenen Funktion als Zug- und Schubbeine sind die beiden vorderen Beinpaare, welchen erstere Aufgabe zufällt, nach einem anderen Plane gebaut als die beiden hinteren, denen die letztere Tätigkeit obliegt.

1. Beinpaar (Fig. 16, 17, 18). Die Coxen des 1. Beinpaares sind gewöhnlich länger als breit und vorn oft zur Aufnahme des Hinterrandes der Palpenhüften mehr oder weniger ausgerandet. Ebenso wie die folgenden Coxen sind sie dorsal offen, am Körper festgewachsen und daher nicht oder kaum beweglich. Bei den meisten Chthoniiden weisen entweder die Coxen

des 1., 2. oder 3. Beinpaares gewisse Differenzierungen, die sogenannten Coxaldornen auf (Fig. 14d). Es sind dies feine, borstenartige Gebilde, welche sich außer den normalen, an ihrer Insertion sofort kenntlichen Borsten nahe dem Vorder- oder Medialrande auf den Coxen befinden. Sie sind nur bei starker Vergrößerung sichtbar. Die Coxaldornen stehen entweder einzeln, unregelmäßig oder in Reihen oder sie sind zu Büscheln vereinigt und entspringen aus gemeinsamer Basis. Ihre Gestalt ist sehr verschieden; entweder sind sie vollkommen einfach, flach, dorn- oder lanzettförmig oder sie sind mehr oder weniger stark gefiedert oder gelappt. Ihre Zahl und Gestalt ist art- oder gattungsweise fixiert. — Der Trochanter ist kurz und mehr oder weniger kugelförmig.

Das Femur, welches schlank oder mehr oder weniger gedrungen gebaut ist, ist nur bei *Cheiridium* ungeteilt und einheitlich, zerfällt aber sonst immer in 2 voneinander deutlich getrennte Abschnitte, das Trochantin und das

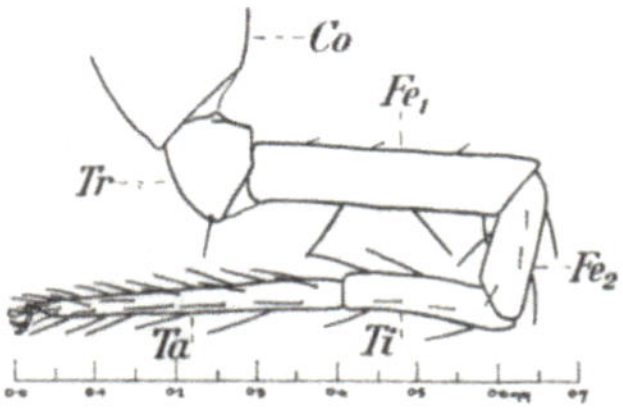

Fig. 16.
1. Bein von **Chthonius austriacus** Beier. Co = Coxa, Tr = Trochanter, Fe_1 = Femur 1 oder Trochantin, Fe_2 = Femur 2 oder Patella, Ti = Tibia, Ta = Tarsus.

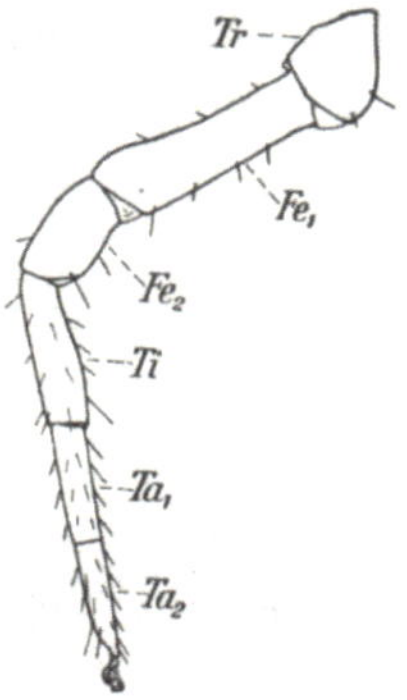

Fig. 17.
1. Bein von **Pachyolpium crassichelatum** (Balzan). Tr = Trochanter, Fe_1 = Femur 1 oder Trochantin, Fe_2 = Femur 2 oder Patella, Ti = Tibia, Ta_1 = Tarsus 1, Ta_2 = Tarsus 2.

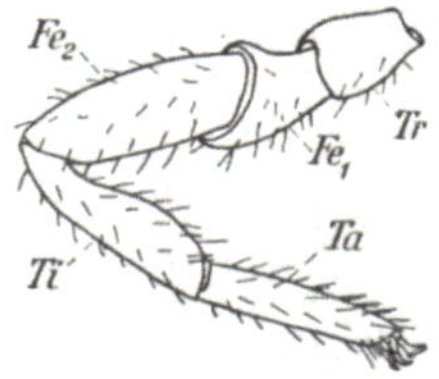

Fig. 18.
1. Bein von **Hesperochernes tamiae** Beier. Tr = Trochanter, Fe_1 = Femur 1 oder Trochantin, Fe_2 = Femur 2 oder Patella, Ti = Tibia, Ta = Tarsus.

eigentliche Femur (Femur 1 und Femur 2 oder Femur und Patella). Von einigen Autoren wurde vor allem bei den Chthonien und Neobisien das 2. Teilglied, welches hier besonders scharf vom Trochantin getrennt ist, fälschlich auch als Tibia angesprochen; dies hatte zur Folge, daß die Tibia als 1. Tarsenglied bezeichnet wurde und der Tarsus dann als 2- bzw. 3gliedrig angenommen werden mußte. Bei den Chthoniiden, ferner bei *Neobisium, Roncus, Olpium* und *Garypus* ist das Trochantin schlank und bedeutend länger, mitunter doppelt so lang wie das Femur und mit diesem gelenkig verbunden. Bei *Garypinus* hingegen ist es kürzer als das Femur 2 und gegen dieses nur in geringem Maße beweglich, aber noch von einfacher Gestalt. Die Cheliferiden jedoch besitzen ein mehr oder weniger modifiziertes Trochantin. Dieses ist nämlich bei *Chelifer, Chernes* und den verwandten Gattungen viel breiter als das Femur und öffnet sich distal zu einer breiten Schale, in der exzentrisch die dünne Basis des Femur artikuliert ist. Auf diese Weise klafft zwischen Femur 1 und Femur 2 eine breite, schräge Spalte. Bei *Withius* wieder ist eine innigere Verbindung zwischen Trochantin und Femur hergestellt, indem diese beiden Teilglieder eng aneinandergeschlossen und nur durch eine schmale, senkrechte Spalte getrennt sind.

Die Tibia ist meist bedeutend kürzer und schlanker als das Femur oder doch nie länger als dieses. Dort wo ein deutlich gegliedertes Femur auftritt, ist sie gewöhnlich von der Länge des distalen Teiles, selten etwas länger. Bei den Chthoniiden ähnelt sie auch in der Gestalt sehr dem Femur 2 und ist zylindrisch wie dieses. Bei den Cheliferiden ist sie basal deutlich verjüngt und mitunter stielförmig abgeschnürt. Bei den Männchen des Genus *Ectoceras* ist sie verkürzt und mehr oder weniger stark verdickt.

Die Tarsalglieder sind entweder in Ein- oder Zweizahl vorhanden. Eingliedrige Vordertarsen besitzen die Chthoniiden und Cheliferiden, 2gliedrige die Neobisiiden und Garypiden. Der Vordertarsus der Chthoniiden ist meist von auffallender Länge, mitunter doppelt so lang wie die Tibia, der der Cheliferiden bisweilen sehr gedrungen (*Atemnus, Lamprochernes*). Die beiden Tarsalglieder des 2gliedrigen Neobisiiden-Tarsus sind entweder von annähernd gleicher Länge oder das 2. Glied ist etwas länger als das vorhergehende, nur bei einigen Garypiden ist es kürzer. Der Tarsus gewisser Cheliferiden (*Ectoceras*) ist im männlichen Geschlechte in verschiedener Weise modifiziert. Meist ist er verkürzt und entweder ganz oder nur im basalen Teile verdickt, mitunter ist auch sein Vordereck lappenförmig vorgezogen. Dies und die spezielle Ausbildung der Klauen steht wohl mit gewissen Eigentümlichkeiten bei der Copula in Zusammenhang. Das Endglied, bzw. bei 1gliedrigem Tarsus das Tarsalglied, ist distal schräg abgestutzt, und zwar so, daß die Hinterseite länger ist als die Vorderseite. An der so entstehenden Spitze setzt sich der Prätarsus an (Fig. 19). Dieser besteht aus einem kleinen Chitinstück, welches am Ende 2 Krallen und 1 weichhäutiges, kegelförmiges Organ, das Arolium, trägt. Beim Aufsetzen der Beine auf den Boden bilden die beiden Krallen und das Arolium einen Dreifuß. Das Arolium, welches mit der Kegelspitze mit dem Tarsus verwachsen ist, ist ein Haftorgan, mit dessen Hilfe die Pseudoscorpione auch an senkrechten, glatten Flächen emporlaufen können. Die Krallen sind mehr oder weniger stark gebogen und bisweilen (*Chelifer*) mit einem Nebenzahn versehen oder (*Ectoceras*) am konkaven Rand fein gezähnelt. Mitunter (*Ectoceras*) sind die Klauen auch ungleich ausgebildet, indem die eine bedeutend kräftiger als die andere ist. Meist ist dies nur beim Männchen der Fall.

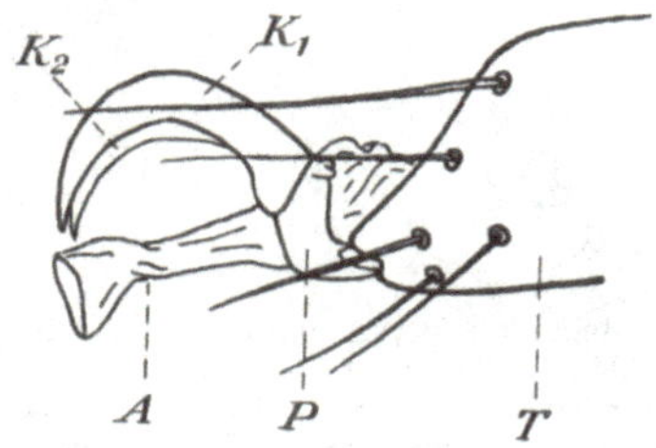

Fig. 19.
Distales Ende eines Laufbeines (schematisch). T = Tarsus, P = Praetarsus, A = Arolium, K_1 und K_2 = Krallen.

Das 2. Beinpaar ähnelt sehr dem 1., ist jedoch etwas kräftiger. Das 3. wiederum ist nach demselben Plane gebaut wie das 4., nur etwas kleiner.

4. Beinpaar. Das 4. Beinpaar (Fig. 20, 21, 22) ist bei sämtlichen Pseudoscorpionen das kräftigste. Die Coxen sind verhältnismäßig groß, meist bedeutend breiter als die vorhergehenden, rechteckig oder dreieckig und oftmals mehr oder weniger modifiziert. So sind sie bei *Pseudochiridium* stark nach hinten verbreitert und zu außerordentlich großen Platten ausgebildet, deren Breite jener der übrigen Coxen zusammengenommen gleichkommt. Die höchste Spezialisation findet sich jedoch bei den Männchen der Gattungen *Chelifer* und *Ectoceras* (Fig. 23). Während nämlich die Weibchen einfache Hintercoxen besitzen, sind diese beim Männchen schmal, am Hinterrande stark bogenförmig ausgerandet und beherbergen in ihrem Inneren ein eigenartiges Organ, den sogenannten Coxalsack (Fig. 24). Dieser besteht aus einem chitinigen, im Innern der Coxen gelegenen Sack, welcher durch eine

kleine, an der der Medianlinie zugekehrten Schmalseite, also der Basis der Coxen, gelegenen Öffnung mit der Außenwelt in Verbindung steht. Der Coxalsack ist bei den verschiedenen Arten verschieden ausgebildet, nimmt jedoch in typischen Fällen etwa $^2/_3$ der Coxenlänge und etwa $^1/_2$ deren Breite ein und besteht gewöhnlich aus 2 Teilen, einem basalen kleineren

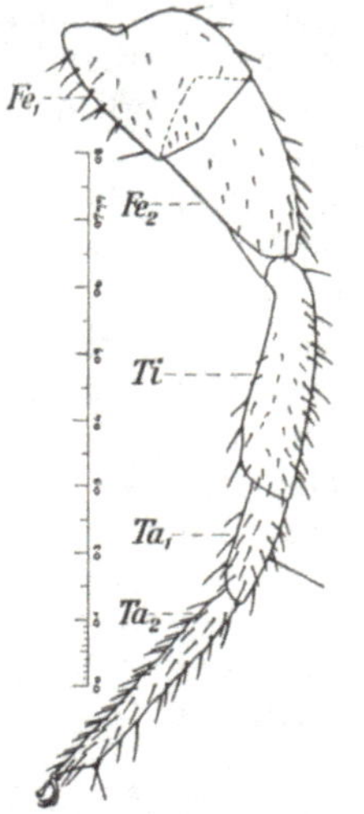

Fig. 20.
4. Bein von **Ditha buchwaldi** (Tullg.). Fe_1 = Femur 1 oder Trochantin, Fe_2 = Femur 2 oder Patella, *Ti* = Tibia, Ta_1 = Tarsus 1, Ta_2 = Tarsus 2.

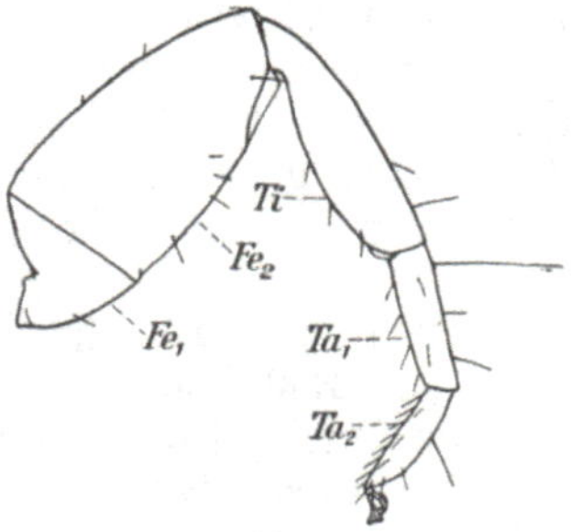

Fig. 21.
4. Bein von **Pachyolpium crassichelatum** (Balzan). Fe_1=Femur 1 oder Trochantin, Fe_2 = Femur 2 oder Patella, *Ti* = Tibia, Ta_1 = Tarsus 1, Ta_2 = Tarsus 2.

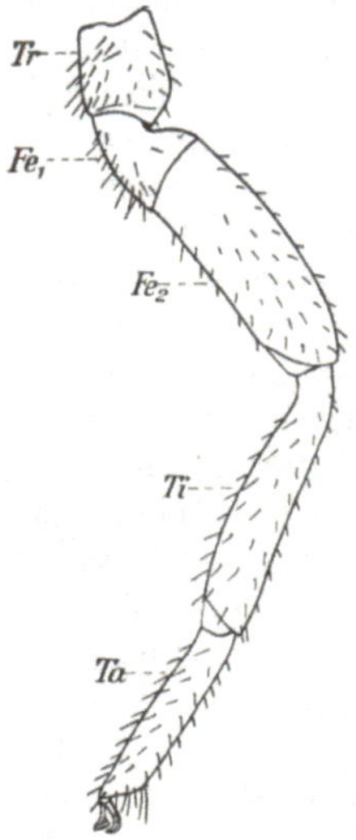

Fig. 22.
4. Bein von **Hesperochernes tamiae** Beier. *Tr* = Trochanter, Fe_1 = Femur 1 oder Trochantin, Fe_2 = Femur 2 oder Patella, *Ti* = Tibia, *Ta* = Tarsus.

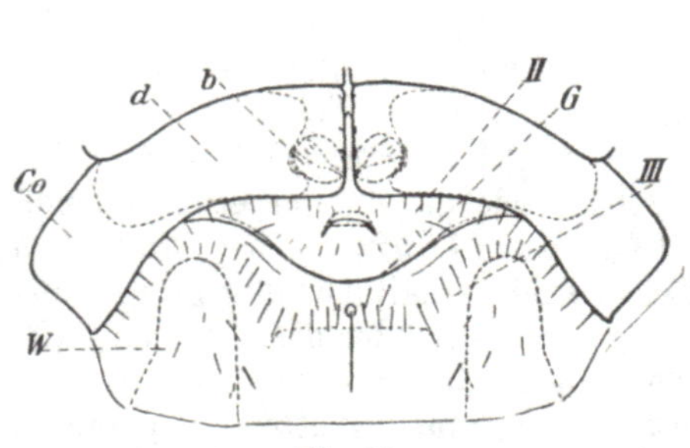

Fig. 23.
Genitalregion und Coxen des IV. Beinpaares von **Ectoceras redikorzevi** Beier ♂. *Co* = Coxen IV, *d* = distaler, *b* = basaler Abschnitt des Coxalsackes, *II* = 2., *III* = 3. Sternit, *G* = Genitalöffnung, *W* = die durch das Sternit durchschimmernden widderhornartigen Organe.

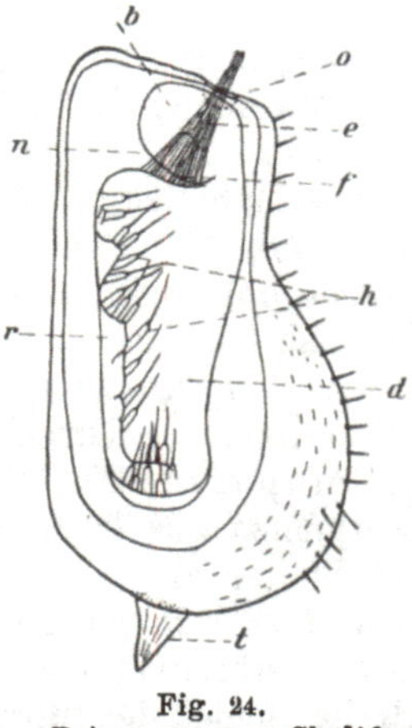

Fig. 24.
Coxa des 4. Beinpaares von **Chelifer mortenseni** With ♂ mit Coxalsack, Dorsalansicht (nach With). *b* = basaler, *d* = distaler Teil des Coxalsackes; *o* = Öffnung des Coxalsackes nach außen; *f* = Chitinrinne; *e* = konvergierende, nach außen ragende Haare; *n* = Furche, die den basalen und distalen Teil des Coxalsackes trennt; *r* = Chitinwülste, *h* = Chitinhöcker im Lumen des Coxalsackes; *t* = dornförmiger Fortsatz.

(Fig. 24b) und einem distalen größeren (Fig. 24d), doch kann die Zweiteilung auch unterbleiben. Ersterer erreicht nur $^1/_4$ bis $^1/_3$ der Größe des letzteren und steht allein mit der Außenwelt in direkter Verbindung. Die beiden Abschnitte sind durch eine tiefe Furche (Fig. 24n), welche von vorn her eine Scheidewand bildet, voneinander getrennt und kommunizieren nur hinten miteinander. Der distale Teil ist an seiner Vorderwand medial mit verschiedenen hohlen Chitinhöckern (Fig. 24h) und -wülsten (Fig. 24r) ausgekleidet, welche je ein in das Lumen des Coxalsackes hineinragendes Haar tragen. Dort, wo die Lumina der beiden Coxalsackteile aneinander grenzen, nimmt eine Chitinrinne (Fig. 24f) ihren Ursprung, welche gegen den distalen Teil des Coxalsackes hin breit und offen (Fig. 25m) ist und mit ihrem trichterförmig verengten Ende in den basalen Teil hineinragt. Am Ende dieser Rinne entspringen zahlreiche konvergierende Haare (Fig. 24, 25e), welche den basalen Coxalsackteil durchqueren und durch dessen kleine, nach außen mündende Öffnung ins Freie ragen. Der ganze Coxalsack ist nur mit Luft, nicht aber mit irgend einem Sekret gefüllt. Sein feinerer histologischer Bau und seine Bedeutung sind noch unbekannt. Wahrscheinlich handelt es sich um ein Sinnesorgan, welches irgendwie im Dienste der Fortpflanzung steht. — Die Coxen der mit Coxalsäcken ausgestatteten Arten besitzen im männlichen Geschlechte mitunter auch noch einen dornförmigen Fortsatz (Fig. 24t) distal von der Einlenkungsstelle des Trochanter.

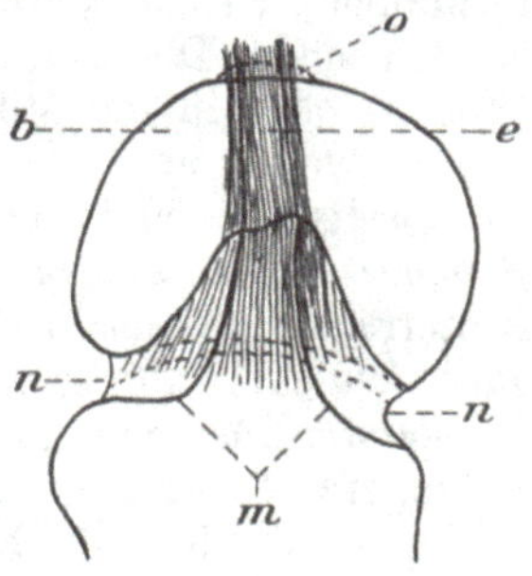

Fig. 25.
Proximaler Teil des Coxalsackes von **Chelifer mortenseni**, Hinteransicht (nach With). *b* = basaler Teil des Coxalsackes, *e* = konvergierende Haare, die durch die Öffnung *o* nach außen ragen, *n* = Furche, *m* = Trichter.

Der Trochanter des 4. Beinpaares ist mehr oder weniger zylindrisch, selten kugelförmig. Er weist keine besonderen Eigentümlichkeiten auf.

Das Femur setzt sich regelmäßig aus 2 Teilen zusammen, dem Trochantin (Femur 1, Femur) und dem eigentlichen Femur (Femur 2, Patella), welche jedoch immer innig miteinander verbunden sind und nicht gegeneinander bewegt werden können. Ihre Grenze ist durch eine feine Linie angedeutet, welche bei den Neobisien senkrecht, bei den Garypiden und Cheliferiden aber schräg zur Längsachse des Femur steht; in letzterem Falle ist diese Trennungslinie von dorsal-basal nach ventral-distal geneigt. Bei den Chthoniiden ist die Trennungslinie zwischen Trochantin und Femur nahe ihrer Mitte winklig geknickt, und zwar ist der Winkel an der Lateralseite des Gliedes gegen die Spitze, an der Medialseite gegen die Basis des Femur gerichtet. Trochantin und Femur sind entweder von annähernd gleicher Länge (Neobisien, Dithinen) oder ersteres ist bedeutend kürzer (alle übrigen Gruppen). Das Femur ist schlank (*Chelifer, Hesperochernes*) oder mehr oder weniger verbreitert (*Atemnus, Lamprochernes*, Chthoniiden), immer jedoch kompreß. Das besonders stark verbreiterte Femur der Chthoniiden soll den Arten dieser Gruppe ein gewisses Sprungvermögen verleihen.

Die Tibia ist mehr oder weniger schlank und meist bedeutend kürzer als das Femur, selten von annähernd gleicher Länge. Sie weist in seltenen Fällen (*Sternophorus*) neben den normalen Borsten ein langes Tasthaar auf.

Der Tarsus des 4. Beinpaares ist 1- oder 2gliedrig, ersteres bei den Cheliferiden, letzteres bei den Chthoniiden, Neobisiiden und Garypiden. Der 1gliedrige Tarsus der Cheliferiden ist mehr oder weniger kürzer als die Tibia und besitzt in vielen Fällen an seiner Vorderseite ein langes Tasthaar.

Dieses inseriert entweder an der Basis (die meisten *Atemnus*-Arten), mehr oder weniger in der Mitte (*Hesperochernes*, viele *Ectoceras*-Arten) oder nahe dem Ende des Tarsus (*Chelifer*). Ihre Insertionsbecher sind größer als die der normalen Borsten, jedoch kleiner und von anderem Bau als diejenigen der Trichobothrien an den Palpenfingern. Auch die Haare selbst sind kürzer und an der Basis breiter als letztere. Bei den 2gliedrigen Tarsen ist gewöhnlich das 2. Glied deutlich oder bedeutend länger als das 1. (Chthoniiden, Neobisien); nur in seltenen Fällen ist das Verhältnis umgekehrt oder sind sie von gleicher Länge. Besondere Differenzierungen der Tarsenglieder kommen nicht vor. Der Prätarsus ist ähnlich gebaut wie am 1. Beinpaar und besteht auch hier aus dem basalen Chitinstück, dem Arolium und 2 Krallen. Bei einigen *Chelifer*-Arten (z. B. *C. cancroides*) besitzen auch die Krallen des 4. Beinpaares einen Nebenzahn.

An den Cephalothorax setzt sich mit breiter Basis das segmentierte Abdomen an. Dieses besteht aus 11 Segmenten, von welchen entweder alle oder nur 10 (*Cheiridium*) von oben sichtbar sind. Jedes Segment setzt sich aus einem stärker oder schwächer chitinisierten Tergit und einem Sternit zusammen, welche seitlich durch die weiche Pleuralhaut miteinander verbunden sind. Die Tergite sind entweder einheitlich (Chthoniiden, Neobisien, *Olpium*) oder in der Mittellinie geteilt (Cheliferiden). Die Teilung erstreckt sich entweder auf alle Segmente mit Ausnahme des 11. oder es bleiben die vordersten und letzten Tergite von ihr unberührt (*Garypinus*, viele *Atemnus*- und *Lamprochernes*-Arten). Die Tergite sind wenigstens am Hinterrande mit einer Reihe von Borsten besetzt, welche einfach, gezähnt oder keulenförmig sein können. Das letzte Tergit besitzt nicht selten (*Neobisium, Atemnus, Lamprochernes*, gewisse *Chernes*-Arten) jederseits 1 bis 2 längere Tasthaare. Bei den Männchen der Gattung *Chelifer* sind die vorderen Tergite seitlich stärker oder schwächer gekielt und deren Hinterecken spitzwinkelig nach hinten gezogen.

Die Sternite sind ähnlich ausgebildet wie die Tergite und ebenfalls einheitlich oder geteilt. Ihre Beborstung weicht von der der Tergite etwas ab. Zwischen dem 2. und 3. Sternit liegt die Geschlechtsöffnung (Fig. 23). Es sind dementsprechend diese Sternite oftmals weitgehend zu einem Genitalfeld umgebildet. Die äußeren Geschlechtsorgane, bzw. das Genitalfeld, sind in den verschiedenen Gruppen verschieden ausgebildet und in mannigfacher Weise spezialisiert. In typischen Fällen besteht die männliche Geschlechtsöffnung aus einem Querspalt, der vorn vom 2., hinten vom 3. Sternit begrenzt wird und in den Vorhof (Vestibulum) mündet. Es ist dies ein chitiniger Sack, der in verschiedener Weise ausgebildet sein kann und an dessen Hinterwand zahlreiche Drüsenschläuche münden. Der Vorhof geht dorsal in den Uterus masculinus über, von dem er teilweise durch eine chitinige Querwand getrennt ist. Seine Wandungen sind mit kräftigen Chitinleisten ausgekleidet, welche deutlich durch die ventrale Körperdecke hindurchschimmern und mitunter gute Gattungsmerkmale ergeben. Der Uterus masculinus hat an den Seiten und oben je ein Paar von Ausstülpungen, die unteren und oberen Samenblasen, die wohl als Spermabehälter dienen. An der Dorsalwand des Uterus masculinus liegt eine starke Chitinrinne, die am Grunde eine kleine Öffnung besitzt, welche in den ebenfalls chitinigen Uterus internus führt. In diesen münden die paarigen Samenleiter, welche sich zunächst zur ventralen Körperwand senken, um dann wieder zum unpaaren, ungeteilten (*Chelifer*) oder in mehrere Divertikel zerspaltenen Hoden (*Chernes, Neobisium*) emporzusteigen. Das erste, vor der

Genitalöffnung gelegene Sternit ist meist schmäler als das zweite und mit einigen in charakteristischer Stellung befindlichen Borsten besetzt. Es besitzt an seinem Hinterrande oft eine schmale häutige Membran. Bei den Chthoniiden hat die Entwicklung der inneren chitinigen Teile des männlichen Genitalapparates wieder besondere Wege eingeschlagen. Der feinere Bau ist noch nicht untersucht, doch schimmern diese Teile durch die ventrale Körperwand als dunkle, v-förmige, mit kräftigen Borsten besetzte Gebilde hindurch. Ihre Gestalt und Beborstung läßt sich oft systematisch verwerten.

Ein eigenartiges, in Zusammenhang mit dem männlichen Genitalapparat stehendes Organ findet sich bei den Cheliferinen *(Chelifer, Ectoceras)*. Es ist dies das sog. widderhornartige oder zylindrische Organ, welches paarig vorhanden ist (Fig. 2, 23w). Seinen Ursprung nimmt es aus der Hinterwand des Vestibulum, wo es neben der Mündungsstelle der früher erwähnten Drüsenschläuche als hohle, aus zartem Chitin bestehende kegelförmige Aussackung liegt. Die Wandung dieser Aussackung ist in zahlreiche Falten gelegt, wodurch eine weitgehende Streckung des ganzen Organes ermöglicht wird. Die Streckung erfolgt wahrscheinlich durch Blutdruck, indem die Basis des Organes in offener Verbindung mit der Leibeshöhle steht und so der Haemolymphe den Eintritt gestattet. Das widderhornartige Organ entfaltet sich dabei zu einem langen, zylindrischen, nach vorn gerichteten Schlauch, welcher weit aus der spaltförmigen Genitalöffnung herausragt und dessen Spitze über die Cheliceren hinausreicht. Die Schläuche werden nur bei der Begattung ausgestreckt, sind aber keine eigentlichen Kopulationsorgane und kommen auch nicht für die Übertragung des Spermas in Betracht. Wahrscheinlich dienen sie nur zur Reizung des Weibchens, denn bei der Begattung reichen die Enden der widderhornartigen Organe bis zu den Cheliceren des Weibchens. In der Ruhelage schimmern diese Organe als dicke, kegelförmige, jederseits des Genitalapparates gelegene Zapfen durch die ventrale Körperwand hindurch.

Der weibliche Geschlechtsapparat mündet ebenfalls mit einer schlitzförmigen, zwischen dem 2. und 3. Sternit gelegenen Öffnung nach außen. Von hier aus senkt sich die Vagina, eine Einstülpung der Intersegmentalhaut, nach innen. An der Vorderseite der Vagina mündet ein Paar blind endender Schläuche, die Receptacula seminis, an der Hinterseite ein Bündel flaschenförmiger, mehrzelliger Drüsen. Am proximalen Ende teilt sich die Vagina in die beiden Eileiter, welche aus dem dorsal unter den oberen Drüsendarmausstülpungen gelegenen, schlauchförmigen Ovarium ihren Ursprung nehmen. Die Umgebung der äußeren Geschlechtsöffnung ist meist mit einer für einzelne Gattungen oder Arten charakteristischen Borstengruppe besetzt.

Jederseits am Hinterrande des 3. und 4. Abdominalsternites *(Neobisium, Chthonius)* oder seitlich von diesen Sterniten in der weichen Pleuralhaut (Dithinen, Cheliferiden) liegen die Stigmen, von welchen 2 Paar vorhanden sind. Das Stigma wird in primitiven Fällen *(Chthonius)* durch das seitlich linear verlängerte und verschmälerte Sternit geschützt (Fig. 26). Bei abgeleiteten Formen (Dithinen) hat sich diese Verlängerung vom Sternit getrennt und bildet nun eine eigene schmale, halbkreisförmig gebogene Schutzplatte um das Stigma (Fig. 27). Letzteres besitzt einen besonderen, durch Muskeln in Tätigkeit zu setzenden Verschlußapparat. An das Stigma setzt sich innen vermittels eines länglichen Fortsatzes der Tracheen-Hauptstamm an. Dieser ist im Querschnitt nierenförmig und innen mit langen, gebogenen Stacheln besetzt, welche in sein Lumen hineinragen. Das vordere

Paar der Tracheen-Hauptstämme ist nach vorn gerichtet, das hintere nach hinten. Meist sind beide kurz und ersteres erreicht nur den hintersten Abschnitt des Cephalothorax, wo es sich am Ende in feine Kapillaren auflöst. Bei den Dithinen jedoch durchzieht der vordere Tracheen-Hauptstamm fast den ganzen Cephalothorax und entsendet dort in seiner ganzen Länge Kapillaren. Der hintere Tracheen-Hauptstamm ist noch kürzer als der vordere und löst sich am Ende ebenfalls plötzlich in Kapillaren auf.

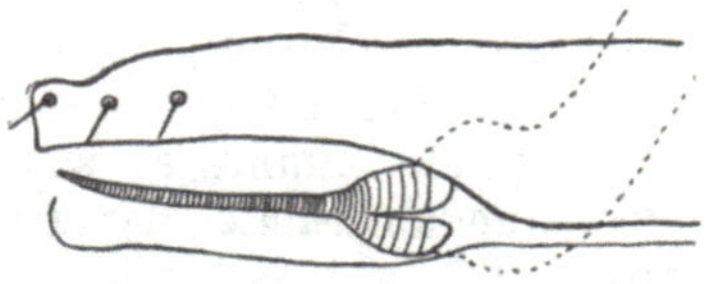

Fig. 26.
Stigma mit seitlich verlängertem Sternit von Chthonius.

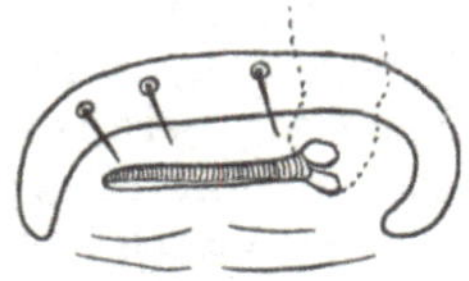

Fig. 27.
Stigma mit Stigmenschutzplatte von Ditha.

Das 11. Tergit ist vielfach mit dem gleichen Sternit am hinteren Körperpol zu einer einheitlichen Platte verschmolzen. In deren Mitte findet sich dann zwischen 2 kleinen Chitinplättchen, wahrscheinlich Rudimenten des 12. Tergites und Sternites, die quergestellte, schlitzförmige Afteröffnung, welche eine gut ausgebildete Schließmuskulatur besitzt. Der After ist in manchen Fällen vorstülpbar. In den After mündet der kurze Enddarm, welcher proximal in eine blasenförmige Erweiterung, die Kloakenblase, übergeht. Am übrigen Verdauungskanal kann man von hinten nach vorn folgende Abschnitte unterscheiden: Den Mitteldarm, welcher in den Mitteldarmkanal und in den mächtig entwickelten, mit verschiedenen Ausstülpungen versehenen Drüsendarm zerfällt, den Ösophagus und den Pharynx. Von den inneren Organen sind außerdem noch zu erwähnen: das schlauchförmige, dorsal gelegene Herz, welches vorn in die Kopfaorta übergeht und hinten einige Ostien besitzt, das stark zentralisierte, im Cephalothorax gelegene Zentralnervensystem, welches aus Ober- und Unterschlundganglion besteht, mit welch letzterem die Ganglien der 4 Laufbeinpaare vollständig verschmolzen sind, sowie die Coxaldrüsen. Es sind dies Exkretionsorgane, welche aus einem Paar gewundener, im Cephalothorax gelegener Schläuche bestehen, die an der Hinterwand der Hüften des 3. Laufbeinpaares nach außen münden.

Biologie. Die Pseudoskorpione führen eine ausgesprochen verborgene Lebensweise unter Moos und Fallaub, sowie unter Steinen und Rinde. Nur wenige Arten (*Microbisium dumicola*, *Neobisium sylvaticum)* sind vorwiegend oder gelegentlich auf Strauchwerk anzutreffen. Die Chthoniiden und Neobisien bevorzugen mehr feuchte Örtlichkeiten. So lebt *Neobisium muscorum* vorzugsweise in feuchtem Waldmoos oder unter feuchtem Fallaub und *Microbisium brevifemoratum* scheint sogar ein ausgesprochener Bewohner von Mooren zu sein. Eine ganz extreme Lebensweise führt *Neobisium maritimum* an den Küsten Englands und Frankreichs, indem es sich in der Gezeitenzone unter Steinen oder in Felsspalten aufhält und täglich zweimal überfluten läßt. Gewisse große *Garypus*-Arten *(G. beauvoisi)* leben ebenfalls unmittelbar an der Meeresküste unter angeschwemmten, noch feuchten Tangen und Algen. Hochalpin am Rande von Schneefeldern und Gletscherbächen, also auch an feuchten Orten, kommen wiederum *Neobisium jugorum* und *N. nivale* vor. Die Cheliferiden bevorzugen im Gegensatz dazu mehr trockene Örtlichkeiten. So leben viele *Chelifer*- und *Chernes*-Arten unter der Rinde von Bäumen, andere unter trockenem pflanzlichem Detritus. Im Zusammenhang damit steht wohl auch, daß weitaus die meisten Höhlenformen (*Blothrus*, *Parablothrus,* viele *Chthonius*-Arten) den Neobisien und Chthoniiden, nur wenige *(Chelifer cavernae)* aber den Cheliferiden angehören; denn die Höhlen stellen meist ein mehr oder weniger feuchtes Milieu dar. Einige Cheliferiden sind gelegentlich *(Chernes wideri, C. scorpioides)* oder gesetzmäßig *(Myrmochernes africanus)* myrmekophil. Gewisse Arten *(Chelifer cancroides, Cheiridium museorum, Lamprochernes nodosus)* kommen auch in menschlichen Behausungen vor, wo sie den Staubläusen oder anderen kleinen Insekten nachstellen. *Chelifer cancroides* wurde in Rußland und Nordchina auch bei der Verfolgung von Bettwanzen beobachtet. Zur Verbreitung gewisser Pseudoskorpione kann der Umstand beitragen, daß sich manche Arten (z. B. *Lamprochernes nodosus*) an anderen Tieren (Opilioniden, Coleopteren, Ameisen und besonders Dipteren) festklammern und so leicht verschleppt werden können (Phoresie).

Die Fortpflanzungszeit der meisten Pseudoskorpione fällt in das Frühjahr. Genau bekannt ist der Begattungsvorgang von *Hesperochernes cyrneus*, welcher sich folgendermaßen abspielt. Treffen sich die beiden Geschlechter, so bleiben sie zunächst einander gegenüber stehen und führen mit den Palpen fechtende Bewegungen aus. Dann ergreift das Männchen eine der Palpenhände des Weibchens, um sie während der ganzen Dauer der Begattung nicht mehr loszulassen. Es beginnt nun ein Begattungsvorspiel, indem das Männchen mit dem freien Palpus winkend vor- und rückwärts schreitet und das Weibchen an der Hand mit sich führt. Haben sich diese Bewegungen einige Male wiederholt, so beugt plötzlich das Männchen seinen Hinterleib und berührt mit der Geschlechtsöffnung den Boden. Dieser entquillt nun ein Sekrettropfen, welcher durch rasches Heben des Hinterleibes zu einem dünnen, an der Luft rasch erhärtenden Faden ausgezogen wird. An das obere Ende des Fadens wird schließlich ein großer, glänzender Tropfen, die eigentliche Spermamasse, angehängt. Auf diese Weise ist eine pilzähnliche Spermatophore entstanden. Das Männchen schreitet nun so weit rückwärts, bis die Genitalregion des mitgeführten Weibchens sich über der Spermatophore befindet. Ist dies der Fall, so wird der Spermatropfen von der weit geöffneten Geschlechtsöffnung aufgeschluckt. Dieser Begattungsvorgang wiederholt sich durch 2—3 Stunden mehrmals hintereinander, wobei etwa alle 8—10 Minuten eine Spermatophore abgesetzt wird. — Etwas anders verhalten sich die Arten der Gattung *Chelifer* und *Ectoceras* bei der Begattung, welche eingehend bei *Ectoceras latreillei* beobachtet wurde. Hier ergreift nämlich das Männchen beide Palpenhände seiner Partnerin, um dann mit ihr ganz ähnlich vor- und rückwärts zu schreiten wie *Chernes*. Während des Vorgehens treten jedoch auch die widderhornförmigen Organe in Aktion, welche weit vorgestreckt werden und mit ihren Enden die Cheliceren des Weibchens berühren. Beim Rückwärtsschreiten werden sie wieder eingezogen, um beim nächsten Vorgehen abermals vorgestreckt zu werden. Dieses Spiel wiederholt sich mehrmals, bis schließlich zwischen der Basis der widderhornartigen Organe aus der Geschlechtsöffnung die Spermatophore hervortritt, welche ganz ähnlich erzeugt wird wie bei *Chernes*. Nun weicht das Männchen zurück, während das Weibchen vorgeht, bis sich seine Genitalregion über der Spermatophore befindet. Im Gegensatz zu *Chernes* beteiligt sich aber das Männchen von *Ectoceras* aktiv bei der Aufnahme der Spermatophore, indem es schnell seinen Cephalothorax unter den des Weibchens schiebt und mit seinen Vorderbeinen, deren Tarsus und Krallen in eigenartiger Weise umgebildet sind, die Ränder der weiblichen Geschlechtsöffnung ergreift und diese zur Spermatophore hinzerrt. Das Sperma wird im Receptaculum seminis bis zur Befruchtung der Eier aufbewahrt.

Die Pseudoskorpione besitzen insofern eine Brutpflege, als die Eier nicht frei, sondern in ein an den Haaren der Genitalregion angeheftetes Säckchen abgelegt werden. Das Säckchen besteht aus einer dünnen, wahrscheinlich aus dem Sekret der Nebendrüsen hergestellten Membran. Das so entstandene Eierpaket wird bis zum Schlüpfen der Jungtiere vom Weibchen am Abdomen mit sich getragen. Die Zahl der Eier ist bei den einzelnen Arten verschieden und auch gewissen individuellen Schwankungen unterworfen. Die geringste Eizahl, nämlich 4, findet sich bei einigen Chthoniiden; *Neobisium* besitzt etwa 12, *Chelifer* 17 bis 18; die höchste Zahl, 40 bis 50 Stück, wurde bei *Garypus* beobachtet. Die Embryonalentwicklung der Pseudoskorpione ist insofern merkwürdig, als in ihrem Verlaufe eine besondere, mit einem Saugorgan ausgestattete Larvenform auftritt, welche nach Aufzehrung der Dottermasse die vom Muttertier gelieferten Nährsäfte aufnimmt. Der Eiersack und mithin auch die darin befindlichen Embryonen stehen nämlich fast während der ganzen Entwicklung mit den Geschlechtswegen des Weibchens, aus welchen die Nährsäfte stammen, in Verbindung. Die frisch geschlüpften Jungtiere sind gelblichweiß und besitzen schon die Gestalt der Eltern, erreichen aber erst nach einer Reihe von Häutungen deren Größe und damit die Geschlechtsreife.

Während der Brutperiode bauen sich die Weibchen und zu jeder Häutung auch die Jungtiere eigene Nester, die Brut- und Häutungsnester. Oft werden solche auch zur Überwinterung angelegt. Die Nester bestehen aus einem annähernd halbkugelförmigen, dichten Gespinst von 2 bis 10 mm Durchmesser, in welchem zahlreiche Fremdkörper, wie Holz- und Rindensplitter, Sandkörnchen und anderes mit verarbeitet sind. Immer sind die Nester an versteckten und geschützten Orten angelegt. Ihre Anfertigung geschieht folgendermaßen: Zunächst häuft das Tier rund um sich einen Wall von Baumaterial — als solches wird alles erreichbare verwendet — an; dann beginnt es die einzelnen Partikelchen miteinander zu verspinnen, indem es bei festem Stand seinen Körper in dessen Längsachse pendelartig vor- und rückwärts schwingt und bei jedem Vorstoß mit der Galea den Wall berührt. Die Cheliceren werden dabei ständig etwas zur Seite gedreht, so daß die Galea immer wieder andere Stellen des Walles trifft und die aus ihren Spitzen austretenden Spinnfäden die einzelnen Partikelchen miteinander verbinden. Ist dies geschehen, so wird der Wall durch neues Baumaterial erhöht, bis er sich schließlich über dem Tier zur Kuppel wölbt. Diese wird dann innen mit einem dichten Gespinst ausgekleidet. Das fertige Nest ist allseits geschlossen und hat nun eine außerordentlich dichte, seidenpapierartige Wandung, die das darin befindliche Tier gut vor Nässe schützt. Die Fertigstellung des Nestes erfordert gewöhnlich eine Arbeit von mehreren Tagen. Zum Verlassen des Nestes muß das Tier dessen Wandung zerreißen.

Die Pseudoskorpione sind mit Ausnahme der rein arktischen und antarktischen Gebiete über die ganze Erde verbreitet. Die tropischen und subtropischen Gebiete beherbergen jedoch eine unvergleichlich größere Artenzahl als die gemäßigten Zonen. Besonders die Cheliferiden haben ihr Hauptverbreitungsgebiet in den tropischen und subtropischen Ländern, wo sie in überaus großer Zahl vorkommen. Im Gegensatz dazu ist die verhältnismäßig kleine Gruppe der echten Neobisien fast ausschließlich im paläarktischen und nearktischen Faunengebiete verbreitet, wobei die weitaus größere Zahl der Arten in ersterem lebt. Auch vertikal sind die Pseudoskorpione weit verbreitet und einige Arten sind ausgesprochen sub- oder hochalpin, wie *Neobisium jugorum* und *N. nivale*, welche bis zur Schneegrenze vordringen.

3 Unterordnungen mit zusammen 5 Familien.

Übersicht über die Unterordnungen:

1	Alle 4 Beinpaare mit gleicher Tarsengliederzahl — **2**	
	Die Beinpaare mit ungleicher Tarsenzahl; die beiden vorderen mit je einem, die beiden hinteren mit je 2 Tarsengliedern	A. Subord. **Chthoniinea**
2	Sämtliche Beinpaare mit je 2 Tarsengliedern, selten (Feaellidae) mit je einem Tarsenglied, dann aber der Cephalothorax mit 4 gut entwickelten Augen	B. Subord. **Neobisiinea**
	Sämtliche Beinpaare mit je einem Tarsenglied, der Cephalothorax nie mit 4 Augen	C. Subord. **Cheliferinea**

A. Subord. **Chthoniinea** nom. nov.

1875 *Obisiinae* (part.), Stecker in: SB. Böhm. Ges., *v* 6 p. 160 | 1879 *Obisiidae* (part.), H. A. Hagen in: Zool. Anz., *v.* 2 p. 400 | 1879 *Obisiinae* (part.), E. Simon, Arach. France, *v.* 7 p. 19 | 1882 *Obisiidae* (part.), Tömösvary in: Math. termész. Közlem., *v.* 18 p. 213 | 1888 *O.* (part.), Daday in: Termész. Füzetek, *v.* 11 p. 167 | 1890 *O.* (part.), Balzan in: Ann. Mus. Genova, ser. 2 *v.* 9 p. 443 | 1891 *Emictenodactyli* (part.), Balzan in: Ann. Soc. ent. France, *v.* 60 p. 539 | 1891 *Obisiidae* (part.) + *Tridenchthoniidae*, Balzan in: ibid., *v.* 60 p. 508 | 1894 *Emictenodactyli* (part.), H. J. Hansen in: Ent. Meddel., *v.* 4 p. 231 | 1895 *Obisiidae* (part.), N. Banks in: J. N. York ent. Soc., *v.* 3 p. 2 | 1906

Hemictenodactyli (part.), With in: Danske Selsk. Skr., *v.* 7 nr. 3 p. 63 | 1911 *H.* (part.), Lessert in: Cat. Invert. Suisse, *v.* 5 p. 26 | 1928 *H.* (part.), Schenkel in: Tierw. Deutschl., *v.* 8 fasc. 3 p. 62 | 1928 *H.* (part.), Beier in: Ann. Wien. Mus., *v.* 42 p. 285 | 1929 *H.* (part.), Kästner in: Tierw. Mitteleur., *v.* 3 p. IV 3 | 1929 *Heterosphyronida*, Chamberlin in: Ann. nat. Hist., ser. 10 *v.* 4 p. 57 | 1931 *H.*, Chamberlin in: Stanford Univ. Publ., *v.* 7 p. 208.

Durchweg kleine, zarte Formen von 0,8 bis höchstens 2,5 mm Körperlänge und meist bleicher Farbe. Cephalothorax mit parallelen Seiten oder gegen die Basis verschmälert, vorn breit abgestutzt, mit oder ohne Epistom. Augen vorhanden oder fehlend. Cheliceren groß, kräftig, meist ohne Galea, doch mitunter mit Spinnhöcker; Serrula distal frei; Flagellum aus mehreren langen, meist einseitig gefiederten Borsten bestehend. Palpentibia verhältnismäßig kurz, becherförmig; Handrücken meist mit 2—4 Tastborsten, selten

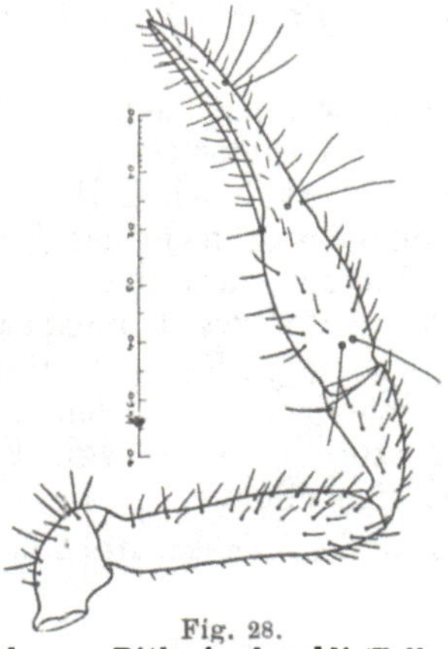

Fig. 28.
Rechte Palpe von **Ditha buchwaldi** (Tullg.), dorsal.

Fig. 29.
Coxaldornen von **Ditha** sp.

diese an die Fingerbasis gerückt. Die Coxen des I., II. oder III. Beinpaares meist mit Coxaldornen. Die beiden vorderen Beinpaare mit 1 gliedrigem, die beiden hinteren mit 2 gliedrigem Tarsus. Femur des letzten Paares stark verbreitert. Klauen schlank, einfach. Abdominaltergite mit 1—2 Borstenreihen. Haupttracheenstämme mehr oder weniger verlängert, in ihrem ganzen Verlaufe Nebenzweige entsendend. — Sekundäre Geschlechtsmerkmale nicht deutlich ausgebildet.

Lebensweise verborgen, vorwiegend unter Steinen und pflanzlichem Detritus, mitunter auch subterran.

In allen Faunengebieten vertreten, jedoch in den Tropen vorherrschend.

1 Familie, 2 Subfamilien, 21 Gattungen, 94 sichere, 14 unsichere Arten.

1. Fam. **Chthoniidae** H. J. Hansen

1891 *Chthoniinae*, Balzan in: Ann. Soc. ent. France, *v.* 60 p. 545 | 1894 *Chthoniidae*, H. J. Hansen in: Ent. Meddel., *v.* 4 p. 232 | 1906 *C.*, With in: Danske Selsk. Skr., *v.* 7 nr. 3 p. 64 | 1907 *C.*, Tullgren in: Mt. Mus. Hamburg, *v.* 24 p. 69 | 1911 *C.*, Kew in: P. Irish Ac., *v.* 29 nr. 2 p. 55 | 1911 *C.*, Lessert in: Cat. Invert. Suisse, *v.* 5 p. 37 | 1926 *C.*, Chamberlin in: Vidensk. Meddel., *v.* 81 p. 334 | 1928 *C.*, Schenkel in: Tierw. Deutschl., *v.* 8 fasc. 3 p. 70 | 1928 *C.*, Beier in: Ann. Wien. Mus., *v.* 42 p. 312 | 1929 *C.*, Kästner in: Tierw. Mitteleur., *v.* 3 p. IV 9 | 1929 *C.*, Chamberlin in: Ann. nat. Hist., ser. 10 *v.* 4 p. 57 | 1929 *C.*, Chamberlin in: Bull. Soc. zool. France, *v.* 54 p. 173 | 1931 *Chthonioidea*, Chamberlin in: Stanford Univ. Publ., *v.* 7 p. 209.

Mit den Charakteren der Unterordnung.

2 Subfamilien mit 21 Gattungen und 94 sicheren, 14 unsicheren Arten.

Übersicht über die Subfamilien:

1 Stigmen schief gestellt, mit gesonderter, halbkreisförmig gebogener Stigmenschutzplatte umgeben; Genitalfeld des Weibchens groß, chitinisiert; Femur 1 des 4. Beinpaares verlängert, nur wenig kürzer als Femur 2 . . . . a) Subfam. **Dithinae**
Stigmen quergestellt, ohne gesonderte Stigmenschutzplatte, sondern nur von einer seitlichen Verlängerung des Sternites gedeckt; Genitalfeld des Weibchens nicht chitinisiert; Femur 1 des 4. Beinpaares kurz, bedeutend kürzer als Femur 2 . . . . b) Subfam. **Chthoniinae**

a) Subfam. **Dithinae** Chamb.

1929 *D.*, Chamberlin in: Ann. nat. Hist., ser. 10 *v.* 4 p. 58 | 1931 *Dithidae*, Chamberlin in: Stanford Univ. Publ., *v.* 7 p. 209.

Cephalothorax quadratisch, nach hinten nicht verengt, meist mit größerer Borstenanzahl; 4 Augen, von denen die hinteren mitunter etwas kleiner sind als die vorderen. Palpen (Fig. 28) kräftig, mit zahlreichen Borsten. Die Tastborsten *ib* und *isb* des Handrückens befinden sich nahe der Handbasis. Die Coxen des 1. und 2. Beinpaares mit Coxaldornen, diese einfach, lanzettförmig, in einer Reihe stehend (Fig. 29). Trochantin des 4. Beinpaares verhältnismäßig lang, nur wenig kürzer als das Femur (vgl. Fig. 19). Genitalfeld des Weibchens groß, chitinisiert. Stigmen schräg gestellt, von einer gesonderten, halbkreisförmigen Stigmenschutzplatte umgeben (vgl. Fig. 27). Intercoxaltuberkel, wenn vorhanden, nur mit einer Borste.

In den tropischen und subtropischen Gebieten von Amerika, Asien und Afrika.

7 Genera mit 22 sicheren und 3 unsicheren Arten.

Übersicht über die Genera:

1 Zähne der Palpenfinger dicht stehend; Intercoxaltuberkel meist vorhanden — **2**
Zähne der Palpenfinger getrennt stehend; Intercoxaltuberkel fehlt — **5**

2 Cephalothorax glatt — **3**
Cephalothorax deutlich granuliert oder netzförmig skulpturiert . . . . 4. Gen. **Paraditha**

3 Intercoxaltuberkel vorhanden; die Augen des hinteren Paares flacher als die vorderen — **4**
Intercoxaltuberkel fehlt; alle 4 Augen gleich groß . 2. Gen. **Heterolophus**

4 Die Tastborsten *t* und *st* des beweglichen Fingers sind voneinander durch 2—3 Areolardurchmesser getrennt, *sb* und *st* berühren einander; Tergite mit 2 Borstenreihen; Cephalothorax mit 54 bis 160 Borsten . . . . 1. Gen. **Ditha**
Die Tastborsten *st* und *t* des beweglichen Fingers berühren einander; Tergite mit einer Reihe von 10 Borsten; Cephalothorax mit ungefähr 40 Borsten 3. Gen. **Compsaditha**

5 Epistom vorhanden; Borstenzahl des Cephalothorax gering; Tergite mit einer Borstenreihe — **6**
Epistom fehlt; Cephalothorax mit wenigstens 80 Borsten; Tergite mit 2 Borstenreihen . . . . . 5. Gen. **Verrucaditha**

6 Cephalothorax granuliert; Galea auch bei jungen Tieren nicht vorhanden . . . . 6. Gen. **Verrucadithella**
Cephalothorax glatt; bei jungen Tieren eine aus mehreren borstenartigen Fortsätzen bestehende Galea vorhanden . . . . 7. Gen. **Tridenchthonius**

1. Gen. **Ditha** Chamb.

1929 *D.*, Chamberlin in: Ann. nat. Hist., ser. 10 *v.* 4 p. 61 | 1930 *Afroditha*, Beier in: Boll. Laborat. Zool. Portici, *v.* 25 p. 47.

Typus: *D. elegans* Chamb. (durch ursprüngliche Bestimmung).

Cephalothorax glatt, mit 54—160 Borsten, der Vorderrand in der Mitte depreß oder eingebuchtet, meist mit Epistom; 4 Augen, das hintere Paar flacher als das vordere. Palpen kräftig, ziemlich stark beborstet; die Tastborsten des Handrückens *ib* und *isb* basal; *t* und *st* des beweglichen Fingers sind voneinander durch 2—3 Areolardurchmesser getrennt, *sb* und *st* berühren einander oder stehen doch sehr nahe beisammen; Zähne der Palpenfinger stumpf, sehr dicht und gedrängt stehend, an beiden Fingern nahezu gleich ausgebildet. Coxen I und II mit je einer Reihe einfacher, breit lanzettförmiger Coxaldornen. Intercoxaltuberkel vorhanden, mit einer Borste. Tergite mit 2 meist deutlich gesonderten Borstenreihen.

Süd- und Zentralamerika, tropisches Asien und Afrika.

9 Arten.

Übersicht über die Arten:

1	Kleinere Arten (Männchen bis 1,3, Weibchen bis 1,5 mm) — **2**	
	Größere Arten (Männchen 1,8, Weibchen 2 mm) — **8**	
2	Die hinteren Augen flacher als die vorderen, jedoch deutlich — **3**	
	Die hinteren Augen rudimentär, nur als helle Flecke im Integument angedeutet — **7**	
3	Cephalothorax mit vorragendem Epistom — **4**	
	Cephalothorax in der Mitte des Vorderrandes fein gezähnelt, jedoch ohne Epistom	4. **D. cubana**
4	Chephalothorax mit wenigstens 100, meist jedoch mehr Borsten; *st* und *sb* des beweglichen Fingers stehen unmittelbar nebeneinander — **5**	
	Cephalothorax mit 54 Borsten; *st* und *sb* etwa 1 Areolardurchmesser voneinander entfernt	9. **D. fiebrigi**
5	Cephalothorax mit etwa 160 Borsten — **6**	
	Cephalothorax mit 114 Borsten	3. **D. surinama**
6	Die Finger etwa 1,6 mal so lang wie die Hand . . .	1. **D. parvidentata**
	Die Finger etwa 1,4 mal so lang wie die Hand . . .	2. **D. buchwaldi**
7	Die hinteren Augen fast vollständig verschwunden; Cephalothorax mit etwa 80 Borsten	8. **D. serrulata**
	Die hinteren Augen wenigstens als helle Flecke angedeutet; Cephalothorax mit 112—120 Borsten . . .	7. **D. africana**
8	Die ganze Schere wenigstens 5 mal so lang wie breit . .	6. **D. philippinensis**
	Die ganze Schere nur 4,5 mal so lang wie breit . . .	5. **D. elegans**

1. **D. parvidentata** (Balzan) 1890 *Chthonius parvidentatus*, Balzan in: Ann. Mus. Genova, ser. 2 *v.* 9 p. 447 t. 17 f. 25 | 1891 *C. p.*, Balzan in: Ann. Soc. ent. France, *v.* 60 p. 547 t. 12 f. 36.

Cephalothorax nahezu quadratisch, nach hinten nicht verengt, der Vorderrand in der Mitte eingebuchtet, mit kleinem, breiten, gezähnten, deutlich vorragenden Epistom. 4 Augen, die hinteren flacher als die vorderen. Scheibe des Cephalothorax mit etwa 160 Borsten, davon 8 in einer Querreihe nahe dem Vorderrand. Tergite mit 2 Borstenreihen; auf den mittleren Tergiten setzt sich die vordere Reihe aus 10, die hintere aus 12 Borsten zusammen.

Palpen stark beborstet. Palpenhand (Fig. 30) ziemlich schmal, die ganze Schere etwas mehr als 5mal so lang wie breit. Finger mit sehr dicht stehenden, kleinen Zähnchen. Die Tasthaare *st* und *sb* des beweglichen Fingers stehen dicht beisammen, so daß sich ihre Becher berühren. Die Coxen des 1. und 2. Beinpaares mit einfachen, breit lanzettförmigen Coxaldornen; auf Coxa I befinden sich 6 Coxaldornen. Intercoxaltuberkel vorhanden, mit einer Borste. — Körper L. ♂ 1,3 mm, ♀ 1,5 mm; Palpen: Femur L. 0,54 mm, B. 0,13 mm, Tibia L. 0,28 mm, B. 0,13 mm, Hand L. 0,31 mm, B. 0,15 mm, Finger L. 0,49 mm.

Südamerika: Paraguay, Venezuela.

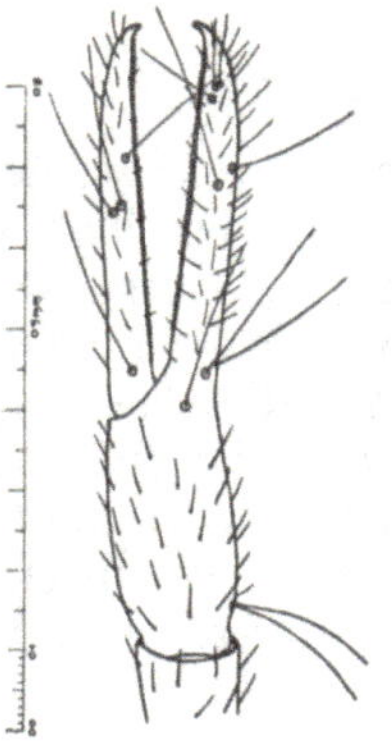

Fig. 30. **Ditha parvidentata** (Balzan); Schere von außen.

2. **D. buchwaldi** (Tullg.) 1907 *Chthonius (Pseudochthonius) B.*, Tullgren in: Mt. Mus. Hamburg, *v.* 24 p. 69 f. 23.

Der vorigen Art sehr ähnlich, jedoch die Palpenfinger verhältnismäßig etwas kürzer, nur 1,4mal so lang wie die Hand. Cephalothorax mit etwa 160 Borsten. Epistom klein, gezähnt. Tergite mit 2 Querreihen von Borsten. Palpen (Fig. 28) denen von *parvidentata* sehr ähnlich, nur die Maßverhältnisse etwas anders. Coxen I und II mit 4—5 Coxaldornen. — Körper L. ♀ 1,5 mm; Palpen: Femur L. 0,50 mm, B. 0,11 mm, Tibia L. 0,27 mm, B. 0,12 mm, Hand L. 0,31 mm, B. 0,14 mm, Finger L. 0,45 mm.

Südamerika: Ekuador, Guayaquil.

3. **D. surinama** Beier 1931 *D. s.*, Beier in: Zool. Anz., *v.* 93 p. 49.

Cephalothorax mit 114 Borsten, von welchen 12 in einer Querreihe nahe dem Vorderrand und 8 nahe dem Hinterrand stehen. Epistom breit und kurz, sehr unregelmäßig gezähnt. Cheliceren ohne Spinnhöcker, die Finger stumpf, beide mit Mittelzahn. Tergite mit 2 Borstenreihen, nur die beiden vordersten mit 1; die hintere Reihe besteht aus 12 Borsten. Coxen I mit 6, Coxen II mit 5 Coxaldornen. Intercoxaltuberkel vorhanden, mit 1 Borste. Palpen ziemlich stark beborstet. Hand (Fig. 31) gut 2mal so lang wie breit. Schere etwas mehr als 5mal so lang wie breit. *St* und *sb* des beweglichen Fingers in gleicher Höhe, einander berührend. — Körper L. ♂ 1,2 mm, ♀ 1,4 mm; Palpen: ♂ Femur L. 0,45 mm, B. 0,10 mm, Tibia L. 0,25 mm, B. 0,10 mm, Hand L. 0,25 mm, B. 0,12 mm, Finger L. 0,40 mm. — ♀ Femur L. 0,53 mm, B. 0,10 mm, Tibia L. 0,26 mm, B. 0,10 mm, Hand L. 0,26 mm, B. 0,14 mm, Finger L. 0,44 mm.

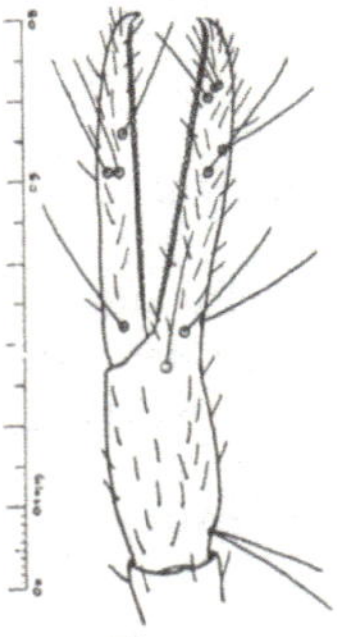

Fig. 31. **Ditha surinama** Beier; Schere von außen.

Südamerika: Surinam, Paramaribo.

4. **D. cubana** Chamb. 1929 *D. c.*, Chamberlin in: Ann. nat. Hist., ser. 10 *v.* 4 p. 61 f. 1H, 2E, 3B.

Den vorigen Arten sehr ähnlich, der Cephalothorax jedoch ohne Epistom; sein Vorderrand in der Mitte eingebuchtet und fein gezähnelt. Palpenfemur 4,2—4,3mal, Tibia 2,1mal, Schere 5mal so lang wie breit. Coxen I und II mit je 6 Coxaldornen. — Körper L. ♀ 1,6 mm.

Antillen: Kuba, Jamaika.

5. **D. elegans** Chamb. 1929 *D. e.*, Chamberlin in: Ann. nat. Hist., ser. 10 *v.* 4 p. 61.

Ebenso wie die folgende Art durch bedeutendere Körpergröße ausgezeichnet. Epistom beim Männchen kreiselförmig [top-shaped], die Spitze proximal, beim Weibchen parallelseitig, unregelmäßig abgestumpft. Palpenhand deutlich kürzer als 2mal so lang wie breit. Die ganze Schere nur 4,5mal so lang wie breit. Tibia 2,2mal so lang wie breit. — Körper L. ♂ 1,9 mm, ♀ 2,1 mm.

Molukken: Banda.

6. **D. philippinensis** Chamb. 1929 *D. p.*, Chamberlin in: Ann. nat. Hist., ser. 10 *v.* 4 p. 61 f. 1 B.

Cephalothorax in der Mitte des Vorderrandes eingebuchtet, mit einem parallelseitigen, stumpfen, gezähnten Epistom; dieses so lang wie breit. Schere 5—5,2mal so lang wie breit. Hand nicht ganz 2mal so lang wie breit. Coxen I und II mit 5—6 Coxaldornen. — Körper L. ♂ 1,8 mm, ♀ 2 mm.

Philippinen: Luzon, Mount Makiling.

7. **D. africana** Beier 1924 *Chthonius clathratus*, Redikorzev in: Rev. Russe Ent., *v.* 18 p. 199 | 1931 *Ditha africana*, Beier in: Zool. Anz., *v.* 93 p. 50.

Cephalothorax mit 112—120 Borsten; Epistom vorragend, gezähnt, daneben der Vorderrand gezähnelt. Die hinteren Augen undeutlich, nur als helle Flecke angedeutet. Palpenhand (Fig. 32) ziemlich schmal. *St* und *sb* des beweglichen Fingers fast in gleicher Höhe, nahe beisammen. Tergite mit 2 Borstenreihen, die hintere Reihe mit 12 Borsten, die vordere in den ersten Tergiten nicht oder nur undeutlich ausgebildet. Coxen I mit 5, II mit 6 Coxaldornen. Intercoxaltuberkel mit einer Borste versehen. — Körper L. ♂ 1,4 mm, ♀ 1,4—1,5 mm; Palpen: ♂ Femur L. 0,46 mm, B. 0,10 mm, Tibia L. 0,23 mm, B. 0,10 mm, Hand L. 0,24 mm, B. 0,12 mm, Finger L. 0,40 mm. — ♀ Femur L. 0,51 mm, B. 0,11 mm, Tibia L. 0,28 mm, B. 0,12 mm, Hand L. 0,28 mm, B. 0,14 mm, Finger L. 0,48 mm.

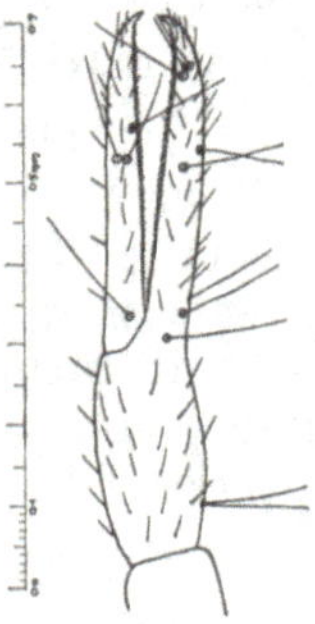

Fig. 32. **Ditha africana** Beier; Schere von außen.

Tropisches Ostafrika: Mabira.

8. **D. serrulata** (Silv.) 1917 *Chthonius serrulatus*, Silvestri in: Boll. Laborat. Zool. Portici, *v.* 12 p. 294 f. 5, 6 | 1930 *Afroditha serrulata*, Beier in: Boll. Laborat. Zool. Portici, *v.* 25 p. 48 f. 6.

Cephalothorax mit etwa 80 Borsten; Epistom dreieckig, gezähnt. Nur die beiden vorderen Augen deutlich, die beiden hinteren fast gänzlich verschwunden, kaum mehr als helle Flecke angedeutet. Palpenhand schmal. *St* und *sb* des beweglichen Fingers fast in gleicher Höhe, nahe beisammen. Coxen I und II mit je 5 Coxaldornen. Tergite mit 2 Borstenreihen, die vordere Reihe jedoch undeutlich und nur in den hinteren Tergiten besser ausgeprägt, die hintere mit 12 Borsten. Intercoxaltuberkel mit einer Borste, deutlich. — Körper L. ♀ 1,3 mm; Palpen: Tibia L. 0,26 mm, B. 0,11 mm, Hand L. 0,24 mm, B. 0,135 mm, Finger L. 0,42 mm.

Westafrika: Goldküste.

9. **D. fiebrigi** Beier 1910 *Chthonius parvidentatus*, Ellingsen in: Mt. Mus. Berlin, *v.* 4 p. 401 | 1931 *Ditha fiebrigi*, Beier in: Zool. Anz., *v.* 93 p. 50.

Cephalothorax mit nur 54 Borsten, davon 10 am Vorderrand, 6 am Hinterrand. Epistom vorragend, fast einfach, nur an der Spitze gezähnt, der Vorderrand jederseits des Epistoms fein gezähnelt. Die hinteren Augen nur wenig kleiner als die vorderen. Tergite nur mit einer deutlichen Borstenreihe, die 2. undeutlich ausgebildet, aber durch verschiedene Länge der Borsten angedeutet. Hauptreihe mit 12 Borsten. *St* und *sb* des beweglichen Fingers etwa einen Areolardurchmesser voneinander entfernt und sich in diesem Merkmal der Gattung *Heterolophus* nähernd. (Fig. 33). Coxen I und II mit je 5 Coxaldornen. Intercoxaltuberkel deutlich, mit einer Borste. — Körper L. ♀ 1,3 mm; Palpen: Femur L. 0,53 mm, B. 0,13 mm, Tibia L. 0,27 mm, B. 0,14 mm, Hand L. 0,29 mm, B. 0,18 mm, Finger L. 0,46 mm.

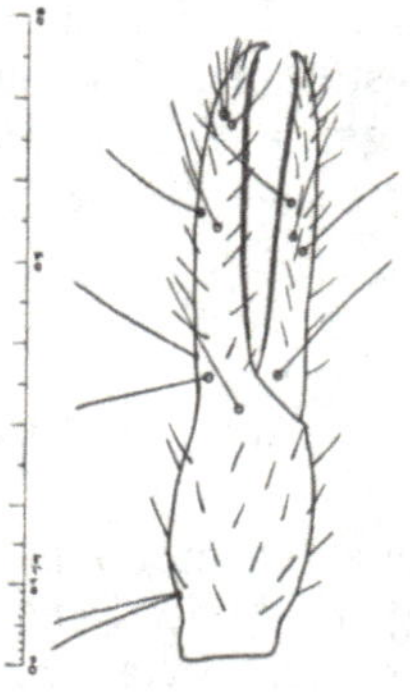

Fig. 33.
Ditha fiebrigi Beier, Schere von außen.

Südamerika: Paraguay, San Bernardino.

2. Gen. **Heterolophus** Töm.

1884 *H.*, Tömösvary in: Termész. Füzetek, *v.* 8 p. 24 | 1929 *H.*, Chamberlin in: Ann. nat. Hist., ser. 10 *v.* 4 p. 60.

Typus: *H. guttiger* Töm. (durch nachträgliche Bestimmung).

Cephalothorax glatt, mit kräftigem, breiten, stark gezähnten Epistom; auf der Scheibe 30—54 Borsten. Alle 4 Augen groß, vorragend. Palpen wie bei *Ditha*, die Hand jedoch ziemlich breit und *st* des beweglichen Fingers steht von *sb* etwa 3 Areolardurchmesser entfernt. Tergite meist nur mit einer Borstenreihe, die vordere, wenn vorhanden, nicht besonders deutlich ausgeprägt. Coxen I und II mit sehr breiten Coxaldornen. Ein Intercoxaltuberkel fehlt.

Südamerika, Sundainseln, Südafrika.

3 sichere, 1 unsichere Art.

Übersicht über die Arten:

1	Cephalothorax mit weniger als 50 Borsten; Tergite nur mit 1 Borstenreihe — **2**	
	Cephalothorax mit 52—54 Borsten; Tergite mit einer mehr oder weniger deutlichen 2. (vorderen) Borstenreihe	2. **H. sumatraensis**
2	Cephalothorax mit 46 Borsten, davon 6 am Hinterrand	1. **H. guttiger**
	Cephalothorax mit 30 Borsten, davon 4 am Hinterrand	3. **H. clathratus**

1. **H. guttiger** Töm. 1884 *H. g.*, Tömösvary in: Termész. Füzetek, *v.* 8 p. 24 t. 1 f. 3, 4 | 1888 *Chthonius g.*, Daday in: ibid., *v.* 11 p. 135, 191 t. 4 f. 20.

Cephalothorax glatt, mit 4 fast gleich großen, vorragenden Augen; die Scheibe mit 46 Borsten: 8—6,46; Epistom kräftig, stark gezähnt, etwas länger als breit. Tergite mit 1 Borstenreihe: 6—6—8—10—10—10—10. Palpenschere (Fig. 34) 3,7 mal so lang wie breit; Hand sehr breit, nur 1,7 mal so lang wie breit. Finger medial mit sehr kleinen, dicht stehenden Zähnen. *St* von *sb* etwa 3 Areolardurchmesser entfernt. Coxen I und II mit je 3 sehr breiten Coxaldornen. Intercoxaltuberkel fehlt. — Körper L. 1,1—1,3 mm; Palpen: Femur L. 0,42 mm, B. 0,13 mm, Tibia L. 0,26 mm, B. 0,14 mm, Hand L. 0,34 mm, B. 0,20 mm, Finger L. 0,40 mm.

Südamerika: Brasilien, San Paolo, Passa Quatro.

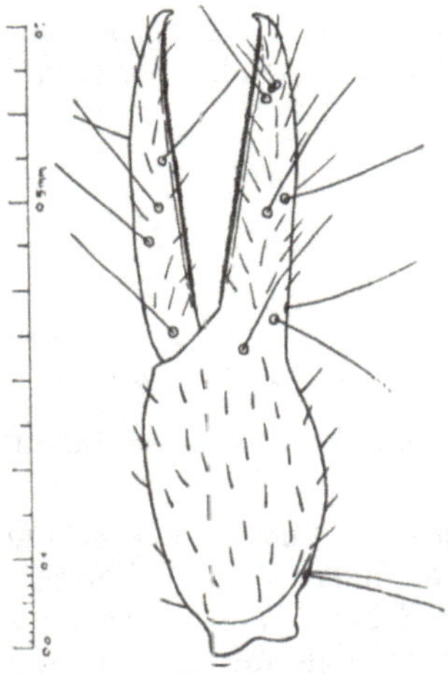

Fig. 34.
Heterolophus guttiger Töm.
Palpenschere von außen.

2. **H. sumatraensis** (Chamb.) 1899 *Chthonius curvidigitatus*, E. Simon in: Ann. Soc. ent. Belgique, *v.* 43 p. 122 | 1906 *C. c.*, With in: Danske Selsk. Skr., *v.* 7 nr. 3 p. 74 | 1911 *C. c.*, Ellingsen in: Ann. Mus. Genova, ser. 3 *v.* 5 p. 36 | 1923 *C. sumatraensis*, Chamberlin in: Revista Chilena, *v.* 27 p. 186.

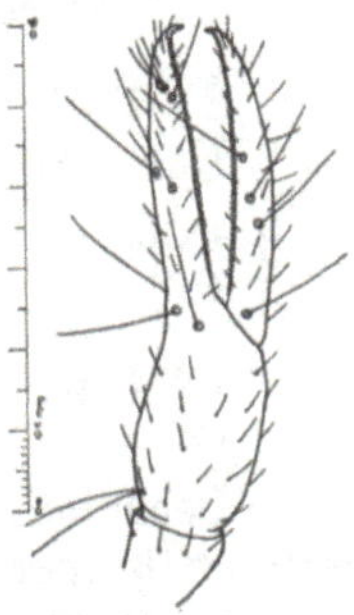

Fig. 35.
Heterolophus sumatraensis (Chamb.)
Palpenschere von außen.

Cephalothorax mit 52—54 Borsten, davon 10 am Vorderrand und 8 am Hinterrand; Epistom breit, unregelmäßig gezähnt; 4 Augen, das hintere nur wenig kleiner. Tergite mit einer aus 12 Borsten bestehenden deutlichen hinteren und einer wenig ausgeprägten vorderen Borstenreihe. Schere (Fig. 35) 4,2 mal so lang wie breit; Hand nicht doppelt so lang wie breit. Coxen I mit 5, II mit 6 Coxaldornen. Intercoxaltuberkel fehlt. — Körper L. ♀ 1,2 mm; Palpen: Femur L. 0,43 mm, B. 0,10 mm, Tibia L. 0,25 mm, B. 0,11 mm, Hand L. 0,25 mm, B. 0,15 mm, Finger L. 0,38 mm.

Sumatra.

3. **H. clathratus** (Tullg.) 1907 *Chthonius c.*, Tullgren in: Zool. Stud. tillägn. Tullberg, p. 233 f. 11 | 1912 *C. c.*, Ellingsen in: Ann. S. Afr. Mus., *v.* 10 p. 88, 120.

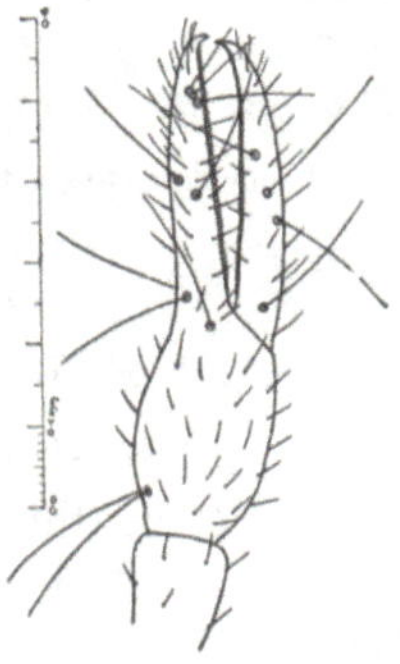

Fig. 36.
Heterolophus clathratus (Tullg.) Palpenschere von außen.

Cephalothorax glatt, mit 30 Borsten: 8—4, 30; alle 4 Augen groß, vorragend; Epistom klein, gezähnt. Tergite mit je einer Borstenreihe: 4—6—6—6—6—6—8—6 oder 4—6—6—8—8—8—8—8. Cheliceren mit Spinnhöcker. Palpenhand (Fig. 36) ziemlich breit, *st* und *sb* des beweglichen Fingers etwa 3 Areolardurchmesser voneinander entfernt. Coxen I und II mit je 3—4 sehr breiten, kurzen Coxaldornen. Intercoxaltuberkel fehlt. — Körper L. ♀ 1,1 mm; Palpen: Femur L. 0,41 mm, Tibia L. 0,20 mm, Hand L. 0,27 mm, Finger L. 0,36 mm.

Südafrika: Natal, Zululand, Kap-Provinz.

Unsichere Art:

H. nitens Töm. 1884 *H. n.*, Tömösvary in: Termész. Füzetek, *v.* 8 p. 25 t. 1 f. 5 | 1888 *Chthonius n.*, Daday in: ibid., *v.* 11 p. 135, 191.

Mit *H. guttiger* sehr nahe verwandt oder identisch. Soll sich von diesem durch näher beisammenstehende Augen und durch das Vorhandensein von kleinen Zähnchen neben dem Epistom unterscheiden. — Körper L. 1,2 mm.

Südamerika: Brasilien, San Paolo.

3. Gen. **Compsaditha** Chamb.

1929 *C.*, Chamberlin in: Ann. nat. Hist., ser. 10 *v.* 4 p. 62.

Typus: *C. pygmaea* Chamb. (durch ursprüngliche Monotypie).

Cephalothorax mit etwa 40 Borsten auf der Scheibe; Epistom vorhanden; 4 Augen, die hinteren kleiner als die vorderen. Tergite mit einer aus 10

Borsten bestehenden Borstenreihe. *t* und *st* des beweglichen Fingers nahe beisammen, etwa 1 Areolardurchmesser voneinander abstehend. Sonst mit *Ditha* übereinstimmend.

Philippinen, Sundainseln.

2 Arten.

Übersicht über die Arten:

1 { Palpenschere plumper, 3,52 mal so lang wie breit . . . . . . 1. **C. pygmaea**
Palpenschere schlanker, 4,1 mal so lang wie breit . . . . . . 2. **C. javana**

1. **C. pygmaea** Chamb. 1929 *C. p.*, Chamberlin in: Ann. nat. Hist., ser. 10 *v.* 4 p. 62.

Cephalothorax mit etwa 40 Borsten, mit Epistom und 4 Augen, die hinteren flacher als die vorderen. Tergite mit einer Reihe von 10 Borsten. Palpen gedrungen; Femur 3,55 mal, Tibia 1,65 mal, Schere 3,52 mal so lang wie breit; beweglicher Finger 0,65 von der Gesamtlänge der Schere, die Tasthaare *t* und *st* nur 1 Areolardurchmesser voneinander entfernt. Zähne klein und dicht stehend. Coxen I und II mit 4—5 lanzettförmigen, am Ende eingeschnittenen Coxaldornen. Intercoxaltuberkel vorhanden. — Körper L. ♀ 1,1 mm.

Philippinen: Luzon, Mount Makiling.

2. **C. javana** (Tullg.) 1912 *Chthonius javanus*, Tullgren in: Not. Leyden Mus., *v.* 34 p. 269 f. | 1929 *Compsaditha javana*, Chamberlin in: Canad. Ent., *v.* 61 p. 152.

Der vorigen Art sehr ähnlich, jedoch von robusterem Körperbau, die Palpen schlanker. Femur 3,2 mal, Tibia 1,8 mal, Schere 4,1 mal so lang wie breit; beweglicher Finger 0,68 von der Gesamtlänge der Schere. Coxaldornen wie bei *pygmaea*, aber gleichmäßig gefiedert. — Körper L. ♀ 1,0 mm.

Sundainseln: Java, Banjoewangi.

4. Gen. **Paraditha** Beier

1931 *P.*, Beier in: Zool. Anz., *v.* 93 p. 51.

Typus: *Chthonius sinuatus* Tullg.

Cephalothorax granuliert oder grob netzförmig skulpturiert, mit 54 Borsten; alle 4 Augen groß, stark vorragend. Tergite mit 2 Borstenreihen, die hintere mit 8 Borsten. Palpen ähnlich wie bei *Heterolophus*, Finger mit kleinen, sehr dicht stehenden Zähnchen; *sb* und *st* sowie *st* und *t* des beweglichen Fingers je etwa 3 Areolardurchmesser voneinander entfernt. Coxen I und II mit einfachen Coxaldornen. Intercoxaltuberkel vorhanden.

Tropisches Afrika.

2 Arten.

Übersicht über die Arten:

1 { Palpenfemur nicht ganz 4 mal so lang wie breit . . . . . . 1. **P. sinuata**
Palpenfemur mehr als 4 mal so lang wie breit . . . . 2. **P. latimana**

1. **P. sinuata** (Tullg.) 1901 *Chthonius sinuatus*, Tullgren in: Ent. Tidskr., *v.* 22 p. 101 | 1906 *C. s.*, Ellingsen in: Ann. Mus. Genova, ser. 3 *v.* 2 p. 264 | 1912 *C. s.*, Ellingsen in: Ann. S. Afr. Mus., *v.* 10 p. 89, 124.

Cephalothorax granuliert und grob netzförmig skulpturiert, mit 54 Borsten: 8—6, 54; Vorderrand kreneliert, in der Mitte eingebuchtet, mit kleinem, breiten, gezähnten Epistom. Alle 4 Augen groß, vorragend. Tergite mit 2 Borstenreihen: $6\,\frac{2\ 4}{8\ 8}$ usw. Palpenhand breit, Zähne der Finger dicht stehend. Coxen I mit 5—6, II mit 4—5 Coxaldornen. Intercoxaltuberkel mit einer Borste. — Körper L. ♀ 1,6 mm; Palpen: Femur L. 0,46 mm, B. 0,12 mm, Tibia L. 0,27 mm, B. 0,14 mm, Hand L. 0,30 mm, B. 0,18 mm, Finger L. 0,43 mm.

Tropisches Westafrika: Kamerun, Portugisisch Guinea, Insel S. Thomé, Kapkolonie?

2. **P. latimana** Beier 1931 *P. l.*, Beier in: Zool. Anz., *v.* 93 p. 51.

Der vorigen Art sehr ähnlich. Cephalothorax granuliert, mit 54 Borsten; Vorderrand kreneliert, in der Mitte eingebuchtet, mit sehr kleinem Epistom. Alle 4 Augen groß, stark vorragend. Tergite mit 2 Borstenreihen: $8\,\frac{6\ 6\ 6}{8\ 8\ 8}$ usw. Palpenhand (Fig. 37) breit, Zähne dicht stehend. Die Tasthaare *sb*, *st* und *t* je etwa 3 Areolardurchmesser voneinander entfernt. Coxen I mit 5, Coxen II mit 4 Coxaldornen. Intercoxaltuberkel mit einer Borste. — Körper L. ♀ 1,5 mm; Palpen: Femur L. 0,52 mm, B. 0,12 mm, Tibia L. 0,29 mm, B. 0,14 mm, Hand L. 0,34 mm, B. 0,19 mm, Finger L. 0,47 mm.

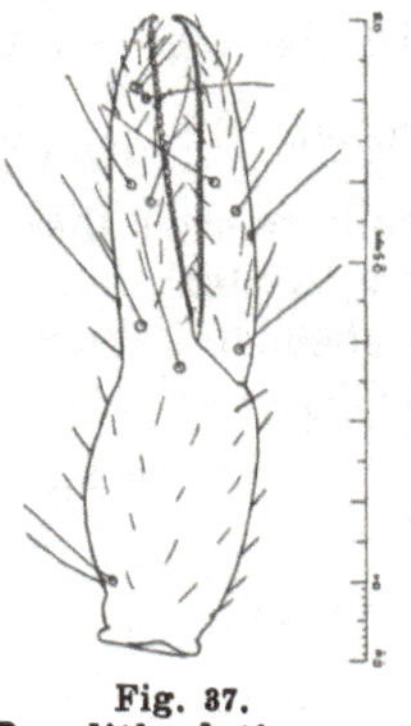

Fig. 37.
Paraditha latimana Beier, Palpenschere von außen.

Tropisches Ostafrika: Mabira.

5. Gen. **Verrucaditha** Chamb.

1926 *Alura* (non *A.* Möschler 1884), Chamberlin in: Vidensk. Meddel., *v.* 81 p. 334 | 1929 *Verrucaditha*, Chamberlin in: Ann. nat. Hist., ser. 10 *v.* 4 p. 59.

Typus: *Chthonius spinosus* Banks (durch ursprüngliche Bestimmung).

Cephalothorax granuliert, mit zahlreichen (wenigstens 80) Borsten; der Vorderrand eingebuchtet, ohne Epistom. 4 große, vorragende Augen. Tergite mit 2 Borstenreihen. Palpen kräftig, stark beborstet; die Tasthaare *ib* und *isb* nahe der Handbasis; Zähne der Palpenfinger getrennt stehend, spitz. Coxen I und II mit Coxaldornen. Intercoxaltuberkel fehlt.

Südliches Nordamerika. Südamerika?

2 sichere, 2 unsichere Arten.

Übersicht über die Arten:

1 { Cephalothorax mit 80—90 Borsten; 1. Tergit mit einer Reihe von 10 Borsten . . . . 1. **V. spinosa**
Cephalothorax mit 100—112 Borsten; 1. Tergit mit einer Reihe von 18 Borsten . . . . 2. **V. megaloptera**

1. **V. spinosa** (Banks) 1893 *Chthonius spinosus*, N. Banks in: Canad. Ent., *v.* 25 p. 67 | 1926 *Alura s.*, Chamberlin in: Vidensk. Meddel., *v.* 81 p. 334 | 1929 *Verrucaditha spinosa*, Chamberlin in: Ann. nat. Hist., ser. 10 *v.* 4 p. 59.

Cephalothorax granuliert, mit 80—90 Borsten; der Vorderrand in der Mitte tief eingebuchtet, ohne Epistom. 4 große, vorragende Augen. Hinterrand des Cephalothorax mit 8 Borsten. Tergite mit 2 Borstenreihen:

$10\ \frac{4\ \ 6\ \ 6\ \ 6\ \ 10}{14\ \ 12\ \ 17\ \ 17\ \ 13}$. Palpenfinger mit getrennt stehenden Zähnen; fester Finger mit 23 bis 24 Zähnen, von welchen die distalen weiter voneinander abstehen als die basalen; beweglicher Finger mit 33—34 kleinen, rundlichen Zähnchen. Coxaldornen auf Coxa I und II. Intercoxaltuberkel fehlt. — Körper L. ♀ 1,6 mm.

Nordamerika: Florida.

2. **V. megaloptera** Chamb. 1929 *V. m.*, Chamberlin in: Ann. nat. Hist., ser. 10 *v.* 4 p. 59.

Cephalothorax granuliert, mit 100 bis 112 Borsten, der Hinterrand mit 10 Borsten; Vorderrand wie bei der vorigen Art. Tergite mit 2 Borstenreihen: $18\ \frac{6\ \ 8\ \ 12\ \ 12\ \ 13}{18\ \ 18\ \ 18\ \ 18\ \ 18}$. Fester Palpenfinger mit 27—28 Zähnen, von welchen die 12 bis 13 distalen weiter voneinander getrennt sind als die 15 basalen; beweglicher Finger mit 26 bis 27 rundlichen, nahe beisammen stehenden Zähnchen. Coxaldornen wie bei der vorigen Art. Intercoxaltuberkel fehlt. — Körper L. ♀ 1,5 mm.

Nordamerika: Indiana, Ohio.

Unsichere Arten:

V. hirsuta (Balzan) 1890 *Chthonius hirsutus*, Balzan in: Ann. Mus. Genova, ser. 2 *v.* 9 p. 448 t. 17 f. 26 | 1891 *C. h.*, Balzan in: Ann. Soc. ent. France, *v.* 60 p. 550.

Cephalothorax mit zahlreichen Borsten, Augen groß. Tergite mit 2 Borstenreihen. Beide Palpenfinger mit kräftigen, spitzen, in Abständen stehenden Zähnen; die Zähne des beweglichen Fingers etwas kleiner als die des festen. — Körper L. 1,5 mm.

Südamerika: Brasilien, Matto Grosso.

V. curvidigitata (Balzan) 1890 *Chthonius curvidigitatus*, Balzan in: Ann. Mus. Genova, ser. 2 *v.* 9 p. 449 t. 17 f. 27 | 1891 *C. c.*, Balzan in: Ann. Soc. ent. France, *v.* 60 p. 550.

Ausgezeichnet durch das vollständige Fehlen von Zähnen am beweglichen Palpenfinger; die Zähne des festen Fingers stehen voneinander getrennt und sind leicht krallenförmig nach hinten gebogen. 4 große Augen. — Körper L. 1,4 mm.

Südamerika: Paraguay.

6. Gen. **Verrucadithella** Beier

1931 *V.*, Beier in: Zool. Anz., *v.* 93 p. 51.

Typus: *Chthonius dilatimanus* Redikorzev (durch ursprüngliche Bestimmung).

Cephalothorax granuliert oder grob netzförmig skulpturiert, mit 26 bis 30 kurzen, kräftigen Borsten; Vorderrand in der Mitte eingebuchtet, mit Epistom. 4 fast gleich große Augen. Tergite mit einer Borstenreihe. Palpen stark beborstet; die Zähne der Finger kräftig, spitz, wenigstens im distalen Fingerabschnitt weit voneinander getrennt stehend. Die Tasthaare *ib* und *isb* nahe der Handbasis. Coxa I und II mit einfachen Coxalformen. Intercoxaltuberkel fehlt.

Ost- und Südafrika.

2 Arten.

Übersicht über die Arten:

1 { Hand dorsal stark verbreitert und dann nahe dem Fingergrunde plötzlich verengt; Zähne der Palpenfinger bis zur Basis getrennt stehend . . . . 1. **V. dilatimana**
Hand ohne diese Verbreiterung; beweglicher Palpenfinger basal mit einheitlicher Lamelle . . . . 2. **V. mordax**

1. **V. dilatimana** (Redikorzev) 1924 *Chthonius dilatimanus*, Redikorzev in: Rev. Russe Ent., *v.* 18 p. 193 f. 7, 8, 9.

Cephalothorax granuliert, mit 30 Borsten: 8--6, 30; der Vorderrand in der Mitte eingebuchtet, mit kurzem, breiten, stumpfen Epistom. 4 Augen. Tergite mit einer Borstenreihe: ♂ 6—8—12—10—12—10—12—10, ♀ 6—8—10—8—10—8—10—8. Palpenhand (Fig. 38) dorsal stark verbreitert und vor der Fingerbasis plötzlich verengt; die Tasthaare *ib* und *isb* nahe der Handbasis. Fester Palpenfinger mit 20 getrennt stehenden, basal kleiner werdenden Zähnen, beweglicher Finger mit 18—19, ebenfalls getrennt stehenden Zähnen. Die Tasthaare *est* und *it* sowie *et* und *ds* in 2 Gruppen vereinigt, *et* an *ds* genähert. Coxen I und II mit einfachen Coxaldornen. Intercoxaltuberkel fehlt. — Körper L. ♂ 1,3 mm, ♀ 1,8 mm; Palpen: ♂ Femur L. 0,45 mm, B. 0,14 mm, Tibia L. 0,20 mm, B. 0,14 mm, Hand L. 0,34 mm, B. 0,20 mm, Finger L. 0,40 mm; ♀ Femur L. 0,60 mm, B. 0,15 mm, Tibia L. 0,20 mm, B. 0,15 mm, Hand L. 0,45 mm, B. 0,22 mm, Finger L. 0,50 mm.

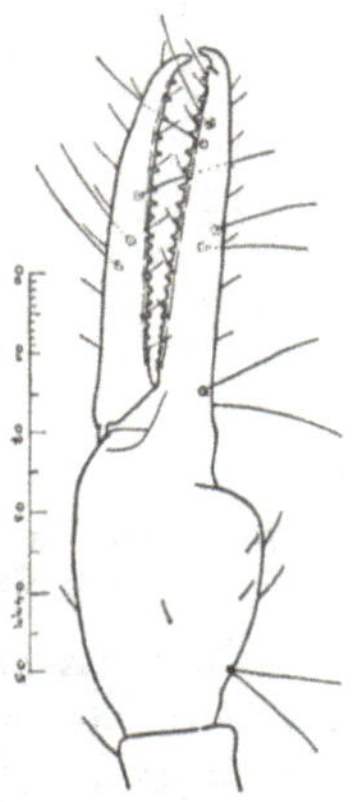

Fig. 38. **Verrucadithella dilatimana** (Redikorzev). Palpenhand von innen.

Tropisches Ostafrika: Molo.

2. **V. mordax** (Tullg.) 1907 *Chthonius m.*, Tullgren in: Zool. Stud. tillägn. Tullberg, p. 234 f. 10 | 1912 *C. m.*, Ellingsen in: Ann. S. Afr. Mus., *v.* 10 p. 89, 122.

Cephalothorax genarbt, netzförmig skulpturiert, mit 26 Borsten; Vorderrand kreneliert, in der Mitte eingebuchtet; Epistom ziemlich lang, gezähnt. 4 fast gleich große Augen. Tergite mit einer Borstenreihe: 4—4—6—6—6—6—6—6. Palpenhand (Fig. 39) schlank, in der Mitte etwas bauchig erweitert, gegen die Fingerbasis allmählich verengt. Fester Palpenfinger mit etwa 18 Zähnen, die distal spitz sind und weit getrennt stehen, basal kleiner und stumpfer werden und näher aneinander rücken; beweglicher Finger distal mit 6—7 getrennt stehenden Zähnen, dann mit einfacher, leicht gewellter Membran. Die Trichobothrien *est*, *it* und *et* stehen in einer Gruppe beisammen und sind untereinander gleichweit entfernt; *et* steht von *ds* weiter ab als von *it*. Coxen I und II mit je 3—4 Coxaldornen. Intercoxaltuberkel fehlt. ♂ Genitalfeld mit 10—10 medialen Randborsten. — Körper L. ♂ 1,2 mm; Palpen: Femur L. 0,51 mm, Tibia L. 0,20 mm, Hand L. 0,29 mm, Finger L. 0,37 mm; ♀ Hand L. 0,37 mm, B. 0,18 mm, Finger L. 0,45 mm.

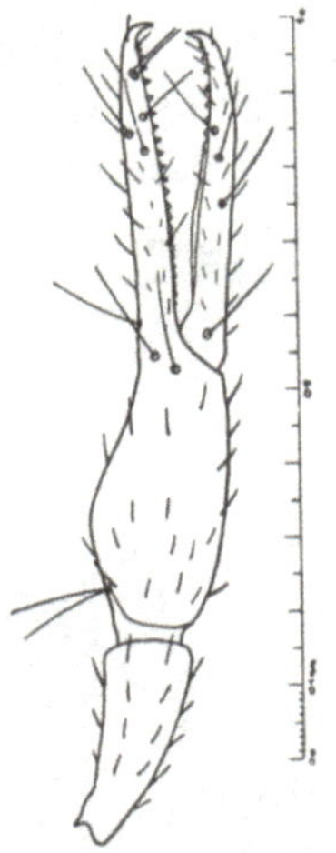

Fig. 39. **Verrucadithella mordax** (Tullg.). Palpenhand von außen.

Südafrika: Natal, Zululand, Kap-Kolonie.

7. Gen. **Tridenchthonius** Balzan

1887 *T.*, Balzan, Chernet. S.-Amer., *v.* 1 nr. 7 (nicht pag.) | 1890 *T.*, Balzan in: Ann. Mus. Genova, ser. 2 *v.* 9 p. 450 | 1891 *T.*, Balzan in: Ann. Soc. ent. France, *v.* 60 p. 550 | 1906 *T.*, With in: Danske Selsk. Skr., *v.* 7 nr. 3 p. 64 | 1926 *T.*, Chamberlin in: Vidensk. Meddel., *v.* 81 p. 334 | 1929 *T.*, Chamberlin in: Ann. nat. Hist., ser. 10 *v.* 4 p. 77.

Typus: *T. parvulus* Balzan (durch Monotypie).

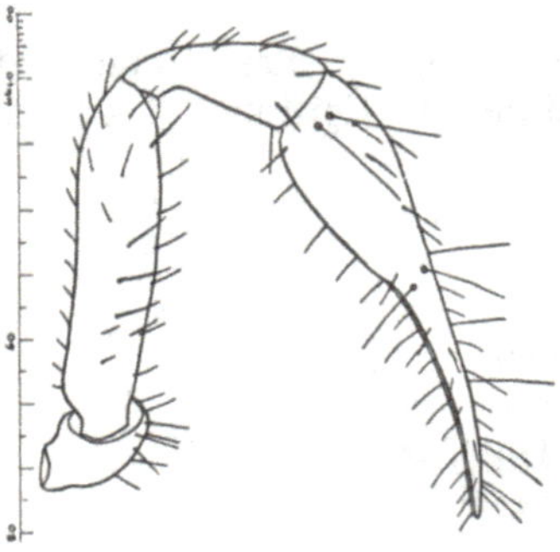

Fig. 40.
Tridenchthonius elegans Beier.
Linke Palpe.

Cephalothorax glatt, nicht granuliert, mit 28 Borsten; Epistom vorhanden. 4 stark vorragende Augen. Tergite mit einer Borstenreihe. Palpen (Fig. 40) denen von *Verrucaditha* ähnlich. Tasthaare *ib* und *isb* nahe der Handbasis gelegen. Finger mit getrennt stehenden, spitzen Zähnen. Coxa I und II mit Coxaldornen. Intercoxaltuberkel fehlt. Junge Exemplare besitzen am beweglichen Chelicerenfinger eine aus 3 oder 5 in einer Reihe stehenden, borstenförmigen Fortsätzen gebildete Galea. Erwachsenen Stücken fehlt sie.

Südamerika.

2 Arten.

Übersicht über die Arten:

1 { Galea der jungen Exemplare aus 3 Borsten bestehend . . . 1. **T. parvulus**
  { Galea der jungen Exemplare aus 5 Borsten zusammengesetzt 2. **T. elegans**

1. **T. parvulus** Balzan 1887 *T. p.*, Balzan, Chernet. S.-Amer., *v.* 1 nr. 7 (nicht pag.) | 1890 *T. p.*, Balzan in: Ann. Mus. Genova, ser. 2 *v.* 9 p. 450 t. 17 f. 28 | 1891 *T. p.*, Balzan in: Ann. Soc. ent. France, *v.* 60 p. 550 | 1926 *T. p.*, Chamberlin in: Vidensk. Meddel., *v.* 81 p. 334 | 1929 *T. p.*, Chamberlin in: Ann. nat. Hist., ser. 10 *v.* 4 p. 78.

Nach jugendlichen Exemplaren beschrieben. Mit der folgenden Art nahe verwandt und von ihr hauptsächlich durch den Besitz von nur 3 Galeaborsten am beweglichen Chelicerenfinger junger Stücke unterschieden. — Körper L. 1,1 mm.

Südamerika: Paraguay.

2. **T. elegans** Beier 1931 *T. e.*, Beier in: Zool. Anz., *v.* 93 p. 52.

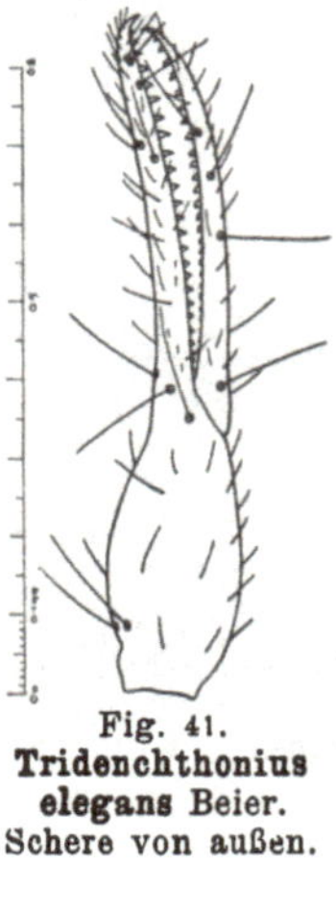

Fig. 41.
Tridenchthonius elegans Beier.
Schere von außen.

Cephalothorax glatt, mit 28 Borsten, diese ziemlich kurz, kräftig; Vorderrand nur sehr schwach eingebuchtet, mit flachem, mehrreihig gezähnten Epistom, in seiner ganzen Ausdehnung mit spitzen, getrennt stehenden Zähnchen besetzt. 4 stark vorragende Augen. Tergite nur mit 1 Reihe sehr kräftiger Borsten: 4—6—6—6—6—6—6—6. Beweglicher Chelicerenfinger bei jungen Exemplaren mit einer aus 5 hintereinanderstehenden, borstenförmigen Fortsätzen bestehenden Galea; erwachsene Exemplare ohne diese. Palpenhand (Fig. 41) lang-oval; Finger mit kräftigen, etwas gebogenen, durchweg getrennt stehenden Zähnen; die des beweglichen etwas kleiner als die des festen; der feste Finger mit 23, der bewegliche mit wenigstens 20 Zähnen. Coxen I und II mit je 5—6 Coxaldornen. Intercoxaltuberkel fehlt. —

Körper L. 1,2—1,3 mm; Palpen: Femur L. 0,57 mm, B. 0,13 mm, Tibia L. 0,32 mm, B. 0,12 mm, Hand L. 0,34 mm, B. 0,16 mm, Finger L. 0,41 mm.

Südamerika: Brasilien, Passa Quatro.

b) Subfam. Chthoniinae Daday

1888 *C.*, Daday in: Termész. Füzetek, *v.* 11 p. 167 | 1891 *C.*, Balzan in: Ann. Soc. ent. France, *v.* 60 p. 545 | 1906 *C.*, With in: Danske Selsk. Skr., *v.* 7 nr. 3 p. 64 | 1926 *C.*, Chamberlin in: Vidensk. Meddel., *v.* 81 p. 334 | 1928 *C.*, Beier in: Ann. Wien. Mus., *v.* 42 p. 312 | 1929 *C.*, Chamberlin in: Ann. nat. Hist., ser. 10 *v.* 4 p. 62 | 1931 *Chthoniidae*, Chamberlin in: Stanford Univ. Publ., *v.* 7 p. 211.

Cephalothorax nach hinten mehr oder weniger verengt, mit geringer Borstenzahl; Augen vorhanden oder rudimentär. Palpen mit verhältnismäßig wenigen Borsten. Coxen meist mit Coxaldornen; diese finden sich an den Coxen I, II oder III und sind verschieden ausgebildet. Trochantin des 4. Beinpaares kurz, viel kürzer als das Femur. Genitalfeld des ♀ klein, nicht chitinisiert. Stigmen quer gestellt, durch das seitlich verlängerte Sternit geschützt, nicht von einer gesonderten Stigmenschutzplatte umgeben (vgl. Fig. 26). Intercoxaltuberkel vorhanden oder fehlend, in ersterem Falle mit 2 Borsten.

Über die ganze Erde mit Ausnahme der rein arktischen Gebiete verbreitet.

3 Tribus, 14 Genera mit 72 sicheren und 11 unsicheren Arten.

Übersicht über die Tribus:

1	Rücken der Palpenhand mit 2 Tasthaaren oder ohne diese — **2**	
	Rücken der Palpenhand mit 4 Tasthaaren	γ) Trib. **Lechytiini**
2	Palpenhand mit 2 nahe der Mitte gelegenen Tasthaaren	α) Trib. **Chthoniini**
	Palpenhand ohne Tasthaare; diese befinden sich an der Fingerbasis	β) Trib. **Pseudotyrannochthoniini**

α) Trib. Chthoniini Beier

1929 *C.*, Chamberlin in: Ann. nat. Hist., ser. 10 *v.* 4 p. 68 | 1929 *Kewochthonini*, Chamberlin in: ibid., ser. 10 *v.* 4 p. 63 | 1931 *Chthoniini*, Beier in: Zool. Anz., *v.* 93 p. 49.

Cephalothorax meist deutlich nach hinten verengt, mit 16—22 Borsten. Die Tasthaare *ib* und *isb* befinden sich nahe der Mitte des Handrückens. Palpenfinger mit dicht stehenden oder mehr oder weniger voneinander getrennten Zähnen, diese mitunter rudimentär.

Fast über die ganze Erde verbreitet.

10 Genera, 63 sichere, 11 unsichere Arten.

Übersicht über die Genera:

1	Zähne der Palpenfinger einfach — **2**	
	Wenigstens die distalen Zähne mit sekundärer Zähnelung ähnlich wie ein Haifischzahn . .	12. Gen. **Selachochthonius**
2	Coxaldornen auf 1 oder 2 Coxenpaaren vorhanden — **3**	
	Coxaldornen fehlen vollständig; Intercoxaltuberkel fehlt	8. Gen. **Maorichthonius**
3	Coxaldornen auf Coxa I oder II oder auf I und II, nie aber auf III — **4**	
	Coxaldornen auf Coxa II und III, Intercoxaltuberkel vorhanden	14. Gen. **Chthonius**

4 { Zähne der Palpenfinger klein, dicht stehend — **5**
  Zähne deutlich getrennt stehend — **8**

5 { Nur Coxen II mit Coxaldornen — **6**
  Nur Coxen I mit Coxaldornen . . . . 13. Gen. **Apochthonius**

6 { Intercoxaltuberkel fehlend — **7**
  Intercoxaltuberkel vorhanden . . . . 9. Gen. **Mundochthonius**

7 { Spinnhöcker meist vorhanden; nur die 2 oder 3 ersten Tergite mit 4 Borsten, die übrigen mit 6 Borsten . . . . 10. Gen. **Austrochthonius**
  Spinnhöcker fehlend; die 5 ersten Tergite mit 4 Borsten . . . . 11. Gen. **Paraustrochthonius**

8 { Intercoxaltuberkel fehlend — **9**
  Intercoxaltuberkel vorhanden; Coxaldornen auf Coxa I . . . . 15. Gen. **Allochthonius**

9 { Coxaldornen nur auf Coxa II . . . . 16. Gen. **Tyrannochthonius**
  Coxaldornen auf Coxa I und II; Palpenfinger mit ungleich langen Zähnen . . . . 17. Gen. **Pseudochthonius**

8. Gen. **Maorichthonius** Chamb.

1926 *M.*, Chamberlin in: Vidensk. Meddel., *v.* 81 p. 335 | 1929 *M.*, Chamberlin in: Ann. nat. Hist., ser. 10 *v.* 4 p. 64.

Typus: *M. mortenseni* Chamb. (durch Monotypie).

Cephalothorax nur wenig nach hinten verengt, mit 18 Borsten: 4—4, 18; Epistom groß, dreieckig, stark vorragend. Tergite mit je 14—16 Borsten. Chelicerenstamm mit 5 Borsten. Beweglicher Chelicerenfinger ohne Spinnhöcker. Die Tasthaare *ib* und *isb* inserieren proximal von der Mitte des Handrückens. Palpenfinger mit stumpfen, dicht sitzenden Zähnen. Coxen ohne Coxaldornen. Intercoxaltuberkel fehlt.

Neuseeland.

1 Art.

1. **M. mortenseni** Chamb. 1926 *M. m.*, Chamberlin in: Vidensk. Meddel., *v.* 81 p. 335 f. 1 | 1929 *M. m.*, Chamberlin in: Ann. nat. Hist., ser. 10 *v.* 4 p. 64.

Cephalothorax nach hinten nur wenig verengt, mit 18 Borsten: 4—4, 18; Epistom groß, dreieckig, stark vorragend. 4 Augen. Cheliceren mit 5 Borsten, beweglicher Finger ohne Spinnhöcker. Tergite mit 1 Querreihe von 14—16 Borsten. Die Tastborsten *ib* und *isb* der Palpenhand proximal von der Mitte gelegen. Palpenfinger mit kleinen, dicht stehenden Zähnen. Coxen ohne Coxaldornen. Intercoxaltuberkel fehlt. Männliches Genitalfeld breit, jederseits mit 4 Borsten. — Körper L. ♂ 1,45 mm, ♀ 1,60 mm; Palpen: ♂ Femur L. 1,00 mm, B. 0,25 mm, Tibia L. 0,57 mm, B. 0,28 mm, Hand L. 0,63 mm, B. 0,31 mm, Finger L. 0,97 mm; ♀ Femur L. 1,00 mm, B. 0,24 mm, Tibia L. 0,59 mm, B. 0,28 mm, Hand L. 0,53 mm, B. 0,30 mm, Finger L. 0,93 mm.

Neuseeland: Nordinsel, Onehunga.

9. Gen. **Mundochthonius** Chamb.

1929 *M.*, Chamberlin in: Ann. nat. Hist., ser. 10 *v.* 4 p. 64.

Typus: *M. erosidens* Chamb. (durch ursprüngliche Bestimmung).

Augen fehlen vollständig. Zähne der Palpenfinger klein, stumpf, dicht stehend. Tergite mit 1 Querreihe von 4—8 Borsten. Chelicerenstamm mit 6 Borsten, der bewegliche Finger mit Spinnhöcker. Nur die Coxen II mit Coxaldornen. Intercoxaltuberkel vorhanden.

Nordamerika, Japan. Australien?

4 sichere Arten, 1 unsichere Art.

Übersicht über die Arten:

1 { Nur das 1. Tergit mit 1 Querreihe von 4 Borsten — 2
Wenigstens die beiden ersten Tergite mit einer Querreihe von 4 Borsten — 3

2 { Schere 4mal so lang wie breit; Tergite 3 bis 7 mit je 6 Borsten 1. **M. erosidens**
Schere 3,5 mal so lang wie breit; Tergite 3 bis 7 mit je 8 Borsten 3. **M. magnus**

3 { Femur schlanker, 4mal so lang wie breit; nur die beiden ersten Tergite mit je 4 Borsten . . . . 2. **M. montanus**
Femur gedrungener, 3,2 mal so lang wie breit; die 3 ersten Tergite mit je 4 Borsten . . . . 4. **M. japonicus**

1. **M. erosidens** Chamb. 1929 *M. e.*, Chamberlin in: Ann. nat. Hist., ser. 10 *v.* 4 p. 64.

Augen fehlen. Chätotaxie der Tergite: 4—6—6—6—6—6—6—6. Sternite 6—9 mit je 8 Borsten. Coxen II mit nur je 1 Coxaldorn, dieser kurz, flach, doppelt so lang wie an der Basis breit, terminal mit 8 oder 9 feinen, aber tiefen Einschnitten. Sternite 6—9 jederseits mit einem kleinen, spitzen Chitinanhang. Cephalothorax 1,3 mal so lang wie die Cheliceren. Palpenfemur 3,7 mal, Schere 4 mal so lang wie breit. — Körper L. ♂ 1,1 mm.

Nordamerika: Kalifornien, San Mateo County.

2. **M. montanus** Chamb. 1929 *M. m.*, Chamberlin in: Ann. nat. Hist., ser. 10 *v.* 4 p. 65.

Der vorigen Art sehr ähnlich. Beborstung der Tergite: 4—4—6—6—6—6—6—6. Sternite 6—9 mit 10—11 Borsten. Coxaldornen wie bei *erosidens.* Cephalothorax 1,2 mal länger als die Cheliceren. Femur 4 mal, Schere 3,8 mal so lang wie breit. — Körper L. ♀ 1,1 mm.

Nordamerika: Kolorado, Manitou.

3. **M. magnus** Chamb. 1929 *M. m.*, Chamberlin in: Ann. nat. Hist., ser. 10 *v.* 4 p. 65 f. 2B.

Beborstung der Tergite: 4—6—8—8—8—8—8. Sternite 6—9 mit 10—14 Borsten. Coxaldorn kräftiger entwickelt als bei den vorigen Arten, 5 mal so lang wie an der Basis breit, in der ganzen Länge gezähnt. Cephalothorax 1,3 bis 1,4 mal so lang wie die Cheliceren. Femur 3,6 mal, Schere 3,5 mal so lang wie breit. — Körper L. ♀ 1,5 mm.

Nordamerika: Kalifornien, San Mateo County.

4. **M. japonicus** Chamb. 1929 *M. j.*, Chamberlin in: Canad. Ent., *v.* 61 p. 152.

Beborstung der Tergite: 4—4—4—6—6—6—6. Sternite mit 8 bis 10 Borsten. Coxaldorn etwa doppelt so lang wie an der Basis breit, in der ganzen Länge gezähnt. Cephalothorax 1,3 bis 1,4 mal so lang wie die Cheliceren. Femur 3,2 mal, Schere 4 mal so lang wie breit. — Körper L. ♀ 0,9 mm.

Japan: Mt. Kirishima.

Unsichere Art:

M. caecus (Tullg.) 1909 *Chthonius c.*, Tullgren in: Fauna S.W. Austral., *v.* 2 p. 414 f. 3.

Ausgezeichnet durch das vollständige Fehlen von Augen. Epistom vorhanden, gezähnt. Palpenfemur 4mal, Hand 1,25mal so lang wie breit. Finger medial mit dichtstehenden, kleinen Zähnen. Männliches Genitalfeld jederseits mit 8 Borsten. (Beschreibung ungenügend, Type verloren gegangen.) — Körper L. ♂ 0,75 mm; Palpen: Femur L. 0,26 mm, Tibia L. 0,12 mm, Hand L. 0,15 mm, Finger L. 0,23 mm.

Südwestaustralien: Brunswick.

10. Gen. **Austrochthonius** Chamb.

1929 *A.*, Chamberlin in: Ann. nat. Hist., ser. 10 *v.* 4 p. 68.

Typus: *Chthonius chilensis* Chamb. (durch Monotypie).

Cephalothorax mit 18 Borsten. Epistom deutlich vorragend, gezähnt. 2 oder 4 Augen. Die 2 oder 3 ersten Tergite mit je 4, die übrigen mit je 6 Borsten. Beweglicher Chelicerenfinger mit oder ohne Spinnhöcker. Palpenfinger mit kleinen, dicht sitzenden Zähnen. Nur die Coxen II mit Coxaldornen. Intercoxaltuberkel fehlt. Männliches Genitalfeld wie Fig. 43 zeigt.

Südamerika: Chile, Bolivien.

4 sichere, 1 unsichere Art.

Übersicht über die Arten:

1 { Cephalothorax mit 4 Augen; Spinnhöcker vorhanden — 2
Cephalothorax mit 2 Augen; Spinnhöcker fehlt . . . . . 3. **A. persimilis**

2 { Zähne der Palpenfinger durchweg dicht stehend; die 2 ersten Abdominaltergite mit 4 Borsten — 3
Einige Zähne im distalen Teile des festen Fingers deutlich voneinander getrennt, die 3 ersten Abdominaltergite mit 4 Borsten . . . . 4. **A. semiserratus**

3 { Beweglicher Chelicerenfinger mit 12 Zähnen; Augen mehr als um ihren Durchmesser voneinander entfernt . . . 1. **A. chilensis**
Beweglicher Chelicerenfinger mit 14 Zähnen; Augen nicht ganz um ihren Durchmesser voneinander entfernt . . 2. **A. bolivianus**

1. **A. chilensis** (Chamb.) 1923 *Chthonius c.*, Chamberlin in: Revista Chilena, *v.* 27 p. 187 f. 20 | 1929 *Austrochthonius c.*, Chamberlin in: Ann. nat. Hist., ser. 10 *v.* 4 p. 68.

Cephalothorax glatt, mit 18 Borsten: 4—2, 18; Epistom vorragend, unregelmäßig gezähnt. 4 Augen, die hinteren kleiner als die vorderen. Beborstung der Tergite: 4—4—6—6—6—6—6—6. Beweglicher Chelicerenfinger mit kleinem Spinnhöcker, am Medialrand mit 12 fast gleich großen Zähnen, ohne größeren Mittelzahn. Palpenfinger mit kleinen, dicht sitzenden Zähnen. Coxen II mit 4 Coxaldornen, diese beiderseitig gefiedert. Intercoxaltuberkel fehlt. Palpenfemur 3,6mal so lang wie breit. — Körper L. 1,35 mm; Palpen: Femur L. 0,45 mm, B. 0,113 mm, Hand L. 0,24 mm, B. 0,165 mm, Finger L. 0,466 mm.

Südamerika: Chile, Ciloe Insel.

2. **A. bolivianus** Beier 1930 *A. b.*, Beier in: Ann. Wien. Mus., *v.* 44 p. 201.

Cephalothorax mit 18 Borsten, der Vorderrand in der Mitte schwach epistomartig vorgezogen und unregelmäßig gezähnt. 4 Augen, das hintere kleiner als das vordere, kaum um den Durchmesser von diesem entfernt. Beweglicher Chelicerenfinger mit kleinem Spinnhöcker, medial mit 14 Zähnen.

Palpenfemur nicht ganz 4mal so lang wie breit. Schere (Fig. 42) etwa 4mal so lang wie breit, die Finger medial mit dicht sitzenden Zähnchen besetzt. Sonst mit der vorigen Art übereinstimmend. — Körper L. ♂ 1,00 mm, ♀ 1,3 mm; Palpen: Hand L. 0,25 mm, B. 0,15 mm, Finger L. 0,38 mm.

Südamerika: Bolivien.

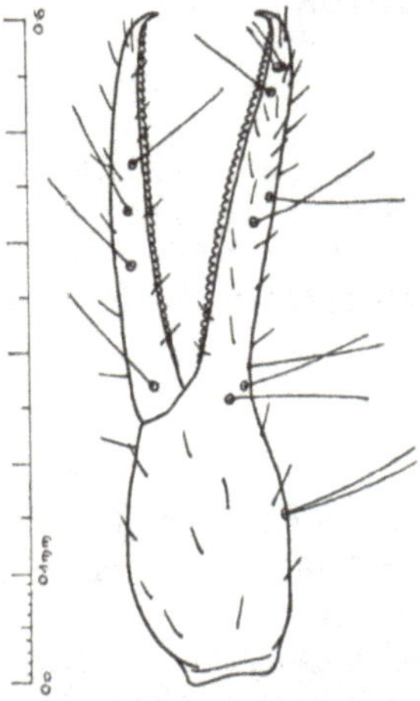

Fig. 42.
Austrochthonius bolivianus Beier.
♀, Palpenschere von außen.

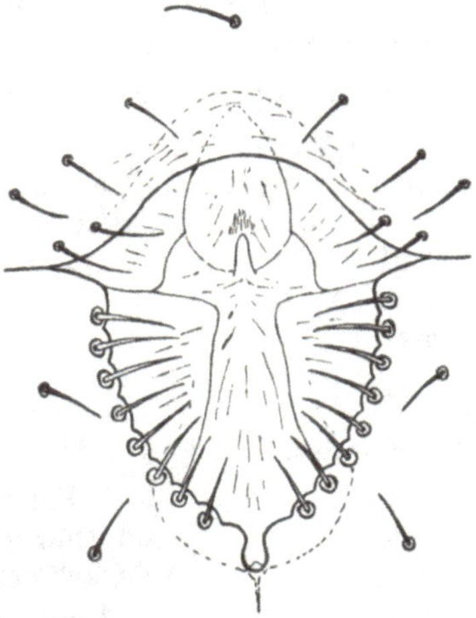

Fig. 43.
♂ Genitalfeld von **Austrochthonius persimilis** Beier.

3. **A. persimilis** Beier 1930 *A. p.*, Beier in: Boll. Laborat. Zool. Portici, *v.* 23 p. 205 f. 10.

Nur die vorderen Augen vorhanden, die hinteren vollständig rückgebildet. Epistom deutlich, fein gezähnt. Cheliceren ohne Spinnhöcker. Palpenfinger medial fein gezähnt, die Zähne des festen Fingers größer als die des beweglichen. Coxa II mit gefiederten Coxaldornen. Genitalfeld siehe Fig. 43. — Körper L. ♂ 0,9 mm.

Südamerika: Chile, Pitrufquen.

4. **A. semiserratus** Beier 1930 *A. s.*, Beier in: Boll. Laborat. Zool. Portici, *v.* 23 p. 206 f. 11, 12.

Cephalothorax mit 18 Borsten: 4—2, 18; Epistom deutlich, fein gezähnt. 4 Augen, die vorderen größer als die hinteren. Cheliceren mit Spinnhöcker. Palpenfinger (Fig. 44) medial fein sägeartig gezähnt, die Zähne hinter der Mitte der Fingerlänge größer und in weiteren Abständen als die übrigen; beim Männchen (Fig. 45) dort einige Zähne weiter auseinandertretend, so daß Zahnlücken entstehen. Coxa II mit 5 schwach gefiederten Coxaldornen. Intercoxaltuberkel fehlt. Beborstung der Tergite: 4—4—4—6—6—6—6—6. — Körper L. ♂ 1,20 bis 1,25 mm, ♀ 1,3 mm.

Südamerika: Chile, Temuco, Pitrufquen.

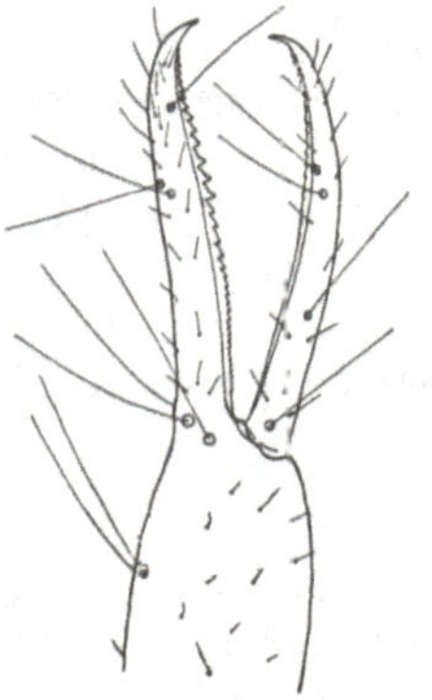

Fig. 44.
Austrochthonius semiserratus Beier.
♀, Palpenfinger von außen.

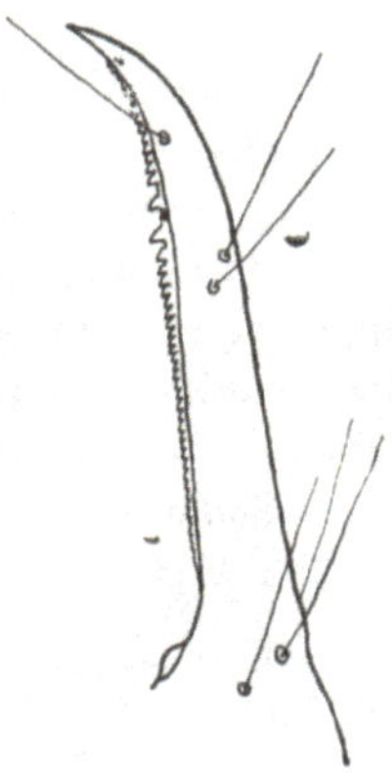

Fig. 45.
Austrochthonius semiserratus Beier. ♂, fester Palpenfinger von außen.

Unsichere Art:

A. angustus (Gerv.) 1849 *Chelifer (Obisium) a.*, P. Gervais in: Gay, Hist. Chile, *v.* 4 p. 11.

Südamerika: Chile.

11. Gen. **Paraustrochthonius** Beier

1931 *P.*, Beier in: Zool. Anz., *v.* 93 p. 52.

Typus: *P. tullgreni* Beier (durch Monotypie).

Cephalothorax mit 18 Borsten; Epistom groß, kräftig gezähnt. Augen fehlen, nur die vorderen als Rudimente angedeutet. Tergite: 4 - 4—4—4 —4—6—6—6. Palpenfinger mit ziemlich großen, sehr dicht stehenden Zähnen. Nur Coxen II mit Coxaldornen. Intercoxaltuberkel fehlt. Cheliceren ohne Spinnhöcker.

Südafrika.

1 Art.

1. **P. tullgreni** Beier 1931 *P. t.*, Beier in: Zool. Anz., *v.* 93 p. 53.

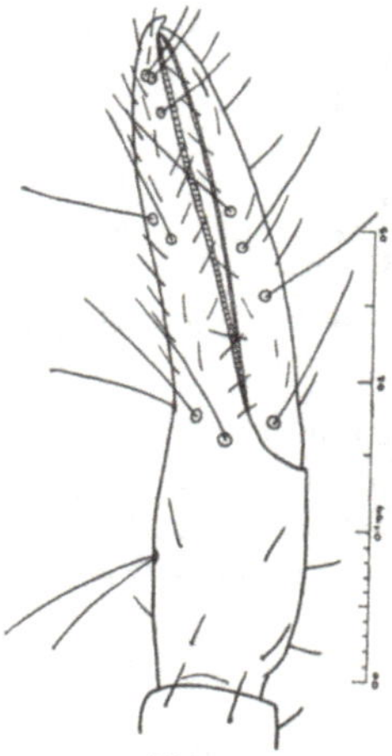

Fig. 46. **Paraustrochthonius tullgreni** Beier. Schere von außen.

Epistom groß, deutlich vorragend, mit groben und spitzen Zähnen. Augen fehlen, nur die vorderen schwach erkennbar. Beborstung der Tergite: 4—4—4—4—4—6—6—6. Cheliceren ohne Spinnhöcker; Chelicerenfinger mit zahlreichen Zähnen, aber ohne kräftigeren Mittelzahn. Flagellum aus 9 einseitig gefiederten Borsten bestehend. Palpenfinger (Fig. 46) ziemlich kräftig, mit verhältnismäßig großen, sehr dicht sitzenden Zähnen. Coxa II mit 5 ziemlich langen und kräftigen Coxaldornen. Intercoxaltuberkel fehlt. — Körper L. ♂ 0,8 mm, ♀ 1,00 mm; Palpen: Femur L. 0,28 mm, Tibia L. 0,14 mm, Hand L. 0,17 mm, B. 0,10 mm, Finger L. 0,29 mm.

Südafrika: Natal, Zululand.

12. Gen. **Selachochthonius** Chamb.

1929 *S.*, Chamberlin in: Ann. nat. Hist., ser. 10 *v.* 4 p. 68.

Typus: *Chthonius serratidentatus* Ellingsen (durch Monotypie).

Cephalothorax nach hinten stark verengt, mit deutlich vorragendem Epistom. 4 Augen. Fester Chelicerenfinger im mittleren Teil mit 4 bis 5 größeren Zähnen, basal mit einigen kleineren. Spinnhöcker sehr klein. Palpenfinger viel länger als die Hand, beide mit fast gleichartigen Zähnen; wenigstens die distalen Zähne sind, besonders an ihrer proximalen Seite, mit 1 oder 2 sekundären Zähnchen versehen, so daß sie einem Haifischzahn gleichen.

Südafrika.

1. Art.

1. **S. serratidentatus** (Ellingsen) 1912 *Chthonius s.*, Ellingsen in: Ann. S. Afr. Mus., *v.* 10 p. 123 | 1929 *Selachochthonius serridentatus*, Chamberlin in: Ann. nat. Hist., ser. 10 *v.* 4 p. 68.

Cephalothorax etwas breiter als lang, mit ziemlich breitem, dreieckigen, spitzen Epistom. 4 kleine Augen. Palpenfemur 4mal so lang wie breit.

Finger bedeutend länger als die Hand, etwa 12 : 7. Zähne fast gleichartig an beiden Fingern, spitz; wenigstens die distalen Zähne an ihrer proximalen Seite mit 1 bis 2 Nebenzähnchen und so einem Haifischzahn ähnlich. — Körper L. ♀ 2,06 mm; Palpen: Femur L. 0,76 mm, B. 0,19 mm, Tibia L. 0,21 mm, B. 0,17 mm, Hand L. 0,40 mm, B. 0,28 mm, Finger L. 0,67 mm.

Südafrika: Kap-Provinz.

13. Gen. **Apochthonius** Chamb.

1929 *A.*, Chamberlin in: Ann. nat. Hist., ser. 10 *v.* 4 p. 66 | 1929 *A.*, Chamberlin in: Canad. Ent., *v.* 61 p. 152.

Typus: *Chthonius moestus* Banks (durch ursprüngliche Bestimmung).

Cephalothorax mit 22 bis 24 Borsten. 4 Augen. Cheliceren mit 7 Borsten am Stamm. Zähne der Palpenfinger klein, wenigstens basal dicht stehend. Nur Coxa I mit Coxaldornen, diese in geringer Zahl (3), einfach borstenförmig, aus einer chitinigen Spalte entspringend. Intercoxaltuberkel fehlt. Die beiden ersten Tergite mit 4, die weiteren mit 6 bis 10 Borsten.

Nordamerika.

2 Subgenera mit 4 Arten.

Übersicht über die Arten:

1	Zähne der Palpenfinger durchweg dicht stehend (Subgen. *Apochthonius* s. str.) — **2**	
	Zähne der Palpenfinger distal getrennt stehend (Subgen. *Heterochthonius*)	4. **A. (H.) crosbyi**
2	Operculum des männlichen Genitalfeldes mit 14 Borsten — **3**	
	Operculum des männlichen Genitalfeldes mit 18 Borsten	1. **A. (A.) moestus**
3	Palpenschere 4,1 bis 4,3 mal so lang wie breit . . .	2. **A. (A.) intermedius**
	Palpenschere 4,95 mal so lang wie breit	3. **A. (A.) occidentalis**

a) Subgen. **Apochthonius** Chamb.

1929 *A.*, Chamberlin in: Canad. Ent., *v.* 61 p. 153.

Palpenfinger mit durchweg dicht stehenden Zähnen, die Zähne von ungleicher Länge; zwischen je 2 größeren Zähnen stehen 2 oder mehr etwas kleinere.

1. **A. (A.) moestus** (Banks) 1891 *Chthonius m.*, N. Banks in: Canad. Ent., *v.* 23 p. 165 | 1895 *C. m.*, N. Banks in: J. N. York ent. Soc., *v.* 3 p. 13 | 1929 *Apochthonius m.*, Chamberlin in: Ann. nat. Hist., ser. 10 *v.* 4 p. 67 f. 2 C, 3 G | 1929 *A. m.*, Chamberlin in: Canad. Ent., *v.* 61 p. 153.

Cephalothorax mit 22, selten 24 Borsten. 4 Augen, die hinteren schwach entwickelt. Beborstung der Tergite: 4—4—6—7—8—8—8(10)—9 (10). Beborstung der Sternite: 9—9—12(13)—12(13). Palpen kräftig (Fig. 47). Palpenfemur 4,2 bis 4,5 mal so lang wie breit. Tibia 1,7 bis 1,8 mal so lang wie breit. Schere (Fig. 48) 4,5 bis 4,7 mal so lang wie breit. Finger 0,70 der Scherenlänge. Operculum des männlichen Genitalfeldes mit 18 Borsten, davon 6 bis 7 Randborsten. Dorsales Y-Apodem schwach, aber erkennbar stumpfwinkelig, seine Arme kürzer als die des ventralen Y-Apodems; die Arme des ventralen Y-Apodems an der Basis nicht verbreitert. — Körper L. ♂ 1,4—2 mm, ♀ 1,6 mm.

Östliches Nordamerika: New York, Washington, Missouri, Virginia.

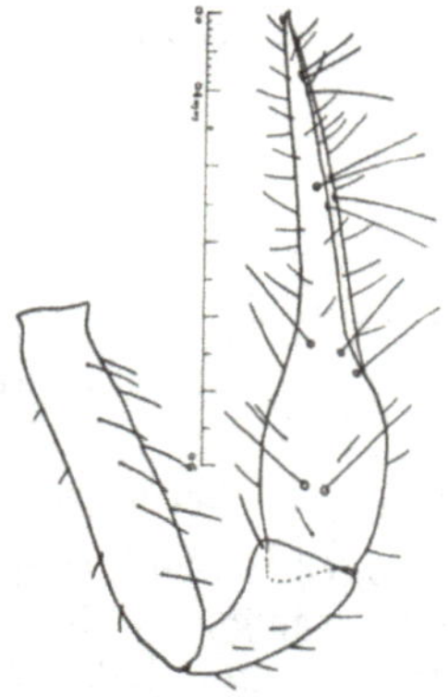

Fig. 47.
Apochthonius moestus (Banks).
Rechte Palpe.

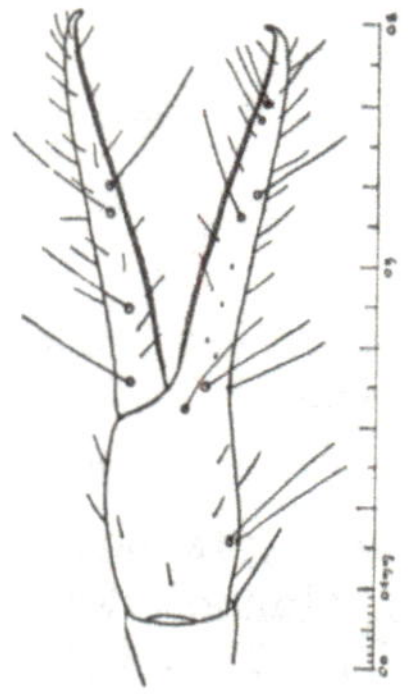

Fig. 48.
Apochthonius moestus (Banks).
Palpenschere von außen.

2. **A. (A.) intermedius** Chamb. 1929 *A. i.*, Chamberlin in: Canad. Ent., *v.* 61 p. 153.

Der vorigen Art sehr ähnlich. 4 Augen. Palpenfemur 4,3 bis 4,4 mal, Tibia 1,5 bis 1,7 mal, Schere 4,1 bis 4,3 mal so lang wie breit. Finger 0,68 von der Gesamtlänge der Schere, 2 mal so lang wie die Hand. Männliches Genitalfeld dem der vorigen Art sehr ähnlich, jedoch mit weniger Borsten; Operculum mit 14 Borsten, davon 4 Randborsten. — Körper L. 1,5 mm.

Östliches Nordamerika: Washington, Insel San Juan.

3. **A. (A.) occidentalis** Chamb. 1929 *A. o.*, Chamberlin in: Ann. nat. Hist., ser. 10 *v.* 4 p. 67.

Der vorigen Art sehr ähnlich und mit ihr in der Bildung des männlichen Genitalfeldes übereinstimmend. Palpenfemur 4,35 mal, Tibia 1,7 mal, Schere 4,95 mal so lang wie breit. Finger 0,68 von der Gesamtlänge der Schere. Dorsales Y-Apodem verlängert, seine Arme miteinander einen fast rechten Winkel bildend, deutlich länger als die Arme des ventralen Y-Apodems, letztere an der Basis verbreitert, ähnlich den ausgespannten Flügeln eines Vogels. — Körper L. ♂ 1,3 mm.

Westliches Nordamerika: Oregon.

b) Subgen. **Heterochthonius** Chamb.

1929 *H.*, Chamberlin in: Canad. Ent., *v.* 61 p. 153.

Zähne im distalen Teile der Palpenfinger deutlich getrennt stehend. Sonst in nichts von *Apochthonius* s. str. unterschieden.

4. **A. (H.) crosbyi** Chamb. 1929 *A. c.*, Chamberlin in: Canad. Ent., *v.* 61 p. 153.

Cephalothorax ohne Epistom, mit 24 Borsten: 10—4,24. Beborstung der Tergite: 4—4—7—7—7—9—9—10. Die mittleren Sternite mit 12 Borsten. Femur 3,8 mal, Schere 3,9 mal so lang wie breit. Finger 0,72 von der Gesamtlänge der Schere Zähne im distalen Teil der Palpenfinger deutlich getrennt stehend. — Körper L. ♂ 1,5 mm.

Nordamerika: Carolina, Mt. Mitchell.

14. Gen. **Chthonius** C. L. Koch

1843 *Chthonius*, C. L. Koch in: C. W. Hahn & C. L. Koch, Arach., *v.* 10 p. 76 | 1855 *C.*, Menge in: Schr. Ges. Danzig, *v.* 5 fasc. 2 nr. 3 p. 22 | 1873 *C.*, L. Koch, Übers. Darst. Eur. Chernet., p. 47 | 1879 *C.*, E. Simon, Arach. France, *v.* 7 p. 69 | 1882 *C.*, Tömösvary in: Math. termész. Közlem., *v.* 18 p. 237 | 1888 *C.*, Daday in: Termész. Füzetek, *v.* 11 p. 133, 189 | 1890 *C.*, Balzan in: Ann. Mus. Genova, ser. 2 *v.* 9 p. 446 | 1891 *C.*, Balzan in: Ann. Soc. ent. France, *v.* 60 p. 545 | 1896 *C.*, L. Becker in: Ann. Mus. Belgique, *v.* 12 pars 3 p. 334 | 1906 *C.*, With in: Danske Selsk. Skr., *v.* 7 nr. 3 p. 69 | 1911 *C.*, Kew in: P. Irish Ac., *v.* 29 nr. 2 p. 56 | 1911 *C.*, Lessert in: Cat. Invert. Suisse, *v.* 5 p. 37 | 1926 *C.*, Chamberlin in: Vidensk. Meddel., *v.* 81 p. 334 | 1928 *C.*, Schenkel in: Tierw. Deutschl., *v.* 8 fasc. 3 p. 70 | 1929 *C.*, Kästner in: Tierw. Mitteleur., *v.* 3 p. IV 9 | 1929 *C.*, Chamberlin in: Ann. nat. Hist., ser. 10 *v.* 4 p. 69.

Typus: *Obisium orthodactylum* Leach (durch nachträgliche Bestimmung).

Cephalothorax nach hinten meist deutlich verengt, mit 16 bis 22 Borsten. Epistom vorhanden oder fehlend, in letzterem Falle der Vorderrand in der Mitte gezähnelt. Augen vorhanden oder fehlend. Das 1. Tergit mit 2 oder 4 Borsten, die 3 folgenden mit 4 Borsten, die weiteren mit 6 Borsten. Palpen spärlich beborstet. Die Tasthaare *ib* und *isb* nahe der Handmitte. Finger mit dichtsitzenden oder mehr oder weniger voneinander getrennt stehenden Zähnen. Coxen II und III mit beiderseitig gefiederten, zerstreut stehenden Coxaldornen (Fig. 49). Intercoxaltuberkel mit 2 Borsten vorhanden.

Fig. 49. Zerstreut stehende, gefiederte Coxaldornen von **Chthonius** sp.

In Moos und unter Steinen, zahlreiche Arten ausschließlich in Höhlen.

Paläarktisches und nearktisches Faunengebiet: Europa, Nordafrika, Kleinasien, Zentralasien, Nordamerika.

4 Subgenera mit 32 sicheren und 5 unsicheren Arten.

Übersicht über die Arten:

1 { Zähne der Palpenfinger klein, stumpf, dicht stehend (a. Subgen. *Neochthonius*) — **2**
  { Zähne der Palpenfinger größer, spitz, deutlich getrennt — **5**

2 { Cephalothorax mit 18—22 Borsten, Hinterrand mit 4—6 Borsten — **3**
  { Cephalothorax mit 16 Borsten, Hinterrand mit 2 Borsten . . . . 1. **C. (N.) stanfordianus**

3 { Cephalothorax mit 18—20 Borsten — **4**
  { Cephalothorax mit 22 Borsten, am Hinterrand 6 . 3. **C. (N.) halberti**

4 { Palpenschere 4mal so lang wie breit . . . . . 4. **C. (N.) jonicus**
  { Palpenschere fast 5mal so lang wie breit . . . 2. **C. (N.) paludis**

5 { Palpenhand mit gleichmäßig gerundeter Kontur; Zähne der Palpenfinger dreieckig, etwas nach hinten geneigt (b. Subgen. *Chthonius* s. str.) — **6**
  { Palpenhand nicht mit gleichmäßig gerundeter Kontur, entweder vor der Fingerbasis dorsal depreß oder am Grunde höckerartig verdickt; Zähne der Palpenfinger spitz, gerade — **21**

6 { Epistom deutlich, vorragend; Hinterrand des Cephalothorax mit 4—6 großen Borsten — **7**
  { Epistom fehlend, der Vorderrand in der Mitte gerade, gezähnelt; Hinterrand des Cephalothorax mit 2 großen und 2—4 kleinen Borsten — **12**

7	4 gut entwickelte Augen; Extremitäten normal — **8**	
	Augen rudimentär oder fehlend; Extremitäten verlängert; Höhlenformen — **10**	
8	Palpenhand mit normalen Borsten — **9**	
	Palpenhand mit je 3 auffallend großen Borsten .	6. **C. (C.) singularis**
9	Hinterrand des Cephalothorax mit 4 großen Borsten	5 a. **C. (C.) ischnocheles ischnocheles**
	Hinterrand des Cephalothorax mit 6 großen Borsten	5 b. **C. (C.) ischnocheles dalmatinus**
10	Zähne der Palpenfinger deutlich getrennt stehend; Augen fast gänzlich verschwunden — **11**	
	Zähne der Palpenfinger ziemlich dicht stehend; Augen klein, aber erkennbar	8. **C. (C.) parvioculatus**
11	Größere Form; Tasthaar *eb* von *esb* gut 3 Areolardurchmesser entfernt	7 a. **C. (C.) cephalotes cephalotes**
	Kleinere Form; Tasthaar *eb* von *esb* höchstens 2 Areolardurchmesser entfernt	7 b. **C. (C.) cephalotes doderoi**
12	4 gut entwickelte Augen; Extremitäten normal; Palpenfinger fast gleich lang — **13**	
	Augen rudimentär oder fehlend; Extremitäten verlängert; Palpenfinger ungleich lang; pigmentarme Höhlenformen — **15**	
13	Zähne der Palpenfinger deutlich getrennt; Hand oval; Cephalothorax am Hinterrand mit 2 großen und 2 kleinen Borsten — **14**	
	Zähne der Palpenfinger sehr dicht stehend, aber doch spitz; Hand schmal, fast parallelseitig; Cephalothorax am Hinterrand mit 2 großen und 4 kleinen Borsten	9. **C. (C.) italicus**
14	Palpenhand breit oval, nicht dunkler als die übrigen Palpenglieder; vordere Augen um ihren Durchmesser vom Vorderrande entfernt	10. **C. (C.) orthodactylus**
	Palpenhand schlanker, dunkler als die übrigen Glieder; vordere Augen nur um den halben Durchmesser vom Vorderrande des Cephalothorax entfernt	11. **C. (C.) tenuis**
15	Augen klein, aber erkennbar, wenigstens die vorderen deutlich — **16**	
	Augen vollständig fehlend — **20**	
16	Zähne des festen Palpenfingers an ihrer Basis durch eine schmale Lamelle miteinander verbunden, dieser Finger bis zur Spitze bezahnt — **17**	
	Zähne des festen Palpenfingers vollkommen isoliert stehend; der distale Teil dieses Fingers zahnlos, die Zähne nur bis zum Tasthaar *it* reichend — **18**	
17	Palpenfinger fast 2 mal so lang wie die Hand; Zähne des festen Fingers weiter getrennt . .	12 a. **C. (C.) microphthalmus microphthalmus**
	Palpenfinger deutlich kürzer als 2 mal so lang wie die Hand; Zähne des festen Fingers dichter stehend	12 b. **C. (C.) microphthalmus ligusticus**

18 { Zähne im distalen Teil des beweglichen Palpenfingers flach, einander berührend; Hand schmäler — **19**
Zähne im distalen Teil des beweglichen Palpenfingers spitz dreieckig, getrennt stehend; Hand breiter . . . . 13. **C. (C.) subterraneus**

19 { Beweglicher Palpenfinger nur im distalen Teil mit einigen Zahnrudimenten; fester Finger ohne kleine Zähne zwischen den großen Zähnen . . 14. **C. (C.) raridentatus**
Beweglicher Palpenfinger wenigstens bis zum Tasthaar *sb* mit flachen, aber erkennbaren Zähnchen; fester Finger mit kleinen Zähnchen zwischen den großen Zähnen . . . . 15. **C. (C.) cavernarum**

20 { Beweglicher Palpenfinger mit dicht sitzenden, bis zur Basis deutlichen Zähnen . . . . 16. **C. (C.) troglodites**
Beweglicher Palpenfinger mit distal etwas getrennten, proximal flach und undeutlich werdenden Zähnen . . . . 17. **C. (C.) caecus**

21 { Palpenhand an der Basis dorsal stark beulenartig verdickt; Cephalothorax am Hinterrand mit 4 Borsten (c. Subgen. *Globochthonius*) — **22**
Palpenhand an der Basis nicht beulenartig verdickt, aber dorsal mit deutlicher Depression zwischen den Tasthaaren *ib—isb* und der Fingerbasis; Cephalothorax am Hinterrand mit 2 Borsten (d. Subgen. *Ephippiochthonius*) — **25**

22 { 4 deutliche Augen — **23**
Vollkommen augenlos — **24**

23 { Palpenhand 4,3 mal so lang wie breit; Finger 0,6 von der Scherenlänge . . . . 18. **C. (G.) globifer**
Palpenhand 4,6 mal so lang wie breit; Finger 0,53 von der Scherenlänge . . . . 19. **C. (G.) virginicus**

24 { Größere Art (♀ 2,35 mm) . . . . 20. **C. (G.) spelaeophilus**
Kleinere Art (♀ 1,5—1,7 mm) . . . . 21. **C. (G.) histricus**

25 { Wenigstens die vorderen Augen deutlich; Extremitäten normal — **26**
Vollständig augenlos; Extremitäten verlängert; pigmentarme Höhlenformen — **29**

26 { 4 Augen — **27**
Nur die beiden vorderen Augen vorhanden; beweglicher Palpenfinger basal ohne Lamelle . . . 25. **C. (E.) hispanus**

27 { Beweglicher Palpenfinger mit höchstens 10 bis 11 Zähnen — **28**
Beweglicher Palpenfinger mit wenigstens 20 Zähnen . . . . 24. **C. (E.) californicus**

28 { Hand breiter, etwa doppelt so lang wie breit; fester Palpenfinger mit wenigstens 15, beweglicher mit 10 bis 11 Zähnen . . . . 22. **C. (E.) tetrachelatus**
Hand schlanker, fast 2,5 mal so lang wie breit; fester Palpenfinger mit 10, beweglicher mit 6 Zähnen . . . . 23. **C. (E.) austriacus**

29 { Beweglicher Palpenfinger proximal von der Zahnreihe mit deutlicher, ungezähnter Lamelle — **30**
Beweglicher Palpenfinger proximal von der Zahnreihe ohne Lamelle — **32**

30	Hand schmäler, wenigstens 2,8 mal so lang wie breit; beweglicher Palpenfinger mit wenigstens 15 Zähnen — **31**	
	Hand breiter, etwa 2,5 mal so lang wie breit; fester Palpenfinger mit 14 Zähnen	26. **C. (E.) pieltaini**
31	Kleinere Art (Finger 0,71 mm); Hand 2,8 mal so lang wie breit; fester Palpenfinger mit 15 Zähnen	27. **C. (E.) troglophilus**
	Größere Art (Finger 1 mm); Hand gut 3 mal so lang wie breit; fester Palpenfinger mit 18 Zähnen .	28. **C. (E.) gestroi**
32	1. und 2. Tergit mit 4 Borsten; Palpenfinger zwischen den Zähnen glatt — **33**	
	1. und 2. Tergit mit 2 Borsten; Palpen sehr stark verlängert, Finger zwischen den Zähnen gekörnelt	31. **C. (E.) distinguendus**
33	Größere Arten (Schere weit über 1 mm) — **34**	
	Kleinere Art (Schere nicht 1 mm)	32. **C. (E.) anophthalmus**
34	Beweglicher Palpenfinger mit wenigstens 12 Zähnen	29. **C. (E.) hiberus**
	Beweglicher Palpenfinger mit 9 Zähnen	30. **C. (E.) bolivari**

a) Subgen. **Neochthonius** Chamb.

1929 *Kewochthonius* + *Neochthonius*, Chamberlin in: Ann. nat. Hist., ser. 10 *v.* 4 p. 65, 66.

Mit den Charakteren der Gattung. Die Zähne der Palpenfinger klein, stumpf, sehr dicht stehend. Spinnhöcker vorhanden. Coxaldornen in geringer Zahl.

Europa, Nordamerika.

1. **C. (N.) stanfordianus** (Chamb.) 1929 *Neochthonius s.*, Chamberlin in: Ann. nat. Hist., ser. 10 *v.* 4 p. 66.

Nur die vorderen Augen vorhanden, die hinteren auch nicht durch Augenflecke angedeutet. Cephalothorax mit 16 Borsten, der Hinterrand mit 2 Borsten. Beborstung der Tergite: 4—4—4—4—6—6—6—6. Sternite mit je 6 Borsten. Zähne des beweglichen Palpenfingers klein, schwach entwickelt, dicht stehend, die distalen 20 gut erkennbar. Palpenfemur 4,45 mal, Schere 4,7 mal so lang wie breit. — Körper L. ♀ 1,35 mm.

Nordamerika: Kalifornien, San Mateo County.

2. **C. (N.) paludis** (Chamb.) 1929 *Neochthonius p.*, Chamberlin in: Ann. nat. Hist., ser. 10 *v.* 4 p. 66 f. 1 D, 2 I.

Die hinteren Augen rudimentär, jedoch durch Augenflecke angedeutet. Cephalothorax mit 18 oder 20 Borsten, am Hinterrand 4 oder 6. Beborstung der Tergite und Sternite wie bei der vorigen Art. Palpenfemur 4,35 mal, Schere 4,9 mal so lang wie breit. — Körper L. ♂ 1,17 mm.

Nordamerika: Georgia, Insel Billy.

3. **C. (N.) halberti** Kew 1916 *C. h.*, Kew in: P. Irish Ac., *v.* 33 p. 77 f. 3 | 1929 *Kewochthonius h.*, Chamberlin in: Ann. nat. Hist., ser. 10 *v.* 4 p. 65.

Cephalothorax mit 22 Borsten, davon 6 am Hinterrand. Nur die vorderen Augen deutlich, die hinteren rudimentär. Epistom deutlich, stumpf. Palpenfinger etwa 1,9 mal so lang wie die Hand. Zähne der Palpenfinger klein, stumpf, sehr dicht stehend, am beweglichen Finger etwas kleiner als am festen. — Körper L. 1,2 mm.

Europa: Irland, am Meeresstrand.

4. C. (**N.**) **jonicus** Beier 1931 *C. j.*, Beier in: Zool. Anz., *v.* 93 p. 53.

Cephalothorax quer, mit 20 Borsten: 4—4, 20. Epistom breit, gezähnt. 4 Augen, die hinteren bedeutend schwächer entwickelt als die vorderen. Beborstung der Tergite: 4—4—4—4—6—6—6—6. Cheliceren mit Spinnhöcker; beweglicher Finger mit 2 kräftigen Mittelzähnen, fester mit einem Mittelzahn. Palpenhand (Fig. 50) kurz und breit. Zähne der Palpenfinger sehr dicht stehend, abgestutzt. Coxen II mit 7, III mit 2 Coxaldornen. Coxen I mit 2 kleinen Borsten an der Spitze. Intercoxaltuberkel mit 2 Borsten. — Körper L. ♂ ♀ 1 mm; Palpen: Femur L. 0,29 mm, B. 0,08 mm, Tibia L. 0,16 mm, B. 0,09 mm, Hand L. 0,17 mm, B. 0,12 mm, Finger L. 0,32 mm.

Europa: Jonische Inseln, Levkas.

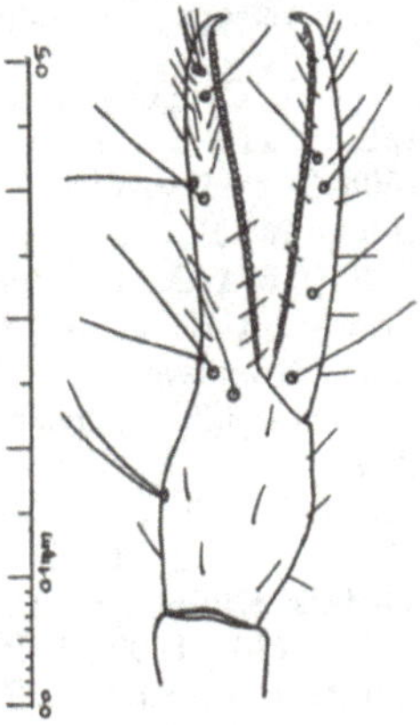

Fig. 50.
Chthonius (Neochthonius) jonicus Beier.
Palpenschere von außen.

C. (**N.**) **shelkovnikovi** Redikorzev 1930 *C. (Mundochthonius) s.*, Redikorzev in: Bull. Mus. Georgie, *v.* 6 p. 103 f. 3–5.

Cephalothorax so lang wie breit, nach vorn etwas verbreitert. Epistom deutlich. 4 fast gleich große Augen. Beborstung der Scheibe: 2—4, 14. Spinnhöcker deutlich. Beborstung der Tergite: 6—6—6—6—6—6—6—6. Palpenfemur 3mal so lang wie breit. Schere etwa 4mal so lang wie breit. Finger fast doppelt so lang wie die Hand, mit kleinen, stumpfen, dicht stehenden, etwas nach hinten gerichteten Zähnen; Zähne des beweglichen Fingers kleiner als die des festen. Coxen II mit 5 Coxaldornen. Intercoxaltuberkel mit 2 Borsten. — Körper L. 0,96 mm; Palpen: Femur L. 0,30 mm, B. 0,10 mm, Tibia L. 0,15 mm, B. 0,10 mm, Hand L. 0,18 mm, B. 0,13 mm, Finger L. 0,31 mm.

Kaukasus: Armenien, Djelal-ogly.

b) Subgen. **Chthonius** s. str. C. L. Koch

Mit den Charakteren der Gattung. Cephalothorax nach hinten deutlich verengt, am Hinterrande mit 4 bis 6 Borsten. Zähne der Palpenfinger

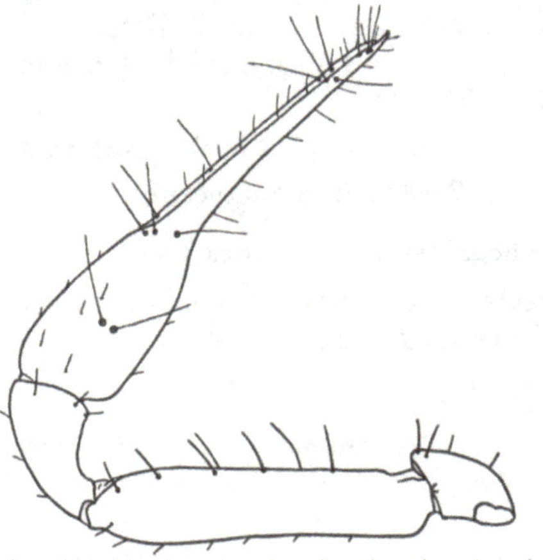

Fig. 51.
Chthonius (Chthonius) orthodactylus (Leach). Linke Palpe.

deutlich getrennt, spitz dreieckig, etwas nach hinten geneigt. Coxen II und III mit zahlreichen Coxaldornen. Beborstung der Tergite: 4—4—4—4—6—6—6—6. Palpen wie Fig. 51 zeigt.

Europa, Nordamerika.

5. **C. (C.) ischnocheles** (Herm.) 1804 *Chelifer i.*, J. F. Hermann, Mém. apt., p. 118 t. 6 f. 14 | 1804 *C. trombidioides*, Latreille, Hist. Crust. Ins., *v.* 7 p. 142 | 1806 *C. t.*, Latreille, Gen. Crust. Ins., *v.* 1 p. 133 | 1869 *Chthonius pennsylvanicus*, H. A. Hagen in: Rec. Amer. Ent., p. 52 | 1873 *C. Rayi*, L. Koch, Übers. Darst. Eur. Chernet., p. 48 | 1874 *C. R.*, Stecker in: SB. Böhm. Ges., p. 238 | 1875 *C. R.*, Stecker in: Arch. Naturg., *v.* 41 p. 164 | 1879 *C. R.*, E. Simon, Arach. France, *v.* 7 p. 74 t. 19 f. 19 | 1882 *C. R.*, Tömösvary in: Math. termész. Közlem., *v.* 18 p. 240 t. 5 f. 13, 14 | 1885 *C. R.*, G. Canestrini, Chernet. Ital., *v.* 1 fasc. 7 nr. 5 t. 5 f. 1—3 | 1895 *C. pennsylvanicus*, N. Banks in: J. N. York ent. Soc., *v.* 3 p. 13 | 1896 *C. Rayi*, L. Becker in: Ann. Mus. Belgique, *v.* 12 pars 3 p. 335 | 1897 *C. R.*, Ellingsen in: Forh. Selsk. Christian., nr. 5 p. 18 | 1898 *C. R.*, E. Simon in: Ann. Mus. Genova, ser. 2 *v.* 19 p. 22 | 1901 *C. R.*, Nosek in: Věstnik Klubu přir. Prostěj, *v.* 4 p. 73 | 1907 *C. R.*, Tullgren in: Jahrb. Ver. Nassau, *v.* 60 p. 246 | 1909 *C. R.*, Ellingsen in: Ann. Mus. Genova, ser. 3 *v.* 4 p. 211 | 1910 *C. R.*, Ellingsen in: Mt. Mus. Berlin, *v.* 4 p. 401 | 1911 *C. r.*, Kew in: P. Irish Ac., *v.* 29 nr. 2 p. 56 f. 19 | 1911 *C. r.*, Lessert in: Cat. Invert. Suisse, *v.* 5 p. 37 f. 29 | 1912 *C. R.*, Ellingsen in: Arch. Zool. expér., ser. 5 *v.* 10 p. 174 | 1917 *C. R.*, Nonidez in: Trab. Mus. Madrid, nr. 32 p. 43 | 1928 *C. r.*, Schenkel in: Tierw. Deutschl., *v.* 8 fasc. 3 p. 70 f. 31 | 1928 *C. R.*, Beier in: Ann. Wien. Mus., *v.* 42 p. 313 | 1929 *C. r.*, Kästner in: Tierw. Mitteleur., *v.* 3 p. IV 9 | 1929 *C. R.*, Beier in: Boll. Soc. ent. Ital., *v.* 61 p. 156 | 1929 *C. ischnocheles*, Chamberlin in: Ann. nat. Hist., ser. 10 *v.* 4 p. 71 f. 2 A, G, K, M, N.

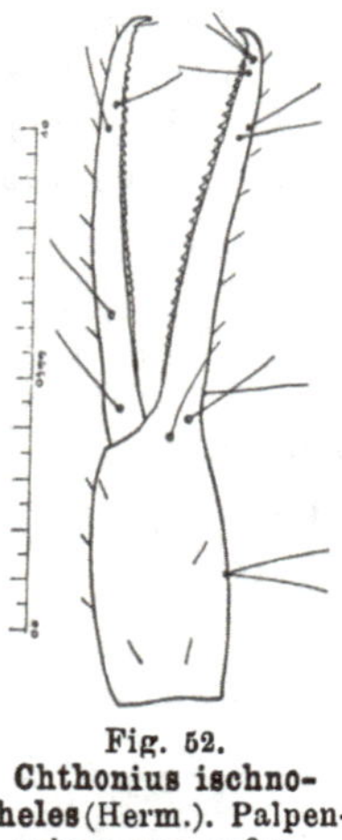

Fig. 52. Chthonius ischnocheles (Herm.). Palpenschere von außen.

Cephalothorax nach hinten deutlich verengt, mit 20—24 Borsten, der Hinterrand mit 4—6 gleich langen Borsten. 4 gut entwickelte Augen. Epistom dreieckig, vorragend, stark gezähnt. Beborstung der Tergite: 4—4—4—4—6—6—6—6. Palpenhand (Fig. 52) schmal oval. Zähne der Palpenfinger spitz dreieckig, etwas nach hinten geneigt, deutlich voneinander getrennt, aber an ihrer Basis durch eine schmale Membran verbunden; der bewegliche Finger fast gleich stark gezähnt wie der feste; die Zähne bis nahe zur Basis reichend. Coxa II mit wenigstens 14, III mit wenigstens 9 Coxaldornen. Intercoxaltuberkel mit 2 Borsten. — Körper L. ♂ ♀ 1,6 bis 2,4 mm; Palpenhand L. 0,5 mm, B. 0,27 mm, Finger L. 0,85 mm.

Ganz Europa, östliches Nordamerika.

Zerfällt in 2 Subspecies:

5 a) **C. (C.) ischnocheles ischnocheles** (Herm.)

Mit den Charakteren der Art. Cephalothorax am Hinterrande mit 4 Borsten, die ganze Scheibe mit 20 Borsten.

Europa, Nordamerika.

5 b) **C. (C.) ischnocheles dalmatinus** Hadzi 1930 *C. ray d.*, Hadzi in: Prirod. Istraživ. Kraljev. Jugoslav., *v.* 16 p. 72 f. 10—16 | 1930 *C. r. d.*, Hadzi in: ibid., Bull. int., p. 22.

Mit den Charakteren der Art. Cephalothorax mit 24 Borsten, der Hinterrand mit 6 Borsten.

Dalmatien: Insel Dugi otok.

6. C. (C.) **singularis** Menozzi 1924 *C. s.*, Menozzi in: Annuario Mus. Napoli, *v.* 5 nr. 8 p. 1 f. 1—4.

Von der vorhergehenden Art vor allem durch den Besitz von 3 außerordentlich langen und kräftigen Borsten an der Medialseite der Hand verschieden. Epistom spitz dreieckig. — Körper L. 2,82 mm.

Italien: Portici, an der Meeresküste innerhalb der Gezeitenzone unter Steinen.

7. C. (C.) **cephalotes** (E. Sim.) 1876 *Blothrus c.*, E. Simon in: Ann. Soc. ent. France, ser. 5 *v.* 5 1875 Bull. p. 206 | 1879 *Chthonius c.*, E. Simon, Arach. France, *v.* 7 p. 76 t. 19 f. 20 | 1912 *C. c.*, Ellingsen in: Arch. Zool. expér., ser. 5 *v.* 10 p. 173.

Cephalothorax nach hinten deutlich verengt, mit 20 Borsten; der Hinterrand mit 4 Borsten, von welchen die beiden lateralen etwas kleiner sind als die beiden medialen. Epistom klein, jedoch deutlich vorragend, kräftig gezähnt. Augen fehlen, nur als helle Flecke im Integument angedeutet. Beborstung der Tergite: 4—4—4—4—6—6—6—6. Palpenhand schmal oval (Fig. 53). Zähne der Palpenfinger groß, dreieckig, etwas nach hinten geneigt, deutlich getrennt stehend. Zähne des beweglichen Fingers distal kaum kleiner als die des festen, basal undeutlicher, jedoch bis nahe zur Basis des Fingers reichend. Coxen II mit 14, III mit 9 Coxaldornen. — Körper L. 1,3—2,5 mm.

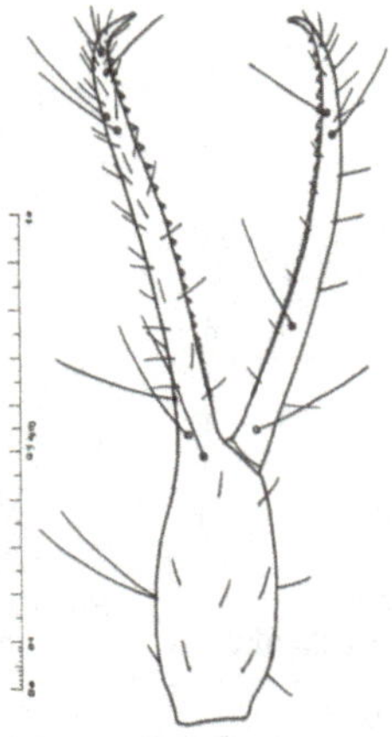

Fig. 53. **Chthonius cephalotes** (E. Sim.) Palpenschere von außen.

Südeuropa: Mittel- und Südfrankreich, in Höhlen.

Zerfällt in 2 Subspecies:

7a) C. (C.) **cephalotes cephalotes** (E. Sim.)

Mit den Charakteren der Art. Die Tasthaare *eb* und *esb* der Palpenhand wenigstens 3 Areolardurchmesser voneinander entfernt, *ist* höchstens $1^1/_2$ mal so weit von *esb* wie *esb* von *eb*. Körpergröße bedeutend. — Körper L. ♂ 2,2 mm, ♀ 2,5 mm; Palpenhand L. ♂ 0,51 mm, ♀ 0,56 mm, B. ♂ 0,25 mm, ♀ 0,29 mm, Finger L. ♂ 0,95 mm, ♀ 1,03 mm.

Mittel- und Südfrankreich, in Höhlen.

7b) C. (C.) **cephalotes doderoi** Beier 1930 *C. c. d.*, Beier in: Ann. Mus. Genova, *v.* 55 p. 73.

Mit der typischen Unterart weitgehend übereinstimmend, die Tasthaare *eb* und *esb* jedoch höchstens 2 Areolardurchmesser voneinander entfernt; *ist* wenigstens doppelt so weit von *esb* abstehend wie *esb* von *eb*. Körpergröße geringer. — Körper L. ♂ ♀ 1,3—1,4 mm; Palpen: Femur L. 0,90 mm, Tibia L. 0,35 mm, Hand L. 0,50 mm, Finger L. 0,90 mm.

Basses Alpes, Grotte de Meailles.

8. C. (C.) **parvioculatus** Beier 1930 *C. p.*, Beier in: Ann. Mus. Genova, *v.* 55 p. 71.

Cephalothorax mit 20 Borsten, davon 4 am Hinterrand. Augen rudimentär, sehr klein. Epistom deutlich vorragend, gezähnt. Beborstung der Tergite: 4—4—4—4—6—6—6—6. Palpen etwas verlängert; Hand (Fig. 54) sehr schmal, mit fast parallelen Seiten. Zähne der Palpenfinger spitz dreieckig, ziemlich dicht stehend, die des beweglichen Fingers kaum kleiner als die des festen, bis zur Fingerbasis reichend. — Körper L. ♂ 2,5 mm; Palpen: Femur L. 1,0 mm, B. 0,20 mm, Tibia L. 0,44 mm, B. 0,20 mm, Hand L. 0,58 mm, B. 0,26 mm, Finger L. 0,96 mm.

Südeuropa: Ligurien, Grotte Dragonara bei Genua, Grotte del Gazzo.

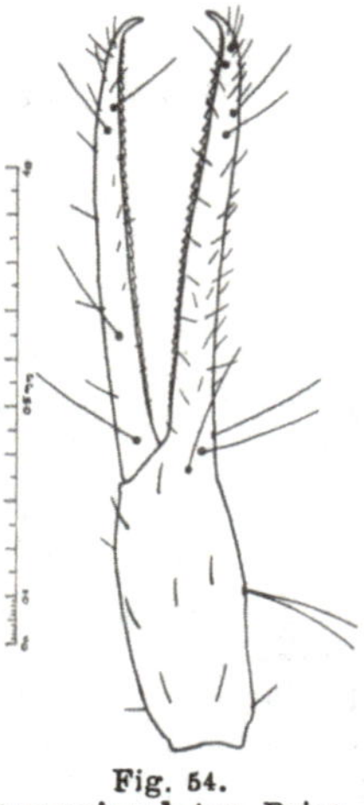

Fig. 54.
Chthonius parvioculatus Beier. Palpenschere von außen.

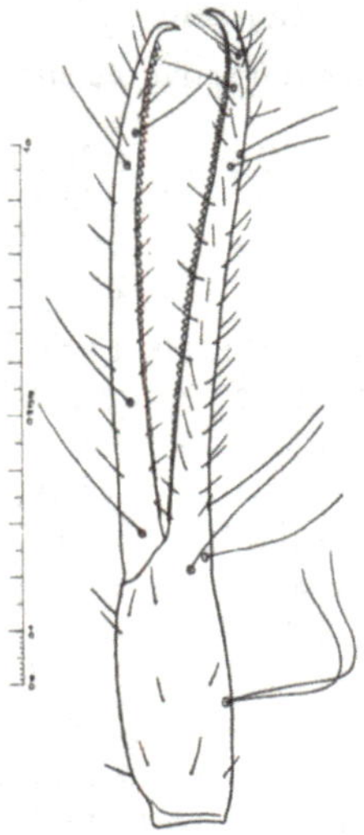

Fig. 55.
Chthonius italicus Beier. Palpenschere von außen.

9. **C. (C.) italicus** Beier 1930 *C. i.*, Beier in: Ann. Mus. Genova, *v.* 55 p. 72.

Cephalothorax mit 22 Borsten, davon 2 große und 4 kürzere am Hinterrand. Epistom fehlt, der Vorderrand in der Mitte leicht eingebuchtet und deutlich gezähnelt. Augen fehlen. Beborstung der Tergite: 4—4—4—4—6—6—6—6. Cheliceren ohne Spinnhöcker. Palpenhand (Fig. 55) schmal, die Finger sehr lang. Zähne spitz, sehr dicht sitzend, gegen die Basis kleiner werdend, jedoch deutlich, die des beweglichen Fingers kaum kleiner als die des festen, ebenfalls bis zur Basis reichend. Die Tasthaare *est* und *it* nahe beisammen, *ist* distalwärts gerückt. Coxen II und III mit zahlreichen langen Coxaldornen. Männliches Genitalfeld jederseits mit 9 Randborsten. — Körper L. ♂ 2,0 mm; Palpen: Femur L. 0,98 mm, B. 0,14 mm, Tibia L. 0,38 mm, B. 0,17 mm, Hand L. 0,45 mm, B. 0,20 mm, Finger L. 1,04 mm.

Italien: Alpi maritimi, Grotte Certosa di Pesio.

10. **C. (C.) orthodactylus** (Leach) 1817 *Obisium orthodactylum*, Leach, Zool. Misc., *v.* 3 p. 51 t. 141 f. 2 | 1832 *O. ischnocheles*, Théis in: Ann. Sci. nat., ser. 1 *v.* 27 p. 65 t. 1 f. 3 | 1840 *O. i.*, H. Lucas in: Hist. An. artic., Crust. Arach. Myr. *v.* 1 p. 449 | 1843 *Chthonius orthodactylus*, C. L. Koch in: C. W. Hahn & C. L. Koch, Arach., *v.* 10 p. 79 t. 347 f. 808 | 1873 *C. o.*, L. Koch, Übers. Darst. Eur. Chernet., p. 50 | 1879 *C. o.*, E. Simon, Arach. France, *v.* 7 p. 73 | 1882 *C. o.*, Tömösvary in: Math. termész. Közlem., *v.* 18 p. 239 t. 5 f. 3–8 | 1888 *C. o.*, Daday in: Termész. Füzetek, *v.* 11 p. 135, 191 | 1892 *C. o.*, O. P. Cambridge in: P. Dorset Club, *v.* 13 p. 209 | 1896 *C. o.*, L. Becker in: Ann. Mus. Belgique, *v.* 12 pars 3 p. 335 | 1898 *C. o.*, E. Simon in: Ann. Mus. Genova, ser. 2 *v.* 19 p. 22 | 1901 *C. o.*, Nosck in: Věstnik Klubu přir. Prostěj, *v.* 4 p. 73 | 1909 *C. o.*, Ellingsen in: Ann. Mus. Genova, ser. 3 *v.* 4 p. 211 | 1910 *C. o.*, Ellingsen in: Mt. Mus. Berlin, *v.* 4 p. 401 | 1911 *C. o.*, Kew in: P. Irish Ac., *v.* 29 nr. 2 p. 57 t. 6 f. 20 | 1928 *C. o.*, Schenkel in: Tierw. Deutschl., *v.* 8 fasc. 3 p. 71 | 1928 *C. o.*, Beier in: Ann. Wien. Mus., *v.* 42 p. 312 | 1929 *C. o.*, Kästner in: Tierw. Mitteleur., *v.* 3 p. IV 9 | 1929 *C. o.*, Chamberlin in: Ann. nat. Hist., ser. 10 *v.* 4 p. 71.

Cephalothorax mit 20 Borsten, davon 2 große und 2 kleine am Hinterrand. Epistom fehlt, der Vorderrand ist in der Mitte gerade und fein gezähnelt. 4 Augen vorhanden, die vorderen um ihren Durchmesser vom Vorderrande entfernt. Beborstung der Tergite: 4—4—4—4—6—6-6—6. Palpenhand (Fig. 56) ziemlich breit oval, nicht dunkler als die übrigen Glieder. Fester Palpenfinger mit dreieckigen, nach hinten gerichteten, deutlich getrennten Zähnen; Zähne des beweglichen Fingers kleiner, nur in der distalen Hälfte deutlich, basal allmählich verschwindend. Coxa II und III mit zahlreichen Coxaldornen. — Körper L. 1,9 mm; Palpenhand L. 0,37 mm, B. 0,22 mm, Finger L. 0,62 mm.

Europa, besonders Mittel-, Süd- und Westeuropa, Nordafrika.

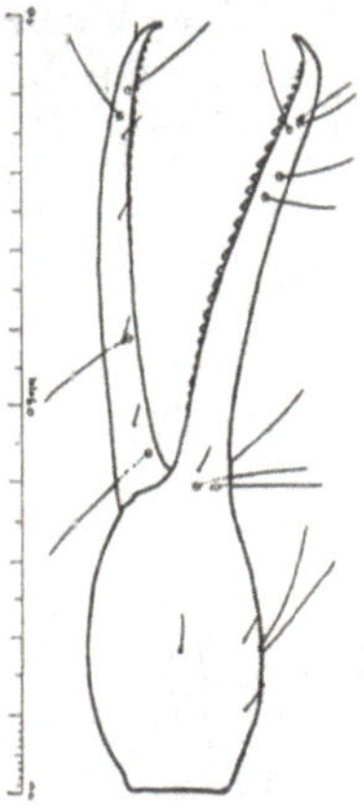

Fig. 56.
Chthonius orthodactylus (Leach). Palpenschere von innen.

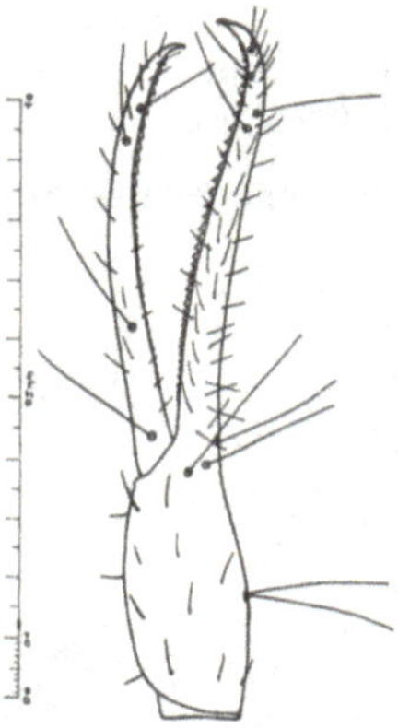

Fig. 57.
Chthonius tenuis L. Koch. Palpenschere von außen.

11. **C. (C.) tenuis** L. Koch 1873 *C. t.*, L. Koch, Übers. Darst. Eur. Chernet., p. 51 | 1874 *C. t.*, Stecker in: SB. Böhm. Ges., p. 238 | 1879 *C. t.*, E. Simon, Arach. France, *v.* 7 p. 72 | 1892 *C. t.*, O. P. Cambridge in: P. Dorset Club, *v.* 13 p. 211 t. A f. 17 | 1895 *C. t.*, Friedr. Müller & Schenkel in: Verh. Ges. Basel, *v.* 10 p. 822 | 1898 *C. t.*, E. Simon in: Ann. Mus. Genova, ser. 2 *v.* 19 p. 22 | 1901 *C. t.*, Nosek in: Věstnik Klubu přir. Prostěj, *v.* 4 p. 73 | 1905 *C. t.*, Ellingsen in: Boll. Mus. Torino, *v.* 20 nr. 503 p. 11 | 1909 *C. t.*, Ellingsen in: Ann. Mus. Genova, ser. 3 *v.* 4 p. 211 | 1911 *C. t.*, Kew in: P. Irish Ac., *v.* 29 p. 57 t. 6 f. 21 | 1911 *C. t.*, Lessert in: Cat. Invert. Suisse, *v.* 5 p. 39 f. 30 | 1912 *C. t.*, Ellingsen in: Arch. Zool. expér., ser. 5 *v.* 10 p. 174 | 1928 *C. t.*, Schenkel in: Tierw. Deutschl., *v.* 8 fasc. 3 p. 71 f. 33 | 1928 *C. t.*, Beier in: Ann. Wien. Mus., *v.* 42 p. 312 | 1929 *C. t.*, Kästner in: Tierw. Mitteleur., *v.* 3 p. IV 9.

Der vorigen Art sehr ähnlich, die vorderen Augen jedoch nur um ihren halben Durchmesser vom Vorderrande des Cephalothorax entfernt. Hand (Fig. 57) schmal oval, dunkler als die übrigen Glieder der Palpen. Zähne des beweglichen Palpenfingers in der distalen Hälfte undeutlich. — Körper L. ♂ ♀ 1,5—2,3 mm; Palpenhand L. 0,40 mm, B. 0,20 mm, Finger L. 0,72 mm.

Mittel-, Süd- und Westeuropa, Nordafrika.

12. **C. (C.) microphthalmus** E. Sim. 1879 *C. m.* E. Simon, Arach. France, *v.* 7 p. 75 t. 19 f. 17 | 1896 *C. m.*, E. Simon in: Ann. Mus. Genova, ser. 2 *v.* 16 p. 375 | 1898 *C. m.*, E. Simon in: ibid., ser. 2 *v.* 19 p. 23.

Cephalothorax mit 20 Borsten, davon 2 große und 2 kleine am Hinterrand. Epistom fehlt, der Vorderrand in der Mitte gerade, fein gezähnelt.

4 sehr kleine Augen. Beborstung der Tergite: 4—4—4—4—6—6—6—6. Palpenhand oval. Zähne des festen Palpenfingers spitz, ziemlich weit getrennt stehend, an ihrer Basis jedoch durch eine schmale Membran miteinander verbunden. Zähne des beweglichen Fingers in der distalen Hälfte groß, nach hinten geneigt, in der basalen Hälfte klein und undeutlich. Coxen II mit 10, III mit etwa 6 Coxaldornen. — Körper L. 1,5—2 mm.

Mittel- und Südfrankreich, Norditalien, in Grotten.

Die Art zerfällt in 2 Subspecies:

12a) **C. (C.) microphthalmus microphthalmus** E. Sim.

Mit den Charakteren der Art. Palpenfinger (Fig. 58) 1,93mal so lang wie die Hand; Zähne im distalen Teile des festen Palpenfingers ziemlich weit voneinander getrennt. — Körper L. 2 mm; Palpen: Femur L. 0,78 mm, B. 0,13 mm, Tibia L. 0,31 mm, B. 0,15 mm, Hand L. 0,41 mm, B. 0,23 mm, Finger L. 0,79 mm.

Mittel- und Südfrankreich, in Höhlen.

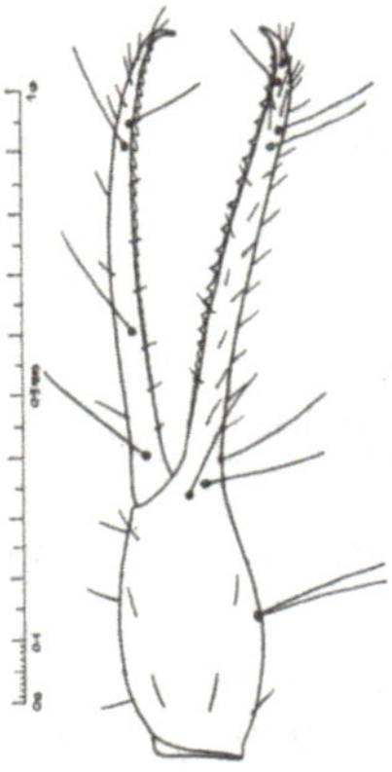

Fig. 58. **Chthonius microphthalmus microphthalmus** E. Sim. Palpenschere von außen.

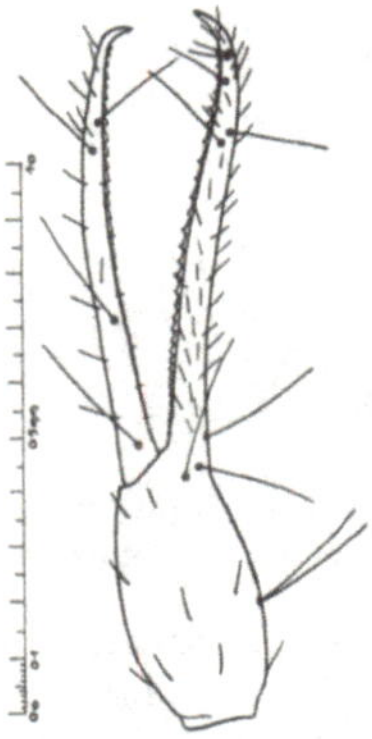

Fig. 59. **Chthonius microphthalmus ligusticus** Beier. Palpenschere von außen.

12b) **C. (C.) microphthalmus ligusticus** Beier 1930 *C. l.*, Beier in: Ann. Mus. Genova, *v.* 55 p. 72.

Von der typischen Unterart durch relativ kürzere Palpenfinger, welche nur 1,86mal so lang wie die Hand sind (Fig. 59), und etwas dichter stehende Zähne des festen Fingers unterschieden. — Körper L. 1,5—1,7 mm; Palpen: Femur L. 0,80 mm, B. 0,14 mm, Tibia L. 0,32 mm, B. 0,16 mm, Hand L. 0,45 mm, B. 0,25 mm, Finger L. 0,84 mm.

Oberitalien: Ligurien, in Höhlen.

13. **C. (C.) subterraneus** Beier 1931 *C. s.*, Beier in: Zool. Anz., *v.* 93 p. 53.

Cephalothorax mit 20 Borsten, davon 2 große und 2 kleine am Hinterrand. Epistom fehlt, der Vorderrand in der Mitte gerade, gezähnelt. 4 schwach entwickelte Augen, die hinteren sehr klein. Cheliceren mit Spinnhöcker. 9 Flagellumborsten. Palpenhand (Fig. 60) ziemlich breit oval. Finger gebogen, der bewegliche deutlich kürzer als der feste. Zähne des festen Palpenfingers lang und spitz, nur an der Basis klein, weit voneinander getrennt stehend und vollkommen isoliert, auch an ihrer Basis nicht durch eine Lamelle miteinander verbunden; distal vom Tasthaar *est* ist der feste Finger vollkommen zahnlos. Beweglicher Finger distal mit 2 kleinen, dann mit 9 deutlichen Zähnen, in der basalen Hälfte mit einer gesägten Lamelle. Coxen II mit 9, III mit 6 Coxaldornen. — Körper L. 2,30 mm; Palpenhand L. 0,54 mm, B. 0,32 mm, fester Finger L. 0,88 mm, beweglicher Finger L. 0,85 mm.

Dalmatien, Castelnuovo, subterran.

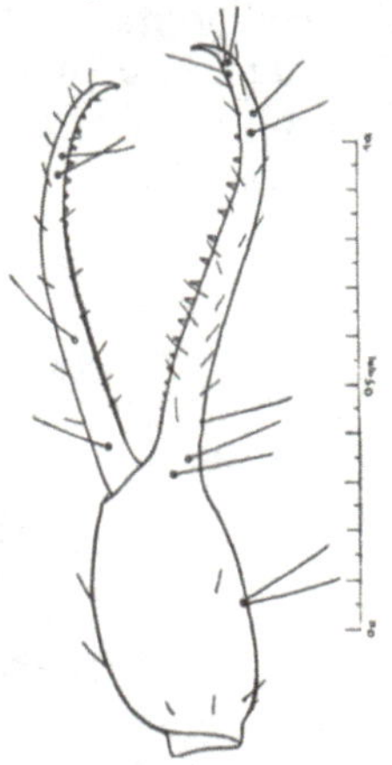

Fig. 60.
Chthonius subterraneus Beier. Palpenschere von außen.

14. **C. (C.) raridentatus** Hadzi 1930 *C. r.*, Hadzi in: Glas Ac. Serbe, *v.* 140 p. 22 f. 10—13.

Der vorigen Art sehr nahe stehend. Der letzte Zahn des festen Palpenfingers befindet sich jedoch in der Höhe des Tasthaares *it*. Zähne des beweglichen Palpenfingers rudimentär; nur ganz distal befinden sich einige flache, abgerundete Zähnchen. — Körper L. 2,1 mm; Palpenhand L. 0,50 mm, B. 0,33 mm, fester Finger L. 1,08 mm, beweglicher Finger L. 0,80 mm.

Krain, in Höhlen.

15. **C. (C.) cavernarum** Ellingsen 1909 *C. c.*, Ellingsen in: Ann. Mus. Genova, ser. 3 *v.* 4 p. 217 | 1928 *C. c.*, Beier in: Ann. Wien. Mus., *v.* 42 p. 313 | 1930 *C. c.*, Hadzi in: Glas Ac. Serbe, *v.* 140 p. 16 f. 7—9 | 1931 *C. c.*, Beier in: Abh. Ver. Bremen, *v.* 28 p. 91.

Cephalothorax mit 20 Borsten, ohne Epistom. 4 kleine Augen, die hinteren noch schwächer entwickelt als die vorderen. Beborstung der Tergite, 4—4—4—4—6—6—6—6. Cheliceren mit schwachem Spinnhöcker. Palpenhand (Fig. 61) schmal oval. Finger s-förmig gebogen, der bewegliche bedeutend kürzer als der feste. Zähne des festen Palpenfingers ziemlich lang, spitz, vollkommen isoliert, im distalen Teil des Fingers zwischen je 2 großen 1 kleines, körnchenartiges Zähnchen; die Spitze des festen Fingers zahnlos. Beweglicher Finger wenigstens bis nahe zum Tasthaar *sb* mit flachen, aber deutlichen Zähnen. — Körper L. 2,30 mm; Palpen: Femur L. 1,37 mm, B. 0,16 mm, Tibia L. 0,36 mm, B. 0,20 mm, Hand L. 0,55 mm, B. 0,25 mm, fester Finger L. 1,0 mm, beweglicher Finger L. 0,88 mm.

Östliches Mediterrangebiet von Krain bis Rumänien und Kreta, in Höhlen und subterran.

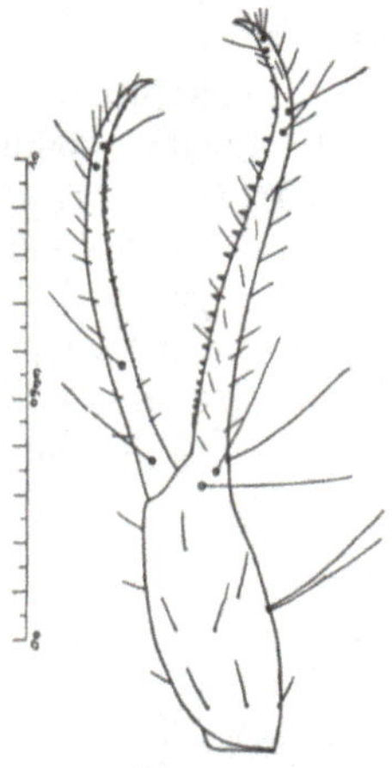

Fig. 61.
Chthonius cavernarum Ellingsen. Palpenschere von außen.

16. **C. (C.) troglodites** Redikorzev 1928 *C. t.*, Redikorzev in: Mt. Inst. Sofia, *v.* 1 p. 133 f. 11, 12.

Cephalothorax nach hinten kaum verengt, fast parallelseitig, mit 20 Borsten, davon 2 große und 2 kleine am Hinterrand. Vorderrand in der Mitte gezähnt, etwas vorgewölbt. Augen fehlen vollständig. Cheliceren mit zahnförmigem Spinnhöcker. Palpen verlängert. Palpenhand (Fig. 62) schmal. Zähne des festen Fingers lang, spitz, vollkommen isoliert und bis zum Tasthaar *ds* reichend. Zähne des beweglichen Fingers klein, dicht stehend, bis nahe zur Basis deutlich.

Coxen II beim Männchen mit 8, beim Weibchen mit 12, Coxen III beim Männchen mit 4, beim Weibchen mit 6 Coxaldornen. Beborstung der Abdominaltergite: 4–4–4–4–6–6–6–6. — Körper L. 2,35 mm; Palpen: Femur L. 1,12 mm, B. 0,16 mm, Tibia L. 0,48 mm, B. 0,19 mm, Hand L. 0,40—0,58 mm, B. 0,20—0,25 mm, Finger L. 0,73—0,96 mm, beweglicher L. 0,71—0,89 mm.

Osteuropa: Bulgarien, Höhle Kassapnitzite bei Karlukowo.

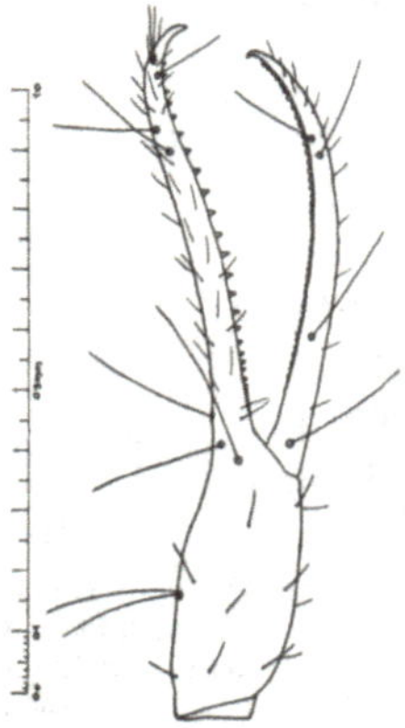

Fig. 62.
Chthonius troglodites Redikorzev. Palpenschere von außen.

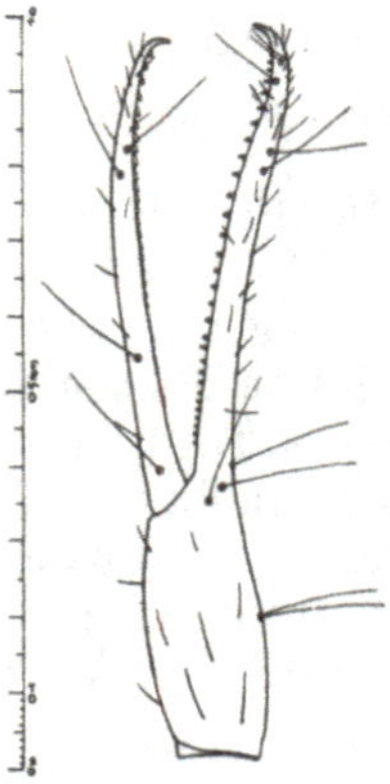

Fig. 63.
Chthonius caecus E. Sim. Palpenschere von außen.

17. **C. (C.) caecus** E. Sim. 1885 *C. c.*, E. Simon in: Ann. Soc. ent. France, ser. 6 *v.* 5 p. 214.

Cephalothorax mit 20 Borsten, davon 2 große und 2 kleine am Hinterrand. Epistom fehlt, der Vorderrand in der Mitte gezähnelt. Augen fehlen vollständig. Beborstung der Tergite: 4—4—4—4—6—6—6—6. Cheliceren mit kleinem Spinnhöcker. Palpenhand (Fig. 63) sehr schmal. Finger lang, ziemlich gerade, an Länge wenig verschieden. Fester Finger mit langen, spitzen, vollständig isolierten, bis zur Basis und Spitze deutlichen Zähnen. Zähne des festen Fingers in der distalen Fingerhälfte groß, nach hinten geneigt, in der basalen Hälfte undeutlich. Coxen II mit etwa 10, III mit etwa 5 Coxaldornen. — Körper L. ♂ 1,6 mm; Palpen: Femur L. 0,65 mm, B. 0,12 mm, Tibia L. 0,26 mm, B. 0,12 mm, Hand L. 0,23 mm, B. 0,15 mm, Finger L. 0,65 mm.

Osteuropa: Griechenland, Thessalien, Höhle von Kokkino-Vracho am Ossa.

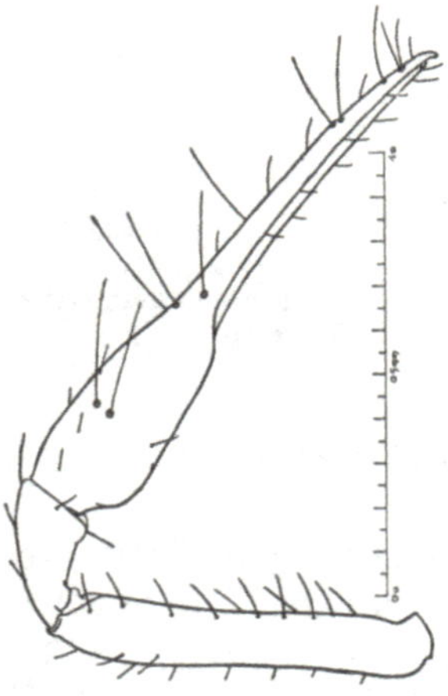

Fig. 64.
Chthonius histricus Beier. Linke Palpe.

c) Subgen. **Globochthonius** Beier

1931 *G.*, Beier in: Zool. Anz., *v.* 93 p. 54.

Cephalothorax mit 20 Borsten, davon 4 am Hinterrand. Palpen (Fig. 64) denjenigen von *Chthonius* s. str. sehr ähnlich, die Hand jedoch mit deutlichem, beulenartigen Höcker medialdorsal an der Basis. Zähne der Palpenfinger lang, spitz getrennt stehend, an beiden Fingern nahezu gleich ausgebildet.

Südeuropa, östliches Nordamerika.

18. **C. (G.) globifer** E. Sim. 1879 *C. g.*, E. Simon, Arach. France, *v.* 7 p. 72 t. 19 f. 16 | 1898 *C. g.*, E. Simon in: Ann. Mus. Genova, ser. 2 *v.* 19 p. 22.

Cephalothorax nach hinten deutlich verengt, mit 20 Borsten, davon 4 am Hinterrand, von welchen die lateralen kleiner sind als die medialen. Epistom fehlt, der Vorderrand in der Mitte jedoch grob gezähnelt. 4 Augen, die hinteren schwächer und flacher als die vorderen. Beborstung der Tergite: 4—4—4—4—6—6—6—6. Cheliceren mit Spinnhöcker. Palpenhand (Fig. 65) medial-dorsal an der Basis mit kräftigem, beulenartigen Höcker. Zähne der Palpenfinger lang, spitz, weit getrennt, an beiden Fingern nahezu gleich ausgebildet, der bewegliche jedoch mit geringerer Anzahl als der feste (11 zu etwa 20). Coxen II mit 8, III mit 4 Coxaldornen. — Körper L. 1,7 mm; Palpen: Femur L. 0,57 mm, B. 0,11 mm, Tibia L. 0,23 mm, B. 0,12 mm, Hand L. 0,32 mm, B. 0,18 mm, Finger L. 0,46 mm.

Südeuropa: südöstliches Frankreich, Isère; Piemont.

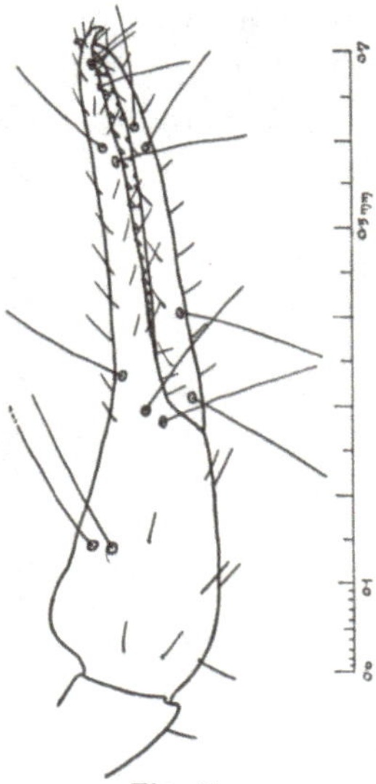

Fig. 65.
Chthonius globifer E. Sim.
Palpenschere.

19. **C. (G.) virginicus** Chamb. 1929 *C. v.*, Chamberlin in: Ann. nat. Hist., ser. 10 *v.* 4 p. 73.

Cephalothorax mit 20 Borsten, davon 4 am Hinterrand. Palpenhand an der Basis beulenförmig verdickt. Palpenfinger mit getrennt stehenden, spitzen Zähnen, ihre Zahl am festen Finger etwa doppelt so groß wie am beweglichen. Palpenfemur 5,3 mal, Tibia 1,7 mal, Schere 4,6 mal so lang wie breit. Finger 0,53 der ganzen Scherenlänge. — Körper L. ♀ 1,7 mm.

Östliches Nordamerika: Virginia.

20. **C. (G.) spelaeophilus** Hadzi 1930 *C. s.*, Hadzi in: Glas Ac. Serbe, *v.* 140 p. 6 f. 1—6.

Cephalothorax ohne Epistom, der Vorderrand in der Mitte gezähnelt. Beborstung wie bei den vorigen Arten, am Hinterrand befinden sich jedoch außer den 4 normalen Borsten noch einige kleinere. Augen fehlen vollständig. Beborstung der Tergite: 2—4—4—4—6—6—6—6. Cheliceren mit kleinem Spinnhöcker. Palpenhand basal deutlich verdickt. Zähne der Palpenfinger lang, spitz, gerade, weit getrennt stehend, am festen Finger 30, davon 17 größere, am beweglichen 26, davon 13 größere Zähne. Coxen II mit 8, III mit 6 Coxaldornen. — Körper L. ♂ 1,84 mm, ♀ 2,35 mm; Palpen ♂: Femur L. 1 mm, Hand L. 0,5 mm, B. 0,24 mm, Finger L. 0,8 mm.

Südslavien: Krain, in Höhlen.

21. **C. (G.) histricus** Beier 1929 *C. microphthalmus*, Beier in: Ann. Wien. Mus., *v.* 43 p. 365 | 1931 *C. histricus*, Beier in: Zool. Anz., *v.* 93 p. 54.

Cephalothorax mit 20—22 Borsten, davon 4—6 am Hinterrand. Vorderrand in der Mitte kräftig gezähnelt, ohne deutliches Epistom. Augen fehlen vollständig. Beborstung der Tergite: 2—4—4—4—6—6—6—6. Palpenhand (Fig. 66) basal deutlich beulenartig verdickt. Zähne beider Finger lang, spitz, getrennt stehend, bis zur Fingerbasis reichend; fester Finger mit 27 Zähnen, die 4 distalen sehr klein, beweglicher mit 23, davon die

16 distalen lang. Coxen II mit 8—9, III mit 4 Coxaldornen. — Körper L. ♀ 1,5—1,7 mm; Palpen: Femur L. 0,88 mm, B. 0,14 mm, Tibia L. 0,35 mm, B. 0,16 mm, Hand L. 0,52 mm, B. 0,25—0,27 mm, Finger L. 0,88 mm.

Istrien: Dante-Grotte bei Tolmein, Mackovca Jama bei Laze, Planina.

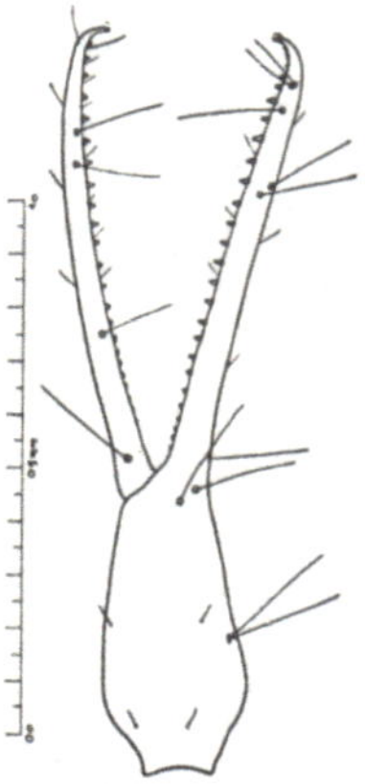

Fig. 66.
Chthonius histricus Beier. Palpenschere von außen.

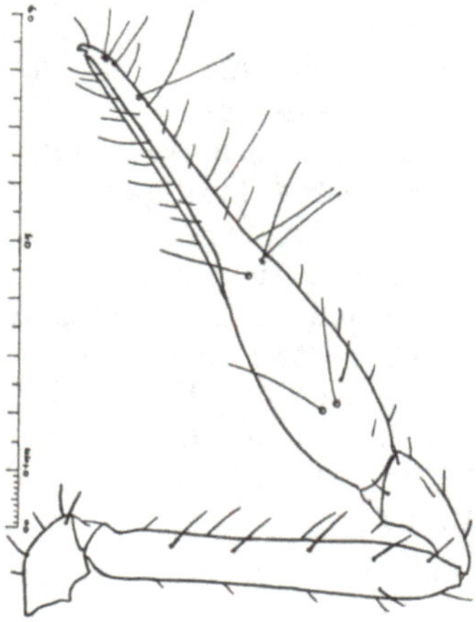

Fig. 67.
Chthonius austriacus Beier. Rechte Palpe.

d) Subgen. **Ephippiochthonius** Beier

1930 *E.*, Beier in: Eos Madrid, *v.* 6 p. 323.

Cephalothorax nach hinten deutlich verengt, mit 18 Borsten, davon 2 am Hinterrand. Epistom fehlt, der Vorderrand gezähnelt. Palpen (Fig. 67) schlank. Die Hand dorsal mit deutlicher, zwischen den Tasthaaren *ib—isb* und der Fingerbasis gelegener Depression. Finger gerade, sowohl der feste als auch der bewegliche mit langen, spitzen, geraden, weit getrennt stehenden Zähnen.

Paläarktische und Nearktische Region.

22. **C. (E.) tetrachelatus** (Preyssl.) 1790 *Scorpio t.*, Preyssler, Verz. Böhm. Ins., *v.* 1 p. 59 t. 2 f. | 1843 *Chthonius trombidioides*, C. L. Koch in: C. W. Hahn & C. L. Koch, Arach., *v.* 10 p. 76 t. 347 f. 806, 807 | 1855 *C. maculatus*, Menge in: Schr. Ges. Danzig, *v.* 5 fasc. 2 nr. 3 p. 23 | 1873 *C. trombidioides*, L. Koch, Übers. Darst. Eur. Chernet., p. 49 | 1874 *C. t.*, Stecker in: SB. Böhm. Ges., p. 239 | 1875 *C. tetrachelatus* var. *maculatus*, Stecker in: Berlin. ent. Z., *v.* 19 p. 314 | 1879 *C. t.*, E. Simon, Arach. France, *v.* 7 p. 70 t. 19 f. 18 | 1882 *C. trombidioides*, Tömösvary in: Math. termész. Közlem., *v.* 18 p. 238 t. 5 f. 9—12 | 1888 *C. tetrachelatus*, Daday in: Termész. Füzetek, *v.* 11 p. 134, 190 | 1891 *C. longipalpus*, N. Banks in: Canad. Ent., *v.* 23 p. 164 | 1897 *C. tetrachelatus*, Ellingsen in: Forh. Selsk. Christian., nr. 5 p. 20 | 1898 *C. t.*, E. Simon in: Ann. Mus. Genova, ser. 2 *v.* 19 p. 22 | 1901 *C. t.*, Nosek in: Věstnik Klubu přir. Prostěj, *v.* 4 p. 73 | 1907 *C. t.*, Ellingsen in: J. Quekett Club, ser. 2 *v.* 10 p. 171 | 1909 *C. t.*, Ellingsen in: Boll. Laborat. Zool. Portici, *v.* 3 p. 220 | 1910 *C. t.*, Ellingsen in: Mt. Mus. Berlin, *v.* 4 p. 402 | 1911 *C. t.*, Kew in: P. Irish Ac., *v.* 29 nr. 2 p. 58 t. 6 f. 22 | 1911 *C. t.*, Lessert in: Cat. Invert. Suisse, *v.* 5 p. 40 f. 31, 32 | 1912 *C. t.*, Ellingsen in: Arch. Zool. expér., ser. 5 *v.* 10 p. 174 | 1917 C. t., Nonidez in: Trab. Mus. Madrid, nr. 32 p. 42 | 1928 *C. t.*, Schenkel in: Tierw. Deutschl., *v.* 8 fasc. 3 p. 71 f. 32 | 1928 *C. t.*, Beier in: Ann. Wien. Mus., *v.* 42 p. 312 | 1929 *C. t.*, Kästner in: Tierw. Mitteleur., *v.* 3 p. IV 9 | 1929 *C. t.*, Chamberlin in: Ann. nat. Hist., ser. 10 *v.* 4 p. 72 f. 1 A, E, F, 3 E.

Cephalothorax mit 18 Borsten, davon 2 am Hinterrand. Epistom fehlt, der Vorderrand jedoch in der Mitte deutlich gezähnelt. 4 gut entwickelte Augen. Cheliceren mit Spinnhöcker. Palpen schlank. Palpenhand (Fig. 68) dorsal mit einer scharf abgegrenzten und tief eingesenkten Depression zwischen den Tasthaaren *ib-isb* und der Fingerbasis. Finger mit spitzen, geraden, weit getrennt stehenden Zähnen; fester Finger mit etwa 18, gegen die Basis kleiner werdenden, beweglicher mit etwa 10 Zähnen. Basis des beweglichen Fingers stark chitinisiert. Beborstung der Tergite: 4–4–4–4–6–6–6–6. — Körper L. ♂ ♀ 1,3—1,9 mm; Palpenhand L. 0,38 mm, B. 0,18 mm, Finger L. 0,49 mm.

Ganz Europa, westliches Nordamerika.

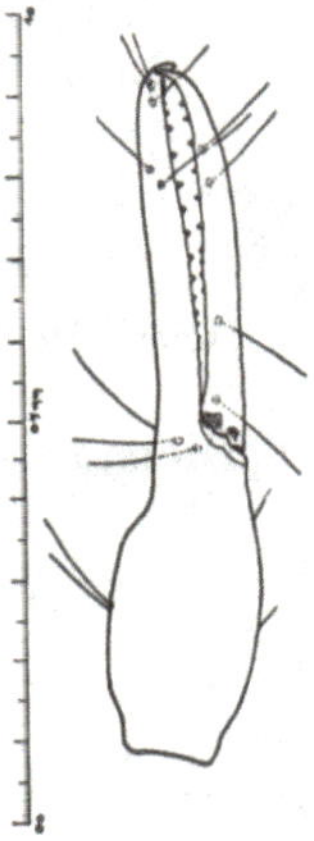

Fig. 68.
Chthonius tetrachelatus (Preyssl.). Palpenschere von innen.

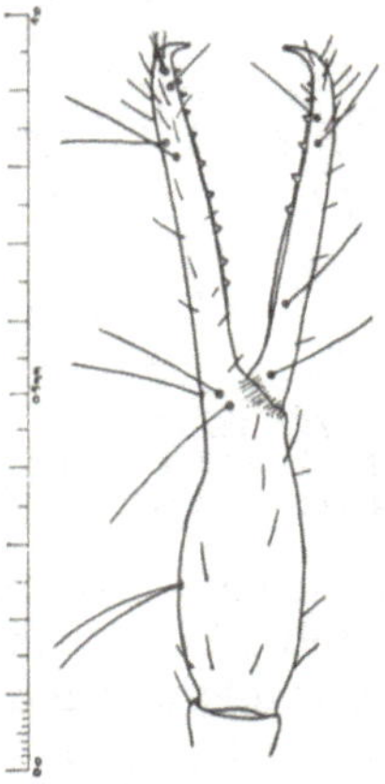

Fig. 69.
Chthonius austriacus Beier. Palpenschere von außen.

23. **C. (E.) austriacus** Beier 1931 *C. a.*, Beier in: Zool. Anz., *v.* 93 p. 55.

Mit der vorigen Art nahe verwandt, aber durch schmälere Palpenhand und andere Bezahnung der Finger leicht von ihr zu unterscheiden. Cephalothorax und Abdominaltergite wie bei *C. tetrachelatus*. Die hinteren Augen kleiner als die vorderen. Palpenhand (Fig. 69) ziemlich schmal. Fester Palpenfinger mit 10 Zähnen, die nach hinten kaum kleiner werden, sondern mit einem großen Zahn plötzlich aufhören. Beweglicher Finger mit 6 Zähnen, basal davon mit einheitlicher Lamelle, die sich fast bis zur Basis des Fingers erstreckt. Coxen II mit 11, III mit 4 Coxaldornen. ♂ Genitalfeld mit 8 medialen Randborsten jederseits. — Körper L. ♂ ♀ 1,5 mm; Palpen: Femur L. 0,67 mm, B. 0,10 mm, Tibia L. 0,25 mm, B. 0,12 mm, Hand L. 0,41 mm, B. 0,17 mm, Finger L. 0,49 mm.

Mitteleuropa, Niederösterreich, Helenental bei Baden.

24. **C. (E.) californicus** Chamb. 1929 *C. c.*, Chamberlin in: Ann. nat. Hist., ser. 10 *v.* 4 p. 74.

Mit den vorigen Arten nahe verwandt. Fester Palpenfinger mit 12 langen, spitzen Zähnen, proximal von diesen mit weiteren 12 kleinen, rundlichen, dichter stehenden Zähnchen. Beweglicher Finger mit 6 spitzen, proximal von diesen mit 15—18 kleinen, runden Zähnen. Palpenfemur 5mal, Tibia 1,85mal, Schere 4mal so lang wie breit; Finger 0,58 von der Gesamtlänge der Schere. — Körper L. ♂ 1,4 mm, ♀ 1,6 mm.

Nordamerika: Kalifornien.

25. **C. (E.) hispanus** Beier 1930 *C. h.*, Beier in: Eos Madrid, *v.* 6 p. 323 f. 1.

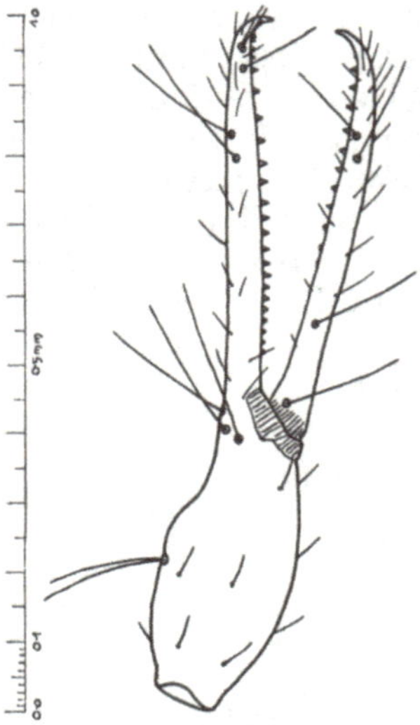

Fig. 70.
Chthonius hispanus Beier.
Palpenschere von außen.

Cephalothorax mit 18 Borsten, davon 2 am Hinterrand, ohne Epistom, der Vorderrand in der Mitte gezähnelt. Nur die vorderen Augen vorhanden. Beborstung der Tergite: 4—4—4—4—6—6—6—6. Fester Palpenfinger (Fig. 70) mit 23 Zähnen, die gegen die Basis allmählich kleiner werden; die 4 distalen klein. Beweglicher Finger mit 10 deutlichen Zähnen, proximal von diesen ohne Lamelle. Coxen II mit 9—10, III mit 3—4 Coxaldornen. — Körper L. ♀ 1,8 mm; Palpen: Femur L. 0,62 mm, B. 0,11 mm, Tibia L. 0,24 mm, B. 0,11 mm, Hand L. 0,40 mm, B. 0,19 mm, Finger L. 0,59 mm.

Westeuropa: Spanien, Cueva de la Loja, El Mazo, Cueva de los Torcos, Panes, Asturias.

26. **C. (E.) pieltaini** Beier 1930 *C. p.*, Beier in: Eos Madrid, *v.* 6 p. 327 f. 5.

Cephalothorax ohne Epistom, aber in der Mitte des Vorderrandes gezähnelt, mit 18 Borsten: 4—2, 18. Augen fehlen vollständig. Beborstung der Tergite: 4—4—4—4—6—6—6—6. Palpen und Extremitäten verlängert. Cheliceren mit dornförmigem Spinnhöcker. Dorsale Depression der Palpenhand (Fig. 71) sehr flach und seicht. Fester Palpenfinger mit 12, gegen die Basis kleiner werdenden Zähnen und 2 sehr kleinen Zähnchen distal. Beweglicher Finger mit 9 fast gleich großen Zähnen, proximal von diesen mit kurzer einfacher Lamelle, die bis etwas hinter das Tasthaar *sb* reicht. Coxen II mit 14, III mit 5 Coxaldornen. — Körper L. ♀ 1,7 mm; Palpen: Femur L. 0,76 mm, B. 0,11 mm, Tibia L. 0,30 mm, B. 0,12 mm, Hand L. 0,47 mm, B. 0,19 mm, Finger L. 0,67 mm.

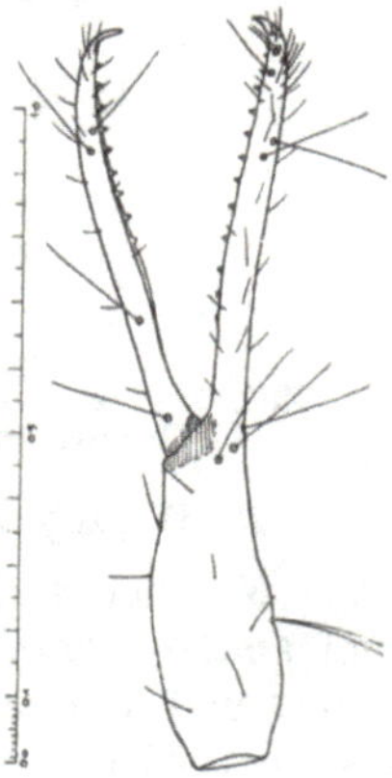

Fig. 71.
Chthonius pieltaini Beier. Palpenschere von außen.

Norditalien: Cave di Costozza, Longava, Vicenza.

27. **C. (E.) troglophilus** Beier 1930 *C. t.*, Beier in: Ann. Mus. Genova, *v.* 55 p. 73.

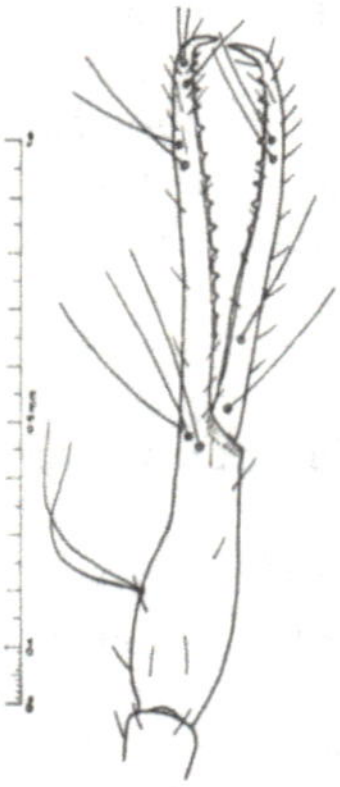

Fig. 72.
Chthonius troglophilus Beier. Palpenschere von außen.

Cephalothorax in der Mitte des Vorderrandes mit ziemlich langen Zähnen; Beborstung wie bei der vorigen Art. Augen fehlen. Beborstung der Tergite: 4—4—4—4—6—6—6—6. Cheliceren mit flachem Spinnhöcker. Palpenhand (Fig. 72) lang und schlank, die dorsale Depression deutlich. Fester Palpenfinger mit 15 proximal kleiner werdenden Zähnen, beweglicher mit 8 Zähnen, proximal davon mit einfacher, bis zur Basis reichender Lamelle. Coxen II mit 11, III mit 5 Coxaldornen. ♂ Genitalfeld mit jederseits 8 Medialborsten. — Körper L. ♂ 1,8 mm; Palpen: Femur L. 0,84 mm, B. 0,11 mm, Tibia L. 0,28 mm, B. 0,11 mm, Hand L. 0,51 mm, B. 0,18 mm, Finger L. 0,71 mm.

Oberitalien: Höhle von Tana Scopeto.

28. **C. (E.) gestroi** E. Sim. 1896 *C. G.*, E. Simon in: Ann. Mus. Genova, ser. 2 *v.* 16 p. 375 | 1898 *C. G.*, E. Simon in: Ann. Mus. Genova, ser. 2 *v.* 19 p. 23.

Cephalothorax ohne Epistom, die Mitte des Vorderrandes dorsal eingedrückt, leicht vorgewölbt und deutlich gezähnelt. Cephalothorax mit 18 Borsten, der Hinterrand mit 2. Vollständig augenlos. Beborstung der Tergite: 4—4—4—4—6—6—6—6. Cheliceren mit dornförmigem Spinnhöcker. Palpen stark verlängert. Palpenhand (Fig. 73) sehr lang und schmal, die dorsale Depression flach und allmählich verlaufend. Fester Finger mit 18 kräftigen, basal stumpf werdenden Zähnen. Beweglicher Finger mit 11 Zähnen, proximal von diesen mit schmaler, einfacher Lamelle. Coxen II mit 15, III mit 6 Coxaldornen. Männliches Genitalfeld jederseits mit 9 medialen Randborsten. — Körper L. ♂ 2 mm; Palpen: Femur L. 1,20 mm, B. 0,12 mm, Tibia L. 0,40 mm, B. 0,14 mm, Hand L. 0,68 mm, B. 0,22 mm, Finger L. 1,00 mm.

Oberitalien: Ligurien, in Höhlen.

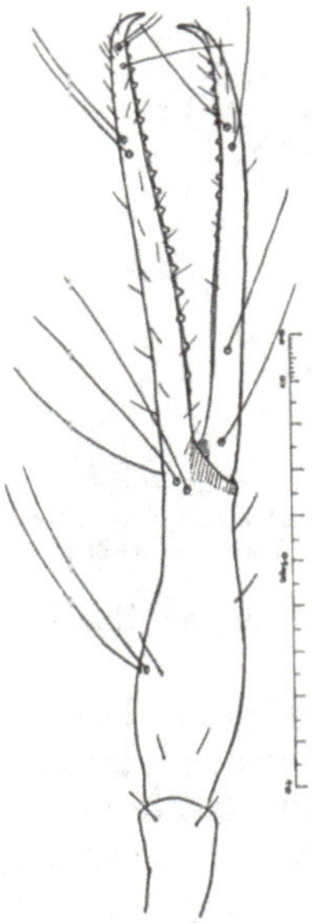

Fig. 73.
Chthonius gestroi E. Sim. Palpenschere von außen.

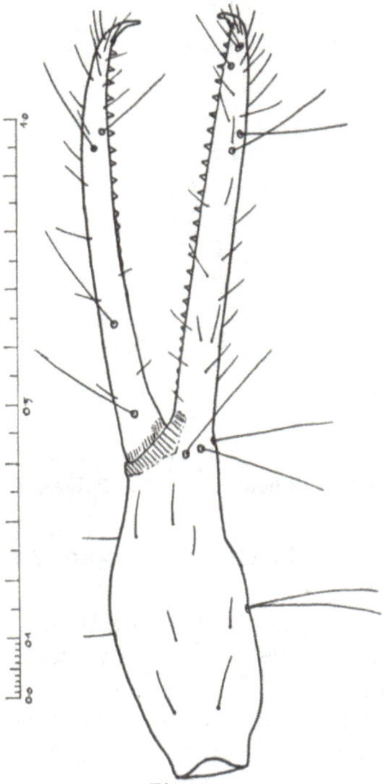

Fig. 74.
Chthonius hiberus Beier. Palpenschere von außen.

29. **C. (E.) hiberus** Beier 1930 *C. h.*, Beier in: Eos Madrid, *v.* 6 p. 324 f. 2.

Cephalothorax mit 18 Borsten: 4—2, 18. Vorderrand ohne Epistom, aber in der Mitte leicht vorgewölbt und gezähnelt. Augenlos. Beborstung der Tergite: 4—4—4—4—6—6—6—6. Cheliceren mit Spinnhöcker. Palpenhand (Fig. 74) ziemlich kräftig. Fester Palpenfinger mit 26—27 basal kleiner werdenden Zähnen. Beweglicher Finger mit 11 deutlichen Zähnen, proximal davon mit einigen undeutlichen höckerartigen Zähnchen, die sich bis zum Tasthaar *sb* erstrecken, jedoch ohne Lamelle. Coxa II mit 17, III mit 6 Coxaldornen. — Körper L. ♀ 2,2 mm; Palpen: Femur L. 0,88 mm, B. 0,13 mm, Tibia L. 0,33 mm, B. 0,15 mm, Hand L. 0,55 mm, B. 0,24 mm, Finger L. 0,77 mm.

Spanien: Sima de la Raya, Tamajon, Prov. Madrid.

30. **C. (E.) bolivari** Beier 1930 *C. b.*, Beier in: Eos Madrid, *v.* 6 p. 325 f. 3.

Cephalothorax und Tergite wie bei der vorigen Art. Augenlos. Cheliceren mit zahnförmigem Spinnhöcker. Palpenhand (Fig. 75) ziemlich kräftig, mit deutlicher dorsaler Depression. Fester Palpenfinger mit 21 basal kleiner werdenden Zähnen und 3 kleinen Zähnchen ganz distal. Beweglicher Finger in der distalen Hälfte mit 9 fast gleich langen Zähnen, proximal von diesen vollständig zahnlos und auch ohne Lamelle. Coxen II mit 15—18, III mit 4—5 Coxaldornen. — Körper L. ♀ 1,7 mm; Palpen: Femur L. 0,86 mm, B. 0,12 mm, Tibia L. 0,30 mm, B. 0,14 mm, Hand L. 0,49 mm, B. 0,21 mm, Finger L. 0,77 mm.

Spanien: Cueva del Espinoso, La Franca, Asturias.

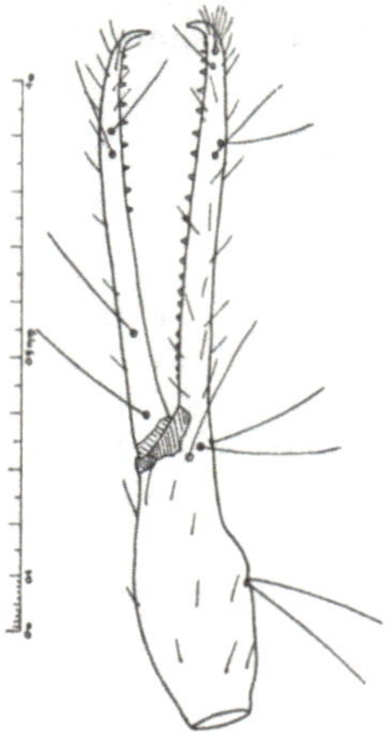

Fig 75.
Chthonius bolivari Beier. Palpenschere von außen.

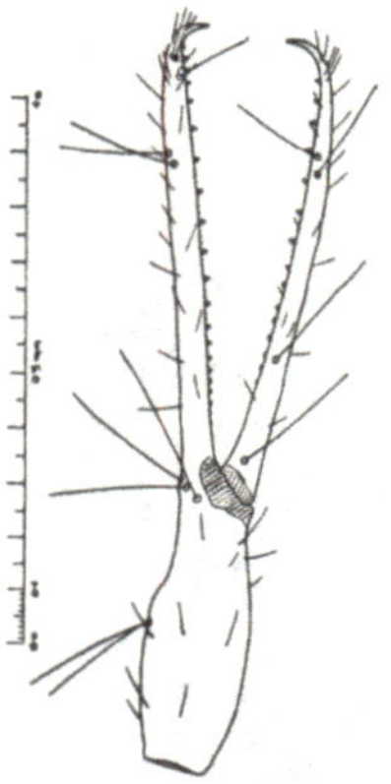

Fig. 76.
Chthonius distinguendus Beier. Palpenschere von außen.

31. **C. (E.) distinguendus** Beier 1930 *C. d.*, Beier in: Eos Madrid, *v.* 6 p. 326 f. 4.

Cephalothorax mit 18 Borsten, davon 2 am Hinterrand. Der Vorderrand fein gezähnelt, nicht vorgewölbt, ohne Epistom. Augenlos. Beborstung der Tergite: 2—2—4—4—6—6—6—6. Cheliceren mit dornförmigem Spinnhöcker. Palpenhand (Fig. 76) schmal, mit deutlicher dorsaler Depression. Palpenfinger stark verlängert. Fester Finger mit 21 langen, spitzen, gegen die Basis kürzer und stumpfer werdenden Zähnen, zwischen diesen mit je 2—4 sehr kleinen, körnchenartigen Zähnchen. Beweglicher Finger mit 7 langen, spitzen Zähnen, proximal davon mit weiteren 8 kurzen, stumpfen Zähnchen, zwischen den Zähnen ebenso wie der feste Finger gekörnelt. Coxen II mit 13—14, III mit 6 Coxaldornen. — Körper L. ♀ 1,6 mm; Palpen: Femur L. 0,97 mm, B. 0,10 mm, Tibia L. 0,33 mm, B. 0,13 mm, Hand L. 0,51 mm, B. 0,19 mm, Finger L. 0,85 mm.

Spanien: Cueva de Mendicute, Albistur bei Tolosa.

32. **C. (E.) anophthalmus** Ellingsen 1908 *C. tetrachelatus* var. *a.*, Ellingsen in: Arch. Zool. expér., ser. 4 *v.* 8 p. 419.

Größer, schwächer pigmentiert und mit längeren Palpen und Extremitäten als *C. tetrachelatus* Preyssl. Augenlos. Bezahnung der Palpenfinger ähnlich wie bei *C. tetrachelatus* Preyssl. — Körper L. (?).

Nordafrika: Algerien, Dep. Costantine, in Höhlen.

Unsichere Arten:

C. coecus Pack. 1884 *C. c.*, A. S. Packard in: Amer. Natural., *v.* 18 p. 203.

Körper unverhältnismäßig kurz und breit, Extremitäten kurz und dick. Augenlos. Palpen kurz. Tibia kurz, dick, konisch. Hand kurz und dick, etwas länger als die Tibia. Beweglicher Finger fast doppelt so lang wie die Hand, gerade, medial bezahnt. — Körper L. (mit Cheliceren) 1,5 mm.

Nordamerika: Virginia, Weyer-Höhle.

C. dacnodes Navas 1918 *C. d.*, Navas in: Bol. Soc. ent. España, p. 132 f. 6 | 1925 *C. d.*, Navas in: Broteria, *v.* 22 p. 126 f. 19.

Vollkommen ungenügende Beschreibung. Vielleicht in das Subgen. *Chthonius* s. str. gehörig.

C. diophthalmus Daday 1888 *C. d.*, Daday in: Termész. Füzetek, *v.* 11 p. 134, 191 t. 4 f. 21, 27.

Cephalothorax mit geraden Rändern. Jederseits nur ein Auge, dieses groß, vorragend, um seinen Durchmesser vom Vorderrande entfernt. Cheliceren ohne Spinnhöcker. Beweglicher Palpenfinger mit geraden, fester mit nach hinten gekrümmten Zähnchen. — Vielleicht mit *C. ischnocheles* identisch. — Körper L. 2 mm.

Ungarn, Mehadia.

C. heterodactylus Töm. 1882 *C. h.*, Tömösvary in: Math. termész. Közlem., *v.* 18 p. 241 t. 5 f. 1—2.

Epistom vorhanden, jedoch klein. 4 weit voneinander entfernt stehende Augen. Spinnhöcker vorhanden. Fester Palpenfinger gerade, beweglicher gebogen, $^{1}/_{4}$ kürzer als der feste. — Körper L. 2,2 mm.

Ungarn.

C. packardi (Hagen) 1879 *Blothrus p.*, H. A. Hagen in: Zool. Anz., *v.* 2 p. 399.

Vollständig blind. — Körper L. 2,3 mm.

Nordamerika: Indiana, Wyandotte-Höhle; Kentucky, Mammut-Höhle.

C. saltator (Brébisson) 1827 *Chelifer s.*, Brébisson in: Mém. Soc. Linn. Normand., *v.* 3 p. 253.

Ist wahrscheinlich mit *C. tetrachelatus* identisch.

15. Gen. **Allochthonius** Chamb.

1929 *A.*, Chamberlin in: Canad. Ent., *v.* 61 p. 154.

Typus: *Chthonius opticus* Ellingsen (durch ursprüngliche Bestimmung).

4 gut entwickelte Augen. Spinnhöcker fehlend. Palpenfinger gleichartig gezähnt, die Zähne spitz, deutlich getrennt stehend. Nur Coxa I mit Coxaldornen, diese etwa in 8-Zahl, gemeinsam aus einer Tuberkel entspringend. Intercoxaltuberkel vorhanden, ziemlich groß, mit 2 Borsten.

Japan.

2 Arten.

Übersicht über die Arten:

1 { Augen etwa um ihren Durchmesser voneinander entfernt; vorderes Auge um seinen Durchmesser vom Vorderrand entfernt; Palpenfemur 4,5 mal so lang wie breit; fester Chelicerenfinger mit einem großen, basalen Zahn, vor diesem mit einer Anzahl fast gleichartiger, kleiner Zähnchen . . 1. **A. opticus**

Augen nahe beisammenstehend, nicht um ihren Durchmesser voneinander entfernt; vorderes Auge $1^{1}/_{3}$ Durchmesser vom Vorderrande entfernt; Palpenfemur 5 mal so lang wie breit; fester Chelicerenfinger mit einem großen, basalen und einem ebensolchen subapikalen Zahn, dazwischen mit 2—3 kleineren Zähnen . . . . 2. **A. shintoisticus** }

1. **A. opticus** (Ellingsen) 1907 *Chthonius o.*, Ellingsen in: N. Mag. Naturv., *v.* 45 p. 16 | 1929 *Allochthonius o.*, Chamberlin in: Canad. Ent., *v.* 61 p. 155.

Cephalothorax in der Mitte des Vorderrandes schwach depreß, ohne Epistom. 4 große, vorragende Augen, welche um ihren Durchmesser voneinander abstehen; das vordere um seinen Durchmesser vom Vorderrande entfernt. Fester Chelicerenfinger mit einem großen Basalzahn, distal von diesem mit kleinen Zähnchen. Beweglicher Chelicerenfinger mit kleinen Zähnchen im mittleren Teile des Medialrandes. Palpenfemur 4,5 mal so lang wie breit. Hand ziemlich breit und dick. Palpenfinger mit spitzen, getrennt stehenden Zähnen, die Zähne des beweglichen Fingers etwas kürzer als die des festen. Coxa I mit einer Tuberkel, aus der die Coxaldornen entspringen. — Körper L. 1,90 mm; Palpen: Femur L. 0,71 mm, B. 0,16 mm, Tibia L. 0,29 mm, B. 0,16 mm, Hand L. 0,43 mm, B. 0,29 mm, Finger L. 0,86 mm.

Japan: Okayama, Insel Hondo.

2. **A. shintoisticus** Chamb. 1929 *A. s.*, Chamberlin in: Canad. Ent., *v.* 61 p. 155.

Cephalothorax etwas breiter als lang, nach hinten deutlich verengt, ohne Epistom; Beborstung: 8—4, 24. Beborstung der Tergite: 4-6-7-7-8-9-9. Sternite mit 14—15 Marginalborsten. Augen nahe beisammenstehend, nicht um ihren Durchmesser voneinander entfernt, das vordere $1^1/_3$ Durchmesser vom Vorderrande. Fester Chelicerenfinger mit je einem großen Basal- und Subapikalzahn, dazwischen mit 2 oder 3 kleineren Zähnchen; beweglicher Chelicerenfinger mit 18—20 kleinen Zähnchen. Palpenfemur 5,1 mal so lang wie breit. Palpenfinger 0,69 von der Gesamtlänge der Schere; fester Finger mit 18, beweglicher mit 15 Zähnen. — Körper L. 2,2 mm.

Japan: Insel Kyushu.

16. Gen. **Tyrannochthonius** Chamb.

1929 *T.*, Chamberlin in: Ann. nat. Hist., ser. 10 *v.* 4 p. 74.

Typus: *Chthonius terribilis* With (durch ursprüngliche Bestimmung).

Cephalothorax nach hinten deutlich verengt, mit spitzem, vorragenden Epistom, an dessen Basis jederseits 1 kräftige Borste steht. Meist 4, selten nur 2 Augen. Zähne der Palpenfinger spitz, getrennt stehend, von gleicher Länge oder zwischen je 2 größeren 1 kleinerer Zahn. Nur die Coxen II mit Coxaldornen. Intercoxaltuberkel fehlend.

Westliches Nordamerika und Zentralamerika, australische und orientalische Region, Ostafrika.

9 sichere, 3 unsichere Arten.

Übersicht über die Arten:

1	Palpenhand normal, ziemlich regelmäßig oval — 2	
	Palpenhand gegen die Fingerbasis allmählich, jedoch stark flaschenförmig verengt	6. **T. johni**
2	Zähne des festen Palpenfingers von gleicher Länge, in den Zwischenräumen höchstens ein kleines, körnchenartiges Zähnchen — 3	
	Zähne des festen Palpenfingers ungleich lang; zwischen je 2 größeren Zähnen befindet sich 1 kürzerer, etwa halb so langer Zahn — 7	

3 Mit 4 Augen — **4**
Mit 2 Augen; beide Palpenfinger gleichartig gezähnt, mit 20—25 Zähnen; Cephalothorax mit 14 Borsten; 4—5 Coxaldornen, aus gemeinsamer Basis entspringend . . . . 2. **T. johnstoni**

4 Nur die ersten 4 Tergite mit 4 Borsten — **5**
Die ersten 5 oder 6 Tergite mit 4 Borsten — **6**

5 Palpen gedrungen; Femur 4,2 mal so lang wie breit; Finger 1,26 mal so lang wie die Hand . . . . . . 1. **T. centralis**
Palpen schlanker; Femur 5,6 mal so lang wie breit; Finger 1,5—1,6 mal so lang wie die Hand . . . . . 3. **T. grimmeti**

6 Fester Palpenfinger mit 11, beweglicher mit 8 Zähnen 4. **T. bakeri**
Fester Palpenfinger mit etwa 20, beweglicher mit annähernd gleichviel Zähnen . . . . 5. **T. terribilis**

7 4 gut entwickelte Augen — **8**
Nur die beiden vorderen Augen deutlich, die hinteren rudimentär . . . . 7. **T. heterodentatus**

8 Beweglicher Palpenfinger distal mit 8 großen Zähnen, proximal mit einigen undeutlichen . . . . 8. **T. contractus**
Beweglicher Palpenfinger distal mit 10 großen Zähnen, proximal mit einigen undeutlichen . . . . 9. **T. sokolovi**

1. **T. centralis** Beier 1931 *T. c.*, Beier in: Zool. Anz., *v.* 93 p. 55.

Vorderrand des Cephalothorax in der Mitte trapezförmig vorgezogen, in der Mitte dieses Trapezes mit deutlichem, stumpf dreieckigen Epistom, an den Ecken mit je 1 kräftigen Borste. Scheibe mit 16 Borsten. 4 gut entwickelte Augen. Beborstung der Tergite: 4–4–4–4–6–6–6–6–6–6. Beweglicher Chelicerenfinger mit 10 fast gleich großen Zähnen, der feste mit spitz-dreieckigem Mittelzahn, proximal und distal von diesem fein gezähnelt. Palpenhand (Fig. 77) ziemlich breit oval. Fester Palpenfinger mit 17—18 spitzen, in weiten Abständen stehenden, proximal an Größe abnehmenden Zähnen; in den Zwischenräumen je ein kleines, körnchenartiges Zähnchen. Beweglicher Finger distal mit 7 spitzen, proximal mit weiteren 6—7 stumpfen Zähnen. Nur die Coxen des 2. Beinpaares mit Coxaldornen, diese aus 7 in einer Reihe stehenden, lanzettförmigen Borsten bestehend. Intercoxaltuberkel fehlt. — Körper L. 1,2 mm; Palpen: Femur L. 0,38 mm, B. 0,09 mm, Tibia L. 0,18 mm, B. 0,10 mm, Hand L. 0,27 mm, B. 0,15 mm, Finger L. 0,34 mm.

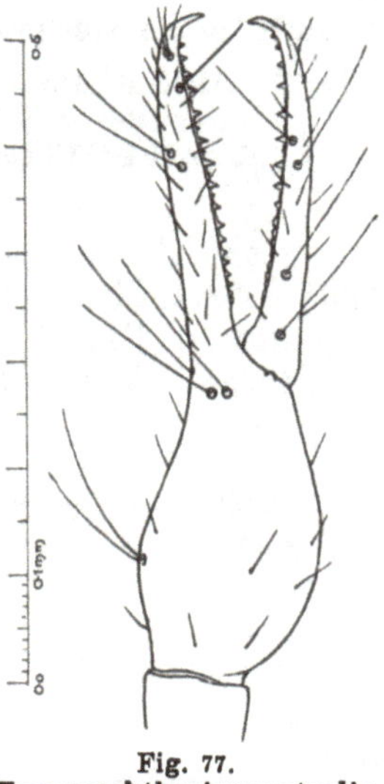

Fig. 77. **Tyrannochthonius centralis** Beier. Palpenschere von außen.

Zentralamerika: Costarica, Vulkan Irazu.

2. **T. johnstoni** (Chamb.) 1923 *Chthonius j.*, Chamberlin in: P. Calif. Ac., ser. 4 *v.* 12 p. 357 t. 3 f. 11, 12, 13 | 1929 *Tyrannochthonius j.*, Chamberlin in: Ann. nat. Hist., ser. 10 *v.* 4 p. 75 f. 2 D, F.

Cephalothorax breiter als lang, nach hinten etwas verengt, die Scheibe mit 14 Borsten. Epistom spitz, ziemlich lang. Nur die vorderen Augen vorhanden, schwach entwickelt. Spinnhöcker fehlend. Fester und beweglicher Chelicerenfinger mit je 5 Zähnen. Palpenfinger lang und schlank, doppelt so lang wie die Hand; beide Finger mit 20—25 annähernd gleich entwickelten Zähnen. Coxen II mit 4—5 doppelt gefiederten Coxaldornen, die aus gemeinsamer Basis entspringen (Fig. 78). — Körper L. 1,2 mm.

Nordamerika: Puerto Escondido, Niederkalifornien, Mexiko.

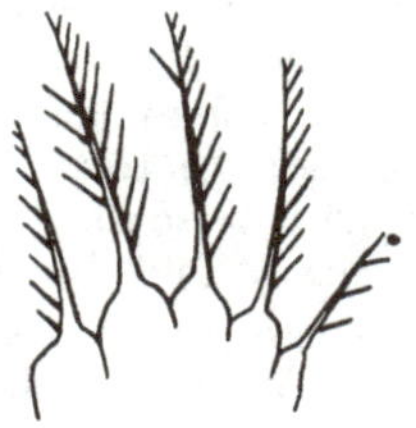

Fig. 78.
Coxaldornen von **Tyrannochthonius johnstoni** (Chamb.).
(Nach Chamberlin).

3. **T. grimmeti** Chamb. 1929 *T. g.*, Chamberlin in: Ann. nat. Hist., ser. 10 *v.* 4 p. 76.

Epistom kurz und undeutlich. 4 Augen. Cephalothorax mit 18 Borsten. Beborstung der Tergite: 4—4—4—4—6—6—6—6. Palpenfemur 5,6 mal, Tibia etwa doppelt, Palpenschere 5,9—6,0 mal so lang wie breit. Finger 1,5—1,6 mal so lang wie die Hand. Fester Palpenfinger mit 33—35, beweglicher mit 16—17 Zähnen. Coxen II mit flachen, distal gefransten, in einer Reihe stehenden Coxaldornen. — Körper L. 2,1—2,2 mm.

Neuseeland: Day's Bay, Wellington Harbour.

4. **T. bakeri** Chamb. 1929 *T. b.*, Chamberlin in: Ann. nat. Hist., ser. 10 *v.* 4 p. 75.

Epistom kurz und undeutlich. 4 Augen. Cephalothorax mit 16 Borsten. Beborstung der Tergite: 4—4—4—4—4—6—6—6. Palpenfemur 5,3 mal, Tibia 2,1 mal, Palpenschere 6,3 mal so lang wie breit. Finger 1,2 mal so lang wie die Hand. Fester Palpenfinger mit 11, beweglicher mit 8 Zähnen. Coxaldornen ähnlich wie bei der vorigen Art. — Körper L. 1,1 mm.

Philippinen: Luzon, Mt. Makiling.

5. **T. terribilis** (With) 1906 *Chthonius t.*, With in: Danske Selsk. Skr., *v.* 7 nr. 3 p. 69 f. 10, 11 t. 1 f. 1 | 1910 *C. t.*, Ellingsen in: Mt. Mus. Berlin, *v.* 4 p. 402 | 1929 *Tyrannochthonius t.*, Chamberlin in: Ann. nat. Hist., ser. 10 *v.* 4 p. 75 | 1930 *T. t.*, Beier in: Zool. Anz., *v.* 91 p. 284.

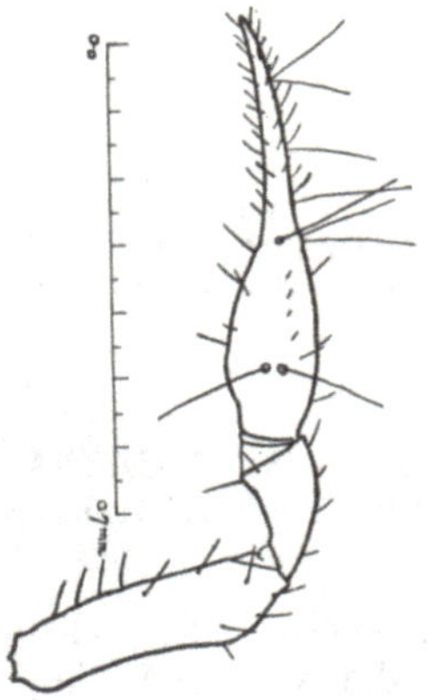

Fig. 79.
Tyrannochthonius terribilis (With). Rechte Palpe.

Cephalothorax etwa so lang wie breit. Epistom klein, vorragend, nicht scharf zugespitzt, jederseits an der Basis mit kräftiger Borste. 4 Augen, die untereinander und vom Vorderrand um ihren Durchmesser abstehen, die hinteren kleiner als die vorderen. Beborstung der Abdominaltergite: 4—4—4—4—4—6—6—6. Palpen ziemlich gedrungen (Fig. 79). Palpenfinger mit etwa 20 Zähnen. Coxa II mit 7 Coxaldornen. — Körper L. 1,1 mm; Palpen: Femur L. 0,45 mm, B. 0,12 mm, Tibia L. 0,22 mm, B. 0,11 mm, Hand L. 0,30 mm, B. 0,14 mm, Finger L. 0,37 mm.

Ostasien: Insel Koh Chang, Lem Ngob, Sumatra, Bismarck-Archipel.

6. **T. johni** (Redikorzev) 1922 *Chthonius j.*, Redikorzev in: Annuaire Mus. St.-Pétersb., *v.* 23 p. 550 f. 5—9 | 1929 *Tyrannochthonius j.*, Chamberlin in: Ann. nat. Hist., ser. 10 *v.* 4 p. 75 | 1930 *T. j.*, Beier in: Zool. Anz., *v.* 91 p. 284.

Cephalothorax etwas länger als breit, nach hinten schwach verengt; Vorderrand in der Mitte schwach vorgezogen, mit kleinem, dreieckigen, ungezähnten Epistom, jederseits von diesem 1 kräftige Borste. 4 Augen, die hinteren etwas schwächer entwickelt als die vorderen. Beborstung der Tergite: 4—4—4—4—4—6—6—6. Palpenhand (Fig. 80) lang, distal gegen die Fingerbasis allmählich, jedoch stark flaschenförmig verengt. Finger kaum länger als die Hand. Fester Palpenfinger mit 20—24, beweglicher mit 7 Zähnen. Coxen II mit 11 an der Spitze geteilten Coxaldornen. — Körper L. 1,5 mm; Palpen: Femur L. 0,67 mm, B. 0,12 mm, Tibia L. 0,26 mm, B. 0,11 mm, Hand L. 0,49 mm, B. 0,16 mm, Finger L. 0,53 mm.

Sundainseln: Sumatra, Java.

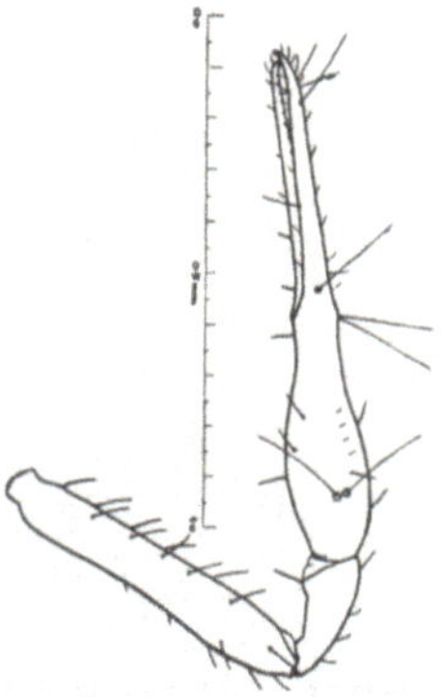

Fig. 80. **Tyrannochthonius johni** (Redikorzev). Rechte Palpe.

7. **T. heterodentatus** Beier 1930 *T. h.*, Beier in: Zool. Anz., *v.* 91 p. 284 f. 1.

Vorderrand des Cephalothorax gerade, in der Mitte mit dreieckigem, einfachen, deutlich vorragenden Epistom, jederseits von diesem mit einer kräftigen Borste. Nur das vordere Augenpaar gut entwickelt, das hintere rudimentär, nur durch einen hellen Fleck angedeutet. Palpenhand (Fig. 81) 1,95mal so lang wie breit. Finger 1,64mal länger als die Hand. Fester Finger mit 16 großen Zähnen, von welchen die 7 distalen lang und spitz, die 9 basalen kurz und stumpf sind; zwischen den großen Zähnen befindet sich je ein kleines, spitzes Zähnchen. Beweglicher Finger distal mit 8 großen, spitzen Zähnen, zwischen diesen mit je einem kleinen, spitzen Zähnchen, basal mit 6 ganz stumpfen, höckerartigen Zähnen. Coxen II mit 9 langen, distal etwas gefransten Coxaldornen. — Körper L. 2,3 mm; Palpen: Femur L. 0,65 mm, B. 0,16 mm, Tibia L. 0,29 mm, B. 0,15 mm, Hand L. 0,39 mm, B. 0,20 mm, Finger L. 0,64 mm.

Südindien: Travancore.

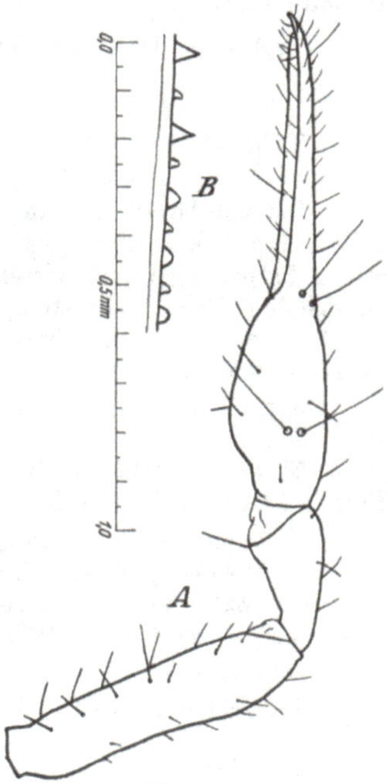

Fig. 81. **Tyrannochthonius heterodentatus** Beier. Rechte Palpe.

8. **T. contractus** (Tullg.) 1907 *Chthonius c.*, Tullgren in: Zool. Stud. tillägn. Tullberg, p. 232 f. 10 | 1912 *C. c.*, Ellingsen in: Ann. S. Afr. Mus., *v.* 10 p. 89.

Cephalothorax nach hinten ziemlich stark verschmälert, mit 18 Borsten, davon 4 am Hinterrand. Epistom dreieckig, spitz, einfach, jederseits an der Basis mit 1 kräftigen Borste. 4 Augen, das hintere schwächer als das vordere. Beborstung der Tergite: ♂ 4-4-4-4-4-4-4-6, ♀ 4-4-4-4-4-4-6-6. Palpenschere (Fig. 82) ziemlich kurz. Fester Finger mit etwa 20 großen, spitzen Zähnen, im distalen Teil zwischen diesen mit je

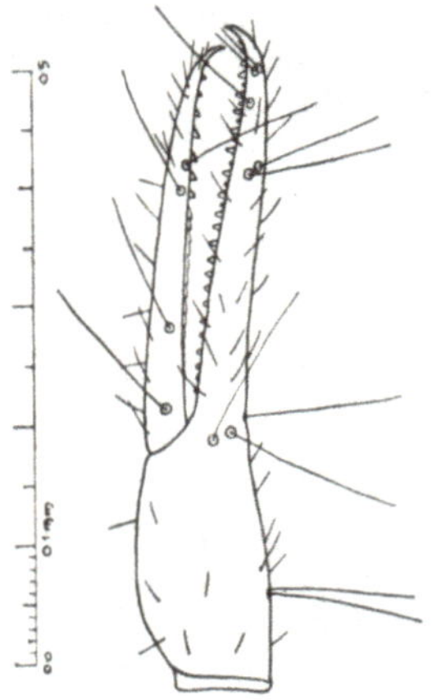

Fig. 82. **Tyrannochthonius contractus** (Tullg.). Palpenschere von außen.

1 kleineren Zahn. Beweglicher Finger im distalen Teil mit 8 großen, etwas nach hinten gekrümmten Zähnen, basal mit einer Reihe undeutlicher Zähnchen. Coxen II mit 7—8 Coxaldornen. — Körper L. 1,1—1,2 mm; Palpen: ♂ Femur L. 0,34 mm, Tibia L. 0,13 mm, Hand L. 0,18 mm, Finger L. 0,31 mm; ♀ Femur L. 0,41 mm, Tibia L. 0,15 mm, Hand L. 0,20 mm, Finger L. 0,34 mm.

Südafrika: Natal, Zululand.

9. **T. sokolovi** (Redikorzev) 1924 *Chthonius s.*, Redikorzev in: Rev. Russe Ent., *v.* 18 p. 195 f. 10, 11, 14.

Der vorigen Art sehr nahe stehend und vielleicht nur als Subspecies von dieser zu werten. Fester Palpenfinger mit 20 großen Zähnen, zwischen diesen je 1 kleinerer Zahn. Beweglicher Finger distal mit 10 deutlichen, basal mit einigen undeutlichen Zähnen; zwischen den distalen Zähnen je ein kleinerer Zahn. — Körper L. 1,0 mm; Palpen: Femur L. 0,35 mm, B. 0,10 mm, Tibia L. 0,16 mm, B. 0,08 mm, Hand L. 0,20 mm, B. 0,10 mm, Finger L. 0,34 mm.

Tropisches Ostafrika: Mabira.

Unsichere Arten:

T. japonicus (Ellingsen) 1907 *Chthonius j.*, Ellingsen in: N. Mag. Naturv., *v.* 45 p. 14 | 1912 *C. j.*, Ellingsen in: N. Mag. Naturv., *v.* 50 p. 128.

Cephalothorax so lang wie breit, mit deutlichem Epistom, jederseits von diesem mit 1 kräftigen Borste. 4 Augen, die hinteren schwächer als die vorderen. Fester Palpenfinger mit spitzen Zähnen in seiner ganzen Länge, der bewegliche nur im distalen Drittel mit stumpfen Zähnen. — Körper L. 1,33 mm; Palpen: Femur L. 0,57 mm, B. 0,13 mm, Tibia L. 0,22 mm, B. 0,13 mm, Hand L. 0,30 mm, B. 0,17 mm, Finger L. 0,53 mm.

Asien: Japan, Formosa.

T. semidentatus (Redikorzev) 1924 *Chthonius s*, Redikorzev in: Rev. Russe Ent., *v.* 18 p. 197 f. 12—14.

Epistom deutlich, vorragend. Augen groß, einander genähert. Palpenfinger fast doppelt so lang wie die Hand. Fester Finger mit 8 kleinen, spitzen, weit getrennt stehenden Zähnchen in den beiden letzten Dritteln. Beweglicher Finger mit 7 kleinen Zähnchen in der distalen Hälfte. — Körper L. 1,0 mm; Palpen: Femur L. 0,37 mm, B. 0,1 mm, Tibia L. 0,2 mm, Hand L. 0,20 mm, Finger L. 0,40 mm.

Tropisches Ostafrika: Molo.

T. wlassicsi (Daday) 1897 *Chthonius W.*, Daday in: Termész. Füzetek, *v.* 20 p. 479 t. 11 f. 1—4, 8, 9 | 1906 *C. W.*, With in: Danske Selsk. Skr., *v.* 7 nr. 3 p. 73.

Cephalothorax nach hinten deutlich verengt. Epistom deutlich, vorragend, jederseits mit 1 kräftigen Borste. 4 Augen. Palpenhand doppelt so lang wie breit. Finger länger als die Hand. Coxen II mit 6—7 Coxaldornen. — Körper L. 1,2—1,5 mm.

Neuguinea: Friedrich-Wilhelms-Hafen.

17. Gen. **Pseudochthonius** Balzan

1891 *P.*, Balzan in: Ann. Soc. ent. France, *v.* 60 p. 546 | 1902 *P.* + *Typhlochthonius*, Ellingsen in: Mém. Soc. zool. France, *v.* 15 p. 162, 164 | 1906 *Pseudochthonius*, With in: Danske Selsk. Skr., *v.* 7 nr. 3 p. 68 | 1926 *P.*, Chamberlin in: Vidensk. Meddel., *v.* 81 p. 338 | 1929 *P.* + *Typlochthonius*, Chamberlin in: Ann. nat. Hist., ser. 10 *v.* 4 p. 69, 76 | 1929 ***Pseudochthonius***, Chamberlin in: Bull. Soc. zool. France, *v.* 54 p. 173.

Typus: *Chthonius (P.) simoni* Balzan (durch Monotypie).

Cephalothorax glatt, der Vorderrand in der Mitte gezähnelt, die Scheibe mit 16—18 Borsten. Die vorderen Augen meist vorhanden, die hinteren immer fehlend. Wenigstens die ersten 4 Tergite mit je 4 Borsten. Cheliceren normal, mit oder ohne Spinnhöcker, die Borste des beweglichen Fingers proximal von der Mitte. Palpenfinger von ungleicher Länge, klaffend. Fester Finger deutlich länger als der schwächer entwickelte bewegliche, s-förmig gebogen, mit ungleich langen, getrennt stehenden Zähnen. Beweglicher Finger mit kleineren, dichter stehenden, nach hinten geneigten Zähnchen, diese mitunter stark reduziert. Coxen I und II mit Coxaldornen, diese klein, mit breiter Basis, distal gefiedert, auf Coxa I in geringerer Anzahl als auf Coxa II. Intercoxaltuberkel fehlend. Tarsus IV mit einem langen Tasthaar nahe der Basis.

Südamerika.

4 sichere, 1 unsichere Art.

Übersicht über die Arten:

1	Mit 2 Augen; beweglicher Palpenfinger mit einer Reihe niedriger, nach hinten gerichteter Zähnchen — 2	
	Augenlos; beweglicher Palpenfinger zahnlos	4. **P. pulchellus**
2	Spinnhöcker vorhanden; Zähne des festen Palpenfingers abwechselnd lang und kurz — 3	
	Spinnhöcker fehlend; Zähne des beweglichen Palpenfingers von annähernd gleicher Länge, nicht abwechselnd lang und kurz	1. **P. homodentatus**
3	Die ersten 6 Tergite mit je 4 Borsten; Coxen I mit 4 oder 5, Coxen II mit 7 oder 8 Coxaldornen	2. **P. simoni**
	Nur die ersten 4 Tergite mit je 4 Borsten; Coxen I mit 2, Coxen II mit 5 Coxaldornen	3. **P. insularis**

1. **P. homodentatus** Chamb. 1929 *P. h.*, Chamberlin in: Bull. Soc. zool. France, *v.* 54 p. 178 f. D, E, F, O, P, Q, S.

Cephalothorax mit 18 Borsten: 6—2, 18. 2 gut entwickelte Augen. Beborstung der Tergite: 4—4—4—4—6—6—6—6. Die mittleren Sternite mit je 8 kleinen Marginalborsten. Spinnhöcker fehlend oder doch kaum angedeutet. Chelicerenstamm mit 2 akzessorischen Borsten. Palpen schlank; Trochanter 1,5 mal, Femur 4,7 mal, Tibia etwa 2 mal so lang wie breit; Hand etwa doppelt so lang wie breit und so lang wie die Tibia; Schere 6,1 mal so lang wie breit. Finger gebogen, der feste 1,1 mal so lang wie der bewegliche und 2,1 mal so lang wie die Hand; beide Finger kürzer als das Femur. Zähne des festen Fingers von annähernd gleicher Länge, nicht abwechselnd lang und kurz. Coxa I mit 2, II mit 5 Coxaldornen. Coxa II mit 2 Marginal- und 1—2 Discalborsten, III mit 2 Marginal- und 5 Discal-, IV mit 2 Marginal- und 6 Discalborsten. Intercoxaltuberkel fehlend. — Körper L. 1,4—1,5 mm.

Südamerika: Venezuela.

2. **P. simoni** (Balzan) 1891 *Chthonius (Pseudochthonius) s.*, Balzan in: Ann. Soc. ent. France, *v.* 60 p. 546 t. 12 f. 35 | 1905 *C. (P.) s.*, Ellingsen in: Zool. Anz., *v.* 29 p. 327 | 1923 *C. s.*, Chamberlin in: Revista Chilena, *v.* 27 p. 186 | 1929 *Pseudochthonius s.*, Chamberlin in: Ann. nat. Hist., ser. 10 *v.* 4 p. 69 | 1929 *P. s.*, Chamberlin in: Canad. Ent., *v.* 61 p. 154 | 1929 *P. s.*, Chamberlin in: Bull. Soc. zool. France, *v.* 54 p. 176.

Cephalothorax deutlich länger als breit, die Scheibe mit 16 Borsten: 4—2, 16. 2 gut entwickelte Augen. Beborstung der Tergite: 4—4—4—4—4—4—6—6. Chelicerenstamm mit 2 akzessorischen Borsten, der bewegliche Finger mit Spinnhöcker. Palpenfemur länger als der Cephalothorax, 4,4—4,5 mal so lang wie breit. Tibia 2,1 mal so lang wie breit. Hand länger als die Tibia, 1,9 mal so lang wie breit. Schere (Fig. 83) 6 mal so lang wie breit. Fester Palpenfinger 1,1 mal so lang wie der bewegliche, länger als das Femur, 2,2 mal so lang wie die Hand. Beweglicher Finger kürzer als das Femur. Zähne des festen Fingers abwechselnd lang und kurz. Coxen I mit 4—5, II mit 7—8 Coxaldornen. Coxen II mit 1 Marginal- und 1 Discalborste, III mit 2 Marginal- und 4 Discal-, IV mit 2 Marginal- und 5 Discalborsten. Intercoxaltuberkel fehlend. — Körper L. 2,2 mm.

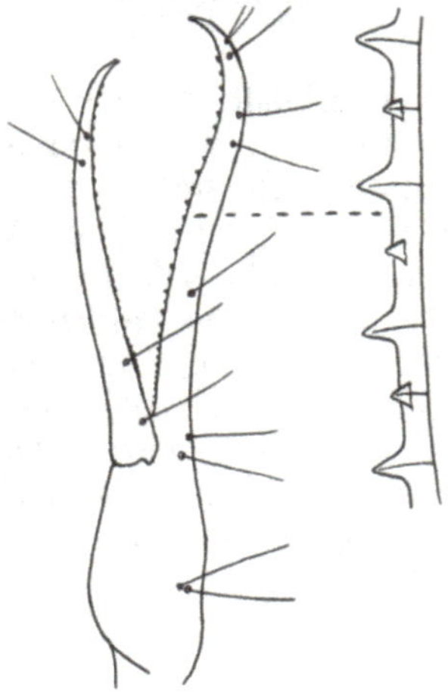

Fig. 83. **Pseudochthonius simoni** (Balzan). Palpenschere und Zähne des festen Fingers. (Nach Chamberlin).

Südamerika: Venezuela, Uruguay (?).

3. **P. insularis** Chamb. 1929 *P. i.*, Chamberlin in: Bull. Soc. zool. France, *v.* 54 p. 178 f. C, G, I, L, M, N, T.

Cephalothorax wie bei der vorigen Art, jedoch mit 18 Borsten: 6—2, 18. Beborstung der Tergite: 4—4—4—4—6—6—6—6. Chelicerenstamm mit 5 akzessorischen Borsten, beweglicher Finger mit Spinnhöcker. Trochanter der Palpen 1,6 mal so lang wie breit. Femur länger als der Cephalothorax, 4,9 mal, Tibia 2,3 mal so lang wie breit. Hand etwa so lang wie die Tibia, doppelt so lang wie breit. Schere 6,4—6,5 mal so lang wie breit. Palpenfinger kürzer als das Femur, aber länger als der Cephalothorax. Fester Finger 2,2 mal so lang wie die Hand und 1,1 mal so lang wie der bewegliche Finger. Coxen I mit 2, II mit 5 Coxaldornen. Coxen II mit 2 Marginal- und 3 Discal-, III mit 2 Marginal- und 5 Discal-, IV mit 2 Marginal- und 6 Discalborsten. Intercoxaltuberkel fehlend. — Körper L. 1,8—1,9 mm.

Antillen: St. Vincent.

4. **P. pulchellus** (Ellingsen) 1902 *Chthonius* (*Typhlochthonius*) *p.*, Ellingsen in: Mém. Soc. zool. France, *v.* 15 p. 164 | 1923 *C. p.*, Chamberlin in: Revista Chilena, *v.* 27 p. 186 | 1929 *Pseudochthonius p.*, Chamberlin in: Bull. Soc. zool. France, *v.* 54 p. 176.

Augenlos. Cephalothorax so lang wie breit. Spinnhöcker vorhanden. Palpenfemur wenigstens 4 mal so lang wie breit. Hand etwas länger als die Tibia. Fester Palpenfinger wenigstens doppelt so lang wie die Hand, s-förmig gebogen, medial mit etwa 20 abwechselnd großen und kleinen Zähnen besetzt. Beweglicher Finger etwas kürzer als der feste, zahnlos. — Körper L. 1,5 mm.

Südamerika: Ekuador, Naranjito.

Unsichere Art:

P. naranjitensis (Ellingsen) 1902 *Chthonius (P.) n.*, Ellingsen in: Mém. Soc. zool. France, *v.* 15 p. 162.

2 Augen. Cephalothorax fast quadratisch. Palpenfemur etwa 4 mal so lang wie breit. Palpenfinger von gleicher Länge, leicht gebogen, gezähnelt. — Körper L. 1,5 mm.

Südamerika: Ekuador, Naranjito.

Unsichere Gattung:

Gen. **Megathis** Steck.

1875 *M.*, Stecker in: SB. Ak. Wien, *v.* 72 p. 519 | 1906 *M.*, With in: Danske Selsk. Skr., *v.* 7 nr. 3 p. 74 | 1926 *M.*, Chamberlin in: Vidensk. Meddel., *v.* 81 p. 337 | 1929 *M.*, Chamberlin in: Ann. nat. Hist., ser. 10 *v.* 4 p. 60.

Typus: *M. kochii* Steck. (durch nachträgliche Bestimmung).

Cephalothorax nach hinten verengt, mit deutlichem Epistom. 2 sehr große Augen. Palpen schlank. Palpenfinger gerade, mit großen, in Abständen stehenden Zähnen bewehrt. Beweglicher Chelicerenfinger mit Spinnhöcker.

Indien.

2 unsichere Arten:

M. kochii Steck. 1875 *M. k.*, Stecker in: SB. Ak. Wien, *v.* 72 p. 521 t. 3 f. 1—6 1906 *M. k.*, With in: Danske Selsk. Skr., *v.* 7 nr. 3 p. 74.

Integument glatt, Haare einfach. Cephalothorax nach hinten verengt. Jederseits ein sehr großes Auge. Beine lang. Palpenfinger länger als die Hand, gerade, mit wenigen großen, voneinander getrennten Zähnen. — Körper L. 3 mm.

Indien.

M. desiderata Steck. 1875 *M. d.*, Stecker in: SB. Ak. Wien, *v.* 72 p. 522 t. 4 f. 1—4 | 1906 *M. d.*, With in: Danske Selsk. Skr., *v.* 7 nr. 3 p. 74.

Der vorigen Art sehr ähnlich, jedoch das Integument granuliert und mit gröberen Körnern bestreut. Borsten keulenförmig. Finger wie bei der vorigen Art aber nur so lang wie der Stamm. — Körper L.?

Indien.

β) Trib. **Pseudotyrannochthoniini** nom. nov.

Cephalothorax nach hinten stark verengt. Palpenhand ohne mediane Tasthaare. Das Tasthaar *ib* an die Basis des festen Fingers gerückt, *isb* meist fehlend. Nur die Coxa I mit Coxaldornen. Intercoxaltuberkel vorhanden oder fehlend.

Südamerika, Asien, Afrika.

3 Gattungen, 6 Arten.

Übersicht über die Gattungen:

1 { Intercoxaltuberkel fehlend — 2
Intercoxaltuberkel vorhanden . . . . 18. Gen. **Centrochthonius**

2 { Coxaldornen durchweg einzeln nahe dem Coxenrand stehend . . . . 19. Gen. **Pseudotyrannochthonius**
Wenigstens einige Coxaldornen zu Gruppen vereinigt und aus gemeinsamer Basis entspringend . . . . 20. Gen. **Afrochthonius**

18. Gen. **Centrochthonius** Beier

1931 *C.*, Beier in: Zool. Anz., *v.* 93 p. 56.

Typus: *Chthonius kozlovi* Redikorzev (durch Monotypie).

Cephalothorax nach hinten stark verengt, der Vorderrand gerade, mit Epistom, die Scheibe mit 20 Borsten. Nur Coxa I mit Coxaldornen, diese aus gemeinsamer Basis entspringend. Intercoxaltuberkel vorhanden, mit 2 Borsten. Palpenhand ohne mediane Tasthaare, das Tasthaar *ib* nahe der Fingerbasis, in gleicher Höhe mit *ist.* Palpenfinger mit getrennt stehenden, spitzen Zähnen.

Zentralasien.

1 Art.

1. **C. kozlovi** (Redikorzev) 1918 *Chthonius k.*, Redikorzev in: Annuaire Mus. St.-Pétersb., *v.* 22 p. 100 f. 9, 10 | 1931 *Centrochthonius k.*, Beier in: Zool. Anz., *v.* 93 p. 56.

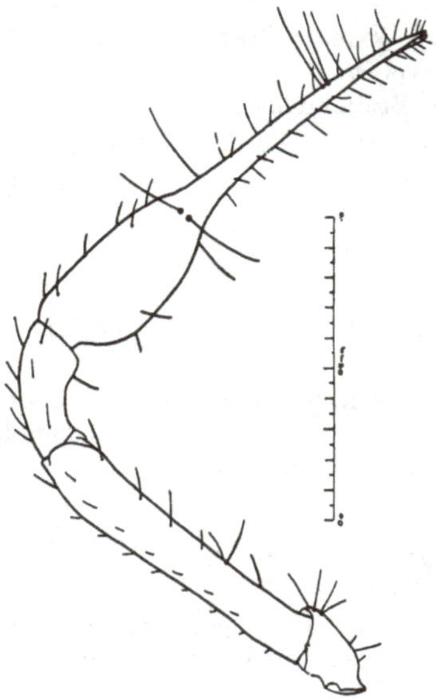

Fig. 84.
Centrochthonius kozlovi (Redikorzev).
Linke Palpe.

Vorderrand des Cephalothorax gerade, mit kurz-dreieckigem, gezähnten, spitzen Epistom. 4 Augen, die vorderen größer, etwa $1^1/_2$ Durchmesser vom Vorderrande und ebensoweit von dem hinteren entfernt. Palpen schlank, jedoch kräftig (Fig. 84). Hand etwa doppelt so lang wie breit, ohne mediane Tasthaare. Das Tasthaar *ib* an der Basis des festen Fingers. Palpenfinger etwa $1^1/_2$ mal so lang wie die Hand, mit weit getrennt stehenden, spitzen Zähnen. Fester Finger mit 22—23 Zähnen, beweglicher mit 17, die kleiner sind als am ersteren. Basis des beweglichen Fingers zahnlos. Coxen I mit 5—6 aus gemeinsamer Basis entspringenden, einfachen Coxaldornen. Intercoxaltuberkel groß, länglich, mit 2 kurzen Borsten. — Körper L. 2,45 mm; Palpen: Femur L. 1,08 mm, B. 0,18 mm, Tibia L. 0,45 mm, B. 0,18 mm, Hand L. 0,63 mm, B. 0,30 mm, Finger L. 1,0 mm.

Zentralasien: Tibet, Dulon-kit.

19. Gen. **Pseudotyrannochthonius** Beier

1930 *P.*, Beier in: Boll. Laborat. Zool. Portici, *v.* 23 p. 207.

Typus: *Chthonius silvestrii* Ellingsen (durch nachträgliche Bestimmung).

Cephalothorax nach hinten stark verengt, der Vorderrand mit kleinem Epistom, die Scheibe mit 20 Borsten. 4 Augen. Spinnhöcker fehlend. Palpenhand ohne mediane Tasthaare. Das Tasthaar *ib* nahe der Fingerbasis, etwas hinter *ist.* Coxa I mit einzel stehenden, gefiederten Coxaldornen. Intercoxaltuberkel fehlend.

Südamerika: Chile.

2 Arten.

Übersicht über die Arten:

1 { Coxa I mit 5—6 Coxaldornen; fester Palpenfinger mit 15 Zähnen, die 7 basalen klein . . . . 1. **P. silvestrii**
Coxa I mit 8 Coxaldornen; fester Palpenfinger mit 20 Zähnen, die basalen klein . . . . 2. **P. octospinosus**

1. **P. silvestrii** (Ellingsen) 1905 *Chthonius S.*, Ellingsen in: Zool. Anz., *v.* 29 p. 327 | 1930 *Pseudotyrannochthonius s.*, Beier in: Boll. Laborat. Zool. Portici, *v.* 23 p. 208 f. 14.

Cephalothorax nach hinten deutlich verengt, mit kleinem Epistom, die Scheibe mit 20 Borsten. 4 nicht besonders große Augen. Spinnhöcker flach. Palpenhand (Fig. 85) ohne mediane Tasthaare. Das Tasthaar *ib* nahe der Fingerbasis, jedoch proximal von *ist.* Fester Palpenfinger mit 15 weit voneinander getrennt stehenden Zähnen, die 7 basalen Zähne klein, stumpf, die

5 medialen sehr lang und spitz. Beweglicher Finger in der distalen Hälfte mit 8 kleineren Zähnen, basal ungezähnt. Coxa I mit 5—6 gefiederten Coxaldornen, diese einzeln nahe dem Coxenrand stehend. — Körper L. 1,3 mm; Palpen: Femur L. 0,62 mm, B. 0,13 mm, Tibia L. 0,24 mm, B. 0,13 mm, Hand L. 0,29 mm, B. 0,19 mm, Finger L. 0,59 mm.

Südamerika: Chile, Santiago.

2. **P. octospinosus** Beier 1930 *P. o.*, Beier in: Boll. Laborat. Zool. Portici, *v.* 23 p. 208 f. 15.

Cephalothorax im basalen Teil hinter der Mitte stark verengt, mit kleinem Epistom, die Scheibe mit 20 Borsten. 4 Augen. Palpenfinger etwa doppelt so lang wie die Hand, mit weit getrennt stehenden Zähnen. Fester Finger mit 20 basal kleiner werdenden Zähnen, beweglicher mit 9 kleineren, etwas nach hinten gekrümmten Zähnchen. Coxa I mit 8 Coxaldornen, diese einzeln stehend, gefiedert. — Körper L. 1,5 mm.

Südamerika: Chile, Temuco.

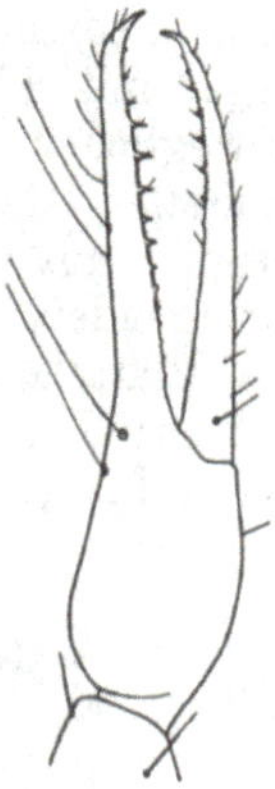

Fig. 85. **Pseudotyrannochthonius silvestrii** (Ellingsen). Palpenschere.

20. Gen. **Afrochthonius** Beier

1930 *A.*, Beier in: Zool. Anz., *v.* 91 p. 286.

Typus: *A. similis* Beier (durch ursprüngliche Bestimmung).

Cephalothorax mit 14—18 Borsten, nach hinten stark verengt. Epistom klein oder fehlend. 4 Augen. Palpenhand ohne mediane Tasthaare, diese an die Basis des festen Fingers gerückt. Fester Palpenfinger mit getrennt stehenden, spitzen Zähnen. Coxen I mit Coxaldornen, von welchen wenigstens einige zu Gruppen vereinigt sind und aus gemeinsamer Basis entspringen. Intercoxaltuberkel fehlend.

Südafrika.

3 Arten.

Übersicht über die Arten:

1	Cephalothorax mit kleinem, aber deutlichem Epistom	— 2
	Epistom fehlend	3. **A. natalensis**
2	Palpenhand schlanker, 1,76 mal so lang wie breit: Finger kürzer, 1,86 mal so lang wie die Hand	1. **A. similis**
	Palpenhand breiter, 1,53 mal so lang wie breit; Finger länger, 2,16 mal so lang wie die Hand	2. **A. godfreyi**

1. **A. similis** Beier 1930 *A. s.*, Beier in: Zool. Anz., *v.* 91 p. 286 f. 2.

Cephalothorax nach hinten sehr stark verengt, das Epistom klein, zweispitzig, fein gezähnt, der Vorderrand neben dem Epistom gezähnelt, die Scheibe mit 18 Borsten. Augen ziemlich klein, das vordere fast um seinen doppelten Durchmesser vom Vorderrande und um den Durchmesser vom hinteren entfernt. Beborstung der Tergite: 4-4-4-4-4(6)-6-6-6. Palpen schlank, aber kräftig (Fig. 86). Hand

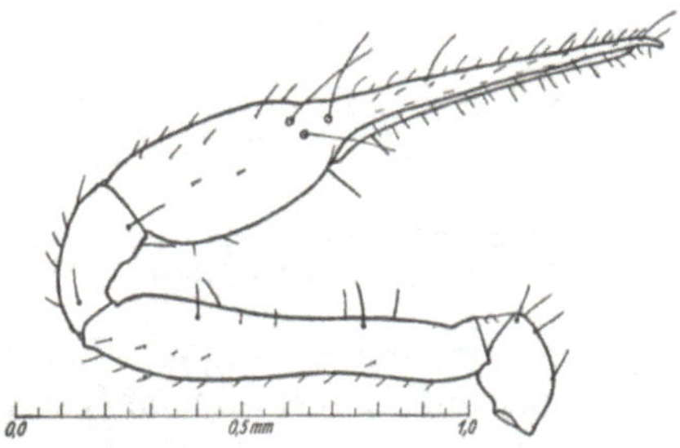

Fig. 86. **Afrochthonius similis** Beier. Linke Palpe.

ohne mediane Tasthaare, diese an die Fingerbasis gerückt. Fester Palpenfinger mit 23—24 getrennt stehenden, basal stumpfen, distal spitzen Zähnen. Beweglicher Finger mit einer basal fast einfachen, distal fein gesägten Lamelle. Coxaldornen auf Coxa I in 3 Gruppen angeordnet: die distale Gruppe aus 6, die beiden basalen aus je 2 aus gemeinsamer Basis entspringenden, nicht oder undeutlich gefiederten, schmalen Blättchen bestehend; die Blättchen der distalen Gruppe am längsten. — Körper L. 2,0 mm; Palpen: Femur L. 0,88 mm, B. 0,17 mm, Tibia L. 0,30 mm, B. 0,17 mm, Hand L. 0,44 mm, B. 0,25 mm, Finger L. 0,82 mm.

Südwestafrika: Windhuk.

2. **A. godfreyi** (Ellingsen) 1912 *Chthonius g.*, Ellingsen in: Ann. S. Afr. Mus., *v.* 10 p. 120.

Cephalothorax mit rundlichem Epistom, der Vorderrand jederseits desselben gezähnelt. 4 Augen, das vordere etwa um den doppelten Durchmesser vom Vorderrande und um seinen Durchmesser vom hinteren entfernt. Spinnhöcker vorhanden. Palpenhand 1,53mal so lang wie breit. Finger gut doppelt so lang wie die Hand, der feste s-förmig gebogen, länger als der bewegliche, 2,16mal so lang wie die Hand. Fester Finger mit langen, schmalen und spitzen, in weiten Abständen voneinander stehenden Zähnen, die basal und apical kleiner werden. Beweglicher Finger fast zahnlos, mit fein gesägter Lamelle. Sonst weitgehend mit der vorigen Art übereinstimmend. — Körper L. 2,3 mm; Palpen: Femur L. 0,93 mm, B. 0,18 mm, Tibia L. 0,28 mm, B. 0,18 mm, Hand L. 0,43 mm, B. 0,28 mm, Finger L. 0,93 mm.

Südafrika: Kap Provinz, King William's Town Div.

3. **A. natalensis** Beier 1931 *A. n.*, Beier in: Zool. Anz., *v.* 93 p. 56.

Cephalothorax nach hinten verengt, ohne Epistom, der Vorderrand jedoch in der Mitte flach vorgewölbt und fein gezähnelt; die Scheibe mit 14 Borsten.

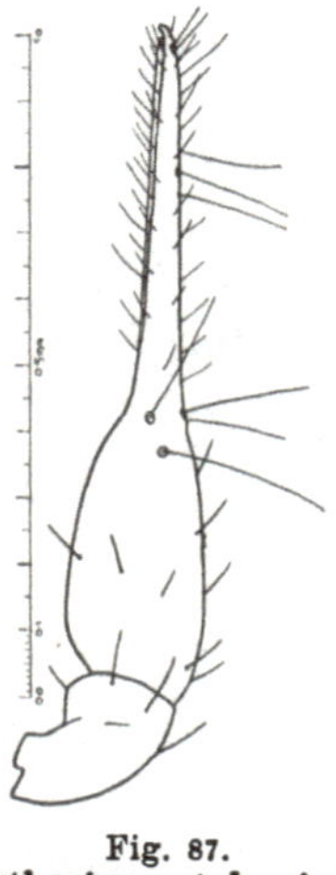

Fig. 87.
Afrochthonius natalensis Beier.
Rechte Palpenschere, dorsal.

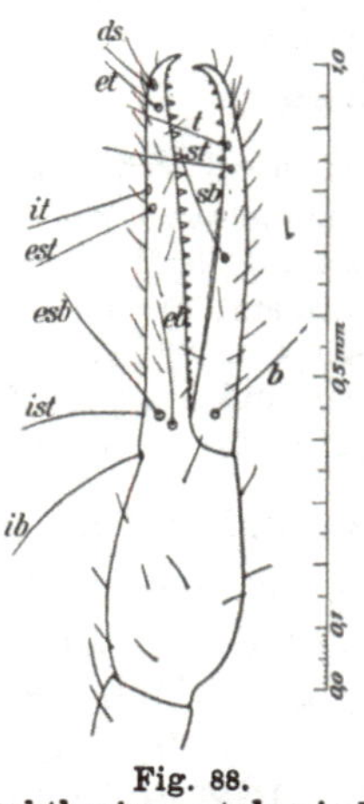

Fig. 88.
Afrochthonius natalensis Beier.
Palpenschere von außen.

4 große, vorragende Augen. Beborstung der Tergite: 4–4–4–4–6–6–6–6. Cheliceren mit kleinem Spinnhöcker. Palpenhand (Fig. 87, 88) ohne mediane Tasthaare. Das Tasthaar *ib* an die Basis des festen Fingers gerückt. Fester Palpenfinger mit 24 getrennt stehenden Zähnen, die distal lang und spitz,

basal kleiner und stumpfer sind. Beweglicher Finger distal mit 9 spitzen, getrennt stehenden Zähnen, dann bis zur Basis mit schwach gesägter Lamelle. Coxa I mit 8 Coxaldornen, von welchen die distalen in 2 Gruppen zu je 3 und 2 vereinigt sind und aus gemeinsamer Basis entspringen, die 3 proximalen jedoch einzeln und hintereinander nahe dem Medialrand stehen. Sämtliche Coxaldornen gefiedert. Intercoxaltuberkel fehlend. — Körper L. 1,7 mm; Palpen: Femur L. 0,62 mm, Tibia L. 0,24 mm, Hand L. 0,35 mm, Finger L. 0,55 mm.

Südafrika: Natal, Van Reenen.

γ) Trib. **Lechytiini** Chamb.

1929 *L.*, Chamberlin in: Ann. nat. Hist., ser. 10 *v.* 4 p. 76.

Cephalothorax nach hinten kaum verengt. Palpenhand mit 4 Tasthaaren, von welchen 2 — *ib* und *isb* — nebeneinander nahe der Basis und 2 — *eb* und *esb* — hintereinander nahe der Mitte stehen. Coxaldornen und Intercoxaltuberkel fehlen. Palpenfinger mit dicht stehenden Zähnen oder mehr oder weniger einfacher Lamelle. Sehr kleine Formen.

Nord- und Südamerika, Südafrika. (In Asien wahrscheinlich noch aufzufinden.)

1 Gattung mit 3 Arten.

21. Gen. **Lechytia** Balzan

1891 *L*, Balzan in: Ann. Soc. ent. France, *v.* 60 p. 499 | 1926 *L.*, Chamberlin in: Vidensk. Meddel., *v.* 81 p. 337 | 1929 *L.*, Chamberlin in: Ann. nat. Hist., ser. 10 *v.* 4 p. 77.

Typus: *Roncus chthoniiformis* Balzan (durch Monotypie).

Cephalothorax nach hinten nur wenig verengt, ohne Epistom, die Scheibe mit 18 Borsten: 6—2, 18. Nur die vorderen Augen vorhanden und auch diese schwach entwickelt, die hinteren vollständig verschwunden. Flagellumborsten einfach, in einer Reihe stehend. Palpenhand mit 4 Tasthaaren. Palpenfinger mit dicht stehenden Zähnen oder mehr oder weniger einfacher Lamelle. Coxaldornen und Intercoxaltuberkel fehlen.

Nord- und Südamerika, Afrika.

3 Arten.

Übersicht über die Arten:

1	Palpenfinger mit einfacher oder nur distal fein gesägter Lamelle; die 3 ersten Tergite mit 6 Borsten	2
	Palpenfinger mit kleinen, dicht stehenden Zähnchen; die 3 ersten Tergite mit 4 Borsten	1. **L. pacifica**
2	Lamelle der Palpenfinger ganz distal fein gesägt; die laterale Borste der ersten 3 Tergite kleiner als die medialen	2. **L. chthoniiformis**
	Lamelle der Palpenfinger vollständig einfach; die Borsten der ersten 3 Tergite von gleicher Länge	3. **L. natalensis**

1. **L. pacifica** (Banks) 1893 *Roncus pacificus*, N. Banks in: Canad. Ent., *v.* 25 p. 66 | 1895 *Lechytia pacifica*, N. Banks in: J. N. York ent. Soc., *v.* 3 p. 13 | 1926 *L. p.*, Chamberlin in: Vidensk. Meddel., *v.* 81 p. 337 | 1929 *L. p.*, Chamberlin in: Ann. nat. Hist., ser. 10 *v.* 4 p. 77 f. 1 G, 3 C, F.

Cephalothorax mit 18 Borsten, ohne Epistom. Jederseits ein schwach entwickeltes Auge. Beborstung der Tergite: 4—4—4—6—6—6—6. Palpen ziemlich kurz. Das Femur nur wenig länger als der Cephalothorax. Palpenfinger mit kleinen, aber deutlichen, dicht sitzenden Zähnen. Die Tasthaare *sb* und *st* des beweglichen Fingers wenigstens um ihren Areolardurchmesser voneinander entfernt. Coxaldornen und Intercoxaltuberkel fehlend. — Körper L. 1,6 mm.

Nordamerika: Washington, Kalifornien.

2. **L. chthoniiformis** (Balzan) 1890 *Roncus c.*, Balzan in: Ann. Mus. Genova, ser. 2 *v.* 9 p. 445 t. 17 f. 24 | 1891 *Lechytia c.*, Balzan in: Ann. Soc. ent. France, *v.* 60 p. 549 | 1929 *L. c.*, Chamberlin in: Ann. nat. Hist., ser. 10 *v.* 4 p. 77.

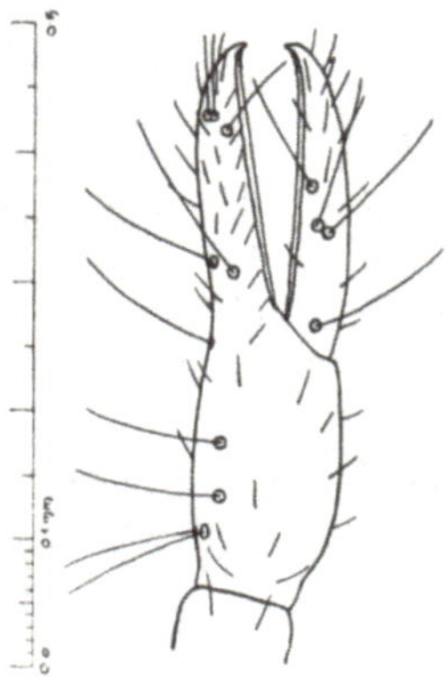

Fig. 89.
Lechytia chthoniiformis (Balzan). Palpenschere von außen.

Cephalothorax ohne Epistom, aber der Vorderrand in der Mitte leicht vorgewölbt und fein gezähnelt, die Scheibe mit 18 Borsten: 6—2, 18. Nur die beiden vorderen Augen vorhanden und auch diese schwach entwickelt. Beborstung der Tergite: 6—6—6—6—6—6—6, die laterale Borste der ersten 3 Tergite jedoch kürzer als die medialen. Cheliceren mit Spinnhöcker. Palpenhand (Fig. 89) mit 4 Tasthaaren. Palpenfinger mit einfacher, nur ganz distal fein gesägter Lamelle. Die Tasthaare *sb* und *st* des beweglichen Fingers berühren einander. Coxaldornen und Intercoxaltuberkel fehlen. — Körper L. 1,1—1,3 mm; Palpen: Femur L. 0,30 mm, Tibia L. 0,17 mm, Hand L. 0,12 mm, B. 0,12 mm, Finger L. 0,245 mm.

Südamerika, Paraguay, Argentinien.

3. **L. natalensis** (Tullg.) 1907 *Chthonius n.*, Tullgren in: Zool. Stud. tillägn. Tullberg, p. 231 f. 9 | 1912 *C. n.*, Ellingsen in: Ann. S. Afr. Mus., *v.* 10 p. 89.

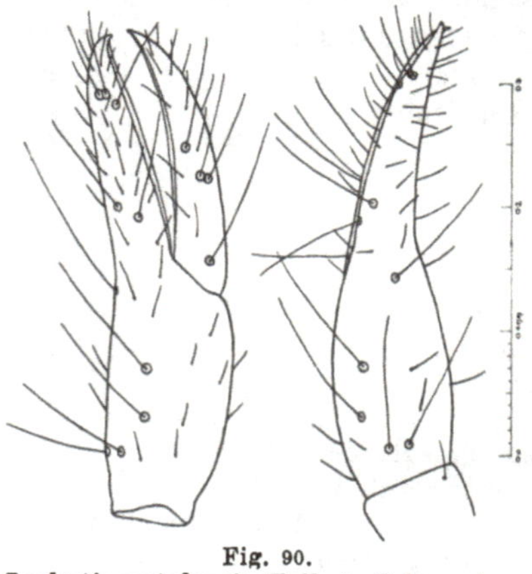

Fig. 90.
Lechytia natalensis (Tullg.). Palpenschere von außen und von oben.

Cephalothorax in der Mitte des Vorderrandes gezähnelt, aber ohne Epistom, die Scheibe mit 18 Borsten. 2 undeutliche Augen. Beborstung der Tergite: 6—6—6—6—6—6—6. Palpenhand (Fig. 90) mit 4 Tasthaaren. Palpenfinger mit vollkommen einfacher, ungezähnter Lamelle. Die Tasthaare *sb* und *st* des beweglichen Fingers berühren einander. Coxaldornen und Intercoxaltuberkel fehlen. — Körper L. 0,92 mm; Palpen: Femur L. 0,27 mm, Tibia L. 0,13 mm, Hand L. 0,185 mm, B. 0,10 mm, Finger L. 0,225 mm.

Südafrika: Natal. Tropisches Ostafrika: Mabira.

B. Subord. **Neobisiinea** nom. nov.

1875 *Obisiinae* (part.), Stecker in: SB. Böhm. Ges., *v.* 6 p. 160 | 1879 *Obisiidae* (part.), H. A. Hagen in: Zool. Anz., *v.* 2 p. 400 | 1879 *Obisiinae* (part.), E. Simon, Arach. France, *v.* 7 p. 50 | 1882 *Obisiidae* (part.), Tömösvary in: Math. termész. Közlem., *v.* 18 p. 213 | 1888 *O.* (part.), Daday in: Termész. Füzetek, *v.* 11 p. 167 | 1890 *O.* (part.), Balzan in: Ann. Mus. Genova, ser. 2 *v.* 9 p. 443 | 1891 *Emictenodactyli* (part.) + *Pancteno-*

dactyli (part.), Balzan in: Ann. Soc. ent. France, *v.* 60 p. 509 | 1894 *E.* (part.), H. J. Hansen in: Ent. Meddel., *v.* 4 p. 231 | 1895 *Obisiidae* (part.), N. Banks in: J. N. York ent. Soc., *v.* 3 p. 2 | 1906 *Hemictenodactyli* (part.) + *Panctenodactyli* (part.), With in: Danske Selsk. Skr., *v.* 7 nr. 3 p. 63, 88 | 1911 *H.* (part.), Lessert in: Cat. Invert. Suisse, *v.* 5 p. 26 | 1928 *H.* (part.), Schenkel in: Tierw. Deutschl., *v.* 8 fasc. 3 p. 62 | 1928 *H.* (part.), Beier in: Ann. Wien. Mus., *v.* 42 p. 285 | 1929 *H.* (part.) + *Panctenodactyli* (part.), Kästner in: Tierw. Mitteleur., *v.* 3 p. IV 3 | 1929 *P.* (part.), Beier in: Ann. Wien. Mus., *v.* 43 p. 341 | 1929 *Homosphyronida* (part.) + *Diplosphyronida*, Chamberlin in: Ann. nat. Hist., ser. 10 *v.* 4 p. 56, 78 | 1930 *D.*, Chamberlin in: Ann. nat. Hist., ser. 10 *v.* 5 p. 6.

Mittelgroße bis große Formen von etwa 1,5—5 mm Körperlänge und meist ziemlich stark pigmentiertem Integument. Cephalothorax mit parallelen Seiten oder nach vorn mehr oder weniger konisch verengt, der Vorderrand breiter oder schmäler abgestutzt, mitunter in der Mitte ausgerandet, aber nie vollkommen gerundet. Epistom vorhanden oder fehlend. Meist mit 4 Augen, doch kommen auch blinde Höhlenformen vor. Cheliceren meist groß und kräftig, mit oder ohne Galea; die Serrula wenigstens distal frei. Palpentibia nicht becherförmig, in einen Stiel und eine mehr oder weniger ovale Keule gegliedert. Handrücken nur ausnahmsweise mit Tasthaaren. Coxen der Laufbeine ohne besondere Differenzierungen. Tarsen zweigliedrig, selten (Feaellidae) eingliedrig, dann aber der Cephalothorax mit 4 deutlichen, gut entwickelten Augen und meist mit höcker- oder hornartigen Auswüchsen. Klauen schlank, einfach. Haupttracheenstämme nicht verlängert, kurz. Sekundäre Geschlechtsmerkmale nicht deutlich ausgeprägt.

Lebensweise verborgen unter Steinen oder Moos, selten auch auf Pflanzen. Gewisse Arten ausschließlich hochalpin oder an der Meeresküste unter Tangen oder in Höhlen.

Über alle Faunengebiete verbreitet.

3 Superfamilien, 7 Familien.

Übersicht über die Superfamilien:

1 { Tarsen der Laufbeine 2gliedrig — 2
Tarsen der Laufbeine 1gliedrig (Cephalothorax mit 4 Augen) . . . . 3. Superfam. **Feaellides**

2 { Beweglicher Chelicerenfinger am Medialrande deutlich gezähnelt, ohne Subapicallobus oder -zahn; Lamellen der Serrula interior durchweg bis zur Basis getrennt, nicht miteinander verschmolzen; Vorderrand des Cephalothorax breit abgestutzt, meist mit Epistom; Subterminalborste des 2. Tarsengliedes meist geteilt, gezähnelt oder anders modifiziert, selten einfach . . . . 1. Superfam. **Neobisiides**
Beweglicher Chelicerenfinger am Medialrande nicht gezähnelt, aber mit einfachem, stumpfen, selten sekundär 2teiligen Subapicallobus oder -zahn; Lamellen der Serrula interior wenigstens im proximalen Teil der Serrula basal miteinander verschmolzen, eine einheitliche Membran bildend; Vorderrand des Cephalothorax meist schmal abgestutzt, oft ausgerandet, ohne deutliches Epistom; Subterminalborste des 2. Tarsengliedes einfach, spitz 2. Superfam. **Garypides**

1. Superfam. **Neobisiides** nom. nov.

1875 *Obisiinae* (part.), Stecker in: SB. Böhm. Ges., *v.* 6 p. 160 | 1879 *Obisiidae* (part.), H. A. Hagen in: Zool. Anz., *v.* 2 p. 400 | 1879 *Obisiinae* (part.), E. Simon, Arach. France, *v.* 7 p. 50 | 1882 *Obisiidae* (part.), Tömösvary in: Math. termész. Közlem., *v.* 18

p. 213 | 1888 *O.* (part.), Daday in: Termész. Füzetek, *v.* 11 p. 167 | 1891 *O.* (part.) + *Pseudobisiidae*, Balzan in: Ann. Soc. ent. France, *v.* 60 p. 504 | 1906 *O.*, With in: Danske Selsk. Skr., *v.* 7 nr. 3 p. 74 | 1930 *Neobisioidea*, Chamberlin in: Ann. nat. Hist., ser. 10 *v.* 5 p. 9 | 1931 *N.*, Chamberlin in: Stanford Univ. Publ., *v.* 7 p. 215.

Cephalothorax annähernd parallelseitig, nach vorn nicht konisch verengt; der Vorderrand breit abgestutzt, meist mit deutlichem Epistom; meist 4, selten 2 Augen oder augenlos (Höhlenformen). Tergite ungeteilt, glatt, mit je einer Borstenreihe. Cheliceren groß, etwa halb so lang wie der Cephalothorax oder länger. Beweglicher Chelicerenfinger am Medialrande deutlich gezähnelt, ohne Subapicallobus oder -zahn; Lamellen der Serrula interior durchweg bis zur Basis geteilt, auch proximal nicht verschmolzen. Palpen glatt oder teilweise fein granuliert, mit langen, einfachen Borsten. Wenigstens der feste Palpenfinger mit Giftdrüse. Tarsen der Laufbeine zweigliedrig. Subterminalborste meist gegabelt, gezähnt oder anders modifiziert, seltener einfach.

In allen Faunengebieten vertreten, jedoch vorwiegend in der nördlichen gemäßigten Zone verbreitet.

3 Familien.

Übersicht über die Familien:

1	Nur der feste Palpenfinger mit Giftapparat; der bewegliche Finger vor dem Endzahn mit einer scheiden- oder rinnenartigen Vertiefung zur Aufnahme der Endklaue (Giftzahn) des festen Fingers — **2**	
	Beide Palpenfinger mit Giftapparat; eine scheiden- oder rinnenartige Vertiefung zur Aufnahme der Endklaue nur selten an einem der beiden Finger entwickelt	III. Fam. **Ideoroncidae**
2	Die Trennungslinie zwischen Trochantin und Femur (Patella) des 4. Beinpaares steht senkrecht zur Längsachse des Gliedes; Pleuralmembran des Abdomen granuliert	I. Fam. **Neobisiidae**
	Die Trennungslinie zwischen Trochantin und Femur (Patella) des 4. Beinpaares steht schräg zur Längsachse des Gliedes; Pleuralmembran des Abdomen fein längs gestreift	II. Fam. **Syarinidae**

I. Fam. **Neobisiidae** Chamb.

1875 *Obisiinae* (part.), Stecker in: SB. Böhm. Ges., *v.* 6 p. 160 | 1879 *Obisiidae* (part.), H. A. Hagen in: Zool. Anz., *v.* 2 p. 400 | 1879 *Obisiinae* (part.), E. Simon, Arach. France, *v.* 7 p. 50 | 1882 *Obisiidae* (part.), Tömösvary in: Math. termész. Közlem., *v.* 18 p. 213 | 1888 *O.* (part.), Daday in: Termész. Füzetek, *v.* 11 p. 167 | 1890 *O.* (part.), Balzan in: Ann. Mus. Genova, ser. 2 *v.* 9 p. 443 | 1891 *O.* (part.) + *Microcreagrinae*, Balzan in: Ann. Soc. ent. France, *v.* 60 p. 505 | 1894 *O.*, H. J. Hansen in: Ent. Meddel., *v.* 4 p. 231 | 1895 *O.* (part.), N. Banks in: J. N. York ent. Soc., *v.* 3 p. 2 | 1906 *O.*, With in: Danske Selsk. Skr., *v.* 7 nr. 3 p. 74 | 1911 *O.*, Lessert in: Cat. Invert. Suisse, *v.* 5 p. 27 | 1928 *O.*, Schenkel in: Tierw. Deutschl., *v.* 8 fasc. 3 p. 63 | 1928 *O.*, Beier in: Ann. Wien. Mus., *v.* 42 p. 288 | 1929 *O.*, Kästner in: Tierw. Mitteleur., *v.* 3 p. IV 9 | 1930 *Neobisiidae*, Chamberlin in: Ann. nat. Hist., ser. 10 *v.* 5 p. 9 | 1931 *N.*, Chamberlin in: Stanford Univ. Publ., *v.* 7 p. 215.

Cephalothorax parallelseitig, vorn breit abgestutzt, meist mit Epistom. Tergite ungeteilt, glatt, mit je einer Borstenreihe. Cheliceren groß, kräftig, die halbe Länge des Cephalothorax erreichend oder überragend, mit oder ohne Galea. Lamellen der Serrula interior durchweg bis zur Basis getrennt, auch proximal nicht miteinander verschmolzen. Palpen glatt oder teilweise granuliert, mit langen einfachen Borsten. Hand ohne eine Gruppe von Tasthaaren dorsal. Nur der feste Palpenfinger mit Giftapparat; der bewegliche Finger vor dem Endzahn mit scheiden- oder rinnenartiger Vertiefung zur Aufnahme der Endklaue (Giftzahn) des festen Fingers. Die Trennungslinie zwischen Trochantin und Femur (Patella) des 4. Beinpaares steht senkrecht zur Längsachse des Gliedes. Pleuralmembran des Abdomen granuliert.

In allen Faunengebieten vertreten, doch vorwiegend in der nördlichen gemäßigten Zone verbreitet.

2 Subfamilien.

Übersicht über die Subfamilien:

1	Galea fehlend; der bewegliche Chelicerenfinger höchstens mit einem mehr oder weniger deutlichen, runden oder zahnförmigen Spinnhöcker	a) Subfam. **Neobisiinae**
	Galea vorhanden, aus einem oder mehreren durchsichtigen, einfachen oder verzweigten Fortsätzen bestehend	b) Subfam. **Ideobisiinae**

a) Subfam. **Neobisiinae** Chamb.

1875 *Obisiinae* (part.), Stecker in: SB. Böhm. Ges., *v.* 6 p. 160 | 1879 *O.* (part.), E. Simon, Arach. France, *v.* 7 p. 50 | 1888 *O.*, Daday in: Termész. Füzetek, *v.* 11 p. 127, 183 | 1891 *O.*, Balzan in: Ann. Soc. ent. France, *v.* 60 p. 505 | 1894 *O.*, H. J. Hansen in: Ent. Meddel., *v.* 4 p. 232 | 1906 *O.*, With in: Danske Selsk. Skr., *v.* 7 nr. 3 p. 75 | 1911 *O.*, Lessert in: Cat. Invert. Suisse, *v.* 5 p. 27 | 1928 *O.*, Beier in: Ann. Wien. Mus., *v.* 42 p. 288 | 1930 *Neobisiinae*, Chamberlin in: Ann. nat. Hist., ser. 10 *v.* 5 p. 9.

Mit den Charakteren der Familie. Beweglicher Chelicerenfinger ohne Galea, jedoch mitunter mit einem mehr oder weniger deutlichen, runden oder zahnförmigen Spinnhöcker. Palpen glatt oder teilweise granuliert, mit langen, einfachen Borsten. Fester Palpenfinger mit 6—8, beweglicher mit 3—4 Tasthaaren.

Paläarktische und nearktische Region.

5 Genera, 109 sichere, 9 unsichere Arten.

Übersicht über die Genera:

1	Palpenfinger mit normaler Anzahl von Tasthaaren, der feste mit 8, der bewegliche mit 4 — **2**	
	Palpenfinger mit reduzierter Anzahl von Tasthaaren, der feste mit 6-7, der bewegliche mit 3 — **4**	
2	Apicallappen der Maxillen mit 4-5 Borsten; die Tasthaare *eb* und *esb* nahe beisammenstehend, *ib* distal von *eb* und *esb* zwischen *esb* und *isb* stehend — **3**	
	Apicallappen der Maxillen mit 2 Borsten; die Tasthaare *eb* und *esb* weit voneinander getrennt stehend, *ib* proximal von *eb* auf dem distalen Teil des Handrückens	3. Gen. **Pseudoblothrus**
3	Mit 4 Augen oder augenlos; in letzterem Falle die Palpentibia ohne ovale oder rundliche, vom Stiel scharf abgesetzte Keule; die Tasthaare *ist* und *isb* nicht in der Mitte zwischen der basalen und distalen Tasthaargruppe gelegen	1. Gen. **Neobisium**
	Mit 2 Augen oder augenlos; in letzterem Falle die Palpentibia mit ovaler oder rundlicher, vom drehrunden Stiel scharf abgesetzter Keule; die Tasthaare *ist* und *isb* in der Mitte zwischen der basalen und distalen Tasthaargruppe gelegen und diese so verbindend	2. Gen. **Roncus**

4 Fester Palpenfinger mit 7 Tasthaaren (*isb* fehlt), beweglicher mit 3 (*sb* fehlt); Apicallappen der Maxille mit 3 Borsten . . . . 4. Gen. **Microbisium**
Fester Palpenfinger mit 6 Tasthaaren (*isb* und *ib* fehlen), beweglicher mit 3 (*sb* fehlt) . . . . . 5. Gen. **Afrobisium**

1. Gen. **Neobisium** Chamb.

1817 *Obisium* (non *O.*, Illiger 1798), Leach, Zool. Misc., *v.* 3 p. 51 | 1843 *O.*, C. L. Koch in: C. W. Hahn & C. L. Koch, Arach., *v.* 10 p. 61 | 1855 *O.*, Menge in: Schr. Ges. Danzig, *v.* 5 fasc. 2 nr. 3 p. 26 | 1873 *O.*, L. Koch, Übers. Darst. Eur. Chernet., p. 52 | 1879 *O.* (part.), E. Simon, Arach. France, *v.* 7 p. 51 | 1882 *O.*, Tömösvary in: Math. termész. Közlem., *v.* 18 p. 219 | 1888 *O.* (part.), Daday in: Termész. Füzetek, *v.* 11 p. 127, 183 | 1896 *O.* (part.), L. Becker in: Ann. Mus. Belgique, *v.* 12 pars 3 p. 332 | 1897 *O.*, Ellingsen in: Forh. Selsk. Christian., nr. 5 p. 16 | 1906 *O.*, With in: Danske Selsk. Skr., *v.* 7 nr. 3 p. 76 | 1910 *O.* (part.), Ellingsen in: Mt. Mus. Berlin, *v.* 4 p. 395 | 1911 *O.*, Kew in: P. Irish. Ac., *v.* 29 nr. 2 p. 54 | 1911 *O.* (part.), Lessert in: Cat. Invert. Suisse, *v.* 5 p. 27 | 1917 *O.*, Nonidez in: Trab. Mus. Madrid, nr. 32 p. 32 | 1925 *O.* (part.), Navas in: Broteria, *v.* 22 p. 115 | 1928 *O.*, Schenkel in: Tierw. Deutschl., *v.* 8 fasc. 3 p. 63 | 1928 *O.*, Beier in: Ann. Wien. Mus., *v.* 42 p. 288 | 1929 *O.*, Kästner in: Tierw. Mitteleur., *v.* 3 p. IV 10 | 1929 *O.*, Beier in: Zool. Anz., *v.* 80 p. 215 | 1930 *Neobisium*, Chamberlin in: Ann. nat. Hist., ser. 10 *v.* 5 p. 11.

Typus: *Obisium muscorum* Leach (durch nachträgliche Bestimmung).

Cephalothorax mit Epistom oder dieses rudimentär. 4 Augen oder augenlos (Höhlenformen). In letzterem Falle die Palpentibia nicht mit tulpenförmiger Keule und das Femur nicht oder nur undeutlich granuliert. Fester Palpenfinger mit 8, beweglicher mit 4 Tasthaaren. Die Tasthaare *isb* und *ist* nicht in der Mitte zwischen der basalen und distalen Gruppe von Tasthaaren gelegen, sondern ersteres deutlich an *eb*, *esb* und *ib*, letzteres an *est*, *et* und *it* angeschlossen, so daß der mittlere Teil des Fingers keine Tasthaare trägt. Maxillenende mit 4—5 Borsten. Medialeck der Coxen I mitunter zahnförmig vorgezogen.

Paläarktische und nearktische Region: Europa, Nordafrika, Asien, östliches Nordamerika.

3 Subgenera, 77 sichere, 6 unsichere Arten.

Übersicht über die Arten:

1 4 Augen; Extremitäten nicht oder nur wenig verlängert — **2**
Keine Augen; Extremitäten stark verlängert; pigmentarme Höhlenformen (Subgen. *Blothrus*) — **48**

2 Das Tasthaar *ist* im basalen Teil des festen Fingers gelegen, mit *eb*, *esb*, *ib* und *isb* eine ausgesprochene Gruppe von 5 Tasthaaren bildend; Palpenfemur nicht länger als der Cephalothorax (Subgen. *Parobisium*) — **3**
Das Tasthaar *ist* distal oder nahe der Mitte des festen Fingers gelegen; keine ausgesprochene Gruppe von 5 Tasthaaren nahe der Fingerbasis (Subgen. *Neobisium*) — **6**

3 Palpenfinger etwa so lang wie die Hand; beweglicher Finger höchstens mit 70 Zähnen — **4**
Palpenfinger deutlich länger als die Hand; beweglicher Finger wenigstens mit 85 Zähnen — **5**

4 Hinterrand des Cephalothorax mit 10 Borsten; Tergite mit 16—18 Borsten; Körper 4,5—5 mm . 1. **N. (P.) magnum**
Hinterrand des Cephalothorax mit 8 Borsten; Tergite mit 10—12 Borsten; Körper 2,5 mm . . . 2. **N. (P.) flexifemoratum**

5	Palpenfemur glatt oder undeutlich granuliert, 3,8 mal so lang wie breit; Chelicerenstamm mit 6 Borsten	3. **N. (P.) imperfectum**
	Palpenfemur medial kräftig granuliert, 4,3 mal so lang wie breit; Chelicerenstamm mit 8 Borsten	4. **N. (P.) hesperum**
6	Zähne des festen Palpenfingers dicht stehend — **7**	
	Zähne des festen Palpenfingers wenigstens im distalen Teil um Zahnesbreite voneinander entfernt stehend, je ein langer mit einem kurzen Zahn alternierend	19. **N. (N.) fuscimanum**
7	Im distalen Teil des festen Palpenfingers stehen zwischen 2 längeren Zähnen 2–5, meistens 3 kürzere — **8**	
	Bezahnung anders; die Zähne des festen Palpenfingers von gleicher Länge oder in seinem distalen Teil wechselt je ein längerer Zahn mit einem kürzeren ab — **14**	
8	Epistom fehlend oder rudimentär — **9**	
	Epistom gut ausgebildet, spitz, deutlich vorragend — **12**	
9	Palpentibia höchstens 2,5 mal so lang wie breit; der Gelenkausschnitt reicht bis oder fast bis zur Mitte des Medialrandes der Keule — **10**	
	Palpentibia gut 3 mal so lang wie breit; der Gelenkausschnitt erreicht wenig mehr als 1/3 des Medialrandes der Keule	22. **N. (N.) carcinoides**
10	Körper zarter; Medialeck der Coxen I stumpfwinkelig, nicht zahnförmig vorgezogen — **11**	
	Körper robuster; Medialeck der Coxen I in der Anlage stumpfwinkelig, jedoch in ein kleines Zähnchen vorgezogen	21. **N. (N.) germanicum**
11	Körperlänge 2,5–3 mm	20 a) **N. (N.) muscorum muscorum**
	Körperlänge 1,7–1,8 mm	20 b) **N. (N.) muscorum minimum**
12	Palpencoxen 1,5 mal so lang wie breit; Medialeck der Coxen I mit kurzem, stumpfen Zähnchen — **13**	
	Palpencoxen doppelt so lang wie breit; Medialeck der Coxen I mit langem, dünnen Zähnchen, welches fast so lang ist wie der Außendorn	25. **N. (N.) troglodytes**
13	Palpen gedrungener; Femur 4 mal so lang wie breit	23. **N. (N.) jugorum**
	Palpen schlanker; Femur 5 mal so lang wie breit	24. **N. (N.) longipalpe**
14	Palpenfinger von gleicher Länge — **15**	
	Palpenfinger ungleich lang, der bewegliche länger als der feste	9. **N. (N.) inaequalum**
15	Tibia mit gedrungener, vom Stiel scharf abgesetzter, tulpenförmiger Keule, an welcher der Gelenkausschnitt nur 1/5—1/4 nach hinten reicht; Palpenfemur bis zum distalen Drittel an Dicke zunehmend; Finger kurz und dick, die Zähne von gleicher Länge — **16**	
	Tibia mit schlanker, nicht tulpenförmiger Keule oder der Gelenkausschnitt fast bis zur Mitte des Medialrandes der Keule reichend; Femur meist mit deutlichem Stielchen und weiterhin bis zur Spitze annähernd gleich breit — **19**	
16	Palpenfemur ohne Stielchen, von der Basis bis zur Spitze allmählich verdickt — **17**	
	Palpenfemur mit deutlich abgesetztem Stielchen — **18**	

17	Finger nicht oder kaum länger als die Hand; Coxen I mit schmalem, spitzen Lateraldorn	5. **N. (N.) sylvaticum**
	Finger deutlich länger als die Hand; Coxen I mit breitem, spitzen Lateraldorn	6. **N. (N.) hellenum**
18	Cephalothorax so lang wie breit; beweglicher Chelicerenfinger ohne Spinnhöcker; Körpergröße geringer	7. **N. (N.) cephalonicum**
	Cephalothorax breiter als lang; beweglicher Chelicerenfinger mit Spinnhöcker; Körpergröße bedeutender	8. **N. (N.) peloponnesiacum**
19	Palpenhand schmal, doppelt so lang wie breit, die Tibia höchstens 3,1 mal so lang wie breit, meist aber breiter — **20**	
	Palpenhand breiter, nicht doppelt so lang wie breit oder die Tibia sehr schlank, wenigstens 3,5 mal so lang wie breit — **22**	
20	Cephalothorax so breit oder breiter als lang — **21**	
	Cephalothorax länger als breit; Medialeck der Coxen I ohne Zahn; Finger so lang wie die Hand . . .	10. **N. (N.) validum**
21	Palpenfinger etwas länger als die Hand mit Stiel; Cephalothorax breiter als lang	11. **N. (N.) algericum**
	Palpenfinger höchstens so lang wie die Hand mit Stiel; Cephalothorax quadratisch; Medialeck der Coxen I mit breitem Zahn	12. **N. (N.) maritimum**
22	Tibia nicht 3 mal so lang wie breit (2,2—2,7 mal); der Gelenkausschnitt wenigstens $^1/_3$ des Medialrandes der Keule erreichend — **23**	
	Tibia wenigstens 3 mal so lang wie breit; der Gelenkausschnitt meist nur $^1/_4$ des Medialrandes der Keule erreichend — **41**	
23	Palpenfemur wenigstens teilweise fein, aber deutlich granuliert — **24**	
	Palpenfemur nicht granuliert, aber mitunter mit einigen gröberen Höckerchen — **27**	
24	Palpenfemur basal und medial granuliert; Augen groß — **25**	
	Palpenfemur distal und oben granuliert, basal glatt; Augen klein	16. **N. (N.) myops**
25	Der Gelenkausschnitt der Tibia erreicht nur $^1/_3$ des Medialrandes der Keule; Femur hinten basal ohne gröbere Höckerchen — **26**	
	Der Gelenkausschnitt der Tibia erreicht fast die Mitte des Medialrandes der Keule; Femur hinten basal mit einigen gröberen Höckerchen	17. **N. (N.) simoni**
26	Körper robuster, 3—3,5 mm; Femur 3,6—3,9 mal so lang wie breit; Schere 3—3,5 mal so lang wie breit	18a) **N. (N.) carolinense carolinense**
	Körper zarter, 2,5—3 mm; Femur 3,9—4,4 mal so lang wie breit; Schere 3,5—3,9 mal so lang wie breit .	18b) **N. (N.) carolinense tenue**
27	Der Gelenkausschnitt der Tibia reicht bis oder fast bis zur Mitte des Medialrandes der Keule, jedenfalls über das erste Drittel hinaus — **28**	
	Der Gelenkausschnitt der Tibia erreicht nur $^1/_3$ des Medialrandes der Keule	26. **N. (N.) dolicodactylum**

28	Femoralstielchen nicht deutlich abgesetzt, das Femur bis zum distalen Drittel an Breite zunehmend — **29**	
	Femoralstielchen deutlich schulterartig abgesetzt, das Femur dann kaum mehr an Breite zunehmend — **31**	
29	Tibia 2,5 mal so lang wie breit, medial schwächer konvex — **30**	
	Tibia 2,2 mal so lang wie breit, medial stärker konvex	15. **N. (N.) incertum**
30	Tarsus 2 am Bein IV viel länger als Tarsus 1 . . .	13. **N. (N.) simile**
	Tarsus 2 am Bein IV kaum länger als Tarsus I . .	14. **N. (N.) carpenteri**
31	Kleinere Arten; Femur höchstens 1,1 mm, Körper höchstens 3,5 mm — **32**	
	Größere Arten; Femur wenigstens 1,5 mm, Körper 4 mm — **39**	
32	Palpenfemur schlanker, länger als der Cephalothorax und wenigstens 3,5mal so lang wie breit — **33**	
	Palpenfemur kurz und gedrungen, so lang wie der Cephalothorax und nur 3mal so lang wie breit	27. **N. (N.) crassifemoratum**
33	Tibia 2,1—2,2 mal so lang wie breit — **34**	
	Tibia wenigstens 2,5 mal so lang wie breit — **37**	
34	Tibia weniger stark blasenförmig aufgetrieben, hinter dem Gelenkausschnitt sofort verengt — **35**	
	Tibia stärker blasenförmig aufgetrieben, hinter dem Gelenkausschnitt nicht sogleich verengt	28. **N. (N.) reitteri**
35	Medialeck der Coxen I zahnförmig vorgezogen — **36**	
	Medialeck der Coxen I nicht zahnförmig vorgezogen, stumpfwinkelig	30. **N. (N.) maroccanum**
36	Finger etwa 1/3 länger als die Hand	29a) **N. (N.) doderoi doderoi**
	Finger etwa 1/4 länger als die Hand	29b) **N. (N.) doderoi brevidigitatum**
37	Femur breiter, 4mal so lang wie breit; Zähne des festen Fingers kleiner — **38**	
	Femur schlanker, fast 4,5 mal so lang wie breit; Zähne des festen Fingers sehr groß, etwas nach hinten gerichtet	32. **N. (N.) moreoticum**
38	Hand dunkelolivgrün, dunkler als die übrigen Glieder der Palpen	31a) **N. (N.) erythrodactylum erythrodactylum**
	Hand nicht dunkler als die übrigen Glieder der Palpen	31b) **N. (N.) erythrodactylum mediterraneum**
39	Finger etwas länger als das Femur; Palpen hell rötlichbraun oder bräunlichgelb; Zähne des festen Fingers distal abwechselnd länger und kürzer — **40**	
	Finger nicht ganz so lang wie das Femur; Palpen intensiv rotbraun; Zähne des festen Fingers durchweg gleich lang	33. **N. (N.) caucasicum**
40	Etwas kleiner; Femur 1,7 mm; Femur und Tibia blaß bräunlichgelb, Hand und Finger rötlichbraun	34. **N. (N.) macrodactylum**
	Etwas größer; Femur 2 mm; die ganzen Palpen hellrötlichbraun, die Hand leicht orangefarben	35. **N. (N.) montenegrense**
41	Integument reichlich pigmentiert — **42**	
	Pigmentarme Höhlenformen (Augen jedoch vorhanden) — **47**	

42 Palpentibia 3 mal so lang wie breit — **43**
Palpentibia 4 mal so lang wie breit — **46**

43 Epistom klein, kaum vorragend oder breit und stumpf; Palpenfemur höchstens 1,7 mm — **44**
Epistom lang, schmal, spitz, deutlich vorragend; Palpenfemur 2 mm; Beborstung der Tergite: 6—8—8—10—10 . . . . 36. **N. (N.) praecipuum**

44 Größere Arten; Femur 1,6—1,7 mm; Körper robuster — **45**
Kleinere Art; Femur 1,2 mm; Körper graziler . . 39. **N. (N.) corcyraeum**

45 Finger deutlich länger als das Femur; Hand mit Stiel doppelt so lang wie breit; Beborstung der Tergite nicht wie unten . . . . 37. **N. (N.) distinctum**
Finger so lang wie das Femur; Hand mit Stiel nicht ganz doppelt so lang wie breit; Beborstung der Tergite: 8—8—8—10—10 . . . . 38. **N. (N.) trentinum**

46 Hand breiter, mit Stiel doppelt so lang wie breit; Femur 5,5 mal so lang wie breit . . . . 40. **N. (N.) blothroides**
Hand schmal, mit Stiel 3 mal so lang wie breit; Femur 6,5 mal so lang wie breit . . . . 41. **N. (N.) nivale**

47 Augen von normaler Größe; Hand fast parallelseitig, mit Stiel gut 2,5 mal so lang wie breit . . . . 43. **N. (N.) speluncarium**
Augen sehr klein; Hand medial stärker konvex, mit Stiel 2,3 mal so lang wie breit . . . . 42. **N. (N.) cavernarum**

48 Palpenfinger länger als das Femur — **49**
Palpenfinger kürzer oder höchstens so lang wie das Femur — **63**

49 Beweglicher Chelicerenfinger mit großem, lappen- oder zahnförmigen, etwas nach vorn gerichteten Spinnhöcker — **50**
Beweglicher Chelicerenfinger ohne deutlichen Spinnhöcker oder dieser ist flach, gerundet, nicht nach vorn gerichtet — **55**

50 Hinterrand des Cephalothorax mit 6 Borsten; Hand mit Stiel 2 mal so lang wie breit; Tibia höchstens 4 mal so lang wie breit — **51**
Hinterrand des Cephalothorax mit 4 Borsten; Hand mit Stiel 2,5 mal so lang wie breit oder länger; Tibia mehr als 4 mal so lang wie breit — **52**

51 Tibia höchstens 3,5 mal so lang wie breit; Schere nicht 5 mal so lang wie breit . . . . 44. **N. (B.) primitivum**
Tibia 4 mal so lang wie breit; Schere gut 5 mal so lang wie breit . . . . 45. **N. (B.) primaevum**

52 Tibia höchstens 5 mal so lang wie breit — **53**
Tibia wenigstens 6 mal so lang wie breit — **54**

53 Trochanter hinten mit deutlichem Höckerchen; Tibia nur wenig länger als die Hand mit Stiel; Fingerbasis glatt . . . . 46. **N. (B.) boneti**
Trochanter hinten ohne Höckerchen; Tibia bedeutend länger als die Hand mit Stiel; Fingerbasis fein, aber deutlich punktiert . . . . 52. **N. (B.) boldorii**

54 Das Tasthaar *ist* fast in gleicher Höhe mit *est* stehend; Tibia gegen das Ende allmählich und gleichmäßig verbreitert . . . . 47. **N. (B.) abeillei**
Das Tasthaar *ist* deutlich proximal von *est* stehend; Tibia erst nahe dem Ende stärker verbreitert . 48. **N. (B.) navaricum**

55 Tibia höchstens 4,5 mal so lang wie breit — **56**
Tibia wenigstens 5 mal so lang wie breit — **58**

56	Chelicerenstamm mit normaler Borstenzahl (6); Medialeck der Coxen I abgerundet oder winkelig, nicht stark zahnförmig vorragend — **57**	
	Chelicerenstamm mit reduzierter Borstenzahl (5), indem die Borste *B* fehlt; Medialeck der Coxen I stark zahnförmig vorragend	50. **N. (B.) odysseum**
57	Hand mit Stiel 2 mal so lang wie breit, medial stärker konvex; Tibia 4,1 mal so lang wie breit	49. **N. (B.) creticum**
	Hand mit Stiel 2,5 mal so lang wie breit, medial schwächer konvex; Tibia 4,8 mal so lang wie breit	51. **N. (B.) reimoseri**
58	Femur vollkommen glatt — **59**	
	Femur wenigstens medial fein, aber deutlich punktiert — **61**	
59	Größere Arten; Femur wenigstens 2,3 mm; Schere fast 7 mal so lang wie breit; Medialeck der Coxen I schwach zahnförmig vorragend — **60**	
	Kleine Art; Femur nicht ganz 2 mm; Schere 6 mal so lang wie breit; Medialeck der Coxen I stark zahnförmig vorragend	53. **N. (B.) brevipes**
60	Epistom deutlich vorragend, stumpf zahnförmig . .	54. **N. (B.) roeweri**
	Epistom sehr klein, kaum vorragend, vollkommen abgerundet	55. **N. (B.) torrei**
61	Femur nur medial sehr fein punktiert — **62**	
	Femur ringsum fein, aber sehr deutlich punktiert .	56. **N. (B.) subterraneum**
62	Finger nur 1/3 länger als die Hand	57. **N. (B.) peyerimhoffi**
	Finger fast doppelt so lang wie die Hand	58. **N. (B.) ellingseni**
63	Zähne der Palpenfinger klein, durchweg dicht stehend, nicht spitz — **64**	
	Zähne der Palpenfinger größer, im distalen Teil der Finger deutlich getrennt stehend, spitz — **78**	
64	Hand oval, in der Mitte oder proximal von dieser die größte Breite erreichend — **65**	
	Hand mehr oder weniger konisch, von der Basis an allmählich verbreitert, erst distal der Mitte die größte Breite erreichend — **74**	
65	Epistom und Spinnhöcker stets vorhanden, letzterer mitunter sehr flach und schwer sichtbar — **66**	
	Epistom und Spinnhöcker fehlen	59. **N. (B.) bureschi**
66	Palpentibia höchstens 4,5 mal so lang wie breit — **67**	
	Palpentibia wenigstens 5,3 mal so lang wie breit — **69**	
67	Medialeck der Coxen I rechtwinkelig, abgerundet oder leicht winkelig vorgezogen, nicht zahnförmig — **68**	
	Medialeck der Coxen I mit kräftigem, langen Zahn	60. **N. (B.) minutum**
68	Femur medial deutlich punktiert; Medialeck der Coxen I in der Anlage stumpfwinkelig, breit abgerundet	61. **N. (B.) bulgaricum**
	Femur glatt; Medialeck der Coxen I in der Anlage rechtwinkelig, abgerundet	63. **N. (B.) hiberum**
69	Hand 2,2—2,3 mal so lang wie breit, stärker oval — **70**	
	Hand wenigstens 3 mal so lang wie breit, schwächer oval — **71**	
70	Femur 8,5 mal so lang wie breit	62. **N. (B.) karamani**
	Femur 7,2 mal so lang wie breit	64. **N. (B.) robustum**
71	Schere höchstens 6,8 mal so lang wie breit — **72**	
	Schere wenigstens 7,8 mal so lang wie breit — **73**	

72 Hand aus dem Stielchen ziemlich plötzlich in das Oval übergehend; Vorderrand des Cephalothorax gerade . . . 65. **N. (B.) escalerai**
Hand aus dem Stielchen allmählich in das Oval übergehend; Vorderrand des Cephalothorax in der Mitte vorgezogen . . . . 68. **N. (B.) nonidezi**

73 Beweglicher Chelicerenfinger mit großem, einfachen Mittelzahn; Schere 7,8 mal so lang wie breit; Medialeck der Coxen I vorgezogen, schmal abgerundet . . . . 66. **N. (B.) bolivari**
Beweglicher Chelicerenfinger median mit kräftigeren Zähnchen, aber ohne ausgesprochenen Mittelzahn; Schere 8,5 mal so lang wie breit; Medialeck der Coxen I in der Anlage rechtwinkelig, schmal abgerundet, nicht vorgezogen . . . . 67. **N. (B.) tenuipalpe**

74 Hand nicht parallelseitig, höchstens 4,3 mal so lang wie breit — **75**
Hand auffallend lang und schmal, fast parallelseitig, 5,2 mal so lang wie breit . . . . 73. **N. (B.) jeanneli**

75 Palpenfinger ungefähr so lang wie das Femur — **76**
Palpenfinger deutlich kürzer als das Femur — **77**

76 Hand breiter, mit Stiel 3,7 mal so lang wie breit; Epistom klein, 3eckig, spitz . . . . 69. **N. (B.) hypogeum**
Hand schmäler, mit Stiel 4 mal so lang wie breit; Epistom kurz, breit, stumpf . . . . 70. **N. (B.) cantabricum**

77 Palpen kürzer; Femur 8,5, Tibia 6,6 mal so lang wie breit . . . . 71. **N. (B.) vasconicum**
Palpen länger; Femur 10, Tibia 7,5 mal so lang wie breit . . . . 72. **N. (B.) breuili**

78 Finger deutlich kürzer als das Femur — **79**
Finger so lang wie das Femur . . . . 74. **N. (B.) minoum**

79 Medialeck der Coxen I stumpfwinkelig, abgerundet, ohne Zähnchen — **80**
Medialeck der Coxen I mit deutlichem, spitzen, stark vorragenden Zähnchen . . . . 75. **N. (B.) meuseli**

80 Schere 8,5—8,6 mal so lang wie breit; Hand 3,8 mal so lang wie breit, die Seiten schwach, aber deutlich konvex . . . . 76. **N. (B.) stygium**
Schere 10—10,2 mal so lang wie breit; Hand 4,3 bis 4,5 mal so lang wie breit, schmal, die Seiten nahezu parallel . . . . 77. **N. (B.) spelaeum**

a) Subgen. **Parobisium** Chamb.

1930 *P.*, Chamberlin in: Ann. nat. Hist., ser. 10 *v.* 5 p. 17.

Das Tasthaar *ist* im basalen Teile des festen Fingers gelegen, mit *eb*, *esb*, *ib* und *isb* eine Gruppe von 5 Tasthaaren bildend. Das Tasthaar *est* nahe der Mitte des Fingers, von *isb* und *et* ungefähr gleich weit entfernt. Palpenfemur nicht länger als der Cephalothorax.

Japan, westliches Nordamerika.

1. **N. (P.) magnum** Chamb. 1930 *N. (P.) m.*, Chamberlin in: Ann. nat. Hist., ser. 10 *v.* 5 p. 18.

Cephalothorax fast quadratisch, mit stumpfem Epistom. 4 große Augen, das vordere um seinen Durchmesser vom Vorderrand und $^1/_3$ seines Durchmessers vom hinteren entfernt. Scheibe mit 26 Borsten: 4—10, 26. Tergite mit 16—18, Sternite mit 16—20 Borsten. Chelicerenstamm mit 7 Borsten, beweglicher Finger mit schwachem Spinnhöcker. Palpen robust, größtenteils glatt und glänzend. Trochanter 1,8—1,9mal so lang wie breit. Femur 3,2mal so lang wie breit, vom Grunde an bis zum Ende allmählich verbreitert, medial fein granuliert. Tibia deutlich gestielt, 2,1mal so lang wie breit. Schere 2,5mal so lang wie breit. Finger ungefähr so lang wie die Hand, der feste mit 60, der bewegliche mit 68—70 Zähnen. — Körper L. ♀ 5,0 mm.

Japan: Kyushu, Moghi.

2. **N. (P.) flexifemoratum** Chamb. 1930 *N. (P.) f.*, Chamberlin in: Ann. nat. Hist., ser. 10 *v.* 5 p. 18.

Cephalothorax fast quadratisch, Epistom undeutlich. Augen klein, reduziert, bisweilen undeutlich. Scheibe mit 26 Borsten: 4—8, 26. Tergite und Sternite mit 10—12 Borsten. Chelicerenstamm mit 7 Borsten, beweglicher Finger mit niedrigem, aber deutlichem Spinnhöcker. Palpen robust, glatt, nur die Medialseite des Femur fein und gleichmäßig granuliert. Trochanter 1,9mal so lang wie breit. Femur 2,6—2,7mal so lang wie breit, basal am breitesten. Tibia deutlich gestielt, 2mal so lang wie breit. Schere 2,7mal so lang wie breit. Finger ungefähr so lang wie die Hand, der feste mit 49—50, der bewegliche mit 54—56 Zähnen. — Körper L. 2,5 mm.

Japan.

3. **N. (P.) imperfectum** Chamb. 1930 *N. (P.) i.*, Chamberlin in: Ann. nat. Hist., ser. 10 *v.* 5 p. 19.

Cephalothorax viel länger als breit, der Vorderrand etwas vorgezogen, mit kleinem Epistom. Augen schwach entwickelt, das vordere fast 2 Durchmesser vom Vorderrande und etwa $^1/_2$ Durchmesser vom hinteren entfernt. Scheibe mit 26 Borsten: 4—8, 26. Tergite mit 11 oder 12, Sternite mit 14 oder 15 Borsten. Chelicerenstamm mit 6 Borsten, der bewegliche Finger mit länglichem Spinnhöcker. Palpen schlank, durchweg glatt. Trochanter 2—2,1 mal so lang wie breit. Femur keulenförmig, schwach gestielt, 3,8mal so lang wie breit. Tibia schwach gestielt, 2,5mal so lang wie breit. Schere 3,4mal so lang wie breit. Finger 1,2mal so lang wie die Hand, der feste mit 76, der bewegliche mit 86 Zähnen. — Körper L. 3,5 mm.

Japan.

4. **N. (P.) hesperum** Chamb. 1930 *N. (P.) h.*, Chamberlin in: Ann. nat. Hist., ser. 10 *v.* 5 p. 19.

Cephalothorax länger als breit, ohne Epistom. Nur die beiden vorderen Augen deutlich, fast 2 Durchmesser vom Vorderrande entfernt. Scheibe mit 24 Borsten: 4—6, 24. Tergite mit etwa 12, Sternite mit 18 Borsten. Chelicerenstamm mit 8 Borsten, beweglicher Finger mit kleinem Spinnhöcker. Palpen schlank. Trochanter mit einigen Granula, hinten gerade, 2,7mal so lang wie breit. Femur 4,3mal so lang wie breit, keulenförmig, distal am breitesten, stark und gleichmäßig granuliert. Tibia 3,1mal so lang wie breit, glatt, dünn gestielt, beiderseits gleichmäßig konvex. Schere 3,2mal so lang wie breit. Finger länger als die Hand, beide mit etwa 86—88 Zähnen. — Körper L. 5,0 mm.

Westliches Nordamerika: Oregon, Cannon Beach, nahe der Gezeitenlinie.

b) Subgen. **Neobisium** Chamb.

1930 *N.*, Chamberlin in: Ann. nat. Hist., ser. 10 *v.* 5 p. 15.

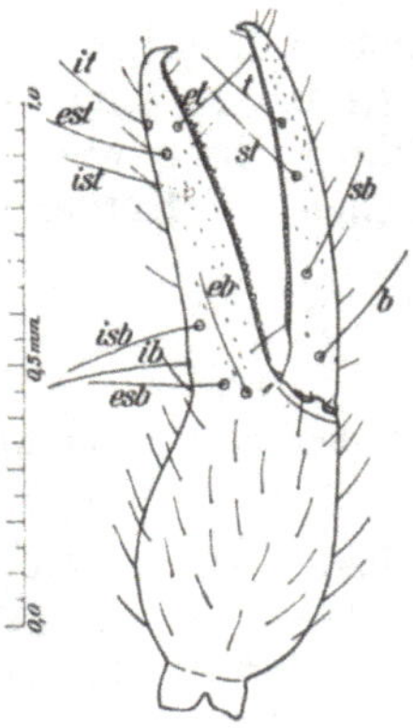

Fig. 91.
Neobisium muscorum (Leach). Palpenhand von außen.

Die Tasthaare des festen Palpenfingers in 2 Gruppen zu je 4 geordnet (Fig. 91), indem *eb, esb, ib* und *isb* eine basale, *ist, est, et* und *it* eine distale Gruppe bilden. 4 Augen.

Europa, Nordafrika, westliches Asien, östliches Nordamerika.

5. **N. (N.) sylvaticum** (C. L. Koch) ? 1832 *Obisium Walckenaeri*, Théis in: Ann. Sci. nat., ser. 1 *v.* 27 p. 68 t. 2 f. 2 | 1835 *O. sylvaticum*, C. L. Koch, *C. M. A.*, fasc. 2 t. 1 | 1843 *O. s.*, C. L. Koch in: C. W. Hahn & C. L. Koch, Arach., *v.* 10 p. 61 t. 343 f. 794, 795 | 1843 *O. dubium*, C. L. Koch in: C. W. Hahn & C. L. Koch, Arach., *v.* 10 p. 75 t. 346 f. 805 | 1873 *O. sylvaticum*, L. Koch, Übers. Darst. Eur. Chernet., p. 59 | 1874 *O. s.*, Stecker in: SB. Böhm. Ges., p. 239 | 1879 *O. carcinoides*, E. Simon, Arach. France, *v.* 7 p. 56 t. 19 f. 8 | 1882 *O. sylvaticum*, Tömösvary in: Math. termész. Közlem., *v.* 18 p. 222 t. 3 f. 11 | 1888 *O. carcinoides*, Daday in: Termész. Füzetek, *v.* 11 p. 131, 187 | 1892 *O. sylvaticum*, O. P. Cambridge in: P. Dorset Club, *v.* 13 p. 214 t. B f. 7 | 1900 *O. carcinoides*, Tullgren in: Ent. Tidskr., *v.* 21 p. 160 | 1901 *O. sylvaticum*, Nosek in: Věstnik Klubu přir. Prostěj, *v.* 4 p. 72 | 1902 *O. s.*, Richters in: Ber. Senckenb. Ges., p. 16 | 1905 *O. s.*, Ellingsen in: Boll. Mus. Torino, *v.* 20 nr. 503 p. 2 | 1907 *O. carcinoides*, Tullgren in: Jahrb. Ver. Nassau, *v.* 60 p. 246 | 1910 *O. sylvaticum*, Ellingsen in: Mt. Mus. Berlin, *v.* 4 p. 401 | 1911 *O. s.*, Lessert in: Cat. Invert. Suisse, *v.* 5 p. 31 f. 24 | 1917 *O. s.*, Nonidez in: Trab. Mus. Madrid, nr. 32 p. 39 | 1923 *O. carcinoides*, Caporiacco in: Boll. Soc. ent. Ital., *v.* 55 p. 132 | 1928 *O. sylvaticum*, Schenkel in: Tierw. Deutschl., *v.* 8 fasc. 3 p. 65 f. 21 | 1928 *O. silvaticum*, Beier in: Ann. Wien. Mus., *v.* 42 p. 303 | 1928 *O. carcinoides*, Redikorzev in: Mt. Inst. Sofia, *v.* 1 p. 124 | 1929 *O. sylvaticum*, Kästner in: Tierw. Mitteleur., *v.* 3 p. IV 12 f. 48, 49 | 1929 *O. silvaticum*, Beier in: Zool. Anz., *v.* 80 p. 219 f. 4 | 1930 *O. sylvaticum*, Beier in: Zool. Anz., *v.* 91 p. 288.

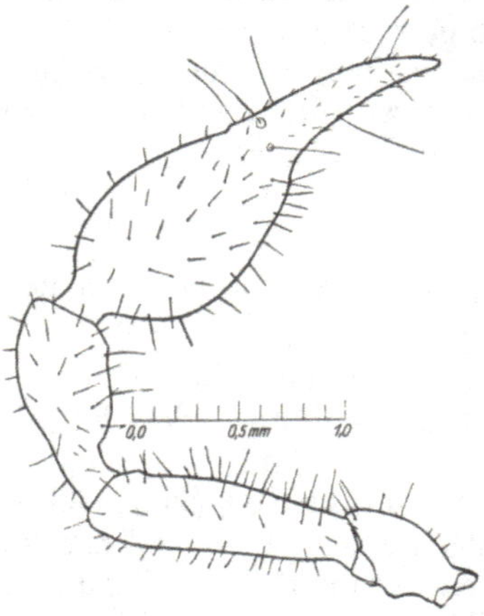

Fig. 92.
Neobisium sylvaticum (C. L. Koch). Linke Palpe.

Farbe intensiv, dunkelrotbraun. Cephalothorax kaum länger als breit, mit ziemlich langem, vorragenden Epistom. Spinnhöcker meist vorhanden, bisweilen undeutlich. Palpen (Fig. 92) sehr robust, glatt. Trochanter etwa doppelt so lang wie breit. Femur ohne deutlich abgesetztes Stielchen, von der Basis gegen das Ende allmählich keulenförmig verdickt. Tibia mit gedrungener, tulpenförmiger, vom Stiel scharf abgesetzter Keule, höchstens 2,5 mal so lang wie breit; der Gelenkausschnitt nur $^1/_4$ des Medialrandes der Keule erreichend. Schere etwa 3 mal so lang wie breit. Hand dick, auch dorsal konvex. Finger kurz, plump, nicht oder nur sehr wenig länger als die Hand. Zähne des festen Fingers dicht stehend, breit, nicht scharf zugespitzt, durchweg von gleicher Länge. Coxen des 1. Beinpaares am Medialeck mit deutlichem Zahn. Lateraldorn schmal. — Körper L. 3,2—4,5 mm; Palpen: Trochanter L. 0,68 mm,

B. 0,32 mm, Femur L. 1,25 mm, B. 0,34 mm, Tibia L. 1,0 mm, B. 0,43 mm, Hand L. 1,15 mm, B. 0,70 mm, Finger L. 1,08 mm.

Europa mit Ausnahme der südlichsten Teile. — In Moos, an feuchten und dunklen Örtlichkeiten, jedoch auch auf Kräutern und Strauchwerk.

6. **N. (N.) hellenum** (E. Sim.) 1885 *Obisium h.*, E. Simon in: Ann. Soc. ent. France, ser. 6 *v.* 4 p. 349 | 1910 *O. h.*, Ellingsen in: Mt. Mus. Berlin, *v.* 4 p. 400 | 1928 *O. h.*, Redikorzev in: Mt. Inst. Sofia, *v.* 1 p. 124 f. 2.

Der vorigen Art sehr ähnlich, die Coxen I jedoch mit breitem Lateraldorn, während dieser bei *sylvaticum* schmal ist. Cephalothorax kaum länger als breit. Palpen kräftig. Femur gegen die Basis deutlich verjüngt. Gelenkausschnitt der Tibia nur $^1/_5$ des Medialrandes erreichend. Hand kaum kürzer und wenigstens $^1/_3$ breiter als die Tibia, glänzend, sehr fein lederartig gerunzelt. Finger etwas länger als die Hand. — Körper L. 3,7 mm.

Südeuropa: Griechenland, Naxos, Athen; Bulgarien (?).

7. **N. (N.) cephalonicum** (Daday) 1888 *Obisium c.*, Daday in: Termész. Füzetek, *v.* 11 p. 130, 186 t. 4 f. 22 | 1909 *O. c.*, Ellingsen in: Ann. Mus. Genova, ser. 3 *v.* 4 p. 216 | 1928 *O. c.*, Beier in: Ann. Wien. Mus., *v.* 42 p. 304 f. 7 A | 1929 *O. c.*, Beier in: SB. Ak. Wien, *v.* 138 p. 451.

Cephalothorax quadratisch, mit kurzem, spitzen Epistom. Das vordere Auge etwas kleiner als das hintere, je einen Durchmesser vom Vorderrande und vom hinteren entfernt. Beweglicher Chelicerenfinger ohne Spinnhöcker. Palpen (Fig. 93) hellrötlichbraun, sehr denjenigen der Gattung *Roncus* ähnlich. Trochanter nicht ganz doppelt so lang wie breit. Femur im basalen Drittel zum ziemlich langen Stiel deutlich verengt, in den beiden distalen Dritteln annähernd gleich breit bleibend, nicht ganz 4 mal so lang wie breit. Tibia mit gedrungener, vorn und hinten gleichmäßig konvexer, vom Stiel scharf abgesetzter Keule; der Gelenkausschnitt kurz, nur $^1/_4$ nach hinten reichend. Schere 3 mal so lang wie breit. Finger kaum länger als die Hand mit Stiel. Zähne dicht stehend, klein, am festen Finger etwas mehr zugespitzt als am beweglichen. Medialeck der Coxen I nicht zahnförmig vorragend. — Körper L. 3,0 mm; Palpen: Trochanter L. 0,45 mm, B. 0,24 mm, Femur L. 0,88 mm, B. 0,23 mm, Tibia L. 0,68 mm, B. 0,31 mm, Hand L. 0,69 mm, B. 0,42 mm, Finger L. 0,70 mm.

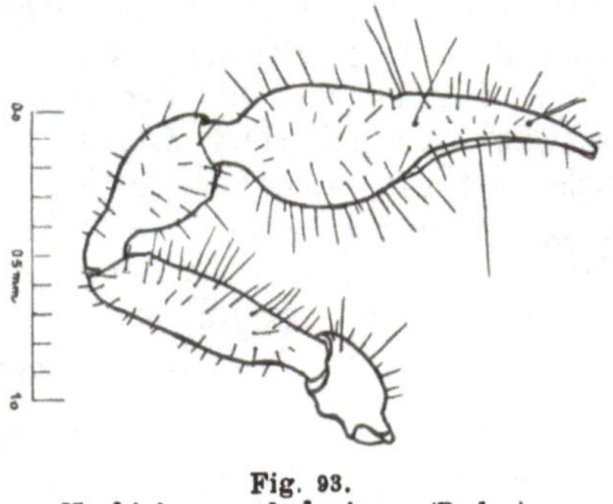

Fig. 93.
Neobisium cephalonicum (Daday).
Linke Palpe.

Südosteuropa: Balkanländer.

8. **N. (N.) peloponnesiacum** (Beier) 1928 *Obisium p.*, Beier in: Ann. Wien. Mus., *v.* 42 p. 304 f. 7 B.

Cephalothorax deutlich breiter als lang (5:4), mit ziemlich großem, spitzen, deutlich vorragenden Epistom. Beweglicher Chelicerenfinger mit Spinnhöcker. Palpen (Fig. 94) sehr kräftig und plump, denjenigen der vorigen Art ähnlich, jedoch bedeutend robuster. Trochanter nur wenig länger als breit. Femur mit deutlichem Stiel, von diesem an im basalen Drittel keulig verdickt, jedoch auch weiterhin bis ans Ende schwach an Dicke zunehmend, etwa 3,5mal so lang wie breit. Tibia mit scharf abgesetztem, fast drehrundem Stiel und kugelig aufgetriebenem Stamm, an dessen Medialseite die Membran kaum 1/3 nach hinten reicht. Schere sehr plump, nicht ganz 3mal so lang wie breit. Hand nur wenig länger als breit. Finger kurz und dick, so lang wie die Hand ohne Stiel, ihre Zähne sehr klein und dicht stehend, am festen Finger etwas mehr zugespitzt als am beweglichen. Coxen I mit sehr kräftigem, langen Lateraldorn, das Medialeck nicht zahnförmig vorgezogen. — Körper L. 3—4 mm; Palpen: Femur L. 1,15 mm, B. 0,35 mm, Tibia L. 0,87 mm, B. 0,48 mm, Hand L. 1,1 mm, B. 0,72 mm, Finger L. 1,0 mm.

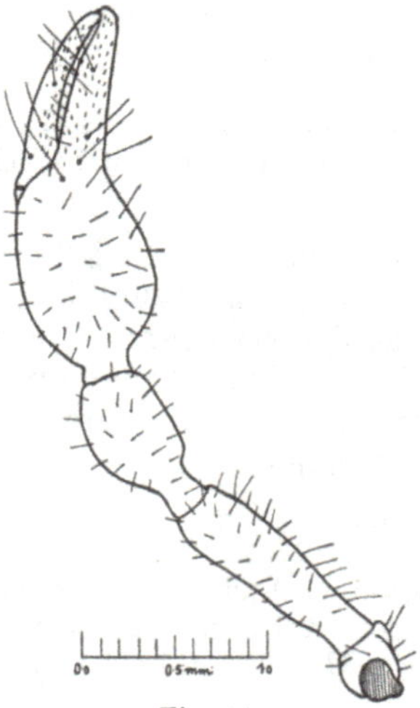

Fig. 94.
Neobisium peloponnesiacum (Beier). Linke Palpe.

Südosteuropa: Peloponnes.

9. **N. (N.) inaequalum** Chamb. 1930 *N. (N.) i.*, Chamberlin in: Ann. nat. Hist., ser. 10 *v.* 5 p. 14.

Cephalothorax mit deutlichem Epistom. Augen sehr nahe beisammenstehend, das vordere 1/2 Durchmesser vom Vorderrand und 1/5 Durchmesser vom hinteren entfernt. Tergite mit etwa 14, Sternite mit etwa 20 Borsten. Palpen kräftig, glatt. Femur ohne Stielchen, von der Basis bis nahe zur Spitze allmählich verbreitert, etwa 1,5mal so lang wie der Cephalothorax und 4,3—4,6mal so lang wie breit. Tibia deutlich gestielt, der Stiel viel länger als breit, die Keule lateral schwach, medial stark konvex, 2,5—2,7mal so lang wie breit. Schere nahe der Fingerbasis ungewöhnlich breit, 3,6—3,7mal so lang wie breit. Finger deutlich länger als die Hand, der bewegliche viel länger als der feste. Zähne dicht stehend und gleichartig, am festen Finger gut entwickelt, am beweglichen nur im distalen Viertel deutlich. — Körper L. 3,0 mm.

Östliches Mitteleuropa: Ostungarn.

10. **N. (N.) validum** (L. Koch) 1873 *Obisium v.*, L. Koch, Übers. Darst. Eur. Chernet., p. 56 | 1888 *O. v.*, Daday in: Termész. Füzetek, *v.* 11 p. 130, 186 | 1907 *O. v.*, Ellingsen in: J. Quekett Club, ser. 2 *v.* 10 p. 169.

Cephalothorax etwas länger als breit, mit spitzem Epistom. Augen dicht beisammenstehend. Palpen kräftig. Femur keulenförmig, von der Basis gegen das Ende allmählich verdickt, medial und oben weitläufig und grob granuliert. Tibia mit langem Stiel, nicht breiter als das Femur, die Keule vorn nicht konvex. Hand ziemlich schmal, doppelt so lang wie breit. Finger so lang wie die Hand. Zähne dicht stehend, gleichartig. Coxen I am Medialeck ohne Zähnchen. — Körper L. 4,0 mm.

Osteuropa und Kleinasien: Ostungarn, Türkei, Syrien.

11. **N. (N.) algericum** (Ellingsen) 1912 *Obisium a.*, Ellingsen in: Arch. Zool. expér., ser. 5 *v.* 10 p. 170.

Cephalothorax etwas länger als breit, mit kleinem Epistom. Die hinteren Augen bedeutend kleiner als die vorderen. Palpen etwas länger als der Körper. Trochanter etwas länger als breit. Femur mit undeutlichem Stielchen, von der Basis gegen das Ende allmählich verdickt, bedeutend länger als der Cephalothorax (5:3). Tibia lang und schmal, die Keule vom Stiel scharf abgesetzt, vorn gerade, der Stiel ziemlich lang, mehr als $^1/_4$ der Gesamtlänge des Gliedes erreichend; Gelenkausschnitt kurz, nur $^1/_4$ der Länge des Medialrandes der Keule erreichend. Hand lang und schmal, doppelt so lang wie breit. Finger nur wenig länger als die Hand (9 : 8). Zähne sehr klein und dicht stehend, am beweglichen Finger kleiner als am festen. — Körper L. 3,3 mm; Palpen: Femur L. 1,43 mm, B. 0,27 mm, Tibia L. 0,93 mm, B. 0,30 mm, Hand L. 1,14 mm, B. 0,50 mm, Finger L. 1,27 mm.

Nordafrika: Algerien.

12. **N. (N.) maritimum** (Leach) ?1813 *Phalangium acaroides* (non *P. a.*, J. F. Gmelin-Linné 1790), Montagu in: Tr. Linn. Soc. London, *v.* 11 p. 7 t. 2 f. 4 | 1817 *Obisium maritimum*, Leach, Zool. Misc., *v.* 3 p. 51 t. 141 f. 1 | 1872 *O. m.*, Grube in: Abh. Schles. Ges., *v.* 49 p. 119 t. 1 f. 2 | 1889 *O. littorale*, Moniez in: Rev. biol. Nord France, *v.* 2 p. 104 | 1892 *O. maritimum*, O. P. Cambridge in: P. Dorset Club, *v.* 13 p. 215 t. B f. 8 | 1907 *O. m.*, Ellingsen in: J. Quekett Club, ser. 2 *v.* 10 p. 169 | 1910 *O. m.*, Kew in: Irish Natural., *v.* 19 p. 112 | 1911 *O. m.*, Kew in: P. Irish Ac., *v.* 29 nr. 2 p. 55 f. 18 | 1917 *O. m.*, Kew in: ibid., *v.* 33 p. 80 | 1928 *O. m.*, Schenkel in: Tierw. Deutschl., *v.* 8 fasc. 3 p. 65 f. 22 | 1929 *O. m.*, Kästner in: Tierw. Mitteleur., *v.* 3 p. IV 12 f. 47.

Cephalothorax quadratisch, mit deutlichem Epistom. Augen groß, das vordere je einen Durchmesser vom Vorderrande und vom hinteren entfernt. Beweglicher Chelicerenfinger mit flachem, aber breitem Spinnhöcker. Palpen (Fig. 95) kräftig braungelb. Trochanter doppelt so lang wie breit. Femur von der Basis gegen das Ende allmählich verdickt, 4 mal so lang wie breit. Tibia etwa 2,6 mal so lang wie breit, mit länglich ovaler Keule; der Gelenkausschnitt etwa $^1/_3$ des Medialrandes der Keule erreichend. Hand lang und schmal, mit Stiel doppelt so lang wie breit. Finger ziemlich dick, kaum so lang wie die Hand mit Stiel. Zähne des festen Fingers klein, dicht sitzend, gleich lang, zugespitzt, die des beweglichen kleiner, jedoch deutlich. Coxen I mit sehr breit zahnförmigem, vorragenden Medialeck. Tarsen ziemlich kurz und breit, Tarsus 1 am Bein IV nicht viel kürzer als Tarsus 2. — Körper L. 3,2 mm; Palpen: Trochanter L. 0,38 mm, B. 0,20 mm, Femur L. 0,80 mm, B. 0,20 mm, Tibia L. 0,62 mm, B. 0,25 mm, Hand L. 0,70 mm, B. 0,35 mm, Finger L. 0,67 mm.

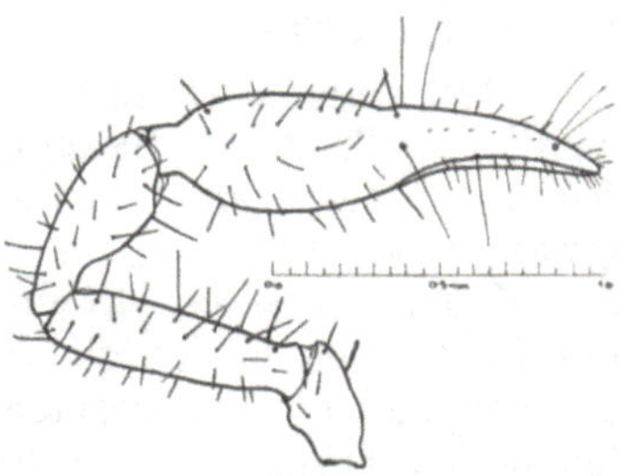

Fig. 95.
Neobisium maritimum (Leach).
Linke Palpe.

Westeuropa: Atlantische Küsten von England, Irland, Westfrankreich. — Unter Steinen innerhalb der Gezeitenzone; läßt sich, zurückgezogen in seinem Gespinst, regelmäßig überfluten.

13. **N. (N.) simile** (L. Koch) 1873 *Obisium s*, L. Koch, Übers. Darst. Eur. Chernet., p. 58 | 1879 *O. s.*, E. Simon, Arach. France, *v.* 7 p. 58 t. 19 f. 11, 15 | 1896 *O. s.*, L. Becker in: Ann. Mus. Belgique, *v.* 12 pars 3 p. 334 | 1910 *O. s.*, Ellingsen in: Mt. Mus. Berlin, *v.* 4 p. 401 | 1911 *O. s.*, Lessert in: Cat. Invert. Suisse, *v.* 5 p. 34 f. 27 | 1912 *O. s.*, Ellingsen in: SB. Ver. Rheinl.-Westf., 1911 p. 174 | 1912 *O. s.*, Ellingsen in: Arch. Zool. expér., ser. 5 *v.* 10 p. 173 | 1928 *O. s.*, Schenkel in: Tierw. Deutschl., *v.* 8 fasc. 3 p. 67 f. 24 | 1928 *O. s.*, Beier in: Ann. Wien. Mus., *v.* 42 p. 303 | 1928 *O. s.*, Redikorzev in: Mt. Inst. Sofia, *v.* 1 p. 124 | 1929 *O. s.*, Kästner in: Tierw. Mitteleur., *v.* 3 p. IV 12 f. 50 | 1930 *O. s.*, Beier in: Zool. Anz., *v.* 91 p. 288.

Cephalothorax kaum länger als breit, mit schmalem, spitzen Epistom. Vorderes Auge wenigstens um seinen Durchmesser vom Vorderrande entfernt.

Beweglicher Chelicerenfinger mit flachem Spinnhöcker. Palpen (Fig. 96) lang und kräftig. Trochanter gut doppelt so lang wie breit. Femur mit undeutlichem Stielchen, bis nahe zum Ende an Breite zunehmend, etwa 4,3 mal so lang wie breit, medial mit einigen unregelmäßigen, höckerartigen Erhöhungen. Tibia 2,5 bis 2,6 mal so lang wie breit, an der Lateralseite distal buckelartig konvex; der Gelenkausschnitt erreicht fast die Hälfte des Medialrandes der Keule. Hand etwa 1,6 mal so lang wie breit, die ganze Schere gut 4 mal so lang wie breit. Finger fast um die Hälfte länger als die Hand. Zähne ziemlich groß, dicht stehend, von gleicher Länge. Tarsus 2 am Bein IV viel länger als Tarsus 1. — Körper L. 2,6—3,5 mm; Palpen: Trochanter L. 0,53 mm, B. 0,24 mm, Femur L. 1,0 mm, B. 0,23 mm, Tibia L. 0,73 mm, B. 0,30 mm, Hand L. 0,85 mm, B. 0,46 mm, Finger L. 1,15 mm.

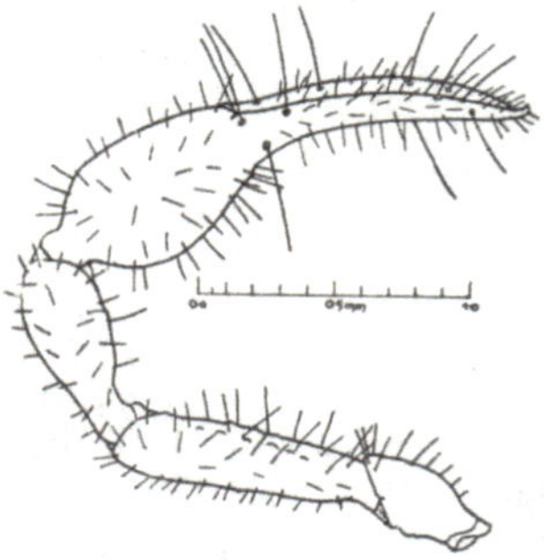

Fig. 96.
Neobisium simile (L. Koch).
Linke Palpe.

Zentrales und westliches Mitteleuropa, besonders Deutschland, Frankreich und Schweiz, doch auch in den angrenzenden Gebieten.

14. **N. (N.) carpenteri** (Kew) 1910 *Obisium c.*, Kew in: Irish Natural., *v.* 19 p. 110 | 1911 *O. c.*, Kew in: P. Irish Ac., *v.* 29 nr. 2 p. 55 f. 17 | 1917 *O. c.*, Kew in: P. Irish Ac., *v.* 33 p. 80.

Der vorigen Art sehr ähnlich. Cephalothorax etwas länger als breit, mit deutlichem Epistom. Beweglicher Chelicerenfinger mit Spinnhöcker. Palpenfemur von der Basis gegen das Ende allmählich an Breite zunehmend. Tibia etwas breiter als das Femur, der Gelenkausschnitt wenigstens bis zur Mitte des Medianrandes der Keule reichend. Finger länger als die Hand. Zähne des festen Fingers von gleicher Länge, plötzlich und gleichmäßig zugespitzt, die des beweglichen größtenteils undeutlich. Tarsus 2 am Bein IV kaum länger als Tarsus 1. — Körper L. 3,3 mm.

Westeuropa: Irland, im felsigen Bergwald unter Baumrinde.

15. **N. (N.) incertum** Chamb. 1930 *N. (N.) i.*, Chamberlin in: Ann. nat. Hist., ser. 10 *v.* 5 p. 14 f. 1K, 2EE.

Cephalothorax mit vorragendem Epistom. Palpen kräftig und durchweg nicht granuliert. Femur von der Basis an allmählich verdickt, seine größte Breite im distalen Drittel erreichend, 3,6—4,0 mal so lang wie breit, mit einigen höckerartigen Erhöhungen. Tibia medial stark konvex, etwa 2,2 mal so lang wie breit. Schere 3,5—3,6 mal so lang wie breit. Finger gleich lang, viel länger als die Hand und kürzer als das Femur. Zähne dicht stehend, gleichartig, in den beiden basalen Dritteln des beweglichen Fingers reduziert. — Körper L. 2,6—3,0 mm.

Südwesteuropa: Sardinien, Sorgono.

16. **N. (N.) myops** (E. Sim.) 1881 *Obisium m.*, E. Simon in: Bull. Soc. zool. France, *v.* 6 p. 91 | 1912 *O. m.*, Ellingsen in: Arch. Zool. expér., ser. 5 *v.* 10 p. 173.

Der folgenden Art sehr ähnlich, die Augen jedoch kleiner und der Cephalothorax verhältnismäßig länger. Palpenfemur medial und oben stark und regelmäßig gekörnt, an der Basis aber glatt und glänzend. Tibia medial regelmäßig und ziemlich stark konvex. — Körper L. 3,4 mm.

Südwesteuropa: Frankreich, Seealpen, Ariège; Ligurien.

17. **N. (N.) simoni** (L. Koch) 1873 *Obisium s.*, L. Koch, Übers. Darst. Eur. Chernet., p. 54 | 1879 *O. s.*, E. Simon, Arach. France, *v.* 7 p. 53 t. 19 f. 3, 5 | 1882 *O. s.*, Tömösvary in: Math. termész. Közlem., *v.* 18 p. 221 t. 3 f. 8 | 1896 *O. s.*, L. Becker in: Ann. Mus. Belgique, *v.* 12 pars 3 p. 333 | 1908 *O. s.*, Ellingsen in: Arch. Zool. expér., ser. 4 *v.* 8 p. 418 | 1911 *O. s.*, Lessert in: Cat. Invert. Suisse, *v.* 5 p. 30 f. 23 | 1928 *O. s.*, Schenkel in: Tierw. Deutschl., *v.* 8 fasc. 3 p. 64 f. 19 | 1928 *O. s.*, Beier in: Ann. Wien. Mus., *v.* 42 p. 295 | 1929 *O. s.*, Kästner in: Tierw. Mitteleur., *v.* 3 p. IV 12 f. 46.

Cephalothorax quadratisch, mit ziemlich langem und spitzem Epistom. Das vordere Auge vom Vorderrand etwa um seinen Durchmesser, vom hinteren nicht ganz um den Durchmesser entfernt. Beweglicher Cheliceren-finger mit flachem Spinnhöcker. Palpen (Fig. 97) ziemlich kräftig. Trochanter doppelt so lang wie breit, hinten mit starker Tuberkel. Femur etwa 3,5 mal so lang wie breit, medial und oben, besonders basal, dicht und fein, aber deutlich granuliert, hinten basal mit einigen höckerartigen Erhebungen. Tibia 2,2 mal so lang wie breit, die Keule medial proximal vom Gelenkausschnitt zunächst gerade, dann gerundet vom Stiel abgesetzt; der Gelenkausschnitt erreicht nicht ganz die Hälfte des Medialrandes der Keule. Schere 3 mal so lang wie breit. Hand breit oval. Finger etwas länger als die Hand mit Stiel. Zähne gleichartig, dicht stehend. — Körper L. 2,5—3,6 mm; Palpen: Femur L. 0,9 mm, B. 0,25 mm, Tibia L. 0,68 mm, B. 0,32 mm, Hand L. 0,75 mm, B. 0,50 mm, Finger L. 0,82 mm.

Westliches Mitteleuropa: Westdeutschland, Frankreich, Belgien, Holland, Schweiz, Oberitalien.

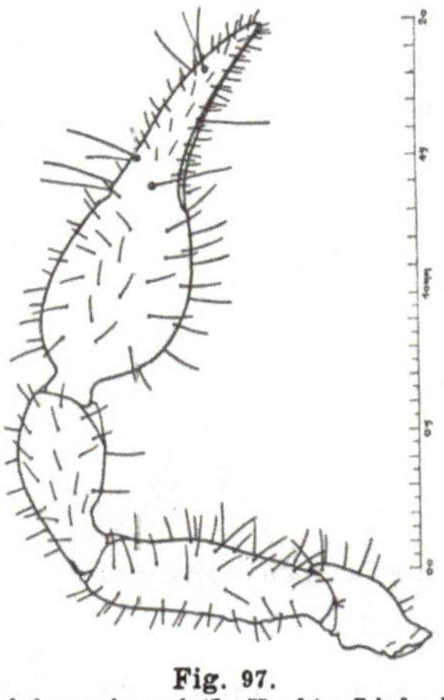

Fig. 97.
Neobisium simoni (L. Koch). Linke Palpe.

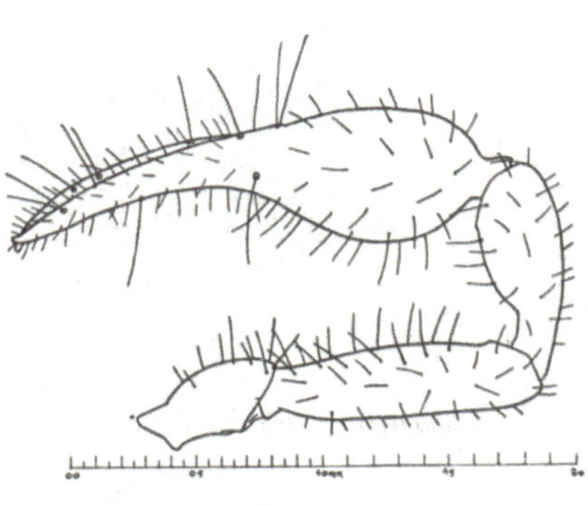

Fig. 98.
Neobisium carolinense (Banks). Rechte Palpe.

18. **N. (N.) carolinense** (Banks) 1895 *Obisium carolinensis*, N. Banks in: J. N. York ent. Soc., *v.* 3 p. 12 | 1930 *Neobisium (N.) c.*, Chamberlin in: Ann. nat. Hist., ser. 10 *v.* 5 p. 15 f. 2G, M, W, 3A, D.

Cephalothorax mit kleinem Epistom. Augen sehr nahe beisammen-stehend. Palpen (Fig. 98) ziemlich kräftig. Femur aus dem sehr kurzen Stielchen hinten allmählich verbreitert, fein aber deutlich granuliert. Tibia etwa 2,8 mal so lang wie breit, die Keule ziemlich lang oval, der Gelenkausschnitt etwas mehr als $^1/_3$ nach hinten reichend. Schere wenigstens 3 mal so lang wie breit. Finger deutlich länger als die Hand, mit dicht stehenden, gleich-langen Zähnchen. — Körper L. 2,5—3,5 mm.

Östliches Nordamerika: Kalifornien (?), Virginien, Karolina, Tennessee, Georgia. Die Art zerfällt in 2 Unterarten.

18a) **N. (N.) carolinense carolinense** (Banks) 1895 *Obisium carolinensis*, N. Banks in: J. N. York ent. Soc., *v.* 3 p. 12 | 1930 *Neobisium c. c.*, Chamberlin in: Ann. nat. Hist., ser. 10 *v.* 5 p. 16.

Größere Form, Palpen robuster. Femur 3,6—3,9 mal so lang wie breit. Schere 3,0—3,5 mal so lang wie breit. Finger so lang oder kürzer als das Femur. — Körper L. 3,0—3,5 mm.

Kalifornien (?), Virginien, Karolina.

18b) **N. (N.) carolinense tenue** Chamb. 1930 *N. (N.) carolinensis* var. *tenuis*, Chamberlin in: Ann. nat. Hist., ser. 10 *v.* 5 p. 16.

Kleinere Form, Palpen zarter. Femur 3,9—4,4 mal so lang wie breit. Schere 3,5—3,9 mal so lang wie breit. Finger so lang oder länger als das Femur. — Körper L. 2,5—3 mm.

Tennessee.

19. **N. (N.) fuscimanum** (C. L. Koch) 1843 *Obisium f.*, C. L. Koch in: C. W. Hahn & C. L. Koch, Arach., *v.* 10 p. 63 t. 343 f. 796 | 1873 *O. f.*, L. Koch, Übers. Darst. Eur. Chernet., p. 60 | 1874 *O. f.*, Stecker in: SB. Böhm. Ges., p. 240 | 1905 *O. f.*, Ellingsen in: Boll. Mus. Torino, *v.* 20 nr. 503 p. 5 | 1910 *O. f.*, Ellingsen in: Mt. Mus. Berlin, *v.* 4 p. 397 | 1928 *O. f.*, Beier in: Ann. Wien. Mus., *v.* 42 p. 295 | 1928 *O. wächtleri*, Schenkel in: Tierw. Deutschl., *v.* 8 fasc. 3 p. 69 | 1929 *O. w.*, Kästner in: Tierw. Mitteleur., *v.* 3 p. IV 10 f. 37—39 | 1929 *O. fuscimanum*, Beier in: Zool. Anz., *v.* 80 p. 217 f. 2.

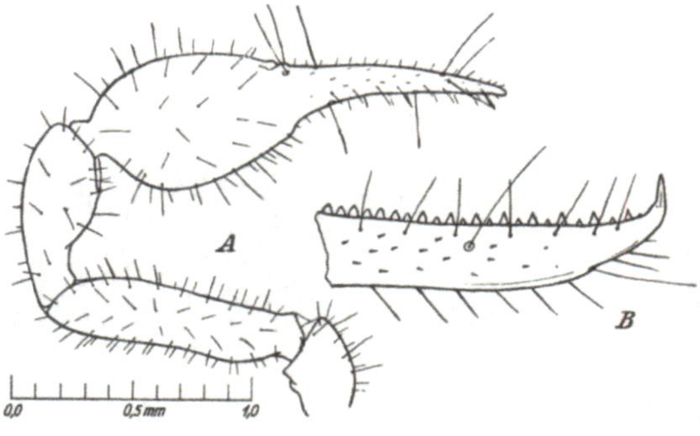

Fig. 99.
Neobisium fuscimanum (C. L. Koch). Linke Palpe (A) und Medialrand des festen Fingers (B).

Färbung ziemlich dunkel. Cephalothorax etwas länger als breit, der Vorderrand in der Mitte leicht eingedrückt, gänzlich ohne Epistom oder dieses doch nur kaum sichtbar angedeutet. Vorderes Auge vom Vorderrand etwa um seinen halben Durchmesser, vom hinteren kaum um den Durchmesser entfernt. Spinnhöcker deutlich. Palpen (Fig. 99) kräftig, etwas länger als der Körper. Femur mit deutlichem Stiel, aus diesem hinten ziemlich stark schulterförmig verbreitert, dann bis zum Ende nahezu gleich breit bleibend, etwas mehr als 4 mal so lang wie breit. Tibia 2,5 mal so lang wie breit. Der Gelenkausschnitt nicht ganz bis zur Mitte reichend. Schere etwa 3,3 mal so lang wie breit. Hand auffallend breit (5,5 : 4). Finger fast gerade, nur wenig länger als die Hand. Zähne des festen Fingers im distalen Teile wenigstens um Zahnesbreite voneinander getrennt stehend, abwechselnd hoch und niedrig, spitz dreieckig, gerade. Coxen I mit schwarzem Lateraldorn; Medialeck nicht zahnförmig vorgezogen, jedoch meist fein gezähnelt. —

Körper L. 2,6—3,5 mm; Palpen: Femur L. 1,08 mm, B. 0,25 mm, Tibia L. 0,75 mm, B. 0,30 mm, Hand L. 0,90 mm, B. 0,55 mm, Finger L. 0,96 mm.

Mittel- und Südeuropa von Böhmen bis Griechenland: Vogtland, Böhmen, Österreich, Ungarn, Siebenbürgen, Bukowina, Krain, Kroatien, Dalmatien, Herzegowina, Montenegro, Nordalbanien, Jonische Inseln, Oberitalien.

20. **N. (N.) muscorum** (Leach) 1817 *Obisium m.*, Leach, Zool. Misc., *v.* 3 p. 51 | 1832 *O. m.*, Théis in: Ann. Sci. nat., ser. 1 *v.* 27 p. 66 t. 1 f. 4 | 1834 *Chelifer corticalis*, C. W. Hahn, Arach., *v.* 2 p. 63 f. 154 | 1843 *Obisium muscorum*, C. L. Koch in: C. W. Hahn & C. L. Koch, Arach., *v.* 10 p. 67 f. 799 | 1843 *O. tenellum*, C. L. Koch in: C. W. Hahn & C. L. Koch, Arach., *v.* 10 p. 69 t. 345 f. 800 | 1843 *O. gracile*, C. L. Koch in: ibid., *v.* 10 p. 73 t. 346 f. 803-804 | 1855 *O. Sylvaticum*, Menge in: Schr. Ges. Danzig, *v.* 5 fasc. 2 nr. 3 p. 26 t. 4 f. 3 | 1873 *O. muscorum*, L. Koch, Übers. Darst. Eur. Chernet., p. 64 | 1873 *Olpium chironomum*. L. Koch, ibid., p. 35 | 1874 *Obisium muscorum*, Stecker in: SB. Böhm. Ges., p. 240 | 1875 *O. m.*, Stecker in: Arch. Naturg., *v.* 41 p. 164 | 1879 *O. m.* var. *olivaceum*, E. Simon, Arach. France, *v.* 7 p. 55 | 1877 *O. muscorum*, Lebert in: N. Denk. Schweiz. Ges., *v.* 27 p. 315 | 1879 *O. m.*, E. Simon, Arach. France, *v.* 7 p. 54 t. 19 f. 6, 10, 14 | 1882 *O. m.*, Tömösvary in: Math. termész. Közlem., *v.* 18 p. 230 t. 4 f. 6, 7 | 1883 *O. m.*, G. Canestrini in: Ant. Berlese, A. M. S., fasc. 7 nr. 10 | 1888 *O. m.*, Daday in: Termész. Füzetek, *v.* 11 p. 132, 188 | 1895 *O. m.* Friedr. Müller & Schenkel in: Verh. Ges. Basel, *v.* 10 p. 821 | 1897 *O. m.*, Ellingsen in: Forh. Selsk. Christian., nr. 5 p. 16 | 1899 *O. m.*, Tullgren in: Ent. Tidskr., *v.* 20 p. 180 t. 7 f. 4—9 | 1901 *O. m.*, Nosek, Consp. Chelon., p. 23 | 1901 *O. m.*, Nosek in: Věstnik Klubu přir. Prostěj, *v.* 4 p. 72 | 1903 *O. m.*, Ellingsen in: Forh. Selsk. Christian., nr. 5 p. 13 | 1907 *O. m.*, Ellingsen in: J. Quekett Club, ser. 2 *v.* 10 p. 171 | 1907 *O. m.*, Tullgren in: Jahrb. Ver. Nassau, *v.* 60 p. 246 | 1909 *O. m.*, Ellingsen in: Ann. Mus. Genova, ser. 3 *v.* 4 p. 210 | 1910 *O. m.*, Ellingsen in: N. Mag. Naturv., *v.* 48 p. 347 | 1910 *O. m.*, Ellingsen in: Mt. Mus. Berlin, *v.* 4 p. 400 | 1911 *O. m.*, Kew in: P. Irish Ac., *v.* 29 nr. 2 p. 54 t. 6 f. 16 | 1911 *O. m.*, Lessert in: Cat. Invert. Suisse, *v.* 5 p. 33 f. 26 | 1917 *O. m.*, Nonidez in: Trab. Mus. Madrid, nr. 32 p. 41 | 1928 *O. m.*, Schenkel in: Tierw. Deutschl., *v.* 8 fasc. 3 p. 67 f. 26 | 1928 *O. m.*, Beier in: Ann. Wien. Mus., *v.* 42 p. 288 f. 1C | 1928 *O. m.*, Redikorzev in: Mt. Inst. Sofia, *v.* 1 p. 124 | 1929 *O. m.*, Kästner in: Tierw. Mitteleur., *v.* 3 p. IV 11 f. 36, 42, 43 | 1929 *O. m.*, Beier in: Ann. Wien. Mus., *v.* 43 p. 359 | 1930 *O. m.*, Beier in: Zool. Anz., *v.* 91 p. 288 | 1930 *Neobisium m.*, Chamberlin in: Ann. nat. Hist., ser. 10 *v.* 5 p. 13.

Cephalothorax etwas länger als breit, der Vorderrand nur mit rudimentärem, körnchenförmigem, oft kaum bemerkbarem Epistom. Beweglicher Chelicerenfinger mit Spinnhöcker. Palpentrochanter hinten mit deutlicher Tuberkel. Palpenfemur glatt, deutlich gestielt, dann nahezu gleich breit bleibend. Tibia (Fig. 100) etwa $2^1/_2$mal so lang wie breit, der Gelenkausschnitt tief, bis zur Mitte des Medialrandes der Keule reichend. Hand ziemlich breit oval. Finger gebogen, deutlich länger als die Hand (etwa 4 : 3), ungefähr so lang wie das Femur. Zähne des festen Palpenfingers von ungleicher Länge, indem wenigstens in der distalen Hälfte des Fingers zwischen je 2 langen und spitzen Zähnchen 2—3 kürzere und stumpfere stehen. Coxen I am Medialeck nicht winkelig vorgezogen. — Körper L. 1,7—3 mm.

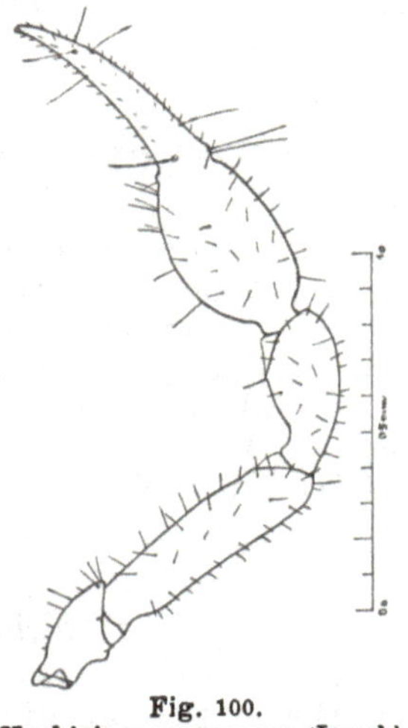

Fig. 100. **Neobisium muscorum** (Leach). Rechte Palpe.

Fast über ganz Europa verbreitet, im Süden jedoch seltener als in Mittel- und Nordeuropa; Nordafrika. — In Moos, unter Steinen und pflanzlichem Detritus.

Die Art zerfällt in 2 Subspecies:

20a) **N. (N.) muscorum muscorum** (Leach)

Körper größer und robuster. Körper L. 2,5—3 mm; Palpen: Femur L. 0,70 mm, B. 0,18 mm, Tibia L. 0,47 mm (0,32 mm), B. 0,20 mm, Hand L. 0,50 mm, B. 0,30 mm, Finger L. 0,70 mm.

Fast über ganz Europa verbreitet; Nordafrika.

20b) **N. (N.) muscorum minimum** (Beier) 1928 *Obisium m.* var. *m.*, Beier in: Ann. Wien. Mus., *v.* 42 p. 289.

Von der Nominatform nur durch konstant geringere Körpergröße verschieden. — Körper L. 1,7—1,8 mm.

Südeuropa: Krain, Wochein.

21. **N. (N.) germanicum** Beier 1931 *N. g.*, Beier in: Eos Madrid, *v.* 7 p. 22.

Mit der vorigen Art sehr nahe verwandt, jedoch von robusterem Körperbau. Epistom als stumpfes Tuberkelchen angedeutet, ziemlich breit, größer als bei *muscorum*. Beborstung der Tergite: 8—10—10—14—14—14. Sternite mit 18—22 Borsten. Palpen (Fig. 101) wie bei der vorigen Art. Medialeck der Coxen I deutlich winkelig vorgezogen, fast zahnförmig. — Körper L. 3,2 mm; Palpen: Femur L. 1,02 mm, B. 0,24 mm, Tibia L. 0,73 mm, B. 0,27 mm, Hand L. 0,88 mm, B. 0,5 mm, Finger L. 1,20 mm.

Süddeutschland: Bayern, Muggendorf.

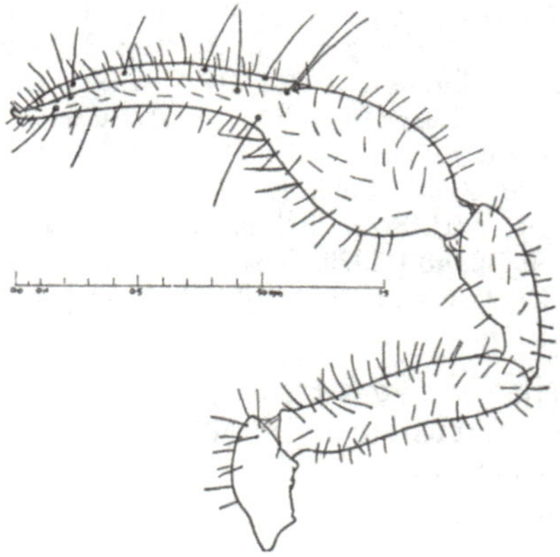

Fig. 101.
Neobisium germanicum Beier.
Rechte Palpe.

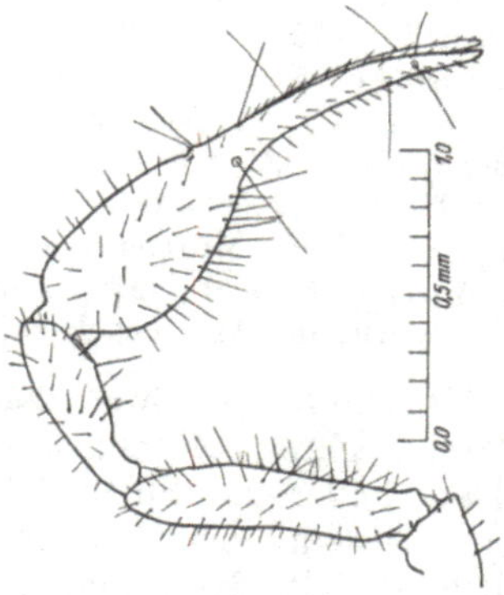

Fig. 102.
Neobisium carcinoides (Herm.).
Linke Palpe.

22. **N. (N.) carcinoides** (Herm.) 1804 *Chelifer c.*, J. F. Hermann, Mém. apt., p. 118 t. 5 f. 6 | 1843 *Obisium c.*, C. L. Koch in: C. W. Hahn & C. L. Koch, Arach., *v.* 10 p. 65 t. 344 f. 798 | 1873 *O. c.*, L. Koch, Übers. Darst. Eur. Chernet., p. 67 | 1874 *O. c.*, Stecker in: SB. Böhm. Ges., p. 240 | 1902 *O. c.*, Richters in: Ber. Senckenb. Ges., p. 17 | 1928 *O. c.*, Schenkel in: Tierw. Deutschl., *v.* 8 fasc. 3 p. 68 f. 27 | 1928 *O. c.*, Beier in: Ann. Wien. Mus., *v.* 42 p. 294 | 1929 *O. c.*, Kästner in: Tierw. Mitteleur., *v.* 3 p. IV11 f. 44 | 1929 *O. c*, Beier in: Zool. Anz., *v.* 80 p. 219 f. 3.

Cephalothorax etwas länger als breit. Epistom rudimentär, klein, stumpf. Beweglicher Chelicerenfinger ohne deutlichen Spinnhöcker. Palpenfemur (Fig. 102) mit deutlichem Stielchen. Tibia ziemlich schlank; der Gelenkausschnitt reicht etwas über das erste Drittel, jedoch nicht bis zur Hälfte des Tibienmedialrandes. Hand ziemlich schlank, der Dorsalrand fast gerade. Finger fast um die Hälfte länger als die Hand. Zähne des festen Fingers schmal, von ungleicher Länge, indem je ein längerer zwischen 3—4 kürzeren steht. Medialeck der Coxen I in der Anlage stumpfwinkelig, mit sehr kleinem Zähnchen. — Körper L. 3,5 mm; Palpen: Femur L. 1,07 mm, B. 0,22 mm, Tibia L. 0,70 mm, B. 0,22 mm, Hand L. 0,78 mm, B. 0,43 mm, Finger L. 1,1 mm.

Süddeutschland: Fränkischer Jura.

23. **N. (N.) jugorum** (L. Koch) 1873 *Obisium j.*, L. Koch, Übers. Darst. Eur. Chernet., p. 66 | 1879 *O. j.*, E. Simon, Arach. France, *v.* 7 p. 60 t. 19 f. 4 | 1911 *O. j.*, Lessert in: Cat. Invert. Suisse, *v.* 5 p. 35 f. 28 | 1928 *O. j.*, Schenkel in: Tierw. Deutschl., *v.* 8 fasc. 3 p. 69 f. 29 | 1929 *O. j.*, Kästner in: Tierw. Mitteleur., *v.* 3 p. IV 11 f. 41.

Cephalothorax kaum länger als breit, der Vorderrand mit deutlichem, spitz dreieckigem Epistom. Palpenfemur (Fig. 103) etwa 4 mal so lang wie breit. Tibia 2,8 mal so lang wie breit; der Gelenkausschnitt erreicht nicht die Mitte des Medialrandes der Keule. Palpenschere 4 mal so lang wie breit. Finger länger als die Hand und auch etwas länger als das Femur. Wenigstens im distalen Drittel des festen Fingers steht zwischen je 3 kleineren ein größerer Zahn. Medialeck der Coxen I deutlich in ein kleines, stumpfes Zähnchen vorgezogen. — Körper L. 2,5—3,5 mm; Palpen: Femur L. 0,75 mm, B. 0,19 mm, Tibia L. 0,60 mm, B. 0,21 mm, Hand L. 0,62 mm, B. 0,33 mm, Finger L. 0,84 mm.

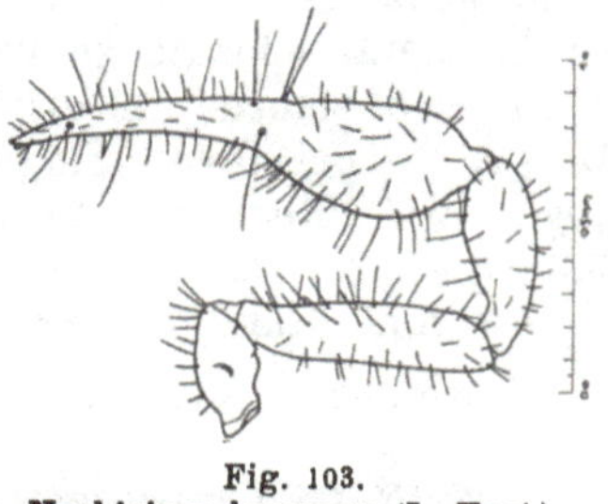

Fig. 103.
Neobisium jugorum (L. Koch).
Rechte Palpe.

Mitteleuropa: östliches Frankreich, Schweiz, Tirol, sub- und hochalpin unter Steinen; nicht unter 1700 m herunter und bis 2950 m hinauf gehend, vorwiegend jedoch im alpinen Weidegürtel bis zur Schneegrenze.

24. **N. (N.) longipalpe** (Schenkel) 1928 *Obisium jugorum* var. *longipalpis*, Schenkel in: Tierw. Deutschl., *v.* 8 fasc. 3 p. 69 f. 30.

Der vorigen Art sehr nahestehend, jedoch durch längere und schlankere Palpen ausgezeichnet. Palpenfemur 5 mal, Tibia 3 mal, Schere 4,5 mal so lang wie breit. — Körper L. 3 mm.

Mitteleuropa: Schweiz, Adelboden im Berner Oberland.

25. **N. (N.) troglodytes** (Beier) 1926 *Obisium simile* var. *cavicola* (non *O. cavicola* A. S. Packard 1884), Schenkel in: Rev. Suisse Zool., *v.* 33 p. 315 f. 2 | 1928 *O. c.*, Schenkel in: Tierw. Deutschl., *v.* 8 fasc. 3 p. 68 f. 28 | 1928 *O. troglodytes*, Beier in: Ann. Wien. Mus., *v.* 42 p. 303 | 1929 *O. cavicola*, Kästner in: Tierw. Mitteleur. *v.* 3 p. IV 13.

Integument pigmentarm, Cephalothorax blaß graulich-olivfarben, Palpen weißlich, nur die Finger rötlichbraun. Cephalothorax kaum länger als breit, mit vorragendem, distal stumpfem Epistom. Vorderes Auge nicht ganz um seinen Durchmesser vom Vorderrande entfernt. Beweglicher Chelicerenfinger ohne Spinnhöcker. Trochanter wenigstens doppelt so lang wie breit, hinten etwas konvex, jedoch ohne deutliches Höckerchen. Femur mit deutlich abgesetztem Stiel, 5 mal so lang wie breit. Tibia $3^1/_2$ mal so lang wie breit, mit schlanker, langovaler Keule; der Gelenkausschnitt reicht $^1/_3$ nach hinten. Schere 4,7 mal so lang wie breit. Hand schmal, länglich oval. Finger bedeutend länger als die Hand. Palpencoxen fast doppelt so lang wie breit. Medialeck der Coxen I mit einem langen, dünnen, zylindrischen Fortsatz, der fast so lang ist wie der Lateraldorn. — Körper L. 3,7 mm.

Westliches Mitteleuropa: Ingelsteinfluh bei Dornach, Basel, in einer Höhle.

26. **N. (N.) dolicodactylum** (Can.) 1876 *Obisium d.*, G. Canestrini in: Atti Soc. Veneto-Trent., *v.* 3 p. 218 | 1879 *O. sublaeve*, E. Simon, Arach. France, *v.* 7 p. 60 | 1905 *O. s.*, Ellingsen in: Boll. Mus. Torino, *v.* 20 nr. 503 p. 6 | 1909 *O. s.*, Ellingsen in: Ann. Mus. Genova, ser. 3 *v.* 4 p. 210 | 1910 *O. s.*, Ellingsen in: Mt. Mus. Berlin, *v.* 4 p. 401 | 1917 *O. s.*, Nonidez in: Trab. Mus. Madrid, nr. 32 p. 40 | 1918 *O. s.*, Navas in: Bol. Soc. ent. España, p. 118 | 1928 *O. s.*, Beier in: Ann. Wien. Mus., *v.* 42 p. 294.

Cephalothorax etwas länger als breit, mit Epistom. Vorderes Auge um seinen Durchmesser vom Vorderrand und weniger als den Durchmesser vom hinteren abstehend. Beweglicher Chelicerenfinger mit flachem Spinnhöcker. Trochanter hinten mit deutlichem Höckerchen. Femur deutlich gestielt, etwas länger als der Cephalothorax, etwas mehr als 4mal so lang wie breit. Tibia schlank, jedoch nicht 3mal so lang wie breit; der Gelenkausschnitt erreicht nicht ganz die Mitte des Medialrandes der Keule. Hand medial ziemlich stark, lateral schwach konvex. Finger bedeutend länger als die Hand, ihre Zähne dicht stehend, im distalen Teile des festen Fingers von etwas ungleicher Länge, die des festen Fingers spitz dreieckig, die des beweglichen stumpf, abgestutzt. Medialeck der Coxen I mit kleinem Zähnchen. — Körper L. 3,0—3,5 mm; Palpen: Femur L. 1,12 mm, B. 0,26 mm, Tibia L. 0,80 mm, B. 0,30 mm, Hand L. 0,83 mm, B. 0,53 mm, Finger L. 1,25 mm.

Westliches Mediterrangebiet: Oberitalien, Korsika, Südfrankreich, Spanien.

27. **N. (N.) crassifemoratum** (Beier) 1928 *Obisium c.*, Beier in: Ann. Wien. Mus., *v.* 42 p. 290 f. 1A.

Cephalothorax so lang wie breit, mit kleinem, jedoch deutlichem und spitzem Epistom. Vorderes Auge größer als das hintere, diesem stark genähert. Spinnhöcker beim Männchen fehlend, beim Weibchen flach. Palpen (Fig. 104) etwa so lang wie der Körper, die einzelnen Glieder ziemlich gedrungen. Femur mit deutlichem, scharf abgesetztem Stiel, aus diesem hinten plötzlich schulterförmig verbreitert, dann nahezu gleich breit bleibend, etwa 3mal so lang wie breit, kaum länger als der Cephalothorax. Tibia 2,2mal so lang wie breit; der Gelenkausschnitt wenigstens bis zur Mitte des Medialrandes reichend. Schere etwa 3,5mal so lang wie breit. Hand regelmäßig und breit oval. Finger gut $^1/_3$ länger als die Hand. Zähne des festen Palpenfingers dichtstehend, groß, breit und ziemlich stumpf, die des beweglichen etwas kleiner. Medialeck der Coxen I mehr oder weniger scharf rechtwinkelig; Lateraldorn sehr lang und kräftig. — Körper L. 2,1—2,5 mm; Palpen: Femur L. 0,60 mm, B. 0,19 mm, Tibia L. 0,46 mm, B. 0,21 mm, Hand L. 0,49 mm, B. 0,32 mm, Finger L. 0,60 mm.

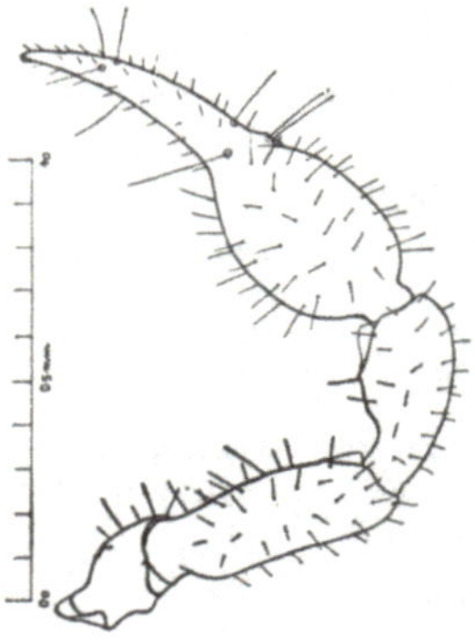

Fig. 104.
Neobisium crassifemoratum (Beier). Rechte Palpe.

Osteuropa: Siebenbürgen, Thessalien.

28. **N. (N.) reitteri** (Beier) 1928 *Obisium r.*, Beier in: Ann. Wien. Mus., *v.* 42 p. 292 f. 2.

Cephalothorax breiter als lang (4,5 : 3,5), mit großem, schmalen, spitzen Epistom. Vorderes Auge kaum um seinen Durchmesser vom Vorderrande entfernt. Beweglicher Chelicerenfinger mit Spinnhöcker. Palpen (Fig. 105) kräftig, so lang wie der Körper. Trochanter fast doppelt so lang wie breit, hinten mit breiter Tuberkel. Femur fast 4mal so lang wie breit, mit deutlich abgesetztem Stiel, aus diesem hinten schräg schulterartig verdickt. Tibia etwa 2,2mal so lang wie breit, mit regelmäßig ovaler Keule; der Gelenkausschnitt erreicht nicht ganz die Mitte des Medialrandes der Keule, überragt jedoch das erste Drittel. Schere etwa 3mal so lang wie breit. Hand breit oval. Finger etwa $^1/_4$ länger als die Hand. Zähne der Palpenfinger ziemlich klein und sehr dicht stehend, die des festen etwas länger und spitziger als die des beweglichen. Medialeck der Coxen I stumpfwinkelig vorgezogen. — Körper L. 3—3,5 mm; Palpen: Trochanter L. 0,55 mm, B. 0,30 mm, Femur L. 1,0 mm, B. 0,28 mm, Tibia L. 0,78 mm, B. 0,37 mm, Hand L. 0,85 mm, B. 0,58 mm, Finger L. 0,98 mm.

Südosteuropa: Peloponnes.

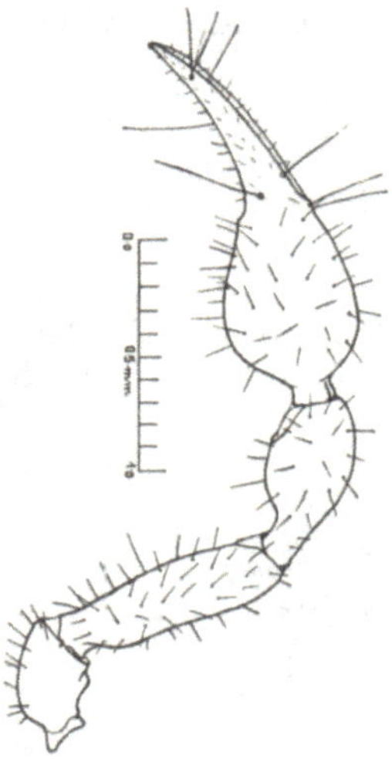

Fig. 105.
Neobisium reitteri (Beier). Rechte Palpe.

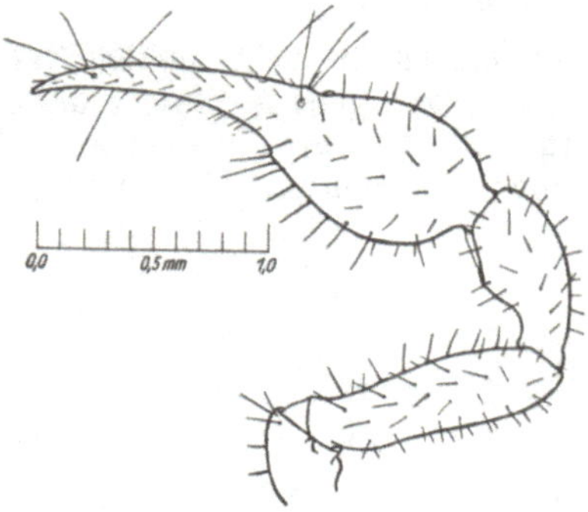

Fig. 106.
Neobisium doderoi (E. Sim.). Rechte Palpe.

29. **N. (N.) doderoi** (E. Sim.) 1896 *Obisium d.*, E. Simon in: Ann. Mus. Genova, ser. 2 *v.* 16 p. 373 | 1909 *O. d.*, Ellingsen in: Ann. Mus. Genova, ser. 3 *v.* 4 p. 210 | 1910 *O. d.*, Ellingsen in: Mt. Mus. Berlin, *v.* 4 p. 396 | ?1918 *O. ischyrum*, Navas in: Bol. Soc. ent. España, p. 119 f. 5 | ?1925 *O. barrosi*, Navas in: Broteria, *v.* 22 p. 122 f. 15 | 1928 *O. doderoi*, Beier in: Ann. Wien. Mus., *v.* 42 p. 291 | 1929 *O. d.*, Beier in: Zool. Anz., *v.* 80 p. 215 f. 1.

Cephalothorax nur wenig länger als breit, fast quadratisch. Epistom ziemlich lang, schmal, distal abgestumpft. Spinnhöcker vorhanden. Palpen (Fig. 106) kräftig, länger als der Körper. Trochanter mit deutlichem hinteren Höcker. Femur etwa 3,8mal so lang wie breit, mit deutlich abgesetztem Stiel, aus diesem hinten schulterartig verbreitert. Tibia 2,2mal so lang wie breit, die Keule stark blasig aufgetrieben, hinter dem Gelenkausschnitt jedoch sofort verengt; der Gelenkausschnitt reicht wenigstens bis zur Mitte des Medialrandes der Keule, meist aber noch etwas weiter nach hinten. Schere etwa 3,5mal so lang wie breit. Hand ziemlich breit und regelmäßig oval. Finger $^1/_4$—$^1/_3$ länger als die Hand, ziemlich stark gebogen. Zähne des festen Fingers breit, sehr dicht stehend, von gleicher Länge. Coxen I am Medialeck zahnförmig vorgezogen, am Lateraleck mit einem sehr kräftigen, dunklen Dorn. — Körper L. 2,6—3,5 mm.

Europäisches Mediterrangebiet von Spanien bis Griechenland.

Die Art zerfällt in 2 Subspezies:

29a) **N. (N.) doderoi doderoi** (E. Sim.)

Palpenfinger etwa $^1/_3$ länger als die Hand. Sonst mit der Beschreibung übereinstimmend. — Körper L. 2,6—3,5 mm; Palpen: Femur L. 1,1 mm, B. 0,30 mm, Tibia L. 0,80 mm, B. 0,38 mm, Hand L. 0,90 mm, B. 0,65 mm, Finger L. 1,20 mm.

Europäisches Mediterrangebiet von Spanien bis Griechenland.

29b) **N. (N.) doderoi brevidigitatum** (Beier) 1928 *Obisium d.* ssp. *b.*, Beier in: Ann. Wien. Mus., *v.* 42 p. 292.

Mit der Nominatform übereinstimmend, jedoch von ihr durch relativ kürzere Finger, die nur $^1/_4$ länger als die Hand sind, unterschieden. Tibia etwas gedrungener. — Körper L. 2,7—3,5 mm.

Siebenbürgen.

30. **N. (N.) maroccanum** (Beier) 1930 *Obisium m.*, Beier in: Bull. Soc. Maroc, *v.* 10 p. 70 f. 1.

Der vorigen Art sehr ähnlich, jedoch durch das stumpfwinkelige, nicht zahnförmig vorgezogene Medialeck der Coxen I von ihr leicht zu unterscheiden. Cephalothorax etwas breiter als lang. Epistom klein, aber deutlich, dreieckig, spitz. Spinnhöcker breit. Palpen (Fig. 107) etwa so lang wie der Körper,

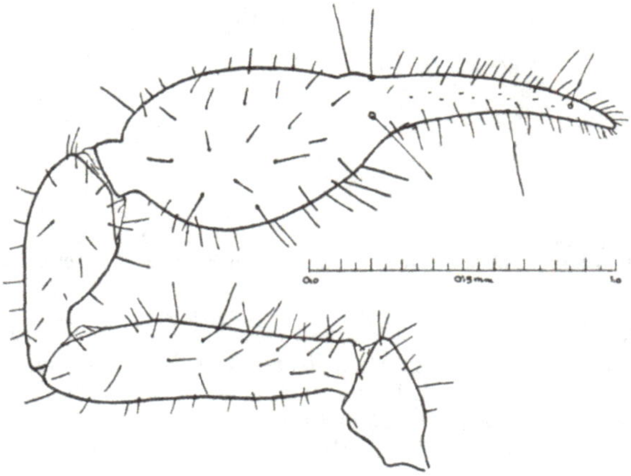

Fig. 107.
Neobisium maroccanum (Beier). Linke Palpe.

kräftig. Femur fast 4mal so lang wie breit, deutlich länger als der Cephalothorax, mit nicht besonders deutlich abgesetztem Stiel, aus diesem nur schwach verbreitert. Tibia etwa 2,5mal so lang wie breit; der Gelenkausschnitt erreicht fast die Mitte des Medialrandes der Keule. Schere nur wenig mehr als 3mal so lang wie breit. Finger etwas länger als die Hand mit Stiel, der feste mit dicht stehenden, gleichlangen Zähnchen besetzt. Medialeck der Coxen I stumpfwinkelig, schmal abgerundet, nicht zahnförmig vorspringend. — Körper L. 3 mm; Palpen: Femur L. 1,02 mm, B. 0,25 mm, Tibia L. 0,70 mm, B. 0,30 mm, Hand L. 0,83 mm, B. 0,53 mm, Finger L. 0,92 mm.

Nordafrika: Marokko.

31. **N. (N.) erythrodactylum** (L. Koch) 1873 *Obisium e.*, L. Koch, Übers. Darst. Eur. Chernet., p. 63 | 1874 *O. e.*, Stecker in: SB. Böhm. Ges., p. 240 | 1882 *O. e.*, Tömösvary in: Math. termész. Közlem., *v.* 18 p. 229 t. 4 f. 2 | 1910 *O. e.*, Ellingsen in:

Mt. Mus. Berlin, *v.* 4 p. 397 | 1910 *O. e.*, Ellingsen in: Jahrb. Ver. Nassau, *v.* 63 p. 63 | 1928 *O. e.*, Schenkel in: Tierw. Deutschl., *v.* 8 fasc. 3 p. 67 f. 25 | 1928 *O. e.*, Beier in: Ann. Wien. Mus., *v.* 42 p. 289 f. 1B | 1929 *O. e.*, Kästner in: Tierw. Mitteleur., *v.* 3 p. IV 13 | 1929 *O. e.*, Beier in: SB. Ak. Wien, *v.* 138 p. 450.

Cephalothorax etwas länger als breit, mit schmalem, ziemlich langem und spitzem Epistom. Spinnhöcker vorhanden. Palpen (Fig. 108) kräftig. Trochanter doppelt so lang wie breit. Femur 4 mal so lang wie breit, mit deutlich abgesetztem Stiel, aus diesem stark schulterartig verbreitert, dann bis zum Ende annähernd gleich breit bleibend. Tibia etwa 2,5 mal so lang wie breit; der Gelenkausschnitt bis zur Mitte des Medialrandes der Keule reichend. Schere etwa 3,3 mal so lang wie breit. Hand sehr breit oval, olivengrün bis grünlichbraun, dunkler als die übrigen Glieder. Finger bedeutend länger als die Hand, hell rotbraun. Zähne des festen Fingers dicht stehend, von annähernd gleicher Länge. Medialeck der Coxen I nicht zahnförmig vorgezogen, jedoch an der Medianseite mit einigen äußerst feinen Zähnchen besetzt; Lateraldorn kräftig. — Körper L. 2,5 mm; Palpen: Trochanter L. 0,40 mm, B. 0,20 mm, Femur L. 0,78 mm, B. 0,20 mm, Tibia L. 0,58 mm, B. 0,24 mm, Hand L. 0,59 mm, B. 0,40 mm, Finger L. 0,78 mm.

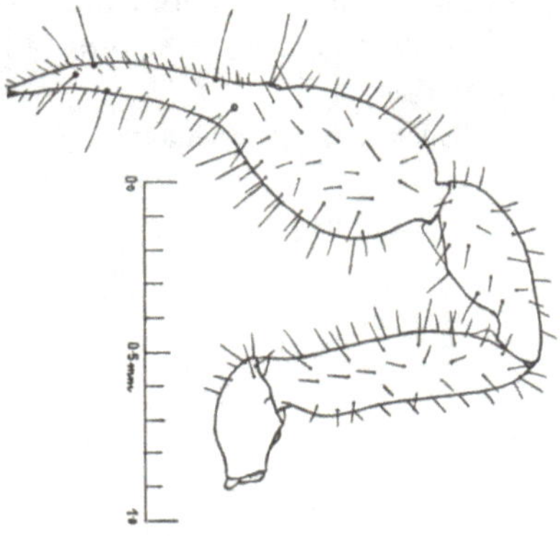

Fig. 108.
Neobisium erythrodactylum (L. Koch).
Linke Palpe.

Östliches Mitteleuropa, Osteuropa; westlich bis Berlin und zur italienischen Grenze vordringend.

Die Art zerfällt in 2 Unterarten:

31a) **N. (N.) erythrodactylum erythrodactylum** (L. Koch)

Mit den oben angegebenen Charakteren. Gelenkausschnitt der Tibia bis zur Mitte des Medialrandes der Keule reichend. Hand olivengrün bis grünlichbraun, dunkler als die übrigen Glieder.

Verbreitung wie oben.

31b) **N. (N.) erythrodactylum mediterraneum** (Beier) 1929 *Obisium e.* var. *m.*, Beier in: SB. Ak. Wien, *v.* 138 p. 451.

Mit der Nominatform weitgehend übereinstimmend. Femur aus dem Stielchen jedoch nicht so abrupt verbreitert. Gelenkausschnitt der Tibia nicht ganz bis zur Mitte des Medialrandes der Keule reichend. Hand etwas schmäler und nicht dunkler als die übrigen Glieder der Palpen.

Mediterranes Balkangebiet: Dalmatien, Westgriechenland.

32. **N. (N.) moreoticum** Beier 1931 *N. (N.) m.*, Beier in: Eos Madrid, *v.* 7 p. 22.

Cephalothorax annähernd quadratisch, mit ziemlich langem, spitz-dreieckigem Epistom. Augen groß, ziemlich nahe beisammen stehend. Beweglicher Chelicerenfinger mit großem, breiten Spinnhöcker. Palpen (Fig. 109) etwas länger als der Körper. Trochanter 2,2 mal so lang wie breit, hinten mit großer, rundlicher Tuberkel. Femur ziemlich schlank, fast 4,5 mal so lang wie breit, das Stielchen deutlich, jedoch nur schwach schulterartig abgesetzt. Tibia etwa 2,6 mal so lang wie breit; der Gelenkausschnitt erreicht nicht ganz die Mitte des Medialrandes der Keule. Schere etwa 3,7 mal so lang wie breit. Hand länglich oval. Finger bedeutend länger als die Hand. Zähne des festen Fingers groß, etwas nach hinten gerichtet, von gleicher Länge. Medialeck der Coxen I deutlich zahnförmig vorragend; Lateraldorn lang, breit, stumpf. — Körper L. 2,5 mm; Palpen: Trochanter L. 0,45 mm, B. 0,22 mm, Femur L. 0,98 mm, B. 0,22 mm, Tibia L. 0,65 mm, B. 0,26 mm, Hand L. 0,78 mm, B. 0,45 mm, Finger L. 0,90 mm.

Südbalkan: Peloponnes.

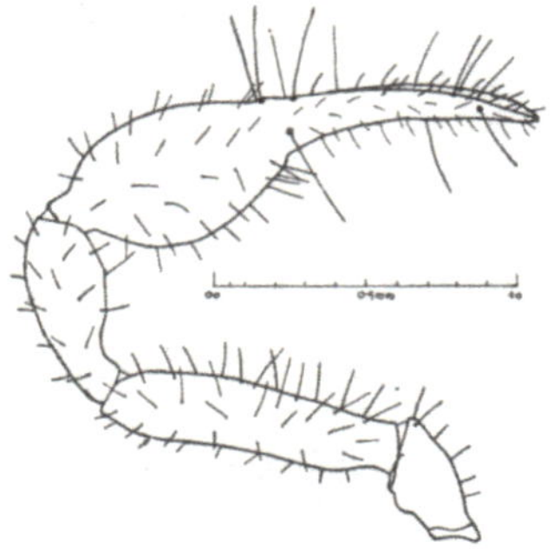

Fig. 109.
Neobisium moreoticum Beier.
Linke Palpe.

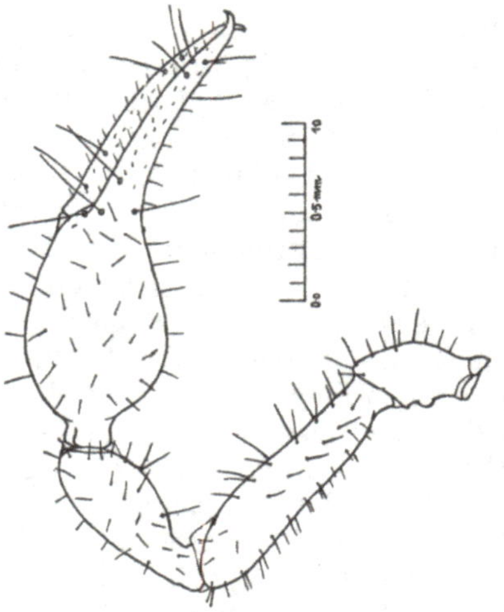

Fig. 110.
Neobisium caucasicum (Beier). Linke Palpe.

33. **N. (N.) caucasicum** (Beier) 1928 *Obisium c.*, Beier in: Ann. Wien. Mus., *v.* 42 p. 298 f. 4.

Cephalothorax etwas breiter als lang. Epistom ziemlich groß, dreieckig. Vorderes Auge um seinen Durchmesser vom Vorderrand und um den halben Durchmesser vom hinteren entfernt. Beweglicher Chelicerenfinger mit kräftigem Spinnhöcker. Palpen (Fig. 110) länger als der Körper. Trochanter hinten mit ziemlich großer Tuberkel. Femur 4,2 mal so lang wie breit, mit deutlichem Stielchen, aus diesem jedoch hinten nur schwach schulterartig verbreitert. Tibia etwa 2,8 mal so lang wie breit, die Keule langoval; der Gelenkausschnitt nicht ganz bis zur Mitte des Medialrandes der Keule reichend. Schere etwa 3,2 mal so lang wie breit. Hand kräftig und breit oval. Finger nur wenig länger als die Hand mit Stiel. Zähne des festen Fingers konisch, spitz und in lückenloser Reihe stehend, die des beweglichen bedeutend kleiner und stumpfer. Farbe der ganzen Palpen intensiv rotbraun. Medialeck der Coxen I stumpf oder etwas winkelig vorgezogen, nicht zahnförmig; Lateraldorn breit, kräftig. — Körper L. 3,8—4,0 mm; Palpen: Trochanter L. 0,78 mm, B. 0,33 mm, Femur L. 1,52 mm, B. 0,38 mm, Tibia L. 1,1 mm, B. 0,41 mm, Hand L. 1,30 mm, B. 0,80 mm, Finger L. 1,48 mm.

Transkaukasien: Araxes-Tal.

34. **N. (N.) macrodactylum** (Daday) 1888 *Obisium m.*, Daday in: Termész. Füzetek, *v.* 11 p. 132, 189 t. 4 f. 26 | 1910 *O. m.* (part.), Ellingsen in: Mt. Mus. Berlin, *v.* 4 p. 397 | 1928 *O. m.*, Beier in: Ann. Wien. Mus., *v.* 42 p. 296 f. 3 A.

Der vorigen Art nahestehend. Cephalothorax so lang wie breit. Epistom etwas kürzer und zarter. Augen etwa um ihren Durchmesser voneinander entfernt. Beweglicher Chelicerenfinger mit rundlichem Spinnhöcker. Palpen (Fig. 111) länger als der Körper, nicht intensiv rotbraun, sondern Trochanter, Femur und Tibia blaß bräunlichgelb, nur Hand und Finger rötlichbraun. Femur etwa 4,5mal so lang wie breit, mit deutlich abgesetztem Stielchen. Tibia etwa 2,7mal so lang wie breit; der Gelenkausschnitt erreicht nicht die Mitte des Medialrandes der Keule. Schere etwa 3,7mal so lang wie breit. Hand breit oval. Finger deutlich länger als die Hand. Zähne im distalen Teil des festen Fingers abwechselnd länger und kürzer, dieser Größenunterschied nicht bedeutend, aber deutlich erkennbar. — Körper L. 3,0—3,8 mm; Palpen: Trochanter L. 0,80 mm, B. 0,35 mm, Femur L. 1,70 mm, B. 0,35 mm, Tibia L. 1,20 mm, B. 0,45 mm, Hand L. 1,30 mm, B. 0,77 mm, Finger L. 1,80 mm.

Südosteuropa: Südungarn, Siebenbürgen, Rumänien, Istrien, Dalmatien.

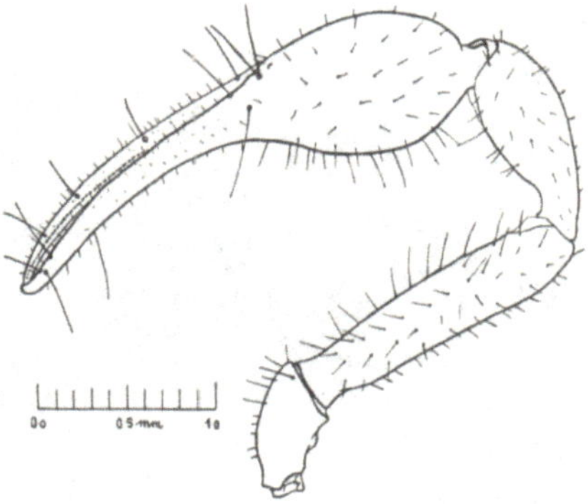

Fig. 111. **Neobisium macrodactylum** (Daday). Rechte Palpe.

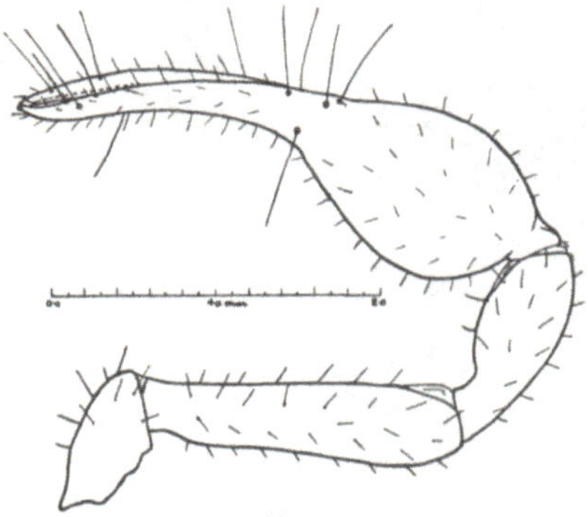

Fig. 112. **Neobisium montenegrense** (Ellingsen). Rechte Palpe.

35. **N. (N.) montenegrense** (Ellingsen) 1910 *Obisium m.*, Ellingsen in: Mt. Mus. Berlin, *v.* 4 p. 399.

Cephalothorax quadratisch, mit ziemlich großem, spitz dreieckigem Epistom. Augen etwa um ihren Durchmesser voneinander entfernt, das vordere ebensoweit vom Vorderrand. Spinnhöcker deutlich. Palpen (Fig. 112) länger als der Körper, hell rötlichbraun, nur die Finger etwas dunkler, die Hand leicht orangefarben. Trochanter hinten mit deutlicher Tuberkel. Femur etwa 4mal so lang wie breit, mit deutlichem, aber nur schwach schulterartig abgesetztem Stiel. Tibia etwa 2,7mal so lang wie breit; der Gelenkausschnitt erreicht nicht die Mitte des Medialrandes der Keule. Schere etwa 3,5mal so lang wie breit. Hand sehr breit oval. Finger deutlich länger als die Hand. Zähne des festen Fingers von gleicher Länge, dicht stehend, ziemlich breit und nur wenig zugespitzt, die des beweglichen distal dreieckig, spitz, basal kürzer und stumpfer. Medialeck der Coxen I deutlich spitzwinkelig vorragend; Lateraldorn breit, kräftig. — Körper L. 4,0 mm; Palpen: Trochanter L. 0,98 mm, B. 0,43 mm, Femur L. 1,94 mm, B. 0,48 mm, Tibia L. 1,32 mm, B. 0,53 mm, Hand L. 1,58 mm, B. 0,99 mm, Finger L. 1,95 mm.

Balkan: Montenegro.

36. **N. (N.) praecipuum** (E. Sim.) 1879 *Obisium p.*, E. Simon, Arach. France, *v.* 7 p. 59.

Cephalothorax quadratisch, mit langem, schmalen, zugespitzten Epistom. Augen groß, das vordere um seinen Durchmesser vom Vorderrand und um seinen halben Durchmesser vom hinteren entfernt. Beborstung der Tergite:

6 – 8—8—10—10. Spinnhöcker breit und flach. Palpen (Fig. 113) länger als der Körper. Trochanter mehr als doppelt so lang wie breit, hinten nur mit flacher, undeutlicher Tuberkel. Femur 5,2mal so lang wie breit, mit erkennbar, jedoch nur schwach schulterförmig abgesetztem Stielchen. Tibia 3mal so lang wie breit, die Keule erst nahe ihrem Ende die größte Breite erreichend; der Gelenkausschnitt etwa $^1/_4$ des Medialrandes der Keule erreichend. Schere etwa 4mal so lang wie breit. Hand breit oval, medial ziemlich stark konvex. Finger bedeutend länger als die Hand und so lang wie das Femur. Coxen I mit sehr kleinem, kurzen Lateraldorn; das Medialeck winkelig, schwach vorgezogen. — Körper L. 4 mm; Palpen: Trochanter L. 1,0 mm, B. 0,43 mm, Femur L. 2,06 mm, B. 0.40 mm, Tibia L. 1,48 mm, B. 0,50 mm, Hand L. 1,68 mm, B. 0,93 mm, Finger L. 2,1 mm.

Westeuropa: Pyrenäen, Basses Alpes.

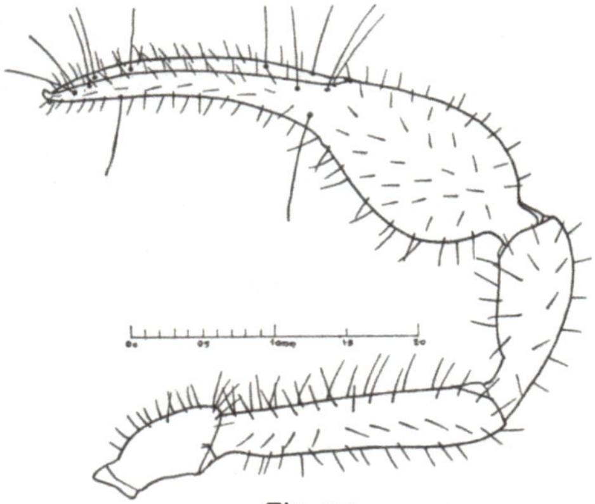

Fig. 113.
Neobisium praecipuum (E. Sim.). Rechte Palpe.

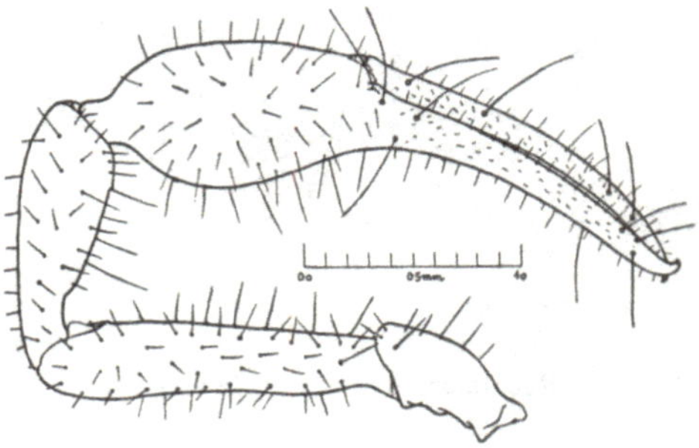

Fig. 114.
Neobisium distinctum (Beier). Linke Palpe.

37. **N. (N.) distinctum** (Beier) 1928 *Obisium d.*, Beier in: Ann. Wien. Mus., *v.* 42 p. 300 f. 5B.

Cephalothorax quadratisch, mit breitem, stumpfem, wenig vorragendem Epistom. Die großen Augen nur $^1/_3$ ihres Durchmessers voneinander entfernt, das vordere kaum um seinen Durchmesser vom Vorderrande. Beweglicher Chelicerenfinger nur mit schwachem Spinnhöcker. Palpen (Fig. 114) bedeutend länger als der Körper. Trochanter mehr als doppelt so lang wie breit, hinten mit deutlicher Tuberkel. Femur nicht ganz 5mal so lang wie breit, mit deutlichem, jedoch nur schwach schulterartig abgesetztem Stielchen. Tibia 3,2mal so lang wie breit; der Gelenkausschnitt etwas mehr als $^1/_4$ nach hinten reichend. Schere etwa 4,5mal so lang wie breit. Hand schwächer konvex als bei der vorigen Art. Finger etwas länger als das Femur. Lateraldorn der Coxen I groß, kräftig, Medialeck zahnförmig vorgezogen. — Körper L. 4—5 mm; Palpen: Trochanter L. 0,80 mm, B. 0,35 mm, Femur L. 1,62 mm, B. 0,35 mm, Tibia L. 1,22 mm, B. 0,40 mm, Hand L. 1,35 mm, B. 0,68 mm, Finger L. 1,72 mm.

Südeuropa: Istrien.

38. **N. (N.) trentinum** Beier 1931 *N. (N.) t.*, Beier in: Eos Madrid, *v.* 7 p. 23.

Den beiden vorigen Arten sehr ähnlich, jedoch graziler. Epistom klein, flach, kaum angedeutet. Spinnhöcker sehr flach. Beborstung der Tergite:

8–8—8—10—10. Palpen (Fig. 115) schlanker als bei *praecipuum*. Trochanter mit deutlicher Tuberkel hinten. Femur etwas mehr als 5mal so lang wie breit, das Stielchen nur schwach abgesetzt. Tibia schlank, 3,2mal so lang wie breit; der Gelenkausschnitt fast $^1/_3$ des Medialrandes der Keule erreichend. Hand fast doppelt so lang wie breit, medial mäßig konvex. Schere 4,5mal so lang wie breit. Finger so lang wie das Femur. Lateraldorn der Coxen I sehr kurz, kaum vorragend, Medialeck stumpfwinkelig, nicht zahnförmig vorgezogen. — Körper L. 3,7 mm; Palpen: Trochanter L. 0,80 mm, B. 0,35 mm, Femur L. 1,75 mm, B. 0,32 mm, Tibia L. 1,13 mm, B. 0,35 mm, Hand L. 1,30 mm, B. 0,68 mm, Finger L. 1,75 mm.

Südeuropa: Oberitalien.

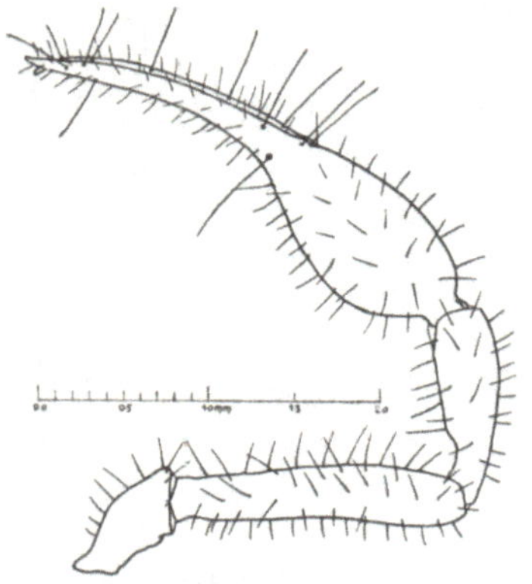

Fig. 115. **Neobisium trentinum** Beier. Rechte Palpe.

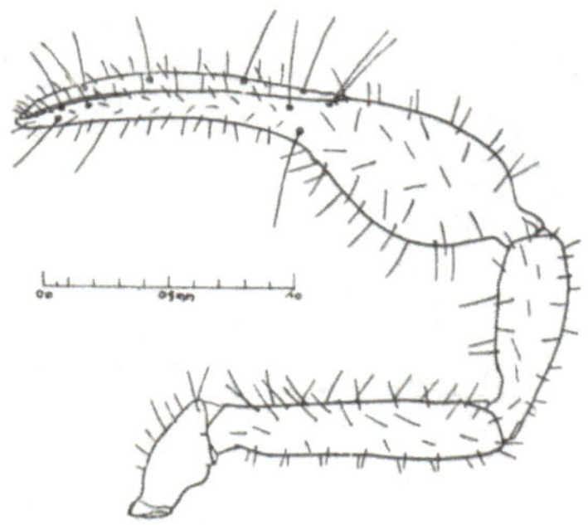

Fig. 116. **Neobisium corcyraeum** (Beier). Rechte Palpe.

39. **N. (N.) corcyraeum** (Beier) 1928 *Obisium c.*, Beier in: Ann. Wien. Mus., *v.* 42 p. 296 f. 3 B | 1929 *O. sublaeve*, Beier in: SB. Ak. Wien, *v.* 138 p. 451.

Cephalothorax quadratisch, mit mehr oder weniger kleinem, breiten, stumpfen Epistom. Vorderes Auge je einen halben Durchmesser vom Vorderrande und vom hinteren entfernt. Beweglicher Chelicerenfinger mit schwachem Spinnhöcker. Palpen (Fig. 116) ziemlich schlank, bedeutend länger als der Körper. Trochanter hinten mit deutlichem Höcker. Femur 5mal so lang wie breit, mit deutlich schulterartig abgesetztem Stielchen. Tibia 3,2mal so lang wie breit; der Gelenkausschnitt fast $^1/_3$ des Medialrandes der Keule erreichend. Schere etwa 4,5mal so lang wie breit. Hand medial deutlich konvex, nicht ganz doppelt so lang wie breit. Finger deutlich länger als das Femur, der feste im distalen Teil mit abwechselnd längeren und kürzeren Zähnen. Medialeck der Coxen I leicht zahnförmig vorgezogen. — Körper L. 3 mm; Palpen: Trochanter L. 0,53 mm, B. 0,22 mm, Femur L. 1,18 mm, B. 0,23 mm, Tibia L. 0,85 mm, B. 0,26 mm, Hand L. 0,96 mm, B. 0,50 mm, Finger L. 1,28 mm.

Südbalkan: Korfu.

40. **N. (N.) blothroides** (Töm.) 1882 *Obisium b.*, Tömösvary in: Math. termész. Közlem., *v.* 18 p. 224 t. 3 f. 9, 10 | 1888 *O. praecipuum*, Daday in: Termész. Füzetek, *v.* 11 p. 130, 186 | 1910 *O. p.*, Ellingsen in: Mt. Mus. Berlin, *v.* 4 p. 400 | 1928 *O. p.*, Beier in: Ann. Wien. Mus., *v.* 42 p. 299 f. 5 A.

Cephalothorax quadratisch, mit langem, spitzem, stark vorragendem Epistom. Spinnhöcker sehr schwach entwickelt. Palpen (Fig. 117) bedeutend länger als der Körper, schlank. Trochanter 2,7mal so lang wie breit, der hintere Höcker fehlend oder doch kaum angedeutet. Femur etwa 5,5 mal so lang wie breit, das Stielchen nicht deutlich abgesetzt. Tibia 4 mal so lang wie breit; der Gelenkausschnitt etwa $^1/_5$ des Medialrandes der Keule erreichend. Schere mehr als 4 mal so lang wie breit. Hand doppelt so lang wie breit, medial deutlich konvex. Finger bedeutend länger als die Hand und so lang wie das Femur. Medialeck der Coxen I nicht zahnförmig vorgezogen. — Körper L. 4—5 mm; Palpen: Trochanter L. 0,78 mm, B. 0,31 mm, Femur L. 1,72 mm, B. 0,31 mm, Tibia L. 1,35 mm, B. 0,33 mm, Hand L. 1,25 mm, B. 0,60 mm, Finger L. 1,72 mm.

Südosteuropa: Dalmatien, Siebenbürgen.

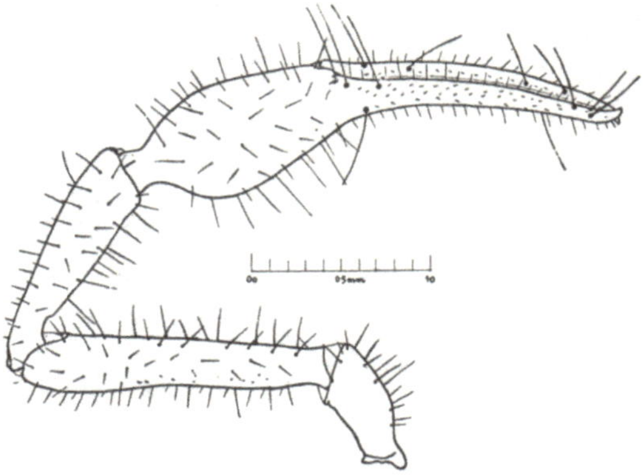

Fig. 117. **Neobisium blothroides** (Töm.). Linke Palpe.

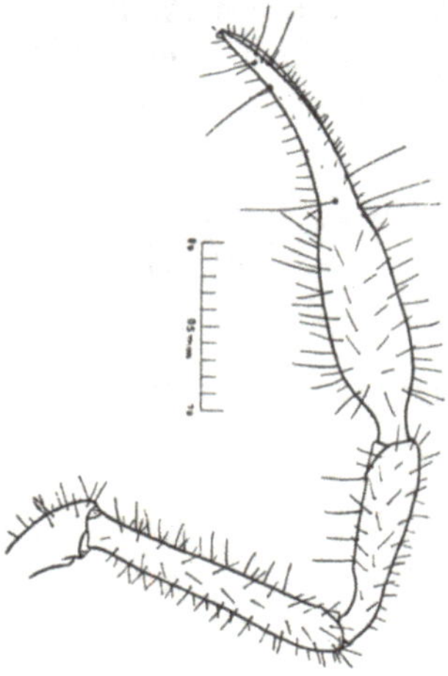

Fig. 118. **Neobisium nivale** (Beier). Rechte Palpe.

41. **N. (N.) nivale** (Beier) 1929 *Obisium n.*, Beier in: Ann. Wien. Mus., *v.* 43 p. 360 f. 12.

Cephalothorax etwas länger als breit, mit dreieckigem, spitzem, stark vorragendem Epistom. Augen groß, einander fast berührend, das vordere etwa um seinen Durchmesser vom Vorderrande entfernt. Beweglicher Chelicerenfinger mit deutlichem Spinnhöcker. Palpen (Fig. 118) schlank, stark verlängert, fast doppelt so lang wie der Körper. Trochanter etwa doppelt so lang wie breit, hinten distal mit deutlichem Höckerchen. Femur 6,5 mal so lang wie breit, ohne abgesetztes Stielchen, gegen das Ende sehr schwach und allmählich verdickt. Tibia etwa 4,2 mal so lang wie breit, die Keule fast parallelseitig; der Gelenkausschnitt nicht ganz $^1/_3$ des Medialrandes der Keule erreichend. Schere fast 6 mal so lang wie breit. Hand auffallend schmal, nahezu parallelseitig, 3 mal so lang wie breit. Finger so lang wie die Hand mit Stiel und bedeutend kürzer als das Femur. Zähne am festen Finger ziemlich klein, spitz und dicht, jedoch nicht gedrängt stehend. Coxen I mit langem Lateraldorn und ziemlich stark zahnförmigem Medialeck. — Körper L. 3,5 mm; Palpen: Femur L. 1,73 mm, B. 0,26 mm, Tibia L. 1,29 mm, B. 0,31 mm, Hand L. 1,40 mm, B. 0,45 mm, Finger L. 1,38 mm.

Spanien: Sierra Nevada, Gipfelregion des Muley-Hacen; am Rande von Schneefeldern.

42. **N. (N.) cavernarum** (L. Koch) 1873 *Obisium c.*, L. Koch, Übers. Darst. Eur. Chernet., p. 55 | 1879 *O. c.*, E. Simon, Arach. France, *v.* 7 p. 61 t. 19 f. 7 | 1908 *O. c.*, Ellingsen in: Arch. Zool. expér., ser. 4 *v.* 8 p. 418 | 1912 *O. c.*, Ellingsen in: ibid., ser. 5 *v.* 10 p. 172 | 1917 *O. c.*, Nonidez in: Trab. Mus. Madrid, nr. 32 p. 41 f. 12 | 1925 *O. c.*, Navas in: Broteria, *v.* 22 p. 123.

Integument pigmentarm. Cephalothorax etwas länger als breit, mit Epistom. Augen klein, besonders das hintere rudimentär, das vordere um seinen Durchmesser vom Vorderrande entfernt. Hinterrand des Cephalothorax mit 6 Borsten. Beborstung der Tergite: 4—6—8—10—10. Beweglicher Chelicerenfinger mit deutlichem, gerundeten Spinnhöcker. Palpen (Fig. 119) länger als der Körper. Trochanter mit deutlichem Höcker hinten. Femur 6mal so lang wie breit, ohne deutlich abgesetztes Stielchen. Tibia etwa 3,5mal so lang wie breit; der Gelenkausschnitt erreicht $^1/_3$ des Medialrandes der Keule. Schere etwa 5mal so lang wie breit. Hand langoval, mehr als doppelt so lang wie breit. Finger bedeutend länger als die Hand, etwas länger als das Femur. Coxen I mit rechtwinkeligem, etwas vorgezogenem Medialeck und sehr langem Lateraldorn. — Körper L. 2,5—3 mm; Palpen: Femur L. 1,29 mm, B. 0,21 mm, Tibia L. 0,92 mm, B. 0,25 mm, Hand L. 1,02 mm, B. 0,45 mm, Finger L. 1,32 mm.

Westeuropa: Südwestfrankreich, Pyrenäen, Ostspanien.

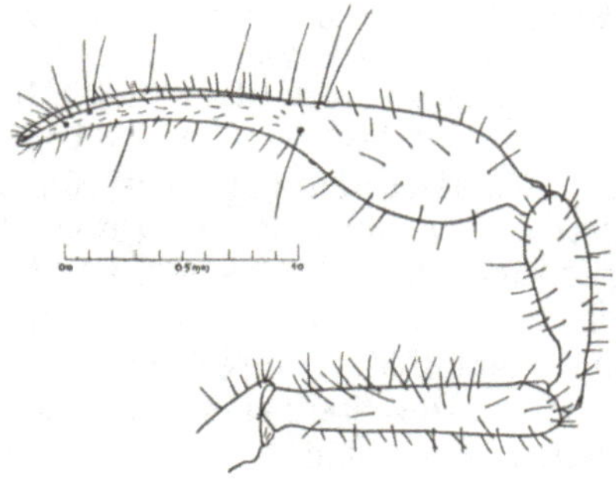

Fig. 119.
Neobisium cavernarum (L Koch).
Rechte Palpe.

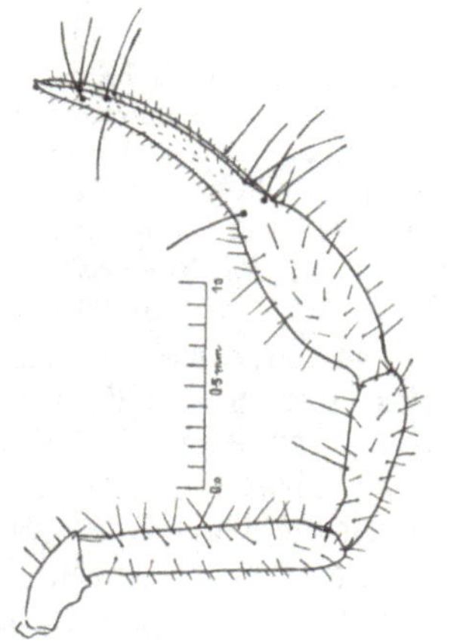

Fig. 120.
Neobisium speluncarium (Beier).
Rechte Palpe.

43. **N. (N.) speluncarium** (Beier) 1928 *Obisium s.*, Beier in: Ann. Wien. Mus., *v.* 42 p. 301 f. 6.

Integument pigmentarm, Farbe bräunlichgelb. Cephalothorax länger als breit, mit sehr kleinem, stumpfen Epistom. Augen von normaler Größe, ziemlich dicht beisammen stehend, das vordere um seinen Durchmesser vom Vorderrand entfernt. Spinnhöcker deutlich. Palpen (Fig. 120) schlank, fast doppelt so lang wie der Körper. Trochanter hinten mit deutlichem Höcker. Femur etwa 5,8mal so lang wie breit, ohne deutlich abgesetztes Stielchen. Tibia etwa 3,7mal so lang wie breit; der Gelenkausschnitt erreicht fast $^1/_3$ des Medialrandes der Keule. Schere 5,5mal so lang wie breit. Hand schmal, kaum konvex, 2,5mal so lang wie breit. Finger bedeutend länger als die Hand und so lang wie das Femur. Zähne des festen Fingers spitz dreieckig und ungleich lang, die des beweglichen bedeutend kleiner. Medialeck der Coxen I etwas spitzwinkelig, jedoch nicht zahnförmig vorgezogen; Lateraldorn kräftig. — Körper L. 3 mm; Palpen: Trochanter L. 0,57 mm, B. 0,24 mm, Femur L. 1,30 mm, B. 0,23 mm, Tibia L. 0,91 mm, B. 0,27 mm, Hand L. 1,0 mm, B. 0,41 mm, Finger L. 1,30 mm.

Balkan: Kroatien, Tropfsteinhöhle am Kaludjerovac-See.

Unsichere Arten:

N. (N.) catalaunicum (Navas) 1925 *Obisium c.*, Navas in: Broteria, *v.* 22 p. 123.
Beschreibung vollkommen unzureichend.
Spanien.

N. (N.) nemorale (C. L. Koch) 1839 *Obisium n.*, C. L. Koch, Übers. Arach., fasc. 2 p. 5 | 1843 *O. n.*, C. L. Koch in: C. W. Hahn & C. L. Koch, Arach., *v.* 10 p. 67.
Vielleicht mit *carcinoides* identisch.
Mitteleuropa: Bayern.

N. (N.) seminudum (Daday & Töm.) 1880 *Obisium s.*, Daday & Tömösvary in: Orv.-Termész. Értes. Erdél. Muz., *v.* 5 p. ?
Osteuropa: Ungarn.

N. (N.) theisianum (Gerv.) 1832 *Obisium carrinoides* (non *Chelifer c.* Hermann 1804), Théis in: Ann. Sci. nat. *v.* 27 p. 68 | 1844 *O. theisianum*, Gervais in: Walckenaer & Gervais, Hist. Apt., *v.* 3 p. 82.
Frankreich.

c) Subgen. **Blothrus** Schiödte

1849 *Blothrus*, Schiödte in: Danske Selsk. Skr., ser. 5 *v.* 2 p. 23 | 1872 *B.*, E. Simon in: Ann. Soc. ent. France, ser. 5 *v.* 2 p. 223 | 1873 *B.*, L. Koch, Übers. Darst. Eur. Chernet., p. 41 | 1879 *Obisium (B.)*, E. Simon, Arach. France, *v.* 7 p. 67 | 1882 *B.*, Tömösvary in: Math. termész. Közlem., *v.* 18 p. 233 | 1888 *O. (B.)*, Daday in: Termész. Füzetek, *v.* 11 p. 127, 183 | 1912 *O. (B.)*, Ellingsen in: Arch. Zool. expér., ser. 5 *v.* 10 p. 167 | 1917 *O. (B.)*, Nonidez in: Trab. Mus. Madrid, nr. 32 p. 32 | 1928 *O. (B.)*, Beier in: Ann. Wien. Mus., *v.* 42 p. 306 | 1930 *B.*, Chamberlin in: Ann. nat. Hist., ser. 10 *v.* 5 p. 11.

Mehr oder weniger pigmentarme Höhlenformen mit meist stark verlängerten Palpen und Beinen. Cephalothorax in der Regel bedeutend länger als breit, ohne Augen. Palpentibia mit länglich-ovaler Keule oder diese ist vom Stiel nicht abgesetzt und die Tibia nimmt distal allmählich an Breite zu; nie ist die Tibia distal stark kugelig oder eiförmig aufgetrieben. Palpenglieder meist glatt, selten fein punktiert. Der starken Verlängerung der Finger entsprechend stehen die Tastborsten *et*, *est* und *it* im distalen Viertel oder Fünftel der Fingerlänge.

Südeuropa von Spanien bis Bulgarien und Kreta, in Höhlen.

44. **N. (B.) primitivum** Beier 1931 *N. (B.) p.*, Beier in: Eos Madrid, *v.* 7 p. 9 f. 1.

Cephalothorax länger als breit, mit ziemlich großem, breit dreieckigem, an der Spitze etwas abgestumpftem Epistom; Hinterrand mit 6 Borsten. Augen fehlen. Beborstung der Tergite: 6—6—8—10. Spinnhöcker groß, lappenförmig, nach vorn gerichtet. Beweglicher Chelicerenfinger ohne Mittelzahn, aber die 3 medianen Zähne kräftiger als die übrigen. Palpen (Fig. 121) schlank. Trochanter hinten mit deutlichem Doppelhöcker. Femur etwa 5,5 mal so lang wie breit, ohne deutlich abgesetztes Stielchen. Tibia 3,5 mal so lang wie breit; der Gelenkausschnitt erreicht $^1/_3$ des Medialrandes der Keule. Schere etwa 4,8 mal so lang wie breit. Finger länger als das Femur. Medialeck der Coxen I rechtwinkelig, schmal abgerundet; Lateraldorn lang und kräftig. — Körper L. 2,2 mm; Palpen: Femur L. 1,06 mm, B. 0,21 mm, Tibia L. 0,82 mm, B. 0,25 mm, Hand L. 0,78 mm, B. 0,42 mm, Finger L. 1,20 mm.

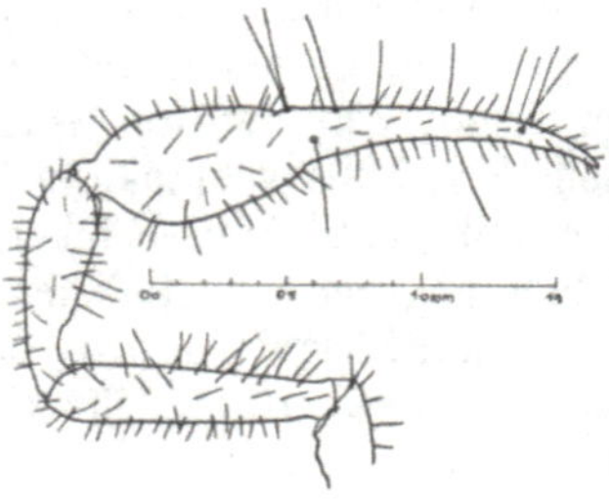

Fig. 121.
Neobisium (Blothrus) primitivum Beier. Linke Palpe.

Spanien: Cueva de Mairuelegorreta, Mte. Gorbea, Prov. Alava.

45. **N. (B.) primaevum** Beier 1931 *N. (B.) p.*, Beier in: Eos Madrid, *v.* 7 p. 10 f. 2.

Der vorigen Art sehr ähnlich, die Palpen und besonders deren Tibia jedoch noch schlanker. Epistom breit, dreieckig, spitz. Hinterrand des Cephalothorax mit 6 Borsten. Beborstung der Tergite: 6—8—10—10. Beweglicher Chelicerenfinger ohne ausgesprochenen Mittelzahn, aber mit 3 kräftigeren Zähnen median. Spinnhöcker groß, nach vorn gerichtet. Palpen (Fig. 122) schlank. Trochanter hinten mit kleinem aber deutlichem Doppelhöckerchen. Femur 6,2 mal so lang wie breit, ohne deutlich abgesetztes Stielchen. Tibia 4 mal so lang wie breit; der Gelenkausschnitt erreicht 1/4 des Medialrandes der Keule. Schere etwa 5,3 mal so lang wie breit. Finger lang und dünn, länger als das Femur. Medialeck der Coxen I rechtwinkelig, etwas vorgezogen, kaum abgerundet. — Körper L. 2,3 mm; Palpen: Trochanter L. 0,62 mm, B. 0,21 mm, Femur L. 1,41 mm, B. 0,22 mm, Tibia L. 1,08 mm, B. 0,28 mm, Hand L. 0,97 mm, B. 0,48 mm, Finger L. 1,58 mm.

Spanien: Cueva de San Roque, Utzcorta, Bilbao, Prov. Vizcaya.

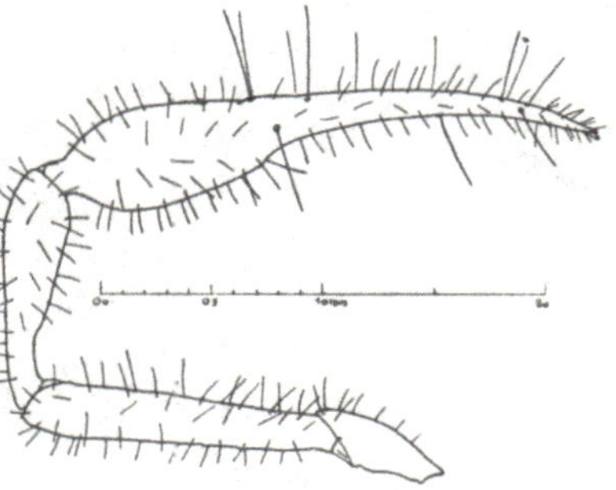

Fig. 122.
Neobisium (Blothrus) primaevum Beier.
Linke Palpe.

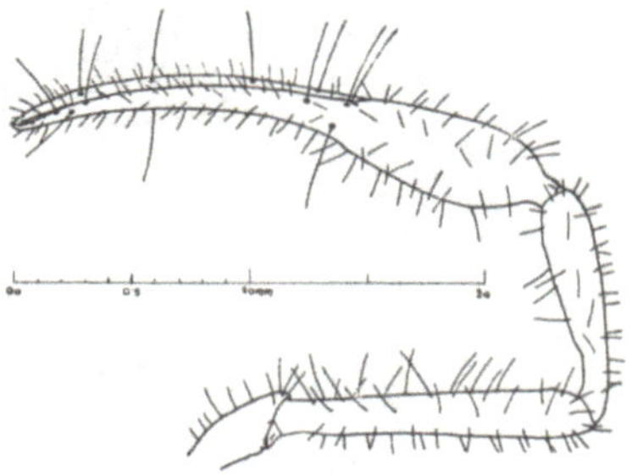

Fig. 123.
Neobisium (Blothrus) boneti Beier.
Rechte Palpe.

46. **N. (B.) boneti** Beier 1931 *N. (B.) b.*, Beier in: Eos Madrid, *v.* 7 p. 11 f. 3.

Epistom klein, nur wenig vorragend. Hinterrand des Cephalothorax mit 4 Borsten. Beborstung der Tergite: 4—6—6—6—8—8. Beweglicher Chelicerenfinger ohne Mittelzahn und die medianen Zähnchen nicht vergrößert. Spinnhöcker groß, nach vorn gerichtet. Maxille mit 4 Borsten. Palpen (Fig. 123) schlank, schlanker als bei den vorigen Arten. Trochanter mit sehr kleinem Doppelhöckerchen hinten. Femur fast 7 mal so lang wie breit. Tibia etwa 4,8 mal so lang wie breit; der Gelenkausschnitt erreicht 1/4 des Medialrandes der Keule. Schere etwa 6,7 mal so lang wie breit. Hand etwa 2,8 mal so lang wie breit. Finger lang und dünn, länger als das Femur. Medialeck der Coxen I deutlich spitzwinkelig vorragend, aber nicht ausgesprochen zahnförmig; Lateraldorn sehr lang und kräftig. Beine ziemlich stark verlängert. — Körper L. 2,5 mm; Palpen: Femur L. 1,36 mm, B. 0,20 mm, Tibia L. 1,0 mm, B. 0,20 mm, Hand L. 0,92 mm, B. 0,36 mm, Finger L. 1,48 mm.

Spanien: Cueva de Mauloechea, Abaurrea, Prov. Navarra.

47. **N. (B.) abeillei** (E. Sim.) 1872 *Blothrus A.*, E. Simon in: Ann. Soc. ent. France, ser. 5 *v.* 2 p. 224 t. 12 f. 10 | 1873 *B. A.*, L. Koch, Übers. Darst. Eur. Chernet., p. 43 | 1879 *Obisium (B.) a.*, E. Simon, Arach. France, *v.* 7 p. 68 t. 19 f. 12 | 1912 *O. (B.) A.*, Ellingsen in: Arch. Zool. expér., ser. 5 *v.* 10 p. 167.

Vorderrand des Cephalothorax gerade, mit kleinem, dreieckigen Epistom. Beweglicher Chelicerenfinger mit sehr kräftigem, spitzen Mittelzahn. Spinnhöcker groß, rund, etwas nach vorn gerichtet. Hinterrand des Cephalothorax mit 4 Borsten. Beborstung der Tergite: 4—4—6—6—6—6—8—8—8. Palpen (Fig. 124) länger als der Körper, schlank. Trochanter hinten ohne deutlichen Höcker. Femur wenigstens 8,5mal so lang wie breit, ohne Stielchen. Tibia 5,8mal so lang wie breit; der Gelenkausschnitt erreicht $^1/_7$ oder $^1/_8$ des Medialrandes der Keule. Schere etwa 8mal so lang wie breit. Hand schmal, fast parallelseitig, auch medial kaum konvex. Finger lang, dünn, länger als das Femur; das Tasthaar *ist* des festen Fingers fast in gleicher Höhe mit *est* stehend. Medialeck der Coxen I rechtwinkelig, spitz, am Medialrand gezähnelt; Lateraldorn mäßig lang. — Körper L. 3—3,2 mm; Palpen: Trochanter L. 0,50 mm, B. 0,18 mm, Femur L. 1,43 mm, B. 0,16 mm, Tibia L. 1,18 mm, B. 0,20 mm, Hand L. 0,88 mm, B. 0,30 mm, Finger L. 1,60 mm.

Südfrankreich: In den Höhlen des Dep. Ariège und der Hautes-Pyrénées.

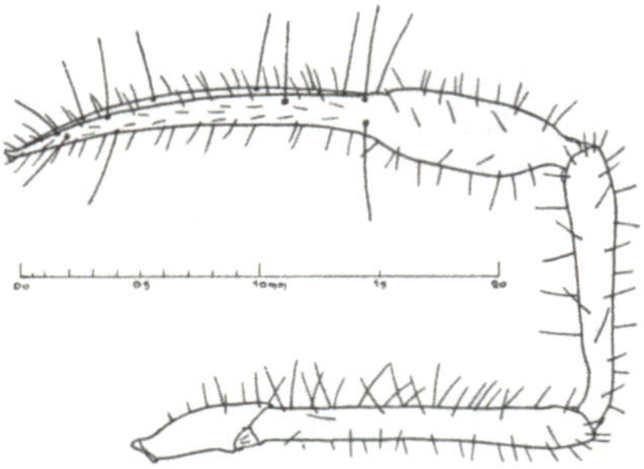

Fig. 124.
Neobisium (Blothrus) abeillei (E. Sim.).
Rechte Palpe.

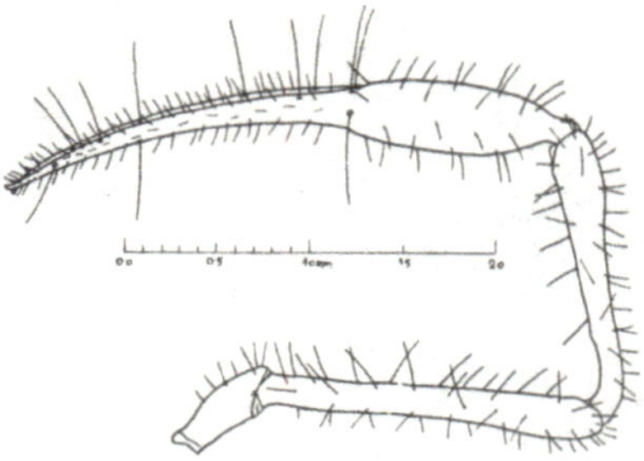

Fig. 125.
Neobisium (Blothrus) navaricum (Nonidez).
Rechte Palpe.

48. **N. (B.) navaricum** (Nonidez) 1925 *Obisium (B.) navaricus*, Nonidez in: Eos Madrid, *v.* 1 p. 64 f. 5, 6 | 1925 *O. (B.) n.*, Navas in: Broteria, *v.* 22 p. 120.

Vorderrand des Cephalothorax in der Mitte vorgezogen, mit sehr kleinem, spitzen Epistom; Hinterrand mit 4 Borsten. Beborstung der Tergite: 4—4—6—6—8—8—8—10—10. Beweglicher Chelicerenfinger mit breitem Mittelzahn. Spinnhöcker groß, lappenförmig, nach vorn gerichtet. Palpen (Fig. 125) bedeutend länger als der Körper. Trochanter hinten ohne Höcker. Femur 8,5mal so lang wie breit, ohne Stielchen. Tibia 6,5mal so lang wie breit, die Keule vom Stiel nicht abgesetzt, ihr Ansatz nur durch ein Tuberkelchen markiert. Schere mehr als 8mal so lang wie breit. Hand sehr schmal, mit Stiel gut 3mal so lang wie breit, regelmäßig oval. Finger lang und dünn, länger als das Femur. Das Tasthaar *ist* deutlich proximal von *est* stehend. Medialeck der Coxen I stumpf zahnförmig vorgezogen, abgerundet. — Körper L. 3,5 mm; Palpen: Trochanter L. 0,62 mm, B. 0,21 mm, Femur L. 1,88 mm, B. 0,21 mm, Tibia L. 1,58 mm, B. 0,23 mm, Hand L. 1,20 mm, B. 1,38 mm, Finger L. 1,95 mm.

Spanien: Cueva de Malkorraundi, Gorriti, Prov. Navarra.

49. **N. (B.) creticum** (Beier) 1931 *Obisium (B.) c.*, Beier in: Abh. Ver. Bremen, *v.* 28 p. 92 t. 15 f. 1,3 A.

Cephalothorax nahezu quadratisch, mit kleinem, dreieckigen, an der Spitze abgerundetem Epistom; die Scheibe hinter dem Epistom mit länglicher, ziemlich scharf gerandeter, in der Mitte eingeschnürter Einsenkung. Beborstung der Tergite: 4—6—6—6—10—10—10—10—8—8. Beweglicher Cheliceren-finger mit kräftigem Mittelzahn. Spinnhöcker deutlich, rund. Palpen (Fig. 126) bedeutend länger als der Körper. Femur etwa 6,5 mal so lang wie breit, mit undeutlich abgesetztem Stielchen. Tibia 4,3 mal so lang wie breit, distal ziemlich stark verdickt. Schere etwa 5 mal so lang wie breit. Hand ziemlich breit-oval. Finger länger als das Femur. Medialeck der Coxen I vollständig abgerundet; Lateraldorn sehr kräftig, spitz. — Körper L. 3—3,5 mm; Palpen: Trochanter L. 0,67 mm, B. 0,25 mm, Femur L. 1,55 mm, B. 0,25 mm, Tibia L. 1,25 mm, B. 0,30 mm, Hand L. 1,10 mm, B. 0,53 mm, Finger L. 1,75 mm.

Kreta: Katholiko- und Arkalo-Höhle auf der Halbinsel Akrotiri.

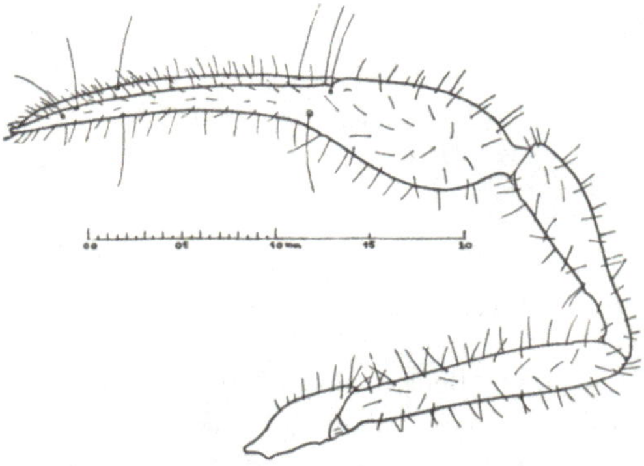

Fig. 126.
Neobisium (Blothrus) creticum (Beier).
Rechte Palpe.

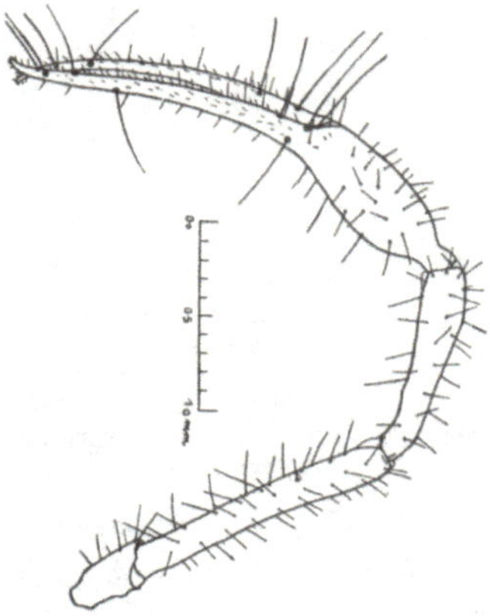

Fig. 127.
Neobisium (Blothrus) odysseum (Beier). Rechte Palpe.

50. **N. (B.) odysseum** (Beier) 1929 *Obisium (B.) o.*, Beier in: SB. Ak. Wien, *v.* 138 p. 451 f. 4—6.

Cephalothorax etwas länger als breit, mit kleinem, stumpfen Epistom, hinter diesem mit leichter Depression. Spinnhöcker flach. Palpen (Fig. 127) bedeutend länger als der Körper. Femur 7,3 mal so lang wie breit, ohne Stielchen. Tibia etwa 4,6 mal so lang wie breit, distal nur mäßig verdickt. Schere nicht ganz 7 mal so lang wie breit. Hand schmal-oval. Finger länger als das Femur. Medialeck der Coxen I mit kleinem aber deutlichem Zähnchen; Lateraldorn breit, kurz. — Körper L. 3,2 mm; Palpen: Trochanter L. 0,5 mm, B. 0,2 mm, Femur L. 1,47 mm, B. 0,20 mm, Tibia L. 1,05 mm, B. 0,23 mm, Hand L. 0,98 mm, B. 0,38 mm, Finger L. 1,70 mm.

Jonische Inseln: Korfu, Höhle am Pantokrator.

51. **N. (B.) reimoseri** (Beier) 1929 *Obisium (B.) R.*, Beier in: Ann. Wien. Mus., *v.* 43 p. 361 f. 13, 14B.

Cephalothorax deutlich länger als breit, mit schmal-dreieckigem, an der Spitze abgestutztem Epistom, basal von diesem leicht eingedrückt. Spinnhöcker sehr flach, schwer erkennbar. Palpen (Fig. 128) etwa doppelt so lang wie der Körper. Trochanter hinten mit deutlichem Höckerchen. Femur 6,7 mal so lang wie breit, das Stielchen nicht deutlich abgesetzt. Tibia 4,8 mal so lang wie breit. Schere fast 6 mal so lang wie breit. Hand schmal-oval, doppelt so lang wie breit. Finger länger als das Femur. Medialeck der Coxen I stumpfwinkelig, mit einem kleinen Zähnchen; Lateraldorn lang und kräftig. — Körper L. 3—3,5 mm; Palpen: Trochanter L. 0,60 mm, B. 0,20 mm, Femur L. 1,40 mm, B. 0,22 mm, Tibia L. 1,18 mm, B. 0,25 mm, Hand L. 1,0 mm, B. 0,41 mm, Finger L. 52 mm.

Istrien: Draga bei Ponikve (St. Daniel), lska Jama bei Brestovizza (Nabresina).

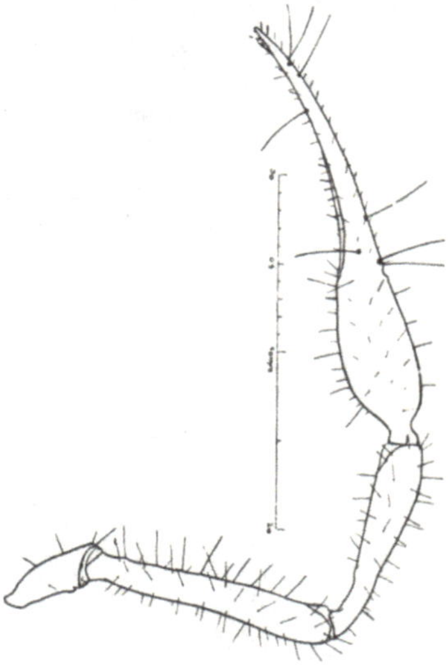

Fig. 128.
Neobisium (Blothrus) reimoseri (Beier).
Rechte Palpe.

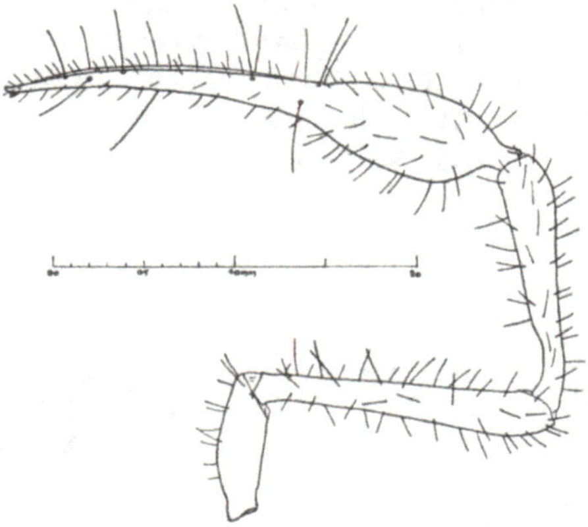

Fig. 129.
Neobisium (Blothrus) boldorii Beier.
Rechte Palpe.

52. **N. (B.) boldorii** Beier 1931 *N. (B.) b.*, Beier in: Eos Madrid, *v.* 7 p. 12 f. 4.

Cephalothorax gut 1,5 mal so lang wie breit, ohne Epistom, der Vorderrand jedoch in der Mitte deutlich vorgezogen. Hinterrand mit 4 Borsten. Beborstung der Tergite: 4—6—6—6. Spinnhöcker groß, zahnförmig, etwas nach vorn gerichtet. Palpen (Fig. 129) bedeutend länger als der Körper, das Femur medial distal in geringer Ausdehnung fein granuliert, die übrigen Glieder glatt. Trochanter hinten ohne Höcker. Femur 7 mal so lang wie breit, ohne Stiel, gegen das Ende allmählich verbreitert. Tibia etwa 5 mal so lang wie breit. Schere 6 mal so lang wie breit. Hand oval, doppelt so lang wie breit. Finger etwas länger als das Femur, an der Basis fein, aber sehr deutlich granuliert. Medialeck der Coxen I in der Anlage rechtwinkelig, schmal abgerundet; Lateraldorn kurz, stumpf. — Körper L. 3 mm; Palpen: Trochanter L. 0,80 mm, B. 0,25 mm, Femur L. 1,67 mm, B. 0,22 mm, Tibia L. 1,42 mm, B. 0,28 mm, Hand L. 1,14 mm, B. 0,48 mm, Finger L. 1,75 mm.

Norditalien: Büs Coalghes, Cavardo bei Brescia, Lombardei.

53. **N. (B.) brevipes** (J. Friv.) 1865 *Blothrus b.*, J. Frivaldszky in: Math. termész. Közlem., *v.* 3 p. 38 | 1882 *B. b.*, Tömösvary in: Math. termész. Közlem., *v.* 18 p. 234 t. 4 f. 8—10 | 1888 *Obisium (B.) b.*, Daday in: Termész. Füzetek, *v.* 11 p. 128, 184 | 1928 *O. (B.) b.*, Beier in: Ann. Wien. Mus., *v.* 42 p. 306 | 1929 *O. (B.) b.*, Beier in: SB. Ak. Wien, *v.* 138 p. 453 f. 5 B.

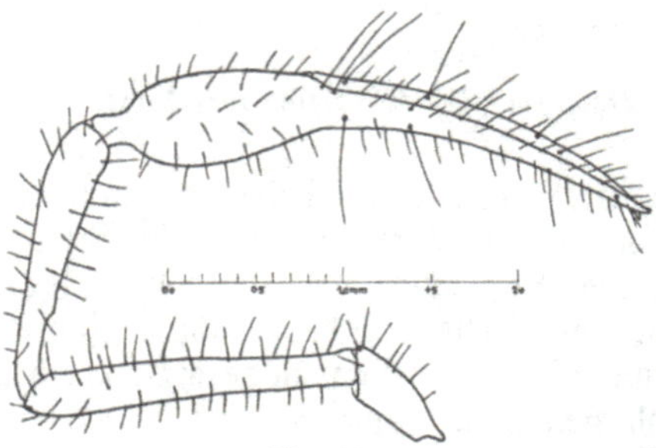

Fig. 130.
Neobisium (Blothrus) brevipes (J. Friv.).
Linke Palpe.

Cephalothorax mit deutlich vorragendem, stumpfen Epistom. Spinnhöcker flach. Palpen (Fig. 130) länger als der Körper. Trochanter hinten ohne Höcker. Femur fast 8 mal so lang wie breit, ohne Stielchen. Tibia

5,5mal so lang wie breit, distal nur wenig verdickt. Schere etwa 6mal so lang wie breit. Hand schmal-oval. Finger länger als das Femur. Medialeck der Coxen I breit zahnförmig vorragend. — Körper L. 3,5 mm; Palpen: Trochanter L. 0,72 mm, B. 0,28 mm, Femur L. 1,90 mm, B. 0,25 mm, Tibia L. 1,62 mm, B. 0,30 mm, Hand L. 1,29 mm, B. 0,51 mm, Finger L. 2,08 mm.

Ostungarn: Höhlen von Fericsei, Oncsasza, Foraczai, Peristerei Mehadia, Szelistyei.

54. **N. (B.) roeweri** (Beier) 1931 *Obisium (B.) r.*, Beier in: Abh. Ver. Bremen, *v.* 28 p. 94 t. 15 f. 2, 3 B.

Cephalothorax deutlich länger als breit, vorn in der Mitte etwas niedergedrückt. Epistom vorragend, stumpf zahnförmig. Beborstung der Tergite: 4—6—6—6—10—10—10—10—8—8. Beweglicher Chelicerenfinger mit kräftigem, stumpfen, einfachen Mittelzahn. Spinnhöcker flach, undeutlich.

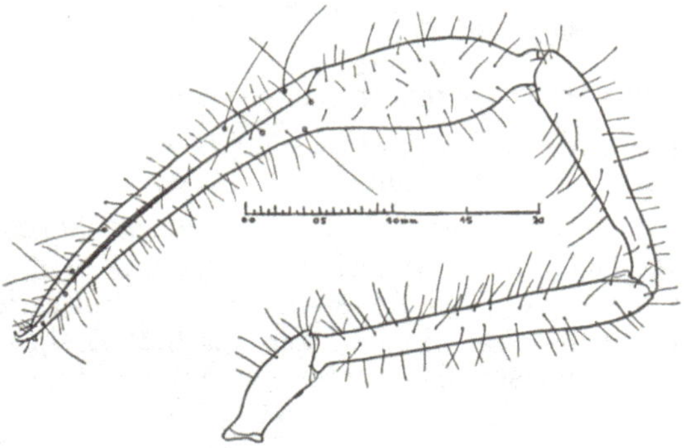

Fig. 131.
Neobisium (Blothrus) roeweri (Beier). Rechte Palpe.

Palpen (Fig. 131) fast doppelt so lang wie der Körper. Trochanter hinten mit kleinem Höckerchen. Femur 8mal so lang wie breit, ohne Stielchen. Tibia 5,3mal so lang wie breit. Schere 7mal so lang wie breit. Hand oval, etwa 2,5mal so lang wie breit. Finger länger als das Femur. Medialeck der Coxen I in der Anlage stumpfwinkelig, jedoch schwach und stumpf zahnförmig vorgezogen; Lateraldorn ziemlich kurz und stumpf. — Körper L. 4 mm; Palpen: Trochanter L. 0,93 mm, B. 0,30 mm, Femur L. 2,30 mm, B. 0,29 mm, Tibia L. 1,75 mm, B. 0,33 mm, Hand L. 1,50 mm, B, 0,60 mm, Finger L. 2,70 mm.

Kreta: Katavothron auf der Hochebene von Omalos.

55. **N. (B.) torrei** (E. Sim.) 1881 *Obisium (B.) T.*, E. Simon in: Ann. Mus. Genova, *v.* 16 p. 299 | 1929 *O. (B.) T.*, Beier in: Ann. Wien. Mus., *v.* 43 p. 363 f. 14 C.

Cephalothorax etwas länger als breit, mit vollständig rudimentärem, kaum angedeutetem Epistom. Spinnhöcker sehr flach, kaum sichtbar. Palpen (Fig. 132) bedeutend länger als der Körper. Trochanter hinten mit kleinem Höckerchen. Femur 8,2mal so lang wie breit, ohne deutliches Stielchen. Tibia 5,8mal so lang wie breit. Schere etwa 6,5mal so lang wie breit. Hand kräftig, oval, 2,5mal so lang wie breit, flach runzelig punktiert. Finger deutlich länger als das Femur. Medialeck der Coxen I in der Anlage rechtwinkelig, etwas vorgezogen; Lateraldorn breit, stumpf. — Körper L. 4 mm; Palpen: Trochanter L. 1,1 mm, B. 0,34 mm, Femur L. 2,70 mm, B. 0,32 mm. Tibia L. 2,10 mm, B. 0,37 mm, Hand L. 1,68 mm, B. 0,68 mm, Finger L. 3,20 mm.

Oberitalien: Venezien, Grotte Oliero bei Bassano, il Covolo, Cerada bei Vicenza.

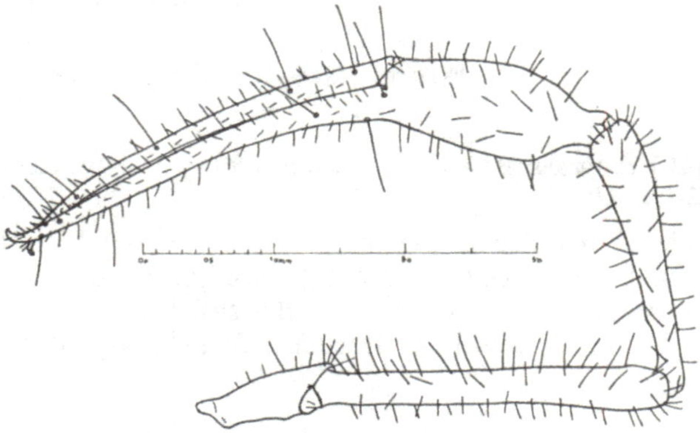

Fig. 132.
Neobisium (Blothrus) torrei (E. Sim.). Rechte Palpe.

56. **N. (B.) subterraneum** (Redikorzev) 1928 *Obisium (B.) s.*, Redikorzev in: Mt. Inst. Sofia, *v.* 1 p. 127 f. 6, 7, 10a.

Cephalothorax etwas länger als breit, vorn mit kleeblattförmiger Depression. Epistom klein, spitz, dreieckig. Hinterrand mit 6 Borsten. Beborstung der Tergite: 6—6—6—8—8—8—8—8. Beweglicher Chelicerenfinger mit spitzem Mittelzahn. Spinnhöcker deutlich. Palpen (Fig. 133) fast doppelt so lang wie der Körper. Trochanter hinten mit sehr kleinem Höckerchen.

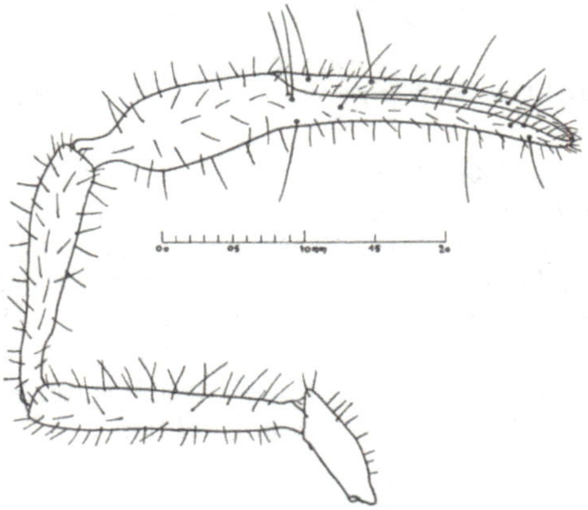

Fig. 133.
Neobisium (Blothrus) subterraneum (Redikorzev). Linke Palpe.

Femur etwa 6,6 mal so lang wie breit, mit ziemlich deutlich abgeschnürtem Stielchen, ringsum fein, aber deutlich punktiert. Tibia 5,2 mal so lang wie breit. Schere 6 mal so lang wie breit. Hand schmal oval. Finger länger als das Femur. Medialeck der Coxen I rechtwinkelig, sehr schmal abgerundet; Lateraldorn lang, kräftig. — Körper L. 3,9 mm; Palpen: Trochanter L. 0,90 mm, B. 0,28 mm, Femur L. 1,94 mm, B. 0,29 mm, Tibia L. 1,81 mm, B. 0,35 mm, Hand L. 1,52 mm, B. 0,55 mm, Finger L. 2,15 mm.

Bulgarien: Höhle Toplja bei Golema-Železna, Lowetsch.

57. **N. (B.) peyerimhoffi** (E. Sim.) 1905 *Blothrus P.*, E. Simon in: Bull. Soc. ent. France, p. 282.

Cephalothorax etwa doppelt so lang wie breit, der Hinterrand wulstartig erhoben, die Scheibe glänzend, aber sehr fein lederartig punktiert. Palpenfemur oben und an der Basis sehr fein lederartig punktiert, gegen das Ende allmählich verdickt. Tibia allmählich verbreitert. Hand oval, kurz und plötzlich gestielt. Finger etwa $^1/_3$ länger als die Hand. — Körper L. 5 mm.

Frankreich: Grotte Mélan und Pertuis, Basses Alpes.

58. **N. (B.) ellingseni** (Beier) 1905 *Obisium (B.) torrei*, Ellingsen in: Boll. Mus. Torino, *v.* 20 nr. 503 p. 9 | 1929 *O. (B.) ellingseni*, Beier in: Ann. Wien. Mus., *v.* 43 p. 363.

Cephalothorax fast doppelt so lang wie breit, der Vorderrand schwach konvex, ohne Epistom, nahe dem Hinterrand mit deutlicher Querfurche. Spinnhöcker undeutlich. Palpen glatt, nur die Medialseite des Femur fein und zerstreut granuliert. Femur ohne Stiel. Hand kurz gestielt, schmal-oval. Finger fast doppelt so lang wie die Hand. — Körper L. 3 mm; Palpen: Trochanter L. 0,80 mm, B. 0,24 mm, Femur L. 1,76 mm, B. 0,24 mm, Tibia L. 1,60 mm, B. 0,32 mm, Hand L. 1,07 mm, B. 0,40 mm, Finger L. 1,92 mm.

Norditalien: Grotte von Bossea, Cuneo, Piemont.

59. **N. (B.) bureschi** (Redikorzev) 1928 *Obisium (B.) b.*, Redikorzev in: Mt. Inst. Sofia, *v.* 1 p. 129 f. 8, 9, 10c.

Cephalothorax etwas länger als breit, fast quadratisch, der Vorderrand schwach bogenförmig vorgezogen, ohne Epistom, der Hinterrand mit 4 Borsten. Beweglicher Chelicerenfinger mit ziemlich langen und spitzen Zähnchen, ohne ausgesprochenen Mittelzahn. Spinnhöcker fehlend. Beborstung der Tergite: 6—6—6—8—8—8. Palpen (Fig. 134) doppelt so lang wie der Körper. Trochanter hinten ohne Höcker. Femur 7,2 mal so lang wie breit, medial sehr fein und wenig deutlich punktiert, ohne Stiel, gegen das Ende langsam und allmählich an Breite zunehmend. Tibia 5,3 mal so lang wie breit, mit langer Keule. Schere etwa 6,5 mal so lang wie breit. Hand schmal, mit Stiel 2,8 mal so lang wie breit. Finger fast gerade, etwas kürzer als das Femur. Coxen I mit in der Anlage rechtwinkeligem, abgerundeten Medialeck, der Lateraldorn kurz, kräftig. — Körper L. 2,7 mm; Palpen: Trochanter L. 0,72 mm, B. 0,21 mm, Femur L. 1,65 mm, B. 0,21 mm, Tibia L. 1,41 mm, B. 0,25 mm, Hand L. 1,10 mm, B. 0,40 mm, Finger L. 1,62 mm.

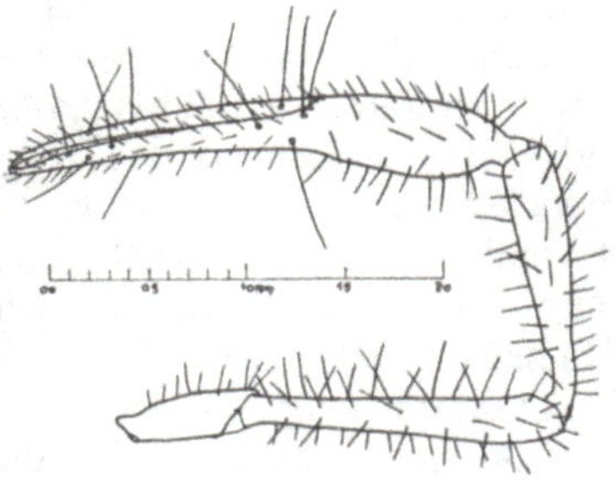

Fig. 134.
Neobisium (Blothrus) bureschi (Redikorzev). Rechte Palpe.

Bulgarien: Höhle Seewa Dupka beim Dorfe Malka Bresnitza, Tetewen.

60. **N. (B.) minutum** (Töm.) 1882 *Blothrus minutus*, Tömösvary in: Math. termész. Közlem., *v.* 18 p. 235.

Cephalothorax mit vorragendem, schmalem, distal abgerundetem Epistom. Beweglicher Chelicerenfinger mit kleinem Mittelzahn. Spinnhöcker flach, aber deutlich. Palpen (Fig. 135) länger als der Körper, glatt. Trochanter hinten mit deutlichem Höckerchen. Femur 6 mal so lang wie breit, ohne abgesetztes Stielchen. Tibia 4,2 mal so lang wie breit. Schere etwa 4,7 mal so lang wie breit. Finger etwas kürzer als das Femur. Medialeck der Coxen I mit kräftigem, langen Zähnchen. — Körper L. 3,5 mm; Palpen: Trochanter L. 0,70 mm, B. 0,22 mm, Femur L. 1,28 mm, B. 0,22 mm, Tibia L. 1,10 mm, B. 0,25 mm, Hand L. 1,0 mm, B. 0,45 mm, Finger L. 1,30 mm.

Ungarn: Utàna ugyanott und Talàltam szintén bei Példànyt, Mehadia.

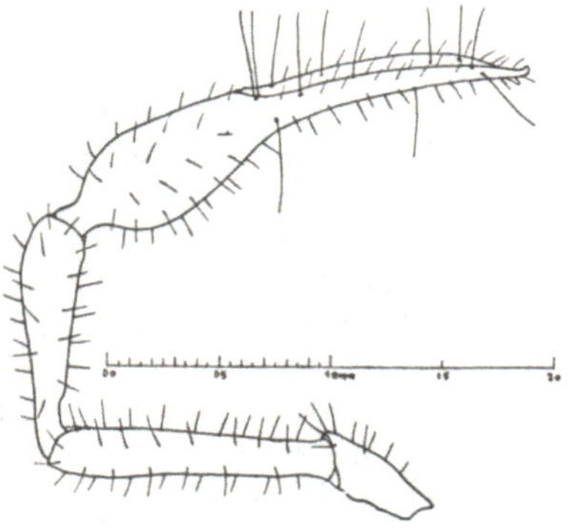

Fig. 135. **Neobisium (Blothrus) minutum** (Töm.). Linke Palpe.

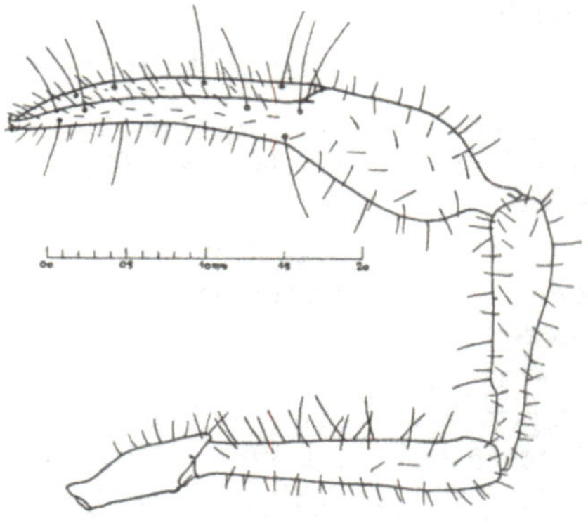

Fig. 136. **Neobisium (Blothrus) bulgaricum** (Redikorzev). Rechte Palpe.

61. **N. (B.) bulgaricum** (Redikorzev) 1928 *Obisium (B.) b.*, Redikorzev in: Mt. Inst. Sofia, *v.* 1 p. 125 f. 4, 5, 10b.

Cephalothorax merklich länger als breit, mit kleinem, etwas vorragendem, schmalem, distal abgerundetem Epistom. Hinterrand mit 6 Borsten. Beborstung der Tergite: 6—6—6—8—8—8. Beweglicher Chelicerenfinger mit kräftigem, ziemlich langem Mittelzahn. Spinnhöcker deutlich. Palpen (Fig. 136) länger als der Körper. Trochanter hinten ohne Höcker. Femur etwa 6,2 mal so lang wie breit, ohne Stiel, medial deutlich punktiert. Tibia 4,5 mal so lang wie breit, distal ziemlich stark verdickt. Schere 4,7 mal so lang wie breit. Hand ziemlich breit oval. Finger so lang wie das Femur. Medialeck der Coxen I in der Anlage stumpfwinkelig, breit abgerundet, Lateraldorn lang. — Körper L. 5,5 mm; Palpen: Trochanter L. 0,93 mm, B. 0,30 mm, Femur L. 1,93 mm, B. 0,30 mm, Tibia L. 1,72 mm, B. 0,38 mm, Hand L. 1,48 mm, B. 0,68 mm, Finger L. 1,95 mm.

Bulgarien: Höhle Jalowitza bei Golema-Železna, Trojan-Balkan.

62. **N. (B.) karamani** (Hadži) 1929 *Obisium (B.) K.*, Hadži in: Acta Soc. ent. Jugoslav., *v.* 3/4 fasc. 1/2 p. 1 f. 1—6.

Cephalothorax deutlich länger als breit, mit ziemlich großem Epistom. Hinterrand mit 4 Borsten. Beweglicher Chelicerenfinger mit breitem Mittelzahn. Spinnhöcker deutlich. Palpen gut doppelt so lang wie der Körper. Trochanter hinten mit 4 kleinen Tuberkelchen. Femur etwa 8 mal so lang wie breit, ohne Stielchen. Tibia gut 5 mal so lang wie breit. Schere etwa 5,3 mal so lang wie breit. Hand oval, etwa 2,3 mal so lang wie breit. Finger etwas kürzer als das Femur. Medialeck der Coxen I in der Anlage stumpfwinkelig, vollkommen abgerundet. — Körper L. 3,7 mm; Palpen: Femur L. 2,35 mm, Tibia L. 2,0 mm, Hand L. 1,5 mm, B. 0,7 mm, Finger L. 2,24 mm.

Südserbien: Höhle von Patiska.

63. **N. (B.) hiberum** Beier 1931 *N. (B.) h.*, Beier in: Eos Madrid, *v.* 7 p. 13 f. 5.

Cephalothorax fast quadratisch, mit dreieckigem, deutlich vorragendem Epistom. Die vorderen Augen als Augenflecke angedeutet. Hinterrand mit 6 Borsten. Beborstung der Tergite: 6–6–8–10–10. Beweglicher Chelicerenfinger mit kleinem Mittelzahn, vor und hinter diesem kaum gezähnelt. Spinnhöcker deutlich, rund. Palpen (Fig. 137) ziemlich kräftig. Trochanter hinten mit deutlichem Höcker. Femur etwa 6 mal so lang wie breit, ungestielt. Tibia 4,2 mal so lang wie breit, distal ziemlich stark verdickt. Schere verhältnismäßig plump, etwas mehr als 5 mal so lang wie breit. Hand mit Stiel etwa 2,6 mal so lang wie breit. Finger etwas kürzer als das Femur. Medialeck der Coxen I in der Anlage rechtwinkelig, abgerundet; Lateraldorn lang, kräftig. — Körper L. 3,2 mm; Palpen: Femur L. 1,30 mm, B. 0,22 mm, Tibia L. 1,08 mm, B. 0,28 mm, Hand L. 1,06 mm, B. 0,38 mm Finger L. 1,25 mm.

Spanien: Sima de la Raya, Tamajón, Prov. Madrid.

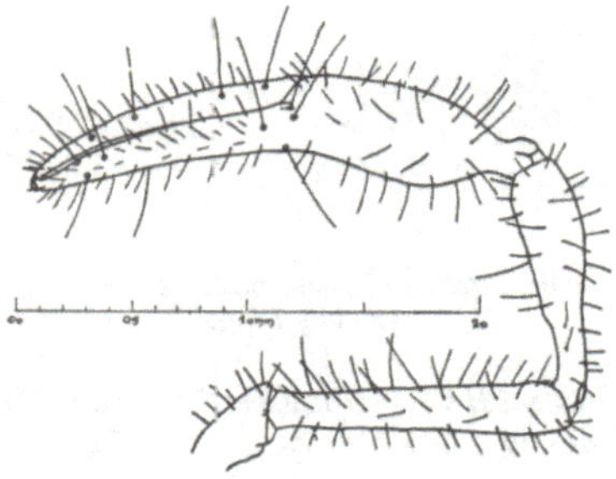

Fig. 137.
Neobisium (Blothrus) hiberum Beier.
Rechte Palpe.

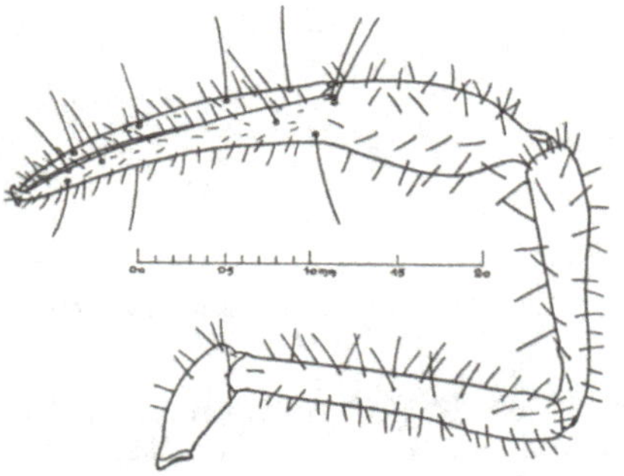

Fig. 138.
Neobisium (Blothrus) robustum (Nonidez).
Rechte Palpe.

64. **N. (B.) robustum** (Nonidez) 1925 *Obisium (B.) robustus*, Nonidez in: Eos Madrid, *v.* 1 p. 62 f. 3, 4 | 1925 *O. (B.) r.*, Navas in: Broteria, *v.* 22 p. 120.

Vorderrand des Cephalothorax in der Mitte etwas vorgezogen, mit spitzem, ziemlich großem Epistom. Hinterrand mit 4 Borsten. Beborstung der Tergite: 4—4—6—6—8—8—10—10. Beweglicher Chelicerenfinger mit breitem, aus 5 Zähnen zusammengesetztem Mittelzahn. Spinnhöcker flach. Palpen (Fig. 138) länger als der Körper. Trochanter hinten ohne Höckerchen. Femur 7,1 mal so lang wie breit, ungestielt. Tibia etwa 5,3 mal so lang wie breit. Schere 5,8 mal so lang wie breit. Finger kaum kürzer als das Femur. Medialeck der Coxen I rechtwinkelig, vollständig abgerundet; Lateraldorn lang. — Körper L. 4,5 mm; Palpen: Trochanter L. 0,80 mm, B. 0,30 mm, Femur L. 1,95 mm, B. 0,26 mm, Tibia L. 1,65 mm, B. 0,30 mm, Hand L. 1,30 mm, B. 0,52 mm, Finger L. 1,93 mm.

Spanien: Cueva de San Adrian und Cueva de Parchancovia bei Cegama, Prov. Guipuzcoa.

65. **N. (B.) escalerai** Beier 1931 *N. (B.) e.*, Beier in: Eos Madrid, *v.* 7 p. 14 f. 6.

Vorderrand des Cephalothorax in der Mitte vorgezogen, mit spitz-dreieckigem Epistom. Hinterrand mit 4 Borsten. Beborstung der Tergite: 4—4—6—6—8—8—8—8. Beweglicher Chelicerenfinger mit einem aus 2 Zähnchen zusammengesetzten Mittelzahn, hinter diesem mit kleinen

Zähnchen. Spinnhöcker deutlich. Palpen (Fig. 139) etwas schlanker als bei der vorigen Art. Trochanter hinten ohne Höcker. Femur 8mal so lang wie breit, ungestielt. Tibia 5,6mal so lang wie breit. Schere 6,5mal so lang wie breit. Hand schmal, mit Stiel 3mal so lang wie breit. Finger deutlich kürzer als das Femur. Medialeck der Coxen I rechtwinkelig, etwas vorragend; Lateraldorn lang, kräftig, spitz. — Körper L. 3 mm; Palpen: Femur L. 2,0 mm, B. 0,25 mm, Tibia L. 1,62 mm, B. 0,29 mm, Hand L. 1,26 mm, B. 0,42 mm, Finger L. 1,70 mm.

Spanien: Cueva de Aitziquirri, Prov. Guipuzcoa.

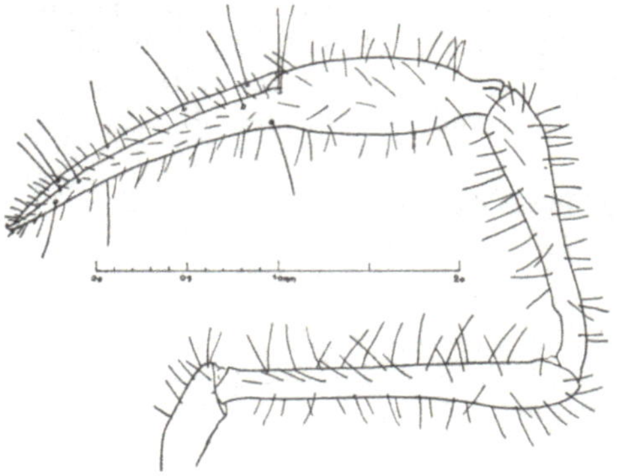

Fig. 139.
Neobisium (Blothrus) escalerai Beier.
Rechte Palpe.

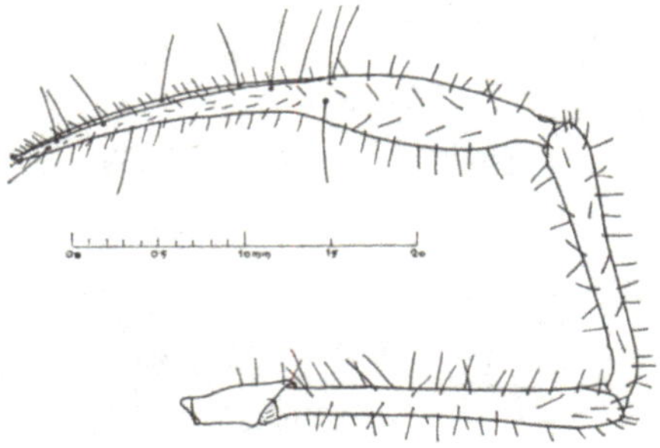

Fig. 140.
Neobisium (Blothrus) bolivari (Nonidez).
Rechte Palpe.

66. **N. (B.) bolivari** (Nonidez) 1917 *Obisium (B.) b.*, Nonidez in: Trab. Mus. Madrid, nr. 32 p. 32 f. 8, 9 | 1925 *O. (B.) b.*, Nonidez in: Eos Madrid, *v.* 1 p. 72 f. 11 | 1925 *O. (B.) b.*, Navas in: Broteria, *v.* 22 p. 120 f. 12.

Vorderrand des Cephalothorax in der Mitte vorgezogen, mit deutlichem, spitzen Epistom. Hinterrand mit 4 Borsten. Beborstung der Tergite: 4—4—4—6—6—8—6—6. Beweglicher Chelicerenfinger mit einfachem Mittelzahn. Spinnhöcker ganz flach. Palpen (Fig. 140) schlank. Trochanter hinten distal mit kleinem Höckerchen. Femur 9mal so lang wie breit, ungestielt. Tibia 7mal so lang wie breit. Schere etwa 8mal so lang wie breit. Hand schmal-oval, mit Stiel 3,5mal so lang wie breit. Finger deutlich kürzer als das Femur. Medialeck der Coxen I deutlich vorgezogen, schmal abgerundet. — Körper L. 2,9 mm; Palpen: Trochanter L. 0,66 mm, B. 0,23 mm, Femur L. 2,03 mm, B. 0,21 mm, Tibia L. 1,70 mm, B. 0,26 mm, Hand L. 1,37 mm, B. 0,39 mm, Finger L. 1,88 mm.

Spanien: Cueva de Albia bei Orduña, Prov. Vizcaya.

67. **N. (B.) tenuipalpe** (Nonidez) 1925 *Obisium (B.) tenuipalpis*, Nonidez in: Eos Madrid, *v.* 1 p. 73 f. 12, 13 | 1925 *O.* (*B.*) *t.*, Navas in: Broteria, *v.* 22 p. 121.

Cephalothorax mit kleinem, aber deutlichem, dreieckigen, spitzen Epistom. Hinterrand mit 4 Borsten. Beborstung der Tergite: 4-4-6-6-6-6-6-8-6. Beweglicher Chelicerenfinger median mit 3 größeren Zähnen, jedoch ohne ausgesprochenen Mittelzahn. Spinnhöcker ganz flach, kaum sichtbar. Palpen (Fig. 141) schlank. Trochanter hinten gänzlich ohne Höcker. Femur 9mal so lang wie breit, ungestielt. Tibia 6,8mal so lang wie breit. Schere etwa 9mal so lang wie breit. Hand schmal, mit Stiel 3,5mal so lang wie breit. Finger nur wenig kürzer als das Femur. Medialeck der Coxen I in der

Anlage rechtwinkelig, schmal abgerundet. — Körper L. 3,7 mm; Palpen: Trochanter L. 0,78 mm, B. 0,28 mm, Femur L. 2,32 mm, B. 0,25 mm, Tibia L. 1,93 mm, B. 0,28 mm, Hand L. 1,50 mm, B. 0,41 mm, Finger L. 2,28 mm.

Spanien: Cueva de San Valerio, Mondragon, Prov. Guipuzcoa.

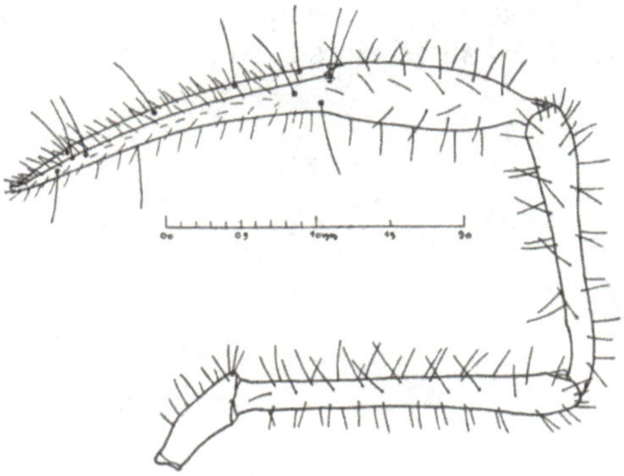

Fig. 141.
Neobisium (Blothrus) tenuipalpe (Nonidez). Rechte Palpe.

68. **N. (B.) nonidezi** (C. Bol.) 1924 *Obisium (B.) n.*, C. Bolivar in: Bol. Soc. Españ., *v.* 24 p. 101 f. | 1925 *O. (B.) n.*, Nonidez in: Eos Madrid, *v.* 1 p. 76 f. 14 | 1925 *O. (B.) n.*, Navas in: Broteria, *v.* 22 p. 120.

Vorderrand des Cephalothorax in der Mitte stark vorgezogen, mit kleinem, spitzen Epistom. Hinterrand mit 4 Borsten. Beborstung der Tergite: 4—4—6—6—8—8—8—8—10—10. Beweglicher Chelicerenfinger mit kräftigem Mittelzahn. Spinnhöcker flach. Maxille distal mit 4 Borsten. Palpen (Fig. 142) doppelt so lang wie der Körper. Trochanter hinten ohne Höcker. Femur 7,8 mal so lang wie breit, ungestielt. Tibia 6,2 mal so lang wie breit. Schere 6,5 mal so lang wie breit. Hand aus dem Stielchen allmählich in das Oval übergehend, mit Stiel gut 3 mal so lang wie breit.

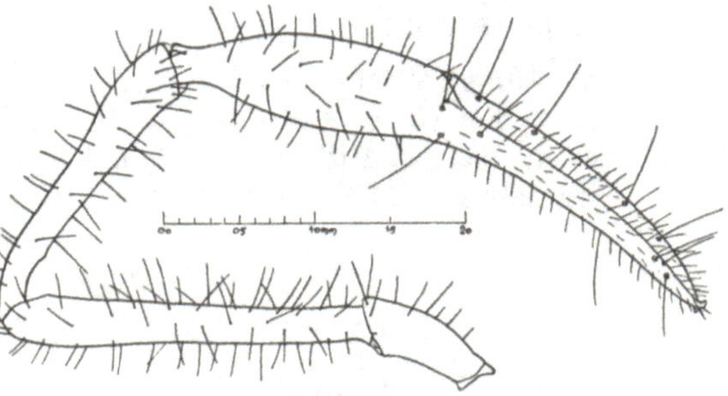

Fig. 142.
Neobisium (Blothrus) nonidezi (C. Bol.). Linke Palpe.

Finger deutlich kürzer als das Femur. Medialeck der Coxen I in der Anlage nahezu rechtwinkelig, abgerundet. — Körper L. 4 mm; Palpen: Trochanter L. 1,0 mm, B. 0,33 mm, Femur L. 2,45 mm, B. 0,32 mm, Tibia L. 2,10 mm, B. 0,35 mm, Hand L. 1,86 mm, B. 0,59 mm, Finger L. 2,24 mm.

Spanien: Cueva de Akelar bei Lecumberri, Cueva de Putxerri und Cueva de Alzotei bei Aralar, Prov. Navarra.

69. **N. (B.) hypogeum** (Nonidez) 1925 *Obisium (B.) hypogeus*, Nonidez in: Eos Madrid, *v.* 1 p. 69 f. 9, 10 | 1925 *O. (B.) h.*, Navas in: Broteria, *v.* 22 p. 121.

Epistom klein, dreieckig, spitz. Hinterrand des Cephalothorax mit 4 Borsten. Beborstung der Tergite: 4–4–6–6–8–8–8–8–10. Beweglicher Chelicerenfinger mit breitem, flachen, lamellenartigen Mittelzahn, sonst fast ungezähnt. Spinnhöcker sehr flach. Palpen (Fig. 143) mehr als doppelt so lang wie der Körper. Trochanter hinten ohne Höcker. Femur 8mal so lang

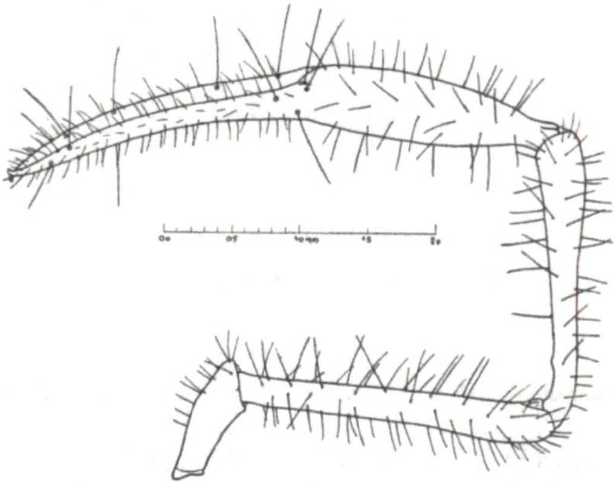

Fig. 143.
Neobisium (Blothrus) hypogeum (Nonidez). Rechte Palpe.

wie breit, ungestielt. Tibia 6,6mal so lang wie breit. Schere etwa 7,7mal so lang wie breit. Hand mit Stiel 3,7mal so lang wie breit. Finger etwa so lang wie das Femur. Medialeck der Coxen I in der Anlage schwach stumpfwinkelig, abgerundet. — Körper L. 4,5 mm; Palpen: Trochanter L. 0,95 mm, B. 0,32 mm, Femur L. 2,35 mm, B. 0,29 mm, Tibia L. 2,16 mm, B. 0,32 mm, Hand L. 1,85 mm, B. 0,50 mm, Finger L. 2,35 mm.

Spanien: Cueva del Chorrote bei Tolosa, Prov. Guipuzcoa.

70. **N. (B.) cantabricum** (Nonidez) 1925 *Obisium (B.) cantabricus*, Nonidez in: Eos Madrid, *v.* 1 p. 77 f. 15, 16 | 1925 *O. (B.) c.*, Navas in: Broteria, *v.* 22 p. 121.

Epistom kurz, breit, stumpf. Hinterrand des Cephalothorax mit 4 Borsten. Beborstung der Tergite: 4–4–6–6–8–8–8–10–10. Beweglicher Chelicerenfinger mit kleinem, breiten, flachen Mittelzahn. Spinnhöcker flach. Palpen (Fig. 144) schlank. Trochanter hinten ohne Höcker. Femur etwa 8,2mal

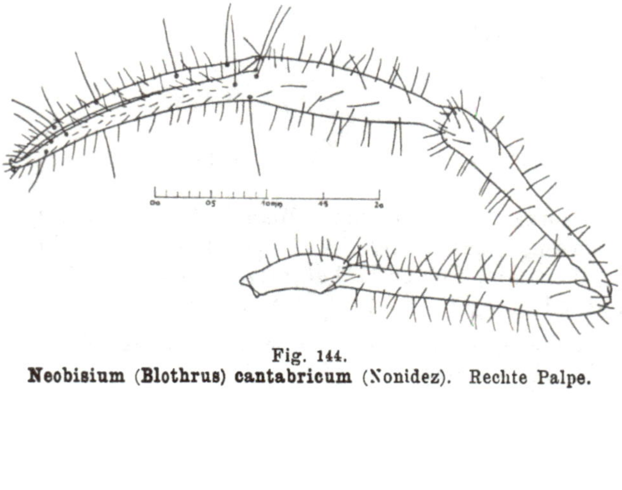

Fig. 144.
Neobisium (Blothrus) cantabricum (Nonidez). Rechte Palpe.

so lang wie breit, ungestielt. Tibia 6,7 mal so lang wie breit. Schere 8,5 mal so lang wie breit. Hand schmäler als bei der vorigen Art, mit Stiel 4 mal so lang wie breit, gegen die Basis allmählich verjüngt. Finger etwa so lang wie das Femur. Medialeck der Coxen I in der Anlage rechtwinkelig, schmal abgerundet. — Körper L. 4 mm; Palpen: Trochanter L. 0,98 mm, B. 0,33 mm, Femur L. 2,40 mm, B. 0,29 mm, Tibia L. 2,18 mm, B. 0,31 mm, Hand L. 1,80 mm, B. 0,45 mm, Finger L. 2,37 mm.

Spanien: Cueva de Hernialde bei Tolosa, Prov. Guipuzcoa.

71. **N. (B.) vasconicum** (Nonidez) 1925 *Obisium (B.) vasconicus*, Nonidez in: Eos Madrid, *v.* 1 p. 67 f. 7, 8 | 1925 *O. (B.) v.*, Navas in: Broteria, *v.* 22 p. 121.

Epistom ziemlich breit dreieckig, spitz. Hinterrand des Cephalothorax mit 4 Borsten. Beborstung der Tergite: 4—4—6—6—8—8—8—10—8 oder 4—6—6—8—8—8—10—10—8. Beweglicher Chelicerenfinger mit kräftigem Mittelzahn. Spinnhöcker flach. Palpen (Fig. 145) wenigstens doppelt so lang wie der Körper. Trochanter hinten ohne Höcker. Femur

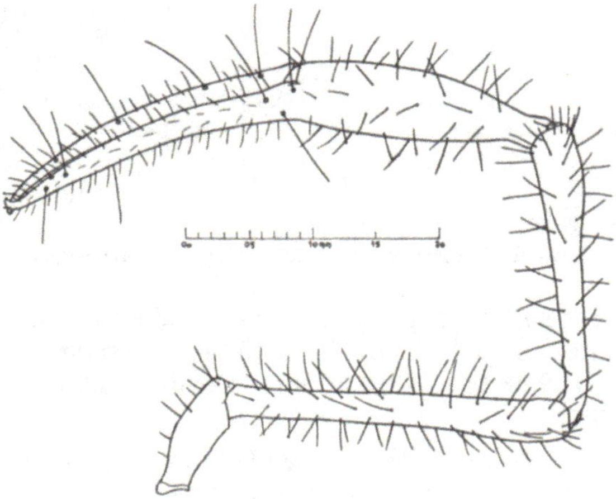

Fig. 145.
Neobisium (Blothrus) vasconicum (Nonidez). Rechte Palpe.

8,5 mal so lang wie breit, ungestielt. Tibia 6,6 mal so lang wie breit. Schere etwa 7,7 mal so lang wie breit. Hand 3,8 mal so lang wie breit, basal allmählich verjüngt. Finger deutlich kürzer als das Femur. Medialeck der Coxen I ziemlich scharf rechtwinkelig. — Körper L. 5 mm; Palpen: Trochanter L. 1,0 mm, B. 0,34 mm, Femur L. 2,72 mm, B. 0,31 mm, Tibia L. 2,40 mm, B. 0,35 mm, Hand L. 2,07 mm, B. 0,57 mm, Finger L. 2,52 mm.

Spanien: Cueva de Mendicute bei Tolosa und Cueva de Marizulo bei Chindoqui, Prov. Guipuzcoa.

72. **N. (B.) breuili** (C. Bol.) 1924 *Obisium (B.) b.*, C. Bolivar in: Bol. Soc. España, *v.* 24 p. 103 f. | 1925 *O. (B.) b.*, Nonidez in: Eos Madrid, *v.* 1 p. 79 f. 17, 18 | 1925 *O. (B.) b.*, Navas in: Broteria, *v.* 22 p. 121.

Epistom schmal, spitz. Hinterrand des Cephalothorax mit 4 Borsten. Beborstung der Tergite: 4—4—6—6—6—6—8—8. Beweglicher Chelicerenfinger mit breitem, kräftigen, gezähnten Mittelzahn. Spinnhöcker deutlich, rund. Palpen (Fig. 146) sehr lang, etwa 2,5 mal so lang wie der Körper.

Trochanter hinten ohne Höcker. Femur 10mal so lang wie breit, ungestielt. Tibia 7,5mal so lang wie breit, erst nahe dem Ende etwas verdickt. Schere etwa 8,5mal so lang wie breit. Hand schmal, 4,2mal so lang wie breit, gegen die Basis allmählich verjüngt und erst weit hinter der Mitte die größte Breite erreichend. Finger bedeutend kürzer als das Femur. Medial-

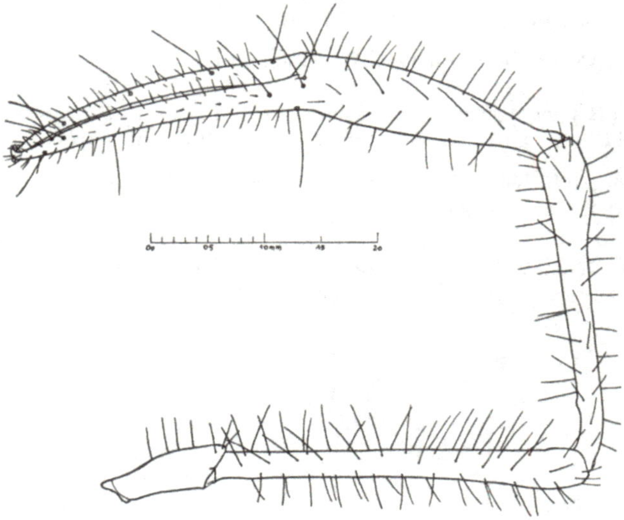

Fig. 146.
Neobisium (Blothrus) breuili (C. Bol.). Rechte Palpe.

eck der Coxen I rechtwinkelig, schmal abgerundet. — Körper L. 4 mm; Palpen: Trochanter L. 1,17 mm, B. 0,35 mm, Femur L. 3,28 mm, B. 0,32 mm, Tibia L. 2,92 mm, B. 0,40 mm, Hand L. 2,38 mm, B. 0,56 mm, Finger L. 2,72 mm.

Spanien: Cuevas de Martinchurito I und II bei Lecumberri, Cueva de Putxerri bei Aralar, Prov. Navarra; Cueva de Marizulo bei Chindoqui, Prov. Guipuzcoa.

73. **N. (B.) jeanneli** (Ellingsen) 1912 *Obisium (B.) j.*, Ellingsen in: Arch. Zool. expér., ser. 5 *v.* 10 p. 167 | 1917 *O. (B.) j.*, Nonidez in: Trab. Mus. Madrid, nr. 32 p. 36 f. 10 | 1925 *O. (B.) j.*, Nonidez in: Eos Madrid, *v.* 1 p. 82 f. 19 | 1925 *O. (B.) j.*, Navas in: Broteria, *v.* 22 p. 121.

Epistom dreieckig, distal stumpf. Hinterrand des Cephalothorax mit 4 Borsten. Beborstung der Tergite: 4–4–4–6–6–6–6–6–6. Beweglicher Chelicerenfinger mit kräftigem Mittelzahn, basal von diesem mit kleinen Zähnchen. Spinnhöcker fehlend. Maxille mit 5 Borsten. Palpen (Fig. 147) sehr lang und schlank. Trochanter hinten ohne Höcker. Femur 12,5mal so lang wie breit, ungestielt. Tibia gut 9mal so lang wie breit, distal nur wenig verdickt. Schere wenigstens 12mal so lang wie breit. Hand auffallend lang und schmal, fast parallelseitig, 5,2mal so lang wie breit. Finger deutlich kürzer als das Femur. Medialeck der Coxen I in der Anlage stumpfwinkelig, vollkommen abgerundet. — Körper L. 4,5 mm; Palpen: Trochanter L. 0,98 mm, B. 0,34 mm, Femur L. 3,45 mm, B. 0,29 mm, Tibia L. 2,92 mm, B. 0,35 mm, Hand L. 2,22 mm, B. 0,42 mm, Finger L. 3,08 mm.

Spanien: Cueva del Pindal, Pimiango und Cueva de la Eria del Prao, Balmori, Prov. Oviedo; Cueva de los Torcos, Panes, Prov. Asturias.

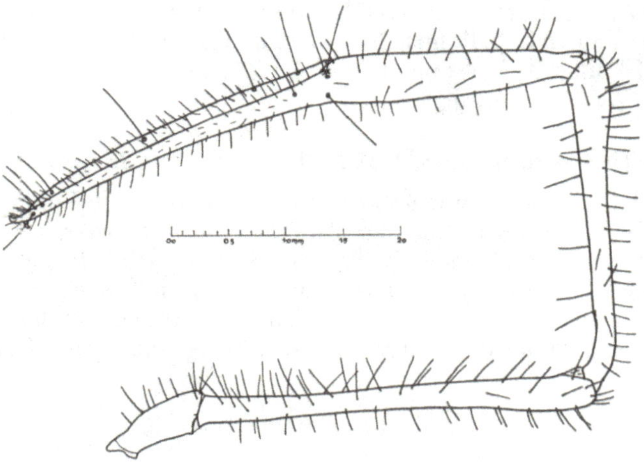

Fig. 147.
Neobisium (Blothrus) jeanneli (Ellingsen). Rechte Palpe.

74. **N. (B.) minoum** (Beier) 1931 *Obisium (B.) m.*, Beier in: Abh. Ver. Bremen, *v.* 28 p. 95 t. 15 f. 3C, t. 16 f. 4.

Cephalothorax etwas länger als breit, der Vorderrand in der Mitte leicht bogenförmig vorgezogen, die Scheibe nahe dem Vorderrande deutlich und in ziemlicher Ausdehnung niedergedrückt. Epistom fehlend, nur als schwache, höckerartige Verdickung des Vorderrandes angedeutet. Beborstung der Abdominaltergite: 6—6—6—6—6—6—8—8—10—10. Beweglicher Chelicerenfinger mit schwachem Medianzahn. Spinnhöcker flach, undeutlich.

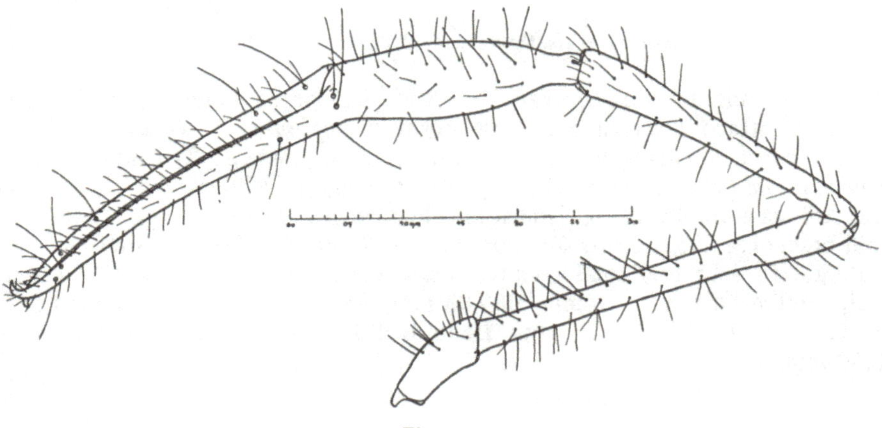

Fig. 148.
Neobisium (Blothrus) minoum (Beier). Rechte Palpe.

Palpen (Fig. 148) mehr als doppelt so lang wie der Körper. Trochanter hinten ohne Höcker. Femur 10mal so lang wie breit, ungestielt. Tibia 7,6mal so lang wie breit, distal nur wenig verdickt. Schere etwas über 8mal so lang wie breit. Hand schmal, schwach, aber deutlich konvex, mit Stiel etwa 3,3mal so lang wie breit. Finger so lang wie das Femur. Zähne im distalen Teil der Palpenfinger deutlich voneinander getrennt stehend, spitz. Medialeck der Coxen I deutlich und ziemlich breit zahnförmig vorgezogen;

Lateraldorn kurz, stumpf. — Körper L. 5 mm; Palpen: Trochanter L. 1,0 mm, B. 0,35 mm, Femur L. 3,33 mm, B. 0,31 mm, Tibia L. 2,72 mm, B. 0,36 mm, Hand L. 2,18 mm, B. 0,64 mm, Finger L. 3,32 mm.

Kreta: Höhle bei Topolia.

75. **N. (B.) meuseli** Beier 1931 *N. (B.) m.*, Beier in: Eos Madrid, *v.* 7 p. 15 f. 7.

Cephalothorax mit rudimentärem, kaum angedeutetem Epistom. Hinterrand mit 4 Borsten. Beborstung der Tergite: 4—4—4—4—6—6—6—6—8. Beweglicher Chelicerenfinger mit flachem Spinnhöcker. Palpen (Fig. 149) sehr lang und schlank. Trochanter hinten distal mit flachem Höckerchen. Femur 11 mal so lang wie breit, ungestielt. Tibia 8 mal so lang wie breit, distal nur wenig verdickt. Schere 9,5 mal so lang wie breit. Hand schmal,

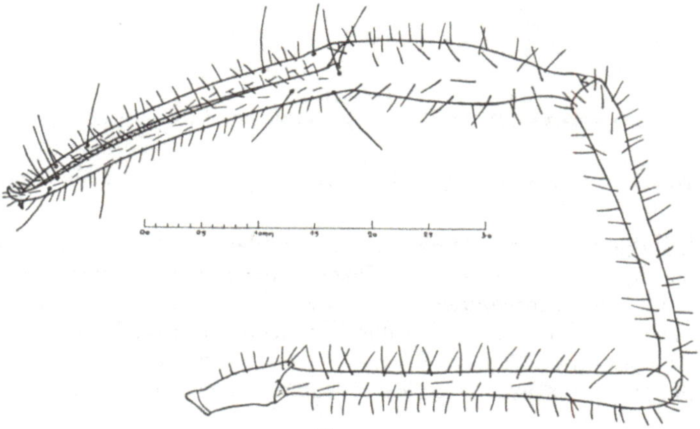

Fig. 149.
Neobisium (Blothrus) meuseli Beier. Rechte Palpe.

die Seiten nur schwach konvex, mit Stiel 4,1 mal so lang wie breit. Die Form der Hand etwa in der Mitte der von *stygium* und *spelaeum* stehend. Finger deutlich kürzer als das Femur, in ihrem distalen Teil mit deutlich voneinander getrennt stehenden, spitzen Zähnen. Medialeck der Coxen I in der Anlage stumpfwinkelig, jedoch mit deutlichem, ziemlich langem Zähnchen und besonders durch dieses Merkmal von der folgenden Art gut unterschieden; Lateraldorn sehr breit und stumpf, wenig vorragend. — Körper L. 4,2 mm; Palpen: Trochanter L. 1,0 mm, B. 0,33 mm, Femur L. 3,38 mm, B. 0,30 mm, Tibia L. 2,80 mm, B. 0,33 mm, Hand L. 2,15 mm, B. 0,52 mm, Finger L. 3,10 mm.

Kroatien: Antrum Kosinski.

76. **N. (B.) stygium** Beier 1931 *N. (B.) s.*, Beier in: Eos Madrid, *v.* 7 p. 16 f. 8.

Cephalothorax mit rudimentärem, nur als kleines Körnchen angedeutetem Epistom, der Hinterrand mit 4 Borsten. Beborstung der Tergite: 4–4–6–6–6–6 oder 4—4—4—4—6—6. Spinnhöcker sehr flach. Palpen (Fig. 150) sehr lang und schlank. Trochanter hinten ohne Höckerchen. Femur 11 mal so lang wie breit, ungestielt. Tibia 7,7 mal so lang wie breit. Schere 8,5—8,6 mal so lang wie breit. Hand lang und schmal, die Seiten schwach, aber deutlich konvex, mit Stiel 3,8 mal so lang wie breit. Finger deutlich kürzer als das Femur, in ihrem distalen Teil mit deutlich voneinander getrennt stehenden,

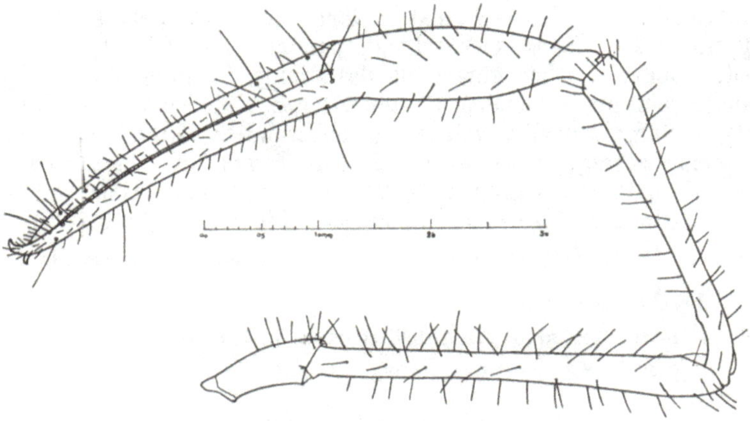

Fig. 150.
Neobisium (Blothrus) stygium Beier. Rechte Palpe.

spitzen Zähnen. Medialeck der Coxen I in der Anlage stumpfwinkelig, vollständig abgerundet; Lateraldorn sehr breit und stumpf, wenig vorragend. — Körper L. 4—4,5 mm; Palpen: Trochanter L. 1,15 mm, B. 0,36 mm, Femur L. 3,65 mm, B. 0,33 mm, Tibia L. 3,07 mm, B. 0,40 mm, Hand L. 2,35 mm, B. 0,63 mm, Finger L. 3,35 mm.

In den Höhlen des östlichen Krains und des angrenzenden Teiles von Kroatien.

77. **N. (B.) spelaeum** (Schiödte) 1849 *Blothrus spelaeus*, Schiödte in: Danske Selsk. Skr., ser. 5 *v.* 2 p. 23 t. 1 f. 2 | 1872 *B. s.*, E. Simon in: Ann. Soc. ent. France, ser. 5 *v.* 2 p. 223 | 1873 *B. s.*, L. Koch, Übers. Darst. Eur. Chernet., p. 41 | 1888 *Obisium (B.) s.*, Daday in: Termész. Füzetek, *v.* 11 p. 128, 183 | 1910 *O. (B.) spelaeum*, Ellingsen in: Mt. Mus. Berlin, *v.* 4 p. 396 | 1928 *O. (B.) s.*, Beier in: Ann. Wien. Mus., *v.* 42 p. 306 | 1930 *Blothrus spelaeus*, Chamberlin in: Ann. nat. Hist., ser. 10 *v.* 5 p. 11.

Cephalothorax deutlich länger als breit, mit rudimentärem, kaum vorragendem Epistom. Hinterrand mit 4 Borsten. Beborstung der Tergite: 4—4—4—4—4—6—6—8—8. Spinnhöcker flach. Palpen (Fig. 151) sehr lang und schlank, mehr als doppelt so lang wie der Körper. Trochanter hinten mit kaum sichtbarem Höckerchen. Femur 10,8—11,5 mal so lang wie

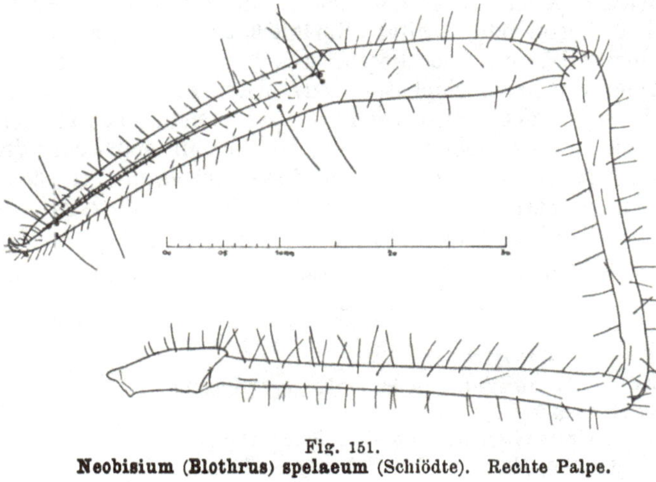

Fig. 151.
Neobisium (Blothrus) spelaeum (Schiödte). Rechte Palpe.

breit, ungestielt. Tibia 7,8—8,2 mal so lang wie breit. Schere 10—10,2 mal so lang wie breit. Hand sehr schmal, parallelseitig, 4,3—4,5 mal so lang wie breit. Finger deutlich kürzer als das Femur, in ihrem distalen Teil mit voneinander getrennt stehenden, spitzen Zähnen. Medialeck der Coxen I in der Anlage stumpfwinkelig, vollständig abgerundet; Lateraldorn sehr kurz, stumpf, wenig vorragend. — Körper L. 4,5—5 mm; Palpen: Trochanter L. 1,10 mm, B. 0,38 mm, Femur L. 3,72 mm, B. 0,30 mm, Tibia L. 3,07 mm, B. 0,35 mm, Hand L. 2,25 mm, B. 0,50 mm, Finger L. 3,38 mm.

In den Höhlen des südwestlichen Teiles von Krain (Adelsberg, Nanos usw.).

Unsichere Arten:

N. (B.) brevimanum (J. Friv.) 1865 *Blothrus b.*, J. Frivaldsky in: Math. termész. Közlem., *v.* 5 p. 80 t. 13 f. 3.

Karpathen.

N. (B.) deschmanni (G. Joseph) 1882 *Blothrus D.*, G. Joseph in: Berlin. ent. Z., *v.* 26 p. 22.

Unter-Krain: Grotte von Lueg.

2. Gen. **Roncus** L. Koch

1873 *R.*, L. Koch, Übers. Darst. Eur. Chernet., p. 44 | 1874 *R.*, Stecker in: SB. Böhm. Ges., p. 238 | 1879 *R.*, E. Simon, Arach. France, *v.* 7 p. 63 | 1882 *R.*, Tömösvary in: Math. termész. Közlem., *v.* 18 p. 214 | 1885 *R.*, G. Canestrini, Chernet. Ital., *v.* 1 fasc. 10 nr. 2 | 1888 *R.*, Daday in: Termész. Füzetek, *v.* 11 p. 128, 184 | 1896 *R.*, E. Simon in: Ann. Mus. Genova, ser. 2 *v.* 16 p. 373 | 1905 *R.*, Ellingsen in: Boll. Mus. Torino, *v.* 20 nr. 503 p. 8 | 1906 *R.*, With in: Danske Selsk. Skr., *v.* 7 nr. 3 p. 76 | 1910 *R.*, Ellingsen in: Mt. Mus. Berlin, *v.* 4 p. 395 | 1911 *R.*, Kew in: P. Irish Ac., *v.* 29 nr. 2 p. 53 | 1911 *R.*, Lessert in: Cat. Invert. Suisse, *v.* 5 p. 27 | 1912 *R.*, Ellingsen in: Arch. Zool. expér., ser. 5 *v.* 10 p. 169 | 1917 *R.*, Nonidez in: Trab. Mus. Madrid, nr. 32 p. 37 | 1928 *R.*, Beier in: Ann. Wien. Mus., *v.* 42 p. 306 | 1929 *R.*, Kästner in: Tierw. Mitteleur., *v.* 3 p. IV 10 | 1930 *R.*, Chamberlin in: Ann. nat. Hist., ser. 10 *v.* 5 p. 12.

Typus: *R. lubricus* L. Koch (durch nachträgliche Bestimmung).

Cephalothorax mit 2 Augen (jederseits eines), die ziemlich nahe dem Vorderrand liegen, oder augenlos (Höhlenformen). Palpen meist wenigstens zum Teil deutlich punktiert oder granuliert. Femur meist deutlich gestielt, aus dem Stielchen jedoch nicht plötzlich verbreitert, sondern wenigstens im ganzen basalen Viertel oder Drittel allmählich an Breite zunehmend. Tibia mit drehrundem Stiel und von diesem scharf abgesetzter, ovaler oder fast kugeliger Keule; Gelenkausschnitt sehr kurz, flach, kaum mehr als $^1/_7$ oder $^1/_8$ des Medialrandes der Keule erreichend. Finger meist kräftig und gedrungen; die Tasthaare *isb* und *ist* mehr oder weniger in der Mitte zwischen der basalen und distalen Tasthaargruppe gelegen und diese gleichsam verbindend, so daß auch die mittlere Partie des festen Fingers Tasthaare trägt. Sonst mit *Neobisium* weitgehend übereinstimmend.

Paläarktische Region: Südliches Europa, Nordafrika, Japan?

2 Subgenera, 23 sichere, 2 unsichere Arten.

Übersicht über die Arten:

1 { Mit 2 Augen; Extremitäten nicht verlängert (Subgen. *Roncus*) — **2**
Augenlos; Extremitäten mehr oder weniger verlängert; Höhlenformen (Subgen. *Parablothrus*) — **12**

2	Palpenfemur medial deutlich punktiert oder granuliert — **3**	
	Palpenfemur medial glatt — **8**	
3	Kleinere Arten (2—3 mm); Palpenfemur höchstens 3,7 mal so lang wie breit — **4**	
	Größere Arten (3—5 mm); Palpenfemur 4 mal so lang wie breit — **7**	
4	Femur so lang oder länger als der Cephalothorax, wenigstens 3,4 mal so lang wie breit — **5**	
	Femur kürzer als der Cephalothorax, 2,9—3,1 mal so lang wie breit	3. **R. (R.) abditus**
5	Femur nur im basalen Drittel verengt, distal gleich breit, deutlich gestielt — **6**	
	Femur gegen die Basis allmählich verengt . . .	4. **R. (R.) euchirus**
6	Tibia ziemlich lang und dünn gestielt	1. **R. (R.) lubricus**
	Tibia kürzer und dicker gestielt	2. **R. (R.) italicus**
7	Beweglicher Chelicerenfinger ohne Spinnhöcker; Cephalothorax so lang wie breit	5. **R. (R.) transsilvanicus**
	Beweglicher Chelicerenfinger mit Spinnhöcker; Cephalothorax deutlich länger als breit	6. **R. (R.) microphthalmus**
8	Finger so lang oder nur wenig länger als die Hand — **9**	
	Finger fast doppelt so lang wie die Hand	11. **R. (R.) longidigitatus**
9	Augen weiter als um ihren Durchmesser vom Vorderrande des Cephalothorax entfernt; Finger wenigstens so lang wie die Hand mit Stiel — **10**	
	Augen nur um ihren halben Durchmesser vom Vorderrande des Cephalothorax entfernt; Finger kürzer als die Hand	7. **R. (R.) menozzii**
10	Tibia mit kurzem Stiel, die Keule wenigstens 1,8 mal so lang wie breit — **11**	
	Tibia mit längerem Stiel, die Keule höchstens 1,5 mal so lang wie breit	8. **R. (R.) alpinus**
11	Finger so lang wie die Hand oder kaum länger .	9. **R. (R.) lucifugus**
	Finger deutlich länger als die Hand	10. **R. (R.) novus**
12	Palpenschere höchstens 3,8 mal so lang wie breit, meist aber kürzer — **13**	
	Palpenschere wenigstens 4,5 mal so lang wie breit, meist aber länger — **19**	
13	Hand auch lateral ziemlich stark konvex — **14**	
	Hand lateral fast gerade, medial schwach konvex .	18. **R. (P.) boldorii**
14	Femur nur im basalen Viertel oder Drittel verjüngt; Finger länger als die Hand mit Stiel — **15**	
	Femur in der ganzen basalen Hälfte verjüngt; Finger nur so lang wie die Hand mit Stiel	12. **R. (P.) anophthalmus**
15	Schere 3,1—3,3 mal so lang wie breit — **16**	
	Schere 3,7—3,8 mal so lang wie breit — **18**	
16	Finger kürzer als das Femur — **17**	
	Finger so lang wie das Femur	13. **R. (P.) stussineri**
17	Schere 3,3 mal so lang wie breit; Hand 1,7 mal so lang wie breit	14. **R. (P.) troglophilus**
	Schere 3,1 mal so lang wie breit; Hand 1,6 mal so lang wie breit	15. **R. (P.) boneti**
18	Trochanter hinten ohne Höcker; Tibia 2,6 mal so lang wie breit	16. **R. (P.) minoius**
	Trochanter hinten mit flachem, aber deutlichem Höcker; Tibia 3 mal so lang wie breit	17. **R. (P.) assimilis**

19 { Tibialstiel glatt — **20**
Tibialstiel fein, aber deutlich granuliert . . . . . 22. **R. (P.) cavernicola**

20 { Epistom vorhanden; Tibia höchstens 4,3, Schere höchstens 5,3 mal so lang wie breit — **21**
Epistom fehlend; Tibia 6,7, Schere 7 mal so lang wie breit . . . . 23. **R. (P.) gestroi**

21 { Trochanter hinten ohne Höcker; Femur wenigstens 6,2, Tibia wenigstens 3,8 mal so lang wie breit — **22**
Trochanter hinten mit deutlichem Höcker; Femur 5,3, Tibia 3,1 mal so lang wie breit . . . . 19. **R. (P.) cerberus**

22 { Tibia 3,8, Schere 4,7 mal so lang wie breit . . . 20. **R. (P.) antrorum**
Tibia 4,3, Schere 5,3 mal so lang wie breit . . . 21. **R. (P.) ligusticus**

a) Subgen. **Roncus** L. Koch

1873 *R.*, L. Koch, Übers. Darst. Eur. Chernet., p. 44.

Mit 2 Augen. Integument pigmentreich. Palpen meist wenigstens teilweise punktiert oder granuliert. Palpen und Extremitäten nicht verlängert. Tibia gedrungen, mit breiter, vom Stiel scharf abgesetzter Keule.

Südliches Europa, Nordafrika, Asien?

1. **R. (R.) lubricus** L. Koch 1873 *R. l.*, L. Koch, Übers. Darst. Eur. Chernet., p. 44 | 1874 *R. l.*, Stecker in: SB. Böhm. Ges., p. 238 | 1879 *Obisium (R.) lubricum*, E. Simon, Arach. France, *v.* 7 p. 63 t. 18 f. 22 | 1882 *R. lubricus* + var. *cavernicola*, Tömösvary in: Math. termész. Közlem., *v.* 18 p. 215, 216f | 1885 *R. l.*, G. Canestrini, Chernet. Ital., *v.* 1 fasc. 10 nr. 4 t. 4 f. 1—4 | 1888 *Obisium (R.) l.*, Daday in: Termész. Füzetek, *v.* 11 p. 128, 184 | 1892 *R. l.*, O. P. Cambridge in: P. Dorset Club, *v.* 13 p. 217 t. *B* f. 10 | 1898 *Obisium (R.) l.*, E. Simon in: Ann. Mus. Genova, ser. 2 *v.* 19 p. 21 | 1905 *O. (R.) l.*, Ellingsen in: Boll. Mus. Torino, *v.* 20 nr. 503 p. 8 | 1909 *O. (R.) l.*, Ellingsen in: Ann. Mus. Genova, ser. 3 *v.* 4 p. 207, 209 | 1910 *O. (R.) l.*, Ellingsen in: Mt. Mus. Berlin, *v.* 4 p. 396 | 1911 *O. (R.) l.*, Kew in: P. Irish Ac., *v.* 29 nr. 2 p. 53 f. 15 | 1911 *O. (R.) l.*, Lessert in: Cat. Invert. Suisse, *v.* 5 p. 27 f. 21 | 1912 *O. (R.) l.*, Ellingsen in: Arch. Zool. expér., ser. 5 *v.* 10 p. 169 | 1917 *O. (R.) l.*, Nonidez in: Trab. Mus. Madrid, nr. 32 p. 37 f. 11 | 1918 *O. (R.) tenax* + *pugnax*, Navas in: Bol. Soc. ent. España, p. 115 f. 3; p. 117 f. 4 | 1925 *O. (R.) lubricum* + *tenax* + *pugnax*, Navas in: Broteria, *v.* 22 p. 122 | 1925 *Chelifer Andreinii*, Caporiacco in: Boll. Soc. ent. Ital., *v.* 57 p. 123 | 1928 *Obisium (Roncus) lubricum*, Redikorzev in: Mt. Inst. Sofia, *v.* 1 p. 123 | 1928 *R. lubricus*, Beier in: Ann. Wien. Mus., *v.* 42 p. 306 f. 8A | 1929 *Obisium (R.) lubricum*, Kästner in: Tierw. Mitteleur., *v.* 3 p. IV 10 f. 33 | 1929 *R. lubricus*, Beier in: SB. Ak. Wien, *v.* 138 p. 454 | 1930 *Neobisium (R.) l.*, Chamberlin in: Ann. nat. Hist., ser. 10 *v.* 5 p. 12.

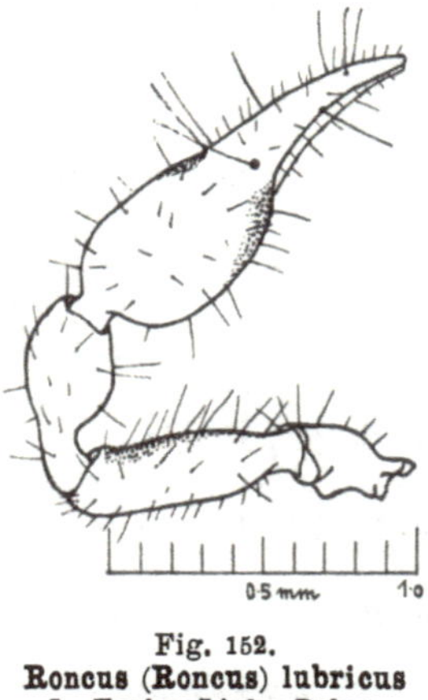

Fig. 152.
Roncus (Roncus) lubricus L. Koch. Linke Palpe.

Farbe der chitinigen Teile intensiv rotbraun. Cephalothorax etwas länger als breit, mit deutlich vorragendem, dreieckigen Epistom. Spinnhöcker fehlend oder kaum angedeutet. Palpen (Fig. 152) etwa so lang wie der Körper, das Femur medial und oben und die Hand an der Fingerbasis deutlich granuliert, die übrigen Teile glatt. Trochanter hinten mit ziemlich großem Höcker. Femur gestielt, im basalen Viertel verjüngt, 3,5—3,6 mal so lang wie breit. Tibia 2,2—2,3 mal so lang wie breit, mit nahezu kugeliger, vom Stiel scharf abgesetzter Keule; der Stiel etwa halb so lang wie die

Keule. Schere 3mal so lang wie breit. Hand breit oval, mit Stiel 1,5mal so lang wie breit. Finger etwas länger als die Hand mit Stiel und etwa so lang wie das Femur. — Körper L. 2,5—3 mm; Palpen: Trochanter L. 0,43 mm, B. 0,22 mm, Femur L. 0,77 mm, B. 0,22 mm, Tibia L. 0,62 mm, B. 0,28 mm, Hand L. 0,64 mm, B. 0,43 mm, Finger L. 0,77 mm.

Europäisches Mediterrangebiet von Spanien bis Bulgarien und Griechenland; Nordafrika: Algerien, Marokko.

2. **R. (R.) italicus** (E. Sim.) 1896 *Obisium (R.) italicum*, E. Simon in: Ann. Mus. Genova, ser. 2 *v.* 16 p. 374.

Cephalothorax etwas länger als breit, mit Epistom. Augen sehr klein. Palpenfemur dick, parallel, gegen die Basis ziemlich abrupt und kurz verengt, vorn dicht und regelmäßig granuliert. Tibia kurz gestielt, der Stiel kürzer als bei der vorigen Art, die Keule breit oval. Hand an der Fingerbasis lederartig granuliert. Finger ungefähr so lang wie die Hand. — Körper L. 2,5 mm.

Oberitalien: Ligurien, in verschiedenen Grotten (Gr. della Madonna, Gr. Lubéa, Gr. di Pollera, Gr. Taragnina).

3. **R. (R.) abditus** (Chamb.) 1930 *Neobisium (R.) a.*, Chamberlin in: Ann. nat. Hist., ser. 10 *v.* 5 p. 12 f. 1H, I, W, EE, 2II, OO, 3X.

Cephalothorax annähernd quadratisch. Augen schwach entwickelt, mehr als um ihren Durchmesser vom Vorderrande abstehend. Tergite mit 11—12, Sternite mit 12—13 Borsten. Palpen kräftig, das Femur medial deutlich granuliert. Trochanter 2,2—2,3mal so lang wie breit, hinten mit deutlichem Höcker. Femur 2,9—3,1mal so lang wie breit, kürzer als der Cephalothorax. Tibia 2,1—2,3mal so lang wie breit, mit deutlich abgesetztem Stiel, dieser etwa $^1/_4$ der Gliedlänge messend. Schere 2,8—3,1mal so lang wie breit. Finger etwas länger als die Hand, mit je 46—48 Zähnen. — Körper L. 2,0 mm.

Sardinien.

4. **R. (R.) euchirus** (E. Sim.) 1879 *Obisium (R.) e.*, E. Simon, Arach. France, *v.* 7 p. 65 t. 18 f. 23 | 1900 *O. (R.) e.*, Tullgren in: Ent. Tidskr., *v.* 21 p. 160.

Cephalothorax mit Epistom. Augen mehr als um ihren Durchmesser vom Vorderrande abstehend. Trochanter, Femur und Hand an der Fingerbasis fein und gleichmäßig lederartig gerunzelt, die übrigen Teile glatt. Trochanter hinten ohne deutlichen Höcker. Femur ziemlich dick, gegen die Basis allmählich verjüngt. Tibia mit sehr langem Stiel, der mehr als $^1/_3$ der Gliedlänge beträgt; die Keule vom Stiel deutlich abgesetzt, viel länger als breit. Hand breit und regelmäßig oval, medial und lateral ziemlich gleich konvex. Finger etwas länger als die Hand. — Körper L. 2,6 mm.

Südfrankreich.

5. **R. (R.) transsilvanicus** Beier 1928 *R. (R.) t.*, Beier in: Ann. Wien. Mus., *v.* 42 p. 307 f. 8B.

Cephalothorax quadratisch, mit kleinem, dreieckigem, bisweilen undeutlichem Epistom. Augen etwa um ihren Durchmesser vom Vorderrande entfernt. Spinnhöcker fehlt. Palpen (Fig. 153) kräftig. Trochanter hinten mit deutlichem Höcker. Femur länger als der

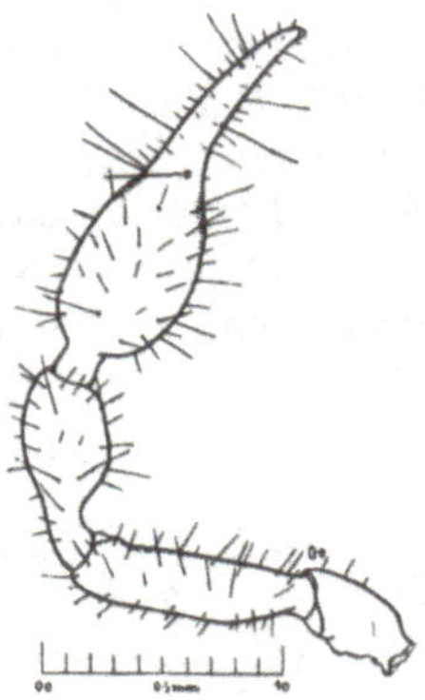

Fig. 153.
Roncus (Roncus) transsilvanicus Beier.
Linke Palpe.

Cephalothorax, 4 mal so lang wie breit, medial nur distal fein und wenig deutlich punktiert. Tibia 2,5 mal so lang wie breit, mit scharf abgesetztem, etwa $^1/_3$ der Gliedlänge betragendem Stiel. Schere 3,3 mal so lang wie breit. Hand mit Stiel etwa 2,8 mal so lang wie breit. Finger so lang wie die Hand mit Stiel und deutlich kürzer als das Femur. — Körper L. 3—4 mm; Palpen: Trochanter L. 0,55 mm, B. 0,28 mm, Femur L. 1,02 mm, B. 0,25 mm, Tibia L. 0,85 mm, B. 0,36 mm, Hand L. 0,90 mm, B. 0,50 mm, Finger L. 0,90 mm.

Siebenbürgen.

6. **R. (R.) microphthalmus** (Daday) 1889 *Obisium (R.) microphthalmum*, Daday in: Termész. Füzetek, *v.* 12 p. 21 t. 2 f. 2.

Cephalothorax länger als breit, mit kleinem Epistom. Augen vom Vorderrande ziemlich weit entfernt. Beweglicher Chelicerenfinger mit Spinnhöcker. Trochanter hinten ohne deutlichen Höcker. Femur median fein granuliert. Tibia mit scharf abgesetztem Stiel, der so lang ist wie die Keule breit. Hand mäßig stark konvex, der Lateralrand fast gerade. Finger ungefähr so lang wie die Hand mit Stiel. — Körper L. 3,3—4,4 mm.

Kaukasus.

7. **R. (R). menozzii** (Caporiacco) 1923 *Obisium (R.) m.*, Caporiacco in: Boll. Soc. ent. Ital., *v.* 55 p. 132.

Cephalothorax etwa um die Hälfte länger als breit. Augen nur um ihren halben Durchmesser vom Vorderrande abstehend. Beweglicher Chelicerenfinger mit deutlichem Spinnhöcker. Palpen so lang wie der Körper. Trochanter hinten mit Höcker. Femur auch medial glatt. Tibia mehr als doppelt so lang wie breit, der Stiel etwa $^1/_4$ der Gliedlänge betragend. Hand $^1/_3$ länger als breit. Finger etwas kürzer als die Hand mit Stiel. — Körper L. 2,85 mm; Palpen: Trochanter L. 0,38 mm, Femur L. 0,66 mm, Tibia L. 0,57 mm, Hand L. 0,62 mm, Finger L. 57 mm.

Italien: Castelvetro.

8. **R. (R.) alpinus** L. Koch 1873 *R. a.*, L. Koch, Übers. Darst. Eur. Chernet., p. 46 | 1879 *Obisium (R.) alpinum*, E. Simon, Arach. France, *v.* 7 p. 65 t. 18 f. 24 | 1910 *O. (R.) a.*, Ellingsen in: Mt. Mus. Berlin, *v.* 4 p. 395 | 1911 *O. (R.) a.*, Lessert in: Cat. Invert. Suisse, *v.* 5 p. 28 f. 22 | 1928 *R. alpinus*, Beier in: Ann. Wien. Mus., *v.* 42 p. 309 | 1929 *Obisium (R.) a.*, Kästner in: Tierw. Mitteleur., *v.* 3 p. IV 10 f. 34.

Cephalothorax etwas länger als breit, mit kleinem Epistom. Spinnhöcker flach. Augen um mehr als ihren Durchmesser vom Vorderrand entfernt. Palpen, auch das Femur, vollkommen glatt, nur die Hand nahe der Fingerbasis sehr fein gerunzelt. Trochanter hinten nur mit flachem Höckerchen. Femur ziemlich dick. Tibia mit langem, dünnen Stiel, die von diesem scharf abgesetzte Keule etwas länger als breit (etwa 1,3 mal). Hand beiderseits deutlich konvex. Finger etwa so lang wie die Hand mit Stiel. — Körper L. 2,5—2,7 mm.

In den Alpengebieten von Frankreich, Norditalien und Tirol.

9. **R. (R.) lucifugus** (E. Sim.) 1879 *Obisium (R.) lucifugum*, E. Simon, Arach. France, *v.* 7 p. 66 t. 18 f. 25.

Cephalothorax mit kleinem Epistom. Augen klein, vom Vorderrande kaum um ihren doppelten Durchmesser abstehend. Palpenglieder glatt, nur die Hand oben fein lederartig gerunzelt. Trochanter hinten ohne Höcker. Femur ziemlich dick, an der Basis verengt. Tibia mit kurzem, von der

Keule scharf abgesetztem Stiel; die Keule viel länger als breit. Hand etwas länger als die Tibia, beiderseits fast gleichartig konvex. Finger so lang wie die Hand oder kaum länger. — Körper L. 2,3 mm.

Südfrankreich: Grotte d'Esparron bei Hyères, Toulon; Italien?

10. **R. (R.) novus** Beier 1931 *R.* (*R.*) *n.*, Beier in: Abh. Ver. Bremen, *v.* 28 p. 96 t. 16 f. 5.

Cephalothorax länger als breit, mit sehr kleinem, kurz dreieckigem Epistom. Augen klein, mehr als um den doppelten Durchmesser vom Vorderrande entfernt. Spinnhöcker fehlend oder kaum angedeutet. Palpen (Fig. 154) kaum so lang wie der Körper. Alle Glieder glatt, nur die Hand fein punktiert. Trochanter hinten mit kleinem Höckerchen. Femur 3,8 mal so lang wie breit, im basalen Drittel verjüngt. Tibia mit kurzem dicken Stiel und lang-ovaler Keule, letztere fast doppelt so lang wie breit. Hand breit-oval, etwa $^1/_3$ länger als breit. Finger deutlich länger als die Hand mit Stiel und so lang wie das Femur. — Körper L. 3,2 mm; Palpen: Trochanter L. 0,60 mm, B. 0,28 mm, Femur L. 0,95 mm, B. 0,25 mm, Tibia L. 0,78 mm, B. 0,32 mm, Hand L. 0,86 mm, B. 0,55 mm, Finger L. 0,97 mm.

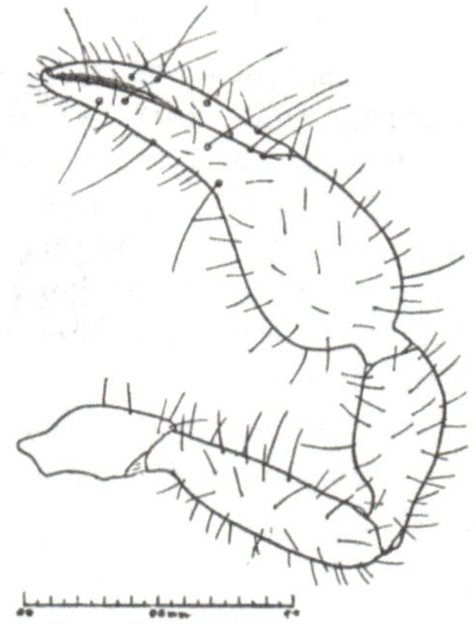

Fig. 154. **Roncus (Roncus) novus** Beier. Rechte Palpe.

Kreta: Höhle von Katholiko auf Akrotiri, Höhle von Melidhoni.

11. **R. (R.) longidigitatus** (Ellingsen) 1908 *Obisium (R.) longidigitatum*, Ellingsen in: Arch. Zool. expér., ser. 4 *v.* 8 p. 416 | 1912 *O. (R.) l.*, Ellingsen in: ibid., ser. 5 *v.* 10 p. 169.

Cephalothorax so lang wie breit, mit kleinem Epistom. Augen sehr klein, ziemlich weit vom Vorderrande entfernt. Beweglicher Chelicerenfinger mit ziemlich kräftigem Spinnhöcker. Palpen etwas länger als der Körper, glatt, nur die Hand fein granuliert. Trochanter hinten mit Höckerchen. Femur von der Basis gegen das Ende allmählich verbreitert, ungestielt. Tibialstiel ziemlich lang. Hand beiderseits fast gleichartig konvex. Finger kräftig, fast doppelt so lang wie die Hand. — Körper L. 2,65 mm; Palpen: Femur L. 0,93 mm, B. 0,20 mm, Tibia L. 0,64 mm, B. 0,24 mm, Hand L. 0,60 mm, B. 0,39 mm, Finger L. 1,17 mm.

Frankreich: Grotte d'Istaürdy, Ahusquy, Basses-Pyrénées.

Unsichere Art:

R. (R.) japonicus (Ellingsen) 1907 *Obisium (R.) japonicum*, Ellingsen in: N. Mag. Naturv., *v.* 45 p. 10.

Cephalothorax länger als breit, mit breitem Epistom. Augen klein, etwa um ihren doppelten Durchmesser vom Vorderrande entfernt. Spinnhöcker fehlt. Palpen etwa so lang wie der Körper. Femur kräftig, Hand schwächer granuliert. Trochanter hinten ohne deutlichen Höcker. Femur deutlich gestielt. Tibia mit ziemlich langem Stiel. Hand medial stark konvex, lateral nahezu gerade. Finger bedeutend länger als die Hand. — Körper L. 3,2 mm; Palpen: Trochanter L. 0,43 mm, B. 0,24 mm, Femur L. 0,93 mm, B. 0,24 mm, Tibia L. 0,74 mm, B. 0,31 mm, Hand L. 0,64 mm, B. 0,43 mm, Finger L. 1,00 mm.

Japan: Yamanaka, Kanagawa.

b) Subgen. **Parablothrus** Beier

1928 *P.*, Beier in: Ann. Wien. Mus., *v.* 42 p. 309.

Augenlos. Integument mehr oder weniger pigmentarm. Tibia mit drehrundem Stiel, von dem sich die ovale oder rundliche Keule scharf absetzt. Palpen meist wenigstens teilweise punktiert oder granuliert. Höhlenformen.

Europäisches Mediterrangebiet.

12. **R. (P.) anophthalmus** (Ellingsen) 1910 *Obisium (R.) anophthalmum*, Ellingsen in: Mt. Mus. Berlin, *v.* 4 p. 395.

Cephalothorax nur wenig länger als breit, mit sehr kleinem Epistom, augenlos. Spinnhöcker flach. Palpen (Fig. 155) nur wenig länger als der Körper, glatt, nur die Hand fein chagriniert. Trochanter hinten mit undeutlichem Höckerchen. Femur in der ganzen basalen Hälfte verjüngt, ungestielt, 3,7mal so lang wie breit. Tibia 2,5mal so lang wie breit, der Stiel etwa $^1/_3$ der Gliedlänge betragend. Schere 3,1mal so lang wie breit. Hand breitoval, medial stärker konvex als lateral. Finger so lang wie die Hand mit Stiel und deutlich kürzer als das Femur. — Körper L. 2,5 mm; Palpen: Trochanter L. 0,55 mm, B. 0,25 mm, Femur L. 1,05 mm, B. 0,28 mm, Tibia L. 0,89 mm, B. 0,35 mm, Hand L. 0,92 mm, B. 0,53 mm, Finger L. 0,92 mm.

Balkan: Südherzegovina, in Höhlen.

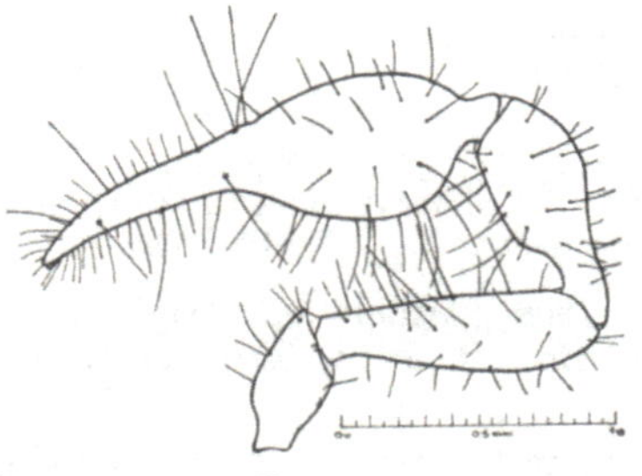

Fig. 155.
Roncus (Parablothrus) anophthalmus (Ellingsen). Rechte Palpe.

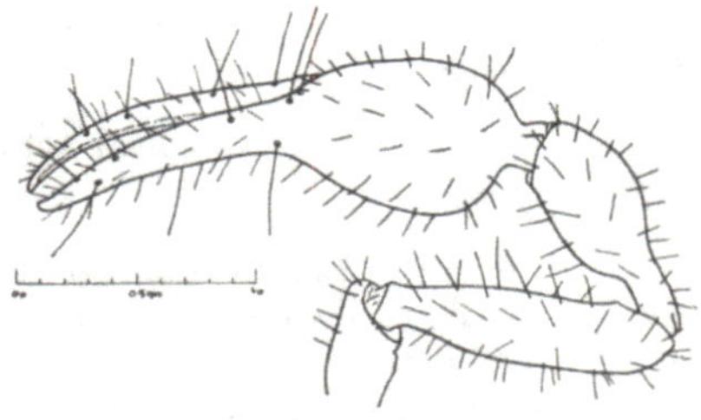

Fig. 156.
Roncus (Parablothrus) stussineri (E. Sim.). Rechte Palpe.

13. **R. (P.) stussineri** (E. Sim.) 1881 *Obisium (Blothrus) s.*, E. Simon in: Ann. Mus. Genova, *v.* 16 p. 301 | ?1898 *O. (Roncus) s.* var. *tenuimanus*, E. Simon in: Ann. Mus. Genova, ser. 2 *v.* 19 p. 22 (descr. nulla) | 1928 *Roncus (Parablothrus) s.*, Beier in: Ann. Wien. Mus., *v.* 42 p. 310.

Cephalothorax länger als breit, mit Epistom. Spinnhöcker fehlend. Palpen (Fig. 156) etwas länger als der Körper, das Femur kräftig, die Hand an der Fingerbasis feiner granuliert. Trochanter hinten mit flachem Höcker. Femur 4,2mal so lang wie breit, im basalen Viertel verjüngt. Tibia 2,5mal so lang wie breit, der Stiel $^1/_3$ der Gliedlänge betragend, die Keule 1,8mal so lang wie breit. Schere 3,3mal so lang wie breit. Hand mit Stiel 1,6mal so lang wie breit, auch lateral stark konvex. Finger bedeutend länger als die Hand und so lang wie das Femur. — Körper L. 2,8 mm; Palpen: Femur L. 1,24 mm, B. 0,28 mm, Tibia L. 0,98 mm, B. 0,38 mm, Hand L. 1,00 mm, B. 0,63 mm, Finger L. 1,25 mm.

In den Höhlen von Krain (Jama pod Smarno goro usw.); Ligurien?

14. **R. (P.) troglophilus** Beier 1931 *R. (P.) t.*, Beier in: Eos Madrid, *v.* 7 p. 17 f. 9.

Cephalothorax deutlich länger als breit, mit langem, sehr stark vorragendem, schmal-dreieckigem Epistom. Der Hinterrand mit 6 Borsten. Spinnhöcker fehlend. Palpen (Fig. 157) etwas länger als der Körper. Trochanter fein und zerstreut granuliert, hinten mit flachem Höcker. Femur sehr deutlich, aber nicht besonders dicht granuliert, etwa 4,2 mal so lang wie breit, im basalen Drittel verjüngt. Tibia glatt, 2,7 mal so lang wie breit, der Stiel mehr als $^1/_3$ der Gliedlänge betragend. Schere 3,3 mal so lang wie breit. Hand plump, 2,8 mal so lang wie breit, an der Fingerbasis sehr fein granuliert. Finger etwas länger als die Hand mit Stiel und etwas kürzer als das Femur. — Körper L. 3,3 mm; Palpen: Trochanter L. 0,80 mm, B. 0,30 mm, Femur L. 1,34 mm, B. 0,32 mm, Tibia L. 1,10 mm, B. 0,42 mm, Hand L. 1,16 mm, B. 0,67 mm, Finger L. 1,27 mm.

Oberitalien: Lombardei, in Höhlen.

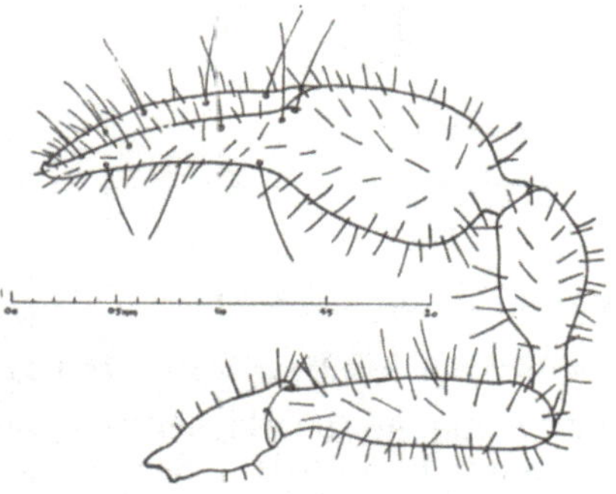

Fig. 157.
Roncus (Parablothrus) troglophilus Beier.
Rechte Palpe.

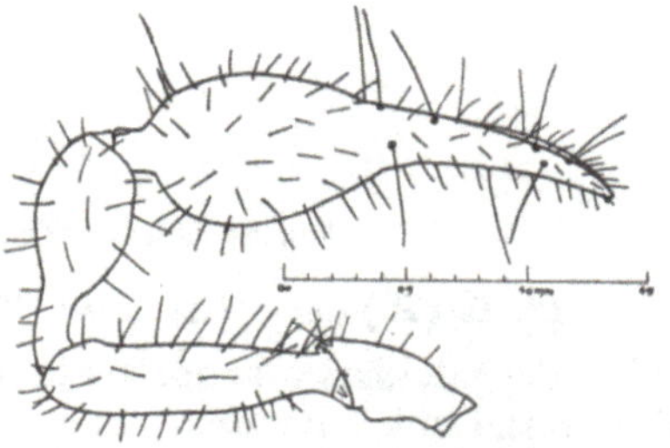

Fig. 158.
Roncus (Parablothrus) boneti Beier.
Linke Palpe.

15. **R. (P.) boneti** Beier 1931 *R. (P.) b.,* Beier in: Eos Madrid, *v.* 7 p. 18 f. 10.

Cephalothorax wenig länger als breit, mit ziemlich großem dreieckigen Epistom. Hinterrand mit 6 Borsten. Beborstung der Tergite: 6–6–8–10. Beweglicher Chelicerenfinger median mit kräftigen Zähnen. Spinnhöcker kaum angedeutet. Palpen (Fig. 158) wenig länger als der Körper, das Femur medial, die Hand an der Fingerbasis granuliert. Trochanter hinten mit großem Höcker. Femur 4,3 mal so lang wie breit, im basalen Viertel zum Stiel verjüngt. Tibia 2,6 mal so lang wie breit. Schere 3,1 mal so lang wie breit. Hand breit oval, auch dorsal konvex. Finger länger als die Hand, aber deutlich kürzer als das Femur. — Körper L. 3,5 mm; Palpen: Trochanter L. 0,70 mm, B. 0,31 mm, Femur L. 1,23 mm, B. 0,29 mm, Tibia L. 1,03 mm, B. 0,40 mm, Hand L. 1,04 mm, B. 0,62 mm, Finger L. 1,13 mm.

Spanien: Cueva de las Calaveras, Benidoleig, Alicante.

16. **R. (P.) minoius** Beier 1931 *R. (P.) m.,* Beier in: Abh. Ver. Bremen, *v.* 28 p. 97 t. 16 f. 6.

Cephalothorax deutlich länger als breit, mit ziemlich kräftigem, dreieckigen Epistom. Beweglicher Chelicerenfinger medial mit 5 Zähnchen. Spinnhöcker fehlend. Palpen (Fig. 159) kaum länger als der Körper, Femur und Hand deutlich körnig punktiert. Trochanter hinten ohne Höcker. Femur 4,3 mal so lang wie breit, im basalen Drittel verjüngt. Tibia 2,6 mal so lang wie breit. Schere 3,7 mal so lang wie breit. Hand breit oval, auch lateral deutlich konvex. Finger viel länger als die Hand und etwas länger als das Femur. — Körper L. 3,8 mm; Palpen: Trochanter L.

0,76 mm, B. 0,28 mm, Femur L. 1,23 mm, B. 0,28 mm, Tibia L. 1,00 mm, B. 0,38 mm, Hand L. 0,97 mm, B. 0,57 mm, Finger L. 1,30 mm.

Kreta: Höhle von Katholiko auf Akrotiri.

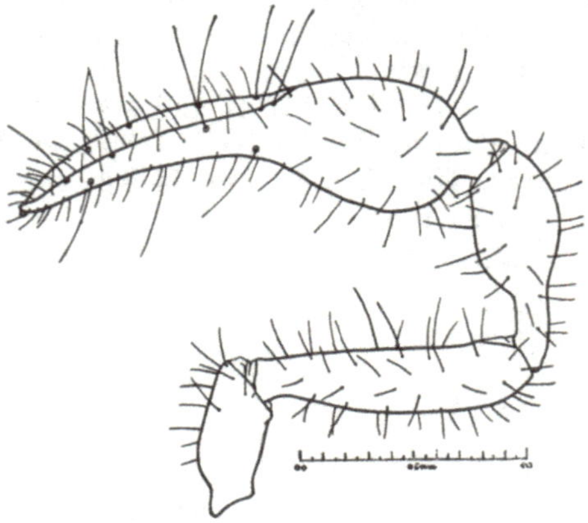

Fig. 159.
Roncus (Parablothrus) minoius Beier. Rechte Palpe.

17. **R. (P.) assimilis** Beier 1931 *R. (P.) a.*, Beier in: Eos Madrid, *v.* 7 p. 19 f. 11.

Cephalothorax länger als breit, mit kurzem, stumpf-dreieckigem Epistom. Hinterrand mit 6 Borsten. Beborstung der Tergite: 6–6–8–10. Beweglicher Chelicerenfinger ohne Mittelzahn, aber mit flacher, zahnartiger Lamelle. Spinnhöcker kaum angedeutet. Palpen (Fig. 160) etwas länger als der Körper, das Femur medial deutlich, die Hand oben feiner, aber ebenfalls deutlich granuliert. Trochanter hinten mit flachem Höcker. Femur 4,3 mal so lang wie breit, im basalen Viertel verjüngt. Tibia 3 mal so lang wie breit. Schere 3,8 mal so lang wie breit. Hand breit oval, auch lateral deutlich konvex. Finger bedeutend länger als die Hand und etwas länger als das Femur. — Körper L. 3 mm; Palpen: Femur L. 1,31 mm, B. 0,30 mm, Tibia L. 1,11 mm, B. 0,38 mm, Hand L. 1,12 mm, B. 0,60 mm, Finger L. 1,42 mm.

Istrien: Cevola della Presa bei Triest.

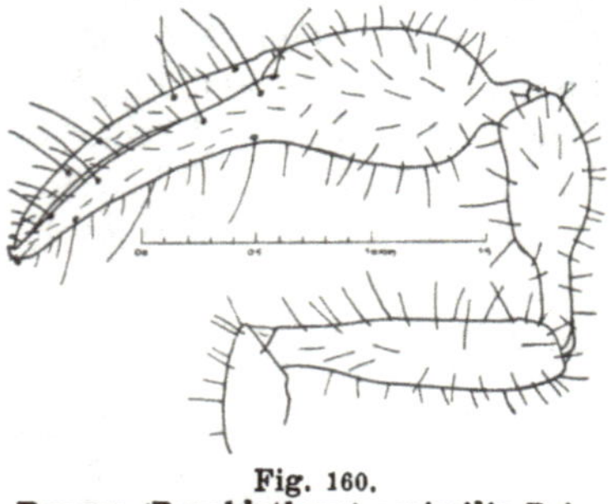

Fig. 160.
Roncus (Parablothrus) assimilis Beier.
Rechte Palpe.

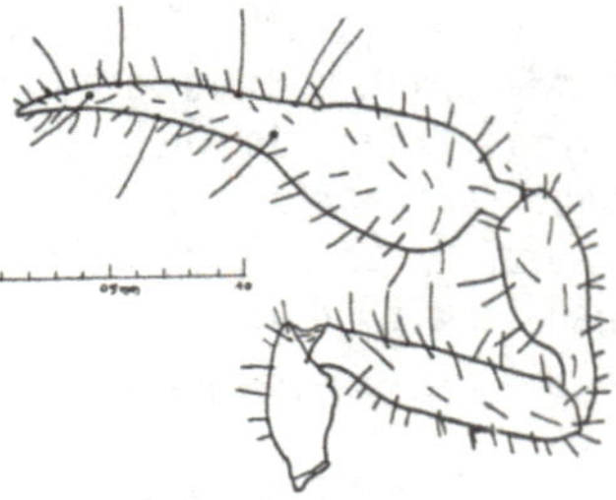

Fig. 161.
Roncus (Parablothrus) boldorii Beier.
Rechte Palpe.

18. **R. (P.) boldorii** Beier 1931 *R. (P.) b.*, Beier in: Eos Madrid, *v.* 7 p. 20 f. 12.

Cephalothorax etwas länger als breit, mit breit-dreieckigem Epistom. Beweglicher Chelicerenfinger mit unregelmäßigen, stumpfen Zähnen, ohne Mittelzahn. Spinnhöcker fehlt. Palpen (Fig. 161) etwas länger als der Körper, das Femur und die Hand an der Fingerbasis kräftig granuliert. Trochanter hinten mit deutlichem Höcker. Femur 4,5 mal so lang wie breit, im basalen

Drittel verjüngt. Tibia 2,8mal so lang wie breit, der Stiel ziemlich kurz. Schere 3,8mal so lang wie breit. Hand lateral fast gerade, medial mäßig stark konvex. Finger viel länger als die Hand und deutlich länger als das Femur. — Körper L. 3 mm; Palpen: Trochanter L. 0,61 mm, B. 0,25 mm, Femur L. 1,05 mm, B. 0,22 mm, Tibia L. 0,86 mm, B. 0,31 mm, Hand L. 0,82 mm, B. 0,48 mm, Finger L. 1,12 mm.

Oberitalien: Covoletto di Cereda, Lombardei.

19. **R. (P.) cerberus** (E. Sim.) 1879 *Obisium (Blothrus) c.*, E. Simon, Arach. France, *v.* 7 p. 67 t. 19 f. 13.

Cephalothorax länger als breit, mit spitz-dreieckigem Epistom. Beborstung der Tergite: 6—6—10—10—10—10. Beweglicher Chelicerenfinger mit einfachem Mittelzahn, sonst zahnlos. Spinnhöcker fehlt. Palpen (Fig. 162) länger als der Körper, das Femur besonders medial und die Hand distal gekörnt. Trochanter hinten mit deutlichem Höcker. Femur 5,3mal so lang wie breit, im basalen Viertel verjüngt. Tibia 3,1mal so lang wie breit, der Stiel länger als bei der vorigen Art. Schere 4,5mal so lang wie breit. Hand lateral fast gerade, medial schwach konvex, doppelt so lang wie breit. Finger bedeutend länger als die Hand und deutlich länger als das Femur. — Körper L. 2,5 mm; Palpen: Trochanter L. 0,57 mm, B. 0,20 mm, Femur L. 1,00 mm, B. 0,18 mm, Tibia L. 0,82 mm, B. 0.26 mm, Hand L. 0,77 mm, B. 0,38 mm, Finger L. 1,07 mm.

Südfrankreich: Grotte de Vallon bei St. Andéol, Grotte Saint-Isch bei Arles, Grotte des Demoiselles bei Ganges.

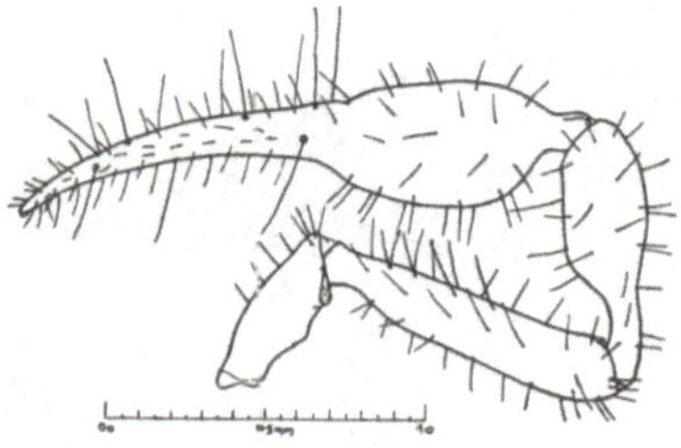

Fig. 162.
Roncus (Parablothrus) cerberus (E. Sim.).
Rechte Palpe.

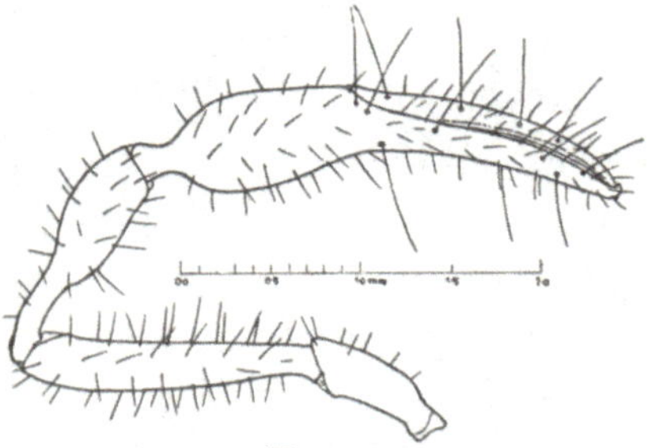

Fig. 163.
Roncus (Parablothrus) antrorum (E. Sim.).
Linke Palpe.

20. **R. (P.) antrorum** (E. Sim.) 1896 *Obisium (Blothrus) a.*, E. Simon in: Ann. Mus. Genova, ser. 2 *v.* 16 p. 374.

Cephalothorax länger als breit, mit spitz-dreieckigem, stark vorragendem Epistom. Hinterrand mit 6 Borsten. Beborstung der Tergite: 6—6—6—8—8—8—10—10. Spinnhöcker fehlt. Palpen (Fig. 163) bedeutend länger als der Körper, das Femur und die Hand an der Fingerbasis stark und deutlich punktiert, die Tibia ganz glatt. Trochanter hinten ohne Höcker. Femur 6,2mal so lang wie breit, im basalen Drittel allmählich verjüngt. Tibia 3,8mal so lang wie breit, der Stiel etwa um ein Viertel kürzer als die Keule, diese mehr als doppelt so lang wie breit. Schere 4,7mal so lang wie breit. Hand ziemlich schmal-oval. Finger bedeutend länger als die Hand, aber kürzer als das Femur. — Körper L. 3,2 mm; Palpen: Trochanter L. 0,88 mm, B. 0,27 mm, Femur L. 1,68 mm, B. 0,28 mm, Tibia L. 1,33 mm, B. 0,36 mm, Hand L. 1,28 mm, B. 0,52 mm, Finger L. 1,60 mm.

Oberitalien: Grotte della Madonna, Ligurien.

21. **R. (P.) ligusticus** Beier 1900 *Obisium (Blothrus) antrorum*, E. Simon in: Ann. Mus. Genova, ser. 2 *v.* 20 p. 595 | 1930 *Roncus (Parablothrus) ligusticus*, Beier in: Ann. Mus. Genova, *v.* 55 p. 94 f. 1.

Cephalothorax länger als breit, mit spitzem, vorragendem, ziemlich breit dreieckigem Epistom. Hinterrand mit 6 Borsten. Beborstung der Tergite: 6—6—6—8—8—8—10—10. Beweglicher Chelicerenfinger medial fein gezähnelt, ohne Spinnhöcker. Palpen (Fig. 164) bedeutend länger als der Körper, das Femur an der ganzen Oberfläche, die Hand an der Fingerbasis sehr kräftig granuliert, die Tibia glatt. Trochanter hinten ohne Höcker. Femur 6,8mal so lang wie breit, gegen die Basis allmählich verjüngt. Tibia 4,3mal so lang wie breit, der Stiel $^1/_3$ kürzer als die lang-ovale Keule. Schere 5,3mal so lang wie breit. Hand regelmäßig oval. Finger deutlich länger als das Femur. — Körper L. 3,5 mm; Palpen: Trochanter L. 1,00 mm, B. 0,28 mm, Femur L. 1,82 mm, B. 0,29 mm, Tibia L. 1,55 mm, B. 0,35 mm, Hand L. 1,40 mm, B. 0,60 mm, Finger L. 2,05 mm.

Oberitalien: Tana dello Scopeto bei Albenga, Ligurien.

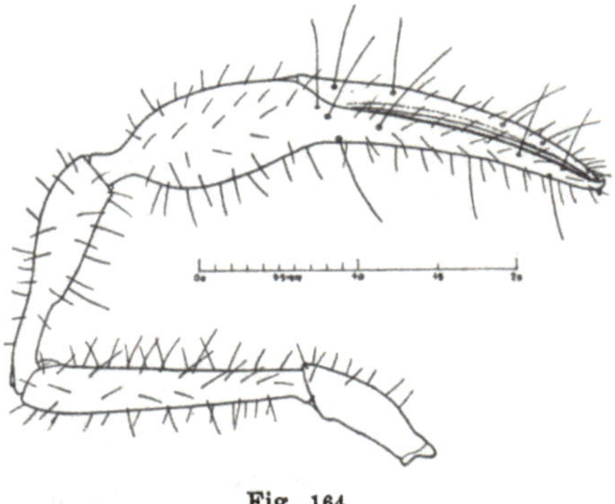

Fig. 164.
Roncus (Parablothrus) ligusticus Beier.
Linke Palpe.

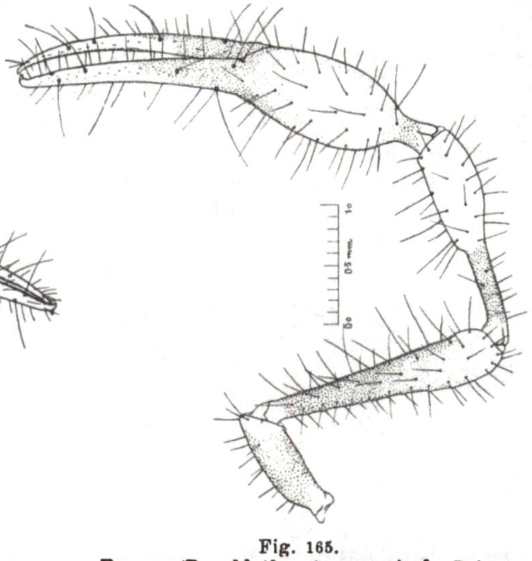

Fig. 165.
Roncus (Parablothrus) cavernicola Beier.
Rechte Palpe.

22. **R. (P.) cavernicola** Beier 1928 *R. (P.) c.*, Beier in: Ann. Wien. Mus., *v.* 42 p. 310 f. 9.

Cephalothorax etwa $^1/_4$ länger als breit, mit kleinem, wenig vorragendem Epistom. Beweglicher Chelicerenfinger mit zahnförmigem Epistom. Palpen (Fig. 165) fast doppelt so lang wie der Körper, Trochanter, Femur, Tibialstiel, Hand an der Basis und an der Fingerwurzel sowie die Basis der Finger selbst sehr deutlich granuliert. Trochanter hinten ohne Höcker. Femur 5,4mal so lang wie breit, von der Basis gegen das Ende keulenförmig verdickt. Tibia 4,5mal so lang wie breit, der Stiel fast so lang wie die Keule. Schere 4,8mal so lang wie breit. Hand regelmäßig oval. Finger bedeutend länger als die Hand, so lang wie das Femur. — Körper L. 4—4,5 mm; Palpen: Trochanter L. 1,10 mm, B. 0,32 mm, Femur L. 2,07 mm, B. 0,40 mm, Tibia L. 1,88 mm, B. 0,43 mm, Hand L. 1,62 mm, B. 0,69 mm, Finger L. 2,07 mm.

Herzegovina: Höhle Kallipečina.

23. **R. (P.) gestroi** Beier 1930 *R. (P.) g.*, Beier in: Ann. Mus. Genova, *v.* 55 p. 95 f. 2.

Cephalothorax länger als breit, ohne Epistom, der Hinterrand mit 6 Borsten. Beborstung der Tergite: 6–6–6–8–8–8–10–10. Beweglicher Chelicerenfinger mit sehr kleinem, nach vorn gerichtetem Spinnhöcker. Palpen (Fig. 166) sehr schlank, fast glatt, das Femur und die Hand nur ganz undeutlich punktiert. Trochanter hinten ohne Höcker. Femur etwa 8,3 mal so lang wie breit, gegen das Ende nur sehr wenig verbreitert. Tibia 6,7 mal

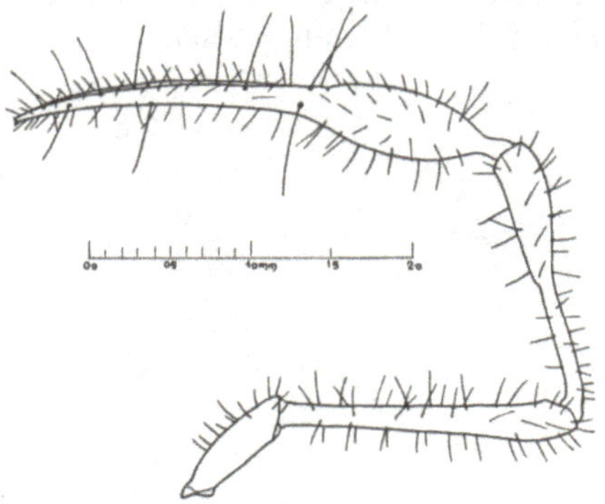

Fig. 166.
Roncus (Parablothrus) gestroi Beier. Rechte Palpe.

so lang wie breit, der Stiel so lang wie die Keule. Schere 7 mal so lang wie breit. Hand schmal-oval. Finger länger als das Femur. Coxen IV auffallend schmal. — Körper L. 3,5 mm; Trochanter L. 0,87 mm, B. 0,22 mm, Femur L. 1,82 mm, B. 0,23 mm, Tibia L. 1,78 mm, B. 0,27 mm, Hand L. 1,20 mm, B. 0,40 mm, Finger L. 1,97 mm.

Oberitalien: Grotta di Cassana bei Borghetto di Vara, Ligurien.

Unsichere Art:

R. (P.) brevimanus (G. Joseph) 1882 *Blothrus b.* + *brachydactylus*, G. Joseph in: Berlin. ent. Z., *v.* 26 p. 21.

Cephalothorax mit spitzigem Epistom, $^1/_4$ länger als breit. Palpentibia ungefähr so lang wie das Femur, distal kugelig aufgetrieben. Finger so lang wie die Hand. — Körper L. 4 mm (?).

Krain: Kevderza jama, Jhanska jama, Benkotova jama.

3. Gen. **Pseudoblothrus** Beier

1931 *P.*, Beier in: Eos Madrid, *v.* 7 p. 21.

Typus: *Ideoblothrus roszkovskii* Redikorzev (durch Monotypie).

Cephalothorax bedeutend länger als breit, augenlos, ohne Epistom, der Hinterrand mit 4 Borsten. Spinnhöcker oder Galea vollkommen fehlend. Endlappen der Maxille mit 2 Borsten. Palpen und Extremitäten verlängert, erstere teilweise granuliert. Die Tasthaare *eb* und *esb* des festen Palpenfingers weit voneinander getrennt stehend, *esb* etwa gleich weit von *eb* und *isb* entfernt; das Tasthaar *ib* proximal von *eb* auf dem distalen Teil des Handrückens außerhalb des eigentlichen Fingerbereiches stehend. Tarsen normal.

Südrußland: Halbinsel Krim.

1 Art.

1. **P. roszkovskii** (Redikorzev) 1922 *Ideoblothrus r.*, Redikorzev in: Mém. Ac. St.-Pétersb., *v.* 22 p. 94 f. 3, 4 | 1931 *Pseudoblothrus r.*, Beier in: Eos Madrid, *v.* 7 p. 21.

Cephalothorax etwa $^1/_8$ länger als breit, augenlos, der Vorderrand in der Mitte schwach bogenförmig vorgezogen, ohne Epistom. Hinterrand mit 4 Borsten. Beborstung der Tergite: 4—5—6—8—10—10. Beweglicher Chelicerenfinger median mit 3 kräftigen, ziemlich spitzen Zähnen, vor und hinter diesen mit einigen kleineren Zähnchen; Spinnhöcker oder Galea vollständig fehlend. Endlappen der Maxille mit 2 Borsten. Palpen (Fig. 167) gut doppelt so lang wie der Körper, das Femur und die Hand deutlich granuliert. Trochanter hinten ohne Höcker. Femur 8,5 mal so lang wie breit, ungestielt.

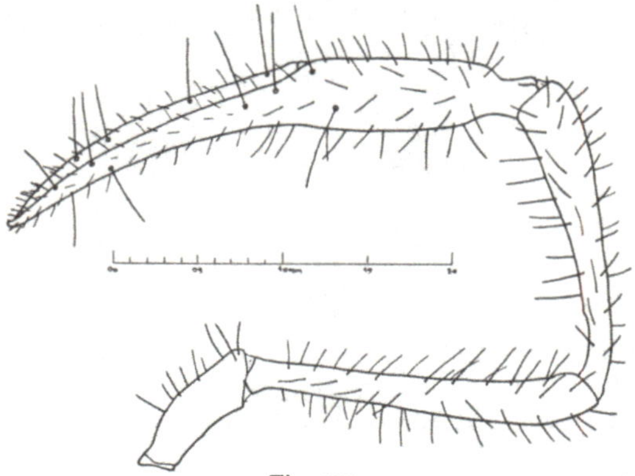

Fig. 167.
Pseudoblothrus roszkovskii (Redikorzev). Rechte Palpe.

Tibia 6,2 mal so lang wie breit, distal schwach verdickt, das ganze Glied etwas nach medial gebogen. Schere 7,2 mal so lang wie breit. Hand mit Stiel 3,2 mal so lang wie breit, fast parallelseitig. Finger bedeutend länger als die Hand, etwas kürzer als das Femur. Die Tasthaare *eb* und *esb* des festen Palpenfingers weit voneinander getrennt stehend, *esb* von *eb* etwa so weit wie von *isb* entfernt; das Tasthaar *ib* proximal von *eb* auf dem distalen Teil des Handrückens, außerhalb des eigentlichen Fingerbereiches stehend. Medialeck der Coxen I fast rechtwinkelig, Lateraldorn wenig lang, stumpf. Tarsen normal. — Körper L. 3,5 mm; Palpen: Trochanter L. 0,92 mm, B. 0,28 mm, Femur L. 2,08 mm, B. 0,26 mm, Tibia L. 1,88 mm, B. 0,30 mm, Hand L. 1,42 mm, B. 0,42 mm, Finger L. 1,97 mm.

Halbinsel Krim: Höhle Suuk-Koba am unteren Plateau des Tshatyr-dagh.

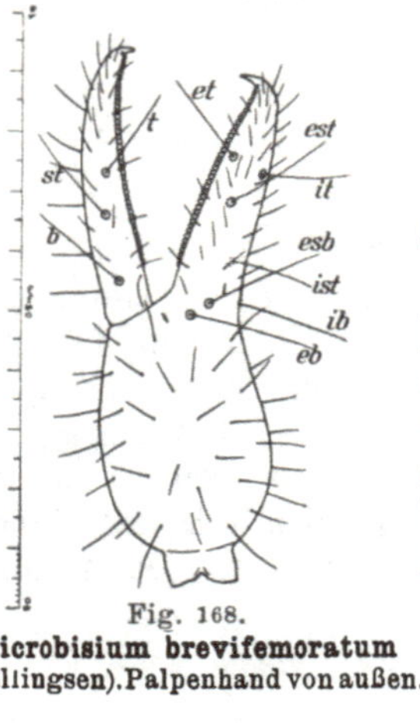

Fig. 168.
Microbisium brevifemoratum (Ellingsen). Palpenhand von außen.

4. Gen. **Microbisium** Chamb.

1930 *M.*, Chamberlin in: Ann. nat. Hist., ser. 10 *v.* 5 p. 20.

Typus: *Obisium brunneum* Hagen (durch nachträgliche Bestimmung).

Cephalothorax annähernd quadratisch oder deutlich breiter als lang. 4 Augen. Palpen kurz und gedrungen. Das Femur nicht oder kaum länger als der Cephalothorax. Finger kurz und ziemlich dick, nur selten länger als die Hand. Fester Finger nur mit 7, beweglicher mit 3 Tasthaaren (Fig. 168), da die Tasthaare *sb* und *isb* fehlen. Maxille mit 3 Apicalborsten.

Europa, paläarktisches Asien, Nordamerika.

7 sichere, 1 unsichere Art.

Übersicht über die Arten:

1	Größere Arten; Körper wenigstens 2,3 mm, Femur wenigstens 0,75 mm; Trochanter mit deutlichem Höcker hinten — **2**	
	Kleinere Arten; Körper höchstens 2 mm, Femur höchstens 0,55 mm; Trochanter hinten ohne deutlichen Höcker — **3**	
2	Finger so lang wie die Hand ohne Stiel; Femur 3,5 mal so lang wie breit; Tibia doppelt so lang wie breit	1. **M. manicatum**
	Finger fast so lang wie die Hand mit Stiel; Femur 4 mal so lang wie breit; Tibia 2,5 mal so lang wie breit	2. **M. dumicola**
3	Finger kürzer oder doch nicht länger als die Hand mit Stiel — **4**	
	Finger deutlich länger als die Hand mit Stiel; Femur 2,9—3,2 mal so lang wie breit	6. **M. brunneum**
4	Tibia etwa doppelt so lang wie breit — **5**	
	Tibia nur 1,3 mal so lang wie breit	7. **M. pygmaeum**
5	Femur 3,1 mal so lang wie breit — **6**	
	Femur 2,8 mal so lang wie breit	5. **M. parvulum**
6	Cephalothorax quadratisch; Spinnhöcker deutlich . . .	3. **M. brevifemoratum**
	Cephalothorax breiter als lang; Spinnhöcker undeutlich	4. **M. brevipalpe**

1. **M. manicatum** (L. Koch) 1873 *Obisium m.*, L. Koch, Übers. Darst. Eur. Chernet., p. 61 | 1885 *O. m.*, E. Simon in: Ann. Soc. ent. France, ser. 6 *v.* 4 p. 349 | 1910 *O. m.*, Ellingsen in: Mt. Mus. Berlin, *v.* 4 p. 398 | 1928 *O. m.*, Beier in: Ann. Wien. Mus., *v.* 42 p. 296.

Cephalothorax etwas länger als breit, gelbbraun, mit kleinem Epistom. Beweglicher Chelicerenfinger mit schwachem Spinnhöcker. Palpen (Fig. 169) etwa so lang wie der Körper, gedrungen. Trochanter kaum doppelt so lang wie breit, hinten mit breitem Höcker. Femur etwa 4,7 mal so lang wie breit, ohne deutlich abgesetztes Stielchen. Tibia 2,1 mal so lang wie breit, mit kurz-ovaler Keule; der Gelenkausschnitt erreicht mehr als 1/3, aber nicht die Hälfte des Medialrandes der Keule. Schere etwa 3 mal so lang wie breit. Hand breit-oval. Finger etwa so lang wie die Hand ohne Stiel, ziemlich dick, mit dicht stehenden, gleich langen, etwas zugespitzten Zähnchen. Medialeck der Coxen I mit deutlichem Zähnchen, Lateraldorn lang und kräftig. — Körper L. 2,3 mm; Palpen: Trochanter L. 0,41 mm, B. 0,21 mm, Femur L. 0,76 mm, B. 0,21 mm, Tibia L. 0,56 mm, B. 0,27 mm, Hand L. 0,68 mm, B. 0,41 mm, Finger L. 0,61 mm.

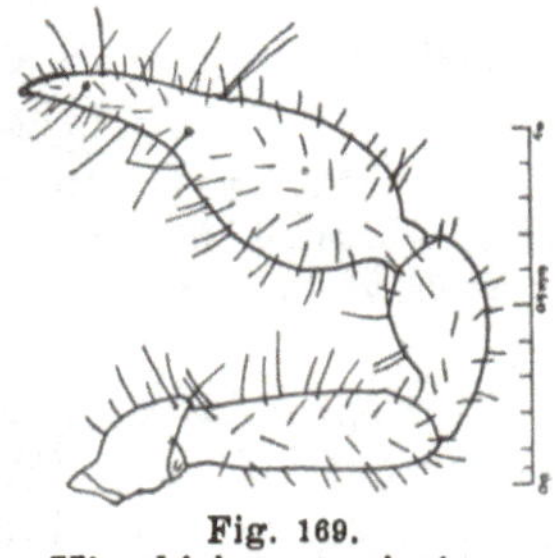

Fig. 169. **Microbisium manicatum** (L. Koch). Rechte Palpe.

Südeuropa: Griechenland, Mittelitalien, Südfrankreich, Spanien.

2. **M. dumicola** (C. L. Koch) 1835 *Obisium d.*, C. L. Koch, C. M. A., fasc. 2 nr. 1 | 1839 *O. elimatum*, C. L. Koch, Übers. Arach., fasc. 2 p. 5 | 1843 *O. dumicola* + *elimatum*, C. L. Koch in: C. W. Hahn & C. L. Koch, Arach., *v.* 10 p. 64 t. 344 f. 797; p. 71 t. 345 f. 801, 802 | 1879 *O. dumicola*, E. Simon, Arach. France, *v.* 7 p. 55 t. 19 f. 9 | 1882 *O. d.*, Tömösvary in: Math. termész. Közlem., *v.* 18 p. 226 t. 4 f. 4 | 1888 *O. d.*, Daday in: Termész. Füzetek, *v.* 11 p. 131, 187 | 1888 *O. d.* var. *nitidum*, Daday in: Termész. Füzetek, *v.* 11 p. 131, 187 t. 4 f. 24 | 1901 *O. d.*, Nosek in: Věstnik Klubu přir. Prostěj., *v.* 4 p. 72 | 1905 *O. d.*, Ellingsen in: Boll. Mus. Torino, *v.* 20 nr. 503 p. 3 | 1917 *O. d.*, Nonidez in: Trab. Mus. Madrid, nr. 32 p. 39 | 1928 *O. d.*, Schenkel in: Tierw. Deutschl., *v.* 8 fasc. 3 p. 66 f. 23 | 1928 *O. d.*, Beier in: Ann. Wien. Mus., *v.* 42 p. 296 | 1929 *O. d.*, Kästner in: Tierw. Mitteleur., *v.* 3 p. IV 12 | 1930 *O. d.*, Beier in: Zool. Anz., *v.* 91 p. 288.

Cephalothorax annähernd quadratisch, mit kleinem, aber deutlichem Epistom. Spinnhöcker vorhanden. Palpen (Fig. 170) etwa so lang wie der Körper. Trochanter hinten mit deutlichem Höcker. Femur nicht ganz 4mal so lang wie breit, das Stielchen nicht deutlich abgesetzt. Tibia etwas schlanker als bei der vorigen Art, etwa 2,5mal so lang wie breit, die Keule länglich-oval; der Gelenkausschnitt erreicht nicht ganz die Mitte des Medialrandes der Keule. Schere etwa 3,2mal so lang wie breit. Hand beiderseits, jedoch medial stärker, konvex. Finger kaum so lang wie die Hand mit Stiel, medial dicht mit kleinen, gleichartigen Zähnchen besetzt. Lateraldorn der Coxen I mäßig lang. — Körper L. 2,5—3 mm; Palpen: Trochanter L. 0,40 mm, B. 0,22 mm, Femur L. 0,82 mm, B. 0,21 mm, Tibia L. 0,66 mm, B. 0,26 mm, Hand L. 0,76 mm, B. 0,43 mm, Finger L. 0,72 mm.

Über fast ganz Europa verbreitet. In Moos, jedoch auch auf Gesträuch und niederen Bäumen.

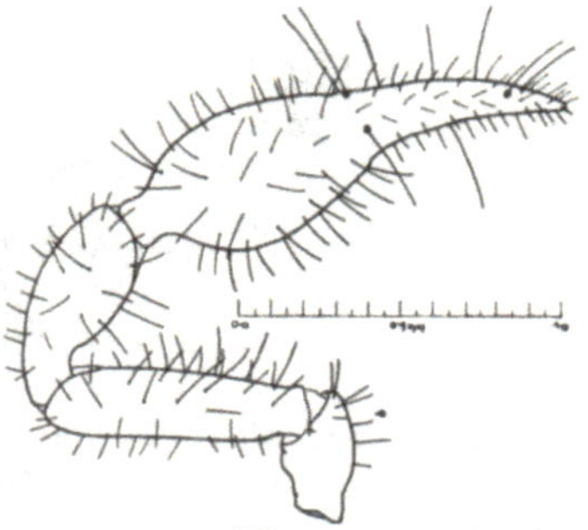

Fig. 170.
Microbisium dumicola (C. L. Koch).
Linke Palpe.

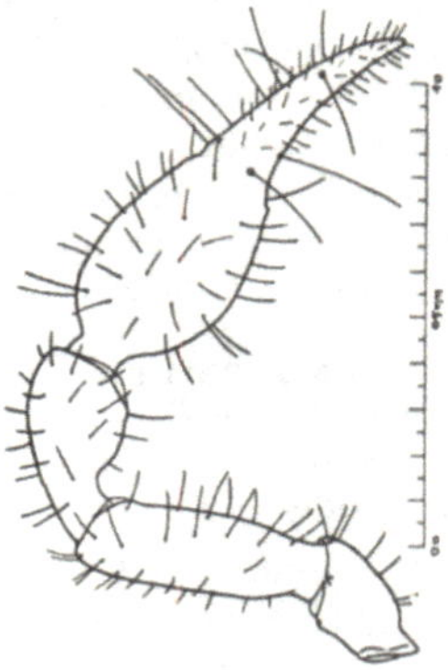

Fig. 171.
Microbisium brevifemoratum (Ellingsen).
Linke Palpe.

3. **M. brevifemoratum** (Ellingsen) 1903 *Obisium b.*, Ellingsen in: Forh. Selsk. Christian., nr. 5 p. 13, 16 | 1911 *O. b.*, Lessert in: Cat. Invert. Suisse, *v.* 5 p. 32 f. 25 | 1928 *O. b.*, Schenkel in: Tierw. Deutschl., *v.* 8 fasc. 3 p. 64 f. 20 | 1929 *O. b.*, Kästner in: Tierw. Mitteleur., *v.* 3 p. IV 11 f. 45.

Cephalothorax quadratisch, mit deutlichem Epistom. Spinnhöcker schwach entwickelt. Palpen (Fig. 171) kurz, so lang wie der Körper. Trochanter doppelt so lang wie breit, hinten ohne deutlichen Höcker. Femur kurz und gedrungen, etwas kürzer als der Cephalothorax, 3,2mal so lang wie breit, mit deutlich abgesetztem Stielchen. Tibia nur doppelt so lang wie breit, mit kurzer, stark aufgetriebener Keule; der Gelenkausschnitt erreicht nicht ganz die Mitte des Medialrandes der Keule. Schere etwa 3mal so lang wie breit. Hand ziemlich breit-oval. Finger nicht ganz so lang wie die Hand mit Stiel. Lateraldorn der Coxen I ziemlich klein. — Körper L. 1,6—2 mm; Palpen: Trochanter L. 0,32 mm, B. 0,16 mm, Femur L. 0,54 mm, B. 0,17 mm, Tibia L. 0,43 mm, B. 0,21 mm, Hand L. 0,52 mm, B. 0,32 mm, Finger L. 0,48 mm.

Nördliches und zentrales Mitteleuropa: Schweden, Deutschland, Schweiz. Im Torfmoos der Moore und Sümpfe.

4. **M. brevipalpe** (Redikorzev) 1922 *Obisium b.*, Redikorzev in: Mém. Ac. St.-Pétersb., *v.* 23 p. 270 f. 12—14.

Cephalothorax breiter als lang, mit kleinem, dreieckigen Epistom. Vordere Augen kleiner als die hinteren, von diesen um den halben Durchmesser und vom Vorderrand um 2 Durchmesser entfernt. Spinnhöcker undeutlich. Palpen (Fig. 172) kürzer als der Körper. Trochanter nicht doppelt so lang wie breit, hinten ohne deutlichen Höcker. Femur so lang wie der Cephalothorax, 3,2 mal so lang wie breit, das Stielchen nicht scharf abgesetzt. Tibia 2,2 mal so lang wie breit, die Keule stark aufgetrieben; der Gelenkausschnitt erreicht nicht die Mitte des Medialrandes der Keule. Schere 3,2 mal so lang wie breit. Hand ziemlich breitoval. Finger kaum so lang wie die Hand mit Stiel. — Körper L. 2 mm; Palpen: Trochanter L. 0,28 mm, B. 0,16 mm, Femur L. 0,51 mm, B. 0,15 mm, Tibia L. 0,42 mm, B. 0,20 mm, Hand L. 0,46 mm, B. 0,28 mm, Finger L. 0,45 mm.

Zentralasien: Kamtschatka.

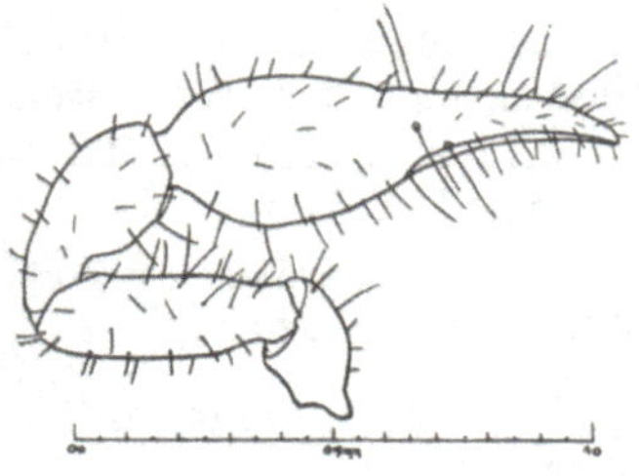

Fig. 172. **Microbisium brevipalpe** (Redikorzev). Linke Palpe.

5. **M. parvulum** (Banks) 1895 *Obisium p.*, N. Banks in: J. N. York ent. Soc., *v.* 3 p. 12 | 1909 *O. p.*, Ellingsen in: Boll. Laborat. Zool. Portici, *v.* 3 p. 220 | 1930 *Microbisium p.*, Chamberlin in: Ann. nat. Hist., ser. 10 *v.* 5 p. 21.

Cephalothorax annähernd quadratisch. Epistom vorhanden. Palpen (Fig. 173) gedrungen, nicht länger als der Körper. Trochanter nicht doppelt so lang wie breit, hinten ohne deutlichen Höcker. Femur 2,6—2,8 mal so lang wie breit, das Stielchen deutlich abgesetzt. Tibia doppelt so lang wie breit, mit stark aufgetriebener Keule; der Gelenkausschnitt erreicht nicht ganz die Mitte des Medialrandes der Keule. Schere nicht ganz 3 mal so lang wie breit. Hand breit-oval. Finger so lang wie die Hand ohne Stiel. — Körper L. 1,5 mm; Palpen: Trochanter L. 0,23 mm, B. 0,13 mm, Femur L. 0,40 mm, B. 0,15 mm, Tibia L. 0,32 mm, B. 0,17 mm, Hand L. 0,38 mm, B. 0,25 mm, Finger L. 0,34 mm.

Nordamerika: Nordkarolina, New York, Minnesota, Kolorado, Utah.

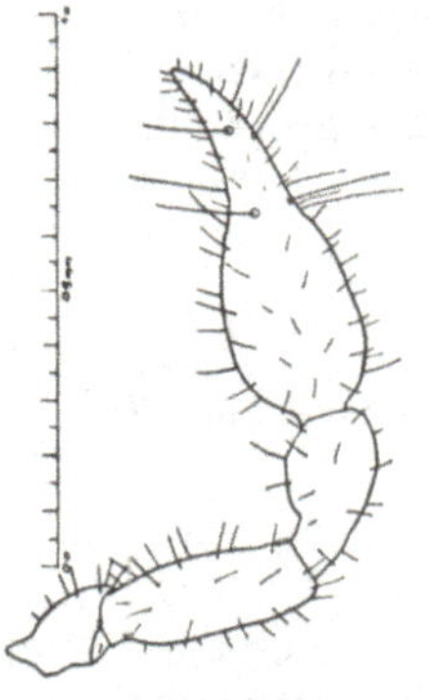

Fig. 173. **Microbisium parvulum** (Banks). Rechte Palpe.

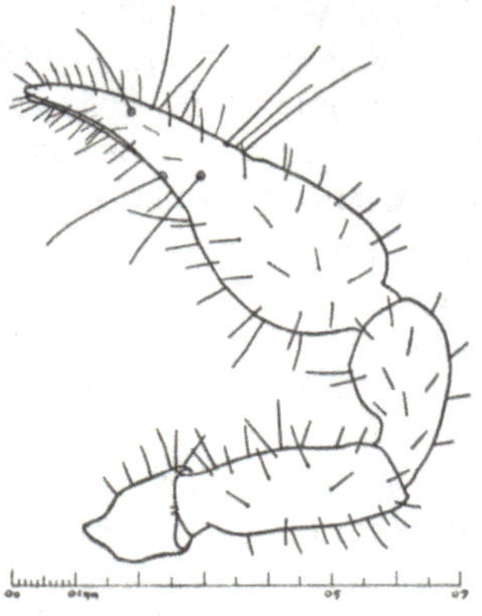

Fig. 174. **Microbisium brunneum** (Hagen). Rechte Palpe.

6. **M. brunneum** (Hagen) 1869 *Obisium b.*, H. A. Hagen in: Rec. Amer. Ent., p. 52 | 1895 *O. b.*, N. Banks in: J. N. York ent. Soc., *v.* 3 p. 12 | 1930 *Microbisium b.*, Chamberlin in: Ann. nat. Hist., ser. 10 *v.* 5 p. 20.

Der vorigen Art sehr ähnlich. Cephalothorax länger als breit, mit kleinem, dreieckigen Epistom. Fester Chelicerenfinger in der ganzen Länge mit kleinen Zähnchen besetzt. Spinnhöcker undeutlich. Palpen (Fig. 174) kurz und gedrungen. Trochanter hinten ohne Höcker. Femur 2,9—3,2mal so lang wie breit. Tibia kaum doppelt so lang wie breit, die Keule sehr stark blasenförmig aufgetrieben; der Gelenkausschnitt erreicht nicht ganz die Mitte des Medialrandes der Keule. Schere 3mal so lang wie breit. Finger etwas länger als die Hand mit Stiel. Die Coxen des 2. und 3. Beinpaares fast miteinander verwachsen. — Körper L. 1,4 mm; Palpen: Femur L. 0,36 mm, B. 0,12 mm, Tibia L. 0,30 mm, B. 0,16 mm, Hand L. 0,32 mm, B. 0,22 mm, Finger L. 0,37 mm.

Nordamerika: New York, Missouri, Ohio, Virginia, Massachusetts, Michigan, Utah, Washington, Georgia.

7. **M. pygmaeum** (Ellingsen) 1907 *Obisium p.*, Ellingsen in: N. Mag. Naturv., *v.* 45 p. 12.

Cephalothorax etwa so lang wie breit, mit kleinem Epistom. Spinnhöcker undeutlich oder fehlend. Palpen so lang wie der Körper, robust. Femur kaum 2,8mal so lang wie breit. Tibia sehr kurz und gedrungen, nur 1,3mal so lang wie breit; der Gelenkausschnitt erreicht $^1/_3$ des Medialrandes der Keule. Finger so lang wie die Hand. — Körper L. 1,2 mm; Palpen: Femur L. 0,36 mm, B. 0,13 mm, Tibia L. 0,21 mm, B. 0,16 mm, Hand L. 0,28 mm, B. 0,21 mm, Finger L. 0,28 mm.

Japan: Negishi, Okayama, Kanagawa.

Unsichere Art:

M. zariquieyi (Navas) 1925 *Obisium Z.*, Navas in: Broteria, *v.* 22 p. 124 f. 17. Beschreibung und Zeichnung vollkommen unzureichend.

Spanien: Santa Fé, Barcelona.

5. Gen. **Afrobisium** nov. gen.

Typus: *Obisium dogieli* Redikorzev (durch Monotypie).

Mit der vorigen Gattung weitgehend übereinstimmend. Cephalothorax breiter als lang, nach vorn merklich verengt, mit Epistom. 4 Augen. Cheliceren mit Spinnhöcker. Palpen gedrungen, kürzer als der Körper. Fester Palpenfinger nur mit 6, beweglicher mit 3 Tasthaaren. Zähne der Palpenfinger klein, stumpf, sehr dicht stehend.

Tropisches Ostafrika.

1 Art.

1. **A. dogieli** (Redikorzev) 1924 *Obisium d.*, Redikorzev in: Rev. Russe Ent., *v.* 18 p. 192 f. 5, 6.

Farbe bleich. Cephalothorax breiter als lang, nach vorn merkbar verengt, mit dreieckigem Epistom. 4 gleich große Augen, 1 $^1/_2$ Durchmesser voneinander entfernt. Tergite und Sternite mit je 8 Borsten. Beweglicher Chelicerenfinger mit 11 ungleich langen Zähnen, ohne ausgesprochenen Mittelzahn; Spinnhöcker deutlich, breit. Fester Chelicerenfinger mit 12 fast gleichartigen Zähnchen. Palpen gedrungen, kürzer als der Körper. Trochanter hinten ohne deutlichen Höcker. Femur 3,3mal so lang wie breit, mit kurzem, undeutlichen Stielchen. Tibia nicht ganz doppelt so lang wie breit; der Gelenkausschnitt erreicht die Mitte des Medialrandes der Keule. Schere kurz und gedrungen. Finger kaum länger als die Hand mit Stiel, medial mit je 30 kleinen, stumpfen, sehr dicht stehenden Zähnchen. Fester Finger nur mit 6, beweglicher mit 3 Tasthaaren. — Körper L. 1,6 mm; Palpen:

Trochanter L. 0,13 mm, Femur L. 0,40 mm, B. 0,12 mm, Tibia L. 0,23 mm, B. 0,12 mm, Hand L. 0,32 mm, B. 0,20 mm, (dick 0,27 mm), Finger L. 0,33 mm.

Tropisches Ostafrika: Mabira, Uganda.

b) Subfam. **Ideobisiinae** Chamb.

1891 *Pseudobisiidae* (part.), Balzan in: Ann. Soc. ent. France, *v.* 60 p. 539 | 1891 *Pseudobisiinae* (part.) + *Microcreagrinae*, Balzan in: ibid., *v.* 60 p. 539, 543 | 1894 *P.*, H. J. Hansen in: Ent. Meddel., *v.* 4 p. 232 | 1895 *Ideobisini*, N. Banks in: J. N. York ent. Soc., *v.* 3 p. 2 | 1906 *Pseudobisiinae*, With in: Danske Selsk. Skr., *v.* 7 nr. 3 p. 77 | 1930 *Ideobisiinae*, Chamberlin in: Ann. nat. Hist., ser. 10 *v.* 5 p. 22 | 1931 *I.*, Chamberlin in: Stanford Univ. Publ., *v.* 7 p. 217.

Cephalothorax meist annähernd quadratisch, mit oder ohne Epistom, in letzterem Falle der Vorderrand oftmals gerundet oder winkelig vorgezogen. 4, 2 oder 0 Augen. Tergite ungeteilt. Beweglicher Chelicerenfinger immer mit Galea, diese aus einem oder mehreren, einfachen oder geteilten, durchscheinenden, borstenartigen Fortsätzen bestehend. Palpen wie bei der vorigen Unterfamilie. Fester Finger meist mit 8, beweglicher mit 4 Tasthaaren, sehr selten diese Zahl verringert.

Über alle Regionen verbreitet, jedoch vorwiegend paläarktisch und nearktisch.

5 Genera, 48 sichere, 6 unsichere Arten.

Übersicht über die Genera:

1	Palpenfinger mit normaler Borstenzahl, der feste mit 8, der bewegliche mit 4 — 2	
	Palpenfinger mit reduzierter Borstenzahl, der feste mit 6, der bewegliche mit 2	10. Gen. **Gymnobisium**
2	Endlappen der Maxille spitz, mit 2 Borsten; die Tasthaare *t*, *st* und *sb* des beweglichen Palpenfingers nahe der Mitte des Fingers vereinigt und meist nur 1 Areolardurchmesser voneinander entfernt oder einander berührend — 3	
	Endlappen der Maxille gerundet, kurz, mit 3—5 Borsten; Stellung der Tasthaare nicht wie oben — 4	
3	Das Tasthaar *ib* in normaler Stellung an der Fingerbasis, die Dorsalfläche der Hand ohne Tasthaar; die Areolen der Tasthaare *t*, *st* und *sb* etwa um ihren Durchmesser voneinander entfernt	8. Gen. **Ideobisium**
	Das Tasthaar *ib* auf die Mitte der Dorsalfläche der Palpenhand gerückt; die Areolen der Tasthaare *t*, *st* und *sb* berühren einander	9. Gen. **Nannobisium**
4	Galea aus 8—10 in einer Reihe stehenden, borstenartigen Fortsätzen bestehend; Palpenfinger im letzten Drittel ohne Tasthaare	6. Gen. **Halobisium**
	Galea aus einem einzigen, einfachen oder verzweigten Fortsatz bestehend, auch im letzten Drittel der Palpenfinger befinden sich 1—2 Tasthaare	7. Gen. **Microcreagris**

6. Gen. **Halobisium** Chamb.

1930 *H.*, Chamberlin in: Ann. nat. Hist., ser. 10 *v.* 5 p. 35.

Typus: *Ideobisium orientale* Redikorzev.

Cephalothorax annähernd quadratisch, mit Epistom. 4 deutliche Augen. Beweglicher Chelicerenfinger mit Galea, diese aus 8—10 borstenförmigen, in einer Reihe stehenden Fortsätzen bestehend. Endlappen der Maxille mit

3—5 Borsten. Palpen kräftig, das Femur medial und die Hand an der Fingerbasis mit einigen gröberen Körnchen. Das distale Drittel der Palpenfinger ohne Tasthaare. Tergite mit 20—22 Marginalborsten.

Ostsibirien, westliches Nordamerika, nahe der Meeresküste.

2 Arten.

Übersicht über die Arten:

1 { Robustere Art; Galea beim ♀ immer mit 10 Borsten; 1. Tarsalglied am Bein IV so lang wie das 2. . . . . . . 1. **H. orientale**
Grazilere Art; Galea beim ♀ meist mit 8 Borsten; 1. Tarsalglied am Bein IV deutlich kürzer als das 2. . . . . . . 2. **H. occidentale**

1. **H. orientale** (Redikorzev) 1922 *Ideobisium o.*, Redikorzev in: Mém. Ac. St.-Pétersb., *v.* 22 p. 98 f. 7, 8 | 1930 *Halobisium o.* (part.), Chamberlin in: Ann. nat. Hist., ser. 10 *v.* 5 p. 35.

Cephalothorax so lang wie breit, mit stumpf-dreieckigem Epistom. 4 gleich große Augen. Beweglicher Chelicerenfinger mit Galea, diese beim ♀ aus 10, beim ♂ aus 8 in einer Reihe stehenden, borstenartigen Fortsätzen bestehend. Palpen kräftig, wenig länger als der Körper (Fig. 175). Trochanter hinten distal mit flachem Höckerchen. Femur 3,8 mal so lang wie breit, mit deutlich abgesetztem Stielchen, besonders medial mit einigen gröberen Körnchen oder Höckerchen. Tibia 2,5 mal so lang wie breit. Schere 3,2 mal so lang wie breit. Hand sehr kräftig, an der Fingerbasis mit einigen gröberen Körnchen. Finger kaum länger als die Hand ohne Stiel, im distalen Drittel ohne Tasthaare. 1. Tarsalglied am Bein IV so lang wie das 2. — Körper L. 3,5 mm; Palpen: Femur L. 1,26 mm, B. 0,33 mm, Tibia L. 1,00 mm, B. 0,40 mm, Hand L. 1,10 mm, B. 0,62 mm, Finger L. 1,03 mm.

Ostsibirien: Insel Reineke (Küstenprovinz), Commander Inseln (Kamtschatka), nahe der Meeresküste.

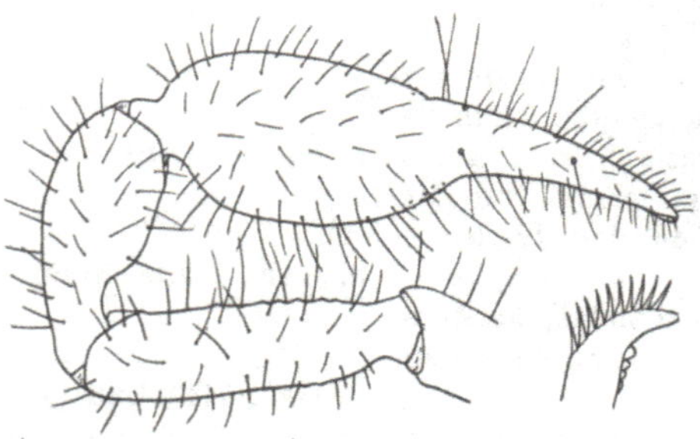

Fig. 175.
Halobisium orientale (Redikorzev) ♀. Linke Palpe und Spitze des beweglichen Chelicerenfingers mit Galea.

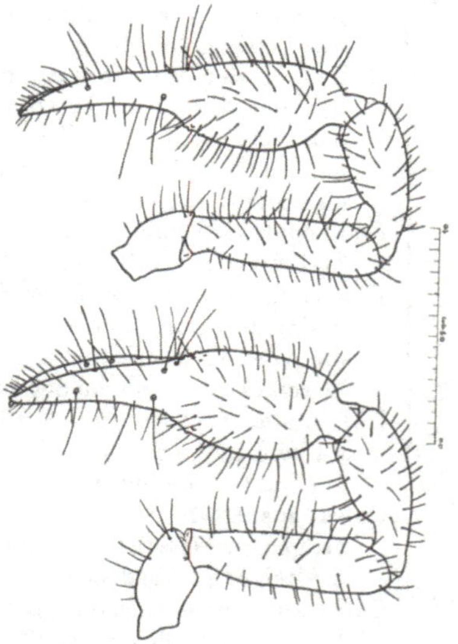

Fig. 176.
Halobisium occidentale Beier. Rechte Palpe von ♂ (oben), und ♀ (unten).

2. **H. occidentale** Beier 1930 *H. orientale* (part.), Chamberlin in: Ann. nat. Hist., ser. 10 *v.* 5 p. 35 | 1931 *H. occidentale*, Beier in: Mt. Mus. Berlin, *v.* 17 p. 299.

Der vorigen Art sehr ähnlich, jedoch von zarterem Körperbau. Cephalothorax etwas breiter als lang. Galea in beiden Geschlechtern meist nur aus 8 Fortsätzen bestehend. Palpen (Fig. 176) etwas graziler als bei *orientale*.

Trochanter hinten ohne Höckerchen. Femur 3,8, Tibia 2,6 mal so lang wie breit. Schere 3,3 mal so lang wie breit. Finger nur wenig kürzer als die Hand mit Stiel. 1. Tarsenglied am Bein IV deutlich kürzer als das 2. — Körper L. 2,9—3,6 mm; Palpen: Femur L. 0,96 mm, B. 0,25 mm, Tibia L. 0,80 mm, B. 0,31 mm, Hand L. 0,87 mm, B. 0,48 mm, Finger L. 0,85 mm.

Westliches Nordamerika: Kalifornien, nahe der Meeresküste.

7. Gen. **Microcreagris** Balzan

1891 *M.*, Balzan in: Ann. Soc. ent. France, *v.* 60 p. 543 | 1906 *M.*, With in: Danske Selsk. Skr., *v.* 7 nr. 3 p. 80 | 1907 *M.*, Ellingsen in: N. Mag. Naturv., *v.* 45 p. 6 | 1928 *M.*, Kishida in: Annot. zool. Jap., *v.* 11 p. 407 | 1930 *M.*, Chamberlin in: Ann. nat. Hist., ser. 10 *v.* 5 p. 23.

Typus: *M. gigas* Balzan (durch ursprüngliche Monotypie).

Cephalothorax meist annähernd quadratisch, der Vorderrand oft winkelig vorgezogen. Meist mit 4, vielfach schwach entwickelten Augen. Tergite meist mit 10—12, mitunter aber auch mit mehr Marginalborsten. Beweglicher Chelicerenfinger mit Galea, diese einfach oder distal geteilt, nur in Einzahl vorhanden. Palpen kräftig, meist wenigstens teilweise punktiert oder granuliert. Fester Palpenfinger mit 8, beweglicher mit 4 Tasthaaren; im distalen Drittel des festen Fingers stehen 1—2 Tasthaare; das Tasthaar *ist* meist in gleicher Höhe mit *isb* stehend. Endlappen der Maxille mit 3—5 Borsten.

Vorwiegend in der paläarktischen und nearktischen Region verbreitet und nur in einigen Arten in der orientalischen Region vorkommend.

34 sichere, 4 unsichere Arten.

Übersicht über die Arten:

1	Das Tasthaar *ist* bedeutend näher bei *isb* als bei *est* gelegen — **2**	
	Das Tasthaar *ist* bedeutend näher bei *est* als bei *isb* gelegen — **29**	
2	Palpenfinger höchstens so lang wie die Hand mit Stiel, meist aber kürzer — **3**	
	Palpenfinger deutlich länger als die Hand mit Stiel — **8**	
3	Tibia 1,9—2,2 mal so lang wie breit — **4**	
	Tibia 3 mal so lang wie breit	1. **M. kaznakovi**
4	Endlappen der Maxille mit 5 Borsten — **5**	
	Endlappen der Maxille mit 4 Borsten; Palpen fast glatt — **7**	
5	Körperlänge mehr als 5 mm — **6**	
	Körperlänge 4 mm	2. **M. silvestrii**
6	Femur mit schwachem Stielchen, nicht ausgesprochen keulenförmig; Kalifornien	5. **M. magna**
	Femur ungestielt, vollkommen keulenförmig; China . .	4. **M. gigas**
7	Hinterrand des Cephalothorax mit 6 Borsten; Femur 3,4, Schere 2,8 mal so lang wie breit	6. **M. theveneti**
	Hinterrand des Cephalothorax mit 10 Borsten; Femur 2,4, Schere 2,3 mal so lang wie breit	3. **M. brevidigitata**
8	Palpen glatt oder nahezu glatt — **9**	
	Palpen wenigstens teilweise deutlich granuliert, besonders die Medialseite des Femur — **13**	
9	Femur keulenförmig, die größte Breite erst distal der Mitte erreichend — **10**	
	Femur nicht keulenförmig, in der basalen Hälfte die größte Breite erreichend — **12**	

10 Körperlänge wenigstens 3,5 mm — **11**
Körperlänge höchstens 2,5 mm . . . . 11. **M. cyclica**

11 Endlappen der Maxille mit 3 Borsten; das Tasthaar *it* etwas weiter von der Fingerspitze entfernt als *et;* Körperlänge 3,5 mm . . . . 7. **M. cingara**
Endlappen der Maxille mit 5 Borsten; das Tasthaar *it* ebensoweit von der Fingerspitze entfernt wie *et;* Körperlänge 5—6 mm . . . . 8. **M. sequoiae**

12 Das Tasthaar *it* distal von *et* gelegen; Endlappen der Maxille mit 5 Borsten . . . . 10. **M. japonica**
Das Tasthaar *it* proximal von *et* gelegen; Endlappen der Maxille mit 4 Borsten . . . . 9. **M. atlantica**

13 Femur nicht keulenförmig, in der basalen Hälfte am breitesten — **14**
Femur mehr oder weniger keulenförmig, in der Mitte oder distal von der Mitte am breitesten — **17**

14 Kleinere Arten; Femur höchstens 0,6 mm; Endlappen der Maxille mit 3 Borsten — **15**
Größere Arten; Femur wenigstens 0,8 mm; Endlappen der Maxille mit 4 Borsten — **16**

15 Palpenfemur gedrungen, 2,7 mal so lang wie breit . . 12. **M. formosana**
Palpenfemur schlanker, 3,4 mal so lang wie breit . . . 13. **M. pygmaea**

16 Hand breiter, 1,3 mal so lang wie breit; Femur 1 mm . 14. **M. granulata**
Hand schmäler, 1,6 mal so lang wie breit; Femur 0,8 mm 15. **M. luzonica**

17 Hinterrand des Cephalothorax mit 8 Borsten; Körperlänge wenigstens 4 mm — **18**
Hinterrand des Cephalothorax mit 6 Borsten; Körperlänge höchstens 3,5 mm — **19**

18 Tibia kurz gestielt, der Stiel nicht länger als seine größte Breite; Trochanter 1,9—2,0 mal so lang wie breit . 16. **M. lampra**
Tibia länger gestielt, der Stiel viel länger als seine größte Breite; Trochanter 2,2—2,3 mal so lang wie breit . 17. **M. orientalis**

19 Palpentibia höchstens 2,7 mal so lang wie breit, meist aber breiter — **20**
Palpentibia beim ♀ wenigstens 2,8, beim ♂ wenigstens 3 mal so lang wie breit — **27**

20 Tergite mit 8—10 Marginalborsten; asiatische Arten — **21**
Tergite mit 12—14 Marginalborsten; nordamerikanische Arten — **23**

21 Tibia 2,3 mal so lang wie breit — **22**
Tibia nur 2 mal so lang wie breit . . . . 20. **M. birmanica**

22 Finger länger als das Femur . . . . 18. **M. philippinensis**
Finger kürzer als das Femur . . . . 19. **M. turkestanica**

23 Femur und Tibia der Palpen distal ohne Höckerchen; die Tasthaare *eb* und *esb* nicht auf Tuberkeln entspringend — **24**
Femur und Tibia der Palpen distal mit je 2 nebeneinander stehenden Höckerchen; die Tasthaare *eb* und *esb* auf Tuberkeln entspringend . . . . 21. **M. rufula**

24 Finger ungefähr so lang wie die Tibia — **25**
Finger deutlich länger als die Tibia — **26**

25 Schere 3—3,1 mal so lang wie breit; Tibia 2,5 mal so lang wie breit; Cephalothorax deutlich länger als die Tibia; Körperlänge 3,5 mm . . . . 22. **M. thermophila**
Schere 3,8 mal so lang wie breit; Tibia 2,7 mal so lang wie breit; Cephalothorax ungefähr so lang wie die Tibia; Körperlänge 1,9—2 mm . . . . 23. **M. laurae**

26 Femur 3,6, Tibia 2,3—2,5 mal so lang wie breit; Schere 2,8—2,9 mal so lang wie breit; Körperlänge 3 mm . 24. **M. phyllisae**
Femur 3,1—3,7, Tibia 2,6—2,8 mal so lang wie breit; Schere 3,3—3,7 mal so lang wie breit; Körperlänge 2—2,8 mm . . . . 25. **M. chamberlini**

27 Fast vollständig augenlos; Cephalothorax mit 22 Borsten; Körper L. 3,5—3,8 mm — **28**
Mit 4 schwach entwickelten, aber gut erkennbaren Augen; Cephalothorax mit 24 Borsten; Körper L. 2,2—2,5 mm . . . . 28. **M. macilenta**

28 Endlappen der Maxille mit 3 Borsten; fester Palpenfinger mit 77, beweglicher mit 79 Zähnen . . . . . 26. **M. hespera**
Endlappen der Maxille mit 4 Borsten; fester Palpenfinger mit 63, beweglicher mit 60 Zähnen . . . . . 27. **M. tacomensis**

29 Mit 2 kleinen, aber deutlichen Augen — **30**
Ohne Augen oder nur mit weißlichen Augenflecken — **31**

30 Das Tasthaar *it* näher bei *est* als bei *et* gelegen . . . 29. **M. cambridgii**
Das Tasthaar *it* näher bei *et* als bei *est* gelegen . . . 30. **M. maroccana**

31 Palpen mehr oder weniger gedrungen, das Femur höchstens 3,6 mal so lang wie breit — **32**
Palpen stark verlängert, das Femur 12—15 mal so lang wie breit . . . . 34. **M. racovitzai**

32 Galea einfach oder nur distal in einige kurze Ästchen gespalten; Femur wenigstens 2,5 mal so lang wie breit — **33**
Galea fast vom Grunde an in 3 Äste geteilt; Femur nur doppelt so lang wie breit . . . . 31. **M. strandi**

33 Finger kürzer als das Femur; Femur 2,5 mal so lang wie breit . . . . 32. **M. hispanica**
Finger so lang wie das Femur; Femur 3,5—3,6 mal so lang wie breit . . . . 33. **M. pyrenaica**

1. **M. kaznakovi** (Redikorzev) 1922 *Ideobisium (Microcreagris) k.*, Redikorzev in: Mém. Ac. St.-Pétersb., *v.* 22 p. 96 f. 5, 6 | 1930 *Microcreagris k.*, Chamberlin in: Ann. nat. Hist., ser. 10 *v.* 5 p. 28.

Cephalothorax etwas länger als breit, mit kleinem Epistom. 4 gleich große, einander genäherte Augen. Beweglicher Chelicerenfinger mit doppelt gegabelter Galea. Palpen (Fig. 177) etwas länger als der Körper, das Femur und die Tibia medial deutlich granuliert. Trochanter hinten mit deutlichem Höckerchen. Femur keulenförmig, undeutlich gestielt, 4,5 mal so lang wie breit. Tibia 3 mal so lang wie breit, der Stiel bedeutend länger als breit. Schere etwa 3,1 mal so lang wie breit. Finger so lang wie die Hand mit Stiel, etwas kürzer als die Tibia und bedeutend kürzer als das Femur. — Körper L. 4,5 mm; Palpen: Trochanter L. 0,72 mm, B. 0,30 mm, Femur L. 1,26 mm, B. 0,29 mm, Tibia L. 1,12 mm, B. 0,38 mm, Hand L. 1,05 mm, B. 0,60 mm, Finger L. 1,05 mm.

Zentralasien: Tibet.

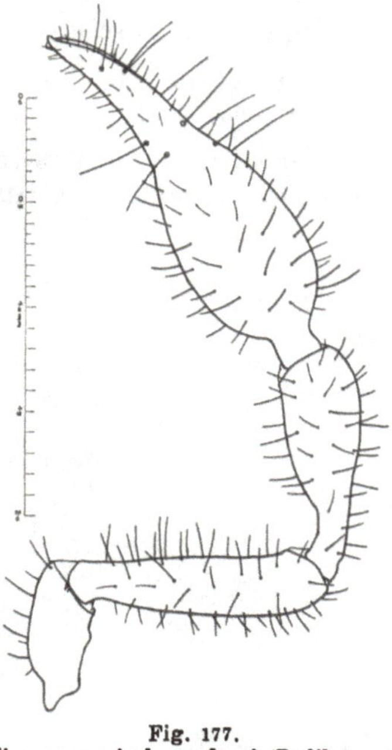

Fig. 177.
Microcreagris kaznakovi (Redikorzev).
Rechte Palpe.

2. **M. silvestrii** Chamb. 1930 *M. s.*, Chamberlin in: Ann. nat. Hist., ser. 10 *v.* 5 p. 27.

Cephalothorax quadratisch, mit kleinem Epistom. 4 gut entwickelte Augen, das vordere etwa um seinen Durchmesser vom Vorderrand, um $^3/_4$ Durchmesser vom hinteren abstehend. Beborstung der Scheibe: 6—9, 32. Tergite und Sternite mit 14 oder 15 Marginalborsten, die letzteren ohne differenzierte Discalborsten. Endlappen der Maxille mit 5 Borsten. Palpen mäßig gedrungen und fast glatt. Trochanter 1,7 mal so lang wie breit, hinten mit kräftigem Höckerchen. Femur 3,0—3,1 mal so lang wie breit, ungefähr in der Mitte am breitesten, glatt, nur mit einigen rundlichen Tuberkelchen. Tibia 2,1—2,2 mal so lang wie breit; Stiel kurz, so lang wie breit. Schere 2,4—2,6 mal so lang wie breit. Finger deutlich kürzer als die Hand, aber viel länger als diese breit; fester Finger mit 67—73, beweglicher mit 80—85 Zähnen. — Körper L. 4 mm.

China: Ychan, Liu-Kiu-Inseln.

3. **M. brevidigitata** Chamb. 1930 *M. b.*, Chamberlin in: Ann. nat. Hist., ser. 10 *v.* 5 p. 26.

Cephalothorax etwas länger als breit, mit kleinem Epistom. 4 schwach entwickelte Augen, das vordere $^1/_4$ Durchmesser vom hinteren und 1,5—2 Durchmesser vom Vorderrande entfernt. Beborstung der Scheibe: 4—10, 28. Tergite mit 13—14, Sternite mit 16—18 Marginalborsten. Endlappen der Maxille mit 4 Borsten. Palpen kurz und gedrungen, fast glatt. Trochanter 1,8 mal so lang wie breit. Femur 2,4 mal so lang wie breit, die größte Breite etwa $^1/_3$ von der Basis gelegen, die Medialseite schwach granuliert. Tibia 1,9 mal so lang wie breit, der Stiel kurz, so lang wie breit. Schere 2,3 mal so lang wie breit. Hand 1,7 mal so lang wie die kurzen Finger, welche nicht länger als die größte Breite der Hand sind; fester Finger mit 33—34, beweglicher mit 40—42 Zähnen. — Körper L. 3,5 mm.

Japan: Mte. Kirishima.

4. **M. gigas** Balzan 1891 *M. g.*, Balzan in: Ann. Soc. ent. France, *v.* 60 p. 544 t. 12 f. 34 | 1930 *M. g.*, Chamberlin in: Ann. nat. Hist., ser. 10 *v.* 5 p. 28.

Cephalothorax nur wenig länger als breit, mit sehr deutlichem, abgerundetem Epistom; der Hinterrand mit 10 Borsten. Tergite mit 18—20, Sternite mit 20—22 Borsten. Augen ziemlich groß, nahe beisammen stehend. Endlappen der Maxille mit 5 Borsten. Palpen (Fig. 178) sehr kräftig, Femur und Hand deutlich, die Tibia medial und der Trochanter hinten undeutlich granuliert. Trochanter hinten mit breitem Höckerchen. Femur 3,8 mal so lang wie breit, ungestielt, stark keulenförmig. Tibia 2,2 mal so lang wie breit, der Stiel länger als breit. Schere 2,8 mal so lang wie breit. Finger etwas kürzer als die Hand mit Stiel. — Körper L. 5—6 mm; Palpen: Trochanter L. 0,91 mm, B. 0,42 mm, Femur L. 1,57 mm, B. 0,40 mm, Tibia L. 1,33 mm, B. 0,60 mm, Hand L. 1,40 mm, B. 0,85 mm, Finger L. 1,31 mm.

China.

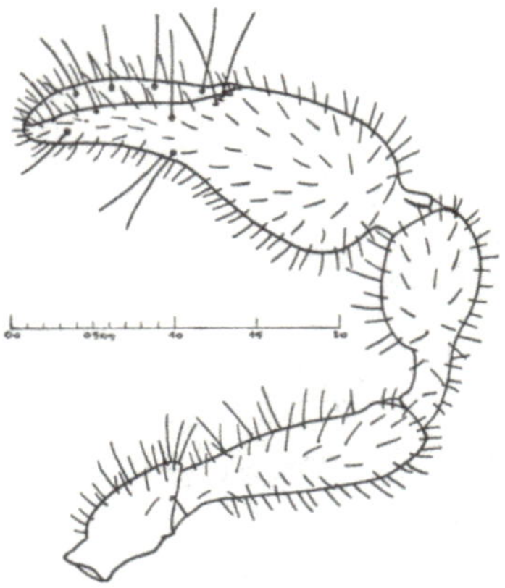

Fig. 178.
Microcreagris gigas Balzan.
Rechte Palpe.

5. **M. magna** (Banks) 1909 *Ideobisium magnum*, N. Banks in: Canad. Ent., *v.* 41 p. 306 | 1911 *I. m.*, N. Banks in: Pomona, *v.* 3 p. 639 | 1930 *Microcreagris m.*, Chamberlin in: Ann. nat. Hist., ser. 10 *v.* 5 p. 28.

Cephalothorax ungefähr so lang wie breit, mit deutlichem Epistom. 4 große, weniger als um ihren halben Durchmesser voneinander entfernte Augen. Palpenfemur undeutlich gestielt. Tibia mit kräftigem Stiel. Hand breit, so lang wie die Tibia, etwa doppelt so lang wie breit. Finger deutlich etwas kürzer als die Hand. — Körper L. 6,5 mm.

Nordamerika: Kalifornien.

6. **M. theveneti** (E. Sim.) 1878 *Obisium T.*, E. Simon in: Ann. Soc. ent. France, ser. 5 *v.* 8 p. 156 | 1911 *Ideobisium threveneti*, N. Banks in: Pomona, *v.* 3 p. 639 f. 210A.

Cephalothorax ein wenig länger als breit, mit breitem, gerundeten Epistom; der Hinterrand mit 6 Borsten. 4 ziemlich große, dicht beisammen stehende Augen, das vordere um mehr als seinen Durchmesser vom Vorderrande entfernt. Galea distal in 4 Äste geteilt. Maxille am Endlappen mit 4 Borsten. Palpen (Fig. 179) glatt, plump. Trochanter hinten mit kleinem Höckerchen. Femur undeutlich gestielt, 3,5 mal so lang wie breit. Tibia 2,1—2,2 mal so lang wie breit, der Stiel dick, jedoch länger als breit. Schere 2,8 mal so lang wie breit. Finger kürzer als die Hand mit Stiel. — Körper L. 4 mm; Palpen: Trochanter L. 0,67 mm, B. 0,33 mm, Femur L. 1,25 mm, B. 0,36 mm, Tibia L. 1,04 mm, B. 0,47 mm, Hand L. 1,17 mm, B. 0,68 mm, Finger L. 1,02 mm.

Westliches Nordamerika: Kalifornien, Oregon, Washington, Arizona.

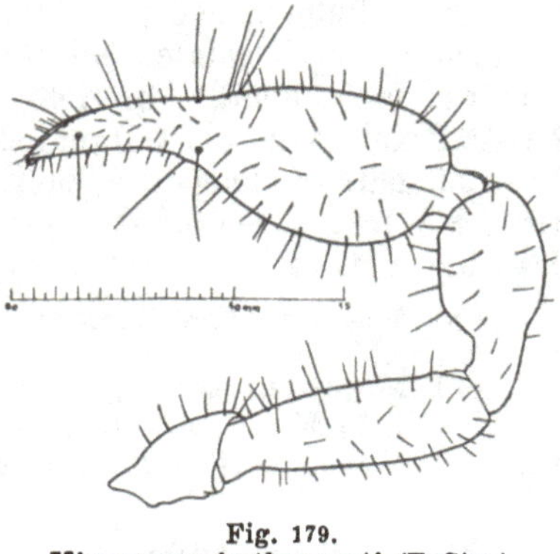

Fig. 179.
Microcreagris theveneti (E. Sim.).
Rechte Palpe.

7. **M. cingara** Chamb. 1930 *M. c.*, Chamberlin in: Ann. nat. Hist., ser. 10 *v.* 5 p. 29 f. 2 GG, 3F, R.

Cephalothorax etwas länger als breit, mit erkennbarem Epistom. 4 gut entwickelte Augen, das vordere $^1/_2$ Durchmesser vom hinteren und 1 Durchmesser vom Vorderrand entfernt. Beborstung der Scheibe: 4—6, 24 oder 26. Tergite mit 12, Sternite mit 15—16 Marginalborsten. Sternite 7 und 8 mit je einem Paar schwach differenzierter Discalborsten. Endlappen der Maxille mit 2—3 Borsten. Palpen kräftig, nicht granuliert. Trochanter 1,6—1,8 mal so lang wie breit, hinten mit schwachem Höckerchen. Femur 3—3,3 mal so lang wie breit, keulenförmig, distal am breitesten. Tibia 2,1—2,2 mal so lang wie breit, mit kurzem Stiel, dieser nicht länger als breit. Schere 2,7—2,8 mal so lang wie breit. Finger deutlich länger als die Hand, der feste mit 60, der bewegliche mit 55—60 Zähnen. — Körper L. 3,5—4 mm.

Nordamerika: Utah, Oregon.

8. **M. sequoiae** Chamb. 1930 *M. s.*, Chamberlin in: Ann. nat. Hist., ser. 10 *v.* 5 p. 28.

Cephalothorax annähernd quadratisch, mit deutlichem Epistom. 4 gut entwickelte Augen, das vordere $^1/_3$ Durchmesser vom hinteren und 1 Durchmesser vom Vorderrand entfernt. Beborstung der Scheibe: 4—6, 24. Tergite mit 12, Sternite mit 16 Marginalborsten. Sternite 7 und 8 mit je einem Paar schwach differenzierter Discalborsten. Endlappen der Maxille mit 5 Borsten. Palpen kräftig, nicht granuliert. Trochanter 1,7mal so lang wie breit, hinten mit 1 oder 2 Tuberkelchen. Femur 3,4mal so lang wie breit, keulenförmig, distal am breitesten. Tibia 2,3mal so lang wie breit, der Stiel kurz, nicht länger als breit. Schere doppelt so lang wie breit. Finger wenig, aber erkennbar länger als die Hand, der feste mit 70, der bewegliche mit 65 Zähnen. — Körper L. 5 mm.

Nordamerika: Kalifornien.

9. **M. atlantica** Chamb. 1930 *M. a.*, Chamberlin in: Ann. nat. Hist., ser. 10 *v.* 5 p. 29.

Cephalothorax deutlich länger als breit, mit deutlichem Epistom. 4 Augen, das vordere $^1/_2$ Durchmesser vom hinteren und 1 Durchmesser vom Vorderrand entfernt. Beborstung der Scheibe: 4—6, 26. Tergite und Sternite mit 12 Marginalborsten, letztere ohne Discalborsten. Endlappen der Maxille mit 4 Borsten. Palpen mäßig kräftig, vollkommen glatt. Trochanter 1,7—1,9mal so lang wie breit, hinten mit kleinem Höckerchen. Femur 3—3,1 mal so lang wie breit, deutlich gestielt, ungefähr in der Mitte am breitesten. Tibia 2,1—2,3mal so lang wie breit, der Stiel kräftig, so lang wie breit. Schere 2,8—2,9mal so lang wie breit. Finger deutlich länger als die Hand, der feste mit 45—48, der bewegliche mit 51—54 Zähnen. — Körper L. 2,3—2,8 mm.

Nordamerika: Nord-Karolina.

10. **M. japonica** Ellingsen 1907 *M. gigas* var. *j.*, Ellingsen in: N. Mag. Naturv., *v.* 45 p. 7 | 1915 *M. g. j.*, Kishida in: Science Kyoto, *v.* 5 p. 367 | 1928 *M. j.*, Kishida in: Annot. zool. Jap., *v.* 11 p. 408 | 1930 *M. j.*, Chamberlin in: Ann. nat. Hist., ser. 10 *v.* 5 p. 28.

Cephalothorax etwas länger als breit, mit Epistom. 4 Augen. Endlappen der Maxille mit 5 Borsten. Palpen nahezu glatt. Femur mehr oder weniger deutlich gestielt, in der basalen Hälfte am breitesten. Finger deutlich länger als die Hand. Das Tasthaar *it* vor *et* gelegen. — Körper L. 4 mm.

Japan.

11. **M. cyclica** Kishida 1928 *M. c.*, Kishida in: Annot. zool. Jap., *v.* 11 p. 409 f. 1, 2.

Cephalothorax länger als breit, ohne Epistom. 4 große Augen, das vordere mehr als um seinen Durchmesser vom Vorderrand entfernt. Tergite mit 10—12 Marginalborsten. Galea distal stark verzweigt. Palpen kräftig, glatt. Femur keulenförmig, ungestielt. Tibia mit kräftigem Stiel, dieser länger als breit. Finger länger als die Hand. — Körper L. 2,5 mm.

Japan.

12. **M. formosana** Ellingsen 1912 *M. granulata* var. *f.*, Ellingsen in: N. Mag. Naturv., *v.* 50 p. 127 | 1928 *M. f.*, Kishida in: Annot. zool. Jap., *v.* 11 p. 411 | 1930 *M. f.*, Chamberlin in: Ann. nat. Hist., ser. 10 *v.* 5 p. 30.

Cephalothorax wenig länger als breit, der Vorderrand in der Mitte vorgezogen, aber ohne Epistom. 4 sehr kleine, nahe beisammen stehende Augen, das vordere 2 Durchmesser vom Vorderrand entfernt. Tergite mit 12 Borsten.

Endlappen der Maxille mit 3 Borsten. Palpen (Fig. 180) ziemlich gedrungen, Femur und Hand fein, aber deutlich granuliert. Trochanter hinten mit kleinem Höckerchen. Femur 2,4—2,7 mal so lang wie breit, deutlich gestielt, vor der Mitte am breitesten. Tibia 1,9—2 mal so lang wie breit, der Stiel länger als breit. Schere 2,8 mal so lang wie breit. Finger deutlich länger als die Hand mit Stiel, beide mit 52 Zähnen. Das Tasthaar *t* nur 2 oder 3 Areolardurchmesser von *st* entfernt. — Körper L. 1,8 bis 2 mm; Palpen: Trochanter L. 0,33 mm, B. 0,18 mm, Femur L. 0,56 mm, B. 0,21 mm, Tibia L. 0,47 mm, B. 0,24 mm, Hand L. 0,46 mm, B. 0,33 mm, Finger L. 0,55 mm.

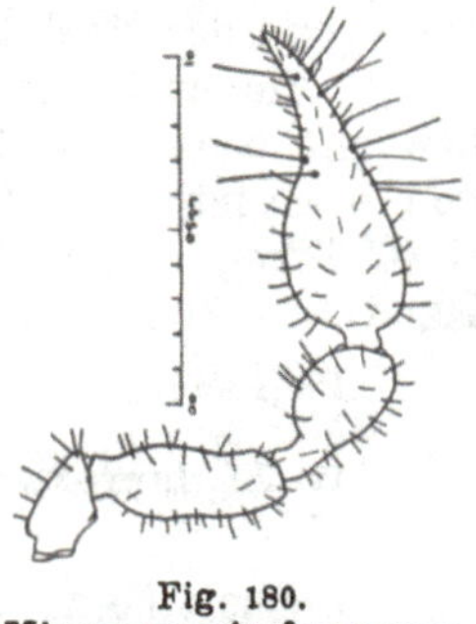

Fig. 180.
Microcreagris formosana Ellingsen. Rechte Palpe.

Ostasien: Formosa, Philippinen (?).

13. **M. pygmaea** Ellingsen 1907 *M. p.*, Ellingsen in: N. Mag. Naturv., *v.* 45 p. 9 | 1915 *M. p.*, Kishida in: Science Kyoto, *v.* 5 p. 367 | 1928 *M. p.*, Kishida in: Annot. zool. Jap., *v.* 11 p. 412 f. 3.

Cephalothorax kaum länger als breit, mit schwach angedeutetem Epistom. 4 nahe beisammen stehende Augen, das vordere etwa um seinen Durchmesser vom Vorderrande entfernt. Galea in 4 gleichlange Äste geteilt. Palpen ziemlich zart, das Femur medial und die Hand mehr oder weniger granuliert. Trochanter hinten mit kleinem Höckerchen. Femur annähernd parallelseitig, ziemlich schlank, deutlich gestielt, 3,3 mal so lang wie breit. Tibia doppelt so lang wie breit, der Stiel mäßig lang, kräftig. Finger beträchtlich länger als die Hand. — Körper L. 2 mm; Palpen: Femur L. 0.54 mm, B. 0.16 mm, Tibia L. 0,4 mm, B. 0,20 mm, Hand L. 0,43 mm, B. 0,29 mm, Finger L. 0,53 mm.

Japan.

14. **M. granulata** Ellingsen 1907 *M. g.*, Ellingsen in: N. Mag. Naturv., *v.* 45 p. 7 | 1915 *M. g.*, Kishida in: Science Kyoto, *v.* 5 p. 367 | 1928 *M. g.*, Kishida in: Annot. zool. Jap., *v.* 11 p. 411.

Cephalothorax länger als breit, mit kleinem Epistom. 4 große, nahe beisammen stehende Augen, das vordere um mehr als seinen Durchmesser vom Vorderrande entfernt. Galea gegabelt, die Äste meist gezähnt. Palpen kräftig, Femur medial sehr deutlich, Tibia und Hand feiner granuliert. Trochanter hinten mit kleinem Höckerchen. Femur in der basalen Hälfte am breitesten, deutlich gestielt, nicht ganz 3 mal so lang wie breit. Tibia etwa 1,8 mal so lang wie breit, der Stiel lang und kräftig. Finger etwas länger als die Hand. — Körper L. 4 mm; Palpen: Femur L. 1,07 mm, B. 0,36 mm, Tibia L. 0,86 mm, B. 0,47 mm, Hand L. 0,93 mm, B. 0,69 mm, Finger L. 1,0 mm.

Japan.

15. **M. luzonica** Beier 1931 *M. l.*, Beier in: Mt. Mus. Berlin, *v.* 17 p. 300 f. 1.

Cephalothorax annähernd quadratisch, mit undeutlichem, kaum vorragendem Epistom. Hinterrand mit 6 Borsten. 4 flache, schwach entwickelte Augen. Tergite mit 8—10 Borsten. Endlappen der Maxille mit 4 Borsten. Palpen (Fig. 181) kräftig, das Femur medial deutlich granuliert. Trochanter

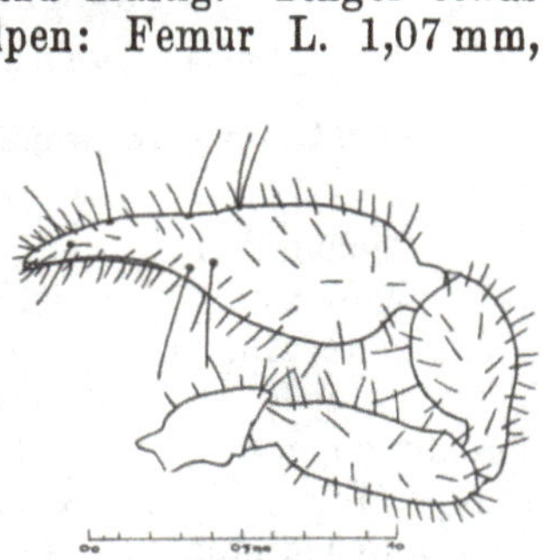

Fig. 181.
Microcreagris luzonica Beier. Rechte Palpe.

hinten mit stark vorragendem Höcker. Femur 3,1 mal so lang wie breit, in der basalen Hälfte am breitesten, deutlich gestielt. Tibia doppelt so lang wie breit, der Stiel kaum länger als breit. Schere fast 3 mal so lang wie breit. Finger kaum länger als die Hand mit Stiel, der feste mit 54, der bewegliche mit 60 Zähnen. Das Tasthaar *t* etwa 2 Areolardurchmesser von *st* entfernt. — Körper L. 2—2,2 mm; Palpen: Trochanter L. 0,46 mm, B. 0,24 mm, Femur L. 0.77 mm, B. 0,25 mm, Tibia L. 0,67 mm, B. 0,35 mm, Hand L. 0,70 mm, B. 0,45 mm, Finger L. 0,71 mm.

Philippinen: Insel Luzon.

16. **M. lampra** Chamb. 1930 *M. l.*, Chamberlin in: Ann. nat. Hist., ser. 10 *v.* 5 p. 34.

Cephalothorax annähernd quadratisch, mit kleinem Epistom. Scheibe mit etwa 30 Borsten, der Hinterrand mit 8. 4 große Augen, das vordere $^1/_3$ Durchmesser vom hinteren und 1 Durchmesser vom Vorderrande entfernt. Tergite mit 12, Sternite mit 16 Marginalborsten, letztere ohne Discalborsten. Endlappen der Maxille mit 5 Borsten. Palpen kräftig, granuliert. Trochanter 1,9—2,1 mal so lang wie breit, hinten mit deutlichem Höckerchen, schwach granuliert. Femur 3,4—3,6 mal so lang wie breit, distal am breitesten, medial granuliert. Tibia 2,3 mal so lang wie breit, schwach granuliert, der Stiel nicht länger als breit. Schere 3—3,1 mal so lang wie breit, glatt. Finger viel länger als die Hand, der feste mit 85, der bewegliche mit 81 Zähnen. — Körper L. 5,5 mm.

China: Tschu-san Inseln.

17. **M. orientalis** Chamb. 1930 *M. o.*, Chamberlin in: Ann. nat. Hist., ser. 10 *v.* 5 p. 34.

Der vorigen Art sehr ähnlich. Cephalothorax annähernd quadratisch, fast ohne Epistom. Beborstung der Scheibe: 6—8, 28. 4 schwach entwickelte Augen, das vordere $^1/_3$—$^1/_2$ Durchmesser vom hinteren und 1,5 Durchmesser vom Vorderrand entfernt. Tergite mit 12, Sternite mit etwa 15 Marginalborsten, letztere ohne Discalborsten. Endlappen der Maxille mit 5 Borsten. Palpen mäßig robust und granuliert. Trochanter 2,2—2,3 mal so lang wie breit, schwach granuliert, hinten mit Höckerchen. Femur 3,6 mal so lang wie breit, distal am breitesten, besonders vorn, aber auch hier mäßig stark granuliert. Tibia 2,4 mal so lang wie breit, medial schwach granuliert, der Stiel schlank, deutlich länger als breit. Schere 3,3 mal so lang wie breit, glatt, beiderseits gleichmäßig konvex. Finger viel länger als die Hand, der feste mit 87, der bewegliche mit 80 Zähnen. — Körper L. 4 mm.

China: Lu-kan Inseln.

18. **M. philippinensis** Beier 1931 *M. p.*, Beier in: Mt. Mus. Berlin, *v.* 17 p. 300.

Cephalothorax wenig länger als breit, mit sehr breitem, stumpfen, abgerundeten, wenig vorragenden Epistom. Hinterrand mit 6 Borsten. 4 schwach entwickelte Augen, das vordere 2 Durchmesser vom Vorderrande entfernt. Tergite mit 8—10, Sternite ebenfalls mit 8—10 Borsten. Beweglicher Chelicerenfinger mit fast einfacher Galea. Endlappen der Maxille mit 3—4 Borsten. Palpen (Fig. 182) mäßig schlank, Femur und Hand distal deutlich granuliert. Trochanter hinten mit deutlichem Höckerchen. Femur 3,4—3,5 mal so lang wie breit, deutlich gestielt, distal am breitesten. Tibia 2,3 mal so lang wie breit, innen distal fein granuliert, der Stiel länger als breit. Schere etwa

3,4 mal so lang wie breit. Finger viel länger als die Hand, je mit 50—54 Zähnen. Die Tasthaare *t* und *st* nahe beisammen stehend. — Körper L. 1,8—2 mm; Palpen: Trochanter L. 0,40 mm, B. 0,18 mm, Femur L. 0,66 mm, B. 0,20 mm, Tibia L. 0,57 mm, B. 0,25 mm, Hand L. 0,54 mm, B. 0,34 mm. Finger L. 0,70 mm.

Philippinen: Luzon, Mindanao.

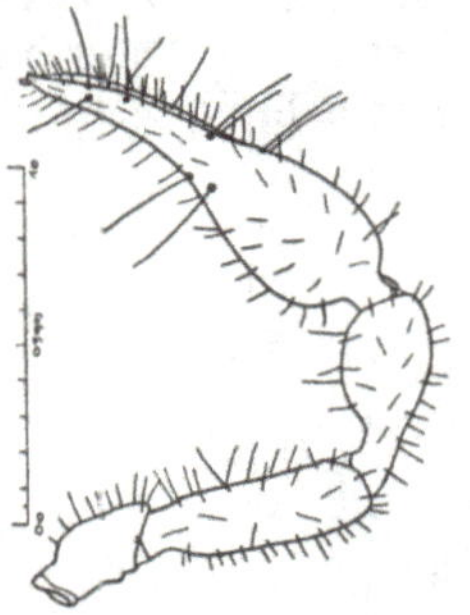

Fig. 182.
Microcreagris philippinensis Beier.
Rechte Palpe.

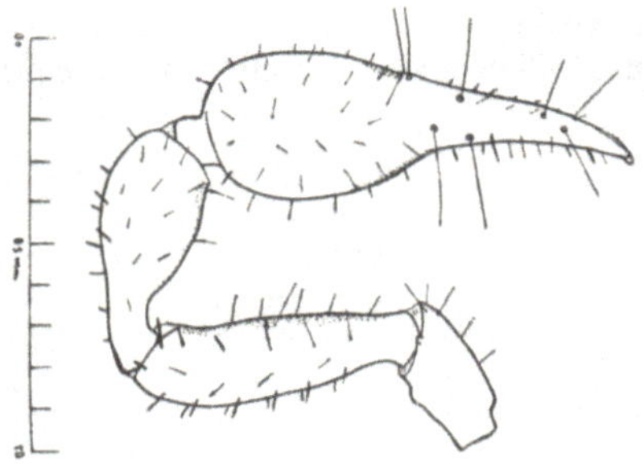

Fig. 183.
Microcreagris turkestanica (Beier).
Linke Palpe.

19. **M. turkestanica** (Beier) 1929 *Ideobisium (Microcreagris) turkestanicum*, Beier in: Ann. Wien. Mus., *v.* 43 p. 364 f. 15.

Cephalothorax länger als breit, der Vorderrand in der Mitte vorgezogen, mit kleinem, breiten, vollständig abgerundeten, kaum vorragenden Epistom. Hinterrand mit 6 Borsten. 4 deutliche, gut entwickelte Augen, das vordere etwas mehr als um seinen Durchmesser vom Vorderrande entfernt. Tergite mit 8—10 Borsten. Galea am Ende in 5 kurze Ästchen geteilt. Endlappen der Maxille mit 3 Borsten. Palpen (Fig. 183) ziemlich kräftig, etwa so lang wie der Körper, Femur und Tibia an der Medialseite und Hand an der Fingerbasis sehr deutlich granuliert oder narbig punktiert. Trochanter hinten mit deutlichem Höckerchen. Femur 3,7 mal so lang wie breit, keulenförmig, distal der Mitte am breitesten, undeutlich gestielt. Tibia 2,4 mal so lang wie breit, der Stiel kräftig, etwas länger als breit. Schere etwa 3 mal so lang wie breit. Finger deutlich länger als die Hand. — Körper L. 2 mm; Palpen: Trochanter L. 0,37 mm, B. 0,18 mm, Femur L. 0,68 mm, B. 0,20 mm, Tibia L. 0,58 mm, B. 0,25 mm, Haud L. 0,56 mm, B. 0,36 mm, Finger L. 0,62 mm.

Zentralasien: Turkestan, Margelan.

20. **M. birmanica** Ellingsen 1911 *M. b.*, Ellingsen in: Ann. Mus. Genova, ser. 3 *v.* 5 p. 142.

Cephalothorax ein wenig länger als breit, der Vorderrand etwas vorgezogen, aber ohne Epistom. 4 große, nahe beisammen stehende Augen, das vordere etwa 1 Durchmesser vom Vorderrande entfernt. Galea einfach. Palpen kräftig, Femur, Tibia und Hand granuliert. Trochanter hinten mit kleinem Höckerchen. Femur 2,8 mal so lang wie breit, keulenförmig, im distalen Drittel am breitesten, mit kurzem, kräftigem Stiel. Tibia doppelt so lang wie breit, mit mäßig kräftigem Stiel. Hand etwa 1,3 mal so breit wie die Tibia. Finger etwas länger als die Hand. — Körper L. 3 mm; Palpen: Femur L. 0,93 mm, B. 0,33 mm, Tibia L. 0,86 mm, B. 0,43 mm, Hand L. 0,72 mm, B. 0,54 mm, Finger L. 0,86 mm.

Hinterindien: Birma.

21. **M. rufula** (Banks) 1891 *Olpium rufulum*, N. Banks in: Canad. Ent., *v.* 23 p. 166 | 1895 *Ideobisium r.*, N. Banks in: J. N. York ent. Soc., *v.* 3 p. 11 | 1930 *Microcreagris r.*, Chamberlin in: Ann. nat. Hist., ser. 10 *v.* 5 p. 30.

Cephalothorax bedeutend länger als breit, der Vorderrand in der Mitte vorgezogen, der Hinterrand mit 6 Borsten. 4 nahe beisammen stehende Augen, das vordere um seinen Durchmesser vom Vorderrande entfernt. Galea klein, an der Spitze geteilt. Palpen (Fig. 184) ziemlich schlank, etwas länger als der Körper, Femur und Hand deutlich granuliert. Trochanter hinten mit breitem Höckerchen. Femur 3,7—3,8 mal so lang wie breit, nahe der Mitte

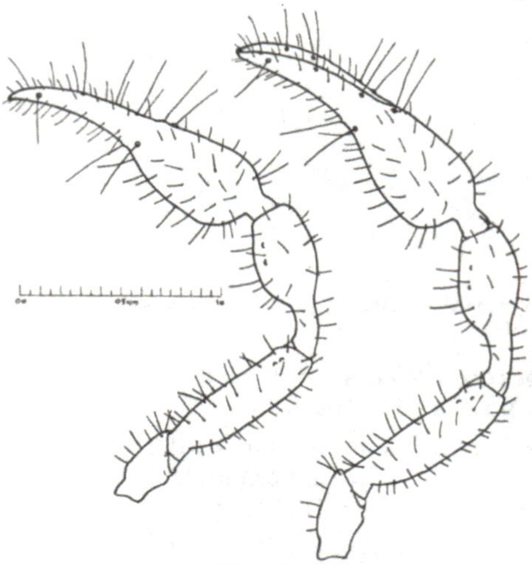

Fig. 184.
Microcreagris rufula (Banks). Rechte Palpe von ♂ (links) und ♀ (rechts).

am breitesten, deutlich, jedoch nicht scharf abgesetzt gestielt, oben distal mit 2 nebeneinander stehenden Höckerchen. Tibia 2,6—2,8 mal so lang wie breit, die Keule im distalen Teil mit 2 Höckerchen, der Stiel schlank, viel länger als breit. Schere 3,5—3,7 mal so lang wie breit. Finger bedeutend länger als die Hand. Die Tasthaare *eb* und *esb* auf deutlichen Höckerchen entspringend. — Körper L. 2,5 mm; Palpen: Trochanter L. 0,45 mm, B. 0,22 mm, Femur L. 0,88 mm, B. 0,24 mm, Tibia L. 0,82 mm, B. 0,30 mm, Hand L. 0,76 mm, B. 0,41 mm, Finger L. 0,83 mm.

Östliches Nordamerika: Columbien, Virginien, Texas, Washington.

22. **M. thermophila** Chamb. 1930 *M. t.*, Chamberlin in: Ann. nat. Hist., ser. 10 *v.* 5 p. 32.

Cephalothorax deutlich etwas länger als breit, ohne Epistom. Beborstung der Scheibe: 4—6, 22. Nur 2 schwach entwickelte Augen, die mehr als um ihren Durchmesser vom Vorderrande entfernt sind. Tergite mit 13—14, Sternite mit 14—15 Marginalborsten; Sternite 6—8 mit einem Paar Discalborsten. Endlappen der Maxille mit 4 Borsten. Palpen schlank, Trochanter, Femur und Hand granuliert. Trochanter 2,1—2,2 mal so lang wie breit, hinten mit 1 oder 2 kleinen Höckerchen. Femur 3,4—3,6 mal so lang wie breit, distal am breitesten, keulenförmig. Tibia 2,4—2,5 mal so lang wie breit, mit schlankem, deutlich längerem als breitem Stiel. Schere 3—3,1 mal so lang wie breit, medial stärker konvex als lateral. Finger viel länger als die Hand, der feste mit 44, der bewegliche mit 53—56 Zähnen. — Körper L. 2,8—3,5 mm.

Westliches Nordamerika: Kalifornien.

23. **M. laurae** Chamb. 1930 *M. l.*, Chamberlin in: Ann. nat. Hist., ser. 10 *v.* 5 p. 32.

Cephalothorax viel länger als breit, deutlich verengt, ohne Epistom. Beborstung der Scheibe: 4—6, 22. 4 schwach entwickelte Augen, die vorderen mehr als den halben Durchmesser von den hinteren und 1,5 Durchmesser vom Vorderrand entfernt. Tergite mit 12, Sternite mit 15—16 Marginalborsten, letztere ohne deutlich differenzierte Discalborsten. Endlappen der Maxille mit 4 Borsten. Palpen schlank, alle Glieder granuliert. Trochanter 2,4mal so lang wie breit, hinten mit einigen kleinen Höckerchen. Femur 3,8mal so lang wie breit, keulenförmig, distal am breitesten, stark granuliert. Tibia 2,7mal so lang wie breit, der Stiel deutlich länger als breit. Schere 3,6mal so lang wie breit, die Hand medial konvex, lateral gerade. Finger viel länger als die Hand. — Körper L. 1,6 mm.

Westliches Nordamerika: Kalifornien.

24. **M. phyllisae** Chamb. 1930 *M. p.*, Chamberlin in: Ann. nat. Hist., ser. 10 *v.* 5 p. 31.

Cephalothorax kaum länger als breit, mit deutlichem Epistom. Beborstung der Scheibe: 4—6, 26. 4 gut entwickelte Augen, das vordere $^1/_3$ Durchmesser vom hinteren und einen knappen Durchmesser vom Vorderrand entfernt. Tergite mit 12, Sternite mit 16 Marginalborsten; Sternite 6—8 mit je einem Paar Discalborsten. Endlappen der Maxille mit 4—5 Borsten. Palpen schlank und deutlich granuliert. Trochanter 2,1mal so lang wie breit, granuliert, hinten mit einem Höckerchen. Femur 3,5—3,6 mal so lang wie breit, vom Stiel gegen das Ende allmählich verbreitert, gleichmäßig granuliert. Tibia 2,4—2,5mal so lang wie breit, granuliert, der Stiel schlank, deutlich länger als breit. Schere schlank, 3—3,2mal so lang wie breit. Finger viel länger als die Hand, mit je etwa 52 Marginalzähnen. — Körper L. 3,2 mm.

Westliches Nordamerika: Kalifornien.

25. **M. chamberlini** Beier 1930 *M. macilentum* (non *Obisium m.*, E. Simon 1878 in: Ann. Soc. ent. France, ser. 5 *v.* 8 p. 157), Chamberlin in: Ann. nat. Hist., ser. 10 *v.* 5 p. 31 | 1931 *M. chamberlini*, Beier in: Mt Mus. Berlin, *v.* 17 p. 301.

Cephalothorax länger als breit. 4 schwach entwickelte Augen. Palpen schlank, granuliert. Femur 3,1—3,7mal so lang wie breit. Tibia 2,6—2,8mal so lang wie breit. Schere 3,3—3,7mal so lang wie breit. — Körper L. 2—2,8 mm.

Westliches Nordamerika: Kalifornien.

26. **M. hespera** Chamb. 1930 *M. h.*, Chamberlin in: Ann. nat. Hist., ser. 10 *v.* 5 p. 31 f. 3U.

Cephalothorax länger als breit, ohne Epistom. Augen fehlen fast vollständig. Beborstung der Scheibe: 4—6, 22. Tergite mit etwa 10, Sternite mit etwa 12 Marginalborsten; Sternite 7—9 mit einem Paar Discalborsten. Endlappen der Maxille mit 3 Borsten. Palpen sehr lang und schlank, fein und wenig deutlich granuliert. Trochanter 2,6mal so lang wie breit, hinten mit einem vorderen und hinteren Höckerchen. Femur 4,4mal so lang wie breit, nahe dem Ende am breitesten. Tibia 3,4mal so lang wie breit, der Stiel lang und schlank, viel länger als breit. Schere schlank, 3,9mal so lang wie breit, die Finger bedeutend länger als die Hand; fester Finger mit 77, beweglicher mit 79 Zähnen. — Körper L. 3,5 mm.

Westliches Nordamerika: Kalifornien.

27. **M. tacomensis** (Ellingsen) 1909 *Ideobisium tacomense,* Ellingsen in: Boll. Laborat. Zool. Portici, *v.* 3 p. 219.

Cephalothorax länger als breit, der Vorderrand in der Mitte etwas vorgezogen, ohne Epistom. Beborstung der Scheibe: 4—6, 22. Augen fehlen, nur das vordere schwach angedeutet. Galea klein. Endlappen der Maxille mit 4 Borsten. Palpen (Fig. 185) etwa so lang wie der Körper, das Femur und die Hand an der Fingerbasis kräftig granuliert. Trochanter hinten ohne deutliches Höckerchen, etwa 2,4mal so lang wie breit. Femur 4,2mal so lang wie breit, keulenförmig, nahe dem Ende am breitesten, undeutlich gestielt. Tibia 3,2mal so lang wie breit, der Stiel sehr schlank, viel länger als breit. Schere 3,7mal so lang wie breit. Hand ziemlich schmal oval. Finger nur wenig länger als die Hand mit Stiel, der feste mit 63, der bewegliche mit 60 Zähnen. — Körper L. 3,8 mm; Palpen: Trochanter L. 0,60 mm, B. 0,25 mm, Femur L. 1,08 mm, B. 0,25 mm, Tibia L. 1,05 mm, B. 0,34 mm, Hand L. 0,95 mm, B. 0,48 mm, Finger L. 0,98 mm.

Westliches Nordamerika: Tacoma, Washington.

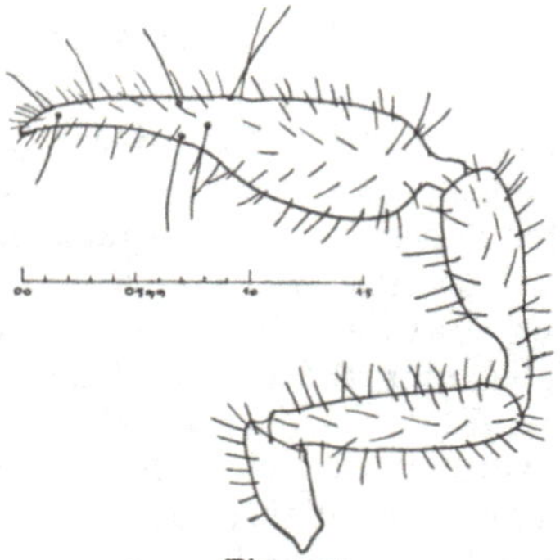

Fig. 185.
Microcreagris tacomensis (Ellingsen).
Rechte Palpe.

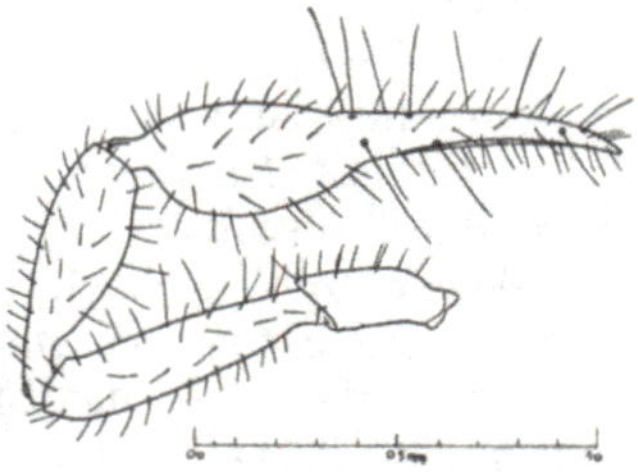

Fig. 186.
Microcreagris macilenta (E. Sim.).
Linke Palpe.

28. **M. macilenta** (E. Sim.) 1878 *Obisium macilentum,* E. Simon in: Ann. Soc. ent. France, ser. 5 *v.* 8 p. 157 | 1895 *O. m.*, N. Banks in: J. N. York ent. Soc., *v.* 3 p. 12 | 1911 *O. m.*, N. Banks in: Pomona, *v.* 3 p. 639 f. 210G | 1930 *Microcreagris duncani,* Chamberlin in: Ann. nat. Hist., ser. 10 *v.* 5 p. 33 f. 3B.

Cephalothorax deutlich länger als breit, ohne Epistom. Beborstung der Scheibe: 4—6, 24. 4 schwach entwickelte Augen, das vordere $^1/_2$ Durchmesser vom hinteren und 1 Durchmesser vom Vorderrand entfernt. Tergite mit etwa 12, Sternite mit etwa 16 Marginalborsten, letztere ohne deutlich differenzierte Discalborsten. Endlappen der Maxille mit 4 Borsten. Palpen (Fig. 186) schlank, das Femur medial und die Hand an der Fingerbasis stark granuliert. Trochanter fast parallelseitig, hinten mit 1 oder 2 flachen Höckerchen. Femur 3,7—4,4mal so lang wie breit, nahe dem Ende am breitesten. Tibia 2,8—3,2mal so lang wie breit, fein granuliert, der Stiel schlank, deutlich länger als breit. Schere 3,8—4,3mal so lang wie breit. Finger viel länger als die Hand, der feste mit 55—63, der bewegliche mit 57—64 Zähnen. — Körper L. 2—2,5 mm; Palpen: Trochanter L. 0,41 mm, B. 0,15 mm, Femur L. 0,72 mm, B. 0,16 mm, Tibia L. 0,66 mm, B. 0,22 mm, Hand L. 0,56 mm, B. 0,28 mm, Finger L. 0,72 mm.

Westliches Nordamerika: Kalifornien.

29. **M. cambridgii** (L. Koch) 1873 *Roncus C.,* L. Koch, Übers. Darst. Eur. Chernet., p. 45 | 1879 *Obisium cambridgei,* E. Simon, Arach. France, *v.* 7 p. 64 t. 18 f. 26 | 1892 *Roncus Cambridgii,* O. P. Cambridge in: P. Dorset Club, *v.* 13 p. 217 t. B

f. 9 | 1907 *Ideobisium C.*, Ellingsen in: J. Quekett Club, ser. 2 *v.* 10 p. 167 | 1911 *Obisium (Ideoroncus) C.*, Kew in: P. Irish Ac., *v.* 29 nr. 2 p. 53 f. 14 | 1929 *O. (I.) C.*, Kästner in: Tierw. Mitteleur., *v.* 3 p. IV 9 | 1930 *Microcreagris cambridgei*, Chamberlin in: Ann. nat. Hist., ser. 10 *v.* 5 p. 30.

Cephalothorax annähernd quadratisch, mit stumpfem, nur wenig vorragendem Epistom. 2 kleine Augen, die mehr als den doppelten Durchmesser vom Vorderrande entfernt sind. Galea distal mit einigen kleinen Ästchen. Palpen etwa so lang wie der Körper, das Femur sehr kräftig, Tibia und Hand schwächer granuliert. Trochanter hinten mit sehr kleinem Höckerchen. Femur 2,85 mal so lang wie breit, deutlich gestielt, distal nicht verjüngt. Tibia etwa 2,1 mal so lang wie breit, der Stiel ziemlich lang. Hand medial stärker konvex als lateral. Finger kaum so lang wie die Hand mit Stiel. Das Tasthaar *it* näher bei *est* als bei *et* und bedeutend weiter von der Fingerspitze entfernt als letzteres. — Körper L. 1,6—2,5 mm; Palpen: Femur L. 0,57 mm, B. 0,20 mm, Tibia L. 0,50 mm, B. 0,24 mm, Hand L. 0,50 mm, B. 0,33 mm, Finger L. 0,46 mm.

Europa: England, Insel Wight, Nordfrankreich (?).

30. **M. maroccana** Beier 1930 *Ideoroncus cambridgei*, Beier in: Bull. Soc. Maroc, *v.* 10 p. 71 | 1931 *Microcreagris maroccana*, Beier in: Mt. Mus. Berlin, *v.* 17 p. 301.

Der vorigen Art sehr ähnlich, die Finger jedoch etwas länger als die Hand mit Stiel. Das Tasthaar *it* näher bei *et* als bei *est* gelegen (Fig. 187) und nur wenig weiter von der Fingerspitze entfernt als *et*. *ib* ziemlich weit auf die Handfläche gerückt. — Körper L. 2 mm; Palpen: Tibia L. 0,41 mm, B. 0,20 mm, Schere L. 0,75 mm, B. 0,28 mm, Hand L. 0,38 mm, B. 0,28 mm, Finger L. 0,43 mm.

Nordafrika: Marokko.

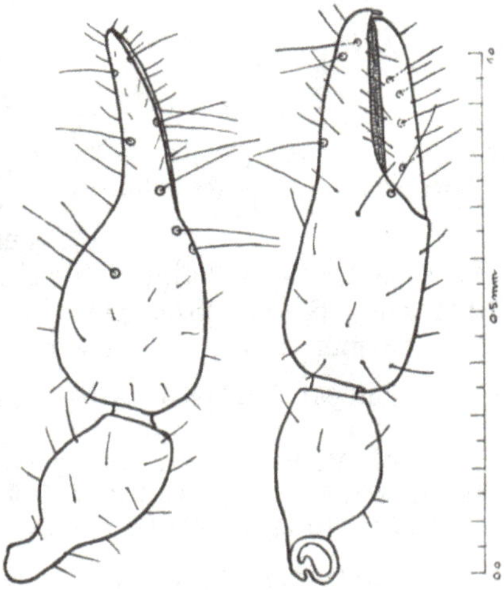

Fig. 187.
Microcreagris maroccana Beier. Palpenschere und -tibia von oben und von innen.

31. **M. strandi** (Ellingsen) 1901 *Ideobisium (Ideoblothrus) S.*, Ellingsen in: Bull. Soc. zool. France, *v.* 26 p. 87.

Cephalothorax nur wenig länger als breit, ohne Epistom. Augen fehlen. Galea fast vom Grunde an in 3 Äste geteilt. Palpen ziemlich kräftig, glatt, sehr fein lederartig gerunzelt. Trochanter hinten ohne deutliches Höckerchen. Femur etwa doppelt so lang wie breit, deutlich gestielt. Tibia gedrungen, die Keule eiförmig. Hand beiderseits mäßig konvex. Finger etwas kürzer als die Hand. Körper L. 3 mm.

Nordeuropa: Norwegen.

32. **M. hispanica** (Ellingsen) 1910 *Ideobisium hispanicum*, Ellingsen in: Mt. Mus. Berlin, *v.* 4 p. 394 | 1917 *I. h.*, Nonidez in: Trab. Mus. Madrid, nr. 32 p. 32 | 1925 *I. h.*, Navas in: Broteria, *v.* 22 p. 114.

Cephalothorax beträchtlich länger als breit, mit Epistom. Augen fehlen. Beweglicher Chelicerenfinger mit schlanker, einfacher Galea. Palpen mäßig kräftig, das Femur oben und medial fein punktiert, die Hand an der Fingerbasis schwach chagriniert. Femur 2,5 mal so lang wie breit, abrupt gestielt. Tibia nicht ganz doppelt so lang wie breit, die Keule stark bauchig, der Stiel länger als breit. Hand kurz und dick, beiderseits ziemlich schwach konvex. Finger ungefähr so lang wie die Hand oder ein wenig länger. — Körper L. 1,45 mm; Palpen: Femur L. 0,40 mm. B. 0,16 mm, Tibia L. 0,39 mm, B. 0,20 mm, Hand L. 0,31 mm, B. 0,27 mm, Finger L. 0,34 mm.

Südeuropa: Spanien.

33. **M. pyrenaica** (Ellingsen) 1909 *Ideobisium pyrenaicum*, Ellingsen in: Ann. Mus. Genova, ser. 3 *v.* 4 p. 212.

Cephalothorax länger als breit, der Vorderrand in der Mitte schwach winkelig vorgezogen, mit ganz flachem, rudimentären Epistom. Augen fehlen oder sind nur als Augenflecke angedeutet. Tergite mit 8—10 Borsten. Galea ziemlich kurz, fast einfach, nur distal mit 4 kleinen Zähnchen. Palpen (Fig. 188) mäßig schlank, etwa so lang wie der Körper, Femur medial und Hand an der Fingerbasis stark, die Tibia schwach granuliert. Trochanter hinten konvex, jedoch ohne Höckerchen. Femur 3,5—3,6 mal so lang wie breit, nahe der Mitte am breitesten, deutlich gestielt. Tibia 2,9 mal so lang wie breit, der Stiel lang, bedeutend länger als breit. Schere 3,9 mal so lang wie breit. Hand sehr schwach konvex. Finger bedeutend länger als die Hand und etwa so lang wie das Femur. — Körper L. 1,5—1,8 mm; Palpen: Trochanter L. 0,33 mm, B. 0,14 mm, Femur L. 0,62 mm, B. 0,17 mm, Tibia L. 0,52 mm, B. 0,18 mm, Hand L. 0,46 mm, B. 0,26 mm, Finger L. 0,63 mm.

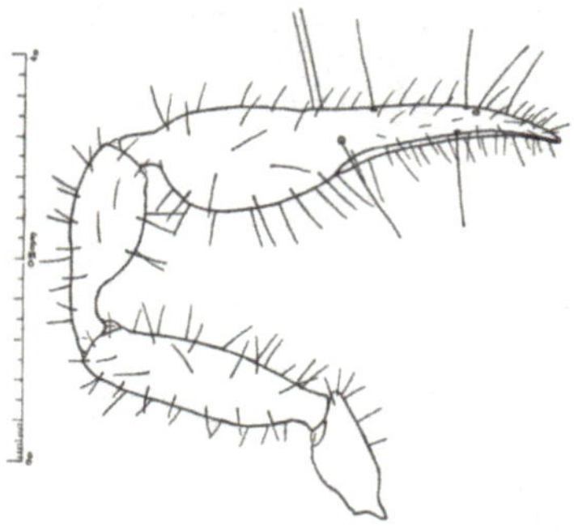

Fig. 188.
Microcreagris pyrenaica (Ellingsen).
Linke Palpe.

Europa: Frankreich, Ariège, Grotte des Neuf fonts à Aulus.

34. **M. racovitzai** (Ellingsen) 1912 *Ideobisium R.*, Ellingsen in: Arch. Zool. expér., ser. 5 *v.* 10 p. 164 | 1917 *I. R.*, Nonidez in: Trab. Mus. Madrid, nr. 32 p. 32 | 1925 *I. R.*, Navas in: Broteria, *v.* 22 p. 114.

Integument pigmentarm, Farbe weißlich. Cephalothorax deutlich länger als breit (5:3), der Vorderrand leicht vorgezogen, ohne Epistom. Augen fehlen. Palpen etwa doppelt so lang wie der Körper, Femur und Tibia fein, Hand kräftig chagriniert, letztere an der Fingerbasis deutlich granuliert; Finger granuliert. Trochanter hinten ohne Höckerchen. Femur 12—15 mal so lang wie breit, gut doppelt so lang wie der Cephalothorax, gegen das Ende nur wenig verdickt. Tibia 11—14 mal so lang wie breit, erst gegen das Ende stärker verdickt. Hand schlank, fast 3 mal so lang wie breit, beiderseits nur wenig konvex. Finger etwa 1,7 mal so lang wie die Hand, der feste merklich länger als der bewegliche. — Körper L. ♂ 4,4 mm, ♀ 5 mm; Palpen: ♂ Femur L. 4,15 mm, B. 0,28 mm, Tibia L. 3,86 mm, B. 0,28 mm, Hand L. 1,86 mm, B. 0,43 mm, fester Finger L. 3,0 mm, beweglicher L. 2,64 mm; ♀ Femur L. 3,79 mm, B. 0,31 mm, Tibia L. 3,72 mm, B. 0,34 mm, Hand L. 1,72 mm, B. 0,64 mm, fester Finger L. 3,10 mm, beweglicher L. 2,72 mm.

Südeuropa: Cueva de Merla, Roda de Bara, Prov. Tarragona, Spanien.

Unsichere Arten:

M. californica (Banks) 1891 *Atemnus californicus*, N. Banks in: Canad. Ent., *v.* 23 p. 165 | 1895 *Blothrus c.*, N. Banks in: J. N. York ent. Soc., *v.* 3 p. 12.

Cephalothorax länger als breit, der Vorderrand stumpf vorgezogen. Augen fehlen. Palpen sehr schlank. Trochanter hinten mit kleinem Höckerchen distal Femur schlank, keulenförmig, ungestielt. Tibia mit sehr langem Stiel. Hand länglich oval. Finger bedeutend länger als die Hand. — Körper L. 2,1 mm.

Nordamerika: Kalifornien.

M. cavicola (Packard) 1884 *Obisium caricola* (err. typ.), A. S. Packard in: Amer. Natural., *v.* 18 p. 202 f. 1 | 1895 *O. cavicola*, N. Banks in: J. N. York ent. Soc., *v.* 3 p. 11.

Cephalothorax bedeutend länger als breit, in der Mitte am breitesten, in der Mitte des Vorderrandes mit tiefer Depression. Augen fehlen. Palpen etwa so lang wie der Körper. — Körper L. 2 mm.

Nordamerika: Newmarket Cave, Virginia.

M. caeca (E. Sim.) 1884 *Obisium caecum*, E. Simon in: Ann. Soc. ent. France, ser. 6 *v.* 3 p. 279.

Cephalothorax deutlich länger als breit, der Vorderrand fast gerade. Augen fehlen. Femur und Hand der Palpen fein, aber deutlich granuliert, die Tibia fast glatt. Trochanter hinten ohne Höckerchen. Femur gedrungen, fast parallelseitig. Tibia mit ziemlich langem Stiel. Hand beiderseits fast gleichartig konvex, nur wenig länger als breit. Finger nicht länger als die Hand. — Körper L. 2,3 mm.

Azoren.

M. transversa (Banks) 1909 *Obisium transversum*, N. Banks in: Canad. Ent., *v.* 41 p. 307.

Cephalothorax 1,5 mal so lang wie breit, der Vorderrand schwach konvex. 4 deutliche Augen. Palpenfemur etwa so lang wie der Cephalothorax, in der Mitte am breitesten. Finger so lang wie die Hand. — Körper L. 2 mm.

Nordamerika: Neu-Mexiko, Pecos.

8. Gen. **Ideobisium** Balzan

1891 *I.* (part.), Balzan in: Ann. Soc. ent. France, *v.* 60 p. 539, 542 | 1930 *I.*, Chamberlin in: Ann. nat. Hist., ser. 10 *v.* 5 p. 36.

Typus: *I. crassimanum* Balzan (durch Monotypie).

Cephalothorax nahezu quadratisch oder nur wenig länger als breit. Augen vorhanden oder fehlend. Galea einfach borstenförmig. Endlappen der Maxille spitz, mit 2 Borsten. Palpen gedrungen. Finger kurz. Die Tasthaare *t*, *st* und *sb* des beweglichen Fingers nahe der Mitte des Fingers vereinigt und ungefähr einen Areolardurchmesser voneinander entfernt (Fig. 189).

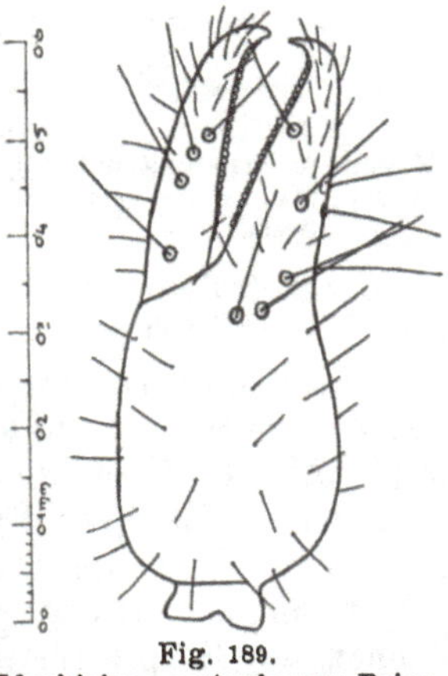

Fig. 189.
Ideobisium costaricense Beier.
Palpenschere von außen.

Neotropische, australische und orientalische Region. 9 sichere, 2 unsichere Arten.

Übersicht über die Arten:

1 { Mit 2—4 Augen — **2**
Ohne Augen — **8**

2 { Finger deutlich länger als die Breite der Hand; Hand 1,4 mal so lang wie die Finger oder kürzer — **3**
Finger deutlich kürzer als die Breite der Hand; Hand 1,7 mal so lang wie die Finger . . . . 1. **I. crassimanum**

3 Femur 2,9—3 mal so lang wie breit — 4
Femur höchstens 2,7 mal so lang wie breit — 5

4 Mit 2 Augen . . . . 3. I. gracile
Mit 4 Augen . . . . 8. I. formosanum

5 Subterminalborste des Tarsus spitz, mit feinen, kurzen Seitenästchen — 6
Subterminalborste des Tarsus distal spatelförmig verbreitert und terminal gezähnt . . . . 9. I. seychellesensis

6 Palpenfinger deutlich kürzer als die Hand mit Stiel — 7
Palpenfinger so lang oder etwas länger als die Hand mit Stiel . . . . 7. I. bipectinatum

7 Finger 1,1—1,2 mal so lang wie die Breite der Hand; Hand 1,1—1,3 mal so lang wie die Finger; Hinterrand des Cephalothorax mit 6 Borsten; Körper L. 1,5–1,8 mm 2. I. balzani
Finger 1,2—1,3 mal so lang wie die Breite der Hand; Hand 1,0—1,1 mal so lang wie die Finger; Hinterrand des Cephalothorax mit 7—8 Borsten; Körper L. 2,2—2,8 mm . . . . 6. I. peregrinum

8 Körper L. 1,3 mm; Tibia 1,3 mal so lang wie breit . . 4. I. costaricense
Körper L. 1,9 mm; Tibia 2 mal so lang wie breit . . . 5 I. simile

1. **I. crassimanum** Balzan 1891 *I. c.*, Balzan in: Ann. Soc. ent. France, *v.* 60 p. 542 t. 12 f. 33 | 1930 *I. c.*, Chamberlin in: Ann. nat. Hist., ser. 10 *v.* 5 p. 37.

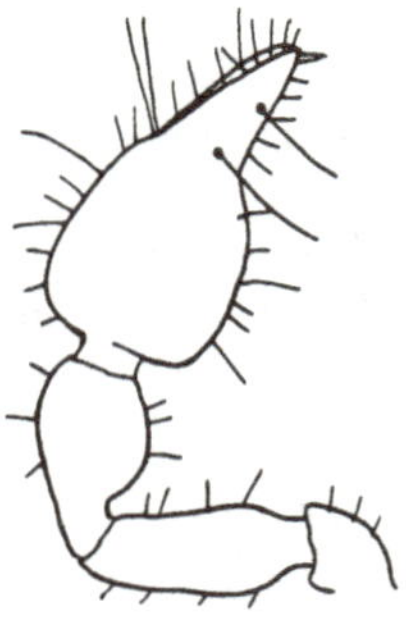

Fig. 190.
Ideobisium crassimanum Balzan. Linke Palpe (nach Balzan).

Cephalothorax nur wenig länger als breit, der Vorderrand in der Mitte vorgezogen, mit breitem Epistom. 4 nahe beisammen stehende Augen, das vordere etwa um seinen Durchmesser vom Vorderrande entfernt. Galea einfach, borstenförmig, gebogen. Palpen (Fig. 190) kräftig, gedrungen. Trochanter hinten distal etwas gehöckert. Femur etwa 2,4 mal so lang wie breit, gestielt. Tibia etwa 1,8 mal so lang wie breit. Hand sehr breit, 1,7 mal so lang wie die Finger. Finger kurz, gedrungen, kürzer als die Breite der Hand. — Körper L. 2,40 mm; Palpen: Femur L. 0,54 mm, B. 0,23 mm, Tibia L. 0,50 mm, B. 0,29 mm, Hand L. 0,62 mm, B. 0,46 mm, Finger L. 0,35 mm.

Südamerika: Venezuela.

2. **I. balzani** With 1905 *I. B.*, With in: Ann. nat. Hist., ser. 7 *v.* 15 p. 131 t. 10 f. 2a—h | 1930 *I. b.*, Chamberlin in: Ann. nat. Hist., ser. 10 *v.* 5 p. 37.

Cephalothorax etwas länger als breit, mit gerundetem Epistom. 4 einander genäherte Augen, das vordere etwa um seinen Durchmesser vom Vorderrand entfernt. Galea ziemlich lang, einfach. Palpen gedrungen, glatt, nur die Hand medial fein granuliert. Femur 2,5 mal so lang wie breit. Tibia kurz. Hand 1,5 mal so lang wie breit, wenig länger als die Finger. Finger deutlich länger als die Breite der Hand, medial mit dicht stehenden, stumpfen Zähnen. — Körper L. 1,5 mm; Palpen: Trochanter L. 0,22 mm, B. 0,14 mm, Femur L. 0,42 mm, B. 0,16 mm, Tibia L. 0,38 mm, B. 0,21 mm, Hand L. 0,41 mm, B. 0,29 mm, Finger L. 0,36 mm.

Antillen: St. Vincent.

3. **I. gracile** Balzan 1891 *I. (Ideoroncus) gracilis*, Balzan in: Ann. Soc. ent. France, *v.* 60 p. 540 t. 12 f. 31.

Cephalothorax etwas länger als breit, mit kleinem Epistom. 2 kleine Augen. Palpen gedrungen. Trochanter hinten mit 2 kleinen Höckerchen.

Femur 3 mal so lang wie breit, nahe der Basis am breitesten, jedoch distal nur wenig verengt, deutlich gestielt. Tibia doppelt so lang wie breit. Hand breit. Finger kürzer als die Hand. Galea einfach. — Körper L. 2 mm; Palpen: Femur L. 0,42 mm, B. 0,14 mm, Tibia L. 0,37 mm, B. 0,18 mm, Hand L. 0,39 mm, B. 0,26 mm, Finger L. 0,31 mm.

Südamerika: Venezuela.

4. **I. costaricense** Beier 1931 *I. c.*, Beier in: Mt. Mus. Berlin, *v.* 17 p. 302 f. 2.

Cephalothorax etwas länger als breit, mit kleinem, stumpfem, aber deutlichem Epistom. Hinterrand mit 5—6 Borsten. Augen fehlen vollständig. Galea einfach, ziemlich lang, gebogen. Palpen (Fig. 191) gedrungen, glatt. Femur 2,5 mal so lang wie breit, proximal der Mitte am breitesten, kurz, aber deutlich gestielt. Tibia 1,3 mal so lang wie breit. Schere 2,5 mal so lang wie breit. Finger fast so lang wie die Hand ohne Stiel, 1,3 mal so lang wie die Breite der Hand. Fester Finger mit 30—31, beweglicher mit 34—35 Zähnen. — Körper L. 1,3 mm; Palpen: Trochanter L. 0,22 mm, B. 0,12 mm, Femur L. 0,35 mm, B. 0,14 mm, Tibia L. 0,32 mm, B. 0,17 mm, Hand L. 0,35 mm (ohne Stiel 0,31 mm), B. 0,23 mm, Finger L. 0,30 mm.

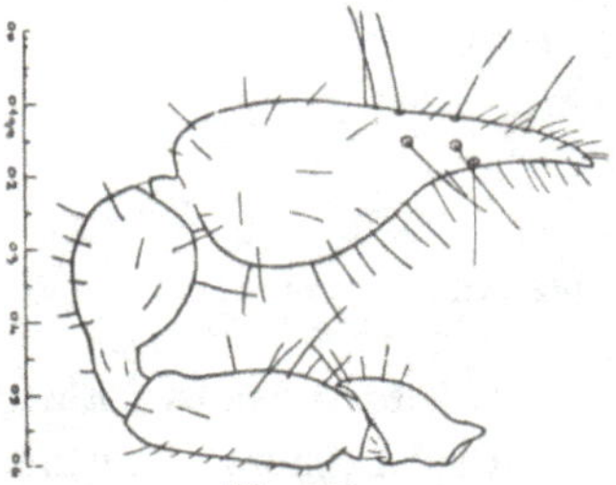
Fig. 191.
Ideobisium costaricense Beier.
Linke Palpe.

Zentralamerika: Costa Rica.

5. **I. simile** Balzan 1891 *I. (Ideoblothrus) similis,* Balzan in: Ann. Soc. ent. France, *v.* 60 p. 541 t. 12 f. 32.

Cephalothorax etwas länger als breit, mit sehr kleinem Epistom. Augen fehlen. Palpen gedrungen, mit einigen verstreuten Körnchen. Femur 2,6 mal so lang wie breit, proximal der Mitte am breitesten, deutlich gestielt. Tibia doppelt so lang wie breit. Finger kürzer als die Hand und 1,3 mal länger als die Breite der Hand. Beweglicher Chelicerenfinger mit einfacher Galea. — Körper L. 1,9 mm; Palpen: Femur L. 0,37 mm, B. 0,14 mm, Tibia L. 0,35 mm, B. 0,17 mm, Hand L. 0,35 mm, B. 0,23 mm, Finger L. 0,31 mm.

Südamerika: Venezuela.

6. **I. peregrinum** Chamb. 1930 *I. p.*, Chamberlin in: Ann. nat. Hist., ser. 10 *v.* 5 p. 37.

Cephalothorax nur wenig länger als breit, mit sehr breit gerundetem Epistom. 4 schwach entwickelte Augen, das vordere $^1/_2$ Durchmesser vom hinteren und 1 Durchmesser vom Vorderrand entfernt. Beborstung der Scheibe: 4—7 (8), 22 oder 24. Galea einfach, leicht gebogen. Palpen kräftig, nicht granuliert. Trochanter 1,6 mal so lang wie breit, hinten konkav. Femur 2,5—2,7 mal so lang wie breit, nahe der Mitte am breitesten, kräftig gestielt, vorn und hinten gleichmäßig konvex. Tibia 1,9—2,0 mal so lang wie breit, kurz gestielt, beiderseits gebaucht. Schere 2,5—2,8 mal so lang wie breit, beiderseits konvex. Finger deutlich kürzer als die Hand, der feste mit 31—35, der bewegliche mit 37—40 Zähnen. Subterminalborste des Tarsus mit einigen kurzen Seitenästchen, nicht keulen- oder spatelförmig. — Körper L. ♂ 2,2 mm, ♀ 2,8 mm.

Neu-Seeland.

7. **I. bipectinatum** Daday 1897 *I. b.*, Daday in: Termész. Füzetek, *v.* 20 p. 478 t. 11 f. 7, 14, 15 | 1906 *I. (Ideoblothrus) bipectinatus*, With in: Danske Selsk. Skr., *v.* 7 nr. 3 p. 87.

Cephalothorax etwas länger als breit, mit sehr kleinem, stumpf dreieckigem Epistom. Augen fehlen. Beweglicher Chelicerenfinger mit einfach borstenförmiger Galea, medial mit einem Kamm von 5 ziemlich langen, spitzen Zähnen. Palpen gedrungen (Fig. 192). Trochanter hinten ohne deutliches Höckerchen. Femur 2,7 mal so lang wie breit, basal der Mitte am breitesten. Tibia 1,8 mal so lang wie breit. Schere 2,7 mal so lang wie breit. Finger so lang oder etwas länger als die Hand mit Stiel. Coxen IV in der Mittellinie fast verwachsen. — Körper L. 1—1,2 mm; Palpen: Femur L. 0,22 mm, B. 0,08 mm, Tibia L. 0,19 mm, B. 0,11 mm, Hand L. 0,20 mm, B. 0,14 mm, Finger L. 0,21 mm.

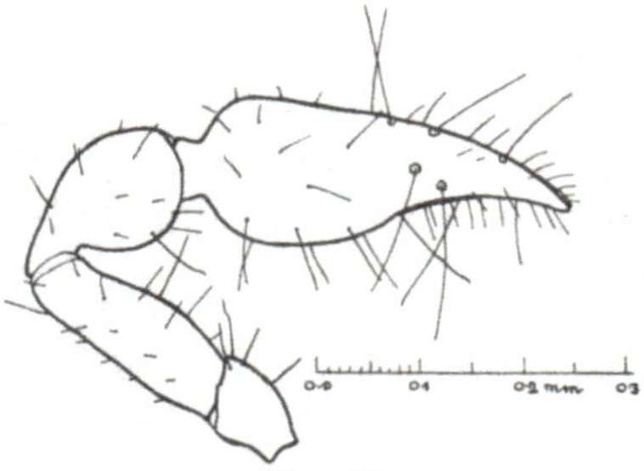

Fig. 192.
Ideobisium bipectinatum Daday.
Linke Palpe.

Neu-Guinea, Bismarck-Archipel.

8. **I. formosanum** Ellingsen 1912 *I. f.*, Ellingsen in: N. Mag. Naturv., *v.* 50 p. 125.

Cephalothorax annähernd quadratisch, ohne Epistom. 4 Augen, das vordere weniger als seinen Durchmesser vom hinteren und um seinen Durchmesser vom Vorderrand entfernt. Galea variabel, meist in 4—6 Äste geteilt. Palpen etwa so lang wie der Körper, glatt, nur die Hand medial fein granuliert. Trochanter etwa so lang wie breit, hinten konkav. Femur 2,9 mal so lang wie breit, deutlich gestielt. Tibia mit kurzem Stiel. Hand 1,1 mal so lang wie die Finger, beiderseits leicht konvex. Finger länger als die Breite der Hand, jedoch kürzer als die Hand. — Körper L. 2 mm; Palpen: Femur L. 0,50 mm, B. 0,17 mm, Tibia L. 0,31 mm, B. 0,20 mm, Hand L. 0,40 mm, B. 0,27 mm, Finger L. 0,36 mm.

Formosa.

9. **I. seychellesensis** Chamb. 1930 *I. s.*, Chamberlin in: Ann. nat. Hist., ser. 10 *v.* 5 p. 38 f. 1X, DD, 2CC.

Galea einfach, gebogen. Palpen kräftig, nicht granuliert. Trochanter 1,8 mal so lang wie breit, hinten konkav. Femur 2,6 mal so lang wie breit, proximal der Mitte am breitesten, hinten viel stärker konvex als vorn. Tibia 1,9 mal so lang wie breit, beiderseits konvex, kräftig gestielt. Schere 2,3 mal so lang wie breit, medial stärker gebaucht als lateral. Finger deutlich etwas länger als die Hand, der feste mit 33, der bewegliche mit 40 Zähnen. Subterminalborste des Tarsus distal spatelförmig verbreitert und terminal gezähnt. — Körper L.?

Seychellen.

Unsichere Arten:

I. antipodum (E. Sim.) 1880 *Obisium a.*, E. Simon in: Ann. Soc. ent. Belgique, *v.* 23 CR. p. 174.

Wahrscheinlich mit *I. peregrinum* Chamb. näher verwandt. — Körper L. 2 mm.

Australien: Neu-Kaledonien, Tanafuti.

I. trifidum (Steck.) 1875 *Obisium t.*, Stecker in: SB. Ak. Wien, *v.* 72 p. 523 t. 4 f. 5—8 | 1906 *O. t.*, With in: Danske Selsk. Skr., *v.* 7 nr. 3 p. 77.

Cephalothorax in der Mitte des Vorderrandes mit 3(?) Zähnchen. 4 Augen. Palpen kürzer als der Körper. Femur keulenförmig. Finger kürzer als die Hand. — Körper L. 4,5 mm (?).

Indien: Malakka.

9. Gen. **Nannobisium** Beier

1931 *N.*, Beier in: Mt. Mus. Berlin, *v.* 17 p. 303.

Typus: *N. liberiense* Beier.

Mit *Ideobisium* weitgehend übereinstimmend. Cephalothorax deutlich etwas länger als breit, augenlos. Beweglicher Chelicerenfinger mit einfacher Galea. Endlappen der Maxille spitz, mit 2 Borsten. Das Tasthaar *ib* auf die Mitte der Dorsalfläche der Hand gerückt, der feste Palpenfinger daher scheinbar nur mit 7 Tasthaaren (Fig. 193). Die Tasthaare *t*, *st* und *sb* des beweglichen Palpenfingers nahe beisammen stehend, ihre Areolen einander berührend. Palpenfinger mit geringer Zahnzahl.

Tropisches Westafrika.

1 Art.

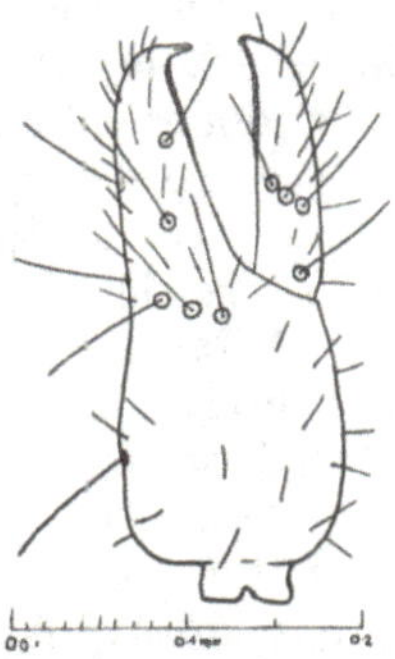

Fig. 193.
Nannobisium liberiense Beier.
Palpenschere von außen.

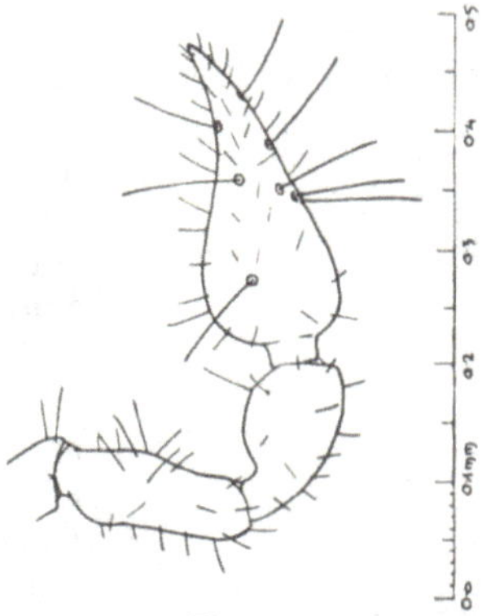

Fig. 194.
Nannobisium liberiense Beier.
Rechte Palpe.

1. **N. liberiense** Beier 1931 *N. l.*, Beier in: Mt. Mus. Berlin, *v.* 17 p. 303 f. 3.

Cephalothorax deutlich etwas länger als breit, mit breitem stumpfem, kaum vorragendem Epistom. Augen fehlen. Hinterrand mit 6 Borsten. Beborstung der Tergite: 6—7—8—8—8—8. Fester Chelicerenfinger mit drei sehr kleinen, kaum erkennbaren, etwas nach hinten gerichteten Zähnchen, beweglicher mit 2—3 spitzen Zähnen. Galea einfach, borstenförmig. Endlappen der Maxille spitz, mit 2 Borsten. Palpen (Fig. 194) kürzer als der Körper, gedrungen, glatt. Femur 2,8 mal so lang wie breit, proximal der Mitte am breitesten, sehr kurz, aber deutlich gestielt. Tibia 1,9 mal so lang wie breit, der Stiel breiter als lang. Schere 2,4 mal so lang wie breit. Hand auf der Mitte der Dorsalfläche mit einem Tasthaar (*ib*). Finger etwas länger als die Hand mit Stiel, der feste mit 17, der bewegliche mit 21 stumpfen Zähnen, diese dicht stehend und nur in der distalen Hälfte der Finger befindlich; die basale Hälfte zahnlos. Die Areolen der Tasthaare *t*, *st* und *sb* berühren einander. — Körper L. 0,8—1,0 mm; Palpen: Femur L. 0,17 mm, B. 0,06 mm, Tibia L. 0,15 mm, B. 0,08 mm, Hand L. 0,14 mm, B. 0,11 mm, Finger L. 0,16 mm.

Tropisches Westafrika: Liberia.

10. Gen. **Gymnobisium** Beier

1931 *G.*, Beier in: Mt. Mus. Berlin, *v.* 17 p. 304.

Typus: *Ideobisium quadrispinosum* Tullg. (durch nachträgliche Bestimmung).

Mit *Ideobisium* weitgehend übereinstimmend, die Anzahl der Tasthaare an den Palpenfingern jedoch reduziert. Fester Finger mit 6, beweglicher mit 2 Tasthaaren. Finger medial mit ziemlich großen, stumpfen Zähnen oder gezähnter Lamelle. Endlappen der Maxille gerundet, jedoch nur mit 2 Borsten. Cephalothorax quadratisch oder breiter als lang.

Südafrika.

2 Arten.

Übersicht über die Arten:

1	Mit 4 Augen	1. **G. quadrispinosum**
	Ohne Augen	2. **G. godfreyi**

1. **G. quadrispinosum** (Tullg.) 1907 *Ideobisium q.*, Tullgren in: Zool. Stud. tillägn. Tullberg, p. 230 f. 8a—e | 1912 *I. q.*, Ellingsen in: Ann. S. Afr. Mus., *v.* 10 p. 118.

Cephalothorax deutlich breiter als lang. 4 Augen, das vordere vom hinteren kaum um seinen Durchmesser, vom Vorderrande um diesen entfernt. Tergite mit 6—8 Borsten. Galea bis zum Grunde in 4 Äste geteilt. Endlappen der Maxille gerundet, mit 2 Borsten. Palpen (Fig. 195) ungefähr so lang wie der Körper, glatt. Trochanter hinten ohne Höcker. Femur 3mal so lang wie breit, undeutlich gestielt, in der Mitte am breitesten. Tibia 2,2mal so lang wie breit, der Stiel kurz und dick. Schere etwa 3mal so lang wie breit. Finger so lang wie oder etwas länger als die Hand mit Stiel, der feste mit 6, der bewegliche mit 2 Tasthaaren, medial mit einer gezähnten Lamelle. — Körper L. 2—4 mm; Palpen: Trochanter L. 0,23 mm, B. 0,11 mm, Femur L. 0,40 mm, B. 0,13 mm, Tibia L. 0,35 mm, B. 0,16 mm, Hand L. 0,39 mm, B. 0,25 mm, Finger L. 0,39 mm.

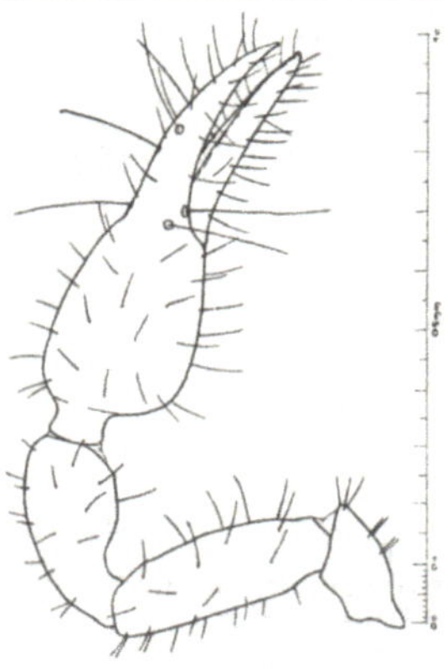

Fig. 195.
Gymnobisium quadrispinosum (Tullg.). Linke Palpe.

Südafrika: Natal, Kapkolonie.

2. **G. godfreyi** (Ellingsen) 1912 *Ideobisium (Ideoblothrus) G.*, Ellingsen in: Ann. S. Afr. Mus., *v.* 10 p. 117.

Cephalothorax annähernd quadratisch, ohne Epistom. Augen fehlen. Galea einfach. Palpen sehr kräftig, etwa so lang wie der Körper, glatt. Trochanter hinten mit kleinem Höckerchen. Femur 2,6mal so lang wie breit, nahe der Basis am breitesten, mit sehr kurzem Stiel. Tibia beiderseits kräftig konvex, der Stiel kurz. Schere etwa 2,6mal so lang wie breit. Hand lateral nahezu gerade. Finger kürzer als die Hand. — Körper L. 1 mm; Palpen: Femur L. 0,29 mm, B. 0,11 mm, Tibia L. (ohne Stiel) 0,20 mm, B. 0,14 mm, Hand L. 0,24 mm, B. 0,17 mm, Finger L. 0,20 mm.

Südafrika: Kap-Provinz.

2. Fam. **Syarinidae** Chamb.

1930 *S.*, Chamberlin in: Ann. nat. Hist., ser. 10 *v.* 5 p. 38 | 1931 *S.*, Chamberlin in: Stanford Univ. Publ., *v.* 7 p. 218.

Cephalothorax länger als breit, mit 2 oder 4 mehr oder weniger gut entwickelten Augen. Pleuralmembran des Abdomen längsgestreift, nicht granuliert. Palpen mäßig kräftig. Hand dorsal mit oder ohne Tasthaare. Nur der feste Finger mit Giftapparat. Beweglicher Finger distal mit einer scheidenförmigen Furche zur Aufnahme des Giftzahnes des festen Fingers.

Trennungslinie zwischen Femur und Patella des 4. Beinpaares mehr oder weniger schräg zur Längsachse des Gliedes stehend. Lyraförmige Organe an den Femora des 1. und 2. Beinpaares aus 2 oder mehr einfachen Spaltöffnungen zusammengesetzt.

Westliches Nordamerika.

2 Subfamilien, 3 Genera, 4 sichere, 1 unsichere Art.

Übersicht über die Subfamilien:

1 { Galea vorhanden; Subterminalborste des Tarsus einfach, spitz; Trennungslinie zwischen Trochantin und Femur des 4. Beinpaares deutlich schräg zur Längsachse des Gliedes stehend . . . . a) Subfam. **Syarininae**
Galea fehlend; Subterminalborste des Tarsus deutlich gezähnt; Trennungslinie zwischen Trochantin und Femur des 4. Beinpaares nur schwach zur Längsachse des Gliedes geneigt . . . . b) Subfam. **Chitrellinae**

a) Subfam. **Syarininae** Chamb.

1930 *S.*, Chamberlin in: Ann. nat. Hist., ser. 10 *v.* 5 p. 39 | 1931 *S.*, Chamberlin in: Stanford Univ. Publ., *v.* 7 p. 219.

Mit den Charakteren der Familie. Galea vorhanden. Subterminalborste des Tarsus einfach, spitz. Trennungslinie zwischen Femur und Patella des 4. Beinpaares deutlich und ziemlich stark schräg zur Längsachse des Gliedes gestellt.

Westliches Nordamerika.

2 Genera, 3 sichere, 1 unsichere Art.

Übersicht über die Genera:

1 { 2 schwach entwickelte Augen oder Augenflecke; Zähne des beweglichen Palpenfingers dicht stehend; das Tasthaar *t* des beweglichen Fingers vorhanden, nahe bei *st* stehend . 1. Gen. **Syarinus**
4 deutliche Augen; Zähne des beweglichen Palpenfingers deutlich getrennt stehend; das Tasthaar *t* des beweglichen Fingers fehlend . . . . 2. Gen. **Hyarinus**

1. Gen. **Syarinus** Chamb.

1925 *S.*, Chamberlin in: Univ. Calif. Publ., *v.* 3 p. 329 | 1930 *S.*, Chamberlin in: Ann. nat. Hist., ser. 10 *v.* 5 p. 39 | 1931 *S.*, Chamberlin in: Stanford Univ. Publ., *v.* 7 p. 219.

Typus: *Ideoroncus obscurus* Banks (durch Monotypie).

Cephalothorax länger als breit, mit 2 schwach entwickelten Augen oder Augenflecken. Palpenfinger mit der normalen Zahl von 12 Tasthaaren, das Tasthaar *t* des beweglichen Fingers vorhanden, kaum um den Areolardurchmesser von *st* entfernt. Hand dorsal ohne Tasthaare. Zähne der Palpenfinger dicht stehend.

Westliches Nordamerika.

2 sichere, 1 unsichere Art.

Übersicht über die Arten:

1 { Palpenfemur 2,6—2,8 mal so lang wie breit, glatt, nicht granuliert; Schere 2,8—3,0 mal so lang wie breit . . . . . 1. **S. obscurus**
Palpenfemur 3,0—3,3 mal so lang wie breit, deutlich granuliert; Schere 3,5 mal so lang wie breit . . . . 2. **S. granulatus**

1. **S. obscurus** (Banks) 1893 *Ideoroncus o.*, N. Banks in: Canad. Ent., *v.* 25 p. 66 | 1925 *Syarinus o.*, Chamberlin in: Univ. Calif. Publ., *v.* 3 p. 330 | 1930 *S. o.*, Chamberlin in: Ann. nat. Hist., ser. 10 *v.* 5 p. 39.

Cephalothorax länger als breit, mit 2 schwach entwickelten Augen, der Hinterrand mit 12 Borsten. Tergite mit 16, Sternite mit 20 Marginalborsten. Palpen mäßig kräftig. Femur 2,6—2,8mal so lang wie breit, glatt, nicht granuliert, deutlich gestielt. Schere 2,8—3,0mal so lang wie breit, die Hand dorsal ohne Tasthaare. Finger kürzer als die Hand, mit dicht stehenden Zähnen. Das Tasthaar *t* kaum um einen Areolardurchmesser von *st* entfernt. Galea mit einem Seitenast. — Körper L. 3,2 mm.

Westliches Nordamerika: Washington, Kalifornien, Wyoming, Montana(?), Kolorado(?).

2. **S. granulatus** Chamb. 1930 *S. g.*, Chamberlin in: Ann. nat. Hist., ser. 10 *v.* 5 p. 39 f. 2H.

Cephalothorax länger als breit, mit 2 schwach entwickelten Augen oder Augenflecken, die etwa um ihren Durchmesser vom Vorderrande entfernt sind. Hinterrand mit etwa 12 Borsten. Tergite mit 16, Sternite mit 20 Marginalborsten. Palpen verhältnismäßig schlank, Trochanter und Femur fein und gleichmäßig granuliert. Trochanter 2,5mal so lang wie breit, hinten etwas konvex. Femur 3,0—3,3mal so lang wie breit, etwa in der Mitte am breitesten, deutlich gestielt. Tibia 2,7mal so lang wie breit, so lang wie der Cephalothorax, der Stiel gedrungen. Schere 3,5mal so lang wie breit, lateral stärker gebaucht als medial, die Seiten nahezu parallel. Finger viel kürzer als die Hand, der feste mit 39—44, der bewegliche mit 49 bis 50 Zähnen. — Körper L. 2,8—3,0 mm.

Westliches Nordamerika: Kolorado.

Unsichere Art:

S. tibialis (Banks) 1909 *Ideobisium tibiale*, N. Banks in: Canad. Ent., *v.* 41 p. 306.

Cephalothorax etwas länger als breit, der Vorderrand in der Mitte vorragend. 4 Augen, etwa 1/2 Durchmesser voneinander entfernt. Galea schlank, an der Spitze 3teilig. Palpen ziemlich lang. Trochanter fast doppelt so lang wie breit, hinten ohne deutliches Höckerchen. Femur keulenförmig, distal am breitesten, deutlich länger als der Cephalothorax. Tibia mit langem Stiel. Hand medial stärker konvex als lateral. Finger kürzer als die Hand. — Körper L. 4,2 mm.

Nordamerika: Kolorado, Florissant.

2. Gen. **Hyarinus** Chamb.

1925 *H.*, Chamberlin in: Univ. Calif. Publ., *v.* 3 p. 327 | 1930 *H.*, Chamberlin in: Ann. nat. Hist., ser. 10 *v.* 5 p. 40 | 1931 *H.*, Chamberlin in: Stanford Univ. Publ., *v.* 7 p. 219.

Typus: *H. hesperus* Chamb. (durch Monotypie).

Cephalothorax länger als breit, vorn gerundet, mit 4 Augen. Tergite und Sternite mit je 4 kleinen Borsten. Palpenhand dorsal mit einer Gruppe von 5 Tasthaaren. Tasthaare der Palpenfinger reduziert, das Tasthaar *t* des beweglichen Fingers fehlend. Zähne des beweglichen Palpenfingers weit voneinander getrennt stehend.

Westliches Nordamerika.

1 Art.

1. **H. hesperus** Chamb. 1925 *H. h.*, Chamberlin in: Univ. Calif. Publ., *v.* 3 p. 329 | 1930 *H. h.*, Chamberlin in: Ann. nat. Hist., ser. 10 *v.* 5 p. 40.

Cephalothorax länger als breit, vorn gerundet, mit 4 deutlichen Augen, das vordere etwa um seinen Durchmesser vom Vorderrand und weniger als den Durchmesser vom hinteren abstehend. Tergite und Sternite mit je 4 kleinen Marginalborsten. Palpen ziemlich schlank (Fig. 196). Hand dorsal mit einer kreuzförmigen Gruppe von 5 Tasthaaren. Fester Finger mit 33—35 konischen, etwas auseinandergerückten Zähnen. Beweglicher Finger mit 30—32 kleineren, konischen, weit voneinander getrennt stehenden Zähnchen. Das Tasthaar *t* des beweglichen Fingers fehlend. — Körper L. 2,7 mm; Palpen: Trochanter L. 0,62 mm, B. 0,32 mm, Femur L. 1,00 mm, B. 0,35 mm, Tibia L. 1,05 mm, B. 0,43 mm, Schere L. 1,75 mm, B. 0,58 mm, Finger L. 0,88 mm.

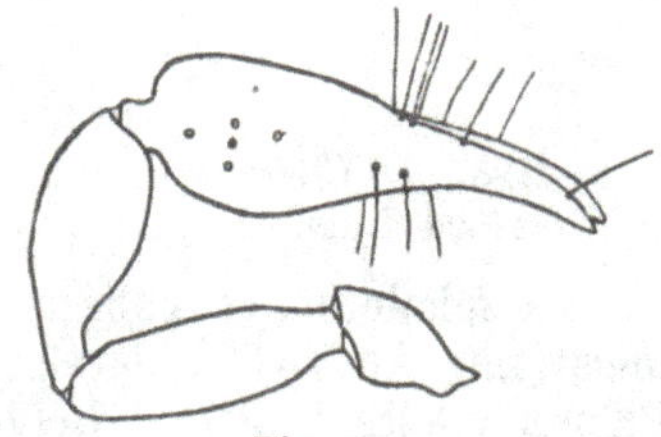

Fig. 196.
Hyarinus hesperus Chamb.
Linke Palpe (nach Chamberlin).

Westliches Nordamerika: Kalifornien, St. Barbara.

b) Subfam. **Chitrellinae** nom. nov.

1930 *Chitrinae*, Chamberlin in: Ann. nat. Hist., ser. 10 *v.* 5 p. 40 | 1931 *C.*, Chamberlin in: Stanford Univ. Publ., *v.* 7 p. 219.

Galea vollkommen fehlend. Trennungslinie zwischen Femur und Patella des 4. Beinpaares nur wenig gegen die Längsachse des Gliedes geneigt. Subterminalborste des Tarsus deutlich gezähnt.

Westliches Nordamerika.

1 Gattung, 1 Art.

3. Gen. **Chitrella** nom. nov.

1930 *Chitra* (non *Chitra* Gray 1844), Chamberlin in: Ann. nat. Hist., ser. 10 *v.* 5 p. 40 | 1931 *C.*, Chamberlin in: Stanford Univ. Publ., *v.* 7 p. 219.

Typus: *Chitra cala* Chamb. (durch Monotypie).

Cephalothorax deutlich länger als breit, ohne Epistom. 4 Augen. Galea fehlend. Palpen schlank, teilweise granuliert. Trennungslinie zwischen Femur und Trochantin des 4. Beinpaares nur wenig gegen die Längsachse des Gliedes geneigt. Subterminalborste des Tarsus gezähnt. 6. Sternit des ♂ mit einem Sinnesfeld in der Mitte; dieses aus einer ringförmigen, ein chitiniges Zentrum umgebenden Membran und spitzen Randborsten bestehend.

Westliches Nordamerika.

1 Art.

1. **C. cala** (Chamb.) 1930 *Chitra c.*, Chamberlin in: Ann. nat. Hist., ser. 10 *v.* 5 p. 41 f. 2 X, JJ | 1931 *C. c.*, Chamberlin in: Stanford Univ. Publ., *v.* 7 p. 218 f. 57.

Cephalothorax deutlich länger als breit, ohne Epistom. 4 schwach entwickelte Augen. Beborstung der Scheibe: 6—8, 28. Tergite und Sternite mit je 18—20 Borsten. Palpen schlank, alle Glieder außer dem Trochanter mit begrenzten Feldern feiner Granulation. Trochanter 2,1—2,2 mal so lang wie breit, hinten mit kleinem Höckerchen. Femur 3,5—3,8 mal so lang wie breit, nahe der Basis am breitesten, distal schwach verengt, undeutlich gestielt. Tibia 2,3—2,4 mal so lang wie breit, distal deutlich verengt, der Stiel schlank, länger als breit. Schere 3,0—3,2 mal so lang wie breit, beiderseits konvex. Finger viel länger als die Hand, der feste mit 42–50, der bewegliche mit 48–55 Zähnen. — Körper L. 2,2—3,0 mm.

Westliches Nordamerika: Kalifornien.

3. Fam. **Ideoroncidae** Chamb.

1930 *I.*, Chamberlin in: Ann. nat. Hist., ser. 10 *v.* 5 p. 42 | 1931 *I.*, Chamberlin in: Stanford Univ. Publ., *v.* 7 p. 220.

Cephalothorax nahezu quadratisch oder nur wenig länger als breit, meist mit Augen. Pleuralmembran des Abdomen granuliert oder gestreift. Palpen mäßig kräftig. Beide Palpenfinger mit Giftapparat. Finger mit 12 oder mehr Tasthaaren. Trennungslinie zwischen Femur und Patella des 4. Beinpaares schräg oder senkrecht zur Längsachse des Gliedes gestellt. Subterminalborste des Tarsus meist mehr oder weniger gezähnt oder gegabelt, seltener einfach.

Neotropische, nearktische, orientalische und aethiopische Region.

3 Subfamilien, 9 Genera, 13 Arten.

Übersicht über die Subfamilien:

1	Palpenschere mit der normalen Zahl von 12 Tasthaaren — **2**	
	Palpenschere mit mehr als 12 Tasthaaren	c) Subfam. **Ideoroncinae**
2	Pleuralmembran des Abdomen granuliert; Subterminalborste des Tarsus einfach, spitz	a) Subfam. **Hyinae**
	Pleuralmembran des Abdomen längsgestreift; Subterminalborste des Tarsus gezähnt, gegabelt oder geästet	b) Subfam. **Bochicinae**

a) Subfam. **Hyinae** nom. nov.

1930 *Hyidae*, Chamberlin in: Ann. nat. Hist., ser. 10 *v.* 5 p. 41 | 1931 *H.*, Chamberlin in: Stanford Univ. Publ., *v.* 7 p. 219.

Cephalothorax etwas breiter als lang oder quadratisch. Pleuralmembran des Abdomen granuliert oder granuliert gestreift. Beide Palpenfinger mit Giftapparat, der Nodus ramosus nahe der Mitte. Finger mit der normalen Zahl von 12 Tasthaaren. Flagellum mit etwa 7 keulenförmigen, distal eingeschnittenen Borsten. Trennungslinie zwischen Femur und Patella des 4. Beinpaares schräg zur Längsachse des Gliedes gestellt. Subterminalborste des Tarsus einfach, spitz.

Orientalische Region.

1 Gattung, 2 Arten.

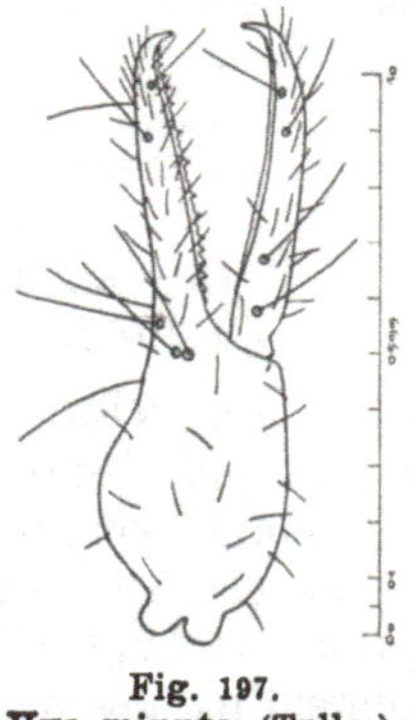

Fig. 197.
Hya minuta (Tullg.).
Palpenschere von außen.

1. Gen. **Hya** Chamb.

1930 *H.*, Chamberlin in: Ann. nat. Hist., ser. 10 *v.* 5 p. 41.

Typus: *H. heterodonta* Chamb. (durch ursprüngliche Bestimmung).

Mit den Charakteren der Subfamilie. Cephalothorax mit 4 Augen. Beweglicher Chelicerenfinger mit einfacher, borstenförmiger Galea. Lamina exterior fehlend. Fester Palpenfinger mit getrennt stehenden Zähnen

(Fig. 197), die des beweglichen reduziert. Femur des 1. und 2. Beinpaares viel länger als die Patella. Trennungslinie zwischen Femur und Patella des 4. Beinpaares wenig, aber erkennbar zur Längsachse des Gliedes geneigt. Subterminalborste des Tarsus einfach.

Orientalische Region: Sundainseln, Philippinen.

2 Arten.

Übersicht über die Arten:

1 { Fester Palpenfinger mit 14—15 spitzen Zähnen, der bewegliche mit einer vollständig einfachen Lamelle; die Areolen der Tasthaare *eb* und *esb* berühren einander . . . 1. **H. minuta**
Fester Palpenfinger mit 16 spitzen Zähnen, beweglicher mit schwach entwickelten, aber erkennbaren, dicht sitzenden Zähnen; die Areolen der Tasthaare *eb* und *esb* etwa um ihren Durchmesser voneinander entfernt . . . . . 2. **H. heterodonta**

1. **H. minuta** (Tullg.) 1905 *Ideobisium minutum*, Tullgren in: Mt. Mus. Hamburg, *v.* 22 p. 44 f. 4a—c | 1930 *I. m.*, Beier in: Zool. Anz., *v.* 91 p. 288.

Cephalothorax nahezu quadratisch, vorn median deutlich gerundet vorgezogen. 4 Augen, das vordere etwa um seinen halben Durchmesser vom hinteren und vom Vorderrande entfernt. Beborstung der Scheibe: 4—2, 14. Beborstung der Tergite: 4—6—8—8—8—8. Galea sehr lang, gebogen, einfach. Palpen etwas länger als der Körper (Fig. 198). Trochanter 2,1 mal so lang wie breit, hinten konkav. Femur 3,8—4 mal so lang wie breit, etwas distal der Mitte am breitesten. Tibia 2,8 mal so lang wie breit, der Stiel länger als breit, der Gelenkausschnitt tief, bis zur Mitte des Medialrandes reichend. Schere beim ♂ 3,5, beim ♀ 3 mal so lang wie breit. Hand breit, besonders medial stark verbreitert. Finger bedeutend länger als die Hand, jedoch etwas kürzer als das Femur, nahezu gerade. Fester Finger mit 14—15 spitzen, weit voneinander getrennt stehenden Zähnen, im distalen Teil zwischen diesen mit 1 oder 2 flachen, stumpfen Zähnchen. Beweglicher Finger zahnlos, mit vollständig einfacher Lamelle. Die Areolen der Tasthaare *eb* und *esb* berühren einander. — Körper L. ♂ 1 mm, ♀ 1,1 mm; Palpen: ♂ Trochanter L. 0,17 mm, B. 0,08 mm, Femur L. 0,41 mm, B. 0,11 mm, Tibia L. 0,29 mm, B. 0,11 mm, Hand L. 0,29 mm, B. 0,18 mm, Finger L. 0,39 mm; ♀ Trochanter L. 0,21 mm, B. 0,10 mm, Femur L. 0,47 mm, B. 0,13 mm, Tibia L. 0,33 mm, B. 0,13 mm, Hand L. 0,33 mm, B. 0,23 mm, Finger L. 0,43 mm.

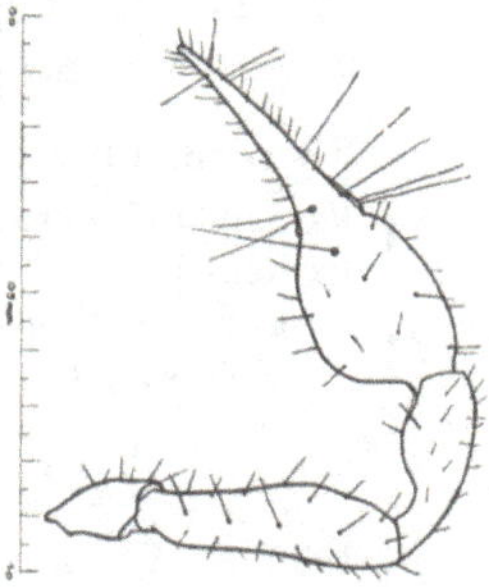

Fig. 198.
Hya minuta (Tullg.) ♀.
Rechte Palpe.

Sundainseln: Java, Sumatra.

2. **H. heterodonta** Chamb. 1930 *H. h.*, Chamberlin in: Ann. nat. Hist., ser. 10 *v.* 5 p. 42 f. 2KK, 3E | 1931 *H. h.*, Chamberlin in: Stanford Univ. Publ., *v.* 7 p. 219 f. 58.

Cephalothorax etwas breiter als lang, ohne Epistom. 4 gut entwickelte Augen, das vordere etwa um seinen Durchmesser vom Vorderrande entfernt. Beborstung der Scheibe: 4—2, 14. Beborstung der Tergite: 4-4-8-8-8-8; die beiden ersten Tergite schwach chitinisiert. Sternite je mit etwa 5 Borsten. Cheliceren mit 6 Borsten am Stamm. Galea sehr schlank, einfach. Palpen schlank und glatt. Trochanter 2,1—2,2 mal so lang wie breit, hinten konkav.

Femur 3,8—4,1mal so lang wie breit, distal der Mitte am breitesten. Tibia 2,4—2,8mal so lang wie breit, so lang oder länger als der Cephalothorax, kaum breiter als das Femur. Schere 3,2—3,3mal so lang wie breit. Hand medial stark bauchig, lateral schwach konvex. Finger viel länger als die Hand, fast so lang wie das Femur. Fester Finger mit 16 spitzen, weit voneinander getrennt stehenden Zähnen, im distalen Teil zwischen diesen mit 1—3 kurzen, gerundeten Zähnchen. Beweglicher Finger mit schwach entwickelten, fast fehlenden, dicht stehenden Zähnchen. Die Areolen der Tasthaare *eb* und *esb* etwa um ihren Durchmesser voneinander entfernt stehend. — Körper L. 1,2—1,4 mm.

Philippinen: Luzon.

b) Subfam. **Bochicinae** Chamb.

1930 *B.*, Chamberlin in: Ann. nat. Hist., ser. 10 *v.* 5 p. 43 | 1931 *B.*, Chamberlin in: Stanford Univ. Publ., *v.* 7 p. 220.

Cephalothorax wenig länger als breit, mit 2—4 Augen. Pleuralmembran des Abdomen gestreift. Beide Palpenfinger mit Giftapparat und der normalen Zahl von Tasthaaren. Der Nodus ramosus nahe der Mitte gelegen. Flagellum mit 3 Borsten. Trennungslinie zwischen Femur und Patella des 4. Beinpaares schräg zur Längsachse des Gliedes gestellt. Arolium kürzer als die Klauen. Subterminalborste distal einseitig gezähnt.

Neotropische Region.

2 Genera, 2 Arten.

Übersicht über die Genera:

1 { Palpenhand normal, einfach . . . . 2. Gen. **Bochica**
Palpenhand auf der Ventralseite distal der Mitte konkav und mit fingerförmigem, nach vorn gerichtetem, diese Konkavität überdeckendem Fortsatz . . . . 3. Gen. **Mirobisium**

2. Gen. **Bochica** Chamb.

1930 *B.*, Chamberlin in: Ann. nat. Hist., ser. 10 *v.* 5 p. 43.

Typus: *Ideoroncus withi* Chamb. (durch Monotypie).

Cephalothorax etwas länger als breit, mit stumpfem Epistom. 2 Augen. Schere mit 12 Tasthaaren, das Tasthaar *ib* auf der Dorsalseite der Hand nahe deren Basis gelegen. Flagellum mit 3 schwach gefiederten Borsten. Trennungslinie zwischen Femur und Patella des 4. Beinpaares schräg zur Längsachse des Gliedes gestellt. Subterminalborste des Tarsus distal einseitig gezähnt.

Antillen.

1 Art.

1. **B. withi** (Chamb.) 1905 *Ideoroncus mexicanus*, With in: Ann. nat. Hist., ser. 7 *v.* 15 p. 127 t. 9 f. 2a—d, t. 10 f. 1a—f | 1923 *I. withi*, Chamberlin in: P. Calif. Ac., ser. 4 *v.* 12 p. 359 | 1930 *Bochica w.*, Chamberlin in: Ann. nat. Hist., ser. 10 *v.* 5 p. 44.

Cephalothorax etwas länger als breit, mit stumpfem Epistom. 2 Augen, die um ihren Durchmesser vom Vorderrande entfernt sind. Tergite mit etwa 8 Marginalborsten. Galea mäßig lang, gebogen, fast einfach. Endlappen der Maxille spitz, mit 2 Borsten. Palpen glatt, nur das Femur lateral basal schwach granuliert. Trochanter doppelt so lang wie breit, lateral konkav. Femur 3,5mal so lang wie breit, kurz gestielt. Tibia etwa 3mal so lang wie breit, schwach konvex, der Stiel ziemlich lang. Hand medial stärker konvex als lateral. Finger länger als die Hand, beide mit stumpfen, dicht sitzenden Zähnen. — Körper L. 2,5 mm; Palpen: Trochanter L. 0,39 mm, B. 0,17 mm, Femur L. 0,78 mm, B. 0,21 mm, Tibia L. 0,73 mm, B. 0,24 mm, Hand L. 0,70 mm, B. 0,39 mm, Finger L. 0,80 mm.

Antillen: Windward-Inseln.

3. Gen. **Mirobisium** Beier

1931 *M.*, Beier in: Mt. Mus. Berlin, *v.* 17 p. 304.

Typus: *Ideobisium cavimanum* Beier (durch Monotypie).

Cephalothorax deutlich länger als breit, ohne Epistom. 4 Augen. Galea mit Nebenästen. Palpenschere mit normaler Zahl und Anordnung der Tasthaare (Fig. 199). Hand auf der Ventralseite distal der Mitte deutlich konkav; am Rande der Depression entspringt ein fingerförmiger, parallel zur Längsachse des Gliedes nach vorn gerichteter, die Konkavität teilweise überdeckender Fortsatz; in der Umgebung der Depression zahlreiche lange, starre Borsten.

Bolivien.

1 Art.

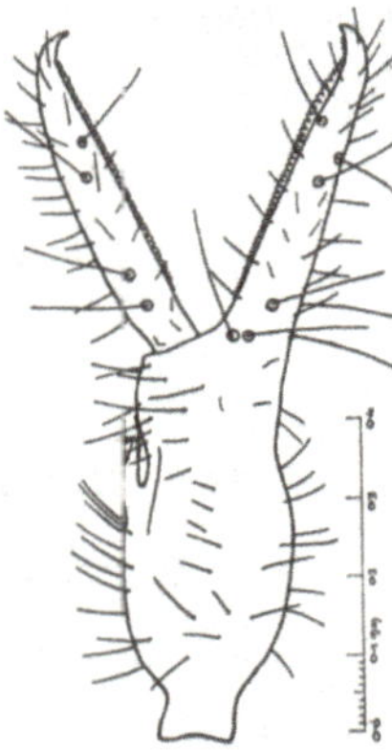

Fig. 199.
Mirobisium cavimanum (Beier). Palpenschere von außen.

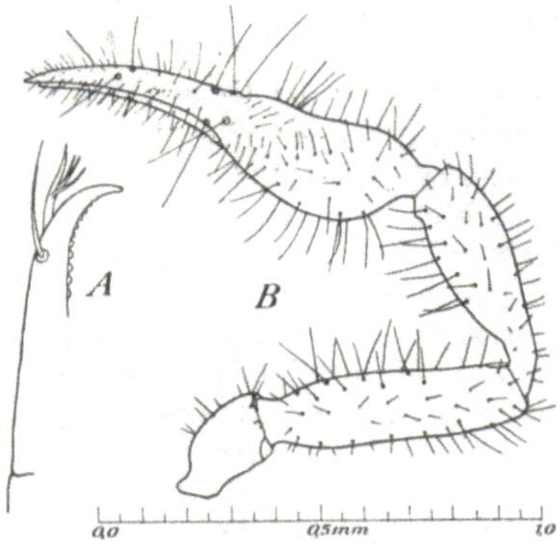

Fig. 200.
Mirobisium cavimanum (Beier). Rechte Palpe und Spitze des beweglichen Chelicerenfingers mit Galea.

1. **M. cavimanum** (Beier) 1930 *Ideobisium c.*, Beier in: Ann. Wien. Mus., *v.* 44 p. 202 f. 1 | 1931 *Mirobisium c.*, Beier in: Mt. Mus. Berlin, *v.* 17 p. 305.

Cephalothorax deutlich länger als breit, ohne Epistom. Hinterrand mit 8 Borsten. 4 ziemlich große, einander genäherte Augen, das vordere etwa um seinen Durchmesser vom Vorderrande entfernt. Tergite mit je 10 Marginalborsten. Galea gebogen, mit 4 Nebenästen. Endlappen der Maxille gerundet, mit 2 Borsten. Palpen (Fig. 200) schlank, länger als der Körper. Trochanter fast doppelt so lang wie breit, hinten nicht konkav. Femur etwa 3,8mal so lang wie breit, proximal der Mitte am breitesten, schwach gestielt. Tibia 3,2mal so lang wie breit, die Keule lang-oval, der Gelenkausschnitt hoch geschlossen. Schere etwa 4mal so lang wie breit. Hand lateral mit sattelförmiger Einsenkung, medial gebaucht; die Ventralseite mit ziemlich tiefer Depression, an deren Rand ein fingerförmiger, parallel zur Längsachse des Gliedes nach vorn gerichteter, die Konkavität teilweise überdeckender Fortsatz entspringt; die Umgebung der Depression mit zahlreichen langen, starren Borsten. Finger etwas länger als die Hand mit Stiel, der feste mit 36, der bewegliche mit 35 Zähnen; die Zähne dicht sitzend, am festen Finger etwas größer als am beweglichen und distal der Mitte des Fingers an ihrer Basis miteinander verschmolzen. — Körper L. 1,5 mm; Palpen: Trochanter L. 0,28 mm, B. 0,15 mm, Femur L. 0,58 mm, B. 0,16 mm, Tibia L. 0,52 mm, B. 0,17 mm, Hand L. 0,48 mm, B. 0,22 mm, Finger L. 0,50 mm.

Bolivien.

c) Subfam. **Ideoroncinae** Chamb.

1930 *I.*, Chamberlin in: Ann. nat. Hist., ser. 10 *v.* 5 p. 44 | 1931 *I.*, Chamberlin in: Stanford Univ. Publ., *v.* 7 p. 220.

Cephalothorax meist länger als breit, mit oder ohne Augen. Pleuralmembran des Abdomen gestreift. Flagellum mit 3—4 einfachen oder mehr oder weniger gefiederten Borsten. Palpenschere mit mehr als 12 Tasthaaren. Beide Palpenfinger mit Giftapparat, der Nodus ramosus nahe der Mitte gelegen. Trennungslinie zwischen Trochantin und Femur des 3. und 4. Beinpaares meist senkrecht zur Längsachse des Gliedes gerichtet, seltener schräg. Subterminalborste des Tarsus gezähnt oder gegabelt. Arolien kürzer oder länger als die Klauen.

Neotropische, nearktische, orientalische und aethiopische Region.

6 Genera, 9 Arten.

Übersicht über die Genera:

1 { Trennungslinie zwischen Femur und Patella des 4. Beinpaares senkrecht zur Längsachse des Gliedes gerichtet — **2**
Trennungslinie zwischen Femur und Patella des 4. Beinpaares schräg zur Längsachse des Gliedes gerichtet; Hand dorsal mit 3 Tasthaaren . . . . 8. Gen. **Negroroncus**

2 { Palpenhand dorsal mit einer Gruppe von 4 Tasthaaren — **3**
Palpenhand dorsal mit einer Gruppe von 3 Tasthaaren . . 5. Gen. **Dinoroncus**

3 { Die dorsale Tasthaargruppe der Hand klein und geschlossen, die Entfernung der beiden Außenborsten kleiner als die Breite des beweglichen Fingers — **4**
Die dorsale Tasthaargruppe der Hand groß, die Entfernung zwischen den beiden Außenborsten größer als die Breite des beweglichen Fingers . . . . . . 4. Gen. **Ideoroncus**

4 { Arolien deutlich länger als die Klauen, diese überragend, einfach oder geteilt — **5**
Arolien deutlich kürzer als die Klauen, diese nicht überragend, ungeteilt . . . . 7. Gen. **Dhanus**

5 { Tergite und Sternite ungeteilt; Lamina exterior der Cheliceren fehlend; Arolien zweiteilig . . . . 6. Gen. **Albiorix**
Tergite und Sternite geteilt; eine kleine Lamina exterior vorhanden; Arolien einfach . . . . 9. Gen. **Shravana**

4. Gen. **Ideoroncus** Balzan

1890 *I.*, Balzan in: Ann. Mus. Genova, ser. 2 *v.* 9 p. 443 | 1891 *I.*, Balzan in: Ann. Soc. ent. France, *v.* 60 p. 540 | 1930 *I.*, Chamberlin in: Ann. nat. Hist., ser. 10 *v.* 5 p. 44.

Typus: *I. pallidus* Balzan (durch Monotypie).

Cephalothorax etwas länger als breit, mit 2 Augen (oder ohne solche?). Tergite ungeteilt. Flagellum mit 4 Borsten. Galea einfach. Palpenschere mit mehr als 12 Tasthaaren. Die dorsale Tasthaargruppe der Hand groß, aus 4 Tasthaaren bestehend; die Entfernung zwischen den beiden lateralen Tasthaaren größer als die Breite des beweglichen Fingers an der Basis; das hintere Tasthaarpaar in der Mitte gelegen.

Südamerika.

1 Art.

1. **I. pallidus** Balzan 1890 *I. p.*, Balzan in: Ann. Mus. Genova, ser. 2 *v.* 9 p. 444 t. 17 f. 23 | 1891 *Ideobisium (Ideoroncus) pallidum*, Balzan in: Ann. Soc. ent. France, *v.* 60 p. 549 | 1910 *Ideobisium p.*, Ellingsen in: Mt. Mus. Berlin, *v.* 4 p. 395 | 1930 *Ideoroncus pallidus*, Chamberlin in: Ann. nat. Hist., ser. 10 *v.* 5 p. 44.

Cephalothorax fast 1,5mal so lang wie breit, der Vorderrand in der Mitte vorgezogen, ohne deutliches Epistom. 2 kleine, wenig weit vom Vorderrande entfernte Augen. Galea ziemlich lang, einfach. Flagellum mit 4 einseitig gezähnten Borsten. Palpen (Fig. 201) ziemlich schlank, glatt.

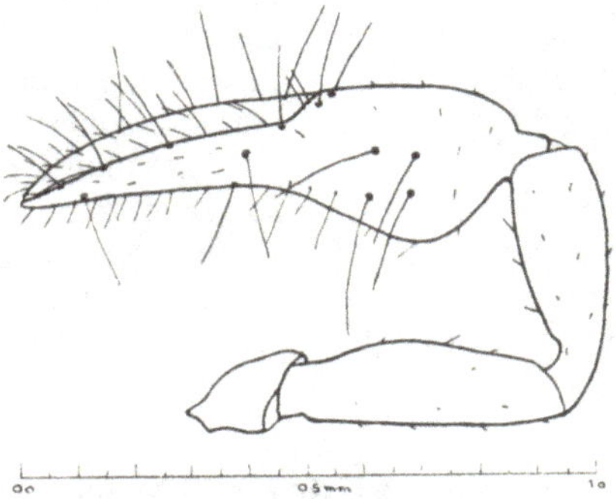

Fig. 201.
Ideoroncus pallidus Balzan. Rechte Palpe.

Trochanter hinten ohne Höcker. Femur 3,6mal so lang wie breit, etwas proximal der Mitte am breitesten. Tibia 2,9mal so lang wie breit. Schere etwa 3,3mal so lang wie breit, mit mehr als 12 Tasthaaren. Hand auf der Dorsalseite mit einer Vierergruppe weit voneinander getrennt stehender Tasthaare. Finger länger als die Hand mit Stiel und auch etwas länger als das Femur. — Körper L. 1,8—2 mm; Palpen: Femur L. 0,50 mm, B. 0,14 mm, Tibia L. 0,46 mm, B. 0,15 mm, Hand L. 0,42 mm, B. 0,27 mm, Finger L. 0,55 mm.

Südamerika: Paraguay, Brasilien.

5. Gen. **Dinoroncus** Beier

1931 *D.*, Beier in: Mt. Mus. Berlin, *v.* 17 p. 305.

Typus: *Ideobisium (Ideoroncus) chilense* Ellingsen.

Mit *Ideoroncus* weitgehend übereinstimmend. Cephalothorax bedeutend länger als breit, mit 2 Augen. Galea einfach; Flagellum mit 4 Borsten. Palpen schlank, teilweise granuliert. Hand auf der Dorsalseite nur mit einer geschlossenen Gruppe von 3 Tasthaaren. Schere mit mehr als 12 Tasthaaren. Trennungslinie zwischen Trochantin und Femur des 4. Beinpaares wie bei der vorigen Gattung senkrecht zur Längsachse des Gliedes gestellt.

Südamerika.

1 Art.

1. **D. chilensis** (Ellingsen) 1905 *Ideobisium (Ideoroncus) chilense*, Ellingsen in: Zool. Anz., *v.* 29 p. 326.

Cephalothorax etwa 1,5mal so lang wie breit, der Vorderrand winkelig vorgezogen, ohne Epistom. Hinterrand mit 4 Borsten. 2 kleine, jedoch ziemlich stark vorragende, fast um ihren doppelten Durchmesser vom Vorderrande entfernte Augen. Die mittleren Tergite mit je 8 Borsten. Galea lang, einfach, gebogen. Flagellum mit 4 einseitig gezähnten Borsten. Endlappen der Maxille spitz, mit 2 Borsten. Palpen (Fig. 202) länger als der Körper, schlank, Femur und Tibia medial deutlich und ziemlich kräftig granuliert. Trochanter hinten ohne Höcker. Femur 4,7 mal so lang wie breit, distal der Mitte am breitesten, deutlich, aber schwach abgesetzt gestielt. Tibia 3,6 mal so lang wie breit. Schere 3,7 mal so lang wie breit, mit mehr als 12 Tasthaaren. Hand dorsal mit einer geschlossenen Gruppe von 3 Tasthaaren; ein 4. Tasthaar befindet sich an der Fingerbasis. Finger bedeutend länger als die Hand und so lang wie das Femur, der feste mit 50 spitzen, nach hinten gerichteten Zähnchen, der bewegliche nahezu zahnlos. — Körper L. 3,5 mm; Palpen: Femur L. 1,32 mm, B. 0,28 mm, Tibia L. 1,18 mm, B. 0,32 mm, Hand L. 1,07 mm, B. 0,62 mm, Finger L. 1,32 mm.

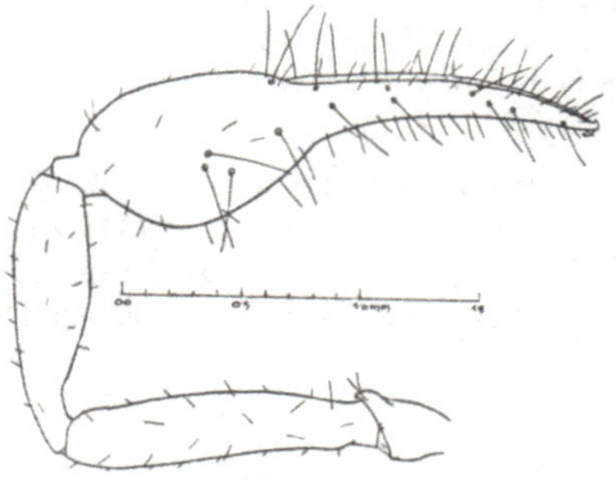

Fig. 202.
Dinoroncus chilensis (Ellingsen).
Linke Palpe.

Südamerika: Chile.

6. Gen. **Albiorix** Chamb.

1930 *A.*, Chamberlin in: Ann. nat. Hist., ser. 10 *v.* 5 p. 44.

Typus: *Ideoroncus mexicanus* Banks (durch nachträgliche Bestimmung).

Cephalothorax länger als breit, mit 2 Augen. Galea einfach. Lamina exterior fehlend. Palpen schlank. Schere mit mehr als 12 Tasthaaren. Hand dorsal mit einer Gruppe von 4 enggestellten Tasthaaren, die Entfernung zwischen den beiden lateralen deutlich geringer als die Breite des beweglichen Palpenfingers an der Basis. Trennungslinie zwischen Femur und Patella des 4. Beinpaares senkrecht zur Längsachse des Gliedes gestellt. Arolien länger als die Klauen, in der distalen Hälfte gespalten.

Westliches Nordamerika.

3 Arten.

Übersicht über die Arten:

1	Fester Palpenfinger mit deutlichen, spitzen, dicht gestellten, etwas nach hinten gerichteten Zähnen, beweglicher nahe der Spitze ähnlich bezahnt — **2**	
	Fester und beweglicher Palpenfinger mit sehr breiten, flachen, nicht zugespitzten, undeutlichen Zähnen . .	3. **A. edentatus**
2	Fester Palpenfinger mit 30—32, proximal undeutlichen Zähnen, beweglicher distal mit 6–8 rundlichen Zähnchen; Körper L. 1,7—2 mm	2. **A. parvidentatus**
	Fester Palpenfinger mit 48–50, proximal kleiner werdenden Zähnen, beweglicher distal mit 14–20 spitzen Zähnchen; Körper L. 2,3—2,6 mm	1. **A. mexicanus**

1. **A. mexicanus** (Banks) 1898 *Ideoroncus m.*, N. Banks in: P. Calif. Ac., ser. 3 *v.* 1 p. 289 | 1923 *I. m.*, Chamberlin in: P. Calif. Ac., ser. 4 *v.* 12 p. 359 t. 2 f. 13, t. 3 f. 14, 34 | 1930 *Albiorix m.*, Chamberlin in: Ann. nat. Hist., ser. 10 *v.* 5 p. 45 f. 2F, DD. | 1931 *A. m.*, Chamberlin in: Stanford Univ. Publ., *v.* 7 p. 221 f. 59.

Cephalothorax etwa 1,5 mal so lang wie breit, der Vorderrand in der Mitte vorgezogen, ohne Epistom. 2 Augen, um ihren Durchmesser vom Vorderrand entfernt. Tergite mit 8—9 Borsten. Galea einfach, ziemlich lang. Palpen ziemlich schlank, teilweise granuliert. Femur 4,5 mal so lang wie breit, deutlich gestielt. Tibia 2,8 mal so lang wie breit. Schere 3,5 mal so lang wie breit. Finger 1,5 mal so lang wie die Hand, der feste mit 48—50 proximal kleiner werdenden Zähnen, der bewegliche mit 14—20 ziemlich spitzen Zähnchen. Hand dorsal mit einer Gruppe von 4 eng stehenden Tasthaaren. Arolien gespalten, länger als die Klauen. — Körper L. 2,3—2,6 mm.

Westliches Nordamerika: Mexiko, Kalifornien.

2. **A. parvidentatus** Chamb. 1930 *A. p.*, Chamberlin in: Ann. nat. Hist., ser. 10 *v.* 5 p. 45.

Cephalothorax länger als breit, so lang oder etwas kürzer als das Palpenfemur, mit 2 Augen. Palpen schlank, an allen Gliedern mehr oder weniger fein granuliert. Trochanter 2,2—2,3 mal so lang wie breit, hinten mit deutlichem Höckerchen. Femur 4—4,2 mal so lang wie breit. Tibia etwa 3,1 mal so lang wie breit, breiter als das Femur. Schere 3,8 mal so lang wie breit. Hand 1,2 mal so breit wie dick. Finger 1,7 mal so lang wie die Hand, so lang wie Cephalothorax und Femur. Fester Finger mit 30—32 proximal undeutlichen Zähnen, beweglicher mit 6—7 Zähnchen distal. — Körper L. 1,7—1,8 mm.

Westliches Nordamerika: Kalifornien.

3. **A. edentatus** Chamb. 1930 *A. e.*, Chamberlin in: Ann. nat. Hist., ser. 10 *v.* 5 p. 46 f. 2Y, AA, 1C.

Cephalothorax länger als breit, so lang oder kürzer als das Femur, mit 2 Augen. Palpen schlank, alle Glieder mehr oder weniger deutlich granuliert, jedoch schwächer als bei der vorigen Art. Trochanter 2,1—2,3 mal so lang wie breit. Femur 4,1 mal so lang wie breit. Tibia 3—3,2 mal so lang wie breit. Schere 3,6 mal so lang wie breit. Hand 1,15—1,20 mal so breit wie dick. Finger viel länger als die Hand, ungefähr so lang wie Cephalothorax oder Femur. Zähne der Palpenfinger stark reduziert, breit und flach, fester Finger mit 30 bis 33, beweglicher mit etwa 27 undeutlichen Zähnen. — Körper L. 2,4 mm.

Westliches Nordamerika: Kalifornien.

7. Gen. **Dhanus** Chamb.

1930 *D.*, Chamberlin in: Ann. nat. Hist., ser. 10 *v.* 5 p. 47.

Typus: *Ideoroncus sumatranus* Redikorzev (durch nachträgliche Bestimmung).

Cephalothorax etwas länger als breit, mit 2 Augen. Tergite ungeteilt. Galea einfach. Eine kleine Lamina exterior vorhanden oder fehlend. Flagellum mit 4 Borsten. Palpen schlank, länger als der Körper. Hand auf der Dorsalseite mit einer Gruppe von 4 enggestellten Tasthaaren. Trennungslinie zwischen Femur und Patella des 4. Beinpaares senkrecht zur Längsachse des Gliedes gerichtet. Arolien kürzer als die Klauen, einfach.

Vorderasien.

2 Arten.

Übersicht über die Arten:

1 Beweglicher Palpenfinger mit schwach entwickelten oder undeutlichen Zähnen außer im distalen Sechstel oder Siebentel; fester Finger mit mäßig entwickelten Zähnen; Lamina exterior fehlend; Körper L. 2 mm . . . . . . 1. **D. siamensis**
Beweglicher Palpenfinger mit kräftigen, so gut wie im festen Finger entwickelten Zähnen; eine schmale Lamina exterior vorhanden; Kölper L. 3,5 mm . . . . 2. **D. sumatranus**

1. **D. siamensis** (With) 1906 *Ideobisium (Ideoroncus) s.*, With in: Danske Selsk. Skr., *v.* 7 nr. 3 p. 81 t. 1 f. 4a—i | 1930 *Dhanus s.*, Chamberlin in: Ann. nat. Hist., ser. 10 *v.* 5 p. 47.

Cephalothorax etwas länger als breit, mit stumpfem Epistom. 2 Augen, weniger als ihren Durchmesser vom Vorderrande entfernt. Galea lang, einfach. Flagellum mit 4 Borsten. Lamina exterior fehlend. Endlappen der Maxille spitz, mit 2 Borsten. Palpen schlank, nahezu glatt. Trochanter 1,5 mal so lang wie breit. Femur etwa 4 mal so lang wie breit, mit undeutlichem Stiel. Tibia etwa 3 mal so lang wie breit. Hand dorsal mit einer Gruppe von 4 eng stehenden Tasthaaren. Finger bedeutend länger als die Hand, der feste mit mäßig entwickelten, der bewegliche mit schwach entwickelten oder undeutlichen Zähnen, außer in seinem distalen Sechstel oder Siebentel, wo die Zähne deutlicher sind. — Körper L. 2 mm; Palpen: Trochanter L. 0,25 mm, B. 0,14 mm, Femur L. 0,70 mm, B. 0,18 mm, Tibia L. 0,50 mm, B. 0,17 mm, Hand L. 0,55 mm, B. 0,28 mm, Finger L. 0,67 mm.

Siam.

2. **D. sumatranus** (Redikorzev) 1922 *Ideoroncus s.*, Redikorzev in: Mém. Ac. St.-Pétersb., *v.* 23 p. 545 f. 1—4 | 1930 *Dhanus s.*, Chamberlin in: Ann. nat. Hist., ser. 10 *v.* 5 p. 47 f. 2 FF, 3 C.

Cephalothorax etwas länger als breit, der Vorderrand in der Mitte vorgezogen, ohne Epistom. 2 Augen, mehr als um ihren Durchmesser vom Vorderrande entfernt. Tergite mit je 8 Borsten. Galea einfach. Eine

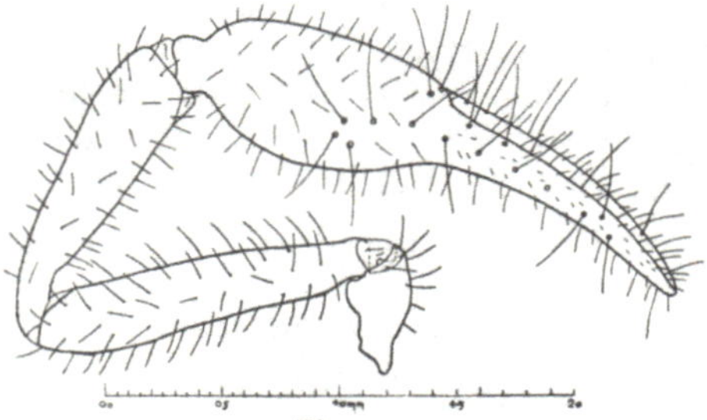

Fig. 203.
Dhanus sumatranus (Redikorzev). Linke Palpe.

schmale Lamina exterior vorhanden. Palpen (Fig. 203) schlank, bedeutend länger als der Körper, Coxen, Femur und Handstiel granuliert. Trochanter doppelt so lang wie breit. Femur 5 mal so lang wie breit, undeutlich gestielt. Tibia 4 mal so lang wie breit, der Stiel kurz. Schere etwa 4 mal so lang wie breit. Hand dorsal mit einer Gruppe von 4 eng stehenden Tasthaaren. Finger etwas länger als die Hand mit Stiel und kürzer als das Femur, mit zahlreichen Tasthaaren. Zähne kräftig, an beiden Fingern gut entwickelt. —

Körper L. 3,5 mm; Palpen: Trochanter L. 0,54 mm, B. 0,27 mm, Femur L. 1,43 mm, B. 0,30 mm, Tibia L. 1,32 mm, B. 0,35 mm, Hand L. 1,20 mm, B. 0,56 mm, Finger L. 1,28 mm.

Sundainseln: Sumatra, Datu (Batu) Höhlen.

8. Gen. **Negroroncus** Beier

1931 *N.*, Beier in: Mt. Mus. Berlin, *v.* 17 p. 305.

Typus: *Ideoroncus africanus* Redikorzev (durch Monotypie).

Cephalothorax bedeutend länger als breit, mit 2 Augen. Tergite ungeteilt. Galea einfach. Flagellum mit 4 Borsten. Lamina exterior fehlend. Palpen mäßig schlank, teilweise granuliert. Hand dorsal mit einer Gruppe von 3 enggestellten Tasthaaren. Schere mit mehr als 12 Tasthaaren. Trennungslinie zwischen Femur und Patella des 4. Beinpaares schräg zur Längsachse des Gliedes gestellt. Arolien einfach.

Tropisches Ostafrika.

1 Art.

1. **N. africanus** (Redikorzev) 1924 *Ideoroncus a.*, Redikorzev in: Rev. Russe Ent., *v.* 18 p. 190 f. 3, 4.

Cephalothorax fast 1,5 mal so lang wie breit, der Vorderrand in der Mitte vorgezogen. 2 Augen, um ihren Durchmesser vom Vorderrande entfernt. Galea ziemlich lang, gebogen, einfach. Flagellum mit 4 Borsten, davon die 3 distalen kräftiger und einseitig gezähnt. Palpen (Fig. 204) mäßig schlank, ungefähr so lang wie der Körper, Femur und Tibia dicht und kräftig granuliert. Trochanter mehr als doppelt so lang wie breit. Femur 4,1 mal so lang wie breit, kurz, aber ziemlich deutlich gestielt. Tibia 2,9 mal so lang wie breit, der Stiel ziemlich dünn. Schere etwa 3 mal so lang wie breit, mit mehr als 12 Tasthaaren. Hand dorsal mit einer Gruppe von 3 enggestellten Tasthaaren. Finger nicht ganz so lang wie die Hand mit Stiel, der feste distal mit 5, der bewegliche mit 35 Zähnchen. Trennungslinie zwischen Femur und Patella des 4. Beinpaares schräg zur Längsachse des Gliedes gestellt. Femur und Patella des 4. Beinpaares nur 2,4 mal so lang wie breit. Arolien einfach. — Körper L. 2,6 mm; Palpen: Trochanter L. 0,34 mm, B. 0,15 mm, Femur L. 0,78 mm, B. 0,19 mm, Tibia L. 0,65 mm, B. 0,23 mm, Hand L. 0,72 mm, B. 0,42 mm, Finger L. 0,66 mm.

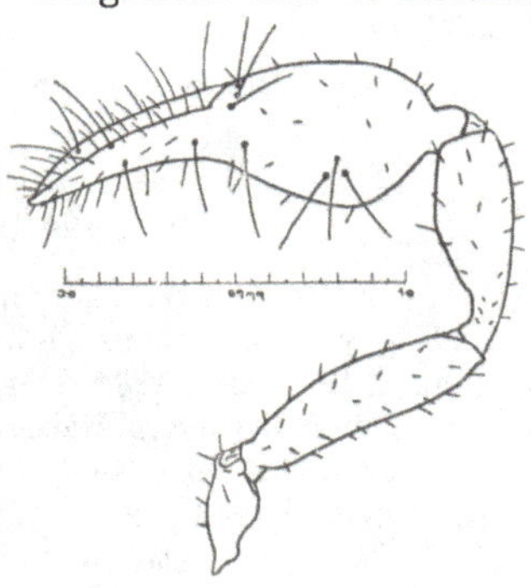

Fig. 204.
Negroroncus africanus (Redikorzev). Rechte Palpe.

Tropisches Ostafrika: Taveta.

9. Gen. **Shravana** Chamb.

1930 *S.*, Chamberlin in: Ann. nat. Hist., ser. 10 *v.* 5 p. 48.

Typus: *Ideobisium (Ideoroncus) laminatus* With (durch nachträgliche Bestimmung).

Cephalothorax deutlich länger als breit, mit 2 Augen. Abdominaltergite geteilt. Galea einfach. Flagellum mit 4 Borsten. Eine schmale

Lamina exterior vorhanden. Palpen mäßig schlank, glatt. Hand dorsal mit einer Gruppe von 4 enggestellten Tasthaaren. Schere mit mehr als 12 Tasthaaren. Trennungslinie zwischen Femur und Patella des 4. Beinpaares senkrecht zur Längsachse des Gliedes gestellt. Arolien länger als die Klauen, einfach.

Vorderasien.

1 Art.

1. **S. laminata** (With) 1906 *Ideobisium (Ideoroncus) laminatus*, With in: Danske Selsk. Skr., *v.* 7 nr. 3 p. 84 t. 1 f. 5a—c | 1930 *Shravana laminata*, Chamberlin in: Ann. nat. Hist., ser. 10 *v.* 5 p. 48.

Cephalothorax deutlich länger als breit, der Vorderrand in der Mitte vorgezogen, mit Epistom. 2 Augen, etwas mehr als um ihren Durchmesser vom Vorderrande entfernt. Tergite, mit Ausnahme des ersten und der beiden letzten, geteilt. Galea lang, etwas gebogen, einfach. Flagellum mit 4 etwas gezähnten Borsten. Eine schmale Lamina exterior vorhanden. Serrula interior mit 20, serrula exterior mit 22 Lamellen. Palpen mäßig schlank, glatt. Trochanter etwa doppelt so lang wie breit. Femur 3,8 mal so lang wie breit, deutlich gestielt. Tibia 3 mal so lang wie breit. Schere etwa 3,6 mal so lang wie breit, mit mehr als 12 Tasthaaren. Hand dorsal mit einer Gruppe von 4 enggestellten Tasthaaren. Finger bedeutend länger als die Hand und länger als das Femur. — Körper L. 3,2—3,3 mm; Palpen: Trochanter L. 0,34 mm, B. 0,17 mm, Femur L. 0,87 mm, B. 0,23 mm, Tibia L. 0,78 mm, B. 0,26 mm, Hand L. 0,75 mm, B. 0,42 mm, Finger L. 0,90 mm.

Siam: Insel Koh Chang.

2. Superfam. **Garypides** nom. nov.

1879 *Garypinae*, E. Simon, Arach. France, *v.* 7 p. 42 | 1879 *Obisiidae* (part.), H. A. Hagen in: Zool. Anz., *v.* 2 p. 400 | 1882 *Garypinae*, Tömösvary in: Math. termész. Közlem., *v.* 18 p. 208 | 1888 *G.* + *Garypininae*, Daday in: Termész. Füzetek, *v.* 11 p. 167 | 1890 *Cheliferidae* (part.), Balzan in: Ann. Mus. Genova, ser. 2 *v.* 9 p. 406 | 1891 *Garypinae*, Balzan in: Ann. Soc. ent. France, *v.* 60 p. 504 | 1894 *Garypidae*, H. J. Hansen in: Ent. Meddel., *v.* 4 p. 231 | 1904 *G.*, Ellingsen in: Boll. Mus. Torino, *v.* 19 nr. 480 p. 2 | 1906 *G.*, With in: Danske Selsk. Skr., *v.* 7 nr. 3 p. 89 | 1929 *G.*, Kästner in: Tierw. Mitteleur., *v.* 3 p. IV 3 | 1929 *G.*, Beier in: Ann. Wien. Mus., *v.* 43 p. 358 | 1930 *Garypoidea*, Chamberlin in: Ann. nat. Hist., ser. 10 *v.* 5 p. 585 | 1931 *G.*, Chamberlin in: Stanford Univ. Publ., *v.* 7 p. 222.

Cephalothorax variabel, parallelseitig oder mehr oder weniger nach vorn verengt und dreieckig. Cheliceren im allgemeinen klein. Der bewegliche Finger nicht gezähnelt, jedoch mit einem einfachen oder sekundär 2- bis 3teiligen Subapicallobus. Galea stets vorhanden. Serrula exterior fast in ihrer ganzen Länge mit dem beweglichen Chelicerenfinger verwachsen. Die basalen Lamellen der Serrula interior miteinander zu einem einheitlichen Velum verschmolzen, die freien distalen Lamellen stark modifiziert. Flagellum mit 1—4 Borsten. Trennungslinie zwischen Femur und Patella des 4. Beinpaares stark gegen die Längsachse des Gliedes geneigt. Subterminalborste des Tarsus einfach, spitz.

Über alle Regionen verbreitet, jedoch vorwiegend tropisch und subtropisch.

3 Familien, 2 Subfamilien, 25 Genera, 110 sichere, 13 unsichere Arten.

Übersicht über die Familien:

1 Beide Palpenfinger mit Giftapparat; beweglicher Finger ohne scheidenartige Furche zur Aufnahme des Giftzahnes des festen Fingers; Schere mit der normalen Zahl von 12 Tasthaaren oder weniger; Cephalothorax verschieden gebildet, aber nicht wie unten — **2**
Nur der feste Palpenfinger mit Giftapparat; beweglicher Finger distal mit scheidenartiger Furche zur Aufnahme des Giftzahnes des festen Fingers; Schere mit mehr als 12 Tasthaaren; Cephalothorax stark chitinisiert und abnorm verlängert . . . . I. Fam. **Menthidae**

2 Pleuralmembran des Abdomen glatt und gleichmäßig gestreift; Cephalothorax nach vorn nicht oder nur wenig verengt, nicht ausgesprochen dreieckig; Abdomen nicht oder nur wenig breiter als der Cephalothorax, mit nahezu parallelen Seiten; Borsten auf Femur und Tibia der Palpen ziemlich kräftig, deutlich sichtbar, einfach zugespitzt . . . . II. Fam. **Olpiidae**
Pleuralmembran des Abdomen granuliert oder kurz wellig gestreift; Cephalothorax nach vorn stark verengt, dreieckig; Abdomen viel breiter als der Cephalothorax, nahezu eiförmig; Borsten auf Femur und Tibia der Palpen kurz und undeutlich, plötzlich zugespitzt . III. Fam. **Garypidae**

1. Fam. **Menthidae** Chamb.

1930 *M.*, Chamberlin in: Ann. nat. Hist., ser. 10 *v.* 5 p. 585 | 1931 *M.*, Chamberlin in: Stanford Univ. Publ., *v.* 7 p. 222.

Cephalothorax sehr lang und stark chitinisiert, parallelseitig. Abdomen schmal. Pleuralmembran des Abdomen glatt und gleichmäßig gestreift. Nur der feste Palpenfinger mit Giftapparat; beweglicher Finger distal mit scheidenartiger Furche zur Aufnahme des Giftzahnes des festen Fingers. Schere mit mehr als 12 Tasthaaren, der feste Finger mit 11—12 Tasthaaren.

Nearktische Region.

1 Gattung, 3 Arten.

1. Gen. **Menthus** Chamb.

1930 *M.*, Chamberlin in: Ann. nat. Hist., ser. 10 *v.* 5 p. 585.

Typus: *Minniza rossi* Chamberlin (durch ursprüngliche Bestimmung).

Cephalothorax fast doppelt so lang wie breit, mit annähernd parallelen Seiten, stark chitinisiert. Tergite ungeteilt. 4 Augen. Abdomen wurmförmig. Flagellum mit 4 Borsten. Patella des 1. Beinpaares kürzer als das Femur und gegen dieses beweglich. Trennungslinie zwischen Femur und Patella des 4. Beinpaares stark gegen die Längsachse des Gliedes geneigt. Subterminalborste des Tarsus einfach. Arolien gestielt, der Stiel so lang wie die Klauen.

Westliches Nordamerika.

3 Arten.

Übersicht über die Arten:

1 Palpenfinger deutlich länger als die Hand ohne Stiel; Schere wenigstens 2,5 mal so lang wie breit — **2**
Palpenfinger ungefähr so lang wie die Hand ohne Stiel; Schere kaum mehr als doppelt so lang wie breit . . . 3. **M. lindahli**

2	Femur 3—3,5 mal so lang wie breit und ungefähr so lang wie die Tibia; Schere 2,7—3,2 mal so lang wie breit . .	1. **M. rossi**
	Femur 2,8 mal so lang wie breit und deutlich kürzer als die Tibia; Schere 2,5 mal so lang wie breit	2. **M. californicus**

1. **M. rossi** (Chamb.) 1923 *Minniza r.*, Chamberlin in: P. Calif. Ac., ser. 4 *v.* 12 p. 365 t. 1 f. 5, t. 2 f. 11, t. 3 f. 9, 17 | 1930 *Menthus r.*, Chamberlin in: Ann. nat. Hist., ser. 10 *v.* 5 p. 586 f. 1 O, 2 B, 3 G | 1931 *M. r.*, Chamberlin in: Stanford Univ. Publ., *v.* 7 p. 223 f. 60.

Cephalothorax fast doppelt so lang wie breit, mit 4 Augen. Tergite ungeteilt. Galea an der Basis in 2 Äste geteilt. Serrula exterior mit 23—24 Lamellen. Palpen (Fig. 205) ziemlich kräftig. Femur 3—3,5 mal so lang wie breit, ungefähr so lang wie die Tibia und deutlich kürzer als der Cephalothorax. Tibia 2,7 mal so lang wie breit. Schere 2,7—3,2 mal

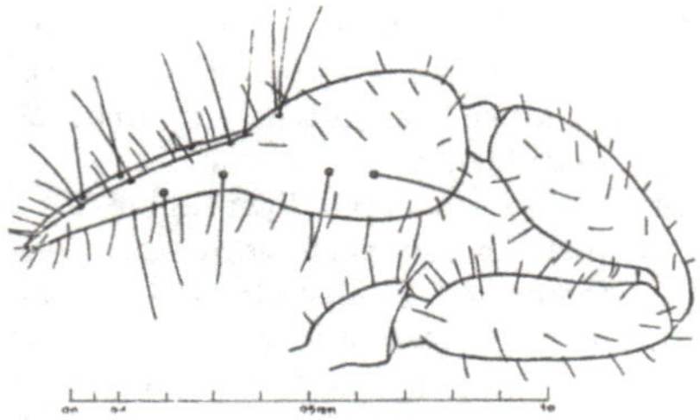

Fig. 205.
Menthus rossi (Chamb.). Rechte Palpe.

so lang wie breit, mit mehr als 12 Tasthaaren. Hand dorsal mit 2 Tasthaaren. Finger deutlich länger als die Hand ohne Stiel, etwa so lang wie die Hand mit Stiel. — Körper L. 2,8 mm; Palpen: Femur L. 0,58 mm, B. 0,17 mm, Tibia L. 0,57 mm, B. 0,22 mm, Hand L. 0,53 mm, B. 0,30 mm, Finger L. 0,53 mm.

Kalifornien: Sonora, Nieder-Kalifornien, Inseln des Golfes von Kalifornien.

2. **M. californicus** Chamb. 1930 *M. c.*, Chamberlin in: Ann. nat. Hist., ser. 10 *v.* 5 p. 587.

Cephalothorax doppelt so lang wie breit. Palpen kräftig. Trochanter doppelt so lang wie breit und etwas länger als die Hand. Femur 2,8 mal so lang wie breit, deutlich kürzer als die Tibia und etwa so lang wie die Finger, proximal am breitesten, distal stark verjüngt, ähnlich wie bei der vorigen Art gestaltet. Tibia 2,3—2,4 mal so lang wie breit. Schere 2,4 bis 2,5 mal so lang wie breit. Finger 1,4 mal so lang wie die Hand ohne Stiel, diese nur wenig länger als breit. Fester Finger mit 29—30 etwas nach hinten geneigten, beweglicher mit 22—23, proximal kleiner werdenden Zähnen. — Körper L. 2,2 mm.

Kalifornien: Riverside.

3. **M. lindahli** (Chamb.) 1923 *Minniza l.*, Chamberlin in: P. Calif. Ac., ser. 4 *v.* 12 p. 365 t. 2 f. 12 | 1930 *Menthus l.*, Chamberlin in: Ann. nat. Hist., ser. 10 *v.* 5 p. 587.

Cephalothorax wie bei den vorigen Arten. Serrula exterior mit 17 bis 18 Lamellen. Galea wie bei *rossi*. Palpen kräftig und gedrungen, gedrungener als bei den vorigen Arten. Femur 3 mal so lang wie breit. Tibia 2,4 mal so lang wie breit, deutlich länger als das Femur. Schere 2,1 mal so lang wie breit. Hand sehr breit und kräftig. Finger nur so lang wie die Hand mit Stiel. — Körper L. 2,8 mm.

Mexiko: Sonora.

2. Fam. **Olpiidae** Chamb.

1879 *Garypinae* (part.), E. Simon, Arach. France, *v.* 7 p. 42 | 1888 *G.*, Daday in: Termész. Füzetek, *v.* 11 p. 167 | 1894 *Garypidae* (part.), H. J. Hansen in: Ent. Meddel., *v.* 4 p. 231 | 1895 *Olpiinae*, N. Banks in: J. N. York ent. Soc., *v.* 3 p. 2 | 1906 *Garypidae* (part.), With in: Danske Selsk. Skr., *v.* 7 nr. 3 p. 89 | 1929 *G.* (part.), Beier in: Ann. Wien. Mus., *v.* 43 p. 358 | 1930 *Olpiidae*, Chamberlin in: Ann. nat. Hist., ser. 10 *v.* 5 p. 588 | 1931 *O.*, Chamberlin in: Stanford Univ. Publ., *v.* 7 p. 223.

Cephalothorax länger als breit, meist mehr oder weniger parallelseitig, selten nach vorn stärker verengt. Abdomen mehr oder weniger parallelseitig, nicht stark verbreitert, nur wenig breiter als der Cephalothorax. Pleuralmembran glatt und gleichmäßig gestreift. Beide Palpenfinger mit Giftapparat. Der bewegliche Finger ohne scheidenartige Furche zur Aufnahme des Giftzahnes des festen Fingers. Fester Palpenfinger mit der normalen Zahl von 8 Tastborsten oder weniger.

Über alle Regionen verbreitet, vorwiegend in den Steppen- und Wüstengebieten der tropischen und subtropischen Zone.

2 Subfamilien, 18 Genera, 65 sichere, 10 unsichere Arten.

Übersicht über die Subfamilien:

1 { Alle Tergite und Sternite ungeteilt; Flagellum mit 3, seltener 4 Borsten; Arolien einfach . . . . . . a) Subfam. **Olpiinae**
Wenigstens einige Tergite und Sternite geteilt; Flagellum mit 4 Borsten; Arolien zweiteilig . . . . b) Subfam. **Garypininae**

a) Subfam. **Olpiinae** Banks

1888 *Garypinae* (part.), Daday in: Termész. Füzetek, *v.* 11 p. 167 | 1895 *Olpiinae* (part.), N. Banks in: J. N. York ent. Soc., *v.* 3 p. 10 | 1906 *Garypidae* (part.), With in: Danske Selsk. Skr., *v.* 7 nr. 3 p. 89 | 1930 *Olpiinae*, Chamberlin in: Ann. nat. Hist., ser. 10 *v.* 5 p. 598 | 1931 *O.*, Chamberlin in: Stanford Univ. Publ., *v.* 7 p. 225.

Mit den Charakteren der Familie. Cephalothorax länger als breit, mit 4 Augen. Tergite und Sternite vollkommen ungeteilt. Flagellum meist mit 3, selten mit 4 Borsten. Arolien einfach, ungeteilt.

Über alle Regionen verbreitet, vorwiegend in den Steppen- und Wüstengebieten der tropischen und subtropischen Zonen.

11 Gattungen, 46 sichere, 6 unsichere Arten.

Übersicht über die Gattungen:

1 { Patella des 1. Beinpaares deutlich kürzer als das Femur und gegen dieses frei beweglich; das Tasthaar *st* weit von *sb* und *b* getrennt — **2**
Patella des 1. Beinpaares mehr oder weniger länger als das Femur und gegen dieses kaum beweglich; das Tasthaar *st* nahe bei *sb* und *b*, mit diesen eine deutlich von *t* getrennte Gruppe bildend — **10**

2 { Palpenfemur ohne Tasthaar — **3**
Palpenfemur mit einem Tasthaar dorsal nahe der Basis — **7**

3 { Giftkanal kurz, im festen Finger nicht hinter das Tasthaar *it*, im beweglichen nicht hinter das Tasthaar *t* reichend; Apodem des beweglichen Fingers klein — **4**
Giftkanal lang, im festen Finger bis hinter das Tasthaar *it* reichend; Apodem des beweglichen Fingers groß, das Lumen des Fingers abschließend . . . 8. Gen. **Hesperolpium**

4	Abdominaltergite mit 2—4, höchstens 6 kleinen Marginalborsten — **5**	
	Abdominaltergite mit je 8—12 kräftigen Marginalborsten	3. Gen. **Parolpium**
5	Die Basis des festen Fingers ventral nur mit dem Tasthaar *ib* — **6**	
	Die Basis des festen Fingers ventral mit den 4 Tasthaaren *it*, *ist*, *isb* und *ib*	9. Gen. **Thaumatolpium**
6	Cephalothorax kaum mehr als 1,2 mal so lang wie breit, nach hinten divergierend, die Scheibe ohne Querfurchen oder nur die hintere schwach angedeutet; das Tasthaar *it* deutlich distal von *est* .	1. Gen. **Olpium**
	Cephalothorax lang und schmal, wenigstens 1,5 mal so lang wie breit, mit fast parallelen Seiten, die Scheibe mit 2 mehr oder weniger deutlichen Querfurchen; die Tasthaare *est* und *it* einander fast gegenüberstehend	2. Gen. **Minniza**
7	Die mittleren Abdominaltergite mit 12—14 kräftigen Marginalborsten — **8**	
	Die mittleren Abdominaltergite mit höchstens 6 kleinen Marginalborsten — **9**	
8	Die Tasthaare *it* und *ist* deutlich distal von *est* stehend	4. Gen. **Apolpium**
	Nur das Tasthaar *it* distal von *est* stehend; *ist* nahe der Fingerbasis und proximal von *est*	5. Gen. **Pachyolpium**
9	Apodem an der Basis des beweglichen Fingers klein, das Lumen nicht abschließend; Giftkanal kurz, nicht bis hinter das Tasthaar *it* reichend . . .	6. Gen. **Olpiolum**
	Apodem an der Basis des beweglichen Fingers groß, das Lumen abschließend; Giftkanal lang, bis hinter das Tasthaar *it* reichend	7. Gen. **Calocheirus**
10	In der distalen Hälfte des festen Fingers nur das Tasthaar *et; it* und *est* einander gegenüberstehend und mehr oder weniger proximal der Fingermitte; Subapicallobus des beweglichen Chelicerenfingers gut entwickelt und sekundär in 2 oder mehr Lappen geteilt	10. Gen. **Horus**
	In der distalen Hälfte des festen Fingers die Tasthaare *et* und *it; it* weit vor *est* stehend, letzteres nahe der Fingermitte; Subapicallobus des beweglichen Chelicerenfingers gut entwickelt, gerundet, nicht sekundär geteilt	11. Gen. **Xenolpium**

1. Gen. **Olpium** L. Koch

1873 *O.*, L. Koch, Übers. Darst. Eur. Chernet., p. 33 \| 1879 *O.*, E. Simon, Arach. France, *v.* 7 p. 49 \| 1888 *O.*, Daday in: Termész. Füzetek, *v.* 11 p. 126, 182 \| 1890 *O.*, Balzan in: Ann. Mus. Genova, ser. 2 *v.* 9 p. 434 \| 1891 *O.*, Balzan in: Ann. Soc. ent. France, *v.* 60 p. 536 \| 1906 *O.* (part.), With in: Danske Selsk. Skr., *v.* 7 nr. 3 p. 109 \| 1930 *O.*, Chamberlin in: Ann. nat. Hist., ser. 10 *v.* 5 p. 602.

Typus. *Obisium pallipes* H. Lucas (durch nachträgliche Bestimmung).

Cephalothorax länger als breit, jedoch nicht mehr als 1,4 mal so lang wie breit, vor den Augen verengt, ohne deutliche Quereindrücke, mit 4 Augen. Tergite ungeteilt, mit höchstens 6 kleinen Marginalborsten. Flagellum mit 6 Borsten. Das Tasthaar *est* etwa in der Fingermitte gelegen, *ist* nahe bei *est*, *it* deutlich vor *est* gelegen. Giftkanal in beiden Fingern kurz. Apodem des beweglichen Fingers klein. Patella des 1. Beinpaares bedeutend kürzer als das Femur und gegen dieses frei beweglich. Arolien einfach.

Südeuropa, Afrika, Asien, Australien.

13 sichere, 2 unsichere Arten.

Übersicht über die Arten:

1	Palpenfemur höchstens 3,8 mal so lang wie breit, meist jedoch kürzer — **2**	
	Palpenfemur wenigstens 4 mal so lang wie breit, meist jedoch länger — **9**	
2	Alle Palpenglieder dunkelbraun oder rötlichbraun gefärbt, höchstens ihre Enden heller — **3**	
	Alle Palpenglieder gelbbraun, nur die Hand dunkel . .	4. **O. savignyi**
3	Finger deutlich kürzer als die Hand mit Stiel — **4**	
	Finger so lang wie die Hand mit Stiel	7. **O. angolense**
4	Femur und Tibia der Palpen einfarbig oder an den Enden nur wenig heller — **5**	
	Femur und Tibia der Palpen an den Enden auffallend und ziemlich scharf begrenzt heller gefärbt — **8**	
5	Palpenfemur an der Basis mehr allmählich zum Stielchen verengt — **6**	
	Palpenfemur an der Basis plötzlich zum Stielchen verengt	6. **O. michaelseni**
6	Femur und Tibia der Palpen dunkelbraun — **7**	
	Femur und Tibia der Palpen rötlich	2. **O. olivieri**
7	Palpen gedrungen; Femur 3—3,3 mal, Tibia 2,4—2,5 mal so lang wie breit	1a. **O. pallipes pallipes**
	Palpen schlanker; Femur 3,8 mal, Tibia 2,7 mal so lang wie breit	1b. **O. pallipes balcanicum**
8	Femur 3,3 mal, Tibia 2,8 mal so lang wie breit	3. **O. kochi**
	Femur 3 mal, Tibia 2,4 mal so lang wie breit	5. **O. jacobsoni**
9	Kleinere Arten, Körper höchstens 2,1 mm; Femur 4—4,2 mal so lang wie breit — **10**	
	Größere Arten, Körper wenigstens 2,4 mm; Femur 4,5 – 5 mal so lang wie breit — **12**	
10	Finger deutlich länger als die Hand — **11**	
	Finger etwa so lang wie die Hand	8. **O. nitens**
11	Körper L. 1,5 mm; Femur 4 mal so lang wie breit . . .	9. **O. pusillum**
	Körper L. 2,1 mm; Femur 4,1—4,2 mal so lang wie breit	10. **O. tenue**
12	Finger länger als die Hand mit Stiel — **13**	
	Finger so lang wie die Hand mit Stiel	11. **O. subgrande**
13	Finger etwas kürzer als die Tibia; Femur 5 mal so lang wie breit	12. **O. schultzei**
	Finger etwas länger als die Tibia; Femur 4,7 mal so lang wie breit	13. **O. aegyptiacum**

1. **O. pallipes** (H. Luc.) 1846 *Obisium p*, H. Lucas in: Expl. Algérie, *v.* 1 p. 277 t. 18 f. 3 | 1873 *Olpium Hermanni*, L. Koch, Übers. Darst. Eur. Chernet., p. 37 | 1879 *O. pallipes*, E. Simon, Arach. France, *v.* 7 p. 49 t. 19 f. 2 | 1885 *O. p.*, E. Simon in: Ann. Soc. ent. France, ser. 6 *v.* 4 p. 349 | 1885 *O. p.*, G. Canestrini, Chernet. Ital., *v.* 1 fasc. 7 nr. 9 t. 9 | 1888 *O. p.*, Daday in: Termész. Füzetek, *v.* 11 p. 126, 182 | 1898 *O. p.*, E. Simon in: Ann. Mus. Genova, ser. 2 *v.* 19 p. 21 | 1910 *O. p.*, Ellingsen in: Mt. Mus. Berlin, *v.* 4 p. 392 | 1917 *O. p.*, Nonidez in: Trab. Mus. Madrid, nr. 32 p. 31 | 1925 *O. p.*, Navas in: Broteria, *v.* 22 p. 114 f. 11 | 1929 *O. p.*, Beier in: Boll. Soc. ent. Ital., *v.* 61 p. 155 | 1929 *O. p.*, Beier in: SB. Ak. Wien, *v.* 138 p. 450 | 1929 *O. p.*, Beier in: Ann. Wien. Mus., *v.* 43 p. 358 | 1930 *O. p.*, Beier in: Bull. Soc. Maroc, *v.* 10 p. 72 | ?1930 *O. p.*, Chamberlin in: Ann. nat. Hist., ser. 10 *v.* 5 p. 603 f. 1.

Cephalothorax länger als breit, mit 4 Augen, die Scheibe glatt. Tergite ungeteilt, die beiden vordersten schwächer chitinisiert als die übrigen und hell. Galea distal mit Nebenästchen. Palpen glatt. Femur 3,0—3,8 mal so lang wie breit, deutlich gestielt. Tibia 2,4—2,7 mal, Schere 2,8—3,2 mal so lang wie breit. Finger so lang wie die Hand mit Stiel oder etwas kürzer, der feste mit 43—45, der bewegliche mit 38—40 Zähnen. — Körper L. 2—2,5 mm.

Südeuropa, Nordafrika.

Zerfällt in 2 Subspecies:

1a. **O. pallipes pallipes** (H. Luc.) 1846 *Obisium p.*, H. Lucas in: Expl. Algérie, *v.* 1 p. 277 t. 18 f. 3.

Palpen gedrungener, das Femur 3—3,3 mal, die Tibia 2,4—2,5 mal, die Schere 2,8—3,2 mal so lang wie breit (Fig. 206). Fester Palpenfinger mit 43, beweglicher mit 40 Zähnen. — Körper L. 2—2,5 mm; Palpen: ♂ Femur L. 0,56 mm, B. 0,17 mm, Tibia L. 0,51 mm, B. 0,21 mm, Hand L. 0,52 mm, B. 0,29 mm, Finger L. 0,47 mm; ♀ Femur L. 0,61 mm, B. 0,21 mm, Tibia L. 0,63 mm, B. 0,26 mm, Hand L. 0,67 mm, B. 0,40 mm, Finger L. 0,50 mm.

Westliches Mediterrangebiet.

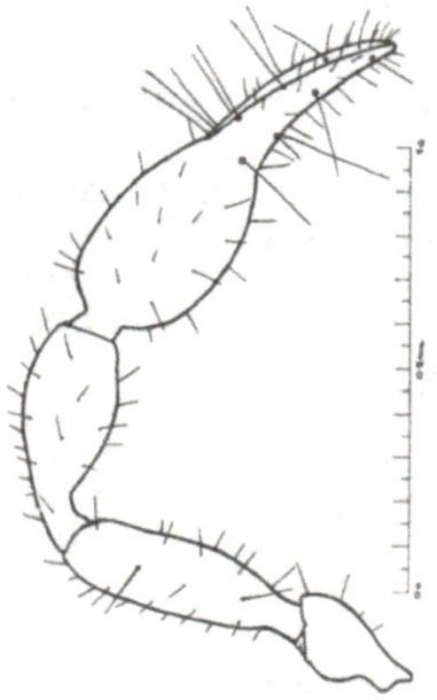

Fig. 206.
Olpium pallipes pallipes (H. Luc.) ♂.
Linke Palpe.

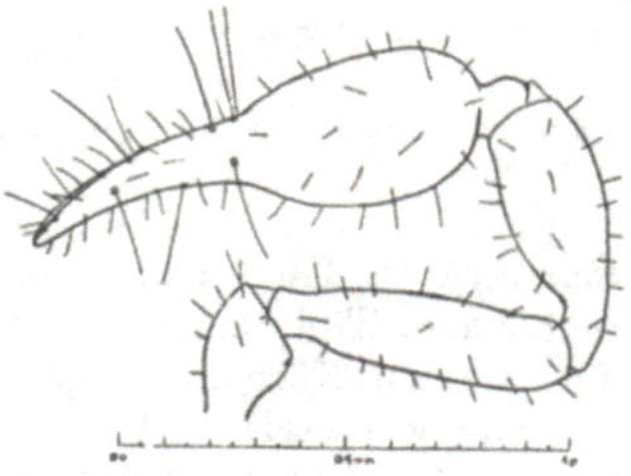

Fig. 207.
Olpium pallipes balcanicum Beier.
Rechte Palpe.

1b. **O. pallipes balcanicum** Beier 1931 *O. p. b.*, Beier in: Mt. Mus. Berlin, *v.* 17 p. 305.

Palpen schlanker als bei der Nominatform, das Femur 3,8 mal, die Tibia 2,7 mal, die Schere 3,2 mal so lang wie breit (Fig. 207). Fester Palpenfinger mit 45, beweglicher mit 38 Zähnen. — Körper L. 2—2,5 mm; Palpen: Femur L. 0,67 mm, B. 0,18 mm, Tibia L. 0,60 mm, B. 0,23 mm, Hand L. 0,63 mm, B. 0,32 mm, Finger L. 0,55 mm.

Östliches Mediterrangebiet: Balkan.

2. **O. olivieri** E. Sim. 1879 *O. o.*, E. Simon in: Bull. Soc. zool. France, *v.* 4 p. 262.

Mit *O. pallipes* weitgehend übereinstimmend. Trochanter, Femur, Tibia und Finger der Palpen jedoch lebhaft blaßrot. Tibia schmäler, gegen die Basis allmählich verjüngt, Hand kürzer, distal rascher verengt. Finger merklich länger als die Hand. — Körper L. 2 mm.

Südfrankreich: Insel Porquerolles.

3. **O. kochi** E. Sim. 1881 *O. K.*, E. Simon in: Bull. Soc. zool. France, *v.* 6 p. 13 | 1899 *O. bicolor*, E. Simon in: Bull. Soc. ent. France, p. 244 | 1909 *O. pallipes*, Tullgren in: Results Swed. Exp. Egypt, *v.* 3 nr. 21a p. 10 f. 4.

In den morphologischen Merkmalen mit *pallipes* übereinstimmend. Femur und Tibia der Palpen an den Enden jedoch auffallend und ziemlich scharf begrenzt heller gefärbt, die Finger hell rötlich, die Hand dunkel. Femur 3,3mal so lang wie breit, deutlich gestielt. Tibia 2,8mal so lang wie breit. Schere 3,2mal so lang wie breit. Finger so lang wie die Hand ohne Stiel, der feste mit 48, der bewegliche mit 35 Zähnen. Die Palpen etwas kräftiger als bei *pallipes* (Fig. 208). — Körper L. 3 mm; Palpen: Femur L. 0,82 mm, B. 0,25 mm, Tibia L. 0,79 mm, B. 0,28 mm, Hand L. 0,72 mm, B. 0,42 mm, Finger L. 0,67 mm.

Unterägypten. Unter Steinen.

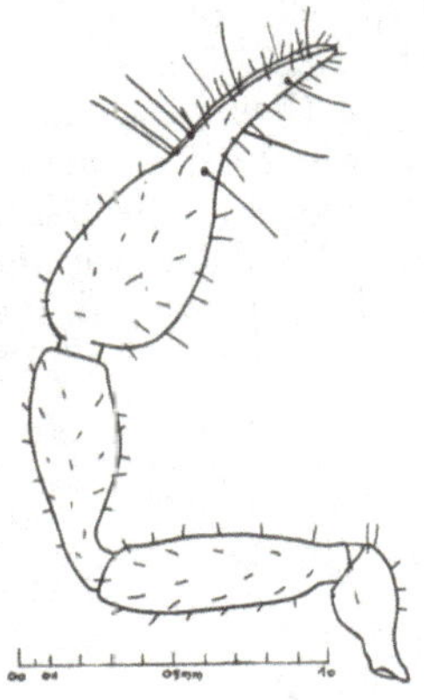

Fig. 208.
Olpium kochi E. Sim. Linke Palpe.

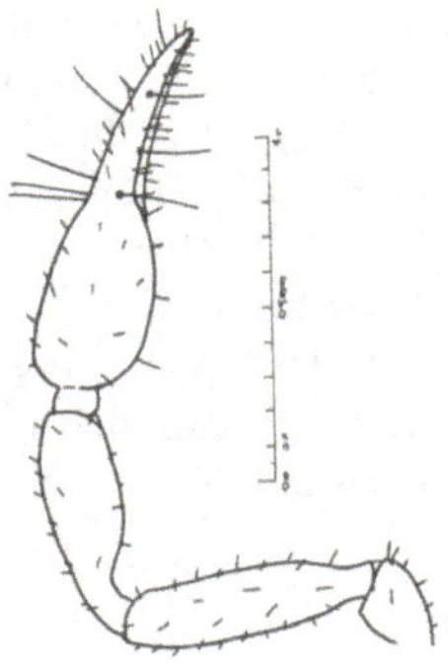

Fig. 209.
Olpium savignyi E. Sim. Linke Palpe.

4. **O. savignyi** E. Sim. 1829 *Chelifer Hermanni* (non *C. H.* Leach 1817), Savigny in: Descr. Égypte, ed. 2 *v.* 22 p. 414 t. 8 f. 5 | 1879 *Olpium Savignyi*, E. Simon, Arach. France, *v.* 7 p. 49 | 1910 *O. S.*, Ellingsen in: Mt. Mus. Berlin, *v.* 4 p. 392 | 1929 *O. S.*, Beier in: Ann. Wien. Mus., *v.* 43 p. 359.

Cephalothorax länger als breit, glatt. Tergite ungeteilt, mit je 6 Marginalbörstchen, die beiden ersten schwach chitinisiert. Galea mit 3 kurzen Terminalbörstchen. Palpen (Fig. 209) schlank, länger als der Körper, glatt, alle Glieder hell, nur die Hand dunkel. Femur 3,7mal so lang wie breit, deutlich gestielt. Tibia 3,1mal, Schere 3,7mal so lang wie breit. Finger nicht ganz so lang wie die Hand mit Stiel, der feste mit 41, der bewegliche mit 29 basal flach und undeutlich werdenden Zähnen. — Körper L. 2,5 mm; Palpen: Femur L. 0,73 mm, B. 0,20 mm, Tibia L. 0,67 mm, B. 0,21 mm, Hand L. 0,61 mm, B. 0,31 mm, Finger L. 0,60 mm.

Nordafrika: Ägypten.

5. **O. jacobsoni** Tullg. 1908 *O. J.*, Tullgren in: Not. Leyden Mus., *v.* 29 p. 148f. | ?1912 *O. longiventer*, Ellingsen in: N. Mag. Naturv., *v.* 50 p. 125 | 1913 *O. jacobsoni*, Ellingsen in: Ann. nat. Hist., ser. 8 *v.* 11 p. 455 | 1914 *O. j.*, Ellingsen in: Rec. Ind. Mus., *v.* 10 p. 12.

Cephalothorax etwa 1,37mal so lang wie breit, glatt, mit 4 einander ziemlich nahestehenden Augen. Tergite ungeteilt. Galea mit 3 Terminalästchen. Palpen wenig länger als der Körper, glatt. Trochanter etwa 1,6mal so lang wie breit. Femur höchstens 3mal so lang wie breit, deutlich gestielt, ungefähr so lang wie die Tibia. Tibia etwa 2,4mal so lang wie breit, so lang wie die Hand, nur wenig breiter als das Femur. Hand fast 1,6mal so breit wie die Tibia. Finger etwas kürzer als die Hand. — Körper L. 2,5 mm; Palpen: Trochanter L. 0,32 mm, Femur L. 0,60 mm, Tibia L.0,58 mm, Hand L. 0,60 mm, Finger L. 0,55 mm.

Sundainseln: Java; Indien: Siam; Ceylon.

6. **O. michaelseni** Tullg. 1909 *O. M.*, Tullgren in: Fauna S. W. Austral., *v.* 2 p. 412 f. 2 | 1930 *O. m.*, Chamberlin in: Ann. nat. Hist., ser. 10 *v.* 5 p. 604.

Cephalothorax etwa 1,3mal so lang wie breit, ohne Querfurchen, das Integument matt und sehr fein granuliert. Tergite ungeteilt, beim Männchen das erste schwächer chitinisiert als die übrigen. Galea mit 3 Terminalästen. Palpen (Fig. 210) ziemlich kräftig, kürzer als der Körper, glatt und glänzend, nur das Femur medial fein granuliert. Trochanter etwa 1,5mal so lang wie breit. Femur 3—3,3mal so lang wie breit, sehr deutlich gestielt, ungefähr so lang wie die Tibia. Tibia 2,5—2,7mal so lang wie breit. Schere 2,8 bis 3,1mal so lang wie breit. Finger ungefähr so lang wie die Hand ohne Stiel oder etwas länger, so lang oder kürzer als die Tibia, je mit etwa 40 Zähnen. — Körper L. 3,4 mm; Palpen: Femur L. 0,70 mm, B. 0,24 mm, Tibia L. 0,70 mm, B. 0,29 mm, Hand L. 0,72 mm, B. 0,43 mm, Finger L. 0,60 mm.

Australien: New South Wales, Queensland, Südwestaustralien.

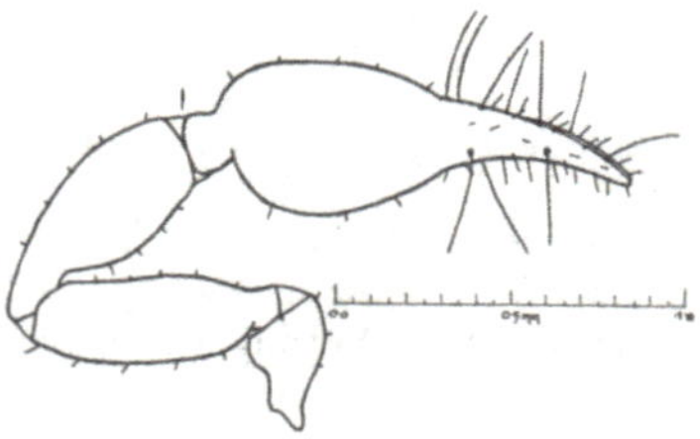

Fig. 210.
Olpium michaelseni Tullg. Linke Palpe.

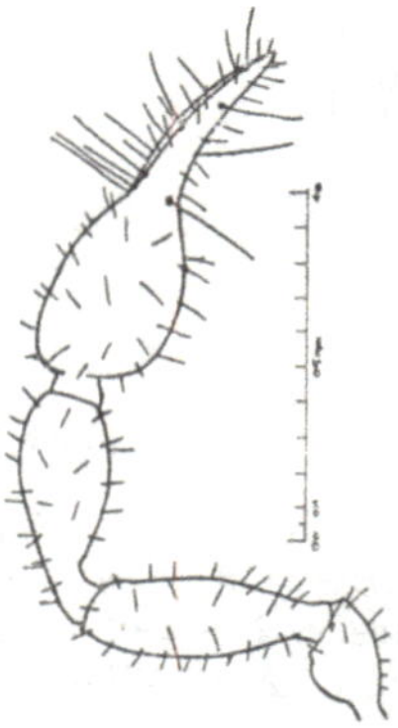

Fig. 211.
Olpium angolense Beier. Linke Palpe.

7. **O. angolense** Beier 1931 *O. angolensis*, Beier in: Mt. Mus. Berlin, *v.* 17 p. 306 f. 4.

Cephalothorax länger als breit, der Hinterrand mit 4 Borsten. Beborstung der Tergite: 2—4—4—4—6—6—6. Die beiden vordersten Tergite schwächer chitinisiert als die übrigen. Galea kräftig, terminal mit 3 kurzen, gebogenen Ästchen. Palpen (Fig. 211) mäßig schlank, Trochanter, Femur und Tibia rötlichbraun, die beiden letzteren Glieder in der Mitte getrübt, die Hand dunkel, die Finger hell rötlichbraun. Femur 3,2mal so lang wie breit, deutlich gestielt, medial grob und zerstreut gekörnt. Tibia 2,6mal so lang wie breit, medial distal mit einigen Körnchen. Schere 3,1mal so lang wie breit. Finger fast so lang wie die Hand mit Stiel, kürzer als die Tibia, der feste mit 45, der bewegliche mit 39 proximal kleiner werdenden Zähnen. — Körper L. 3 mm; Palpen: Femur L. 0,71 mm, B. 0,23 mm, Tibia L. 0,67 mm B. 0,26 mm, Hand L. 0,61 mm, B. 0,37 mm, Finger L. 0,59 mm.

Westafrika: Angola.

8. **O. nitens** Tullg. 1908 *O. n.*, Tullgren in: Denk. Ges. Jena, *v.* 13 p. 287 f. 5 | 1912 *O. n.*, Ellingsen in: Ann. S. Afr. Mus., *v.* 10 p. 88, 116.

Cephalothorax nur wenig länger als breit, glatt. Tergite ungeteilt. Galea mit 3 Terminalästchen. Palpen beträchtlich länger als der Körper, glatt, die Glieder mit Ausnahme der dunkelbraunen Hand gelblich oder gelbrot. Femur 4mal so lang wie breit, deutlich gestielt. Tibia kürzer als das Femur. Hand 1,5mal so breit wie die Tibia. Finger etwa so lang wie die Hand. — Körper L. 2 mm; Palpen: Femur L. 0,64 mm, Tibia L. 0,51 mm, Hand L. 0,47 mm, Finger L. 0,45 mm.

Südafrika: Groß-Namaland, Kapland.

9. **O. pusillum** Ellingsen 1908 *O. p.*, Ellingsen in: D. Südp.-Exp., *v.* 10 p. 596 | 1912 *O. p.*, Ellingsen in: Ann. S. Afr. Mus., *v.* 10 p. 88.

Cephalothorax deutlich länger als breit, ohne Querfurchen, glatt. Tergite ungeteilt. Galea klein und einfach. Palpen etwa so lang wie der Körper, glatt, die Glieder mit Ausnahme der dunkleren Hand hellbraun. Femur 4mal so lang wie breit, undeutlich gestielt. Tibia 2,4mal so lang wie breit, kürzer als das Femur. Hand ziemlich schmal. Finger länger als die Hand. — Körper L. 1,56 mm; Palpen: Femur L. 0,53 mm, B. 0,13 mm, Tibia L. 0,39 mm, B. 0,16 mm, Hand L. 0,37 mm, B. 0,21 mm, Finger L. 0,49 mm.

Südafrika: Kapland.

10. **O. tenue** Chamb. 1930 *O. tenuis*, Chamberlin in: Ann. nat. Hist., ser. 10 *v.* 5 p. 602 f. 1J, U, V, 3H, I, W.

Cephalothorax länger als breit, ohne Quereindrücke. Tergite 1 und 2 membranös, 3 schmal, 4—9 normal, mit je 4 Marginalborsten, nur das 1. mit 2. Galea mit 3 Terminalästen. Palpen lang und schlank, hell rötlichbraun, nur die Hand schwärzlich. Femur und Tibia medial deutlich granuliert. Trochanter doppelt so lang wie breit. Femur 4,1—4,2mal so lang wie breit, distal am breitesten, etwa so lang wie der Cephalothorax. Tibia 3,3mal so lang wie breit, deutlich kürzer als das Femur, schwach gestielt. Schere 3,5mal so lang wie breit. Finger 1,3mal so lang wie die Hand, kürzer als die Tibia, der feste mit 44—47 durchweg gut entwickelten, der bewegliche mit 38—44 proximal undeutlichen Zähnen. — Körper L. 2,1 mm.

Ägypten: Wadi Halfa, Assuan.

11. **O. subgrande** Tullg. 1908 *O. s.*, Tullgren in: Denk. Ges. Jena, *v.* 13 p. 287 f. 6 | 1912 *O. s.*, Ellingsen in: Ann. S. Afr. Mus., *v.* 10 p. 88, 116.

Cephalothorax 1,25mal so lang wie breit, glatt, weißlichgelb. Tergite ungeteilt, mit Ausnahme der beiden letzten weißlich. Cheliceren ziemlich groß. Galea mit 3 Terminalästen. Palpen ungefähr so lang wie der Körper, glatt. Femur etwa 4,5mal so lang wie breit, etwas länger als die Tibia, undeutlich gestielt. Tibia etwa 3mal so lang wie breit. Finger ungefähr so lang wie die Hand. — Körper L. 3,2 mm; Palpen: Trochanter L. 0,28 mm, Femur L. 0,91 mm, Tibia L. 0,76 mm, Hand L. 0,66 mm, Finger L. 0,66 mm.

Südafrika: Kalahari.

12. **O. schultzei** Tullg. 1908 *O. S.*, Tullgren in: Denk. Ges. Jena, *v.* 13 p. 286 f. 4 | 1912 *O. S.*, Ellingsen in: Ann. S. Afr. Mus., *v.* 10 p. 88.

Cephalothorax etwa 1,5mal so lang wie breit, ohne Querfurchen, das Integument fein chagriniert, kaum glänzend. Tergite ungeteilt, chitinisiert. Galea mit einigen kurzen Terminalästchen. Palpen bedeutend länger als der

Körper, das Femur und die Tibia fein granuliert, alle Glieder hellbraun, nur die Hand fast schwarz. Trochanter fast doppelt so lang wie breit. Femur gut 5mal so lang wie breit, distal am breitesten. Tibia nur wenig kürzer als das Femur. Hand 1,7mal so breit und bedeutend kürzer als die Tibia. Finger etwa 1,2mal so lang wie die Hand. — Körper L. 2,5 mm; Palpen: Trochanter L. 0,36 mm, Femur L. 1,0 mm, Tibia L. 0,95 mm, Hand L. 0,72 mm, Finger L. 0,85 mm.

Südafrika: Groß-Namaland.

13. **O. aegyptiacum** Ellingsen 1910 *O. a.*, Ellingsen in: Mt. Mus. Berlin, *v.* 4 p. 389.

Cephalothorax bedeutend länger als breit, glatt, nahe dem Hinterrand mit einem Quereindruck. Tergite ungeteilt. Galea mit 3 Terminalästchen. Palpen (Fig. 212) lang und schlank, so lang wie der Körper, Femur und Tibia medial und die Hand lateral fein und zerstreut punktiert, alle Glieder ziemlich hell, nur die Finger dunkler. Femur 4,7mal so lang wie breit, ohne deutlich abgesetztes Stielchen. Tibia 3,7mal so lang wie breit, deutlich kürzer als das Femur. Schere 4,2mal so lang wie breit. Finger länger als die Hand mit Stiel und länger als die Tibia. Beine ziemlich stark verlängert. — Körper L. 3,4 mm; Palpen: Femur L. 0,98 mm, B. 0,21 mm, Tibia L. 0,85 mm, B. 0,25 mm, Hand L. 0,71 mm, B. 0,36 mm, Finger L. 0,90 mm.

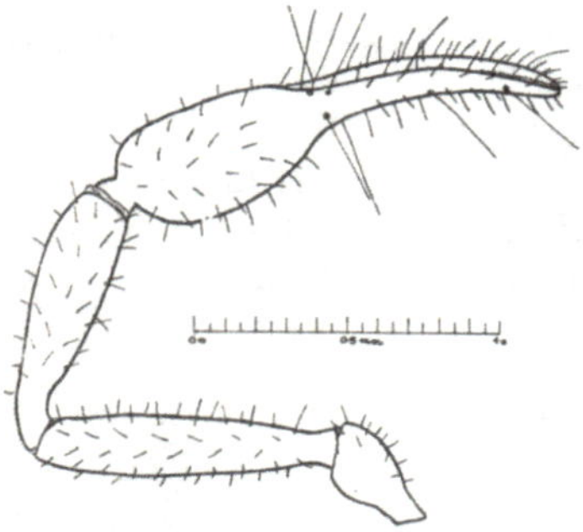

Fig. 212.
Olpium aegyptiacum Ellingsen.
Linke Palpe.

Nordafrika: Ägypten.

Unsichere Arten:

O. graecum L. Koch 1873 *O. g.*, L. Koch, Übers. Darst. Eur. Chernet., p. 36.

Soll sich vor allem durch doppelt so langen wie breiten Trochanter von *pallipes* unterscheiden.

Südeuropa: Griechenland.

O. microstethum Pav. 1880 *O. m.*, Pavesi in: Ann. Mus. Genova, *v.* 15 p. 314.

Nordafrika: Tunis.

2. Gen. **Minniza** E. Sim.

1881 *M.*, E. Simon in: Bull. Soc. zool. France, *v.* 6 p. 14 | 1906 *M.*, Ellingsen in: Ann. Mus. Genova, ser. 3 *v.* 2 p. 263 | 1930 *M.*, Chamberlin in: Ann. nat. Hist., ser. 10 *v.* 5 p. 604.

Typus: *M. vermis* E. Sim. (durch Monotypie).

Cephalothorax wenigstens 1,5mal so lang wie breit, meist jedoch länger, mit 4 Augen, die Scheibe mit 2 mehr oder weniger deutlichen Quereindrücken. Abdomen langgestreckt, wurmförmig, die Tergite schwach chitinisiert, mit etwa 4 kleinen Marginalbörstchen. Palpen mäßig schlank. Die Tasthaare *est* und *it* ungefähr in gleicher Höhe stehend oder wenig gegeneinander verschoben. Patella des 1. Beinpaares deutlich kürzer als das Femur und gegen dieses frei beweglich. Arolien einfach.

Nordafrika, Arabien, Sizilien, Kreta.

7 Arten.

Übersicht über die Arten:

1 Das Tasthaar *it* in gleicher Höhe mit *est* oder etwas proximal von diesem — 2
Das Tasthaar *it* etwas distal von *est* — 5

2 Galea mit 2 Terminalästchen und einem Seitenästchen — 3
Galea mit 3 gleichartigen Terminalästchen . . . . 4. **M. sola**

3 Femur 2,7—3,1 mal so lang wie breit; Tibia 2,1—2,4 mal so lang wie breit; beweglicher Palpenfinger mit höchstens 20 Zähnen — 4
Femur 3,2—3,6 mal so lang wie breit; Tibia 2,4—2,8 mal so lang wie breit; beweglicher Palpenfinger mit 23 bis 25 Zähnen . . . . 3. **M. hirsti**

4 Finger so lang wie die Hand ohne Stiel; das Tasthaar *ist* etwas näher zu *ib* als zu *it* . . . . 1. **M. vermis**
Finger so lang wie die Hand mit Stiel; das Tasthaar *ist* etwas näher zu *it* als zu *ib* . . . . 2. **M. algerica**

5 Finger etwas länger als die Hand mit Stiel — 6
Finger etwas kürzer als die Hand mit Stiel; Femur 3,3 mal, Schere 3,4 mal so lang wie breit . . . . 5. **M. babylonica**

6 Femur 3,7 mal, Schere 3,7—3,8 mal so lang wie breit . . . 6. **M. deserticola**
Femur 3—3,1 mal, Schere 3—3,1 mal so lang wie breit . . 7. **M. rubida**

1. **M. vermis** E. Sim. 1881 *M. v.*, E. Simon in: Bull. Soc. zool. France, *v.* 6 p. 14 | 1906 *Olpium v.*, Ellingsen in: Ann. Mus. Genova, ser. 3 *v.* 2 p. 263 | 1909 *Minniza v.*, Tullgren in: Results Swed. Exp. Egypt, *v.* 3 nr. 21a p. 8 f. 3 | 1929 *M. v.*, Beier in: Boll. Laborat. Zool. Portici, *v.* 24 p. 80 | 1930 *M. v.*, Chamberlin in: Ann. nat. Hist., ser. 10 *v.* 5 p. 604 f. 2 Q, HH | ? 1931 *M. v.*, Beier in: Abh. Ver. Bremen, *v.* 28 p. 98.

Cephalothorax fast doppelt so lang wie breit, mit 2 deutlichen Querfurchen. Abdomen lang, wurmförmig, die Tergite schwach chitinisiert. Galea mit 2 Terminal- und einem Seitenästchen. Palpen (Fig. 213) mäßig kräftig. Femur 2,7—3,1 mal so lang wie breit, deutlich gestielt. Tibia 2,1—2,3 mal so lang wie breit. Schere etwa 3,2 mal so lang wie breit. Hand mit fast parallelen Seiten. Finger so lang wie die Hand ohne Stiel, der feste mit 24, der bewegliche mit 19 proximal flach und undeutlich werdenden Zähnen. Das Tasthaar *ist* etwas näher zu *ib* als zu *it*, *it* etwas proximal von *est*. — Körper L. 2—2,5 mm; Palpen: Femur L. 0,48 mm, B. 0,16 mm, Tibia L. 0,45 mm, B. 0,18 mm, Hand L. 0,43 mm, B. 0,22 mm, Finger L. 0,36 mm.

Nordafrika: Unterägypten, Cyrenaica, Tunis, Algerien, Kreta (?).

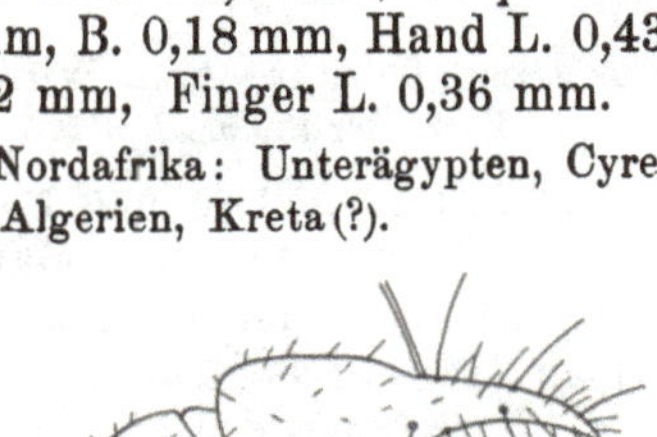

Fig. 213.
Minniza vermis E. Sim. Linke Palpe.

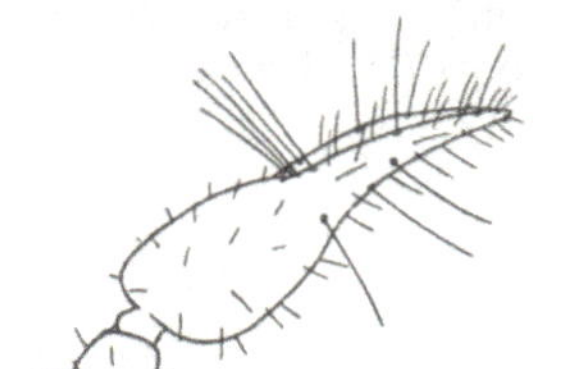

Fig. 214.
Minniza algerica Beier. Linke Palpe.

2. **M. algerica** Beier 1931 *M. a.*, Beier in: Mt. Mus. Berlin, *v.* 17 p. 306 f. 5.

Der vorigen Art sehr nahe stehend. Cephalothorax etwa 1,8 mal so lang wie breit, mit 2 deutlichen Quereindrücken. Galea mit 2 Terminal- und einem Seitenästchen. Palpen (Fig. 214) mäßig schlank, glatt. Femur 3,2 mal so lang wie breit, proximal der Mitte am breitesten. Tibia 2,5—2,6mal so lang wie breit. Schere 3,3mal so lang wie breit. Finger so lang wie die Hand mit Stiel, der feste mit 26, der bewegliche mit 18 Zähnen, von welch letzteren jedoch nur die 13 distalen deutlich, die proximalen aber flach und undeutlich sind. Das Tasthaar *ist* etwas näher zu *it* als zu *ib*, *it* etwas proximal von *est*. — Körper L. 2 mm; Palpen: Femur L. 0,49 mm, B. 0,16 mm, Tibia L. 0,44 mm, B. 0,17 mm, Hand L. 0,39 mm, B. 0,24 mm, Finger L. 0,43 mm.

Nordafrika: Algerien.

3. **M. hirsti** Chamb. 1930 *M. h.*, Chamberlin in: Ann. nat. Hist., ser. 10 *v.* 5 p. 605 f. 2C.

Cephalothorax nicht ganz doppelt so lang wie breit. Tergite mit je 4 Marginalborsten, die ersten 4 verschmälert. Subapicallobus der Cheliceren dreieckig. Galea mit 2 Terminal- und einem Seitenast. Palpen schlank. Trochanter 2,1—2,4mal so lang wie breit, hinten mit einem kleinen, gerundeten, schwach granulierten Fortsatz. Femur 3,2—3,6mal so lang wie breit, basal am breitesten, deutlich gestielt, glatt. Tibia 2,4—2,8mal so lang wie breit, kurz gestielt, glatt. Schere 3—3,2mal so lang wie breit. Finger deutlich länger als die Hand, kürzer als Femur oder Tibia, welche fast gleich lang sind. Fester Finger mit 25—30, beweglicher mit 23—25 proximal niedrigen Zähnen. — Körper L. 3—4 mm.

Ägypten: Luxor.

4. **M. sola** Chamb. 1930 *M. solus*, Chamberlin in: Ann. nat. Hist., ser. 10 *v.* 5 p. 605.

Cephalothorax etwa 1,8mal so lang wie breit. Tergite mit je 4 Marginalborsten, die ersten 3 stark, das 4. schwächer verschmälert. Galea mit 3 Terminalästchen. Palpen schlank, ziemlich hell, die Hand und das Tibienende dunkler. Trochanter 2,3mal so lang wie breit. Femur 3,5mal so lang wie breit, schwach gestielt. Tibia 2,7mal so lang wie breit, etwas kürzer als das Femur. Schere 3,7mal so lang wie breit. Finger viel länger als die Hand, aber kürzer als das Femur oder die Tibia, der feste mit 23, der bewegliche mit 14 proximal kleiner werdenden Zähnen. — Körper L. 2,8 mm.

Sudan: Chartum.

5. **M. babylonica** Beier 1929 *Olpium graecum*, Beier in: Ann. Wien. Mus., *v.* 43 p. 358 | 1931 *Minniza babylonica*, Beier in: Mt. Mus. Berlin, *v.* 17 p. 307.

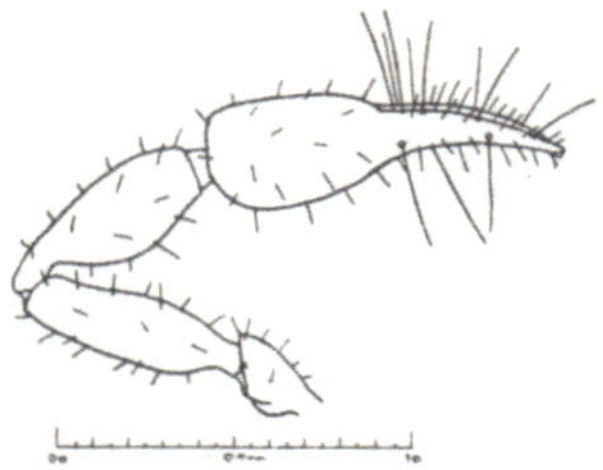

Fig. 215.
Minniza babylonica Beier.
Linke Palpe.

Cephalothorax fast doppelt so lang wie breit, mit 2 Querfurchen. Tergite mit je 4 Marginalborsten. Galea mit 2 Terminal- und einem Seitenast. Palpen (Fig. 215) ziemlich schlank, kaum so lang wie der Körper, das Femur medial und die Hand an der Fingerbasis fein, aber deutlich granuliert. Femur 3,3mal so lang wie breit, basal der Mitte am breitesten, deutlich gestielt. Tibia 2,6mal so lang wie breit. Schere 3,4mal so lang wie breit. Finger etwas länger als die Hand ohne Stiel, der feste mit 29 deutlichen, der bewegliche mit 18 Zähnen, von welchen nur die 12 distalen deutlich sind. Das Tasthaar *it* etwas distal von *est*. — Körper L. 3—3,2 mm; Palpen: Femur L. 0,64 mm, B. 0,19 mm, Tibia L. 0,62 mm, B. 0,24 mm, Hand L. 0,57 mm, B. 0,30 mm, Finger L. 0,54 mm.

Mesopotamien: Babylon.

6. **M. deserticola** E. Sim. 1885 *M. d.*, E. Simon in: Expl. Tunisie, Arach. p. 50 | 1909 *Olpium d.*, Ellingsen in: Ann. Mus. Genova, ser. 3 *v.* 4 p. 207.

Cephalothorax fast doppelt so lang wie breit. Abdomen lang wurmförmig. Galea mit 3 gleich langen Terminalbörstchen. Palpen (Fig. 216) schlank. Femur 3,8 mal so lang wie breit, deutlich gestielt. Tibia 2,7 mal so lang wie breit, kürzer als das Femur. Schere 3,8 mal so lang wie breit. Finger etwas länger als die Hand mit Stiel, fast gerade, der feste mit 31, der bewegliche mit 16 deutlichen und proximal noch einigen undeutlichen Zähnen; die Zähne niedrig, etwas nach hinten gerichtet — Körper L. 3 bis 3,5 mm; Palpen: Femur L. 0,66 mm, B. 0,17 mm, Tibia L. 0,56 mm, B. 0,22 mm, Hand L. 0,58 mm, B. 0,29 mm, Finger L. 0,62 mm.

Nordafrika: Tunis, Algerien; Sizilien.

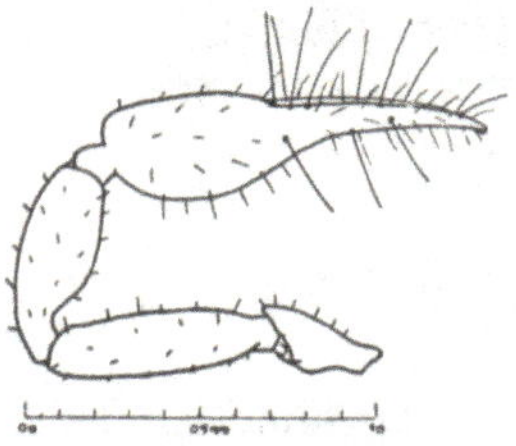

Fig. 216.
Minniza deserticola E. Sim. Linke Palpe.

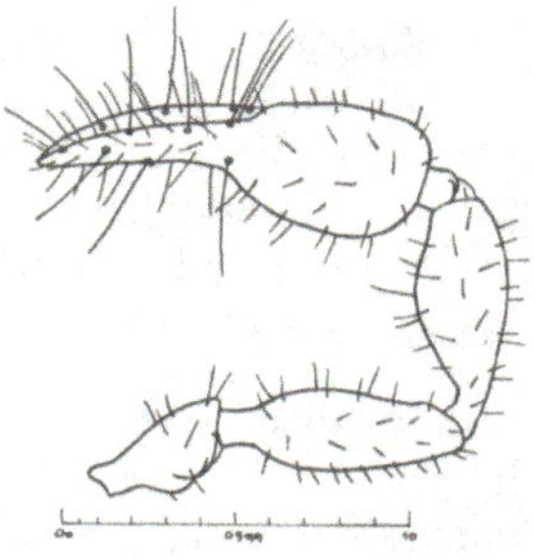

Fig. 217.
Minniza rubida (E. Sim.). Rechte Palpe.

7. **M. rubida** (E. Sim.) 1882 *Olpium rubidum*, E. Simon in: Ann. Mus. Genova, *v.* 18 p. 211.

Cephalothorax etwas mehr als 1,5 mal so lang wie breit, mit 2 schwachen Quereindrücken auf der Scheibe. Tergite verhältnismäßig stark chitinisiert. Galea mit 2 Terminal- und einem Lateralästchen. Palpen (Fig. 217) mäßig kräftig. Trochanter hinten mit 2 gerundeten Höckern. Femur 3—3,1 mal so lang wie breit, proximal der Mitte am breitesten, sehr deutlich gestielt. Tibia 2,7 mal so lang wie breit, fast so lang wie das Femur. Schere 3—3,1 mal so lang wie breit. Finger länger als die Hand mit Stiel, der feste mit 39, der bewegliche mit 36 auch proximal deutlichen Zähnen. Das Tasthaar *it* deutlich vor *est* gelegen, *ist* stark an *est* genähert. — Körper L. 3—4 mm; Palpen: Femur L. 0,70 mm, B. 0,24 mm, Tibia L. 0,69 mm, B. 0,26 mm, Hand L. 0,60 mm, B. 0,37 mm, Finger L. 0,67 mm.

Arabien: Aden.

3. Gen. **Parolpium** Beier

1931 *P.*, Beier in: Mt. Mus. Berlin, *v.* 17 p. 308.

Typus: *Olpium gracile* Beier (durch ursprüngliche Bestimmung).

Cephalothorax deutlich länger als breit, ohne Quereindrücke, mit 4 Augen. Tergite ungeteilt, mit je 8—12 kräftigen Marginalborsten. Palpen ziemlich kräftig, mitunter deutlich granuliert, mit kräftigen Borsten. Femur ohne Tasthaar. Das Tasthaar *ist* stark an *ib* genähert, *et* und *it* vor *est*. Patella des 1. Beinpaares deutlich, aber nur wenig kürzer als das Femur, gegen dieses beweglich. Tarsen kurz und gedrungen. Arolien einfach.

Arabien, Ostafrika, Madagaskar.

4 Arten.

Übersicht über die Arten:

1 { Körper L. 1,5—2,5 mm — 2
  { Körper L. 3,5 mm . . . . 1. **P. arabicum**

2 { Galea normal, nur distal mit Seitenästchen; Femur des 4. Beinpaares breit, mit Trochantin etwa 2,3 mal so lang wie breit — 3
  { Galea schon nahe der Basis in 2 Äste geteilt; Femur des 4. Beinpaares schlanker, mit Trochantin 3 mal so lang wie breit . . . . 2. **P. gracile**

3 { Körper L. 1,8 mm . . . . 3. **P. madagascariense**
  { Körper L. 1,5 mm . . . . 4. **P. minus**

1. **P. arabicum** (E. Sim.) 1890 *Olpium a.*, E. Simon in: Ann. Soc. ent. France, ser. 6 *v.* 10 p. 121.

Cephalothorax vorn rötlichgelb, hinten dunkler, im vorderen Teile fein quergerunzelt, sonst glatt. Tergite gelb, mit langen Marginalborsten. Palpen rötlichgelb, nur die Hand schwarz und die Finger dunkler rötlich. Hand groß, breit oval, lateral schwach, medial stark konvex. Finger kräftig, ungefähr so lang wie die Hand. — Körper L. 3,5 mm.

Arabien: Aden.

2. **P. gracile** (Beier) 1930 *Olpium g.*, Beier in: Bull. Soc. Maroc, *v.* 10 p. 75 f. 4, 5.

Cephalothorax länger als breit, rötlichgelb, im hinteren Teile etwas dunkler, mit 2 schwachen, jedoch erkennbaren Quereindrücken. Beborstung der Tergite: 8—8—12—12—12. Galea nahe der Basis in 2 kräftige Äste geteilt, von denen der obere wieder einen Seitenzweig entsendet. Palpen (Fig. 218) ziemlich kräftig, rötlichgelb, die Finger etwas dunkler, das Femur medial fein und die Hand an der Fingerbasis grob runzelig punktiert. Femur 3,2mal so lang wie breit, basal am breitesten, deutlich gestielt. Tibia 2,4mal so lang wie breit. Schere 2,9mal so lang wie breit. Hand kräftig, an der Fingerbasis plötzlich verengt. Finger so lang wie die Hand ohne Stiel, der feste mit 34—35, der bewegliche mit 32—33 Zähnen. Femur des 4. Beinpaares mit Trochantin 3mal so lang wie breit. — Körper L. 1,7—2,5 mm; Palpen: Femur L. 0,45 mm, B. 0,14 mm, Tibia L. 0,42 mm, B. 0,18 mm, Hand L. 0,42 mm, B. 0,25 mm, Finger L. 0,37 mm.

Insel Senafir im Roten Meer.

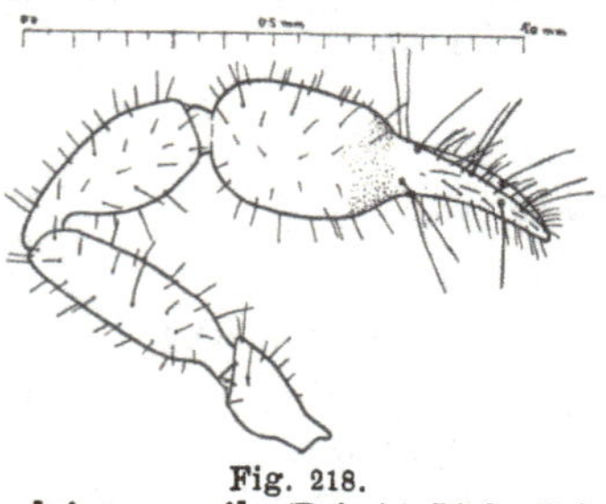

Fig. 218.
Parolpium gracile (Beier). Linke Palpe.

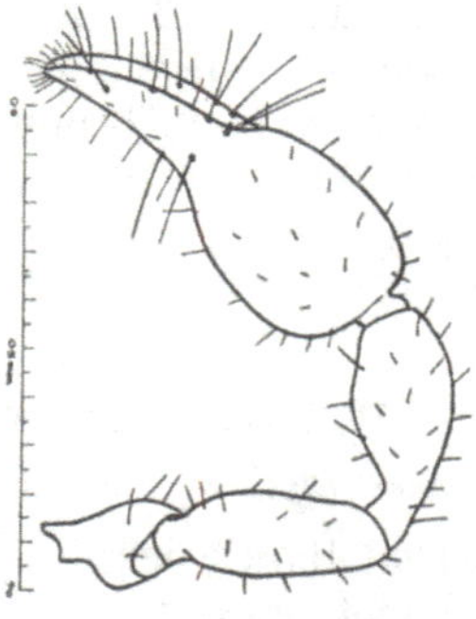

Fig. 219.
Parolpium madagascariense Beier.
Rechte Palpe.

3. **P. madagascariense** Beier 1910 *Olpium arabicum*, Ellingsen in: Mt. Mus. Berlin, *v.* 4 p. 390 | 1931 *Parolpium madagascariense*, Beier in: Mt. Mus. Berlin, *v.* 17 p. 308.

Cephalothorax länger als breit, vorn ziemlich breit abgestutzt. Tergite ziemlich stark chitinisiert, mit kräftigen Marginalborsten. Palpen (Fig. 219) kräftig. Femur 2,8mal so lang wie breit, basal am breitesten, deutlich gestielt. Tibia 2,3mal so lang wie breit, so lang wie das Femur. Schere 2,6mal so lang wie breit. Hand sehr kräftig, an der Fingerbasis plötzlich verengt. Finger kaum länger als die Hand ohne Stiel, kürzer als die Tibia. Patella des 1. Beinpaares nur wenig kürzer als das Femur. Femur des 4. Beinpaares sehr breit, mit Trochantin 2,3mal so lang wie breit. — Körper L. 1,8 mm; Palpen: Femur L. 0,50 mm, B. 0,18 mm, Tibia L. 0,50 mm, B. 0,22 mm, Hand L. 0,49 mm, B. 0,33 mm, Finger L. 0,47 mm.

Madagaskar.

4. **P. minus** (Ellingsen) 1909 *Olpium arabicum* var. *minor*, Ellingsen in: Ann. Mus. Genova, ser. 3 *v.* 4 p. 538.

Mit Vorbehalt ebenfalls dieser Gattung zuzurechnen. Vielleicht mit *arabicum* näher verwandt. Galea des ♂ klein und einfach, die des ♀ kräftiger und am Ende mit einigen Ästchen. — Körper L. 1,5 mm.

Kap Verdische Inseln.

4. Gen. **Apolpium** Chamb.

1930 *A.*, Chamberlin in: Ann. nat. Hist., ser. 10 *v.* 5 p. 606.

Typus: *Olpium cordimanum* Balzan (durch ursprüngliche Bestimmung).

Cephalothorax länger als breit, nach vorn deutlich verengt, glatt, mit 4 Augen. Tergite ungeteilt, mit je 12—14 kräftigen Marginalborsten. Galea des Männchens einfach, die des Weibchens mit Seitenästen. Palpen ziemlich schlank. Femur mit einem Tasthaar dorsal nahe der Basis. Hand medial stark bauchig verdickt, gegen die Finger verjüngt. Die Tasthaare *et*, *it* und *ist* deutlich vor *est* gelegen, dieses gegen die Fingerbasis gerückt. Giftkanäle kurz. Apodem des beweglichen Fingers klein. Patella des 1. Beinpaares deutlich kürzer als das Femur, gegen dieses frei beweglich. Arolien einfach.

Nördliches Südamerika, Zentralamerika, Westindien.

3 sichere, 1 unsichere Art.

Übersicht über die Arten:

1 { Kleinere Arten, Körper L. 2 mm; Tibia 2,6—3mal so lang wie breit — 2
  { Größere Art, Körper L. 3,4 mm; Tibia 3,4mal so lang wie breit . . . . 1. **A. cordimanum**

2 { Tibia 2,6mal so lang wie breit; Femur kurz, aber deutlich gestielt . . . . 2. **A. longidigitatum**
  { Tibia 3mal so lang wie breit; Femur undeutlich gestielt . 3. **A. minutum**

1. **A. cordimanum** (Balzan) 1891 *Olpium c.*, Balzan in: Ann. Soc. ent. France, *v.* 60 p. 536 t. 12 f. 28 | 1906 *O. c.*, With in: Danske Selsk. Skr., *v.* 7 nr. 3 p. 17 f. 1, t. 2 f. 6 | 1907 *O. c.*, With in: J. Linn. Soc. London, *v.* 30 p. 72 | 1930 *Apolpium c.*, Chamberlin in: Ann. nat. Hist., ser. 10 *v.* 5 p. 606 f. 2D.

Cephalothorax länger als breit, ohne Querfurchen. Tergite ungeteilt, mit je 12—14 kräftigen Marginalborsten. Galea des Männchens einfach, die des Weibchens mit einigen Terminalästchen. Palpen schlank. Femur 3,9mal so lang wie breit, gestielt, dorsal nahe der Basis mit einem Tasthaar. Tibia 3mal so lang wie breit. Hand medial basal bauchig konvex, gegen die Finger stark verjüngt, fast herzförmig. Finger ungefähr so lang wie die Hand. — Körper L. 3,4 mm; Palpen: Femur L. 0,91 mm, B. 0,23 mm, Tibia L. 0,79 mm, B. 0,26 mm, Hand L. 0,80 mm, B. 0,59 mm, Finger L. 0,80 mm.

Südamerika: Venezuela, Kolumbien, Bogota.

2. **A. longidigitatum** (Ellingsen) 1910 *Olpium l.*, Ellingsen in: Mt. Mus. Berlin, *v.* 4 p. 391.

Cephalothorax etwa 1,4mal so lang wie breit, ohne Querfurchen. Tergite ungeteilt, mit kräftigen Marginalborsten. Galea des Männchens einfach, die des Weibchens mit einigen kleinen Terminalästchen. Palpen (Fig. 220) etwa so lang wie der Körper, glatt. Femur 3,9mal so lang wie breit, kurz, aber deutlich gestielt, dorsal nahe der Basis mit einem Tasthaar. Tibia 2,6mal so lang wie breit. Schere 2,9mal so lang wie breit, medial basal stark bauchig, dann gegen die Fingerbasis verengt. Finger bedeutend länger als die Hand, fast gerade. Patella des 1. Beinpaares nur halb so lang wie das Femur. Femur des 4. Beinpaares sehr breit. — Körper L. 1,9 mm; Palpen: Femur L. 0,70 mm, B. 0,18 mm, Tibia L. 0,50 mm, B. 0,19 mm, Hand L. 0,53 mm, B. 0,39 mm, Finger L. 0,68 mm.

Westindien: St. Thomas.

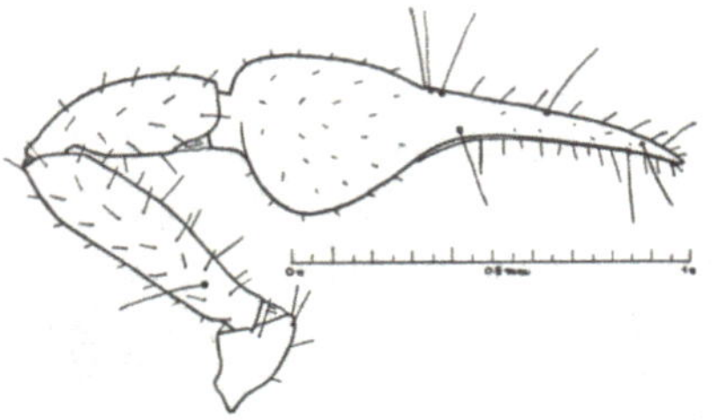

Fig. 220.
Apolpium longidigitatum (Ellingsen). Linke Palpe.

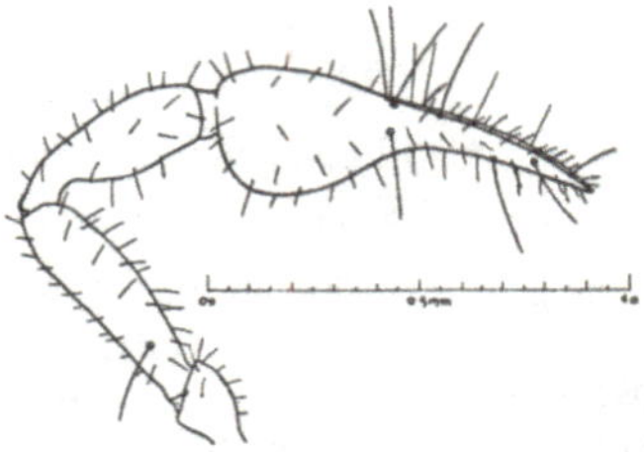

Fig. 221.
Apolpium minutum Beier. Linke Palpe.

3. **A. minutum** Beier 1931 *A. m.*, Beier in: Mt. Mus. Berlin, *v.* 17 p. 309 f. 6.

Cephalothorax etwas länger als breit, distal deutlich verengt, glatt, der Hinterrand mit 4 Borsten. Tergite mäßig stark chitinisiert, die beiden vordersten schwächer als die übrigen, die mittleren mit 12—14 kräftigen Marginalborsten. Galea des Männchens einfach, die des Weibchens mit drei kurzen, gebogenen Terminalästchen. Subapicallobus klein, einfach. Palpen (Fig. 221) so lang oder etwas länger als der Körper, glatt. Femur 3,8mal so lang wie breit, undeutlich gestielt, dorsal nahe der Basis mit einem Tasthaar. Tibia 3mal so lang wie breit. Schere 3,2mal so lang wie breit, ähnlich geformt wie bei der vorigen Art. Finger länger als die Hand mit Stiel, fast so lang wie das Femur, der feste mit 48, der bewegliche mit 31 Zähnen; Zähne des festen Fingers groß, dreieckig, etwas nach hinten geneigt, die des beweglichen klein und flach. — Körper L. 2 mm; Palpen: Femur L. 0,55 mm, B. 0,15 mm, Tibia L. 0,48 mm, B. 0,16 mm, Hand L. 0,45 mm, B. 0,30 mm, Finger L. 0,53 mm.

Zentralamerika: Costarica.

Unsichere Art:

A. rufeolum (Balzan) 1891 *Olpium cordimanum* var. *r.*, Balzan in: Ann. Soc. ent. France, *v.* 60 p. 537.

Unterscheidet sich nach Balzan von *cordimanum* durch geringere Körpergröße und nicht dunkle, sondern mit den übrigen Palpengliedern gleichfarbige Hand.

Südamerika: Venezuela.

5. Gen. **Pachyolpium** Beier

1931 *P.*, Beier in: Mt. Mus. Berlin, *v.* 17 p. 310.

Typus: *P. reimoseri* Beier (durch ursprüngliche Bestimmung).

Cephalothorax etwas länger als breit, ohne Querfurchen. Tergite ungeteilt, die mittleren mit je 10—12 kräftigen Marginalborsten. Palpen gedrungen. Femur dorsal nahe der Basis mit einem Tasthaar. Hand breit, gegen die Fingerbasis nicht auffallend stark verengt. Finger ziemlich kurz. Die Tasthaare *et* und *it* vor *est* gelegen, dieses proximal der Mitte; *ist* ganz an die Fingerbasis gerückt. Patella des 1. Beinpaares nur wenig kürzer als das Femur, gegen dieses beweglich. Arolien einfach.

Südamerika, Zentralamerika, südliches Nordamerika (?).

7 sichere, 2 unsichere Arten.

Übersicht über die Arten:

1 { Körper L. 1,5—2 mm; Femur 2,3—2,6 mal so lang wie breit — **2**
  Körper L. 2,3—3,2 mm; Femur 3—3,3 mal so lang wie breit — **5**

2 { Femur 2,5—2,6 mal so lang wie breit — **3**
  Femur 2,2—2,3 mal so lang wie breit — **4**

3 { Tibia 2 mal, Schere 2,6—2,7 mal so lang wie breit . . 3. **P. brevipes**
  Tibia 2,1 mal, Schere fast 3 mal so lang wie breit . . . 4. **P. brevifemoratum**

4 { Palpenfinger etwas kürzer als die Hand ohne Stiel, mit 43—44 Zähnen . . . . 1. **P. reimoseri**
  Palpenfinger so lang wie die Hand ohne Stiel, mit 29 bis 31 Zähnen . . . . 2. **P. incertum**

5 { Tibia 2,7 mal so lang wie breit; Finger etwas kürzer als die Hand ohne Stiel — **6**
  Tibia 2,5 mal so lang wie breit; Finger etwas länger als die Hand ohne Stiel . . . . 5. **P. crassichelatum**

6 { Femur 3,3 mal so lang wie breit; Schere 3,2 mal so lang wie breit . . . . 6. **P. erratum**
  Femur 3—3,2 mal so lang wie breit; Schere 2,6 mal so lang wie breit . . . . 7. **P. furculiferum**

1. **P. reimoseri** Beier 1931 *P. r.*, Beier in: Mt. Mus. Berlin, *v.* 17 p. 310 f. 7.

Cephalothorax etwas länger als breit, mit 4 großen, aber flachen Augen, vor diesen nach vorn deutlich verengt, die Scheibe ohne Quereindruck, der Hinterrand mit 4 Borsten. Die mittleren Tergite mit je 10—12 kräftigen Marginalborsten, die beiden vorderen etwas schwächer chitinisiert als die übrigen. Galea im distalen Teil mit 3 spitzen Seitenästchen. Subapicallobus kräftig. Palpen (Fig. 222) kurz und gedrungen, kräftig, etwa so lang wie der Körper, glatt. Femur 2,6 mal so lang wie breit, sehr deutlich gestielt, dorsal nahe der Basis mit einem Tasthaar. Tibia 2,3 mal so lang wie breit. Schere 2,7 mal so lang wie breit. Hand verhältnismäßig groß. Finger etwas kürzer als die Hand ohne Stiel, der feste mit 44, der bewegliche

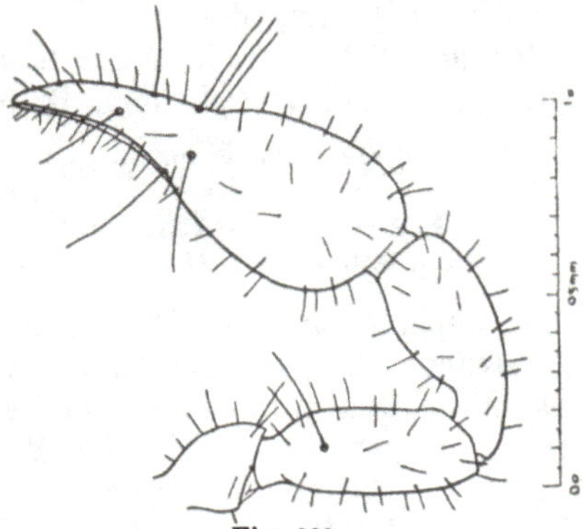

Fig. 222.
Pachyolpium reimoseri Beier ♀.
Rechte Palpe.

mit 43 Zähnen; die Zähne durchweg deutlich, etwas nach hinten gerichtet. Patella des 1. Beinpaares nur wenig kürzer als das Femur, gegen dieses frei beweglich. — Körper L. 1,7—1,9 mm; Palpen: Femur L. 0,58 mm, B. 0,22 mm, Tibia L. 0,60 mm, B. 0,25 mm, Hand L. 0,61 mm, B. 0,40 mm, Finger L. 0,54 mm.

Zentralamerika: Costarica.

2. **P. incertum** Beier 1931 *P. i.*, Beier in: Mt. Mus. Berlin, *v.* 17 p. 311.

Der vorigen Art nahestehend, die Finger jedoch verhältnismäßig etwas länger und mit bedeutend geringerer Zahnzahl. Cephalothorax länger als breit, glatt. Galea terminal mit 3 kurzen Ästchen. Palpen (Fig. 223) gedrungen, kaum so lang wie der Körper, glatt, nur die Hand medial an der Fingerbasis zerstreut granuliert. Femur 2,5 mal so lang wie breit, sehr deutlich gestielt, dorsal nahe der Basis mit einem Tasthaar. Tibia 2,1—2,2 mal so lang wie breit. Schere 2,8 mal so lang wie breit. Finger so lang wie die Hand ohne Stiel, der feste mit 30—31, der bewegliche mit 29 bis 30 Zähnen. Beine wie bei der vorigen Art. — Körper L. 1,5 mm; Palpen: Femur L. 0,40 mm, B. 0,16 mm, Tibia L. 0,38 mm, B. 0,18 mm, Hand L. 0,40 mm, B. 0,25 mm, Finger L. 0,35 mm.

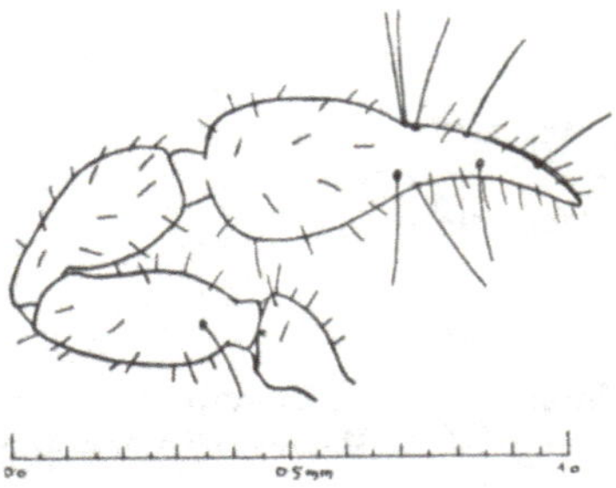

Fig. 223.
Pachyolpium incertum Beier.
Linke Palpe.

Westindien: St. Thomas.

3. **P. brevipes** (With) 1907 *Olpium b.*, With in: J. Linn. Soc. London, *v.* 30 p. 73 t. 9 f. 29—33.

Cephalothorax etwas länger als breit, glatt. Tergite ungeteilt, mit je etwa 10 kräftigen Marginalborsten, die beiden vorderen Tergite schwächer chitinisiert als die übrigen. Galea distal mit 3 Ästchen. Palpen gedrungen, glatt, nur das Femur und die Tibia medial und die Hand an der Fingerbasis fein granuliert. Femur 2,2—2,3 mal so lang wie breit, deutlich gestielt, dorsal nahe der Basis mit einem Tasthaar. Tibia doppelt so lang wie breit. Schere 2,6—2,7 mal so lang wie breit. Finger bedeutend kürzer als die Hand. Patella des 1. Beinpaares kürzer als das Femur, gegen dieses beweglich. — Körper L. 1,7—2 mm; Palpen: ♀ Femur L. 0,437 mm, B. 0,195 mm, Tibia L. 0,46 mm, B. 0,23 mm, Hand L. 0,50 mm, B. 0,33 mm, Finger L. 0,39 mm; ♂ Femur L. 0,425 mm, B. 0,184 mm, Tibia L. 0,437 mm, B. 0,22 mm, Hand L. 0,45 mm, B. 0,315 mm, Finger L. 0,40 mm.

Westindien: St. Vincent.

4. **P. brevifemoratum** (Balzan) 1890 *Olpium b.*, Balzan in: Ann. Mus. Genova, ser. 2 *v.* 9 p. 440 t. 16 f. 21 | 1891 *O. b.*, Balzan in: Ann. Soc. ent. France, *v.* 60 p. 549.

Cephalothorax deutlich länger als breit, glatt. Galea terminal mit 3 Ästchen. Palpen gedrungen. Femur 2,3 mal so lang wie breit, deutlich gestielt. Tibia 2,1 mal so lang wie breit. Schere fast 3 mal so lang wie breit. Finger kürzer als die Hand. — Körper L. 1,7—2 mm; Palpen: Femur L. 0,38 mm, B. 0,17 mm, Tibia L. 0,38 mm, B. 0,18 mm, Hand L. 0,41 mm, B. 0,23 mm, Finger L. 0,26 mm.

Südamerika: Paraguay.

5. **P. crassichelatum** (Balzan) 1890 *Olpium c.*, Balzan in: Ann. Mus. Genova, ser. 2 *v.* 9 p. 439 t. 16 f. 20 | 1891 *O. c.*, Balzan in: Ann. Soc. ent. France, *v.* 60 p. 537 t. 12 f. 29 | 1907 *O. c.*, Tullgren in: Mt. Mus. Hamburg, *v.* 24 p. 67.

Cephalothorax etwas länger als breit, glatt. Tergite mit je 10 kräftigen Marginalborsten. Galea terminal mit Nebenästen. Palpen (Fig. 224) gedrungen, glatt. Femur 3,1 mal so lang wie breit, deutlich gestielt, dorsal mit einem Tasthaar nahe der Basis. Tibia 2,5 mal so lang wie breit. Schere 2,8 mal so lang wie breit. Finger etwas länger als die Hand ohne Stiel. — Körper L. 2,7 mm; Palpen: Femur L. 0,69 mm, B. 0,23 mm, Tibia L. 0,70 mm, B. 0,28 mm, Hand L. 0,70 mm, B. 0,43 mm, Finger L. 0,61 mm.

Südamerika: Brasilien.

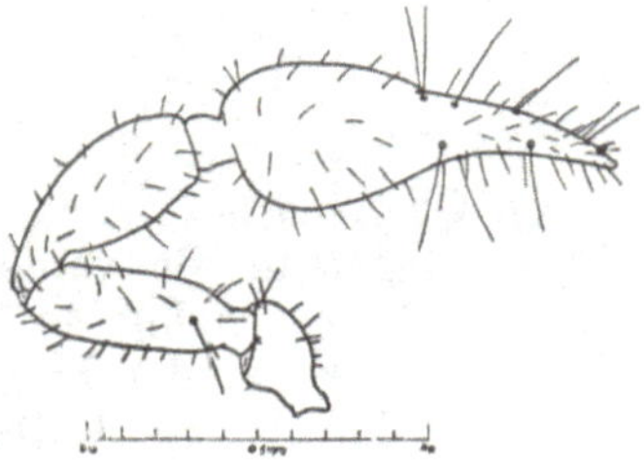

Fig. 224.
Pachyolpium crassichelatum (Balzan).
Linke Palpe.

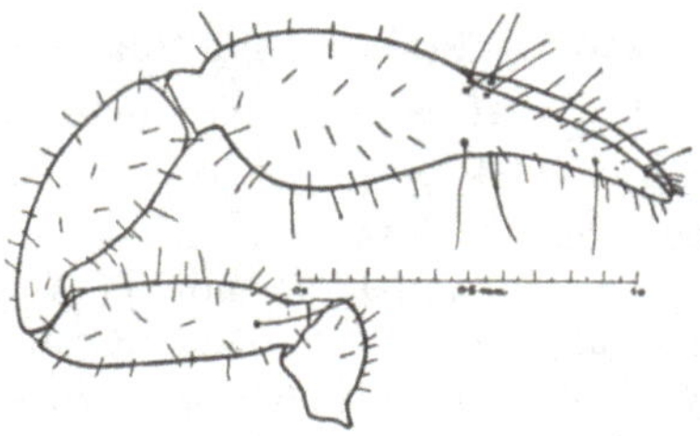

Fig. 225.
Pachyolpium erratum Beier. Linke Palpe.

6. **P. erratum** Beier 1910 *Olpium crassichelatum*, Ellingsen in: Mt. Mus. Berlin, *v.* 4 p. 390 | 1931 *Pachyolpium erratum*, Beier in: Mt. Mus. Berlin, *v.* 17 p. 311.

Cephalothorax bedeutend länger als breit, glatt. Galea mit 3 kleinen Terminalästchen. Palpen (Fig. 225) kräftig, glatt. Femur 3,3 mal so lang wie breit, deutlich gestielt. Tibia 2,7 mal so lang wie breit. Schere 3,2 mal so lang wie breit. Finger kürzer als die Hand ohne Stiel. — Körper L. 3 mm; Palpen: Femur L. 0,78 mm, B. 0,23 mm, Tibia L. 0,83 mm, B. 0,30 mm, Hand L. 0,88 mm, B. 0,40 mm, Finger L. 0,70 mm.

Südamerika: Brasilien.

7. **P. furculiferum** (Balzan) 1891 *Olpium f.*, Balzan in: Ann. Soc. ent. France, *v.* 60 p. 537 t. 12 f. 30 | 1907 *O. f.*, With in: J. Linn. Soc. London, *v.* 30 p. 73 | 1910 *O. f.*, Ellingsen in: Mt. Mus. Berlin, *v.* 4 p. 391.

Cephalothorax fast 1,5 mal so lang wie breit, glatt. Galea mit 3 ziemlich langen Terminalästen. Palpen (Fig. 226) gedrungen, glatt. Femur 3 mal so lang wie breit, deutlich gestielt. Tibia 2,7 mal so lang wie breit. Schere 2,6 mal so lang wie breit. Finger kürzer als die Hand ohne Stiel. Patella des 1. Beinpaares deutlich kürzer als das Femur. — Körper L. 2,3—3 mm; Palpen: Femur L. 0,63 mm, B. 0,21 mm, Tibia L. 0,71 mm, B. 0,27 mm, Hand L. 0,68 mm, B. 0,44 mm, Finger L. 0,55 mm.

Südamerika: Venezuela; Westindien: St. Thomas, St. Vincent.

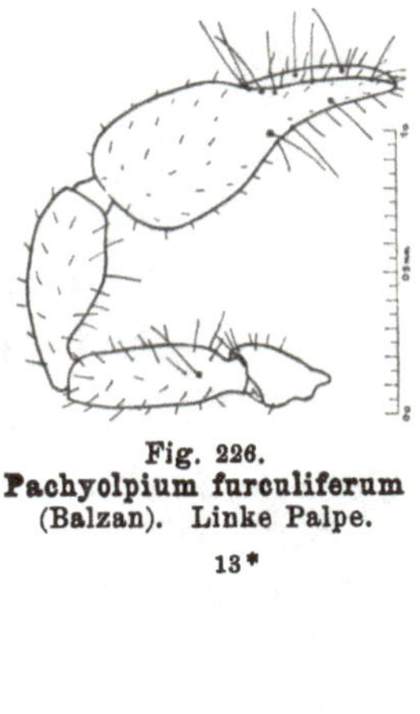

Fig. 226.
Pachyolpium furculiferum (Balzan). Linke Palpe.

Unsichere Arten:

P. minutum (Banks) 1908 *Olpium m.*, N. Banks in: Bull. Wisconsin Soc., *v.* 6 p. 42.

Cephalothorax etwa 1,5 mal so lang wie breit. Tergite mit je 3—4(?) Marginalborsten. Palpen kurz, gedrungen. Finger kurz, viel kürzer als die Hand. — Körper L. 1,6 mm.

Nordamerika: Texas.

P. obscurum (Banks) 1893 *Olpium o.*, N. Banks in: Canad. Ent., *v.* 25 p. 65 | 1895 *O. o.*, N. Banks in: J. N. York ent. Soc., *v.* 3 p. 10.

Galea einfach. Palpen kürzer als der Körper, gedrungen. Tibia kürzer als das Femur. Finger etwas kürzer als die Hand. — Körper L. 2 mm.

Nordamerika: Florida.

6. Gen. **Olpiolum** Beier

1931 *O.*, Beier in: Mt. Mus. Berlin, *v.* 17 p. 312.

Typus: *O. medium* Beier (durch ursprüngliche Bestimmung).

Cephalothorax deutlich länger als breit, ohne Quereindrücke, mit vier großen, nahe beisammen stehenden Augen. Tergite ungeteilt, die vorderen mit je 4, die mittleren mit je 6 Marginalborsten. Palpen mäßig kräftig. Femur mit einem Tasthaar dorsal nahe der Basis. Giftkanal der Palpenfinger kurz, Apodem des beweglichen Fingers klein. Patella des 1. Beinpaares kürzer als das Femur, gegen dieses beweglich. Arolien einfach. Das Tasthaar *it* etwas vor *est*, letzteres etwas proximal der Mitte gelegen; *ist* zwischen *it* und der Fingerbasis.

Südamerika.

2 sichere, 1 unsichere Art.

Übersicht über die Arten:

1 { Körper L. 2—2,5 mm; Femur 3,2 mal so lang wie breit . . . 1. **O. elegans**
  { Körper L. 1,6—1,7 mm; Femur 2,9 mal so lang wie breit . . . 2. **O. medium**

1. **O. elegans** (Balzan) 1890 *Olpium e.*, Balzan in: Ann. Mus. Genova, ser. 2 *v.* 9 p. 437 t. 16 f. 19 | 1891 *O. e.*, Balzan in: Ann. Soc. ent. France, *v.* 60 p. 549 | 1910 *O. e.*, Ellingsen in: Mt. Mus. Berlin, *v.* 4 p. 390 | 1930 *O. e.*, Beier in: Ann. Wien. Mus., *v.* 44 p. 207.

Cephalothorax etwas länger als breit, ohne Querfurchen, der Hinterrand mit 4 Borsten. Tergite mit Ausnahme der vorderen ziemlich stark chitinisiert, die mittleren mit je 6 kleinen Marginalborsten. Galea distal mit 3 gebogenen Ästchen. Subapicallobus kräftig. Palpen (Fig. 227) mäßig kräftig, etwa so lang wie der Körper, glatt. Femur 3,2 mal so lang wie breit, kurz und undeutlich gestielt, dorsal nahe der Basis mit einem Tasthaar. Tibia 2,7 mal so lang wie breit, mit ziemlich kurzem Stiel. Schere 3 mal so lang wie breit. Finger etwas länger als die Hand ohne Stiel, der feste mit 40, der bewegliche mit 30 Zähnen. — Körper L. 2—2,5 mm; Palpen: Femur L. 0,57 mm, B. 0,17 mm, Tibia L. 0,58 mm, B. 0,22 mm, Hand L. 0,56 mm, B. 0,34 mm, Finger L. 0,52 mm.

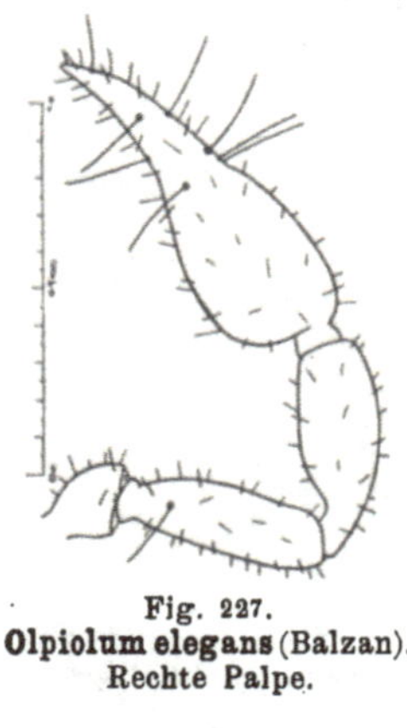

Fig. 227. **Olpiolum elegans** (Balzan). Rechte Palpe.

Südamerika: Paraguay.

2. **O. medium** Beier 1931 *O. m.*, Beier in: Mt. Mus. Berlin, *v.* 17 p. 312 f. 8.

Cephalothorax deutlich länger als breit, ohne Quereindrücke. Tergite ungeteilt, die vorderen mit 4, die hinteren mit 6 kleinen Marginalborsten. Galea distal in 3 kurze Ästchen geteilt. Palpen (Fig. 228) mäßig kräftig, glatt. Femur 2,9 mal so lang wie breit, deutlich gestielt, dorsal nahe der Basis mit einem Tasthaar. Tibia 2,4—2,6 mal so lang wie breit. Schere 2,9—3,1 mal so lang wie breit. Finger etwas länger als die Hand ohne Stiel, der feste mit 38, der bewegliche mit 32 Zähnen, die Zähne abgestutzt. Die Tasthaare *b* und *sb* zwei, *sb* und *st* 4—5 Areolardurchmesser voneinander entfernt, *t* distal. — Körper L. 1,6—1,7 mm; Palpen: ♂ Femur L. 0,37 mm, B. 0,12 mm, Tibia L. 0,36 mm, B. 0,15 mm, Hand L. 0,35 mm, B. 0,22 mm, Finger L. 0,33 mm; ♀ Femur L. 0,41 mm, B. 0,14 mm, Tibia L. 0,43 mm, B. 0,17 mm, Hand L. 0,44 mm, B. 0,25 mm, Finger L. 0,40 mm.

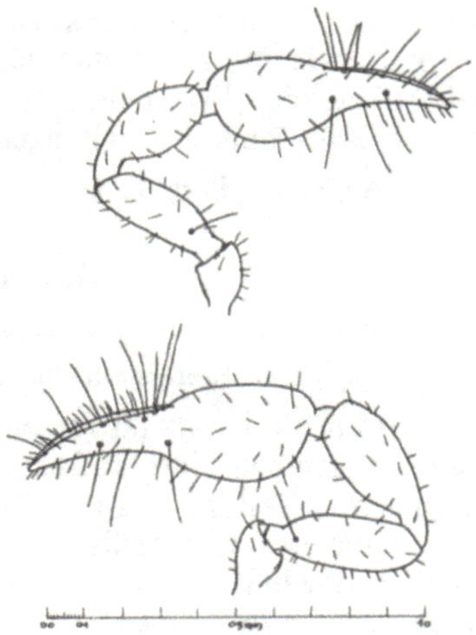

Fig. 228.
Olpiolum medium Beier. Linke Palpe des ♂ und rechte des ♀.

Südamerika: Paraguay.

Unsichere Art:

O. modestum (Banks) 1909 *Olpium m.*, N. Banks in: J. N. York ent. Soc., *v.* 17 p. 148.

Cephalothorax 1,5 mal so lang wie breit. Femur fast so lang wie der Cephalothorax. Tibia etwas kürzer als das Femur. Finger etwa so lang wie die Hand. — Körper L. 2 mm.

Südamerika: Brasilien.

7. Gen. **Calocheirus** Chamb.

1930 *C.*, Chamberlin in: Ann. nat. Hist., ser. 10 *v.* 5 p. 607.

Typus: *C. atopos* Chamb. (durch ursprüngliche Bestimmung und Monotypie).

Cephalothorax deutlich länger als breit, mit 4 Augen. Tergite ungeteilt, mit je 2 Marginalbörstchen. Palpen schlank. Femur mit einem Tasthaar dorsal nahe der Basis. Fester Palpenfinger in der distalen Hälfte nur mit den Tasthaaren *et* und *it*. Giftkanäle lang, der Nodus ramosus proximal von *it*. Apodem des beweglichen Fingers groß, fast das Lumen des Fingers schließend. Trachealstämme proximal zu einem deutlichen Luftsack verbreitert. 11. Tergit und Sternit normal chitinisiert. Patella des 1. Beinpaares deutlich kürzer als das Femur, gegen dieses beweglich. Arolien einfach.

Ägypten.

1 Art.

1. **C. atopos** Chamb. 1930 *C. a.*, Chamberlin in: Ann. nat. Hist., ser. 10 *v.* 5 p. 607 f. 2 L L.

Cephalothorax etwa 1,25 mal so lang wie breit, vor den Augen verengt, die Scheibe mit einer schwach entwickelten hinteren Querfurche. Tergite mit je 2, Sternite mit je 6 kleinen Marginalborsten. Galea klein und fast einfach. Subapicallobus mit einem Terminalzahn. Palpen schlank und zart. Trochanter doppelt so lang wie breit. Femur 4,1 mal so lang wie breit, schwach gestielt, dorsal nahe der Basis mit einem Tasthaar. Tibia 3,1 mal so lang wie breit, die Seiten distal fast parallel. Schere 3,4 mal so lang wie breit. Hand medial stark konvex, lateral fast gerade. Finger fast doppelt so lang wie die Hand und länger als das Femur, welches wieder länger als die Tibia ist. Fester Finger mit 28, beweglicher mit 11—12 Zähnen; die Zähne breit und deutlich nach hinten gerichtet. — Körper L. 2,4 mm.

Ägypten: Port Sudan.

8. Gen. **Hesperolpium** Chamb.

1930 *H.*, Chamberlin in: Ann. nat. Hist., ser. 10 *v.* 5 p. 606.

Typus: *Olpium slevini* Chamb. (durch ursprüngliche Bestimmung und Monotypie).

Cephalothorax länger als breit, mit 4 Augen. Tergite ungeteilt, mit je 6—8 kleinen Marginalborsten. Palpen mäßig schlank. Palpenfemur ohne Tasthaar. Fester Finger in der distalen Hälfte mit den 4 Tasthaaren *et, est, it* und *ist.* Giftkanäle lang, der Nodus ramosus im festen Finger proximal von *it* liegend. Apodem des beweglichen Fingers groß, das Lumen des Fingers nahezu schließend. Trachealstämme normal, nicht zu einem Luftsack verbreitert. 11. Tergit und Sternit nicht chitinisiert, einen membranösen Analring bildend. Patella des 1. Beinpaares deutlich kürzer als das Femur, gegen dieses beweglich. Arolien einfach.

Nordamerika.

1 Art.

1. **H. slevini** (Chamb.) 1923 *Olpium s.*, Chamberlin in: P. Calif. Ac., ser. 4 *v.* 12 p. 363 t. 2 f. 15, 16, t. 3 f. 10, 16 | 1930 *Hesperolpium s.*, Chamberlin in: Ann. nat. Hist., ser. 10 *v.* 5 p. 607.

Cephalothorax länger als breit, mit 4 gut entwickelten Augen. Tergite und Sternite mit je 6—8 kleinen Marginalborsten. 11. Tergit und Sternit nicht chitinisiert, einen membranösen Analring bildend. Flagellum mit drei Borsten, die vordere breiter als die beiden hinteren zusammen. Serrula mit etwa 22 Lamellen. Palpen mäßig schlank. Femur des Männchens 3,8 mal so lang wie breit, deutlich gestielt, ohne Tasthaar. Tibia 3—3,2 mal so lang wie breit, kürzer als das Femur. Schere 3,2—3,4 mal so lang wie breit. Finger etwa $1^1/_2$ mal so lang wie die Hand, der feste nahe dem Ende mit einer Reihe von 4—6 kurzen, etwas keulenförmigen Sinnesborsten. — Körper L. 3—3,5 mm.

Nordamerika: Mexiko, Kalifornien.

9. Gen. **Thaumatolpium** Beier

1931 *T.*, Beier in: Mt. Mus. Berlin, *v.* 17 p. 313.

Typus: *Ideoroncus silvestrii* Beier (durch ursprüngliche Bestimmung und Monotypie).

Cephalothorax länger als breit, mit nur 2 Augen. Tergite ungeteilt, mit je 4 Marginalborsten. Galea mit 6 Seitenästen. Palpen kräftig und ziemlich gedrungen. Schere (Fig. 229) mit der normalen Zahl von 12 Tasthaaren. Nur das Tasthaar *et* vor *est,* welch letzteres ungefähr in der Fingermitte steht. Die Tasthaare *it, isb* und *ist* zu einer Gruppe an der Fingerbasis vereinigt, *ib* von dieser Gruppe etwas isoliert und weiter proximal gerückt. Die Tasthaare *b* und *sb* nahe beisammen stehend. Patella des 1. Beinpaares deutlich etwas kürzer als das Femur, gegen dieses beweglich. Arolien einfach.

Südamerika.

1 Art.

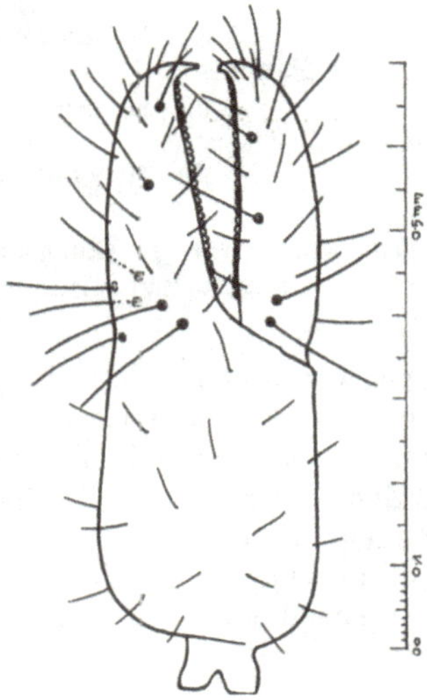

Fig. 229.
Thaumatolpium silvestrii (Beier).
Palpenschere von außen.

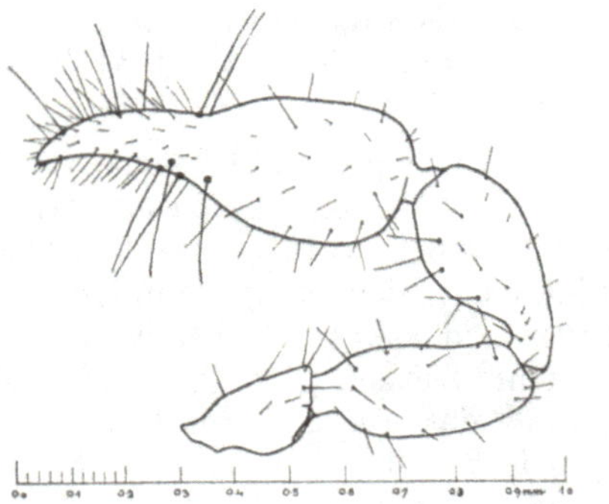

Fig. 230.
Thaumatolpium silvestrii (Beier).
Rechte Palpe.

1. **T. silvestrii** (Beier) 1930 *Ideoroncus s.*, Beier in: Boll. Laborat. Zool. Portici, *v.* 23 p. 204 f. 9.

Cephalothorax etwa 1,4 mal so lang wie breit, mit nur 2 Augen. Tergite ungeteilt, mit je 4 Borsten. Galea mit 6 Seitenästchen. Palpen (Fig. 230) kräftig und ziemlich gedrungen, nicht länger als der Körper, glatt. Femur 2,3 mal so lang wie breit, deutlich gestielt. Tibia doppelt so lang wie breit, so lang wie das Femur. Schere 2,7 mal so lang wie breit. Finger kürzer als die Hand ohne Stiel, mit je 28 Zähnen, die des beweglichen kleiner. Die Tasthaare *it*, *isb* und *ist* an der Fingerbasis zu einer Gruppe vereinigt, *ib* etwas isoliert von dieser Gruppe weiter proximal stehend. — Körper L. 2 mm; Palpen: Femur L. 0,39 mm, B. 0,17 mm, Tibia L. 0,39 mm, B. 0,19 mm, Hand L. 0,43 mm, B. 0,26 mm, Finger L. 0,33 mm.

Südamerika: Chile.

10. Gen. **Horus** Chamb.

1930 *H.*, Chamberlin in: Ann. nat. Hist., ser. 10 *v.* 5 p. 598.

Typus: *Garypinus obscurus* var. *granulatus* Ellingsen (durch ursprüngliche Bestimmung).

Cephalothorax etwas länger als breit, mit 4 Augen. Tergite ungeteilt, mit je 4 Marginalborsten. Palpen kräftig, bisweilen teilweise granuliert. Femur ohne Tasthaar. Fester Finger in der distalen Hälfte nur mit dem Tasthaar *et*. Die Tasthaare *est* und *it* einander ungefähr gegenüberstehend und proximal der Mitte. Die Tasthaare *b*, *sb* und *st* ziemlich nahe beisammen stehend und deutlich von *t* getrennt. Subapicallobus der Cheliceren kräftig entwickelt und sekundär in 2 oder mehr Teile geteilt. Patella des 1. Beinpaares ungefähr so lang oder länger als das Femur, gegen dieses kaum beweglich, mit senkrechter Artikulationsfläche. Arolien einfach.

Südafrika.

3 Arten.

Übersicht über die Arten:

1	Tibia wenigstens so lang wie das Femur oder doch kaum kürzer — 2	
	Tibia deutlich kürzer als das Femur	1. **H. granulatus**
2	Femur des 1. Beinpaares bedeutend kürzer als die Patella; Schere 2,7 mal so lang wie breit	2. **H. obscurus**
	Femur des 1. Beinpaares so lang wie die Patella; Schere 2,9—3,1 mal so lang wie breit	3. **H. modestus**

1. **H. granulatus** (Ellingsen) 1912 *Garypinus obscurus* var. *g.*, Ellingsen in: Ann. S. Afr. Mus., *v.* 10 p. 116 | 1930 *Horus g.*, Chamberlin in: Ann. nat. Hist., ser. 10 *v.* 5 p. 599 f. 1 E, F.

Mit der folgenden Art nahe verwandt, jedoch von bedeutenderer Körpergröße und kräftiger. Cephalothorax etwas länger als breit, mit 4 Augen. Palpen ziemlich kräftig, der Trochanter hinten, Femur und Tibia medial deutlich und gleichmäßig granuliert. Höcker an der Hinterseite des Trochanter kräftiger und spitzer als bei *obscurus*. Femur mehr als doppelt so lang wie breit, sehr deutlich gestielt. Tibia 2,4—2,5 mal so lang wie breit, deutlich kürzer als das Femur. Sonst mit *obscurus* weitgehend übereinstimmend. — Körper L. 3 mm.

Südafrika: Kimberley.

2. **H. obscurus** (Tullg.) 1907 *Garypinus o.*, Tullgren in: Mt. Mus. Hamburg, *v.* 24 p. 68 f. 22 a—c | 1907 *G. o.*, Tullgren in: Zool. Stud. tillägn. Tullberg, p. 229 | 1912 *G. o.*, Ellingsen in: Ann. S. Afr. Mus., *v.* 10 p. 87, 115 | 1930 *Horus o.*, Chamberlin in: Ann. nat. Hist., ser. 10 *v.* 5 p. 599.

Cephalothorax etwas länger als breit, matt, jedoch nicht granuliert, mit 4 Augen. Tergite ungeteilt, die vorderen zwar schmäler, aber nicht schwächer chitinisiert als die übrigen. Galea kurz und kräftig, mit 3 Terminalästchen.

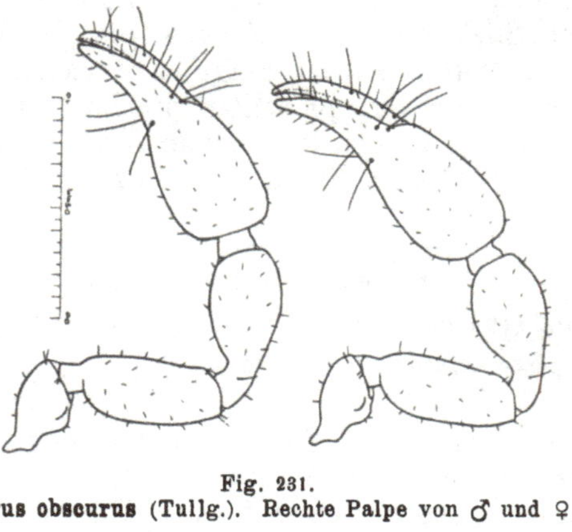

Fig. 231.
Horus obscurus (Tullg.). Rechte Palpe von ♂ und ♀.

Palpen (Fig. 231) ziemlich kräftig, etwas länger als der Körper, glatt. Femur 2,7 mal so lang wie breit, sehr deutlich gestielt. Tibia 2,2—2,3 mal so lang wie breit. Schere 2,7 mal so lang wie breit. Finger so lang oder etwas kürzer als die Hand ohne Stiel. Die distale Hälfte des festen Fingers nur mit dem Tasthaar *et*. Das Tasthaar *est* proximal der Mitte. Patella des 1. Beinpaares bedeutend länger als das Femur, gegen dieses kaum beweglich. Körper L. 2,8 mm; Palpen: ♂ Femur L. 0,76 mm, B. 0,30 mm, Tibia L.

0,73 mm, B. 0,34 mm, Hand L. 0,73 mm, B. 0,43 mm, Finger L. 0,61 mm; ♀ Femur L. 0,74 mm, B. 0,28 mm, Tibia L. 0,72 mm, B. 0,33 mm, Hand L. 0,77 mm, B. 0,42 mm, Finger L. 0,61 mm.

Südafrika: Orange Freistaat, Zululand, Kapland.

3. **H. modestus** Chamb. 1930 *H. m.*, Chamberlin in: Ann. nat. Hist., ser. 10 *v.* 5 p. 599 f. 2R.

Cephalothorax glatt, der Vorderrand mit 4, der Hinterrand mit zwei Borsten. Tergite mit je 4 Marginalborsten, die 3 vorderen Tergite schmäler, jedoch nicht schwächer chitinisiert als die übrigen. Galea mit 3 Terminalästen. Subapicallobus in 2 Sekundärlappen geteilt. Palpen verhältnismäßig schlank, glatt. Trochanter 1,8—2,1 mal so lang wie breit. Femur 2,5 bis 2,6 mal so lang wie breit, proximal der Mitte am breitesten, deutlich gestielt. Tibia 2,2—2,3 mal so lang wie breit. Schere 2,9—3,1 mal so lang wie breit. Hand mit nahezu parallelen Seiten. Finger gedrungen, viel kürzer als die Hand, beim Männchen mit 20—22, beim Weibchen mit 28—30 Zähnen. Tibia ungefähr so lang wie das Femur. — Körper L. 2,1—2,7 mm.

Südafrika: Kapland.

11. Gen. **Xenolpium** Chamb.

1930 *X.*, Chamberlin in: Ann. nat. Hist., ser. 10 *v.* 5 p. 600.

Typus: *Olpium pacificum* With (durch ursprüngliche Bestimmung).

Cephalothorax etwas länger als breit, mit oder ohne deutliche Quereindrücke, mit 4 Augen. Tergite ungeteilt, mit je 6—10 Marginalborsten, die 3 ersten Tergite schmäler, aber nicht schwächer chitinisiert als die übrigen. Galea des Männchens einfach, die des Weibchens mit Seitenästen. Subapicallobus einfach. Palpen kräftig, teilweise granuliert. Fester Palpenfinger in der distalen Hälfte mit den beiden Tasthaaren *et* und *it*, letzteres weit distal von *est* gelegen; *est* ungefähr in der Fingermitte. Die Tasthaare *b*, *sb* und *st* nahe beieinander stehend, weit von *t* getrennt. Patella des 1. Beinpaares so lang oder länger als das Femur, gegen dieses kaum beweglich. Arolien einfach.

Australische Region, Madagaskar.

4 Arten.

Übersicht über die Arten:

1 { Finger etwas kürzer als die Hand ohne Stiel — 2
Finger etwas länger als die Hand ohne Stiel . . . . . . 1. **X. pacificum**

2 { Femur 2,4—2,7 mal so lang wie breit — 3
Femur etwa 4 mal so lang wie breit . . . . 4. **X. longiventer**

3 { Größere Art, Körper L. 2,8—3,7 mm; Femur 2,5—2,7 mal, Tibia 2,2—2,3 mal, Schere 2,5—2,6 mal so lang wie breit . 2. **X. amboinense**
Kleinere Art, Körper L. 2—2,1 mm; Femur 2,4—2,5 mal, Tibia 2,1—2,2 mal, Schere etwa 3 mal so lang wie breit . 3. **X. oceanicum**

1. **X. pacificum** (With) 1907 *Olpium p.*, With in: J. Linn. Soc. London, *v.* 30 p. 75 t. 9 f. 34—38, t. 10 f. 39 | 1930 *Xenolpium p.*, Chamberlin in: Ann. nat. Hist., ser. 10 *v.* 5 p. 600.

Cephalothorax länger als breit, glatt, in der Mitte mit einem schwachen Quereindruck. Tergite ungeteilt, mit ziemlich langen Marginalborsten. Galea mit 3 Terminalborsten. Palpen ziemlich kräftig, glatt, nur das Femur und die Tibia medial und die Hand an der Fingerbasis granuliert. Trochanter

1,5 mal so lang wie breit. Femur 2,7 mal so lang wie breit, deutlich gestielt. Tibia kaum mehr als doppelt so lang wie breit, etwas kürzer als das Femur. Schere etwa 3 mal so lang wie breit. Finger deutlich etwas länger als die Hand. — Körper L. 2,1—2,2 mm; Palpen: Femur L. 0,585 mm, B. 0,22 mm, Tibia L. 0,552 mm, B. 0,265 mm, Hand L. 0,506 mm, B. 0,332 mm, Finger L. 0,552 mm.

Neu-Seeland; Madagaskar: Aldabra Inseln.

2. **X. amboinense** Chamb. 1930 *X. a.*, Chamberlin in: Ann. nat. Hist., ser. 10 *v.* 5 p. 601 f. 2 T, 3 T.

Cephalothorax etwas länger als breit, mit 4 vorragenden Augen; Beborstung der Scheibe: 4—2, 24 oder 28. Tergite ungeteilt, mit je 6—10 Marginalborsten, die 3 ersten Tergite schmäler, aber nicht schwächer chitinisiert als die übrigen. Galea beim Männchen klein und fast einfach, beim Weibchen groß und schon nahe der Basis in 3 Äste geteilt. Subapicallobus einfach, gerundet. Palpen kräftig, deutlich granuliert. Trochanter 1,2—1,5 mal so lang wie breit, hinten mit einem konischen, granulierten Höcker. Femur 2,5—2,7 mal so lang wie breit, medial fein, aber deutlich granuliert, gestielt. Tibia 2,2—2,3 mal so lang wie breit, medial schwach granuliert. Schere 2,5—2,6 mal so lang wie breit. Hand kürzer als Femur oder Tibia, medial an der Fingerbasis granuliert. Finger kürzer als die Hand, mit je etwa 50 gut entwickelten Zähnen. — Körper L. 2,8—3,7 mm.

Amboina.

3. **X. oceanicum** (With) 1898 *Olpium longiventer*, Pocock in: Ann. nat. Hist., ser. 7 *v.* 1 p. 323 | 1907 *Garypinus oceanicus*, With in: J. Linn. Soc. London, *v.* 30 p. 77 t. 10 f. 40—47 | 1927 *G. o.*, Kästner in: Ins. Samoa, *v.* 8 p. 15 | 1930 ***Horus** o.*, Chamberlin in: Ann. nat. Hist., ser. 10 *v.* 5 p. 600.

Cephalothorax deutlich länger als breit, glatt, ohne Quereindrücke, der hintere Teil heller gefärbt als der vordere. Tergite ungeteilt, die 3 vorderen schmäler und schwächer chitinisiert als die übrigen. Galea mit 3 ziemlich langen Terminalästen. Palpen mäßig kräftig, glatt, nur die Hand an der Fingerbasis granuliert. Trochanter 1,4 mal so lang wie breit. Femur 2,4 bis 2,5 mal so lang wie breit, deutlich gestielt. Tibia 2,1—2,2 mal so lang wie breit, etwas länger als das Femur. Schere etwa 3 mal so lang wie breit. Finger bedeutend kürzer als die Hand. Patella des 1. Beinpaares deutlich länger als das Femur. — Körper L. 2—2,1 mm; Palpen: ♂ Femur L. 0,335 mm, B. 0,138 mm, Tibia L. 0,345 mm, B. 0,161 mm, Hand L. 0,355 mm, B. 0,207 mm, Finger L. 0,299 mm; ♀ Femur L, 0,405 mm, B. 0,161 mm, Tibia L. 0,414 mm, B. 0,195 mm, Hand L. 0,437 mm, B. 0,242 mm, Finger L. 0,345 mm.

Mikronesien: Funafuti; Samoa.

4. **X. longiventer** (L. Koch) 1886 *Olpium l.*, L. Koch in: L. Koch & Keyserling, Arach. Austral., *v.* 2 p. 50 t. 6 f. 9 a—c | ? 1914 *O. l.*, Ellingsen in: Rec. Ind. Mus., *v.* 10 p. 12.

Cephalothorax etwas länger als breit, ohne Quereindrücke, mit 4 Augen Tergite ungeteilt. Galea mit kurzen Terminalästchen. Palpen kaum so lang wie der Körper, glatt. Femur etwa 4 mal so lang wie breit, so lang wie der Cephalothorax. Tibia etwas kürzer als das Femur. Finger ungefähr so lang wie die Hand. — Körper L. 2,7 mm; Palpen: Femur L. 0,50 mm, Tibia L. 0,45 mm, Schere L. 1,0 mm.

Australien: Queensland; Hawai? Indien?

b) Subfam. **Garypininae** Daday

1888 *G.*, Daday in: Termész. Füzetek, *v.* 11 p. 123, 179 | 1906 *G.*, With in: Danske Selsk. Skr., *v.* 7 nr. 3 p. 91 | 1930 *G.*, Chamberlin in: Ann. nat. Hist., ser. 10 *v.* 5 p. 590 | 1931 *G.*, Chamberlin in: Stanford Univ. Publ., *v.* 7 p. 225.

Mit den Charakteren der Familie. Cephalothorax meist deutlich länger als breit, mit 4 Augen. Tergite geteilt, höchstens die vordersten und hintersten ungeteilt. Flagellum mit 4 Borsten, selten eine Flagellumborste stärker reduziert. Arolien geteilt (Fig. 232).

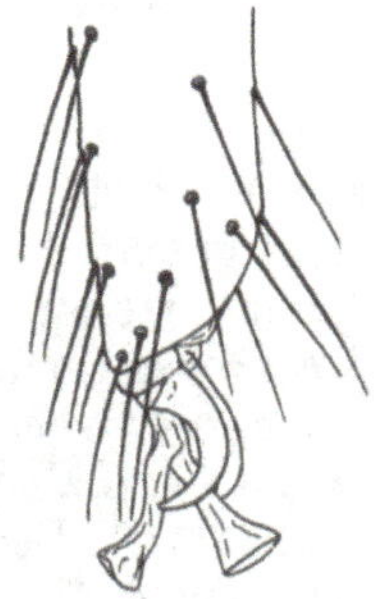

Fig. 232. Ende des 2. Tarsengliedes von **Pseudogarypinus costaricensis** Beier mit den Krallen und dem geteilten Arolium.

Über alle Regionen verbreitet, jedoch vorwiegend tropisch und subtropisch; keine ausgesprochenen Steppen- oder Wüstentiere, sondern auch in Waldgebieten lebend.

7 Genera, 19 sichere, 4 unsichere Arten.

Übersicht über die Genera:

1 { Patella des 1. Beinpaares deutlich kürzer als das Femur und gegen dieses beweglich; das Tasthaar *it* wenig proximal von *est* und weit vor *esb*; *ib* nahezu in gleicher Höhe mit *esb* — **2**
Patella des 1. Beinpaares deutlich länger als das Femur und gegen dieses kaum beweglich — **4**

2 { Das Tasthaar *isb* viel näher bei *ib* als bei *ist* stehend; Lamina exterior klein, aber vorhanden; Zähne beider Palpenfinger nahezu gleich entwickelt; Femur des 4. Beinpaares schlank, etwa 3 mal so lang wie breit — **3**
Das Tasthaar *isb* viel näher bei *ist* als bei *ib* stehend; Lamina exterior fehlend; Zähne des beweglichen Palpenfingers bedeutend schwächer entwickelt als die des festen; Femur des 4. Beinpaares gedrungener, etwa doppelt so lang wie breit . 12. Gen. **Amblyolpium**

3 { Galea nur mit 3 Terminalästchen; Palpen schlanker 13. Gen. **Pseudogarypinus**
Galea mit 5 seitlich hintereinander stehenden Ästchen; Palpen gedrungener . . . . 14. Gen. **Neominniza**

4 { Die Tasthaare *t* und *st* des beweglichen Palpenfingers vorhanden — **5**
Die Tasthaare *t* und *st* des beweglichen Palpenfingers fehlend — **6**

5 { Das Tasthaar *ib* des festen Palpenfingers an die übrigen Glieder der Gruppe eng angeschlossen 15. Gen. **Garypinus**
Das Tasthaar *ib* des festen Palpenfingers weiter proximal, von den übrigen 3 Gliedern der Gruppe getrennt . . . . 16. Gen. **Serianus**

6 { Zähne der Palpenfinger nicht stark vorragend und nicht besonders dicht stehend, proximal bedeutend schwächer entwickelt als distal; das Tasthaar *est* vorhanden; Basalborste der Cheliceren vorhanden; Metatarsus des 4. Beinpaares mit einem Tasthaar, welches länger ist als der ganze Tarsus mit den Klauen . . . . 17. Gen. **Solinus**
Zähne der Palpenfinger vorragend und dicht stehend, proximal kaum schwächer entwickelt als distal; das Tasthaar *est* fehlend; Basalborste der Cheliceren fehlend; Metatarsus des 4. Beinpaares mit einem kurzen Tasthaar, welches kaum so lang ist wie der Tarsus breit . . . . 18. Gen. **Aldabrinus**

12. Gen. **Amblyolpium** E. Sim.

1898 *A.*, E. Simon in: Feuille Natural., *v.* 19 p. 3 | 1906 *A.*, With in: Danske Selsk. Skr., *v.* 7 nr. 3 p. 100 | 1930 *A.*, Chamberlin in: Ann. nat. Hist., ser. 10 *v.* 5 p. 593.

Typus: *A. dollfusi* E. Sim. (durch ursprüngliche Monotypie).

Cephalothorax deutlich länger als breit, glatt, meist mit Quereindrücken; 4 Augen, die vorderen nahe dem gerade abgestutzten und nicht mit einem Längseindruck versehenen Vorderrande. Tergite mit Ausnahme des 1. und letzten geteilt, das 2. mitunter unvollständig geteilt. Flagellum mit 4 Borsten. Lamina exterior vollkommen fehlend. Das Tasthaar *isb* viel näher bei *ist* als bei *ib* stehend. Die Tasthaare *t* und *st* kaum mehr als um ihren Areolardurchmesser voneinander entfernt, *st* viel näher bei *t* als bei *sb*. Zähne des beweglichen Palpenfingers bedeutend schwächer entwickelt als die des festen. Patella des 1. Beinpaares kürzer als das Femur und gegen dieses beweglich. Femur des 4. Beinpaares ziemlich gedrungen, etwa doppelt so lang wie breit.

Ostasien, Südamerika, Afrika?, Europa?

5 Arten.

Übersicht über die Arten:

1 { Palpenfemur 3.2—3,8 mal so lang wie breit — 2
Palpenfemur 4,2—4,3 mal so lang wie breit — 3

2 { Palpenfinger etwa so lang wie die Tibia, der feste mit 29 Zähnen . . . . 1. **A. dollfusi**
Palpenfinger deutlich länger als die Tibia, der feste mit 37—41 Zähnen . . . . 2. **A. bellum**

3 { Palpenhand ziemlich parallelseitig, nicht eiförmig — 4
Palpenhand annähernd eiförmig . . . . 5. **A. ortonedae**

4 { Schere 3,7 mal so lang wie breit; Finger etwas länger als die Tibia . . . . 3. **A. biaroliatum**
Schere 3,9 mal so lang wie breit; Finger etwas kürzer als die Tibia . . . . 4. **A. birmanicum**

1. **A. dollfusi** E. Sim. 1898 *A. D.*, E. Simon in: Feuille Natural., *v.* 19 p. 3 | 1930 *A. d.*, Chamberlin in: Ann. nat. Hist., ser. 10 *v.* 5 p. 593.

Cephalothorax bedeutend länger als breit, vorn nicht stark verlängert, vor den Augen ziemlich gerade abgestutzt; 4 Augen, die vorderen nahe dem Vorderrand. Beborstung der Tergite: 6—6—6—8—8. Tergite mit Ausnahme des 1. und letzten geteilt. Palpen ziemlich schlank, fast vollständig glatt. Femur 3,6—3,8mal so lang wie breit. Tibia nur wenig kürzer als das Femur. Finger etwa so lang wie die Tibia, der feste mit 29 Zähnen. — Körper L. 2,5—3,4 mm.

Südfrankreich?, Nordafrika? (wahrscheinlich Ostasien).

2. **A. bellum** Chamb. 1930 *A. b.*, Chamberlin in: Ann. nat. Hist., ser. 10 *v.* 5 p. 593.

Cephalothorax mit 4 deutlichen Augen; Beborstung der Scheibe: 4—4, 24. Tergite mit Ausnahme des 1. und letzten geteilt. Das 2. Tergit mitunter unvollständig geteilt. Beborstung der Tergite: 4—6—6—6—6—8—8. Sternite mit 8 Marginalborsten. Sternit 6 und 7 mit je einem Paar tasthaarähnlicher Discalborsten. Palpen ziemlich schlank, vollständig glatt. Trochanter doppelt so lang wie breit, hinten konkav. Femur 3,1mal so lang wie breit, in der Mitte am breitesten. Tibia 2,3mal so lang wie breit, etwas länger als die Hand, kurz gestielt. Schere 3,2—3,3mal so lang wie breit.

Finger wenig, aber deutlich länger als die Hand, der feste mit 41—42 distal besser als proximal entwickelten Zähnen; beweglicher Finger distal mit 9—10 deutlichen und proximal mit etwa 15 undeutlichen Zähnen. Femur des 1. Beinpaares 1,7—1,8mal so lang wie die Patella. Femur des 4. Beinpaares ziemlich gedrungen, mit dem Trochantin 2—2,3mal so lang wie breit. Metatarsus des 4. Beinpaares mit einem, der Tarsus mit 4 Paaren von Ventralborsten. — Körper L. 2,2 mm.

Sundainseln: Java.

3. **A. biaroliatum** (Töm.) 1884 *Olpium b.*, Tömösvary in: Termész. Füzetek, *v.* 8 p. 23 t. 1 f. 15—18 | 1888 *Garypus biareolatus*, Daday in: Termész. Füzetek, *v.* 11 p. 126, 182 | 1906 *Olpium biareolatum*, With in: Danske Selsk. Skr., *v.* 7 nr. 3 p. 109.

Cephalothorax fast doppelt so lang wie breit, glatt, mit 4 Augen. Tergite mit Ausnahme der beiden vordersten und des letzten geteilt. Palpen (Fig. 233) ziemlich schlank, glatt. Femur 4,3mal so lang wie breit, schwach gestielt. Tibia 2,9mal so lang wie breit, bedeutend kürzer als das Femur. Schere 3,7mal so lang wie breit. Finger so lang wie die Hand mit Stiel, etwas länger als die Tibia, der feste mit etwa 38 Zähnen. Zähne des beweglichen Fingers schwach entwickelt. Femur des 1. Beinpaares etwa 1,6mal so lang wie die Patella. — Körper L. 2,5 mm; Palpen: Femur L. 0,74 mm, B. 0,17 mm, Tibia L. 0,58 mm, B. 0,20 mm, Hand L. 0,60 mm, B. 0,30 mm, Finger L. 0,61 mm.

Ostindien.

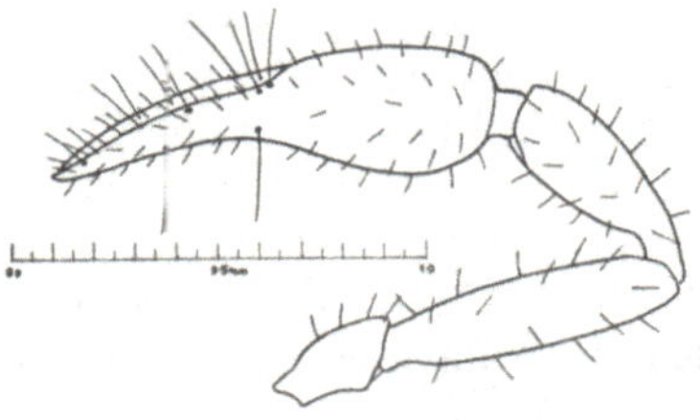

Fig. 233.
Amblyolpium biaroliatum (Töm.).
Rechte Palpe.

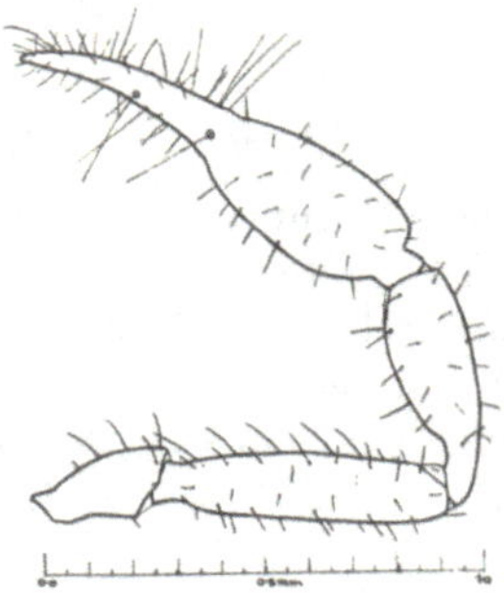

Fig. 234.
Amblyolpium birmanicum (With).
Rechte Palpe.

4. **A. birmanicum** (With) 1906 *Olpium b.*, With in: Danske Selsk. Skr., *v.* 7 nr. 3 p. 109 t. 2 f. 7a—h | 1914 *O. b.*, Ellingsen in: Rec. Ind. Mus., *v.* 10 p. 11 | 1930 *O. b.*, Beier in: Zool. Anz., *v.* 91 p. 289 | 1930 *Garypinus birmanicus*, Chamberlin in: Ann. nat. Hist., ser. 10 *v.* 5 p. 592.

Cephalothorax 1,5mal so lang wie breit, mit sehr deutlicher mittlerer Querfurche. Tergite mit Ausnahme der beiden vordersten und des letzten geteilt. Flagellum mit 4 Borsten. Galea mit 1 Seiten- und 2 Terminalästchen. Palpen (Fig. 234) ziemlich schlank, glatt. Femur 4,3mal so lang wie breit, schwach gestielt. Tibia 2,9mal so lang wie breit, bedeutend kürzer als das Femur. Schere 3,9mal so lang wie breit. Finger kaum so lang wie die Hand mit Stiel, etwas kürzer als die Tibia. Femur des 1. Beinpaares etwa 1,7mal so lang wie die Patella. Femur des 4. Beinpaares gedrungen, mit Trochantin 2,2mal so lang wie breit. — Körper L. 2,2 mm; Palpen; Femur L. 0,68 mm, B. 0,15 mm, Tibia L. 0,54 mm, B. 0,19 mm, Hand L. 0,54 mm, B. 0,25 mm, Finger L. 0,53 mm.

Indien: Burma, Assam, Bombay; Sundainseln: Sumatra.

5. **A. ortonedae** (Ellingsen) 1902 *Olpium o.*, Ellingsen in: Mém. Soc. zool. France, *v.* 15 p. 159 | 1907 *O. o.*, Tullgren in: Mt. Mus. Hamburg, *v.* 24 p. 67 | 1930 *Garypinus o.*, Chamberlin in: Ann. nat. Hist., ser. 10 *v.* 5 p. 593.

Cephalothorax fast doppelt so lang wie breit, mit 4 Augen, die Scheibe in der Mitte mit einem Quereindruck. Tergite mit Ausnahme des 1. und letzten geteilt. Galea mit Terminalästchen. Palpen (Fig. 235) ziemlich schlank, glatt. Femur 4,2 mal so lang wie breit, schwach gestielt. Tibia 2,8 mal so lang wie breit, bedeutend kürzer als das Femur, ziemlich lang gestielt. Schere 3,7 mal so lang wie breit. Hand annähernd eiförmig. Finger so lang wie die Hand mit Stiel, etwas länger als die Tibia. Fester Finger deutlich, beweglicher nur distal erkennbar bezahnt. Femur des 1. Beinpaares 1,8 mal so lang wie die Patella. Femur des 4. Beinpaares gedrungen, mit Trochantin 2,3 mal so lang wie breit. — Körper L. 3 mm; Palpen: Femur L. 0,64 mm, B. 0,15 mm, Tibia L. 0,52 mm, B. 0,18 mm, Hand L. 0,53 mm, B. 0,26 mm, Finger L. 0,54 mm.

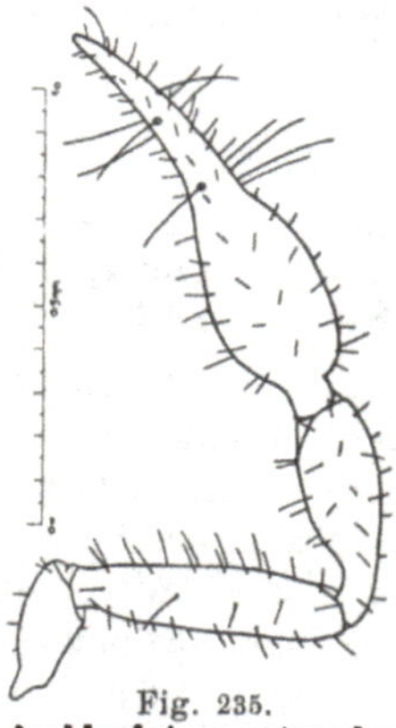

Fig. 235.
Amblyolpium ortonedae (Ellingsen). Rechte Palpe.

Südamerika: Equador.

13. Gen. **Pseudogarypinus** Beier

1931 *P.*, Beier in: Mt. Mus. Berlin, *v.* 17 p. 313.

Typus: *P. costaricensis* Beier (durch ursprüngliche Bestimmung).

Cephalothorax länger als breit, glatt, mit 4 Augen. Tergite mit Ausnahme der beiden vordersten und des letzten geteilt, mit je 6—10 Marginalborsten. Galea mit Terminalästchen. Palpen teilweise granuliert. In der distalen Hälfte des festen Fingers nur das Tasthaar *et; est* proximal der Mitte; die Tasthaare *it, ist isb* und *ib* zu einer Gruppe nahe der Fingerbasis vereinigt. Patella des 1. Beinpaares bedeutend kürzer als das Femur und gegen dieses frei beweglich. Femur des 4. Beinpaares ziemlich schlank. Arolien geteilt.

Südliches Nordamerika, Zentralamerika.

2 Arten.

Übersicht über die Arten:

1 { Palpenfemur 2,9—3,2 mal so lang wie breit; Tibia 2,1 bis 2,2 mal so lang wie breit . . . . 1. **P. marianae**
Palpenfemur 4,1 mal so lang wie breit; Tibia 2,7 mal so lang wie breit . . . . 2. **P. costaricensis**

1. **P. marianae** (Chamb.) 1930 *Garypinus m.*, Chamberlin in: Ann. nat. Hist., ser. 10 *v.* 5 p. 591 f. 1 T, AA | 1931 *Pseudogarypinus m.*, Beier in: Mt. Mus. Berlin, *v.* 17 p. 314.

Cephalothorax bedeutend länger als breit, mit 4 deutlichen Augen; Beborstung der Scheibe: 6—4, 30 oder mehr. Tergite mit Ausnahme des 1., 2. und 11. geteilt, mit je 6—8 Marginalborsten. Sternite mit je 9—12 Marginalborsten. Chelicerenstamm mit 5 Borsten. Galea schlank, mit drei Terminalästen. Palpen kräftig, Femur und Tibia medial mehr oder weniger deutlich granuliert. Trochanter 1,7—2 mal so lang wie breit, hinten konkav. Femur 2,9—3,2 mal so lang wie breit, nahe dem Ende am breitesten, undeutlich gestielt. Tibia 2,1—2,2mal so lang wie breit. Schere 3—3,3mal so lang wie breit. Hand kürzer als das Femur, aber länger als die Tibia. Finger viel kürzer als die Hand, gebogen, fester und beweglicher mit je 37—48 Zähnen. Femur des 1. Beinpaares 1,4—1,5mal so lang wie die Patella. Femur des 4. Beinpaares ziemlich schlank, mit Trochantin 2,6 bis 2,8mal so lang wie breit. — Körper L. 3—3,8 mm.

Nordamerika: Kalifornien, Utah.

2. **P. costaricensis** Beier 1931 *P. c.*, Beier in: Mt. Mus. Berlin, *v.* 17 p. 314 f. 9.

Cephalothorax länger als breit, glatt, der Hinterrand mit 6 Borsten. Tergite mit Ausnahme des 1., 2. und 11. geteilt, mit je 8—10 Marginalborsten. Galea mit 3 Terminalästchen. Palpen (Fig. 236) schlank, Femur und Tibia medial deutlich granuliert. Femur 4,1 mal so lang wie breit, distal am breitesten, undeutlich gestielt. Tibia 2,7mal so lang wie breit.

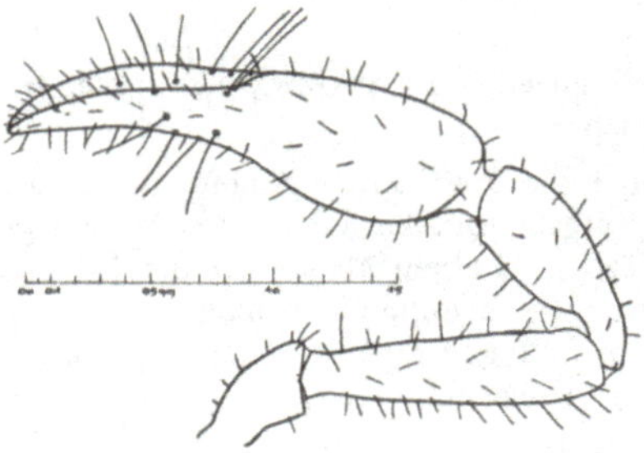

Fig. 236.
Pseudogarypinus costaricensis Beier. Rechte Palpe.

Schere 3,8mal so lang wie breit. Finger so lang wie die Hand ohne Stiel, der feste mit 47—48, der bewegliche mit 44—45 Zähnen. Femur des 1. Beinpaares 1,7 mal so lang wie die Patella. Femur des 4. Beinpaares ziemlich schlank, mit Trochantin 3—3,1 mal so lang wie breit. — Körper L. 3,5—3,8 mm; Palpen: Femur L. 1,21 mm, B. 0,29 mm, Tibia L. 0,93 mm, B. 0,35 mm, Hand L. 1,09 mm, B. 0,52 mm, Finger L. 1,00 mm.

Zentralamerika: Costa Rica.

14. Gen. **Neominniza** Beier

1930 *N.*, Beier in: Boll. Laborat. Zool. Portici, *v.* 23 p. 202.

Typus: *N. divisa* Beier (durch ursprüngliche Bestimmung und Monotypie).

Mit der vorigen Gattung nahe verwandt. Cephalothorax bedeutend länger als breit, mit 4 Augen, die Scheibe mit 2 undeutlichen Quereindrücken. Tergite mit Ausnahme des 1. und 11. geteilt. Galea mit 5 Seitenästen. Palpen kräftig. Stellung der Tasthaare ähnlich wie bei der vorigen Gattung. Patella des 1. Beinpaares deutlich kürzer als das Femur, gegen dieses beweglich.

Südamerika.

1 sichere, 1 unsichere Art.

1. **N. divisa** Beier 1930 *N. d.*, Beier in: Boll. Laborat. Zool. Portici, *v.* 23 p. 203 f. 7, 8.

Cephalothorax etwa 1,5mal so lang wie breit, fast glatt, die Scheibe mit 2 sehr undeutlichen Quereindrücken. Tergite mit Ausnahme des 1.

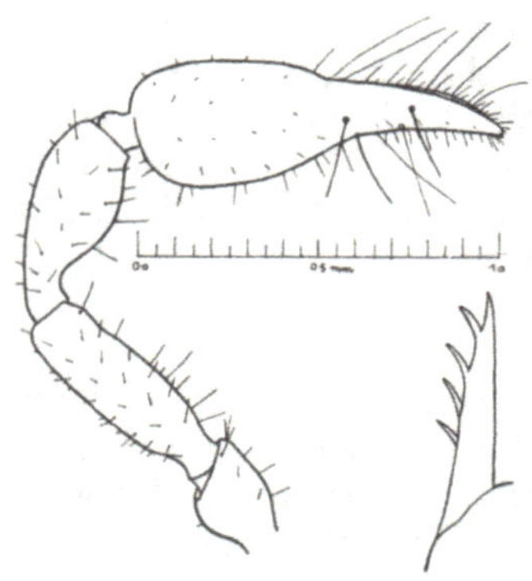

Fig. 237.
Neominniza divisa Beier. Linke Palpe und Galea.

und 11. geteilt, das 10. unvollständig geteilt. Galea mit 5 Seitenästchen. Palpen (Fig. 237) nicht länger als der Körper, glatt. Femur 3,3 mal so lang wie breit, nahe der Mitte am breitesten, deutlich gestielt. Tibia 2,3 mal so lang wie breit. Schere 3 mal so lang wie breit. Finger kaum so lang wie die Hand ohne Stiel. Femur des 1. Beinpaares 1,5 mal so lang wie die Patella. Femur des 4. Beinpaares mit Trochantin etwa 2,6 mal so lang wie breit. — Körper L. 3,2 mm; Palpen: Femur L. 0,62 mm, B. 0,19 mm, Tibia L. 0,58 mm, B. 0,24 mm, Hand L. 0,63 mm, B. 0,34 mm, Finger L. 0,51 mm.

Südamerika: Chile.

Unsichere Art:

N. patagonica (Ellingsen) 1904 *Garypinus patagonicus*, Ellingsen in: Boll. Mus. Torino, *v.* 19 nr. 480 p. 5.

Cephalothorax länger als breit, mit 4 Augen, die Scheibe mit einem deutlichen hinteren Quereindruck. Tergite mit Ausnahme des letzten geteilt. Galea mit einem Lateral- und 2 Terminalästen. Palpen kürzer als der Körper, glatt. Femur etwa so lang wie der Cephalothorax, etwa doppelt so lang wie breit, deutlich gestielt. Tibia etwas kürzer als das Femur. Finger etwa so lang wie die Hand oder nur sehr wenig kürzer. Arolien geteilt. — Körper L. 2,7 mm.

Südamerika: Patagonien.

15. Gen. **Garypinus** Daday

1888 *G.*, Daday in: Termész. Füzetek, *v.* 11 p. 124, 179 | 1906 *G.*, With in: Danske Selsk. Skr., *v.* 7 nr. 3 p. 111 | 1929 *G.*, Beier in: Ann. Wien. Mus., *v.* 43 p. 359 | 1930 *G.* (part.), Chamberlin in: Ann. nat. Hist., ser. 10 *v.* 5 p. 591.

Typus: *Olpium dimidiatum* L. Koch (durch Monotypie).

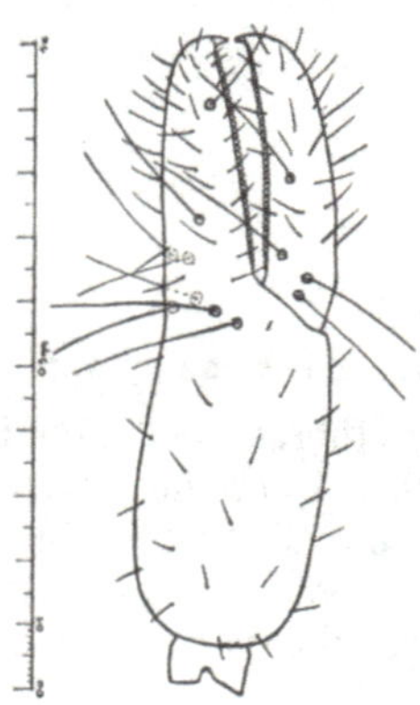

Fig. 238.
Garypinus dimidiatus (L. Koch). Palpenschere von außen.

Cephalothorax länger als breit, glatt, mit 4 Augen. Tergite mit Ausnahme der vorderen und des letzten geteilt. Sternite 6 und 7 des Männchens mitunter mit medianem Borstenfeld. Galea mit Terminalästchen. Palpen mäßig kräftig, bisweilen teilweise granuliert. Femur deutlich gestielt. Fester Finger in der distalen Hälfte nur mit dem Tasthaar *et*, *est* proximal der Mitte (Fig. 238). Die Tasthaare *it*, *ist*, *isb* und *ib* in einer Gruppe nahe der Fingerbasis vereinigt, *ib* den übrigen Gliedern dieser Gruppe eng angeschlossen. Die Tasthaare *t* und *st* des beweglichen Fingers vorhanden. Patella des 1. Beinpaares so lang oder länger als das Femur und gegen dieses kaum beweglich. Arolien geteilt.

Südeuropa, Nordafrika, Asien, Südafrika?

4 sichere, 2 unsichere Arten.

Übersicht über die Arten:

1 { Sternite 6 und 7 des Männchens ohne medianes Borstenfeld — **2**
  { Sternite 6 und 7 des Männchens mit medianem Borstenfeld — **3**

2 { Die ersten 5 Tergite nicht oder unvollständig geteilt . . . 1. **G. dimidiatus**
Alle Tergite geteilt . . . . 2. **G. cyrenaicus**

3 { Cephalothorax mit deutlichem Y-förmigem Eindruck in der Mitte; Femur des Männchens 3 mal so lang wie breit . 3. **G. biimpressus**
Cephalothorax ohne deutlichen Eindruck in der Mitte; Femur des Männchens 2,7 mal, des Weibchens 2,4 mal so lang wie breit . . . . 4. **G. nobilis**

1. **G. dimidiatus** (L. Koch) 1873 *Olpium dimidiatum*, L. Koch, Übers. Darst. Eur. Chernet., p. 34 | 1884 *O. semivittatum*, Tömösvary in: Termész. Füzetek, *v.* 8 p. 22 f. 1—2 | 1888 *Garypinus dimidiatus*, Daday in: Termész. Füzetek, *v.* 11 p. 124, 180 t. 4 f. 14, 17, 19, 23 | 1910 *G. d.*, Ellingsen in: Mt. Mus. Berlin, *v.* 4 p. 388 | 1929 *G. d.*, Beier in: Ann. Wien. Mus., *v.* 43 p. 359 | 1929 *G. d.*, Beier in: SB. Ak. Wien, *v.* 138 p. 450 | 1930 *G. d.*, Chamberlin in: Ann. nat. Hist., ser. 10 *v.* 5 p. 592 | 1931 *G. d.*, Beier in: Abh. Ver. Bremen, *v.* 28 p. 98.

Cephalothorax bedeutend länger als breit, glatt, ohne Quereindrücke, mit 4 Augen. Tergite 1—5 unvollständig, 6—10 vollständig geteilt, 11 ungeteilt, mit je 6 Marginalborsten. Galea mit 3 Terminalästchen. Palpen (Fig. 239) mäßig kräftig, etwa so lang wie der Körper, glatt, nur das Femur medial mit einigen verstreuten kleinen Körnchen. Trochanter 1,9 mal so lang wie breit, hinten konkav. Femur 2,9 mal so lang wie breit, deutlich gestielt, hinter dem Stielchen in der ganzen Länge fast gleich breit. Tibia 2,3 mal so lang wie breit, etwas kürzer als das Femur. Schere 3,4 mal so lang wie breit. Finger so lang wie die Hand ohne Stiel, der feste mit 33, der bewegliche mit 35 Zähnen. Patella des 1. Beinpaares 1,2 mal so lang wie das Femur, gegen dieses kaum beweglich. Arolien geteilt. Sternite des Männchens ohne medianes Borstenfeld. — Körper L. 2,5—3 mm; Palpen: Femur L. 0,55 mm, B. 0,18 mm, Tibia L. 0,50 mm, B. 0,23 mm, Hand L. 0,55 mm, B. 0,28 mm, Finger L. 0,48 mm.

Südeuropa: Griechenland; Kleinasien.

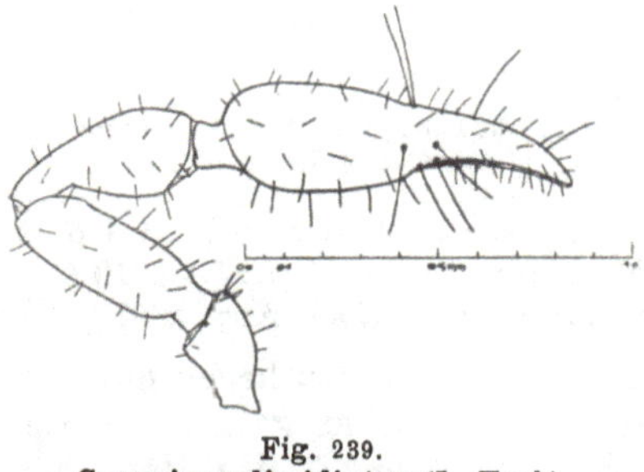

Fig. 239.
Garypinus dimidiatus (L. Koch).
Linke Palpe.

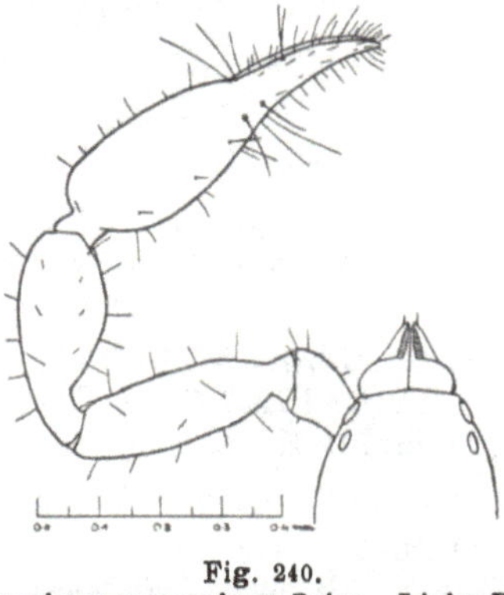

Fig. 240.
Garypinus cyrenaicus Beier. Linke Palpe mit vorderem Teil des Cephalothorax.

2. **G. cyrenaicus** Beier 1929 *G. c.*, Beier in: Boll. Laborat. Zool. Portici, *v.* 24 p. 80 f. 3.

Cephalothorax fast doppelt so lang wie breit, glatt, vor der Mitte mit einem undeutlichen Quereindruck. Sämtliche Abdominaltergite mit Ausnahme des letzten geteilt. Galea mit 2 Terminal- und einem Lateralästchen. Palpen (Fig. 240) kürzer als der Körper, glatt. Femur 3,2 mal so lang wie breit, deutlich gestielt. Tibia 2,4 mal so lang wie breit, etwas kürzer als das Femur. Schere 3,4 mal so lang wie breit. Finger bedeutend kürzer als die Hand ohne Stiel. Patella des 1. Beinpaares etwa 1,5 mal so lang wie das Femur.

— Körper L. 1,7 mm; Palpen: Femur L. 0,38 mm, B. 0,12 mm, Tibia L. 0,34 mm, B. 0,14 mm, Hand L. 0,37 mm, B. 0,17 mm, Finger L. 0,25 mm.

Nordafrika: Cyrenaica.

3. **G. biimpressus** (E. Sim.) 1890 *Olpium biimpressum*, E. Simon in: Ann. Soc. ent. France, ser. 6 *v.* 10 p. 121.

Cephalothorax länger als breit, die Scheibe mit einem Y-förmigen Eindruck in der Mitte. Sämtliche Tergite mit Ausnahme des letzten geteilt. Sternit 6 des Männchens mit 13, 7 mit 15 Borsten in einer Mediangruppe. Galea fast einfach. Palpen (Fig. 241) mäßig kräftig. Femur 2,9mal so lang wie breit, deutlich gestielt. Tibia 2,2mal so lang wie breit, kürzer als das Femur. Schere 3,2mal so lang wie breit. Finger bedeutend kürzer als die Hand ohne Stiel, der feste mit 23 deutlichen und 6 flachen, der bewegliche mit 11 deutlichen und 9 flachen Zähnen. Patella des 1. Beinpaares länger als das Femur. Tarsen gedrungen. — Körper L. 2,7—3 mm; Palpen: Femur L. 0,65 mm, B. 0,22 mm, Tibia L. 0,57 mm, B. 0,26 mm, Hand L. 0,65 mm, B. 0,32 mm, Finger L. 0,48 mm.

Arabien.

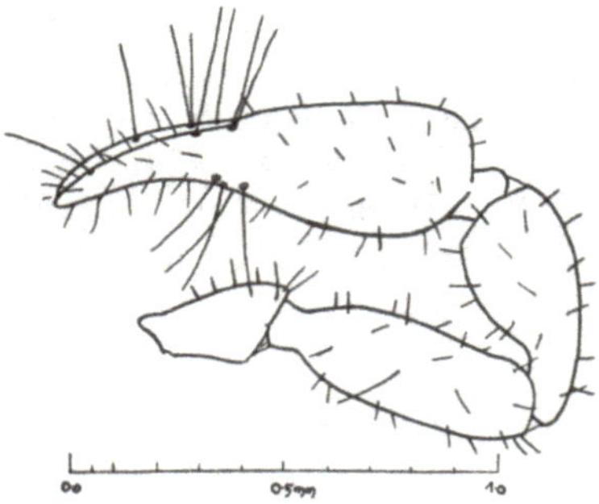

Fig. 241.
Garypinus biimpressus (E. Sim.). Rechte Palpe.

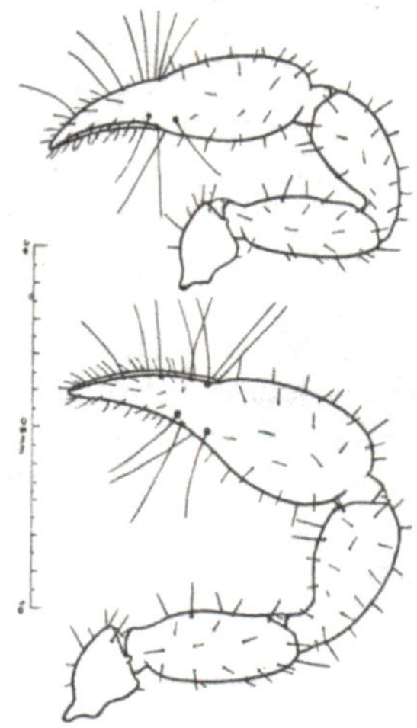

Fig. 242.
Garypinus nobilis With. Linke Palpe des ♂ (oben) und des ♀ (unten).

4. **G. nobilis** With 1906 *G. n.*, With in: Danske Selsk. Skr., *v.* 7 nr. 3 p. 112 t. 1 f. 7, t. 2 f. 8 | 1907 *G. n.*, Tullgren in: Mt. Mus. Hamburg, *v.* 24 p. 67 | 1910 *G. n.*, Ellingsen in: Mt. Mus. Berlin, *v.* 4 p. 389 | 1930 *G. n.*, Beier in: Zool. Anz., *v.* 91 p. 289.

Cephalothorax deutlich länger als breit, mit einem undeutlichen mittleren Quereindruck. Tergite mit Ausnahme der beiden letzten geteilt, schwach chitinisiert, mit je 8—10 Marginalborsten. Sternite 6 und 7 des Männchens mit medianem Borstenfeld. Galea mit 3 beim Männchen kurzen, beim Weibchen längeren Terminalästen. Palpen (Fig. 242) mäßig kräftig, glatt. Femur 2,4—2,7mal so lang wie breit, deutlich gestielt. Tibia 2,2—2,3mal so lang wie breit. Schere 2,9—3,2mal so lang wie breit. Finger etwas kürzer als die Hand ohne Stiel. Patella des 1. Beinpaares mehr als doppelt so lang wie das Femur. — Körper L. 2—3 mm; Palpen: ♂ Femur L. 0,44 mm, B. 0,16 mm, Tibia L. 0,42 mm, B. 0,19 mm, Hand L. 0,46 mm, B. 0,23 mm, Finger L. 0,38 mm; ♀ Femur L. 0,48 mm, B. 0,20 mm, Tibia L. 0,46 mm, B. 0,23 mm, Hand L. 0,54 mm, B. 0,30 mm, Finger L. 0,44 mm.

Hinterindien: Siam, Bangkok, Insel Koh Chang; Sundainseln: Java; Bismarck-Archipel?

Unsichere Arten:

G. capensis Ellingsen 1912 *G. c.*, Ellingsen in: Ann. S. Afr. Mus., *v.* 10 p. 114.

Cephalothorax länger als breit, glatt, mit einem Quereindruck in der Mitte. Tergite mit Ausnahme des 11. geteilt. Galea mit sehr kleinen Terminalästchen. Palpen kürzer als der Körper, glatt. Femur 3,3 mal so lang wie breit, deutlich gestielt. Tibia kürzer als das Femur. Finger etwas kürzer als die Hand. Patella des 1. Beinpaares etwas länger als das Femur. — Körper L. 2,8 mm; Palpen: Femur L. 0,43 mm, B. 0,13 mm, Tibia L. ?, B. 0,16 mm, Hand L. 0,41 mm, B. 0,23 mm, Finger L. 0,36 mm.

Südafrika: Kapland.

G. mirabilis With 1900 *Olpium longiventer*, E. Simon in: Fauna Haw., *v.* 2 p. 519 | 1907 *Garypinus mirabilis*, With in: J. Linn. Soc. London, *v.* 30 p. 79 t. 10 f. 48—53.

Cephalothorax deutlich länger als breit, mit 4 Augen. Tergite mit Ausnahme des 1.—3. und des 11. geteilt, glatt. Galea mit 3 Terminalästen. Palpen mäßig kräftig, glatt. Femur etwa 3 mal so lang wie breit, mit kurzem Stiel. Tibia fast so lang wie das Femur. Schere 3,5 mal so lang wie breit. Finger etwas kürzer als die Hand. — Körper L. 2,4 mm.

Sandwich-Inseln: Kauai.

16. Gen. **Serianus** Chamb.

1930 *S.*, Chamberlin in: Ann. nat. Hist., ser. 10 *v.* 5 p. 594.

Typus: *Garypinus serianus* Chamb. (durch ursprüngliche Bestimmung).

Cephalothorax länger als breit, mit 4 Augen. Fast sämtliche Tergite geteilt. Sternite 6 und 7 oder 6—8 des Männchens mit einigen Medianborsten. Galea mit Terminalästen. Eine schmale Lamina exterior vorhanden. Palpen denjenigen von *Garypinus* sehr ähnlich. Femur gestielt. Das Tasthaar *ib* von den übrigen 3 Gliedern der Gruppe isoliert und weiter proximal stehend. Die Tasthaare *t* und *st* vorhanden. Patella des 1. Beinpaares deutlich länger als das Femur, gegen dieses kaum beweglich. Arolien geteilt.

Nordamerika.

4 sichere, 1 unsichere Art.

Übersicht über die Arten:

1 { Finger so lang oder länger als die Hand; Tibia so lang wie das Femur; Cephalothorax und Tergite stark chitinisiert; Sternite 6 und 7 des Männchens mit einem Paar tasthaarähnlicher Borsten — **2**
Finger deutlich kürzer als die Hand; Tibia länger als das Femur; Cephalothorax und Tergite sehr schwach chitinisiert; Sternite 6—8 des Männchens mit einer medianen Gruppe von 3—5 Borsten — **3**

2 { Die ersten 7 oder 8 Tergite vollständig geteilt, 9. und 10. unvollständig; Femur 2,6—2,8 mal so lang wie breit; Körper L. 3—3,5 mm . . . . 1. **S. arboricolus**
Die ersten 4 oder 5 Tergite vollständig geteilt, die folgenden bis zum 8. oder 9. unvollständig; Femur 2,9—3,1 mal so lang wie breit; Körper L. 2,2—2,5 mm . . . . 2. **S. litoralis**

3 { Schere wenigstens 3 mal so lang wie breit; Finger schlanker, wenigstens 1,4 mal so lang wie die Breite der Schere . . 3. **S. serianus**
Schere 2,6—2,7 mal so lang wie breit; Finger gedrungener, 1,1—1,3 mal so lang wie die Breite der Schere . . . . . 4. **S. solus**

1. **S. arboricolus** (Chamb.) 1923 *Garypinus a.*, Chamberlin in: P. Calif. Ac., ser. 4 *v.* 12 p. 369 t. 2 f. 5 | 1930 *Serianus a.*, Chamberlin in: Ann. nat. Hist., ser. 10 *v.* 5 p. 595.

Cephalothorax länger als breit, stark chitinisiert. Tergite 1—8 vollständig, 9 und 10 unvollständig geteilt, 11 ungeteilt, mit je 6 Marginalborsten. Serrula mit 21 Lamellen. Palpen ziemlich gedrungen. Femur 2,6—2,8mal so lang wie breit, deutlich gestielt. Tibia 2,1mal so lang wie breit, so lang wie das Femur. Schere 2,7—2,8mal so lang wie breit. Hand ziemlich regelmäßig oval. Finger ungefähr so lang wie die Hand. Sternite 6 und 7 des Männchens mit je 1 Paar tasthaarähnlicher Borsten in der Mitte. — Körper L. 3—3,5 mm.

Nordamerika: Inseln im Golfe von Kalifornien, Sonora, Nieder-Kalifornien. Unter Baumrinde.

2. **S. litoralis** (Chamb.) 1923 *Garypinus l.*, Chamberlin in: P. Calif. Ac., ser. 4 *v.* 12 p. 368 t. 1 f. 4, t. 2 f. 4 | 1930 *Serianus l.*, Chamberlin in: Ann. nat. Hist., ser. 10 *v.* 5 p. 595.

Cephalothorax länger als breit, stark chitinisiert. Tergite 1—4 oder 5 vollständig, 5 (6)—8 oder 9 unvollständig geteilt, 10 und 11 ungeteilt, mit je 6—7 Marginalborsten. Serrula mit 19 Lamellen. Palpen mäßig kräftig. Femur 2,9—3,1mal so lang wie breit, deutlich gestielt. Tibia 2,4mal so lang wie breit, so lang wie das Femur. Schere 2,8—2,9mal so lang wie breit. Hand ziemlich regelmäßig oval. Finger ungefähr so lang wie die Hand. Sternite 6 und 7 des Männchens mit 1 Paar tasthaarähnlicher Borsten in der Mitte. — Körper L. 2,2—2,5 mm.

Nordamerika, Insel Monserrate im Golf von Kalifornien, Mexiko. Unter Steinen in der Nähe von Wasser.

3. **S. serianus** (Chamb.) 1923 *Garypinus s.*, Chamberlin in: P. Calif. Ac., ser. 4 *v.* 12 p. 367 t. 1 f. 1, t. 2 f. 2 | 1930 *Serianus s.*, Chamberlin in: Ann. nat. Hist., ser. 10 *v.* 5 p. 595 f. 2L, 3O.

Cephalothorax länger als breit, sehr schwach chitinisiert. Tergite schwach chitinisiert, mit je 6 Marginalborsten. Serrula mit 16 Lamellen. Palpen ziemlich kräftig. Femur 2,6mal so lang wie breit, deutlich gestielt. Tibia 2,2mal so lang wie breit, deutlich länger als das Femur. Schere 3mal so lang wie breit oder etwas länger. Hand fast parallelseitig, nicht regelmäßig oval. Finger deutlich kürzer als die Hand, 1,4—1,5mal so lang wie die Breite der Hand. Sternite 6—8 des Männchens mit einer medianen Gruppe von 3—5 Borsten. — Körper L. 2,5—3 mm.

Nordamerika: Inseln des Golfes von Kalifornien, Utah.

4. **S. solus** (Chamb.) 1923 *Garypinus s.*, Chamberlin in: P. Calif. Ac., ser. 4 *v.* 12 p. 367 t. 1 f. 3, t. 2 f. 3 | 1930 *Serianus s*, Chamberlin in: Ann. nat. Hist., ser. 10 *v.* 5 p. 596.

Cephalothorax länger als breit, sehr schwach chitinisiert. Tergite sehr schwach chitinisiert. Serrula mit 19—20 Lamellen. Palpen ziemlich kräftig. Femur 2,5—2,6mal so lang wie breit, deutlich gestielt. Tibia 2—2,1mal so lang wie breit, deutlich länger als das Femur. Schere gedrungen, 2,6 bis 2,7mal so lang wie breit. Hand fast parallelseitig, nicht regelmäßig oval. Finger bedeutend kürzer als die Hand, 1,1—1,3mal so lang wie die Breite der Hand. Sternite 6—8 des Männchens mit einer Mediangruppe von 3 bis 5 Borsten. — Körper L. 2,5—3 mm.

Nordamerika: Niederkalifornien, Sonora.

Unsichere Art:

S. frontalis (Banks) 1909 *Olpium f.*, N. Banks in: Canad. Ent., *v.* 41 p. 307.

Cephalothorax etwa $1^1/_4$ mal so lang wie breit, mit 4 Augen. Die hinteren Tergite geteilt. Galea einfach. Femur so lang wie der Cephalothorax, medial granuliert. Tibia kürzer als das Femur. Hand mit nahezu parallelen Seiten. Finger kurz, um $^1/_3$ kürzer als die Hand. — Körper L. 3,5 mm.

Nordamerika: Mexiko.

17. Gen. **Solinus** Chamb.

1930 *S.*, Chamberlin in: Ann. nat. Hist., ser. 10 *v.* 5 p. 596.

Typus: *Garypinus corticolus* Chamb. (durch ursprüngliche Bestimmung).

Cephalothorax länger als breit, mit 4 deutlichen Augen. Abdomen langgestreckt. Tergite geteilt. Basalborste der Cheliceren vorhanden. Lamina exterior fehlend. Palpen mäßig kräftig, denjenigen der beiden vorigen Gattungen ähnlich. Die Tasthaare *t* und *st* des beweglichen Fingers fehlend. Das Tasthaar *est* vorhanden, *ib* an die übrigen Glieder der Gruppe eng angeschlossen. Zähne der Palpenfinger nicht stark vorragend und nicht besonders dicht stehend, proximal bedeutend schwächer entwickelt als distal. Patella des 1. Beinpaares länger als das Femur und gegen dieses kaum beweglich. Metatarsus des 4. Beinpaares mit einem Tasthaar, welches länger ist als der ganze Tarsus mit den Klauen. Arolien geteilt.

Nordamerika, Australien.

2 Arten.

Übersicht über die Arten:

1 { Chelicerenstamm mit 5 Borsten; Tibia doppelt so lang wie breit; Finger so lang wie die Hand und auch so lang wie die Tibia oder etwas kürzer . . . . 1. **S. corticolus**
Chelicerenstamm mit 4 Borsten; Tibia 2,4 mal so lang wie breit; Finger deutlich kürzer als die Hand und kürzer als die Tibia . . . . 2. **S. australiensis**

1. **S. corticolus** (Chamb.) 1923 *Garypinus c.*, Chamberlin in: P. Calif. Ac., ser. 4 *v.* 12 p. 366 t. 1 f. 2, t. 2 f. 1 | 1930 *Solinus c.*, Chamberlin in: Ann. nat. Hist., ser. 10 *v.* 5 p. 596.

Cephalothorax länger als breit, mit 4 Augen. Abdomen langgestreckt, wurmförmig. Tergite geteilt, mit je 4 Marginalborsten. Chelicerenstamm

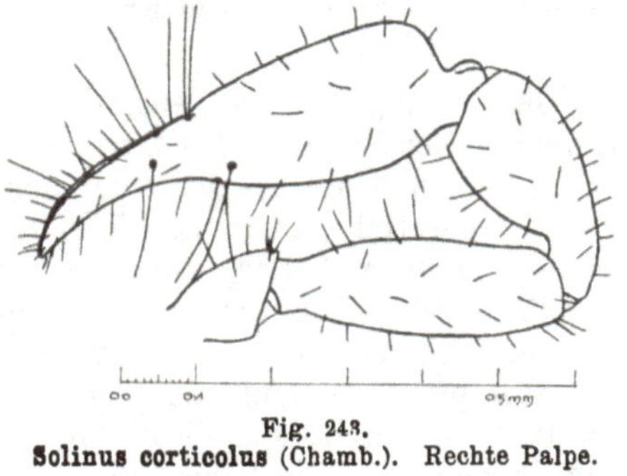

Fig. 243.
Solinus corticolus (Chamb.). Rechte Palpe.

mit 5 Borsten. Serrula mit 15 Lamellen. Lamina exterior fehlend. Galea mit einigen Terminalästchen. Palpen (Fig. 243) mäßig kräftig. Femur 2,5—3,1 mal so lang wie breit, deutlich gestielt. Tibia 2—2,1 mal so lang wie breit, bedeutend kürzer als das Femur. Schere 3—3,2mal so lang wie breit. Finger so lang wie die Hand ohne Stiel oder etwas kürzer. — Körper L. 2,5—3 mm; Palpen: Femur L. 0,39 mm, B. 0,13 mm, Tibia L. 0,32 mm, B. 0,15 mm, Hand L. 0,40 mm, B. 0,29 mm, Finger L. 0,28 mm.

Nordamerika: Mexiko, Niederkalifornien, Sonora.

2. **S. australiensis** Chamb. 1930 *S. a.*, Chamberlin in: Ann. nat. Hist., ser. 10 *v.* 5 p. 597.

Cephalothorax länger als breit, mit 4 deutlichen Augen. Tergite undeutlich geteilt, mit je 4 Marginalborsten. Chelicerenstamm mit 4 Borsten. Palpen glatt, denen der vorigen Art ähnlich. Femur 3,2mal so lang wie breit, kürzer als der Cephalothorax, aber länger als Tibia oder Hand. Tibia 2,4mal so lang wie breit, etwa so lang wie die Hand. Schere 3,4mal so lang wie breit, länger als der Cephalothorax. Finger deutlich kürzer als die Hand, der feste distal mit 10 deutlichen, proximal mit etwa 10 undeutlichen Zähnen, der bewegliche distal mit 7 deutlichen, proximal mit 10—11 flachen und undeutlichen Zähnen. — Körper L. 2,2 mm.

Australien: Barringun (zwischen Queensland und New South Wales).

18. Gen. **Aldabrinus** Chamb.

1930 *A.*, Chamberlin in: Ann. nat. Hist., ser. 10 *v.* 5 p. 597.

Typus: *A. aldabrinus* Chamb. (durch ursprüngliche Bestimmung und Monotypie).

Cephalothorax länger als breit, mit 4 Augen. Tergite geteilt. Basalborste der Cheliceren und Lamina exterior fehlend. Palpen kräftig, glatt. Die Tasthaare *t* und *st* des beweglichen Fingers fehlend. Das Tasthaar *ib* eng an die übrigen Glieder der Gruppe angeschlossen, *est* fehlend. Zähne der Palpenfinger vorragend und dicht stehend, proximal kaum schwächer entwickelt als distal. Patella des 1. Beinpaares länger als das Femur und gegen dieses kaum beweglich. Metatarsus des 4. Beinpaares mit einem kurzen Tasthaar, welches kaum länger ist als der Tarsus breit. Arolien geteilt.

Madagaskar.

1 Art.

1. **A. aldabrinus** Chamb. 1930 *A. a.*, Chamberlin in: Ann. nat. Hist., ser. 10 *v.* 5 p. 597.

Cephalothorax viel länger als breit, mit einem deutlichen Quereindruck hinter der Mitte; Beborstung der Scheibe: 4—4, 22; 4 schwach entwickelte Augen, die vorderen um ihren Durchmesser von den hinteren und um zwei Durchmesser vom Vorderrande entfernt. Tergite und Sternite mit je 4—6 Marginalborsten. Palpen kräftig, nicht granuliert. Trochanter 1,8mal so lang wie breit, vorn und hinten gleichmäßig gerundet. Femur 2,3mal so lang wie breit, kürzer als der Cephalothorax, dick gestielt. Tibia doppelt so lang wie breit, so lang wie das Femur, kurz gestielt. Schere 2,8—2,9mal so lang wie breit, viel dicker als breit. Finger länger als die Hand und auch länger als die Tibia, mit je 36 dicht stehenden, nach hinten gerichteten, proximal kaum schwächer als distal entwickelten Zähnen. — Körper L. 3,2 mm.

Madagaskar: Aldabra Inseln.

3. Fam. **Garypidae** H. J. Hansen

1894 *G.* (part.), H. J. Hansen in: Ent. Meddel., *v.* 4 p. 281 | 1904 *G.* (part.), Ellingsen in: Boll. Mus. Torino, *v.* 19 nr. 480 p. 2 | 1906 *G.* (part.), With in: Danske Selsk. Skr., *v.* 7 nr. 3 p. 89 | 1907 *G.* (part.), With in: J. Linn. Soc. London, *v.* 30 p. 66 | 1917 *G.* (part.), Nonidez in: Trab. Mus. Madrid, nr. 32 p. 27 | 1929 *G.* (part.), Beier in: Ann. Wien. Mus., *v.* 43 p. 358 | 1930 *G.*, Chamberlin in: Ann. nat. Hist., ser. 10 *v.* 5 p. 608 | 1931 *G.*, Chamberlin in: Stanford Univ. Publ., *v.* 7 p. 226.

Cephalothorax immer nach vorn mehr oder weniger stark verengt und dreieckig erscheinend, mit 4 meist stark vorragenden Augen. Abdomen eiförmig oder rundlich, bedeutend breiter als der Cephalothorax. Pleuralmembran granuliert oder kurz wellig gestreift. Integument mehr oder weniger stark granuliert, oft außerdem mit Rugositäten. Borsten an Femur und Tibia der Palpen klein und meist schwer sichtbar, kurz zugespitzt, gekrümmt oder schwach keulenförmig. Beide Palpenfinger mit Giftapparat. Anzahl der Tasthaare mitunter reduziert, seltener der feste Finger mit einem überzähligen Tasthaar. Tarsen 2gliedrig. Arolien länger oder kürzer als die Klauen, einfach.

Über die Tropen und Subtropen aller Regionen verbreitet, nicht weit in die gemäßigten Zonen vordringend. Zahlreiche Arten ausschließlich an den Meeresküsten.

2 Subfamilien, 6 Genera, 42 sichere, 3 unsichere Arten.

Übersicht über die Subfamilien:

1 { Maxillarschulter der Palpencoxen nicht ausgebildet; Flagellum mit 3 oder 4 Borsten; Palpenfinger ohne Nebenzähne; Coxalfeld nach hinten divergierend, Coxen des 4. Beinpaares lang und schmal; Stigmenschnecke undeutlich; Arolien länger oder kürzer als die Klauen . . . . a) Subfam. **Garypinae**

Maxillarschulter der Palpencoxen kräftig entwickelt; Flagellum mit nur einer Borste; Palpenfinger meist mit Nebenzähnen; Coxalfeld nach hinten nicht divergierend, Coxen des 4. Beinpaares breit und kurz; Stigmenschnecke deutlich; Arolien länger als die Klauen . . . . b) Subfam. **Geogarypinae**

a) Subfam. **Garypinae** E. Sim.

1879 *G.* (part.), E. Simon, Arach. France, *v.* 7 p. 42 | 1882 *G.* (part.), Tömösvary in: Math. termész. Közlem., *v.* 18 p. 208 | 1888 *G.* (part.), Daday in: Termész. Füzetek, *v.* 11 p. 125. 181 | 1891 *G.*, Balzan in: Ann. Soc. ent. France, *v.* 60 p. 534 | 1895 *G.*, N. Banks in: J. N. York ent. Soc., *v.* 3 p. 2 | 1930 *G.*, Chamberlin in: Ann. nat. Hist. ser. 10 *v.* 5 p. 612.

Mit den Charakteren der Familie. Flagellum mit 3 oder 4 Borsten. Maxillarschulter der Palpencoxen nicht ausgebildet. Palpen meist ziemlich schlank und wie der übrige Körper granuliert. Palpenfinger mit einer einfachen Zahnreihe, ohne Nebenzähne. Coxalfeld nach hinten divergierend, Coxen des 4. Beinpaares lang und schmal. Stigmenschnecke undeutlich. Arolien länger oder kürzer als die Klauen.

In den Tropen und Subtropen aller Regionen, nicht weit in die gemäßigten Zonen vordringend. Zahlreiche Arten ausschließlich an den Meeresküsten.

5 Genera, 21 sichere, 1 unsichere Art.

Übersicht über die Genera:

1 Arolien deutlich länger als die Klauen; mittelgroße Formen — 2
Arolien deutlich kürzer als die Klauen; große Formen . 1. Gen. **Garypus**

2 Beweglicher Finger mit nur 1—2 Tasthaaren; Patella des 1. Beinpaares länger oder doch nur wenig kürzer als das Femur und gegen dieses kaum beweglich — 3
Beweglicher Finger mit 4 Tasthaaren; Patella des 1. Beinpaares deutlich kürzer als das Femur und gegen dieses frei beweglich . . . . 2. Gen. **Progarypus**

3 Flagellum mit 3 Borsten; Borsten der Palpen gekeult oder gekrümmt und spitz, nicht lanzettförmig; beweglicher Finger mit 1 Tasthaar; Patella des 1. Beinpaares so lang oder länger als das Femur — 4
Flagellum mit 4 Borsten; Borsten der Palpen lanzettförmig; beweglicher Finger mit 2 Tasthaaren; Patella des 1. Beinpaares etwas kürzer als das Femur . . . 3. Gen. **Larca**

4 Finger kürzer als die Hand; fester Finger mit 7 Tasthaaren (*ib* fehlend); Borsten der Palpen gekrümmt, spitz oder schwach gekeult . . . . 4. Gen. **Anagarypus**
Finger länger als die Hand; fester Finger mit 9 Tasthaaren; Borsten der Palpen gekeult . . . . 5. Gen. **Maorigarypus**

1. Gen. **Garypus** L. Koch

1873 *G.* (part.), L. Koch, Übers. Darst. Eur. Chernet., p. 38 | 1879 *G.* (part.), E. Simon, Arach. France, *v.* 7 p. 45 | 1882 *G.* (part.), Tömösvary in: Math. termész. Közlem., *v.* 18 p. 211 | 1888 *G.* (part.), Daday in: Termész. Füzetek, *v.* 11 p. 126, 181 | 1890 *G.* (part.), Balzan in: Ann. Mus. Genova, ser. 2 *v.* 9 p. 441 | 1891 *G.* (part.), Balzan in: Ann. Soc. ent. France, *v.* 60 p. 534 | 1895 *G.* (part.), N. Banks in: J. N. York ent. Soc., *v.* 3 p. 8 | 1906 *G.* (part.), With in: Danske Selsk. Skr., *v.* 7 nr 3 p. 101 | 1911 *G.*, N. Banks in: Pomona, *v.* 3 p. 635 | 1917 *G.* (part.), Nonidez in: Trab. Mus. Madrid, nr. 32 p. 27 | 1925 *G.* (part.), Navas in: Broteria, *v.* 22 p. 111 | 1930 *G.*, Chamberlin in: Ann. nat. Hist., ser. 10 *v.* 5 p. 612.

Cephalothorax deutlich dreieckig, nach vorn verengt, mit ziemlich langem, in der Medianlinie der Länge nach gefurchtem Cucullus, hinter den vorragenden Augen mit einer mehr oder weniger deutlichen Querfurche. Maxillarschulter der Palpencoxen nicht ausgebildet. Palpen lang, so wie das übrige Integument granuliert. Borsten der Palpen klein, spitz, schwer sichtbar. Beweglicher Finger mit 4 Tasthaaren. Patella des 1. Beinpaares bedeutend kürzer als das Femur und gegen dieses frei beweglich. Arolien deutlich kürzer als die Klauen. Durchweg Arten von bedeutender Körpergröße.

In den wärmeren Gebieten der paläarktischen, orientalischen und nearktischen Region. Fast ausnahmslos nur an den Meeresküsten unter Steinen und angeschwemmten Algen lebend.

12 Arten.

Übersicht über die Arten 1—11:

1 Palpen gedrungener; Femur höchstens 4 mal so lang wie breit, meist jedoch breiter — 2
Palpen schlanker; Femur wenigstens 4,3 mal so lang wie breit, meist jedoch länger — 4

2 Schere 2,4—3 mal so lang wie breit — 3
Schere 3,6—3,9 mal so lang wie breit . . . . 3. **G. pallidus**

3 1. Tarsenglied des 1. Beinpaares deutlich länger als das 2.; Schere des Weibchens 2,4—2,5 mal so lang wie breit . . . 1. **G. sini**
Tarsenglieder des 1. Beinpaares von gleicher Länge; Schere des Weibchens 3 mal so lang wie breit . . . 2. **G. giganteus**

4 Palpentibia höchstens 3,8 mal so lang wie breit — **5**
Palpentibia 4,8 mal so lang wie breit . . . . 11. **G. armeniacus**

5 Femur 4,3 - 4,8 mal so lang wie breit — **6**
Femur 5,1—5,2 mal so lang wie breit — **11**

6 Größere Arten; Femur des Weibchens wenigstens 1,50 mm (♂ 1,30 mm) — **7**
Kleinere Art; Femur des Weibchens höchstens 1,25 mm 9. **G. insularis**

7 Tibien der Laufbeine gedrungener; Tibia des 1. Beinpaares deutlich kürzer als das Femur, die des 3. Beinpaares etwas kürzer als die Patella — **8**
Tibien der Laufbeine schlanker; Tibia des 1. Beinpaares ungefähr so lang wie das Femur, die des 3. Beinpaares länger als die Patella — **9**

8 Femur schlanker, 4,8 mal so lang wie breit . . . . . . 8. **G. nicobarensis**
Femur kürzer, 4,3—4,5 mal so lang wie breit . . . . . 7. **G. floridensis**

9 1. Tarsenglied des 1. Beinpaares deutlich länger als das 2.; Femur des Weibchens 1,6—1,8 mm — **10**
Tarsenglieder des 1. Beinpaares ungefähr gleich lang; Femur des Weibchens 2,4 mm . . . . 5. **G. saxicola**

10 Das Tasthaar *est* bedeutend näher bei *it* als bei *isb* . . 4. **G. beauvoisi**
Das Tasthaar *est* etwa in der Mitte zwischen *it* und *isb* 6. **G. californicus** ♂

11 Serrula mit ungefähr 25 Lamellen; Femur 5,1 mal, Tibia 3,8 mal, Schere 3,8 mal so lang wie breit; Finger kürzer als das Femur . . . . 6. **G. californicus** ♀
Serrula mit ungefähr 35 Lamellen; Femur 5,2 mal, Tibia 3,5 mal, Schere 4 mal so lang wie breit; Finger länger als das Femur. 10. **G. guadalupensis**

1. **G. sini** Chamb. 1923 *G. s.*, Chamberlin in: P. Calif. Ac., ser. 4 *v.* 12 p 361 t. 2 f. 20 | 1930 *G. s.*, Chamberlin in: Ann. nat. Hist., ser. 10 *v.* 5 p. 614.

Cephalothorax vorn deutlich verengt, mit ziemlich langem, der Länge nach gefurchtem Cucullus. 4 vorragende Augen. Integument granuliert.

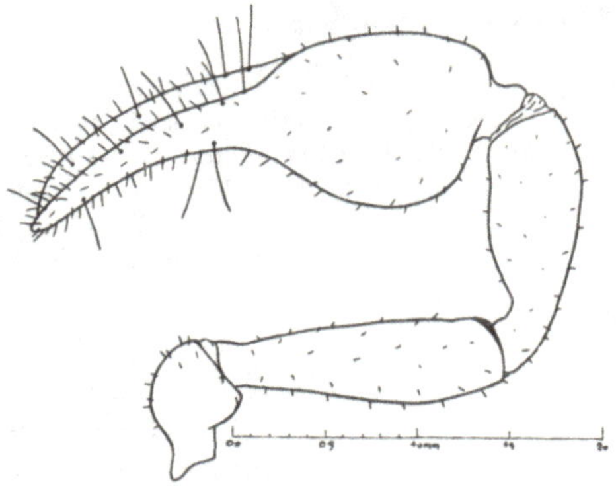

Fig. 244.
Garypus sini Chamb. Rechte Palpe des ♂.

Palpen (Fig. 244) kräftig und verhältnismäßig gedrungen. Femur 3,2—3,4 mal so lang wie breit, keulenförmig, distal am breitesten, ohne abgesetztes Stielchen. Tibia 2,8—3,6 mal so lang wie breit. Schere 2,4—2,8 mal so lang wie breit. Hand sehr kräftig und breit oval. Finger deutlich länger als die Hand und etwas länger als das Femur, im basalen Teil deutlich granuliert. Borsten der Palpen verhältnismäßig groß und deutlich. 1. Tarsenglied des 1. Beinpaares deutlich länger als das 2. Tarsus des 4. Beinpaares kürzer als die Breite des 7. Halbtergites. — Körper L. 5—7,5 mm; Palpen: ♂ Femur L. 1,52 mm, B. 0,45 mm, Tibia L. 1,40 mm, B. 0,48 mm, Hand L. 1,32 mm, B. 0,92 mm, Finger L. 1,62 mm.

Nordamerika: Nieder-Kalifornien, Sonora, Inseln des Golfes von Kalifornien. — An der Meeresküste.

2. **G. giganteus** Chamb. 1921 *G. g.*, Chamberlin in: Canad. Ent., *v.* 53 p. 186 t. 7 f. A—G | 1923 *G. g.*, Chamberlin in: P. Calif. Ac., ser. 4 *v.* 12 p. 360 | 1930 *G. g.*, Chamberlin in: Ann. nat. Hist., ser. 10 *v.* 5 p. 613.

Mit der vorigen Art nahe verwandt. Cephalothorax ziemlich schmal, mit langem Cucullus, das Integument fein granuliert. Die Querfurche hinter den Augen undeutlich. Palpen kräftig. Femur 4mal so lang wie breit, keulenförmig, distal am breitesten, ohne abgesetztes Stielchen. Tibia 2,8mal so lang wie breit. Schere 3mal so lang wie breit. Finger bedeutend länger als die Hand, etwa so lang wie das Femur. Tarsenglieder des 1. Beinpaares von gleicher Länge. Tarsus des 4. Beinpaares ungefähr so lang wie die Breite des 7. Halbtergites. — Körper L. 7 mm; Palpen: ♀ Femur L. 1,75 mm, Tibia L. 1,50 mm, Schere L. 3,3 mm.

Nordamerika: Nieder-Kalifornien.

3. **G. pallidus** Chamb. 1923 *G. p.*, Chamberlin in: P. Calif. Ac., ser. 4 *v.* 12 p. 362 t. 3 f. 7 | 1930 *G. p.*, Chamberlin in: Ann. nat. Hist., ser. 10 *v.* 5 p. 613.

Vorderrand des Cephalothorax deutlich ausgerandet; die vorderen Augen etwa $^1/_5$ der Länge des Cephalothorax vom Vorderrand entfernt. Palpen zarter als bei den vorigen Arten. Femur des Männchens 3,9, des Weibchens 3,2mal so lang wie breit, undeutlich gestielt. Tibia des Männchens 3,5, des Weibchens 3,4mal so lang wie breit. Schere des Männchens 3,6, des Weibchens 3,9mal so lang wie breit. Finger etwa so lang wie die Hand ohne Stiel, bedeutend kürzer als das Femur. Femur des 1. Beinpaares etwa 1,5mal so lang wie die Patella. — Körper L. 3—3,3 mm.

Nordamerika: Ceralbo Insel, Golf von Kalifornien.

4. **G. beauvoisi** (Sav.) 1829 *Chelifer B.*, Savigny in: Descr. Égypte, ed. 2 *v.* 22 p. 414 t. 8 f. 6 | ? 1842 *C. Bravaisi*, P. Gervais in: Ann. Soc. ent. France, *v.* 11 Bull. p. 46 | 1873 *Garypus litoralis*, L. Koch, Übers. Darst. Eur. Chernet., p. 40 | 1879 *G. l.*, E. Simon, Arach. France, *v.* 7 p. 48 t. 19 f. 1 | 1910 *G. Beauvoisi*, Ellingsen in: Mt. Mus. Berlin, *v.* 4 p. 387 | 1917 *G. B.*, Nonidez in: Trab. Mus. Madrid, nr. 32 p. 27 | 1925 *G. levantinus*, Navas in: Broteria, *v.* 22 p. 112 f. 10 | 1929 *G. Beauvoisi*, Beier in: Ann. Wien. Mus., *v.* 43 p. 358 | 1929 *G. B.*, Beier in: Boll. Laborat. Zool. Portici, *v.* 24 p. 79 | 1930 *G. b.*, Chamberlin in: Ann. nat. Hist., ser. 10 *v.* 5 p. 613.

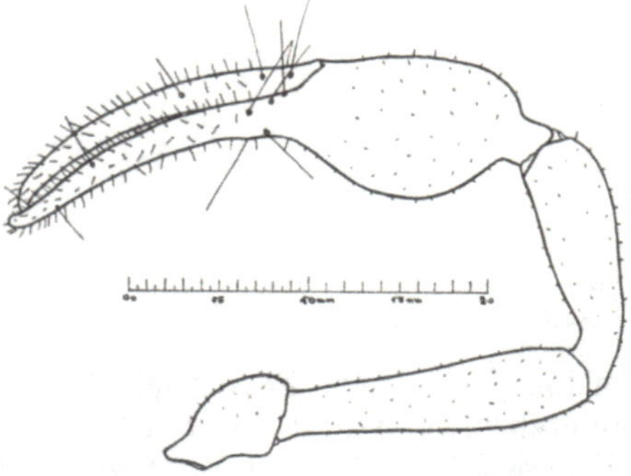

Fig. 245.
Garypus beauvoisi (Sav.). Rechte Palpe des ♀.

Cephalothorax nach vorn ziemlich stark verengt, der Cucullus vom Vorderrande bis zu den Augen längsgefurcht. Die Scheibe deutlich granuliert, mit einer Querfurche nahe dem Hinterrand. Tergite dicht granuliert, geteilt. Palpen (Fig. 245) schlank, länger als der Körper, alle Glieder granuliert. Femur 4,3 mal so lang wie breit, leicht keulenförmig, ungestielt. Tibia 3,3 mal so lang wie breit. Schere 3,9 mal so lang wie breit. Finger bedeutend länger als die Hand und länger als das Femur. Das Tasthaar *est* bedeutend näher bei *it* als bei *ist*. 1. Tarsenglied des 1. Beinpaares deutlich länger als das 2. — Körper L. 5—6 mm; Palpen: ♀ Femur L. 1,73 mm, B. 0,40 mm, Tibia L. 1,40 mm, B. 0,42 mm, Hand L. 1,33 mm, B. 0,78 mm, Finger L. 1,93 mm.

Mediterrangebiet: Europa von Spanien bis zum Balkan, Nordafrika. — An der Meeresküste unter Steinen und angeschwemmten Algen.

5. **G. saxicola** C. O. Waterh. 1878 *G. s.*, C. O. Waterhouse in: Tr. ent. Soc. London, p. 182 f. | 1917 *G.* sp. ?, Nonidez in: Trab. Mus. Madrid, nr. 32 p. 27 f. 6, 7 | 1925 *G. dubius*, Navas in: Broteria, *v.* 22 p. 113.

Cephalothorax vorn weniger stark vorgezogen als bei *beauvoisi*. Palpen größer und etwas schlanker. Femur 4,5 mal so lang wie breit, leicht keulenförmig, distal am breitesten, ungestielt. Tibia 3,4 mal so lang wie breit. Schere 4,6 mal so lang wie breit. Finger etwas länger als die Hand, kürzer als das Femur. Tarsenglieder des 1. Beinpaares von ungefähr gleicher Länge. — Körper L. 6,5 mm; Palpen: ♀ Femur L. 2,42 mm, B. 0,53 mm, Tibia L. 1,82 mm, B. 0,54 mm, Hand L. 2,21 mm, B. 0,96 mm, Finger L. 2,25 mm.

Südeuropa: Spanien. — An der Meeresküste.

6. **G. californicus** Banks 1909 *G. c.*, N. Banks in: Canad. Ent., *v.* 41 p. 305 | 1911 *G. c.*, N. Banks in: Pomona, *v.* 3 p. 635 f. 210 B | 1921 *G. c.*, Chamberlin in: Canad. Ent., *v.* 53 p. 190 f. | 1930 *G. c.*, Chamberlin in: Ann. nat. Hist., ser. 10 *v.* 5 p. 613 f. 2 J, O, S, Z, 3 P, S.

Cephalothorax dreieckig verengt, der Vorderrand ausgerandet. Galea des Männchens mit kleinen, die des Weibchens mit größeren Seitenästchen. Palpen (Fig. 246) länger als der Körper. Femur des Männchens 4,6 mal, des

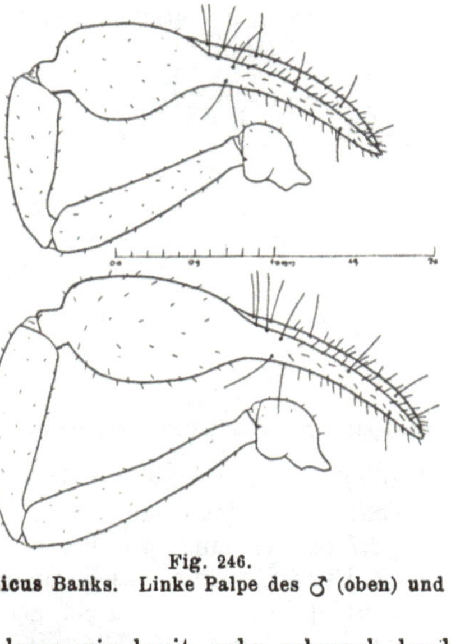

Fig. 246.
Garypus californicus Banks. Linke Palpe des ♂ (oben) und des ♀ (unten).

Weibchens 5,1 mal so lang wie breit, sehr schwach keulenförmig, distal am breitesten, undeutlich gestielt. Tibia des ♂ 3,4, des ♀ 3,8 mal so lang wie breit. Schere des Männchens 3,7, des Weibchens 3,8 mal so lang wie breit.

Finger länger als die Hand, beim Männchen länger, beim Weibchen kürzer als das Femur. 1. Tarsenglied des 1. Beinpaares länger als das 2. — Körper L. ♂ 3,6 mm, ♀ 4,5 mm; Palpen: ♂ Femur L. 1,30 mm, B. 0,28 mm, Tibia L. 1,07 mm, B. 0,31 mm, Hand L. 1,00 mm, B. 0,60 mm, Finger L. 1,36 mm; ♀ Femur L. 1,62 mm, B. 0,31 mm, Tibia L. 1,33 mm, B. 0,35 mm, Hand L. 1,34 mm, B. 0,65 mm, Finger L. 1,40 mm.

Nordamerika: Kalifornien. — An der Meeresküste.

7. **G. floridensis** Banks 1895 *G. f.*, N. Banks in: J. N. York ent. Soc., *v.* 3 p. 9 | 1907 *G. f.*, With in: J. Linn. Soc. London, *v.* 30 p. 70 t. 9 f. 26—28.

Cephalothorax nach vorn dreieckig verengt, der Cucullus vorn ausgerandet, die Scheibe mit 2 Querfurchen. Galea mit Seitenästen. Palpen granuliert. Femur des Männchens 4,3, des Weibchens 4,5 mal so lang wie breit, distal am breitesten, undeutlich gestielt. Tibia des Männchens 3,7, des Weibchens 3,5 mal so lang wie breit. Schere des Männchens 4,2, des Weibchens 3,9 mal so lang wie breit. Finger länger als die Hand, beim Männchen so lang wie, beim Weibchen kürzer als das Femur. Tibia des 1. Beinpaares deutlich kürzer als das Femur, die des 3. Beinpaares etwas kürzer als die Patella. 1. Tarsenglied des 1. Beinpaares länger als das 2. — Körper L. ♂ 4 mm, ♀ 5 mm; Palpen: ♂ Femur L. 1,29 mm, B. 0,30 mm, Tibia L. 1,20 mm, B. 0,32 mm, Hand L. 1,03 mm, B. 0,55 mm, Finger L. 1,29 mm; ♀ Femur L. 1,54 mm, B. 0,34 mm, Tibia L. 1,35 mm, B. 0,39 mm, Hand L. 1,29 mm, B. 0,71 mm, Finger L. 1,52 mm.

Nordamerika: Florida.

8. **G. nicobarensis** Beier 1930 *G. n.*, Beier in: Ann. Wien. Mus., *v.* 44 p. 204 f. 2, 3.

Cephalothorax länger als breit, hinter der Mitte mit 2 seichten Querfurchen, vorn dreieckig verengt, der Vorderrand ausgerandet, der Cucullus vom Vorderrand bis fast zu den Augen längsgefurcht. Galea mit 4 kurzen Seitenästchen. Palpen (Fig. 247) bedeutend länger als der Körper, fein

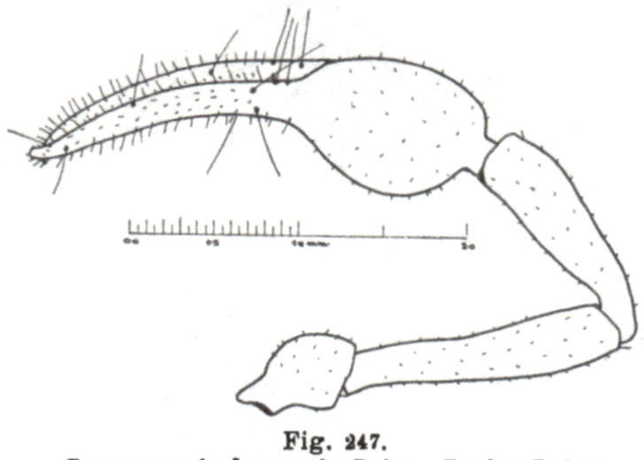

Fig. 247.
Garypus nicobarensis Beier. Rechte Palpe.

granuliert. Femur ziemlich dünn, 4,8 mal so lang wie breit, distal am breitesten, jedoch nur schwach keulenförmig, ungestielt. Tibia 3,7 mal so lang wie breit. Schere 3,7 mal so lang wie breit. Finger länger als die Hand und länger als das Femur. Tibia des 1. Beinpaares deutlich kürzer als das Femur, die des 3. Beinpaares etwas kürzer als die Patella. — Körper L. 4 mm; Palpen: Femur L. 1,65 mm, B. 0,34 mm, Tibia L. 1,36 mm, B. 0,38 mm, Hand L. 1,15 mm, B. 0,78 mm, Finger L. 1,77 mm.

Asien: Nikobaren, Insel Kamorta.

9. **G. insularis** Tullg. 1907 *G. i.*, Tullgren in: Mt. Mus. Hamburg, *v.* 24 p. 62 t. 5 f. 19a, b | 1912 *G. i.*, Ellingsen in: Ann. S. Afr. Mus., *v.* 10 p. 87 | 1914 *G. i.*, Ellingsen in: Rec. Ind. Mus., *v.* 10 p. 13.

Cephalothorax länger als breit, nach vorn verengt, der Cucullus ziemlich lang, längsgefurcht, vorn ausgerandet; nur die hintere Querfurche deutlich, die vordere kaum bemerkbar. Integument granuliert. Galea distal mit einigen Seitenästchen. Palpen (Fig. 248) bedeutend länger als der Körper, fast glatt. Femur 4,7 mal so lang wie breit, schwach keulenförmig, distal

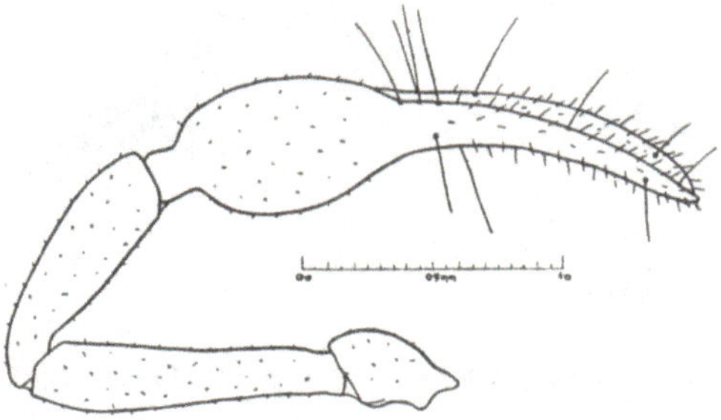

Fig. 248.
Garypus insularis Tullg., ♀. Linke Palpe.

am breitesten, ungestielt. Tibia 3,5 mal so lang wie breit. Schere 4 mal so lang wie breit. Finger bedeutend länger als die Hand und etwas länger als das Femur. Tibia des 1. Beinpaares kürzer als das Femur, die des 2. so lang wie die Patella. Tarsenglieder des 1. Beinpaares von gleicher Länge. — Körper L. ♀ 3,3 mm; Palpen: ♀ Femur L. 1,20 mm, B. 0,25 mm, Tibia L. 1,00 mm, B. 0,28 mm, Hand L. 0,94 mm, B. 0,50 mm, Finger L. 1,28 mm.

Seychellen.

10. **G. guadalupensis** Chamb. 1930 *G. g.*, Chamberlin in: Ann. nat. Hist., ser. 10 *v.* 5 p. 614.

Cephalothorax deutlich etwas länger als breit, der Vorderrand ausgerandet. Die vorderen Augen um ihren doppelten Durchmesser vom Vorderrand entfernt. Galea kräftig, mit etwa 6 Seitenästchen. Serrula mit etwa 35 Lamellen. Palpen ziemlich schlank, bedeutend länger als der Körper. Trochanter 1,7 mal so lang wie breit, kürzer als die Hand. Femur 5,2 mal so lang wie breit, viel länger als der Cephalothorax. Tibia 3,5 mal so lang wie breit, viel kürzer als das Femur, aber länger als der Cephalothorax. Schere 4 mal so lang wie breit. Finger fast doppelt so lang wie die Hand ohne Stiel, länger als das Femur, der bewegliche deutlich kürzer als der feste. Metatarsus des 1. Beinpaares mit 5, Tarsus mit 5—6 Paar Ventralborsten. Metatarsus des 4. Beinpaares doppelt so lang wie der Tarsus, ersterer mit 7, letzterer mit 5—6 Paar Ventralborsten. — Körper L. ♀ 5,7 mm.

Nordamerika: Nieder-Kalifornien, Insel Guadalupe.

11. **G. armeniacus** Redikorzev 1926 *G. a.*, Redikorzev in: Rev. Russe Ent., *v.* 20 p. 1 f. 1, 2.

Cephalothorax länger als breit, mit ziemlich langem, der Länge nach gefurchtem, vorn tief ausgerandetem Cucullus; 1. Quereindruck der Scheibe undeutlich, 2. deutlicher. Galea mit 3 ziemlich langen Seitenästen. Palpen

(Fig. 249) bedeutend länger als der Körper, sehr schlank. Femur 5,7mal so lang wie breit, undeutlich gestielt, gegen das Ende nur wenig verbreitert. Tibia 4,8mal so lang wie breit, sehr schlank, nur wenig kürzer als das Femur. Schere 4,2mal so lang wie breit. Finger deutlich länger als die Hand, jedoch kürzer als Tibia oder Femur. Tibia des 1. Beinpaares länger als das Femur, die des 3. Beinpaares länger als die Patella. 1. Tarsenglied des

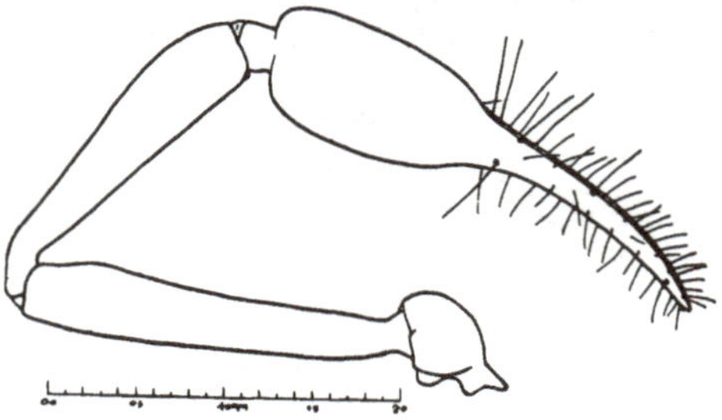

Fig. 249.
Garypus armeniacus Redikorzev, ♀. Linke Palpe.

1. Beinpaares länger als das 2. — Körper L. ♂ 5 mm, ♀ 6 mm; Palpen: ♂ Femur L. 1,88 mm, B. 0,34 mm, Tibia L. 1,71 mm, B. 0,34 mm, Hand L. 1,30 mm, B. 0,55 mm, Finger L. 1,37 mm; ♀ Femur L. 2,19 mm, B. 0,38 mm, Tibia L. 1,96 mm, B. 0,42 mm, Hand L. 1,43 mm, B. 0,68 mm, Finger L. 1,52 mm.

Armenien: Dzhulfa.

12. **G. maldivensis** Poc. 1904 *G. m.*, Pocock in: Fauna Geogr. Maldive, *v.* 2 p. 798 t. 66 f. 1a—e | 1930 *G. m.*, Chamberlin in: Ann. nat. Hist., ser. 10 *v.* 5 p. 613 f. 1 S, Z.

Cephalothorax länger als breit, die Scheibe mit 2 Quereindrücken hinter den Augen, der hintere deutlicher als der vordere. Galea mit 4—5 verschieden langen Seitenästchen. Palpen länger als der Körper. Femur etwa 5mal so lang wie breit, gegen das Ende allmählich verbreitert, ungestielt. Tibia kürzer als das Femur. Schere etwa 3mal so lang wie breit. Hand breit oval, etwas kürzer als die Tibia. Finger länger als die Hand, kürzer als das Femur. — Körper L. 5,5 mm.

Vorderindien: Malediven, Addu Atoll.

2. Gen. **Progarypus** Beier

1931 *P.*, Beier in: Mt. Mus. Berlin, *v.* 17 p. 317.

Typus: *Olpium ramicola* Balzan (durch ursprüngliche Bestimmung).

Cephalothorax vorn kaum schnauzenförmig verlängert, mit 4 Augen, das Integument schuppig oder grob netzförmig reticuliert. Pleuralmembran des Abdomen kurz wellig skulpturiert. Galea einfach oder nur an der Spitze mit Seitenästchen. Flagellum mit 3 Borsten, diese gezähnt. Palpen schlank, schuppig oder netzförmig skulpturiert. Finger nicht länger als die Hand, mit dicht stehenden Zähnen. Borsten der Palpen kurz, spitz, gebogen, schwer sichtbar. Beweglicher Palpenfinger mit 4 Tast-

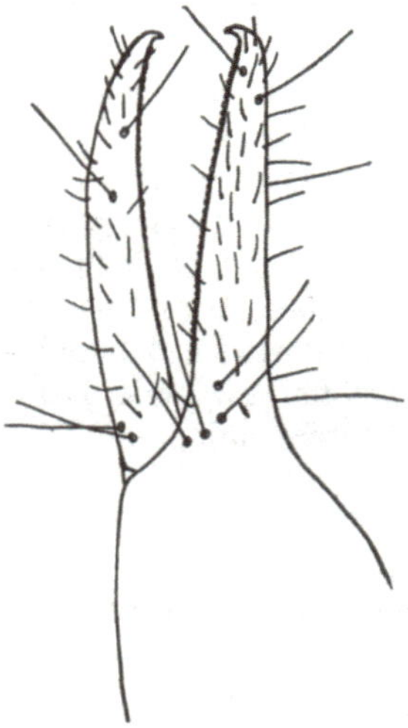

Fig. 250.
Progarypus ramicola (Balzan). Palpenfinger.

haaren, *sb* und *b* sehr nahe beisammen stehend, weit von *st* getrennt (Fig. 250). Die Tasthaare *eb, esb, isb* und *est* eine Gruppe an der Fingerbasis bildend. Patella des 1. Beinpaares deutlich kürzer als das Femur, gegen dieses frei beweglich. Arolien länger als die Klauen.

Südamerika.

3 sichere, 1 unsichere Art.

Übersicht über die Arten:

1 { Finger so lang oder etwas kürzer als die Hand ohne Stiel —**2**
Finger länger als die Hand ohne Stiel . . . . 1. **P. oxydactylus**

2 { Palpen etwas gedrungener; Femur 4,4 mal, Tibia 3,2 mal, Schere 3,1 mal so lang wie breit; Finger ungefähr so lang wie die Hand ohne Stiel . . . . 2. **P. ramicola**
Palpen etwas schlanker; Femur 4,6 mal, Tibia 3,5 mal, Schere 3,3 mal so lang wie breit; Finger deutlich etwas kürzer als die Hand ohne Stiel . . . . 3. **P. novus**

1. **P. oxydactylus** (Balzan) 1890 *Olpium oxydactylum*, Balzan in: Ann. Mus. Genova, ser. 2 *v.* 9 p. 435 t. 16 f. 17 | 1891 *O. o.*, Balzan in: Ann. Soc. ent. France, *v.* 60 p. 549.

Cephalothorax deutlich länger als breit, vorn etwas schnauzenförmig verlängert, sehr fein granuliert, im basalen Teil reticuliert. Galea gedrungen, distal mit 3 kurzen Seitenästchen. Palpen ziemlich lang und schlank. Femur 4,1 mal so lang wie breit, schwach gestielt, fein granuliert und gestreift. Tibia 3,2 mal so lang wie breit, deutlich kürzer als das Femur. Finger länger als die Hand, kürzer als das Femur. — Körper L. 2 mm; Palpen: Femur L. 0,64 mm, B. 0,15 mm, Tibia L. 0,51 mm, B. 0,16 mm, Hand L. 0,54 mm, B. 0,32 mm, Finger L. 0,57 mm.

Südamerika: Paraguay.

2. **P. ramicola** (Balzan) 1890 *Olpium r.*, Balzan in: Ann. Mus. Genova, ser. 2 *v.* 9 p. 436 t. 16 f. 18 | 1891 *O. r.*, Balzan in: Ann. Soc. ent. France, *v.* 60 p. 549.

Cephalothorax nach vorn verengt, vorn nicht stark verlängert, mit 4 Augen, die Scheibe ohne Quereindruck. Abdomen breit oval. Integument schuppig. Galea des Männchens einfach, die des Weibchens mit 3 Terminalästchen. Palpen (Fig. 251) ziemlich schlank, granuliert. Femur 4,4 mal so lang wie breit, undeutlich gestielt. Tibia 3,2 mal so lang wie breit, kürzer als das Femur. Schere 3,1 mal so lang wie breit. Finger ungefähr so lang wie die Hand ohne Stiel. — Körper L. 2 mm; Palpen: Femur L. 0,63 mm, B. 0,15 mm, Tibia L. 0,52 mm, B. 0,16 mm, Hand L. 0,56 mm, B. 0,31 mm, Finger L. 0,49 mm.

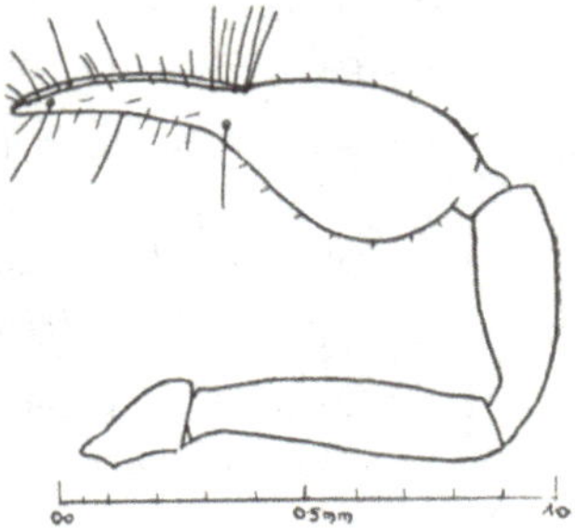

Fig. 251.
Progarypus ramicola (Balzan).
Rechte Palpe.

Südamerika: Paraguay.

3. **P. novus** Beier 1930 *Olpium ramicola*, Beier in: Ann. Wien. Mus., *v.* 44 p. 206 f. 4 | 1931 *Progarypus novus*, Beier in: Mt. Mus. Berlin, *v.* 17 p. 318.

Cephalothorax etwa 1,5 mal so lang wie breit, allmählich nach vorn verengt, der Vorderrand abgestutzt und durch eine Längsvertiefung eingekerbt erscheinend. Die Scheibe grob netzförmig skulpturiert. 4 nahe beisammen stehende Augen. Galea nur an der Spitze in 2 kurze Ästchen geteilt. Palpen (Fig. 252) schlank, etwas schwächer als der Cephalothorax reticuliert. Femur 4,6 mal so lang wie breit, undeutlich gestielt. Tibia 3,5 mal so lang wie breit, etwas kürzer als das Femur. Schere 3,3 mal so lang wie breit. Finger etwas kürzer als die Hand ohne Stiel, mit dicht stehenden Zähnen. — Körper L. 2,5 mm; Palpen: Femur L. 0,73 mm, B. 0,16 mm, Tibia L. 0,70 mm, B. 0,20 mm, Hand L. 0,68 mm, B. 0,34 mm, Finger L. 0,54 mm.

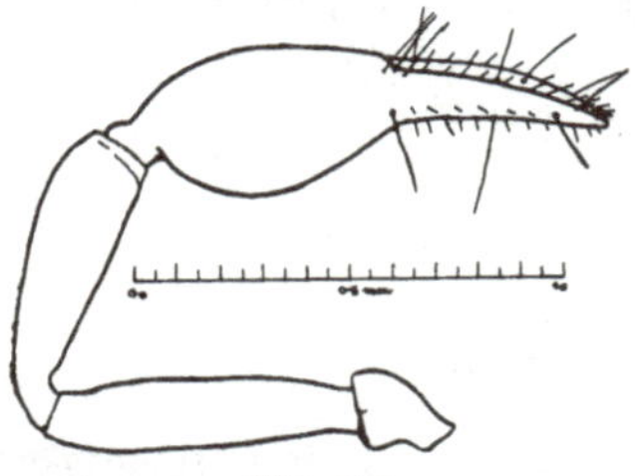

Fig. 252.
Progarypus novus Beier.
Linke Palpe.

Südamerika: Brasilien.

Unsichere Art:

P. viridans (Banks) 1909 *Garypus v.*, N. Banks in: J. N. York ent. Soc., *v.* 17 p. 145.

Cephalothorax länger als breit, annähernd dreieckig, vorn tief ausgerandet, fein granuliert. Die Scheibe mit einer Querfurche basal. Galea mit 2 Terminalästchen. Palpen lang. Femur länger als der Cephalothorax, gegen das Ende allmählich verbreitert. Tibia 1/3 kürzer als das Femur. Finger länger als die Hand. — Körper L. 3,2 mm.

Südamerika: Columbia.

3. Gen. **Larca** Chamb.

1930 *L.*, Chamberlin in: Ann. nat. Hist., ser. 10 *v.* 5 p. 616.

Typus: *Garypus latus* H. J. Hansen (durch ursprüngliche Bestimmung).

Cephalothorax nach vorn verengt, mit 2 Quereindrücken. 4 Augen. Integument granuliert. Flagellum mit 4 Borsten. Borsten der Palpen klein, lanzettförmig. Beweglicher Palpenfinger mit 2 Tasthaaren. Patella des 1. Beinpaares deutlich etwas kürzer als das Femur, gegen dieses nur wenig beweglich. Arolien länger als die Klauen.

Nördliches Europa, Nordamerika.

2 Arten.

Übersicht über die Arten:

1 { Finger deutlich ein wenig länger als die Hand ohne Stiel; Tibia des Männchens 3,2 mal, Schere 4 mal so lang wie breit; Tibia so lang wie der Cephalothorax . . . . 1. **L. granulata**
Finger ein wenig kürzer als die Hand ohne Stiel; Tibia des Weibchens 3,6 mal, Schere 4,4 mal so lang wie breit; Tibia deutlich länger als der Cephalothorax . . . . 2. **L. lata**

1. **L. granulata** (Banks) 1891 *Garypus granulatus*, N. Banks in: Canad. Ent., *v.* 23 p. 163 | 1930 *Larca granulata*, Chamberlin in: Ann. nat. Hist., ser. 10 *v.* 5 p. 616 f. 3M, N.

Cephalothorax vor den Augen deutlich verengt, der Vorderrand gerade; die Scheibe und die Abdominaltergite granuliert. Palpen länger als der Körper. Femur gegen das Ende allmählich verbreitert, kurz gestielt. Tibia kürzer als das Femur und nur wenig breiter als dieses, 3,2 mal so lang wie breit. Schere ungefähr so lang wie das Femur, 4 mal so lang wie breit.

Hand nicht besonders breit. Finger deutlich ein wenig länger als die Hand ohne Stiel, doch kürzer als diese mit Stiel. Die ganzen Palpen mit Ausnahme der Finger granuliert. — Körper L. 1,7 mm.

Nordamerika: Ithaka, New York.

2. **L. lata** (H. J. Hansen) 1884 *Garypus latus*, H. J. Hansen in: Naturh. Tidsskr., ser. 3 *v.* 14 p. 550 | 1930 *Larca lata*, Chamberlin in: Ann. nat. Hist., ser. 10 *v.* 5 p. 616 f. 2K.

Cephalothorax ein wenig länger als breit, vorn verengt, kräftig granuliert, die Scheibe mit 2 Quereindrücken. Tergite granuliert. Galea mit 3 Terminalästchen. Palpen lang, ziemlich schlank, kräftig granuliert. Femur fast 5 mal so lang wie breit, schwach keulenförmig. Tibia kürzer als das Femur, deutlich länger als der Cephalothorax, 3,6 mal so lang wie breit. Schere 4,4 mal so lang wie breit. Finger ein wenig kürzer als die Hand ohne Stiel. — Körper L. 2,1 mm.

Nordeuropa: Dänemark.

4. Gen. **Anagarypus** Chamb.

1930 *A.*, Chamberlin in: Ann. nat. Hist., ser. 10 *v.* 5 p. 615.

Typus: *A. oceanus-indicus* Chamb. (durch ursprüngliche Bestimmung und Monotypie).

Cephalothorax vorn verengt, mit deutlichem Cucullus; 4 Augen. Tergite größtenteils geteilt. Galea des Männchens fast einfach, die des Weibchens mit Seitenästchen. Borsten der Palpen spitz, gebogen. Fester Finger mit 7 Tasthaaren, das Tasthaar *ib* fehlend. Beweglicher Finger mit nur einem Tasthaar. Flagellum mit 3 Borsten. Patella des 1. Beinpaares ein wenig länger als das Femur und gegen dieses kaum beweglich. Arolien länger als die Klauen.

Inseln des Indischen Ozeans, Südafrika.

2 Arten.

Übersicht über die Arten:

1 { Femur 3,4—3,7 mal so lang wie breit; Borsten der Palpen spitz, gekrümmt . . . . 1. **A. oceanus-indicus**
Femur 2,5 mal so lang wie breit; Borsten der Palpen keulenförmig . . . . 2. **A. capensis**

1. **A. oceanus-indicus** Chamb. 1930 *A. o.*, Chamberlin in: Ann. nat. Hist. ser. 10 *v.* 5 p. 615 f. 1A, G, L, Q, R, Y, FF, 2E, I, P. MM, NN, 3K, L.

Cephalothorax nach vorn verengt, mit deutlichem Cucullus, granuliert, die Scheibe mit unregelmäßigen heller und dunkler pigmentierten Flecken. Tergite mit Ausnahme des 1., 2. und 11. geteilt, mit je 16—18 Marginalborsten und einem medianen und einem lateralen dunklen Fleck. Galea des Männchens fast einfach, die des Weibchens mit Seitenästchen. Palpen länger als der Körper. Trochanter 1,3—1,4 mal so lang wie breit. Femur 3,4 bis 3,7 mal so lang wie breit, länger als der Cephalothorax. Tibia 2,9—3 mal so lang wie breit, kürzer als das Femur. Schere 2,8—3,1 mal so lang wie breit. Hand etwas kürzer als die Tibia. Finger viel kürzer als die Hand ohne Stiel. — Körper L. 2,8—3,5 mm.

Inseln des Indischen Ozeans: Chagos-Inseln, Aldabra-Inseln.

2. **A. capensis** (Ellingsen) 1912 *Garypus c.*, Ellingsen in: Ann. S. Afr. Mus., *v.* 10 p. 105.

Cephalothorax etwas breiter als lang, nach vorn verengt, mit deutlichem, der Länge nach schwach gefurchtem Cucullus, die Scheibe granuliert. Tergite geteilt. Galea des Weibchens von der Mitte an in 3 Äste geteilt. Palpen kürzer als der Körper, granuliert. Femur 2,5mal so lang wie breit, keulenförmig, deutlich gestielt. Tibia kürzer als das Femur. Hand medial etwas stärker konvex als lateral. Finger robust, viel kürzer als die Hand. — Patella des 1. Beinpaares deutlich länger als das Femur. — Körper L. 5,4 mm; Palpenhand L. 1,15 mm, B. 0,67 mm, Finger L. 0,83 mm.

Südafrika: Kapland.

5. Gen. **Maorigarypus** Chamb.

1930 *M.*, Chamberlin in: Ann. nat. Hist., ser. 10 *v.* 5 p. 617.

Typus: *M. melanochelatus* Chamb. (durch ursprüngliche Bestimmung und Monotypie).

Cephalothorax nach vorn dreieckig verengt, mit 4 Augen, vorn ausgerandet. Tergite größtenteils geteilt. Integument reticuliert. Borsten an Körper und Palpen keulenförmig. Fester Palpenfinger mit 9 Tasthaaren, beweglicher mit nur einem Tasthaar. Flagellum mit 3 Borsten. Patella des 1. Beinpaares ungefähr so lang wie das Femur und gegen dieses kaum beweglich. Arolien länger als die Klauen.

Neu-Seeland, Tasmanien.

2 Arten.

Übersicht über die Arten:

1	Schere gedrungener, 3,4mal so lang wie breit	1. **M. melanochelatus**
	Schere schlanker, 4mal so lang wie breit	2. **M. hansenii**

1. **M. melanochelatus** Chamb. 1930 *M. m.*, Chamberlin in: Ann. nat. Hist., ser. 10 *v.* 5 p. 617.

Cephalothorax breiter als lang, nach vorn dreieckig verengt, die Scheibe mit 2 schwachen Quereindrücken. Augen in der vorderen Hälfte des Cephalothorax gelegen, das vordere Paar etwa 3 Augendurchmesser vom Vorderrand des Cephalothorax entfernt. Tergite mit Ausnahme des 1. und 11. geteilt. Integument von Cephalothorax und Tergiten reticuliert. Tergite mit je 6 bis 8 keulenförmigen Marginalborsten und einem medianen und einem lateralen dunklen Fleck. Galea des Weibchens kurz, mit 3 Terminalästchen. Palpen gedrungen, reticuliert, mit kurzen, keulenförmigen Borsten. Trochanter 1,3 bis 1,4mal so lang wie breit, hinten mit 2 kleinen Höckerchen. Femur 4—4,3mal so lang wie breit, gegen das Ende verbreitert, gestielt, länger als der Cephalothorax. Tibia 2,6—2,8mal so lang wie breit, kurz gestielt. Schere 3,4mal so lang wie breit, dunkler gefärbt als die übrigen Palpenglieder. Hand etwas kürzer als die Tibia, breiter als dick. Finger deutlich länger als die Hand, mäßig gebogen. — Körper L. 3,4—4 mm.

Neu-Seeland: Ohakune.

2. **M. hansenii** (With) 1908 *Garypus H.*, With in: Vidensk. Meddel., ser. 6 *v.* 10 p. 12 t. 1 f. 11—15, t. 2 f. 1—3, p. 13 f. 2.

Cephalothorax deutlich breiter als lang, mit längsgefurchtem Cucullus, die Scheibe ohne Quereindrücke; Borsten keulenförmig. Tergite mit Ausnahme des 1. und 11. geteilt, mit keulenförmigen Marginalborsten. Flagellum mit 3 Borsten, die vordere groß und gesägt, die hinteren klein und einfach. Galea einfach. Palpen reticuliert, mit keulenförmigen Borsten. Femur 4mal so lang wie breit, gestielt. Tibia 2,6mal so lang wie breit, bedeutend kürzer als das Femur. Schere 4mal so lang wie breit. Finger deutlich länger als die Hand. — Patella des 1. Beinpaares ein wenig kürzer als das Femur. Arolien länger als die Klauen. — Körper L. 3,6 mm; Palpen: Femur L. 1,14 mm, B. 0,28 mm, Tibia L. 0,86 mm, B. 0,33 mm, Hand L. 0,78 mm, B. 0,42 mm, Finger L. 0,92 mm.

Tasmanien.

b) Subfam. **Geogarypinae** Chamb.

1879 *Garypinae* (part.), E. Simon, Arach. France, *v.* 7 p. 42 | 1930 *Geogarypinae*, Chamberlin in: Ann. nat. Hist., ser. 10 *v.* 5 p. 609.

Mit den Charakteren der Familie. Flagellum aus nur 1 Borste bestehend. Maxillarschulter der Palpencoxen kräftig entwickelt. Palpen gedrungen bis schlank, meist deutlich granuliert und oft außerdem mit Rugositäten. Fester Palpenfinger neben der normalen Zahnreihe meist mit Nebenzähnen. Coxalfeld nach hinten nicht divergierend, Coxen des 4. Beinpaares ziemlich kurz und breit. Stigmenschnecke deutlich. Arolien länger als die Klauen.

Über alle Regionen verbreitet, jedoch nur in den wärmeren Zonen.

1 Genus, 2 Subgenera, 21 sichere, 2 unsichere Arten.

6. Gen. **Geogarypus** Chamb.

1930 *G.*, Chamberlin in: Ann. nat. Hist., ser. 10 *v.* 5 p. 609.

Typus: *Garypus minor* L. Koch (durch ursprüngliche Bestimmung).

Mit den Charakteren der Subfamilie. Cephalothorax nach vorn deutlich verengt, mit mehr oder weniger langem Cucullus, die Scheibe meist mit 2 deutlichen Quereindrücken hinter den Augen. 4 vorragende Augen. Flagellum nur aus 1 Borste bestehend. Maxillarschulter der Palpencoxen kräftig entwickelt. Palpen gedrungen bis schlank, meist deutlich granuliert, oft außerdem mit Rugositäten. Palpenfinger mit der normalen Anzahl von Tasthaaren, selten diese reduziert. Fester Palpenfinger neben der normalen Zahnreihe meist mit deutlichen Nebenzähnen. Coxalfeld nach hinten nicht divergierend, die Coxen des 4. Beinpaares ziemlich kurz und breit. Patella des 1. Beinpaares deutlich kürzer als das Femur und gegen dieses beweglich. Arolien länger als die Klauen.

Über alle Regionen verbreitet, jedoch nur in den wärmeren Zonen.

2 Subgenera, 21 sichere, 2 unsichere Arten.

Übersicht über die Arten:

1 { Palpenhand dorsolateral regelmäßig konvex, ohne Quereindruck; fester Finger mit Nebenzähnen; das Tasthaar *st* von *sb* wenigstens doppelt so weit entfernt wie *sb* von *b* (Subgen. *Geogarypus)* — 2
Palpenhand dorsolateral mit einem mehr oder weniger ausgedehnten Quereindruck; fester Finger ohne Nebenzähne oder diese undeutlich; das Tasthar *st* von *sb* so weit entfernt wie *sb* von *b* (Subgen. *Afrogarypus)* — 20

2	Cephalothorax vorn stark schnauzenförmig vorgezogen, mit langem Cucullus — **3**	
	Cephalothorax vorn nur schwach schnauzenförmig vorgezogen, mit kurzem Cucullus	19. **G. (G.) purcelli**
3	Hand an der Fingerbasis allmählich, nicht winkelig verengt; Femur an der Medialseite ohne größere borstentragende Körnchen — **4**	
	Hand an der Fingerbasis plötzlich und deutlich winkelig verengt; Femur an der Medialseite mit einer Reihe von borstentragenden Körnchen — **19**	
4	Femur 3,1—3,5 mal so lang wie breit — **5**	
	Femur 4—4,5 mal so lang wie breit — **14**	
5	Tibia schlanker, 2,7—3,2 mal so lang wie breit — **6**	
	Tibia gedrungener, 2,2—2,4 mal so lang wie breit — **12**	
6	Fester Finger mit der normalen Zahl von 8 Tasthaaren — **7**	
	Fester Finger mit nur 7 Tasthaaren, das Tasthaar *isb* fehlend	10. **G. (G.) fiebrigi**
7	Finger länger als die Hand mit Stiel und länger als die Tibia — **8**	
	Finger so lang wie die Hand ohne Stiel und kürzer als die Tibia — **10**	
8	Medialseite von Femur und Tibia außer der Granulierung mit unregelmäßigen Rugositäten; Finger verhältnismäßig länger und schlanker — **9**	
	Medialseite von Femur und Tibia außer der Granulierung ohne Rugositäten; Finger verhältnismäßig kürzer und dicker	1. **G. (G.) nigrimanus**
9	Palpencoxen glatt, nur am Vorderrand in größerer oder geringerer Ausdehnung granuliert	2. **G. (G.) minor**
	Palpencoxen durchweg fein granuliert; Palpen etwas zarter als bei der vorigen Art	3. **G. (G.) canariensis**
10	Hand mehr oder weniger regelmäßig oval — **11**	
	Hand medial stark verbreitert und fast dreieckig erscheinend	6. **G. (G.) triangularis**
11	Beine ziemlich schlank, Tibia des 4. Paares etwa 4 mal so lang wie breit; Hand medial schwach konvex und gegen die Fingerbasis allmählich verjüngt .	4. **G. (G.) olivaceus**
	Beine gedrungener, Tibia des 4. Paares etwa 3 mal so lang wie breit; Hand medial stärker konvex, gegen die Fingerbasis ziemlich rasch verjüngt .	5. **G. (G.) minutus**
12	Finger deutlich länger als die Hand mit Stiel — **13**	
	Finger etwas kürzer als die Hand mit Stiel	7. **G. (G.) cuyabanus**
13	Cephalothorax mit deutlichen Quereindrücken; Schere 3,6 mal so lang wie breit	8. **G. (G.) paraguayanus**
	Cephalothorax ohne deutliche Quereindrücke; Schere 3,2 mal so lang wie breit	9. **G. (G.) maculatus**
14	Fester Finger mit der normalen Zahl von 8 Tasthaaren — **15**	
	Fester Finger mit 7 Tasthaaren, das Tasthaar *isb* fehlend	15. **G. (G.) tenuis**
15	Femur 4—4,2 mal so lang wie breit — **16**	
	Femur 4,5 mal so lang wie breit	16. **G. (G.) elegans**
16	Tibia 2,5—2,8 mal so lang wie breit — **17**	
	Tibia 3,1—3,2 mal so lang wie breit — **18**	

17 Finger kürzer als das Femur; Tibia 2,8 mal so lang wie breit . . . . 11. **G. (G.) formosanus**
Finger so lang wie das Femur; Tibia 2,5 mal so lang wie breit . . . . 12. **G. (G.) longidigitatus**

18 Etwas robuster; 1. Tarsenglied des 4. Beinpaares etwas kürzer als das 2. . . . . 13. **G. (G.) irrugatus**
Etwas zarter; 1. Tarsenglied des 4. Beinpaares etwas länger als das 2. . . . . 14. **G. (G.) javanus**

19 Galea des ♀ mit 9 Seitenästen; Femur medial mit einer Reihe von 5 borstentragenden Höckerchen 17. **G. (G.) angulatus**
Galea des ♀ mit 5—6 Seitenästen; Femur medial mit einer Reihe von 7 borstentragenden Höckerchen 18. **G. (G.) indicus**

20 Schere 3,2 mal so lang wie breit; Hand nur mit einem kurzen furchenartigen Quereindruck distal der Mitte, der sich kaum über ein Drittel der Oberseite erstreckt . . . . 20. **G. (A.) senegalensis**
Schere 3,5 mal so lang wie breit; Hand mit einem tiefen, sich über die ganze Oberseite erstreckenden furchenartigen Quereindruck nahe der Fingerbasis 21. **G. (A.) impressus**

a) Subgen. **Geogarypus** Chamb.

1930 *G.*, Chamberlin in: Ann. nat. Hist., ser. 10 *v.* 5 p. 609.

Mit den Charakteren der Gattung. Palpenhand (Fig. 253) dorsolateral regelmäßig konvex, ohne Quereindruck. Das Tasthaar *st* des festen Palpenfingers von *sb* wenigstens doppelt so weit entfernt wie *sb* von *b*. Fester Finger mit Nebenzähnen.

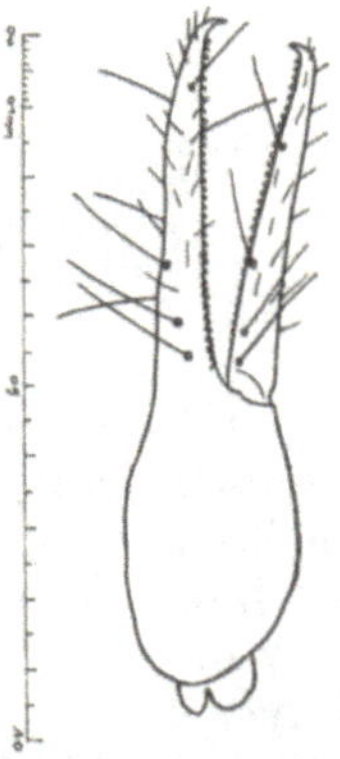

Fig. 253. **Geogarypus minor** (L. Koch). Palpenhand von außen.

1. **G. (G.) nigrimanus** (E. Sim.) 1879 *Garypus n.*, E. Simon, Arach. France, *v.* 7 p. 47 | 1930 *Geogarypus n.*, Chamberlin in: Ann. nat. Hist., ser. 10 *v.* 5 p. 610 f. 1 M, N | 1931 *G. n.*, Chamberlin in: Stanford Univ. Publ., *v.* 7 p. 227 f. 62.

Cephalothorax nach vorn dreieckig verengt, mit langem Cucullus, etwas länger als breit, granuliert. Galea fast einfach. Palpen (Fig. 254) ziemlich gedrungen, fein granuliert, jedoch ohne unregelmäßige Rugositäten. Femur 3,1 mal so lang wie breit, erkennbar gestielt. Tibia 2,8 mal so lang wie breit. Schere 3,4 mal so lang wie breit. Hand bedeutend dunkler als die übrigen Palpenglieder. Finger etwas länger als die Hand mit Stiel, bedeutend kürzer als das Femur. — Körper L. 1,5—1,7 mm; Palpen: Femur L. 0,52 mm, B. 0,17 mm, Tibia L. 0,42 mm, B. 0,15 mm, Hand L. 0,42 mm, B. 0,24 mm, Finger L. 0,45 mm.

Südeuropa: Südfrankreich, Korsika.

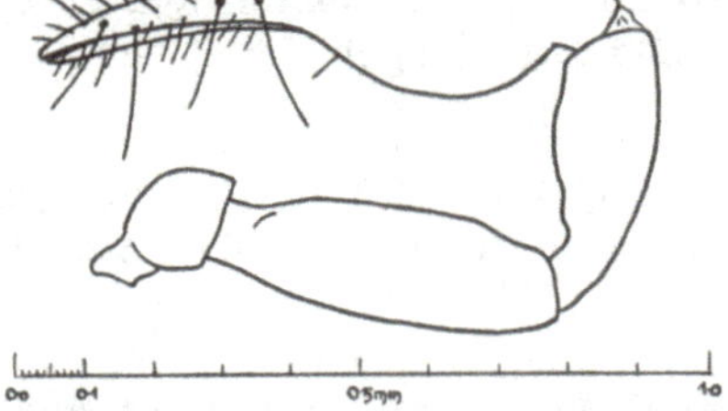

Fig. 254. **Geogarypus nigrimanus** (E. Sim.). Rechte Palpe.

2. **G. (G.) minor** (L. Koch) 1873 *Garypus m.*, L. Koch, Übers. Darst. Eur. Chernet., p. 38 | 1879 *G. m.*, E. Simon, Arach. France, *v.* 7 p. 46 | 1885 *G. m.*, G. Canestrini, Chernet. Ital., *v.* 1 fasc. 10 nr. 8 t. 8 f. 1—4 | 1888 *G. m.*, Daday in: Termész. Füzetek, *v.* 11 p. 126, 182 | 1889 *Cheiridium tetrophthalmum*, Daday in: ibid., *v.* 12 p. 27 f. 8—10, 14 | 1908 *Garypus minor*, Ellingsen in: Ann. Mus. Genova, ser. 3 *v.* 3 p. 670 | 1909 *G. m.*, Ellingsen in: ibid., ser. 3 *v.* 4 p. 209 | ?1909 *G. m.*, Tullgren in: Results Swed. Exp. Egypt, *v.* 3 nr. 21a p. 4 f. 2 | 1910 *G. m.*, Ellingsen in: Mt. Mus. Berlin, *v.* 4 p. 388 | 1917 *G. m.*, Nonidez in: Trab. Mus. Madrid, nr. 32 p. 27 | 1929 *G. m.*, Beier in: Ann. Wien. Mus., *v.* 43 p. 358 | 1929 *G. m.*, Beier in: SB. Ak. Wien, *v.* 138 p. 450 | 1930 *G. m.*, Beier in: Bull. Soc. Maroc, *v.* 10 p. 72 | 1930 *Geogarypus m.*, Chamberlin in: Ann. nat. Hist., ser. 10 *v.* 5 p. 610.

Cephalothorax etwas breiter als lang, nach vorn dreieckig verengt, mit langem Cucullus, granuliert, die Scheibe hinter den Augen mit 2 Quereindrücken. Palpen (Fig. 255) ziemlich gedrungen, fein granuliert, das Femur und die Tibia medial außerdem mit unregelmäßigen Rugositäten. Coxen glatt, nur der Vorderrand in größerer oder geringerer Ausdehnung granuliert.

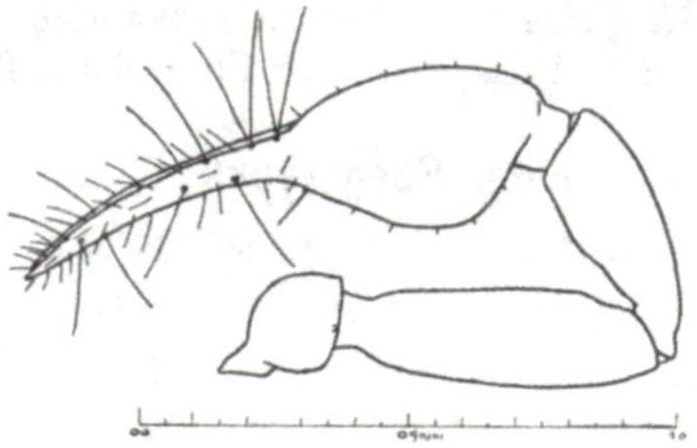

Fig. 255.
Geogarypus minor (L. Koch). Rechte Palpe.

Femur 3,3—3,4mal so lang wie breit, deutlich gestielt. Tibia 2,8mal so lang wie breit, bedeutend kürzer als das Femur. Schere 3,6mal so lang wie breit. Finger länger als die Hand mit Stiel, etwas kürzer als das Femur, der feste im basalen Teil mit einer Reihe von Nebenzähnen. Das Tasthaar *est* weit vor *ib* gelegen, *ib* und *esb* einander schräg gegenüberstehend. — Körper L. 1,5—1,7 mm; Palpen: Femur L. 0,60 mm, B. 0,17 mm, Tibia L. 0,48 mm. B. 0,17 mm, Hand L. 0,52 mm, B. 0,30 mm, Finger L. 0,57 mm.

Europa: Mediterrangebiet von Spanien bis Kleinasien; Nordafrika.

3. **G. (G.) canariensis** (Tullg.) 1900 *Garypus c.*, Tullgren in: Ent. Tidskr., *v.* 21 p. 157 f. 3.

Der vorigen Art sehr ähnlich. Cephalothorax breiter als lang, fein granuliert, mit sehr langem Cucullus; die vordere Querfurche der Scheibe deutlich, die hintere undeutlich. Palpen länger als der Körper, stark granuliert. Coxen fein granuliert. Femur ungefähr 3,5mal so lang wie breit, deutlich gestielt. Tibia kürzer als das Femur, 2,8mal so lang wie breit. Finger etwas länger als die Hand, kürzer als das Femur. — Körper L. 1,6 mm; Palpen: Femur L. 0,45 mm, B. 0,14 mm, Tibia L. 0,34 mm, B. 0,12 mm, Hand L. 0,34 mm, B. 0,22 mm, Finger L. 0,37 mm.

Kanarische Inseln: Teneriffa.

4. **G. (G.) olivaceus** (Tullg.) 1907 *Garypus o.*, Tullgren in: Mt. Mus. Hamburg, *v.* 24 p. 63 f. 20 | 1907 *G. o.*, Tullgren in: Zool. Stud. tillägn. Tullberg, p. 229 | 1912 *G. o.*, Ellingsen in: Ann. S. Afr. Mus., *v.* 10 p. 87.

Cephalothorax länger als breit, mit langem, vorn ausgerandetem, der Länge nach gefurchtem Cucullus, grob granuliert, die Scheibe mit undeutlichen Querfurchen. Galea kurz und dick, an der Spitze mit 5 gebogenen Seitenästchen. Palpen (Fig. 256) bedeutend länger als der Körper, grob granuliert. Femur 3,2mal so lang wie breit, undeutlich gestielt. Tibia 2,8mal so lang wie breit, kürzer als das Femur. Schere 3,4mal so lang wie breit. Finger so lang wie die Hand ohne Stiel, kürzer als die Tibia. Beine ziemlich schlank, Tibia des 4. Paares 4mal so lang wie breit. — Körper L. 2,6 mm; Palpen: Femur L. 0,77 mm, B. 0,23 mm, Tibia L. 0,63 mm, B. 0,23 mm, Hand L. 0,68 mm, B. 0,35 mm, Finger L. 0,58 mm.

Südafrika: Oranje-Freistaat, Natal, Zululand.

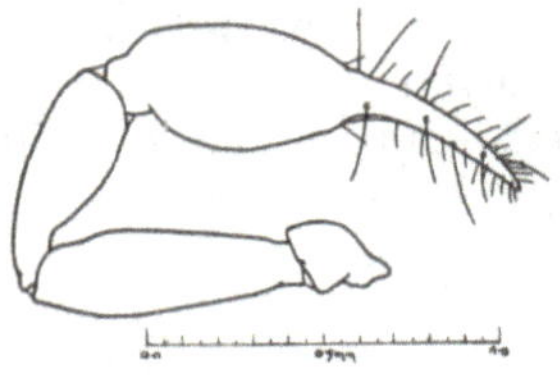

Fig. 256.
Geogarypus olivaceus (Tullg.).
Linke Palpe.

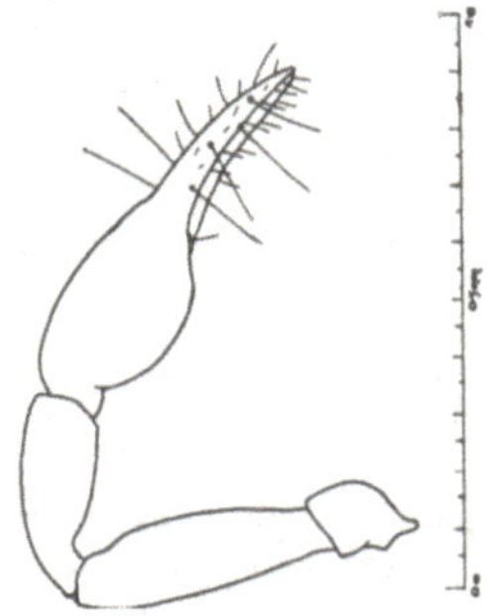

Fig. 257.
Geogarypus minutus (Tullg.) ♀.
Linke Palpe.

5. **G. (G.) minutus** (Tullg.) 1907 *Garypus m.*, Tullgren in: Mt. Mus. Hamburg, *v.* 24 p. 65 f. 21 | 1907 *G. m.*, Tullgren in: Zool. Stud. tillägn. Tullberg, p. 229 | 1912 *G. m.*, Ellingsen in: Ann. S. Afr. Mus., *v.* 10 p. 87, 108.

Cephalothorax etwas länger als breit, mit ziemlich kurzem, vorn nur schwach ausgerandetem und kaum längsgefurchtem Cucullus, fein granuliert. Galea einfach. Palpen (Fig. 257) länger als der Körper, das Femur grob, Tibia und Hand feiner granuliert. Femur 3,3mal so lang wie breit, undeutlich gestielt. Tibia 2,7mal so lang wie breit, kürzer als das Femur. Schere 3,3mal so lang wie breit. Finger so lang wie die Hand ohne Stiel, kaum kürzer als die Tibia. Hand an der Fingerbasis etwas rascher verengt als bei der vorigen Art. Beine ziemlich gedrungen, Tibia des 4. Paares etwa 2,8mal so lang wie breit. — Körper L. 1,4 mm; Palpen: Femur L. 0,44 mm, B. 0,13 mm, Tibia L. 0,34 mm, B. 0,125 mm, Hand L. 0,38 mm, B. 0,21 mm, Finger L. 0,34 mm.

Südafrika: Kapland, Natal.

6. **G. (G.) triangularis** (Ellingsen) 1912 *Garypus minutus* var. *t.*, Ellingsen in: Ann. S. Afr. Mus., *v.* 10 p. 110.

Der vorigen Art sehr ähnlich, die Palpenhand jedoch medial sehr stark konvex und fast dreieckig erscheinend. — Körper L. 1,4 mm.

Südafrika: Kapland, Transkei, Oranje-Freistaat.

7. **G. (G.) cuyabanus** (Balzan) 1890 *Garypus c.*, Balzan in: Ann. Mus. Genova, ser. 2 *v.* 9 p. 441 t. 16 f. 22 | 1891 *G. c.*, Balzan in: Ann. Soc. ent. France, *v.* 60 p. 549.

Cephalothorax etwas breiter als lang, mit langem Cucullus, granuliert. Galea kurz und gedrungen, mit 8 Seitenästen. Palpen kaum länger als der Körper, granuliert. Femur 3,5mal so lang wie breit. Tibia 2,4mal so lang wie breit, bedeutend kürzer als das Femur. Schere etwa 3,2mal so lang wie breit. Finger etwas kürzer als die Hand und länger als die Tibia. —

Körper L. 2,3 mm; Palpen: Femur L. 0,71 mm, B. 0,20 mm, Tibia L. 0,49 mm, B. 0,20 mm, Hand L. 0,57 mm, B. 0,35 mm, Finger L. 0,54 mm.

Südamerika: Brasilien, Matto Grosso.

8. **G. (G.) paraguayanus** Beier 1931 *G. p*, Beier in: Mt. Mus. Berlin, *v.* 17 p. 316.

Mit der vorigen Art sehr nahe verwandt, jedoch kleiner und mit kräftigeren Palpen. Palpen (Fig. 258) granuliert. Femur 3,2 mal so lang wie breit, vorn vom Stielchen deutlich abgesetzt. Tibia 2,3 mal so lang wie breit, bedeutend kürzer als das Femur. Schere 3,6 mal so lang wie breit. Finger länger als die Hand mit Stiel, kaum kürzer als das Femur. — Körper L. 1,6 mm; Palpen: Femur L. 0,56 mm, B. 0,18 mm, Tibia L. 0,40 mm, B. 0,17 mm, Hand L. 0,47 mm, B. 0,27 mm, Finger L. 0,52 mm.

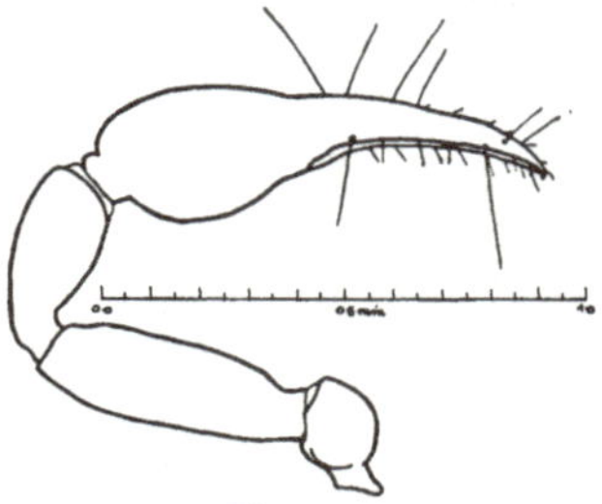

Fig. 258. **Geogarypus paraguayanus** Beier. Linke Palpe.

Südamerika: Paraguay.

9. **G. (G.) maculatus** (With) 1907 *Garypus m.*, With in: J. Linn. Soc. London, *v.* 30 p. 68 t. 9 f. 21—25.

Cephalothorax so lang wie breit, mit langem Cucullus, dieser vorn ausgerandet, die Scheibe mit deutlichen Quereindrücken, chagriniert. Galea kurz. Palpen granuliert. Femur 3,2 mal so lang wie breit, deutlich gestielt. Tibia 2,2 mal so lang wie breit, bedeutend kürzer als das Femur. Schere 3,2 mal so lang wie breit. Hand etwas länger als die Tibia, medial stärker konvex als lateral. Finger länger als die Hand und kürzer als das Femur, der feste mit 35 Zähnen und 18 Nebenzähnen, der bewegliche mit 35 Zähnen. — Körper L. 1,6 mm; Palpen: Femur L. 0,55 mm, B. 0,17 mm, Tibia L. 0,39 mm, B. 0,16 mm, Hand L. 0,42 mm, B. 0,27 mm, Finger L. 0,48 mm.

Windward-Inseln: Insel Grenada.

10. **G. (G.) fiebrigi** Beier 1931 *G. f.*, Beier in: Mt. Mus. Berlin, *v.* 17 p. 316.

Cephalothorax wie bei *cuyabanus*, granuliert. Galea kurz und dick, mit zahlreichen Seitenästen. Palpen (Fig. 259) granuliert. Femur 3,5 mal so lang wie breit, deutlich gestielt. Tibia 2,7 mal so lang wie breit, bedeutend kürzer als das Femur. Schere 3,7 mal so lang wie breit. Finger so lang wie die Hand mit Stiel, kürzer als das Femur, der feste mit 9 getrennt stehenden Zähnen in der distalen Hälfte und 22 Nebenzähnen in der ganzen Länge, der bewegliche mit 22 Zähnen. Das Tasthaar *isb* des festen Fingers fehlend, dieser daher nur mit 7 Tasthaaren. Beweglicher Finger mit 3 Tasthaaren. — Körper L. 1,6 mm; Palpen: Femur L. 0,47 mm, B. 0,14 mm, Tibia L. 0,34 mm, B. 0,13 mm, Hand L. 0,40 mm, B. 0,20 mm, Finger L. 0,40 mm.

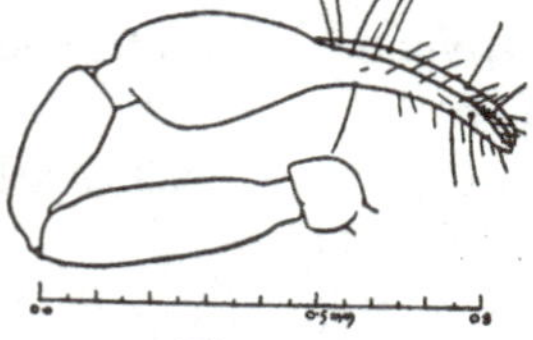

Fig. 259. **Geogarypus fiebrigi** Beier. Linke Palpe.

Südamerika: Paraguay.

11. **G. (G.) formosanus** Beier 1912 *Garypus javanus*, Ellingsen in: N. Mag. Naturv., *v.* 50 p. 122 | 1931 *Geogarypus formosanus*, Beier in: Mt. Mus. Berlin, *v.* 17 p. 315 f. 10.

Cephalothorax etwas breiter als lang, dicht und gleichmäßig granuliert, die Querfurchen der Scheibe schwach entwickelt, Cucullus schnauzenförmig vorgezogen, vorn ausgerandet. Die hinteren Augen distal der Mitte gelegen. Tergite ziemlich schwach granuliert, mit je etwa 12 Marginalborsten. Galea kurz, dornförmig, einfach. Palpen (Fig. 260) mäßig schlank, dicht und ziemlich kräftig granuliert. Trochanter hinten distal etwas höckerförmig ausgebaucht. Femur 4,1 mal so lang wie breit, medial basal zum Stiel nicht plötzlich stufenförmig abfallend. Tibia 2,8 mal so lang wie breit, kürzer als das Femur. Schere 3,7 mal so lang wie breit. Finger deutlich länger als die Hand mit Stiel, der feste mit 31 Zähnen und einigen Nebenzähnen, der bewegliche mit 33 Zähnen. Das Tasthaar *ib* in gleicher Höhe mit *est* stehend, *it* etwas näher bei *ist* als bei *et*. — Körper L. 1,5 mm; Palpen: Femur L. 0,56 mm, B. 0,14 mm, Tibia L. 0,42 mm, B. 0,14 mm, Hand L. 0,44 mm, B. 0,23 mm, Finger L. 0,48 mm.

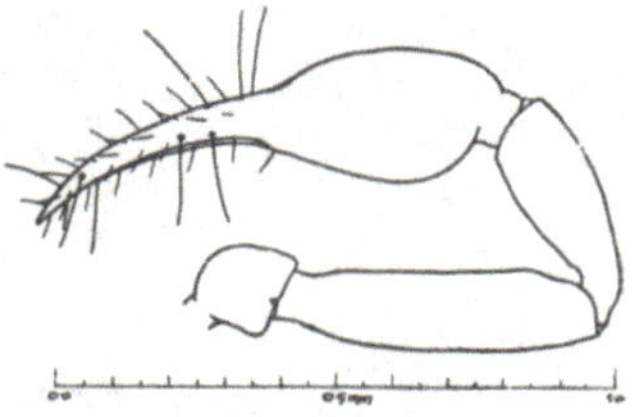

Fig. 260.
Geogarypus formosanus Beier.
Rechte Palpe.

Ostasien: Formosa.

12. **G. (G.) longidigitatus** (Rainbow) 1897 *Chelifer l.*, Rainbow in: Mem. Austral. Mus., *v.* 3 p. 108 t. 2 f. 2 | 1898 *Garypus l.*, Pocock in: Ann. nat. Hist., ser. 7 *v.* 1 p. 323 | 1907 *G. l.*, With in: J. Linn. Soc. London, *v.* 30 p. 66 t. 8 f. 20.

Cephalothorax deutlich breiter als lang, mit langem Cucullus, dieser vorn tief ausgeschnitten; die Scheibe mit Quereindrücken, granuliert. Tergite mit etwa 20 Marginalbörstchen. Galea einfach. Palpen granuliert. Femur 4 mal so lang wie breit, deutlich gestielt. Tibia 2,5 mal so lang wie breit, kürzer als das Femur. Schere 3,8 mal so lang wie breit. Finger bedeutend länger als die Hand und so lang wie das Femur, der feste mit etwa 40 Zähnen und 10 Nebenzähnen, der bewegliche mit 40 Zähnen. — Körper L. 2 mm; Palpen: Femur L. 0,65 mm, B. 0,16 mm, Tibia L. 0,44 mm, B. 0,17 mm, Hand L. 0,48 mm, B. 0,30 mm, Finger L. 0,65 mm.

Polynesien: Funafuti.

13. **G. (G.) irrugatus** E. Sim. 1899 *Garypus i.*, E. Simon in: Ann. Soc. ent. Belgique, *v.* 43 p. 122 | 1906 *G. i.*, With in: Danske Selsk. Skr., *v.* 7 nr. 3 p. 104 t. 1 f. 6a—d, t. 2 f. 1a—d | 1930 *Geogarypus i.*, Chamberlin in: Ann. nat. Hist., ser. 10 *v.* 5 p. 611.

Cephalothorax breiter als lang, mit langem, vorn ausgerandetem, der Länge nach gefurchtem Cucullus, die Scheibe mit undeutlichen Querfurchen, granuliert. Tergite mit etwa 16 Marginalbörstchen. Galea in beiden Geschlechtern einfach. Palpen granuliert. Femur 4,2 mal so lang wie breit, undeutlich gestielt. Tibia 3,2 mal so lang wie breit, bedeutend kürzer als das Femur. Schere 3,8 mal so lang wie breit. Finger länger als die Hand und kürzer als das Femur, der feste neben der normalen Zahnreihe mit 6 Nebenzähnen im mittleren Fingerdrittel. — Körper L. 2,4 mm; Palpen: Femur L. 0,84 mm, B. 0,20 mm, Tibia L. 0,62 mm, B. 0,20 mm, Hand L. 0,62 mm, B. 0,34 mm, Finger L. 0,76 mm.

Ostasien: Sumatra, Siam, Philippinen, China.

14. **G. (G.) javanus** (Tullg.) 1905 *Garypus j.*, Tullgren in: Mt. Mus. Hamburg, *v.* 22 p. 43 | 1907 *G. j.*, Tullgren in: Mt. Mus. Hamburg, *v.* 24 p. 66.

Cephalothorax so lang wie breit, der Cucullus längsgefurcht, die Scheibe mit 2 schwachen Quereindrücken, granuliert. Palpen (Fig. 261) länger als der Körper, granuliert, besonders am Femur. Femur 4,1mal so lang wie breit, vorn kurz stufenförmig zum Stielchen abfallend. Tibia 3,1mal so lang wie breit, bedeutend kürzer als das Femur. Schere 3,9mal so lang wie breit. Finger länger als die Hand, kürzer als das Femur. Beine ziemlich schlank,

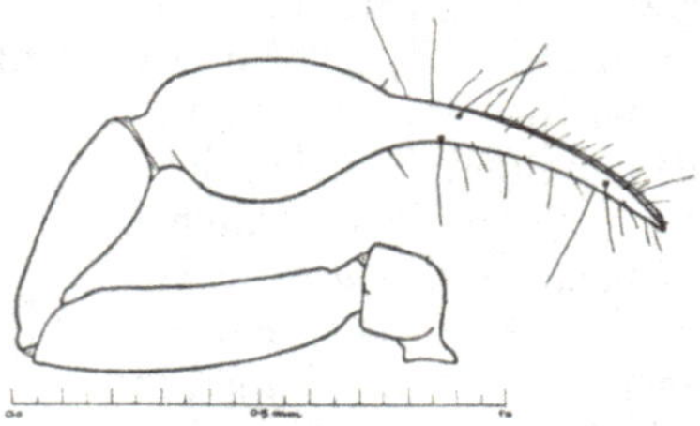

Fig. 261.
Geogarypus javanus (Tullg.). Linke Palpe.

Tibia des 4. Paares etwa 3,7mal so lang wie breit. — Körper L. 1,5 mm; Palpen: Femur L. 0,69 mm, B. 0,17 mm, Tibia L. 0,49 mm, B. 0,16 mm, Hand L. 0,53 mm, B. 0,28 mm, Finger L. 0,62 mm.

Sundainseln: Java.

15. **G. (G.) tenuis** Chamb. 1930 *G. t.*, Chamberlin in: Ann. nat. Hist., ser. 10 *v.* 5 p. 611.

Cephalothorax etwas breiter als lang, ziemlich schwach granuliert, mit vorn ausgerandetem Cucullus; beide Querfurchen der Scheibe vorhanden. Die hinteren Augen im vorderen Teil des Cephalothorax gelegen. Tergite schwach granuliert, mit etwa 12 Marginalbörstchen. Palpen, besonders die Schere, schlank, granuliert. Trochanter 1,7mal so lang wie breit. Femur 4,2mal so lang wie breit, schwach keulenförmig, deutlich gestielt, länger als der Cephalothorax. Tibia 2,8mal so lang wie breit, kürzer als das Femur oder der Cephalothorax. Schere 4,2mal so lang wie breit. Hand medial stärker konvex als lateral. Finger viel länger als die Hand, kürzer als das Femur, der feste mit 30, der bewegliche mit 31 proximal stumpfen und niedrigen Zähnen. Das Tasthaar *isb* fehlend. — Körper L. 1,5 mm.

Ceylon.

16. **G. (G.) elegans** (With) 1901 *Garypus personatus*, E. Simon in: P. zool. Soc. London, pars 2 p. 79 | 1906 *G. elegans*, With in: Danske Selsk. Skr., *v.* 7 nr. 3 p. 107 t. 2 f. 2a, b, p. 92 f. 16.

Cephalothorax so lang wie breit, ziemlich fein granuliert, der Cucullus vorn ausgerandet und der Länge nach gefurcht, die Scheibe ohne deutliche Quereindrücke. Tergite ziemlich fein granuliert. Galea einfach. Palpen granuliert. Femur 4,5mal so lang wie breit, mit kurzem Stiel. Tibia 3mal so lang wie breit, bedeutend kürzer als das Femur. Schere etwa 4,5mal so lang wie breit. Finger deutlich länger als die Hand, kürzer als das Femur, der feste mit etwa 12 Nebenzähnen. — Körper L. 2,3 mm; Palpen: Femur L. 0,76 mm, B. 0,17 mm, Tibia L. 0,53 mm, B. 0,17 mm, Hand L. 0,55 mm, B. 0,27 mm, Finger L. 0,67 mm.

Malayische Halbinsel: Kelantan.

17. **G. (G.) angulatus** Chamb. 1930 *G. a.*, Chamberlin in: Ann. nat. Hist., ser. 10 *v.* 5 p. 611 f. 2U, V, 3J, Q.

Cephalothorax viel breiter als lang, granuliert, die Scheibe mit zwei deutlichen Querfurchen. Die hinteren Augen proximal der Mitte gelegen.

Tergite mit 11—12 kleinen Marginalbörstchen. Galea des Weibchens gedrungen, mit 9 gebogenen Terminalästchen. Palpen ziemlich kräftig. Trochanter 1,5mal so lang wie breit. Femur 3,1mal so lang wie breit, am Medialrande mit einer Reihe von 5 borstentragenden Höckerchen. Tibia 2,5mal so lang wie breit. Schere 3,1mal so lang wie breit. Hand medial an der Fingerbasis plötzlich und winkelig verengt. Finger länger als die Hand, kürzer als das Femur, welch letzteres so lang wie der Cephalothorax ist. Die Tasthaare *est* und *ib* einander ungefähr schräg gegenüberstehend und deutlich proximal von *isb*. — Körper L. 2,5 mm.

Indien: Nilgiris.

18. **G. (G.) indicus** (Beier) 1930 *Garypus i.*, Beier in: Zool. Anz., *v.* 91 p. 290 f. 3, 4a, b.

Cephalothorax etwas breiter als lang, fein und gleichmäßig granuliert, mit langem, längsgefurchten Cucullus; Querfurchen der Scheibe deutlich. Galea des Weibchens kräftig, distal mit 5—6 gebogenen Seitenästchen. Palpen (Fig. 262) kaum so lang wie der Körper, dicht und gleichmäßig granuliert. Femur 3,2mal so lang wie breit, deutlich gestielt, am Medialrande mit einer Reihe von 7 borstentragenden Höckerchen. Tibia 2,5mal so lang wie breit, bedeutend kürzer als das Femur, medial mit 2 borstentragenden Körnchen. Schere 3,2mal so lang wie breit. Hand an der Fingerbasis plötzlich und deutlich winkelig verengt. Finger länger als die Hand mit Stiel, etwas kürzer als das Femur. Tarsenglieder des 1. Beinpaares von gleicher Länge. — Körper L. 2,7 mm; Palpen: Femur L. 0,81 mm, B. 0,25 mm, Tibia L. 0,63 mm, B. 0,25 mm, Hand L. 0,65 mm, B. 0,40 mm, Finger L. 0,75 mm.

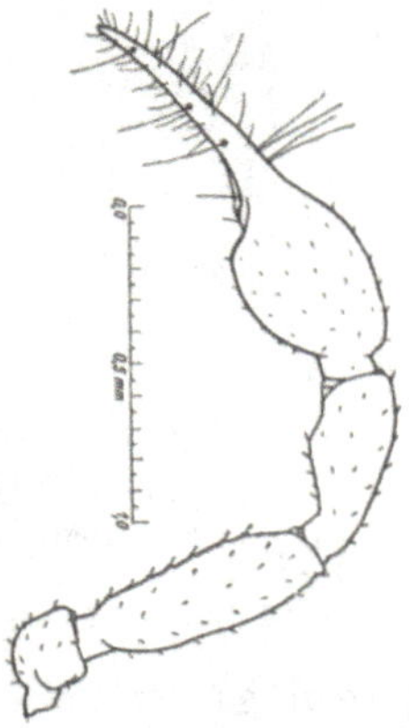

Fig. 262. **Geogarypus indicus** (Beier), ♀. Rechte Palpe.

Südindien: Travancore.

19. **G. (G.) purcelli** (Ellingsen) 1912 *Garypus p.*, Ellingsen in: Ann. S. Afr. Mus., *v.* 10 p. 110.

Cephalothorax länger als breit, granuliert, mit kurzem, nur wenig vorragendem Cucullus, die Scheibe mit einer deutlichen basalen Querfurche. Galea ziemlich kräftig, distal mit 3 kurzen Seitenästchen. Palpen etwa so lang wie der Körper, ziemlich schlank, granuliert. Femur 3,8mal so lang wie breit, deutlich gestielt. Tibia 2,5mal so lang wie breit, deutlich kürzer als das Femur. Schere etwa 3,5mal so lang wie breit. Hand medial stark konvex, lateral fast gerade. Finger länger als die Hand, etwas kürzer als das Femur. — Körper L. 1,4 mm; Palpen: Femur L. 0,76 mm, B. 0,20 mm, Tibia L. 0,61 mm, B. 0,24 mm, Hand L. 0,57 mm, B. 0,36 mm, Finger L. 0,71 mm.

Südafrika: Kapland.

Unsichere Arten:

G. (G.) hungaricus (Töm.) 1882 *Garypus h.*, Tömösvary in: Math. termész. Közlem., *v.* 18 p. 212.

Soll sich von *G. minor* durch kürzere Finger, welche kürzer sind als die Hand, unterscheiden.

Europa: Ungarn.

G. (G.) personatus (E. Sim.) 1901 *Garypus p.*, E. Simon in: P. zool. Soc. London, pars 2 p. 79.

Wahrscheinlich in dieses Subgenus gehörig, mir jedoch unbekannt. — Körper L. 3,5 mm.

Hawaii-Inseln: Kelantan.

b) Subgen. **Afrogarypus** Beier

1931 *A.*, Beier in: Mt. Mus. Berlin, *v.* 17 p. 317.

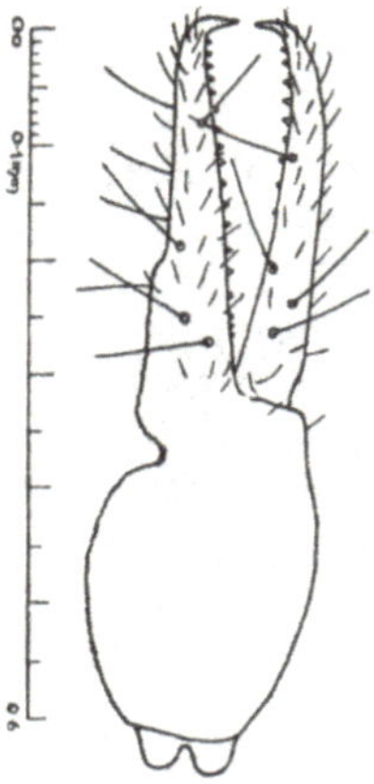

Fig. 263. **Geogarypus impressus** (Tullg.). Palpenhand von außen.

Mit den Charakteren der Gattung. Palpenhand (Fig. 263) dorsolateral mit einem mehr oder weniger langen Quereindruck. Das Tasthaar *st* an *sb* genähert, von diesem so weit entfernt wie *sb* von *b*. Fester Palpenfinger ohne Nebenzähne oder diese undeutlich.

Afrika.

20. **G. (A.) senegalensis** (Balzan) 1891 *Garypus s*, Balzan in: Ann. Soc. ent. France, *v.* 60 p. 535 t. 12 f. 27 | 1912 *G. s.*, Ellingsen in: Ann. S. Afr. Mus., *v.* 10 p. 87, 112 | 1913 *G. s.*, Ellingsen in: Ann. nat. Hist., ser. 8 *v.* 11 p. 454 | 1931 *Afrogarypus s.*, Beier in: Mt. Mus. Berlin, *v.* 17 p. 317.

Cephalothorax ein wenig breiter als lang, granuliert, die Scheibe mit einer deutlichen Querfurche. Tergite granuliert. Galea einfach. Palpen (Fig. 264) mäßig schlank, granuliert. Femur 3,2 mal so lang wie breit, ziemlich deutlich gestielt. Tibia 2,7 mal so lang wie breit, bedeutend kürzer als das Femur. Schere 3,2 mal so lang wie breit. Hand lateral dorsal etwas distal der Mitte mit einem furchenartigen Quereindruck, welcher sich kaum über ein Drittel der Oberseite erstreckt. Finger etwas kürzer als die Hand mit Stiel und etwas länger als die Tibia, der feste ohne Nebenzähne. Das Tasthaar *st* an *sb*

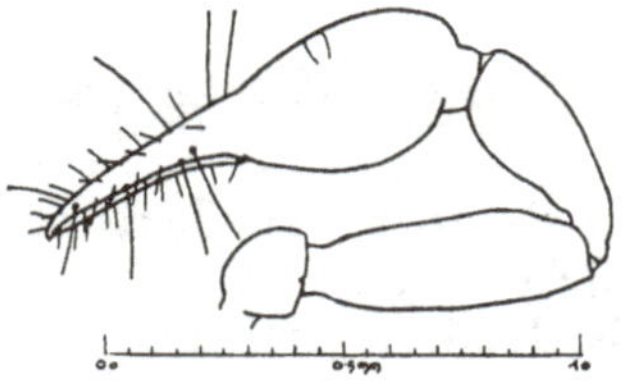

Fig. 264. **Geogarypus senegalensis** (Balzan). Rechte Palpe.

genähert, von diesem so weit entfernt wie *sb* von *b*. — Körper L. 1,5 bis 1,6 mm; Palpen: Femur L. 0,61 mm, B. 0,18 mm, Tibia L. 0,48 mm, B. 0,18 mm, Hand L. 0,52 mm, B. 0,30 mm, Finger L. 0,50 mm.

Westafrika: Senegal, Goldküste, Kamerun.

21. **G. (A.) impressus** (Tullg.) 1907 *Garypus i.*, Tullgren in: Zool. Stud. tillägn. Tullberg, p. 228 f. 7 | 1912 *G. i.*, Ellingsen in: Ann. S. Afr. Mus., *v.* 10 p. 86, 107.

Cephalothorax so lang wie breit, grob granuliert, die 1. Querfurche der Scheibe deutlich. Tergite grob granuliert. Galea distal mit etwa zehn zweizeilig angeordneten Seitenästchen. Palpen (Fig. 265) ziemlich gedrungen, ein wenig länger als der Körper, kräftig granuliert. Femur 2,9—3 mal so lang wie breit, deutlich gestielt. Tibia 2,8 mal so lang wie breit, kürzer als das Femur. Schere 3,3 mal so lang wie breit. Hand dorsal nahe der Fingerbasis mit einer tiefen rinnenartigen Querfurche, die sich über die ganze Oberseite erstreckt. Finger so lang wie die Hand, der feste mit

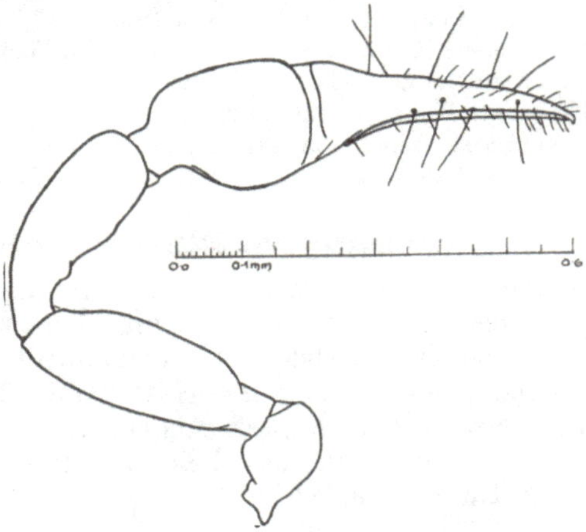

Fig. 265.
Geogarypus impressus (Tullg.), ♂. Linke Palpe.

undeutlichen Nebenzähnen. — Körper L. 1,7 mm; Palpen: ♂ Femur L. 0,39 mm, B. 0,14 mm, Tibia L. 0,34 mm, B. 0,12 mm, Hand L. 0,35 mm, B. 0,19 mm, Finger L. 0,36 mm; ♀ Femur L. 0,55 mm, Tibia L. 0,41 mm, Hand L. 0,43 mm, Finger L. 0,43 mm.

Südafrika: Natal, Kapland, Zululand.

3. Superfam. **Feaellides** nom. nov.

1906 *Feaellidae*, Ellingsen in: Ann. Mus. Genova, ser. 3 *v.* 2 p. 260 | 1906 *F.*, With in: Danske Selsk. Skr., *v.* 7 nr. 3 p. 58 | 1907 *F.*, Tullgren in: Zool. Stud. tillägn. Tullberg, p. 226 | 1908 *F.*, With in: Vidensk. Meddel.. ser. 6 *v.* 10 p. 11 | 1923 *F.*, Chamberlin in: Ent. News Philad., *v.* 34 p. 147 | 1931 *Feaelloidea* + *Synsphyronus*, Chamberlin in: Stanford Univ. Publ., *v.* 7 p. 230.

Cephalothorax vorn schnauzenförmig verengt oder vor den Augen mit lappen- oder hornartigen Fortsätzen. 4 deutliche Augen. Integument granuliert oder grob netzförmig skulpturiert. Abdomen rundlich, breiter als der Cephalothorax. Tergite geteilt, nur das erste und letzte ungeteilt. Galea vorhanden. Palpen normal oder mehr oder weniger monströs ausgebildet, granuliert oder grob netzförmig skulpturiert. Finger mit oder ohne Giftapparat. Tarsen sämtlicher Beine eingliedrig. Patella des 1. Beinpaares nicht oder nur wenig kürzer als das Femur, gegen dieses mehr oder weniger frei beweglich.

Australische, äthiopische, orientalische und nearktische Region.

3 Familien, 5 Genera, 7 Arten.

Übersicht über die Familien:

1 { Cephalothorax nicht garypoid, nach vorn nicht schnauzenförmig verlängert, vor den Augen mit wenigstens 2 lappen- oder hornartigen Fortsätzen; thorakale oder abdominale Pleuralplatten vorhanden; Finger ohne Giftapparat; 1. und 4. Beinpaar morphologisch wenig verschieden — 2

Cephalothorax garypoid, nach vorn schnauzenförmig verlängert, ohne hornartige Fortsätze; thorakale und abdominale Pleuralplatten fehlend; 1. und 4. Beinpaar morphologisch stark verschieden . . I. Fam. **Synsphyronidae**

2 Ohne besondere Artikulation zwischen Cephalothorax und Abdomen; Abdomen ohne Pleuralplatten; Palpen von normaler Form . . . . II. Fam. **Pseudogarypidae**

Mit besonderer Artikulation zwischen Cephalothorax und Abdomen; Abdomen mit einer dorsalen und einer ventralen Reihe von Pleuralplatten; Palpen von monströser Gestalt . . . . III. Fam. **Feaellidae**

I. Fam. **Synsphyronidae** nom. nov.

Cephalothorax garypoid, vorn schnauzenförmig verlängert, mit 4 Augen. Tergite mit Ausnahme des ersten und letzten geteilt. Galea vorhanden. Flagellum mit 3 Borsten. Thorakale und abdominale Pleuralplatten nicht entwickelt. Palpen wie bei den Garypiden. Finger mit Giftapparat. 1. und 4. Beinpaar morphologisch stark verschieden. Arolien länger als die Klauen. Patella des 1. Beinpaares etwas länger als das Femur, gegen dieses nur wenig beweglich. Sämtliche Tarsen eingliedrig.

Australien.

1 Gattung, 1 Art.

1. Gen. **Synsphyronus** Chamb.

1930 *S.*, Chamberlin in: Ann. nat. Hist., ser. 10 *v.* 5 p. 616.

Typus: *S. paradoxus* Chamb. (durch ursprüngliche Bestimmung und Monotypie).

Cephalothorax vorn schnauzenförmig verlängert, mit Cucullus. 4 deutliche Augen. Abdominaltergite mit Ausnahme des ersten und letzten geteilt. Flagellum mit 3 Borsten. Palpen garypusähnlich. Borsten der Palpen kräftig gekeult. Beweglicher Finger mit 2 Tasthaaren. Tarsen sämtlicher Beine eingliedrig, ziemlich gedrungen. Arolien länger als die Klauen. Patella des 1. Beinpaares etwas länger als das Femur und gegen dieses nur wenig beweglich.

Australien.

1 Art.

1. **S. paradoxus** Chamb. 1930 *S. p.*, Chamberlin in: Ann. nat. Hist., ser. 10 *v.* 5 p. 617 f. 1 BB, CC, f. 3 V.

Cephalothorax deutlich breiter als lang, mit vorn ausgerandetem Cucullus, die Scheibe mit undeutlichen Quereindrücken oder ohne solche. Augen verhältnismäßig klein, in der vorderen Hälfte des Cephalothorax gelegen, das vordere Paar 3—4 Augendurchmesser vom Vorderrande entfernt. Tergite mit Ausnahme des 1. und 11. geteilt und wie der Cephalothorax stark chitinisiert, nahezu schwarz, mit 12—14 keulenförmigen Marginalborsten. Galea in beiden Geschlechtern einfach, ziemlich gedrungen. Palpen gedrungen, ziemlich dicht granuliert, mit keulenförmigen Borsten. Trochanter 1,1—1,2 mal so lang wie breit, beiderseits stark konvex, hinten mit einem zweiten Höckerchen. Femur 3,4—3,5 mal so lang wie breit, so lang wie der Cephalothorax, gegen das Ende leicht keulenförmig, gestielt. Tibia 2,3—2,4 mal so lang wie breit, so lang wie die Hand. Schere 3,3—3,5 mal so lang wie breit. Hand konisch, basal abgestutzt, an der Basis am breitesten, beiderseits konvex. Finger so lang wie die Hand ohne Stiel, mäßig gebogen, der bewegliche mit 2 Tasthaaren. — Körper L. 2,6—3 mm.

Australien: New South Wales.

II. Fam. **Pseudogarypidae** Chamb.

1923 *Pseudogarypinae*, Chamberlin in: Ent. News Philad., *v.* 34 p. 161 | 1931 *Pseudogarypidae*, Chamberlin in: Stanford Univ. Publ., *v.* 7 p. 230.

Cephalothorax mit breitem Cucullus, vor den Augen mit lappen- oder hornartigen Fortsätzen. 4 gut entwickelte Augen. Flügelförmige Pleuralplatten des Cephalothorax vorhanden. Abdomen eiförmig, viel breiter als der Cephalothorax. Abdominale Pleuralplatten nicht vorhanden. Ohne besonderes Gelenk zwischen Cephalothorax und Abdomen. Anus ventral gelegen, von dem kleinen Analsegment und dem verschmolzenen 10. Sternit und Tergit umgeben. Lamina exterior der Cheliceren fehlend. Palpen normal gebildet. Palpenfinger ohne Giftapparat. Gelenk zwischen Femur und Patella aller Beinpaare frei beweglich. 1. und 2. Beinpaar vom 3. und 4. wenig verschieden. Tarsen eingliedrig.

Nordamerika.

1 Gattung, 2 Arten.

1. Gen. **Pseudogarypus** Ellingsen

1909 *P.*, Ellingsen in: Boll. Laborat. Zool. Portici, *v.* 3 p. 217 | 1911 *P.*, N. Banks in: Pomona, *v.* 3 p. 637 | 1923 *P.*, Chamberlin in: Ent. News Philad., *v.* 34 p. 161 | 1931 *P.*, Chamberlin in: Stanford Univ. Publ., *v.* 7 p. 231.

Typus: *Garypus bicornis* Banks (durch Monotypie und nachträgliche Bestimmung).

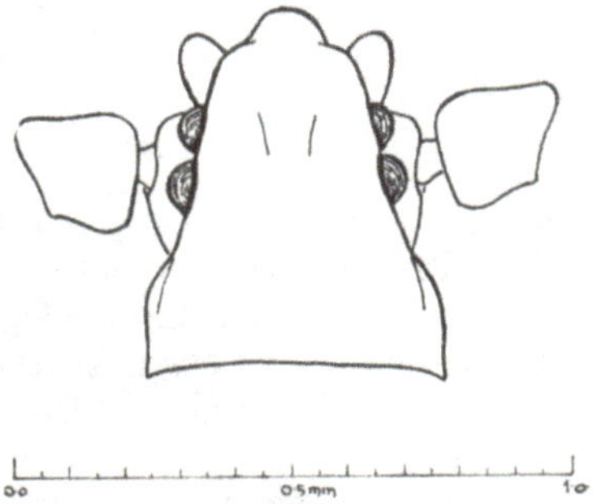

Fig. 266.
Cephalothorax von **Pseudogarypus bicornis** (Banks).

Mit den Charakteren der Familie. Cephalothorax (Fig. 266) mit breitem Cucullus und 2 hornartigen Fortsätzen vor den Augen, die Scheibe grob netzförmig skulpturiert. 4 gut entwickelte Augen. Mit flügelförmigen thorakalen Pleuralplatten. Ohne besonderes Gelenk zwischen Cephalothorax und Abdomen. Abdomen oval, breiter als der Cephalothorax, die Tergite mit Ausnahme des ersten und letzten geteilt, netzförmig skulpturiert. Abdominale Pleuralplatten nicht vorhanden. Palpen normal gebildet, grob netzförmig skulpturiert. Finger ohne Giftapparat. Patellen aller Beinpaare gegen das Femur frei beweglich. 1. und 2. Beinpaar vom 3. und 4. morphologisch wenig verschieden. Tarsen eingliedrig, lang.

Nordamerika.

2 Arten.

Übersicht über die Arten:

1 { Zähne der Palpenfinger deutlich getrennt stehend, fester Finger mit 40, beweglicher mit 33 Zähnen; das Tasthaar *st* des beweglichen Fingers näher bei *t* als bei *sb*; Pseudocoxaldornen fehlend; größere Art . . . . 1. **P. bicornis**

Zähne der Palpenfinger proximal dicht stehend, fester Finger mit 32, beweglicher mit 26 Zähnen; das Tasthaar *st* etwa in der Mitte zwischen *t* und *sb* stehend; Coxen des 1. Beinpaares mit Pseudocoxaldornen; kleinere Art . . . . 2. **P. hesperus**

1. **P. bicornis** (Banks) 1895 *Garypus b.*, N. Banks in: J. N. York ent. Soc., *v.* 3 p. 8 | 1909 *Pseudogarypus b.*, Ellingsen in: Boll. Laborat. Zool. Portici, *v.* 3 p. 218 | 1911 *P. b.*, N. Banks in: Pomona, *v.* 3 p. 637 | 1923 *P. b.*, Chamberlin in: Ent. News Philad., *v.* 34 p. 162 t. 5 f. 1–22 | 1931 *P. b.*, Chamberlin in: Stanford Univ. Publ., *v.* 7 p. 232.

Cephalothorax länger als breit, grob netzförmig skulpturiert, mit breitem Cucullus, vor den Augen mit jederseits einem hornartigen Fortsatz. Thorakale Pleuralplatten groß, flügelförmig. Tergite mit Ausnahme des ersten und letzten geteilt, grob netzförmig skulpturiert, mit je 18—20 Marginalbörstchen. 11. Tergit mit dem letzten Sternit verschmolzen und auf die Ventralseite gerückt, mit dem kleinen Analsegment einen Ring um den ventral gelegenen Anus bildend. Lamina exterior der Cheliceren fehlend. Flagellum mit 2 fast einfachen Borsten. Palpen (Fig. 267) schlank, grob netzförmig skulpturiert. Trochanter hinten stark konvex, dünn gestielt. Femur 5,6 mal so lang wie breit, mit kurzem Stielchen. Tibia 3 mal so lang wie breit, etwa halb so lang wie das Femur. Schere 4,9 mal so lang wie breit. Hand ziemlich schmal. Finger bedeutend länger als die Hand oder die Tibia und viel kürzer als das Femur,

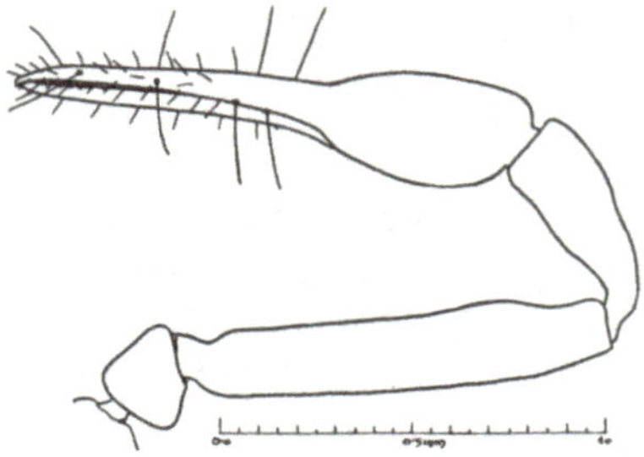

Fig. 267.
Pseudogarypus bicornis (Banks). Rechte Palpe.

der feste mit etwa 40, der bewegliche mit 33 getrennt stehenden Zähnen. Das Tasthaar *st* des beweglichen Fingers näher bei *t* als bei *sb* stehend. 1. und 2. Beinpaar morphologisch wenig vom 3. und 4. verschieden. Patella des 1. Beinpaares etwas kürzer, die des 4. etwas länger als das Femur, gegen dieses frei beweglich. Tarsus sehr lang. Coxen des 1. Beinpaares ohne Pseudocoxaldornen. — Körper L. 2,7 mm; Palpen: Femur L. 1,12 mm, B. 0,20 mm, Tibia L. 0,60 mm, B. 0,20 mm, Hand L. 0,56 mm, B. 0,28 mm, Finger L. 0,82 mm.

Nordamerika: Kalifornien, Kolorado, Idaho, Wyoming.

2. **P. hesperus** Chamb. 1931 *P. h.*, Chamberlin in: Stanford Univ. Publ., *v.* 7 p. 232 f. 63.

Mit der vorigen Art sehr nahe verwandt, von ihr jedoch durch geringere Körpergröße verschieden. Zähne der Palpenfinger proximal dicht stehend. Fester Finger mit etwa 32, beweglicher mit 26 Zähnen. Das Tasthaar *st* des beweglichen Fingers etwa in der Mitte zwischen *t* und *sb* stehend. Coxen des 1. Beinpaares mit Pseudocoxaldornen, diese aus einem dünnen Fortsatz der mittleren Tuberkel bestehend. — Körper L. 2 mm.

Nordamerika: Washington.

III. Fam. **Feaellidae** Ellingsen

1906 *F.*, Ellingsen in: Ann. Mus. Genova, ser. 3 *v.* 2 p. 259 | 1906 *F.*, With in: Danske Selsk. Skr., *v.* 7 nr. 3 p. 58 | 1907 *F.*, Tullgren in: Zool. Stud. tillägn. Tullberg, p. 226 | 1908 *F.*, With in: Vidensk. Meddel., ser. 6 *v.* 10 p. 11 | 1923 *Feaellinae*, Chamberlin in: Ent. News Philad., *v.* 34 p. 148 | 1931 *Feaellidae*, Chamberlin in: Stanford Univ. Publ., *v.* 7 p. 232.

Cephalothorax mit breitem Cucullus, dieser vor den Augen mit 2 Reihen von lappen- oder hornartigen Fortsätzen. 4 gut entwickelte Augen. Cephalothorax ohne flügelartige Pleuralplatten. Mit scharnierartigem Gelenk zwischen Cephalothorax und Abdomen. Abdomen rundlich, viel breiter als der Cephalothorax. Abdominale Pleuralplatten vorhanden. Anus ventral gelegen, von dem kleinen Analsegment und dem verschmolzenen 10. Tergit und Sternit umgeben. Lamina exterior der Cheliceren fehlend. Palpen monströs, zu Raubextremitäten umgebildet. Palpenfinger ohne Giftapparat. Gelenk zwischen Femur und Patella aller Beinpaare frei beweglich. 1. und 2. Beinpaar vom 3. und 4. wenig verschieden. Tarsen eingliedrig.

Äthiopische und orientalische Region.

1 Gattung, 4 Arten.

1. Gen. **Feaella** Ellingsen

1906 *F.*, Ellingsen in: Ann. Mus. Genova, ser. 3 *v.* 2 p. 260 | 1906 *F.*, With in: Danske Selsk. Skr., *v.* 7 nr. 3 p. 58 | 1907 *F.*, Tullgren in: Zool. Stud. tillägn. Tullberg, p. 217 | 1923 *F.*, Chamberlin in: Ent. News Philad., *v.* 34 p. 149 | 1931 *F.*, Chamberlin in: Stanford Univ. Publ., *v.* 7 p. 233.

Typus: *F. mirabilis* Ellingsen (durch ursprüngliche Bestimmung und Monotypie).

Mit den Charakteren der Familie. Cephalothorax (Fig. 268) mit breitem Cucullus, dieser vor den Augen mit 2 Reihen lappen- oder hornartiger Fortsätze, die Scheibe grob netzförmig skulpturiert. 4 gut entwickelte Augen. Ohne flügelförmige thorakale Pleuralplatten. Mit scharnierartigem Gelenk zwischen Cephalothorax und Abdomen. Abdomen rundlich, viel breiter als der Cephalothorax, die Tergite mit Ausnahme des ersten und letzten geteilt, grob netzförmig skulpturiert. Abdominale Pleuralplatten in einer dorsalen und einer ventralen Reihe vorhanden. Palpen monströs, zu Raubextremitäten ausgebildet, grob netzförmig skulpturiert und teilweise granuliert. Finger ohne Giftapparat. 1. und 2. Beinpaar vom 3. und 4. morphologisch wenig verschieden. Patellen aller Beinpaare gegen das Femur frei beweglich. Tarsen eingliedrig, lang.

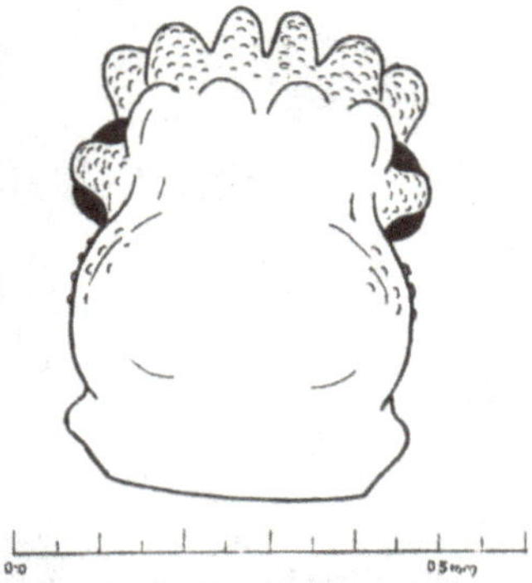

Fig. 268.
Cephalothorax von **Feaella mirabilis** Ellingsen.

Äthiopische und orientalische Region.

4 Arten.

Übersicht über die Arten:

1 { Cephalothorax vor den Augen mit 2 Reihen von je 4 lappenförmigen Fortsätzen; Trochanter an der Vorderseite mit einem dornförmigen Fortsatz — **2**
Cephalothorax vor den Augen mit einer hinteren Reihe von 4 und einer vorderen von 6 lappenförmigen Fortsätzen; Trochanter vorn ohne Fortsatz . . . . 1. **F. mirabilis**

2 { Die lateralen Fortsätze der vorderen Reihe des Cephalothorax breiter als die mittleren, letztere voneinander höchstens ebensoweit entfernt wie von den lateralen; Medialrand des Palpenfemur gerade, basal ohne vorragenden konischen Höcker — **3**
Die lateralen Fortsätze der vorderen Reihe des Cephalothorax so breit wie die mittleren, letztere voneinander weiter entfernt als von den lateralen, Medialrand des Palpenfemur basal mit einem deutlich vorragenden, konischen Höcker 2. **F. mucronata**

3 Die mittleren Fortsätze der vorderen Reihe voneinander ebensoweit entfernt wie von den lateralen; Palpenfemur gedrungener, etwa 1,4 mal so lang wie breit; Schere länger als das Femur . . . . 3. **F. affinis**
Die mittleren Fortsätze der vorderen Reihe einander näher stehend als den lateralen; Palpenfemur schlanker, etwa 1,9 mal so lang wie breit; Schere kürzer als das Femur 4. **F. indica**

1. **F. mirabilis** Ellingsen 1906 *F. m.*, Ellingsen in: Ann. Mus. Genova, ser. 3 *v.* 2 p. 260 t. 4 f. 1—8 | 1906 *F. m.*, With in: Danske Selsk. Skr., *v.* 7 nr. 3 p. 58 | 1908 *F. m.*, With in: Vidensk. Meddel., ser. 6 *v.* 10 p. 8 t. 1 f. 1—10, p. 10 f. 1 | 1912 *F. m.*, Ellingsen in: Ann. S. Afr. Mus., *v.* 10 p. 86 | 1931 *F. m.*, Chamberlin in: Stanford Univ. Publ., *v.* 7 p. 233.

Cephalothorax vor den Augen mit einer hinteren Reihe von 4 und einer vorderen von 6 lappenförmigen Fortsätzen, grob netzartig skulpturiert. Vier ziemlich große, vorragende Augen. Abdomen rundlich, Tergite mit Ausnahme des ersten und letzten geteilt, grob netzförmig skulpturiert. 11. Tergit ventral gelegen. Abdominale Pleuralschilder in einer dorsalen Reihe von 15 und einer ventralen von 14 angeordnet. Galea kurz und dick. Lamina exterior fehlend. Flagellum rudimentär. Palpen (Fig. 269, 270) kürzer als der Körper, sehr kräftig und zu Raubextremitäten ausgebildet. Trochanter vorn ohne Fortsatz, gerundet. Femur 1,7 mal so lang wie breit, basal zum Stielchen medial steil abfallend verengt, die Medialseite grob und zerstreut granuliert.

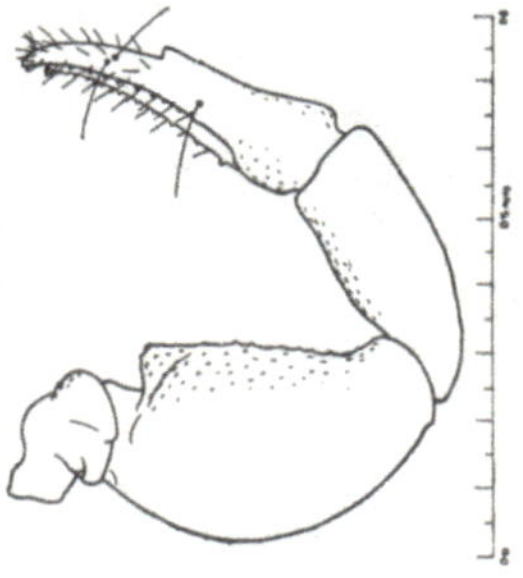

Fig. 269.
Feaella mirabilis Ellingsen. Rechte Palpe von oben.

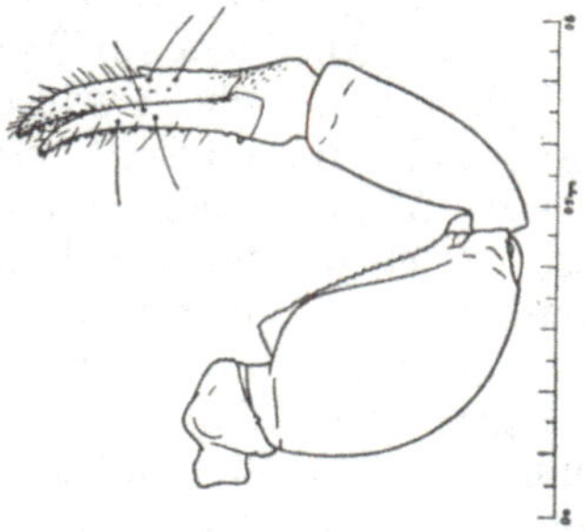

Fig. 270.
Feaella mirabilis Ellingsen. Linke Palpe von unten.

Tibia 2,7 mal so lang wie breit, ohne deutlich abgesetztes Stielchen. Schere 3,5 mal so lang wie breit, so lang wie das Femur. Hand sehr kurz, etwa so lang wie breit, zerstreut granuliert. Finger kürzer als die Tibia, der feste bedeutend kräftiger als der bewegliche und lateral mit einem zahnförmigen Fortsatz; beide Finger außer der normalen Zahnreihe mit einer Reihe von kegelförmigen Zähnchen an der dem Femur zugekehrten Medialseite. Anzahl der Tasthaare reduziert. Patella des 1. Beinpaares etwas kürzer als das Femur, die des 4. Paares fast doppelt so lang wie dieses. Tarsen ziemlich lang. — Körper L. 1,9 mm; Palpen: Trochanter L. 0,21 mm, B. 0,15 mm, Femur L. 0,48 mm, B. 0,28 mm, Tibia L. 0,42 mm, B. 0,16 mm, Hand L. 0,15 mm, B. 0,15 mm, Finger L. 0,35 mm.

Tropisches Westafrika: Portugiesisch-Guinea.

2. **F. mucronata** Tullg. 1907 *F. m.*, Tullgren in: Zool. Stud. tillägn. Tullberg, p. 226 f. 6a—g | 1912 *F. m.*, Ellingsen in: Ann. S. Afr. Mus., *v.* 10 p. 86, 104 | 1931 *F. m.*, Chamberlin in: Stanford Univ. Publ., *v.* 7 p. 234.

Cephalothorax länger als breit, vor den Augen mit 2 Reihen von je 4 lappenförmigen Fortsätzen; alle 4 Fortsätze der vorderen Reihe von gleicher Breite, die mittleren voneinander weiter entfernt als von den lateralen. Scheibe netzartig skulpturiert. Abdomen wie bei *mirabilis*. Chelicerenfinger sehr kurz, etwa $^1/_3$ so lang wie der Stamm. Lamina exterior fehlend, ebenso das Flagellum. Palpen (Fig. 271) kräftig, netzartig skulpturiert und teilweise granuliert. Trochanter an der Vorderseite mit einem langen, etwas gebogenen, dornförmigen Fortsatz. Femur 1,8mal so lang wie breit, medial basal unmittelbar am Abfall zum Stielchen mit einem ziemlich langen, kegelförmigen Höcker, die Medialseite zerstreut granuliert. Tibia 3mal so lang wie breit, ohne deutlich abgesetztes Stielchen. Schere 4,2mal so lang wie breit. Hand sehr kurz, lateral basal beulenartig verdickt, oben granuliert. Finger kürzer als die Tibia, der feste nahe der Basis mit einem zahnartigen Abfall. Beide Finger außer der normalen Zahnreihe an der dem Femur zugekehrten Medialseite mit einer Reihe kegelförmiger Zähnchen. Beine schlanker als bei der vorigen Art. — Körper L. 2,5 mm; Palpen: Femur L. 0,73 mm, B. 0,41 mm, Tibia L. 0,59 mm, B. 0,19 mm, Hand L. 0,15 mm, B. 0,16 mm, Finger L. 0,52 mm.

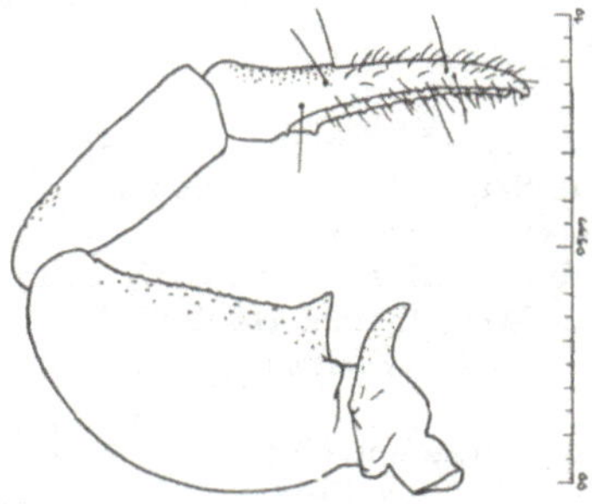

Fig. 271.
Feaella mucronata Tullg.
Linke Palpe.

Südafrika: Natal, Kapland.

3. **F. affinis** Hirst 1911 *F. a.*, Hirst in: Tr. Linn. Soc. London, ser. 2 *v.* 14 p. 394 f. 11 | 1931 *F. a.*, Chamberlin in: Stanford Univ. Publ., *v.* 7 p. 234.

Cephalothorax länger als breit, vor den Augen mit 2 Reihen von je 4 lappenförmigen Fortsätzen, die mittleren voneinander ebensoweit entfernt wie von den lateralen; die lateralen Fortsätze breiter als die mittleren. Abdomen wie bei den vorigen Arten. Palpen sehr kräftig. Der Fortsatz an der Vorderseite des Trochanter etwas kürzer und stumpfer als bei *mucronata*. Femur sehr breit, 1,4mal so lang wie breit, medial basal ohne vorragenden konischen Höcker. Tibia und Schere ähnlich wie bei den vorigen Arten. Schere länger als das Femur. — Körper L. 1,6 mm; Palpen: Femur L. 0,40 mm, B. 0,28 mm, Tibia L. 0,37 mm, Schere L. 0,46 mm.

Seychellen, Silhouette, Praslin.

4. **F. indica** Chamb. 1914 *F. affinis*, Ellingsen in: Rec. Ind. Mus., *v.* 10 p. 13 | 1931 *F. indica*, Chamberlin in: Stanford Univ. Publ., *v.* 7 p. 234 f. 64.

Mit *affinis* sehr nahe verwandt. Cephalothorax vor den Augen mit 2 Reihen von je 4 lappenförmigen Fortsätzen; die lateralen Fortsätze der vorderen Reihe breiter als die mittleren, letztere einander deutlich näher stehend als den lateralen. Palpenfemur schlanker als bei *affinis*, etwa 1,9 mal so lang wie breit. Palpenschere kürzer als das Femur. — Körper L. 1,7 mm.

Indien: Jessore, Purulia.

Alphabetisches Register

Nomenclator generum et subgenerum

von W. F. Reinig

Acis (G. Canestrini MS.) Ant. Berlese 1883, A. M. S., fasc. 7 nr. 9. Sp.: *A. brevimanus.*

Acis subgen. R. Lesson 1831 [1830], Traité Orn., p. 388. Av. Passeres.

Afrobisium Beier 1931 in: Tierreich, *v.* 57 p. 140. Sp.: *A. dogieli.*

Afrochthonius Beier 1930 in: Zool. Anz., *v.* 91 p. 286. Sp.: *A. similis.*

Afroditha Beier 1930 in: Boll. Laborat. Zool. Portici, *v.* 25 p. 47. Sp.: *A. serrulata.*

Afrogarypus subgen. Beier 1931 in: Mt. Mus. Berlin, *v.* 17 p. 317. Sp.: *A. senegalensis.*

Albiorix Chamberlin 1930 in: Ann. nat. Hist., ser. 10 *v.* 5 p. 44. Sp.: *A. mexicanus, parvidentatus, edentatus.*

Aldabrinus Chamberlin 1930 in: Ann. nat. Hist., ser. 10 *v.* 5 p. 597. Sp.: *A. aldabrinus.*

Allochthonius Chamberlin 1929 in: Canad. Ent., *v.* 61 p. 154. Sp.: *A. opticus, shintoisticus.*

Alura Chamberlin 1926 in: Vidensk. Meddel., *v.* 81 p. 334. Sp.: *M. spinosus.*

Alura H. B. Möschler 1883 in: Verh. Ges. Wien, *v.* 33 p. 303. Lep. Noctuid.

Amblyolpium E. Simon 1898 in: Feuille Natural., *v.* 29 p. 3. Sp.: *A. Dollfusi.*

Anagarypus Chamberlin 1930 in: Ann. nat. Hist., ser. 10 *v.* 5 p. 615. Sp.: *A. oceanus-indicus.*

Apochthonius Chamberlin 1929 in: Ann. nat. Hist., ser. 10 *v.* 4 p. 66. Sp.: *A. moestus, occidentalis.*

Apochthonius subgen. Chamberlin 1929 in: Canad. Ent., *v.* 61 p. 153. Sp.: *A. (A.) moestus, intermedius.*

Apolpium Chamberlin 1930 in: Ann. nat. Hist., ser. 10 *v.* 5 p. 606. Sp.: *A. cordimanum.*

Atemnus pro: *Acis* G. Canestrini MS. 1883, Ant. Berlese 1884, A. M. S., fasc. 10 nr. 1. Sp.: *A. politus.*

Austrochthonius Chamberlin 1929 in: Ann. nat. Hist., ser. 10 *v.* 4 p. 68. Sp.: *A. chilensis.*

Blothrus subgen. Schiödte 1849 in: Danske Selsk. Skr., ser. 5 *v.* 2 p. 23. Sp.: *B. spelaeus.*

Bochica Chamberlin 1930 in: Ann. nat. Hist., ser. 10 *v.* 5 p. 43. Sp.: *B. withi.*

Calocheirus Chamberlin 1930 in: Ann. nat. Hist., ser. 10 *v.* 5 p. 607. Sp.: *C. atopos.*

Centrochthonius Beier 1931 in: Zool. Anz., *v.* 93 p. 56. Sp.: *C. kozlovi.*

Cheiridium A. Menge 1855 in: N. Schr. Ges. Danzig, *v.* 5 II p. 36. Sp.: *C. muscorum, Hartmanni.*

Chelifer non bin. L. Geoffroy 1762, Hist. Ins., *v.* 2 p. 617.

Chelifer A. Fourcroy 1785, Ent. Paris, fasc. 2 p. 526. Sp.: *C. cancroides, longicornis.*

Chitra J. E. Gray 1844, Cat. Tort. Croc. Brit. Mus., p. 46, 49. Rept. Chel.

Chitra Chamberlin 1930 in: Ann. nat. Hist., ser. 10 *v.* 5 p. 40. Sp.: *C. cala.*

Chitrella Beier 1931 in: Tierreich, *v.* 57 p. 165. Sp.: *C. cala.*

Chthonius C. L. Koch 1843 in: C. W. Hahn & C. L. Koch, Arach., *v.* 10 p. 76. Sp.: *C. trombidioides, orthodactylus.*

Compsaditha Chamberlin 1929 in: Ann. nat. Hist., ser. 10 *v.* 4 p. 62. Sp.: *C. pygmaea.*

Dhanus Chamberlin 1930 in: Ann. nat. Hist., ser. 10 *v.* 5 p. 47. Sp.: *D. siamensis, sumatranus.*

Dinoroncus Beier 1931 in: Mt. Mus. Berlin, *v.* 17 p. 305. Sp.: *D. chilense.*

Ditha Chamberlin 1929 in: Ann. nat. Hist., ser. 10 *v.* 4 p. 61. Sp.: *D. elegans, philippinensis, cubana.*

Ephippiochthonius subgen. Beier 1930 in: Eos Madrid, *v.* 6 p. 323. Sp.: *Chthonius (E.) hispanus, hiberus, bolivari, distinguendus, pieltaini.*

Feaella Ellingsen 1906 in: Ann. Mus. Genova, ser. 3 *v.* 2 p. 260. Sp.: *F. mirabilis.*

Garypinus Daday 1888 in: Termész. Füzetek, *v.* 11 p. 124, 179. Sp.: *G. dimidiatus.*

Garypus L. Koch 1873, Übers. Darst. Eur. Chernet., p. 38. Sp.: *G. minor, litoralis.*

Geogarypus Chamberlin 1930 in: Ann. nat. Hist., ser. 10 *v.* 5 p. 609. Sp.: *G. tenuis, irrugatus, angulatus, minor, nigrimanus.*

Globochthonius subgen. Beier 1931 in: Zool. Anz., *v.* 93 p. 54. Sp.: *Chthonius (G.) histricus.*

Gymnobisium Beier 1931 in: Mt. Mus. Berlin, *v.* 17 p. 304. Sp.: *G. quadrispinosum.*

Halobisium Chamberlin 1930 in: Ann. nat. Hist., ser. 10 *v.* 5 p. 35. Sp.: *H. orientale.*

Hesperolpium Chamberlin 1930 in: Ann. nat. Hist., ser. 10 *v.* 5 p. 606. Sp.: *H. slevini.*

Heterochthonius subgen. Chamberlin 1929 in: Canad. Ent., *v.* 61 p. 153. Sp.: *Apochthonius (H.) crosbyi.*

Heterolophus Tömösvary 1884 in: Termész. Füzetek, *v.* 8 p. 24. Sp.: *H. guttiger, nitens.*

Horus Chamberlin 1930 in: Ann. nat. Hist., ser. 10 *v.* 5 p. 598. Sp.: *H. granulatus, obscurus, oceanicus, modestus.*

Hya Chamberlin 1930 in: Ann. nat. Hist., ser. 10 *v.* 5 p. 41. Sp.: *H. heterodonta.*

Hyarinus Chamberlin 1925 in: Univ. Calif. Publ., *v.* 3 p. 327. Sp.: *H. hesperus.*

Ideobisium Balzan 1891 in: Ann. Soc. ent. France, *v.* 60 p. 539 Sp.: *I. gracilis, pallidus, lucifuga, similis, coecus, crassimanum, antipodianum.*

Ideoblothrus subgen. Balzan 1891 in: Ann. Soc. ent. France, *v.* 60 p. 541. Sp.: *Ideobisium (I.) similis, coecus.*

Ideoroncus Balzan 1890 in: Ann. Mus. Genova, ser. 2 *v.* 9 p. 443. Sp.: *I. pallidus.*

Kewochthonius subgen. Chamberlin 1929 in: Ann. nat. Hist., ser. 10 *v.* 4 p. 65. Sp.: *K. halberti.*

Larca Chamberlin 1930 in: Ann. nat. Hist., ser. 10 *v.* 5 p. 616. Sp.: *L. lata, granulata.*

Lechytia Balzan 1891 in: Ann. Soc. ent. France, *v.* 60 p. 499. Sp.: *L. chthoniiformis.*

Maorichthonius Chamberlin 1925 in: Vidensk. Meddel., *v.* 81 p. 335. Sp.: *M. mortenseni.*

Maorigarypus Chamberlin 1930 in: Ann. nat. Hist., ser. 10 *v.* 5 p. 617. Sp.: *M. melanochelatus.*

Megathis Stecker 1875 in: SB. Ak. Wien, *v.* 72 p. 519. Sp.: *M. Kochii, desiderata.*

Menthus Chamberlin 1930 in: Ann. nat. Hist., ser. 10 *v.* 5 p. 585. Sp.: *M. rossi, californicus, lindahli.*

Microbisium Chamberlin 1930 in: Ann. nat. Hist., ser. 10 *v.* 5 p. 20. Sp.: *M. brunneum, parvulum.*

Microcreagris Balzan 1891 in: Ann. Soc. ent. France, *v.* 60 p. 543. Sp.: *M. gigas.*

Minniza E. Simon 1881 in: Bull. Soc. zool. France, *v.* 6 p. 14. Sp.: *M. vermis.*

Mirobisium Beier 1931 in: Mt. Mus. Berlin, *v.* 17 p. 304. Sp.: *M. cavimanum.*

Mundochthonius Chamberlin 1929 in: Ann. nat. Hist., ser. 10 *v.* 4 p. 64. Sp.: *M. erosidens, montanus, magnus.*

Nannobisium Beier 1931 in: Mt. Mus. Berlin, *v.* 17 p. 303. Sp.: *N. liberiense.*

Negroroncus Beier 1931 in: Mt. Mus. Berlin, *v.* 17 p. 305. Sp.: *N. africanus.*

Neobisium pro: *Obisium* Leach 1817. Chamberlin 1930 in: Ann. nat. Hist., ser. 10 *v.* 5 p. 11. Sp.: *N. lubricus, abditus, muscorum, incertum, inaequalum, carolinensis, magnum, flexifemoratum, imperfectum, hesperum.*

Neobisium subgen. Chamberlin 1930 in: Ann. nat. Hist., ser. 10 *v.* 5 p. 13. Sp.: *Neobisium (N.) muscorum, incertum, inaequalum, carolinensis.*

Neochthonius subgen. Chamberlin 1929 in: Ann. nat. Hist., ser. 10 *v.* 4 p. 66. Sp.: *N. stanfordianus, paludis.*

Neominniza Beier 1930 in: Boll. Laborat. Zool. Portici, *v.* 23 p. 202. Sp.: *N. divisa.*

Obisium Illiger 1798, Verz. Käf. Preuß., p. 501. Sp.: *O. cancroides, cimicoides.*

Obisium Leach 1817, Zool. Misc., *v.* 3 p. 51. Sp.: *O. orthodactylum, muscorum, maritimum.*

Olpiolum Beier 1931 in: Mt. Mus. Berlin, *v.* 17 p. 312. Sp.: *O. medium.*

Olpium L. Koch 1873 in: Übers. Darst. Eur. Chernet., p. 33. Sp.: *O. dimidiatum, Chironomum, graecum, Hermanni.*

Pachyolpium Beier 1931 in: Mt. Mus. Berlin, *v.* 17 p. 310. Sp.: *P. reimoseri, incertum, erratum.*

Parablothrus subgen. Beier 1928 in: Ann. Wien. Mus., *v.* 42 p. 309. Sp.: *Roncus (P.) Stussineri, cavernicola.*

Paraditha Beier 1931 in: Zool. Anz., *v.* 93 p. 51. Sp.: *P. latimana, sinuata.*

Paraustrochthonius Beier 1931 in: Zool. Anz., *v.* 93 p. 52. Sp.: *P. tullgreni.*

Parobisium subgen. Chamberlin 1930 in: Ann. nat. Hist., ser. 10 *v.* 5 p. 17. Sp.: *Neobisium (P.) magnum, flexifemoratum, hesperum, imperfectum.*

Parolpium Beier 1931 in: Mt. Mus. Berlin, *v.* 17 p. 308. Sp.: *P. gracile, arabicum, minor, madagascariense.*

Progarypus Beier 1931 in: Mt. Mus. Berlin, *v.* 17 p. 317. Sp.: *P. ramicola, novus, oxydactylus.*

Pseudoblothrus Beier 1931 in: Eos Madrid, *v.* 7 p. 21. Sp.: *P. roszkovskii.*

Pseudochthonius Balzan 1891 in: Ann. Soc. ent. France, *v.* 60 p. 546. Sp.: *P. simoni.*

Pseudogarypinus Beier 1931 in: Mt. Mus. Berlin, *v.* 17 p. 313. Sp.: *P. costaricensis.*

Pseudogarypus Ellingsen 1909 in: Boll. Laborat. Zool. Portici, *v.* 3 p. 217. Sp.: *P. bicornis.*

Pseudotyrannochthonius Beier 1930 in: Boll. Laborat. Zool. Portici, *v.* 23 p. 207. Sp.: *P. silvestrii, octospinosus.*

Roncus L. Koch 1873, Übers. Darst. Eur. Chernet., p. 44. Sp.: *R. lubricus, Cambridgii, alpinus.*

Scorpio Linné 1758, Syst. Nat., p. 624. Sp.: *S. maurus, afer, americus, europaeus, australis.*

Selachochthonius Chamberlin 1929 in: Ann. nat. Hist., ser. 10 *v.* 4 p. 68. Sp.: *S. serridentatus.*

Serianus Chamberlin 1930 in: Ann. nat. Hist., ser. 10 *v.* 5 p. 594. Sp.: *S. arboricolus, litoralis, serianus, solus.*

Shravana Chamberlin 1930 in: Ann: nat. Hist., ser. 10 *v.* 5 p. 48. Sp.: *S. laminata.*

Solinus Chamberlin 1930 in: Ann. nat. Hist., ser. 10 *v.* 5 p. 596. Sp.: *S. corticolus, australiensis.*

Syarinus Chamberlin 1925 in: Univ. Calif. Publ., *v.* 3 p. 329. Sp.: *S. obscurus.*

Synsphyronus Chamberlin 1930 in: Ann. nat. Hist., ser. 10 *v.* 5 p. 616. Sp.: *S. paradoxus.*

Thaumatolpium Beier 1931 in: Mt. Mus. Berlin, *v.* 17 p. 313. Sp.: *T. silvestrii.*

Tridenchthonius Balzan 1887, Chernet. S.-Amer., *v.* 1 nr. 7 (nicht pag.). Sp.: *T. parvulus.*

Typhlochthonius Ellingsen 1902 in: Mem. Soc. zool. France, *v.* 15 p. 164. Sp.: *Chthonius (T.) pulchellus.*

Typlochthonius [pro: *Typhlochthonius* Ellingsen 1902] Chamberlin 1929 in: Ann. nat. Hist., ser. 10 *v.* 4 p. 76.

Tyrannochthonius Chamberlin 1929 in: Ann. nat. Hist., ser. 10 *v.* 4 p. 74. Sp.: *T. johnstoni, terribilis, johni, bakeri, grimmeti.*

Verrucaditha pro: *Alura* Chamberlin 1926. Chamberlin 1929 in: Ann. nat. Hist., ser. 10 *v.* 4 p. 59. Sp.: *V. spinosa, megaloptera.*

Verrucadithella Beier 1931 in: Zool. Anz., *v.* 93 p. 51. Sp.: *V. dilatimanus.*

Xenolpium Chamberlin 1930 in: Ann. nat. Hist., ser. 10 *v.* 5 p. 600. Sp.: *X. pacificum, amboinensis.*

FSC
www.fsc.org
MIX
Papier | Fördert
gute Waldnutzung
FSC® C083411

Kolibri 360 GmbH
Ferdinand-Jühlke-Straße 7
99095 Erfurt, Deutschland
produktsicherheit@kolibri360.de